本书大型交互式、专业级、同步教学演示多媒体DVD说明

1.将光盘放入电脑的DVD光驱中，双击光驱盘符，双击Autorun.exe文件，即进入主播放界面。(注意：CD光驱或者家用DVD机不能播放此光盘)

主界面

辅助学习资料界面

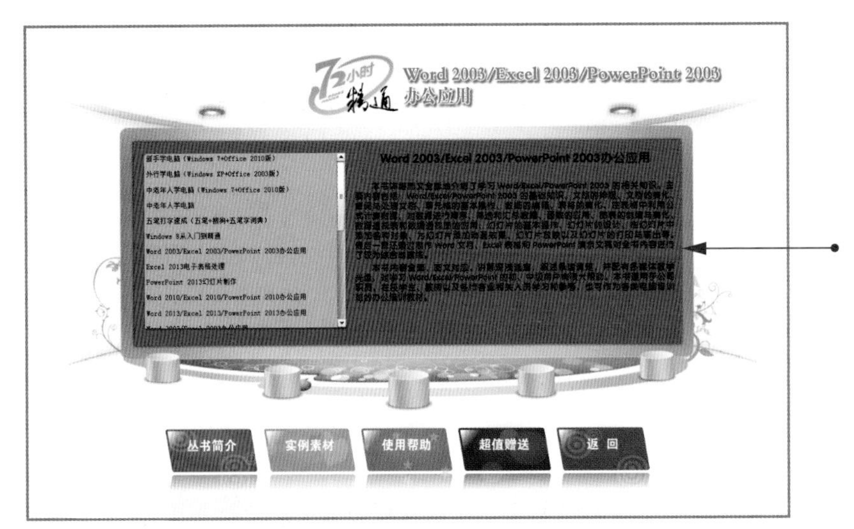

“丛书简介”显示了本丛书各个品种的相关介绍，左侧是丛书每个种类的名称，共计26种；右侧则是对应的内容简介。

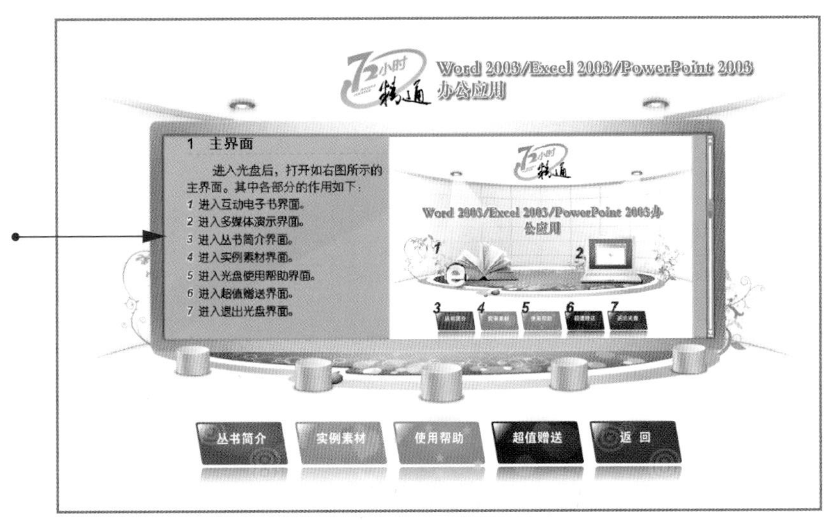

“使用帮助”是本多媒体光盘的帮助文档，详细介绍了光盘的内容和各个按钮的用途。

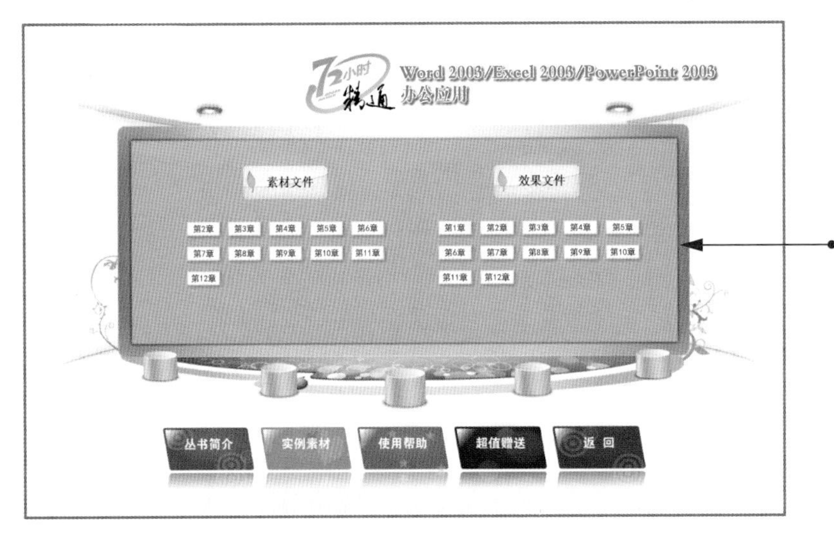

“实例素材”界面图中是各章节实例的素材、源文件或者效果图。读者在阅读过程中可按相应的操作打开，并根据书中的实例步骤进行操作。

2.单击“阅读互动电子书”按钮进入互动电子书界面。

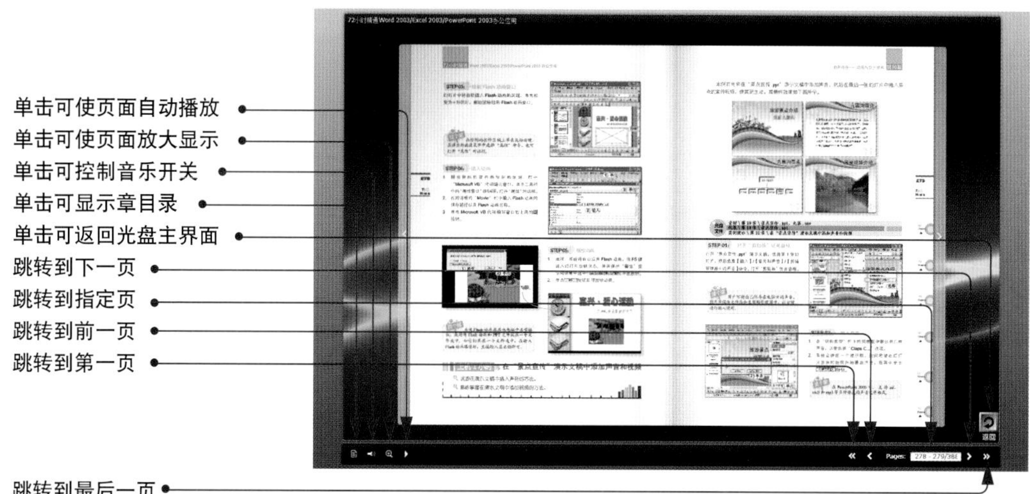

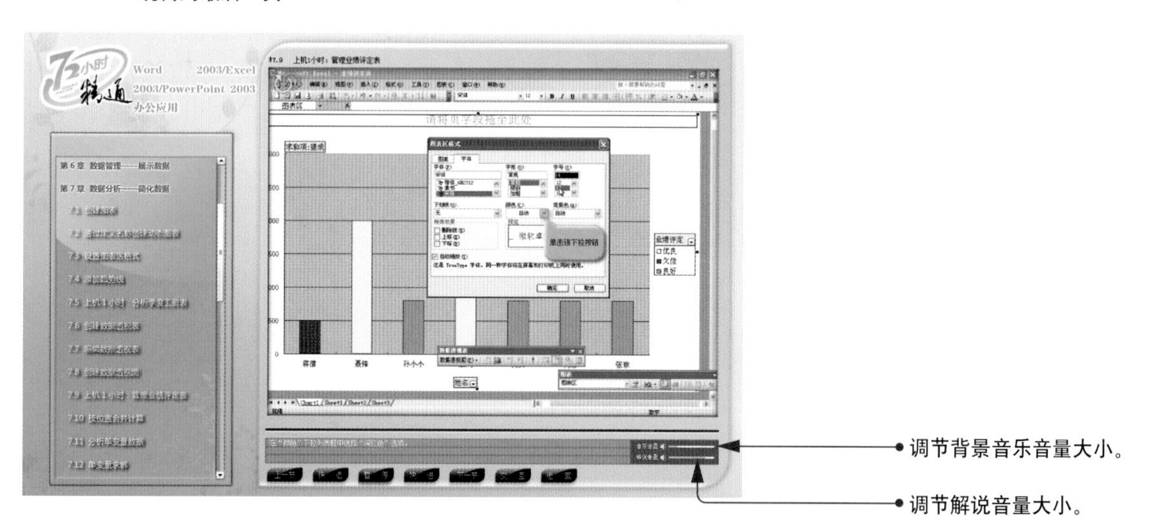

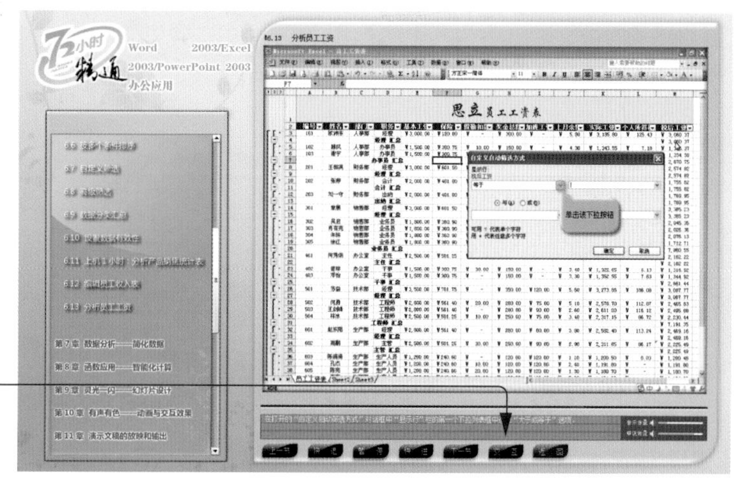

工作界面

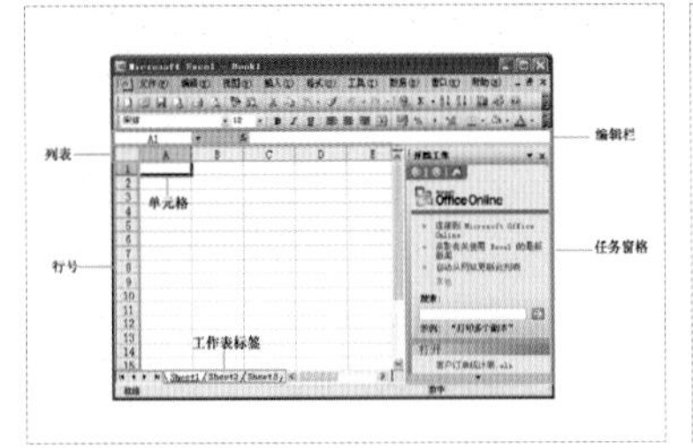

公司宣传工作计划

colacovi 可益·可颜

2013年公司宣传工作计划

为统一思想，提高员工素质，增强凝聚力，塑造公司良好形象，更好地做好新形势下的企业宣传工作，推动企业文化建设，制定本计划。

指导思想

坚持宣传党的路线方针政策，以经济建设为中心，围绕增强企业凝聚力，突出企业精神的培育，把凝聚人心，鼓舞斗志，为公司的发展鼓与呼作为工作的出发点和落脚点，发挥好舆论阵地的作用，促进企业文化建设。

宣传重点

- 公司重大经营决策、发展大计、工作举措、新规定、新政策等；
- 党的方针政策、国家法律法规；
- 先进事迹、典型报道、工作创新、工作经验；
- 员工思想动态；
- 公司管理上的薄弱环节，存在的问题；
- 企业文化宣传。

具体措施

一、 端正认识，宣传工作与经济工作并列

宣传工作是教育、激励员工的一种方式，是企业不可缺少的一项工作。"企业要发展、要实现奋斗目标，离不开全体员工的不懈努力，只有进一步加强宣传工作，才能激发起员工的斗志，形成向心力，各项工作才能战无不胜，才能建立起公司特有的企业文化"。因此，要端正认识，把宣传工作作为一件大事来抓好、做好。

二、 强化措施，把宣传工作落到实处

建立公司宣传网络，组建一支有战斗力的宣传队伍。公司办公室负责整个公司的宣传工作，各分公司设立一人兼职负责分公司的宣传工作，各部门至少要有一名兼职宣传报道员、各分公司至少要有8名兼职宣传报道员从事企业宣传报道工作。各部室、各分公司在2月20日前将宣传报道员名单报公司办公室，由公司办公室负责于2月22日组织宣传知识培训，提高其工作能力，适应公司宣传工作的需要。

自3月份开始恢复《月报》。每月一期，期间根据需要增发副刊。凡公司员工均可投稿，公司宣传报道员每月至少一篇，稿件形式不限，宣传内容以2013年宣传工作重点为主，所有稿件一经刊登按字数发放稿酬。优秀的稿件向上级报刊推荐。

黑板报每半月一期。公司办公室负责办公楼东头的板块，技术中心负责办公楼西头的板块，综合管理部、质量部在机床制造分公司范围内各选一块，其余的由两个分公司负责安排完成。

三、 宣传栏由公司办公室负责根据需要不定期更换

更新、增添标语牌。要统一字体，统一着色，使之体现公司文化特色。道路上悬挂标牌由公司办公室负责更换，其他由各分公司负责。

做好专题宣传活动。各部室根据需要牵头做好这项工作。如：安全月、质量月等。

开展评优树先工作，体现人本精神。开展评选质量标兵、技术能手、劳动竞赛等活动，

- 1 -

安然化妆品有限公司

激发员工的劳动热情，增强员工的团队精神。

四、 加强宣传教育，促进公司改革发展稳定

五、 让企业文化建设不断取得新进展、新成果

劳动合同

劳动合同

________公司(单位)(以下简称甲方)

________(以下简称乙方)

依照国家有关法律条例，就聘用事宜，订立本合同。

第一条 试用期及录用

(一)、 甲方依照合同条款聘用乙方为员工，乙方工作部门为____，职位为____，工种为____。乙方应经过三至六个月的试用期，在此期间甲、乙任何一方有权终止合同，但必须提前七天通知对方或以七天的试用工资作为补偿。

(二)、 试用期满，双方无异议，乙方成为甲方的正式合同制劳务工，甲方将以书面方式给予确认。

(三)、 乙方试用合格后被正式录用，其试用期应计算在合同有效期内。

第二条 工资及其它补助奖金

(一)、 甲方根据国家有关规定和企业经营状况实行本企业的等级工资制度，并根据乙方所担负的职务和其他条件确定其相应的工资标准，以银行转账形式支付，按月发放。

(二)、 甲方根据盈利情况及乙方的行为和工作表现增加工资，如果乙方没达到甲方规定的要求指标，乙方的工资将得不到提升。

(三)、 在如下情况，甲方公司主管人员会同人事部门将给乙方荣誉或物质奖励，如模范地遵守公司的规章制度，生产和工作中有突出贡献，技术革新，经营管理改善。乙方也可

1

由于有突出贡献得到工资和职务级别的提升。

(四)、 甲方根据本企业利润情况设立年终奖金，根据员工劳动表现及在单位服务年限发放奖金。

(五)、 甲方根据政府的有关规定和企业状况，向乙方提供津贴和补助金。

(六)、 除了法律、法规、规章明确要求的补助外，甲方将不再有义务向乙方提供其它补助津贴。

第三条 工作时间及公假

(一)、 乙方的工作时间每天为8小时(不含吃饭时间)，每星期工作五天或每周工作时间不超过40时，除吃饭时间外，每个工作日不安排其它休息时间。

(二)、 乙方有权享受法定节假日以及婚假、丧假等有薪假期。甲方如要求乙方在法定节假日工作，在乙方同意后，须安排乙方相应的时间轮休，或按国家规定支付乙方加班费。

(三)、 乙方成为正式员工，在本企业连续工作满半年后，可按比例获得每年根据其所担负的职务相应享受____天的有薪年假。

(四)、 乙方在生病时，经甲方认可的医生及医院证明，过试用期的员工每月可享受有薪病假一天，病假工资超出有薪病假部分的待遇，按政府和单位的有关规定执行。

(五)、 甲方根据生产经营需要，可调整变动工作时间，包括变更日工作开始和结束的时间，在照顾员工有合理的休息时间的情况下，日工作时间可做不连贯的变更，或要求员工在法定节假日及休息日到岗工作。乙方无特殊理由应积极支持和服从甲方安排，但甲方应严格控制加班加点的时间。

第四条 法制教育

在乙方任职期间，甲方须经常对乙方进行职业道德、业务技术、安全生产及各种规章制度及社会法制教育，乙方应积极接受这方面的教育。

第五条 工作安排与条件

(一)、 甲方有权根据生产和工作需要及乙方的能力，合理安排和调整乙方的工作，乙方应服从甲方的管理和安排，在规定的工作时间内按质按量完成甲方指派的工作任务。

(二)、 甲方须为乙方提供符合国家要求的安全卫生的工作环境，否则乙方有权拒绝工作或终止合同。

第六条 劳动保护

甲方根据生产和工作需要，按国家规定为乙方提供劳动保护用品和保健食品。对女职工经期、孕期、产期和哺乳期提供相应的保护，具体办法按国家有关规定执行。

2

第七条 劳动保险及福利待遇

第八条 解除合同

第九条 劳动纪律

3

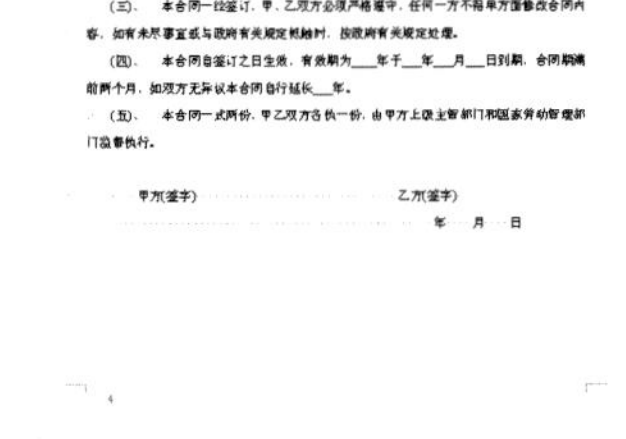

第十条 合同的实施和批准

甲方(签字) 乙方(签字)

年 月 日

4

本书部分实例

活动宣传单

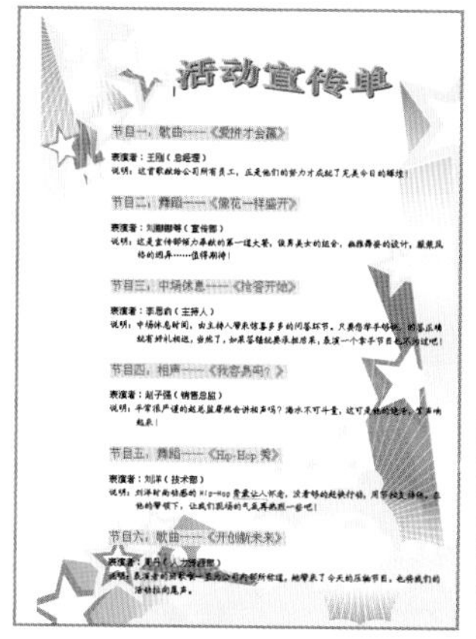

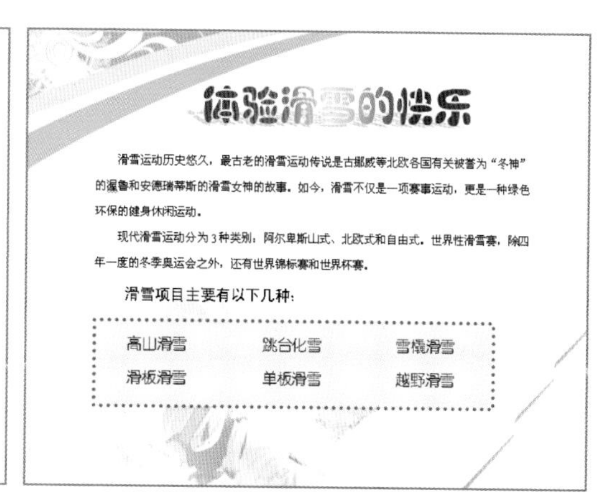

部门进货表

部门进货表

货物名称	产 地	代理	单价（元）	数量（件）	总计（元）
HE-901	北 京	上海	180	120	21600
HE-903	北 京	宁波	210	190	39900
FY-42	北 京	上海	410	160	65600
HE-902	上 海	上海	200	300	6000
FY-41	上 海	福建	430	150	64500
FY-43	上 海	广安	380	200	7600
HE-901	北 京	上海	180	120	21600
HE-903	北 京	云南	210	190	39900
FY-42	北 京	上海	410	160	65600
HE-902	上 海	浙江	200	300	6000

成绩表

三年二班成绩表

姓名	语文	数学	英语	物理	化学	生物	总成绩
王明	88	98	78	60	84	67	475
刘一雨	78	88	65	78	85	99	493
艾尔	96	78	99	88	76	98	535
史密斯	90	88	98	88	67	85	516
夏南	89	74	95	76	88	65	487
余祥林	65	96	78	77	89	89	494
欧阳鹤	85	60	88	67	92	78	470
上官森	77	99	84	95	93	78	526

考试成绩表

学生考试成绩表

准考证号	姓名	语文	数学	英语	物理	化学	平均分	总分
607008	刘明辉	90.00	98.00	85.00	80.00	90.00	88.60	443.00
607002	倪铭亮	88.00	68.00	79.00	82.00	97.00	82.80	414.00
607003	孙丽梅	89.00	100.00	69.00	79.00	90.00	85.40	427.00
607004	候峰	60.00	99.00	98.00	97.00	98.00	90.40	452.00
607005	黄宇	80.00	89.00	92.00	94.00	93.00	89.60	448.00
607006	王小欢	79.00	89.00	88.00	58.00	69.00	76.60	383.00
607007	夏艳	90.00	97.00	95.00	93.00	94.00	93.80	469.00
607008	刘明辉	92.00	98.00	87.00	90.00	82.00	89.80	449.00
607009	魏依然	98.00	97.00	98.00	92.00	95.00	96.00	480.00

员工培训成绩统计表

员工培训成绩统计表

员工姓名	培训科目				平均成绩	总成绩	名次
	电脑操作	财会知识	公关礼仪	管理技能			
刘红志	85	75	92	88	85	340	5
王美丽	78	95	83	95	87.75	351	2
宁波	90	84	86	76	84	336	6
宋海云	80	86	87	93	86.5	346	3
谢思思	94	67	79	82	80.5	322	7
李芯	95	95	88	90	92	368	1
刘艳梅	72	81	97	96	86.5	346	3
唐飞	86	63	73	89	77.75	311	8

产品销售统计表

产品销售统计

商品名称	城市	一月	二月	三月	四月	总计
皇室燕麦	武汉	260	243	260	189	952
皇室燕麦	云南	300	242	200	190	932
皇室燕麦	衡阳	250	230	246	189	915
皇室燕麦	成都	165	300	230	241	936
皇室燕麦 汇总						3735
统一绿茶 汇总						0
西麦燕麦	平顺	234	250	240	230	954
西麦燕麦	上海	189	230	256	278	953
西麦燕麦 汇总						1907
营养快线	南充	250	241	230	180	901
营养快线	安县	210	254	260	186	910
营养快线 汇总						1811
总计						7453

员工收入表

员工收入表

部门	职务	姓名	基本工资	奖金	补贴	全勤	实得工资
生产部	部门经理	陈灵肯	￥3,500.00	2500	1000	100	￥7,100.00
市场部	部门经理	程乾	￥4,000.00	2000	900	100	￥7,000.00
市场部	员工	崔颖	￥2,500.00	1500	500	100	￥4,600.00
生产部	员工	范毅	￥2,500.00	1000	500	100	￥4,100.00
质量部	部门经理	廖华	￥3,000.00	4000	1200	100	￥8,300.00
技术部	部门经理	刘立志	￥3,500.00	3500	1000	100	￥8,100.00
质量部	员工	孙虹茹	￥4,000.00	3000	900	100	￥8,000.00
生产部	员工	汪洋	￥2,500.00	1000	500	100	￥4,100.00

员工信息表

员工基本信息

编号	姓名	性别	部门	年龄	奖金	薪酬
1	郑欣玲	女	商务部	23	￥600	￥3,000
4	包慢旭	女	后勤部	28	￥300	￥3,000
5	谢李	女	行政部	27	￥350	￥2,100
7	夏思雨	女	商务部	28	￥300	￥3,000
9	王紫思	女	客服部	25	￥300	￥1,500
		女 汇总				￥12,600
2	黄一一	男	人事部	30	￥300	￥5,000
3	关东	男	客服部	28	￥400	￥2,100
6	谭解	男	人事部	26	￥400	￥2,000
8	刘世空	男	后勤部	35	￥300	￥1,600
10	马琳	男	行政部	22	￥500	￥2,000
		男 汇总				￥12,700
		总计				￥25,300

员工能力考核表

员工能力考核表

员工编号	姓名	业务知识	工作能力	综合评定
F001	张锁	70	82	76
F002	万明	75	75	75
F003	陈建军	80	82	81
F004	周利平	82	92	87
F005	伍小均	75	91	83
F006	严其华	72.6	82	77.3
F007	罗华余	91	75	83
F008	周静	82	76	79
F009	蒋文丽	71	72	71.5
F010	徐佳佳	75	70	72.5

员工信息表

思立员工工资表

编号	姓名	部门	职务	基本工资	保险	假勤扣款	奖金总额	加班工资	上月余额	实际工资	个人所得税	税后工资
701	曹润锹	企划部	经理	￥3,000.00	￥601.50	￥ -	￥300.00	￥ -	￥ 1.70	￥2,700.20	￥ 125.02	￥ 2,575.18
			经理 汇总									￥ 2,575.18
			生产人员 汇总									￥ -
602	高鹏	生产部	主管	￥2,500.00	￥501.25	￥ 30.00	￥250.00	￥90.00	￥ 2.90	￥2,311.65	￥ 86.17	￥ 2,225.49
			主管 汇总									￥ 2,225.49
601	赵东阳	生产部	经理	￥2,800.00	￥561.40	￥ -	￥280.00	￥60.00	￥ 3.80	￥2,582.40	￥ 113.24	￥ 2,469.16
			经理 汇总									￥ 2,469.16
504	林冰	技术部	工程师	￥2,500.00	￥501.25	￥ 10.00	￥250.00	￥75.00	￥ 3.40	￥2,317.15	￥ 86.72	￥ 2,230.44
503	王剑锋	技术部	工程师	￥2,800.00	￥561.40	￥ -	￥280.00	￥90.00	￥ 2.60	￥2,611.20	￥ 116.12	￥ 2,495.08
502	何勇	技术部	工程师	￥2,800.00	￥561.40	￥ 20.00	￥280.00	￥75.00	￥ 5.10	￥2,578.70	￥ 112.87	￥ 2,465.83
			工程师 汇总									￥ 7,191.35
501	苏益	技术部	经理	￥3,500.00	￥701.75	￥ -	￥350.00	￥120.00	￥ 5.60	￥3,273.85	￥ 186.08	￥ 3,087.77
			经理 汇总									￥ 3,087.77
			干事 汇总									￥ -
401	何秀俐	办公室	主任	￥2,500.00	￥501.25	￥ 10.00	￥250.00	￥ -	￥ 2.60	￥2,241.35	￥ 79.14	￥ 2,162.22
			主任 汇总									￥ 2,162.22
304	朱珠	销售部	业务员	￥1,800.00	￥360.90	￥ -	￥705.00	￥ -	￥ 1.60	￥2,145.70	￥ 69.57	￥ 2,076.13
303	肖有亮	销售部	业务员	￥1,800.00	￥360.90	￥ 10.00	￥660.00	￥ -	￥ 1.30	￥2,090.40	￥ 64.04	￥ 2,026.36
302	吴启	销售部	业务员	￥1,800.00	￥360.90	￥ 20.00	￥690.00	￥ -	￥ 2.40	￥2,111.50	￥ 66.15	￥ 2,045.35
			业务员 汇总									￥ 6,147.84
301	章展	销售部	经理	￥3,000.00	￥601.50	￥ 30.00	￥1,250.00	￥ -	￥ 5.30	￥3,623.80	￥ 238.57	￥ 3,385.23
			经理 汇总									￥ 3,385.23
201	王郭英	财务部	经理	￥3,000.00	￥601.50	￥ -	￥300.00	￥ -	￥ 1.30	￥2,699.80	￥ 124.98	￥ 2,574.82
			经理 汇总									￥ 2,574.82
			办事员 汇总									￥ -
101	欧沛东	人事部	经理	￥3,000.00	￥120.00	￥ -	￥300.00	￥ -	￥ 5.80	￥3,185.80	￥ 125.43	￥ 3,060.37
			经理 汇总									￥ 3,060.37
			总计									￥34,879.42

月销售记录表

太成销售记录表

编号	日期	销售店	产品名称	单位	单价	销售量	销售额
CZJ-01	2006-2-6	城东店	传真机	台	1600	1	1600
CZJ-01	2006-2-12	城东店	传真机	台	1600	1	1600
CZJ-01	2006-2-2	城北店	传真机	台	1600	3	4800
TSDN-01	2006-2-12	城北店	台式电脑	台	4800	2	9600
TSDN-01	2006-2-8	城南店	台式电脑	台	4800	2	9600
TSDN-01	2006-2-9	城南店	台式电脑	台	4800	2	9600
DYJ-01	2006-2-1	城东店	打印机	台	3660	4	14640
TSDN-01	2006-2-12	城东店	台式电脑	台	4800	4	19200
BJP-01	2006-2-2	城南店	笔记本	台	9990	2	19980
BJP-01	2006-2-5	城北店	笔记本	台	9990	3	29970
SMY-01	2006-2-10	城南店	扫描仪	台	8900	4	35600

采购表

远大百货2013年4月采购记录表

商品代码	商品名称	标准库存数	单价	成本
1	雀巢	500	257	125
2	青岛	100	200	100
3	哈尔滨	300	300	125
4	蓝剑	400	220	100
5	蓝剑	240	250	125
6	青岛	260	190	100
7	山城	120	200	125
9	香浓	350	235	100

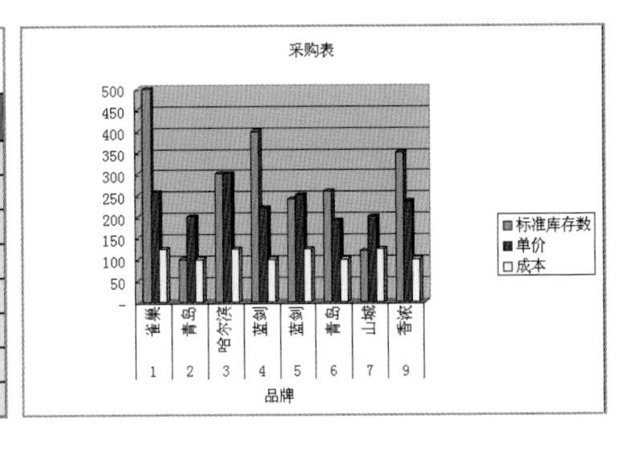

员工工资明细表

员工工资明细表

单位名称：成都市崇大有限责任公司　　工资结算日期：2013年4月15日

员工编号	姓名	所属部门	职务	基本工资	年功工资	奖金	全勤奖	补贴	应发工资	代扣社保和公积金	迟到扣款	请假扣款	代扣个税	实发工资
0001	陈一然	财务部	财务主管	2500.00	300.00	300.00	0.00	125.00	3225.00	512.00	10.00	20.00	0.00	2683.00
0002	李明雪	财务部	部门经理	4000.00	700.00	300.00	200.00	200.00	5400.00	512.00	0.00	0.00	85.00	4803.00
0003	王硕	测试部	部门主管	5000.00	600.00	150.00	0.00	250.00	6000.00	512.00	0.00	0.00	145.00	5343.00
0004	王艳	广告部	美工	3500.00	550.00	400.00	0.00	525.00	4975.00	512.00	20.00	40.00	44.25	4358.75
0005	刘一冰	广告部	设计师	3500.00	550.00	400.00	0.00	525.00	4975.00	512.00	10.00	20.00	44.25	4388.75
0006	王良	广告部	摄像师	3200.00	300.00	400.00	200.00	480.00	4580.00	512.00	0.00	0.00	32.40	4035.60
0007	付姗	行政部	后勤	2800.00	300.00	200.00	200.00	140.00	3640.00	512.00	0.00	0.00	4.20	3123.80
0008	庞云天	行政部	行政主管	3500.00	250.00	200.00	0.00	175.00	4125.00	512.00	20.00	40.00	18.75	3534.25
0009	彭君	行政部	前台接待	2000.00	250.00	200.00	0.00	100.00	2550.00	512.00	0.00	0.00	0.00	2038.00
0010	李璐	技术部	美工	2600.00	200.00	150.00	0.00	130.00	3080.00	512.00	30.00	60.00	0.00	2478.00
0011	黄云	技术部	技术员	2300.00	200.00	150.00	0.00	115.00	2765.00	512.00	10.00	20.00	0.00	2223.00
0012	刘明雨	设计部	设计师	2800.00	200.00	150.00	200.00	140.00	3490.00	512.00	0.00	0.00	0.00	2978.00
0013	陈祥骆	销售部	业务员	2600.00	150.00	500.00	200.00	520.00	3970.00	512.00	0.00	0.00	14.10	3443.90
0014	姚蝶	销售部	销售经理	3200.00	150.00	500.00	0.00	640.00	4490.00	512.00	20.00	40.00	29.70	3888.30
0015	赵晓瑞	研发部	研究人员	1800.00	100.00	150.00	200.00	90.00	2340.00	512.00	0.00	0.00	0.00	1828.00
0016	张凌	研发部	技术员	2000.00	50.00	150.00	0.00	100.00	2300.00	512.00	40.00	80.00	0.00	1668.00

年度考核表

年度考核表

		嘉奖	晋级	记大功	记功	无	记过	记大过
	基数：	9	8	7	6	5	-3	

个人编号	姓名	出勤考评	工作能力	工作表现	奖惩记录	绩效总分	优良评定	年终奖金（元
DX110	高鹏	29.63	32.70	33.53	5.00	100.85	良	2500
DX111	何勇	29.50	33.58	34.15	5.00	102.23	优	3500
DX112	刘一守	29.20	33.65	35.75	5.00	103.60	优	3500
DX113	韩风	29.48	33.88	33.60	5.00	101.95	良	2500
DX114	曾琳	29.30	35.68	34.00	5.00	103.98	优	3500
DX115	李雪	29.65	35.20	34.85	6.00	105.70	优	3500
DX116	朱珠	29.68	32.30	33.48	5.00	100.45	良	2500
DX117	王剑锋	29.53	33.75	33.03	5.00	101.30	良	2500
DX118	张保国	29.63	34.45	33.98	5.00	103.05	优	3500
DX119	谢宇	29.00	32.88	32.58	5.00	99.45	差	2000
DX120	徐江	29.33	34.30	34.73	5.00	103.35	优	3500
DX123	孔杰	28.88	34.90	33.83	5.00	102.60	优	3500
DX124	陈亮	29.20	33.75	34.03	5.00	101.98	良	2500
DX125	李齐	29.55	34.30	34.28	5.00	103.13	优	3500

备注：年度考核的绩效总分根据"各季度总分＋奖惩记录"来评定，总分为120分。优良评定标准为">=102为优，>…余为差"；年终奖金发放标准为"优等为3500元，良为2500元，差为2000元"。

员工销售业绩表

员工销售业绩表					
姓名	部门	四月份	五月份	六月份	汇总
陈均	一分部	153450	124620	166250	444320
张义	二分部	128360	145720	158760	432840
冬敬敬	三分部	13930	108960	124690	247580
林糊聪	二分部	175620	124300	145730	445650
张治宜	三分部	104230	157620	136780	398630
周浮萍	总部	163530	134600	178030	476160
柳如烟	一分部	145050	96200	155280	396530
花如玉	三分部	189560	153890	135520	478970
李薰焕	总部	156820	132300	111020	400140
金鑫	二分部	125650	136010	95610	357270
马千里	一分部	84520	159500	148450	392470
聂丰	一分部	193800	146200	163490	503490
徐从升	总部	165000	152730	145820	463550
尹琳心	总部	246250	154500	184250	585000

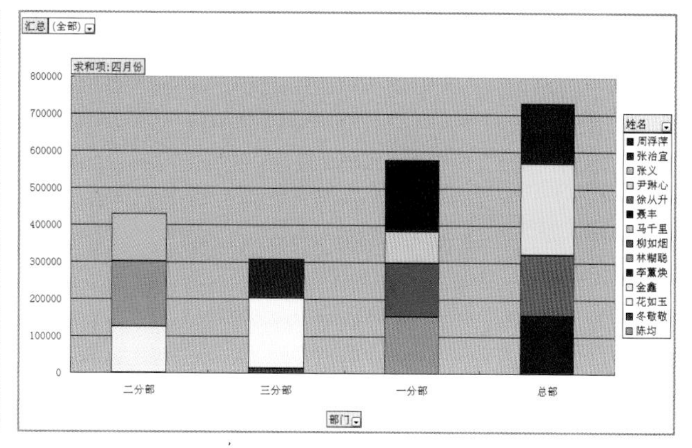

部门费用统计表

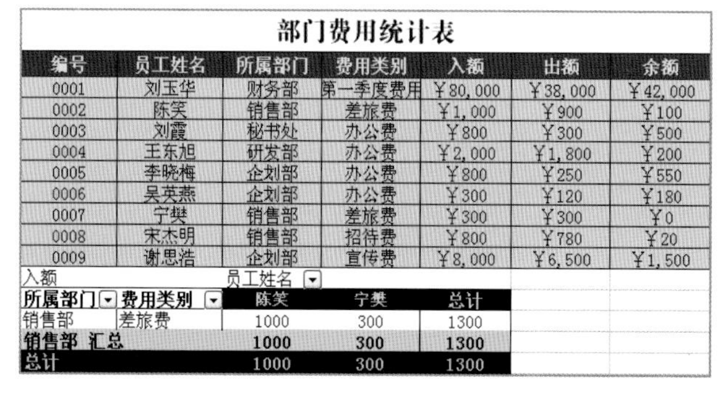

部门费用统计表						
编号	员工姓名	所属部门	费用类别	入额	出额	余额
0001	刘玉华	财务部	第一季度费用	¥80,000	¥38,000	¥42,000
0002	陈笑	销售部	差旅费	¥1,000	¥900	¥100
0003	刘霞	秘书处	办公费	¥800	¥300	¥500
0004	王东旭	研发部	办公费	¥2,000	¥1,800	¥200
0005	李晓梅	企划部	办公费	¥800	¥250	¥550
0006	吴英燕	企划部	办公费	¥300	¥120	¥180
0007	宁樊	销售部	差旅费	¥300	¥300	¥0
0008	宋杰明	销售部	招待费	¥800	¥780	¥20
0009	谢思浩	企划部	宣传费	¥8,000	¥6,500	¥1,500

入额		员工姓名		
所属部门	费用类别	陈笑	宁樊	总计
销售部	差旅费	1000	300	1300
销售部 汇总		1000	300	1300
总计		1000	300	1300

日化用品销量表

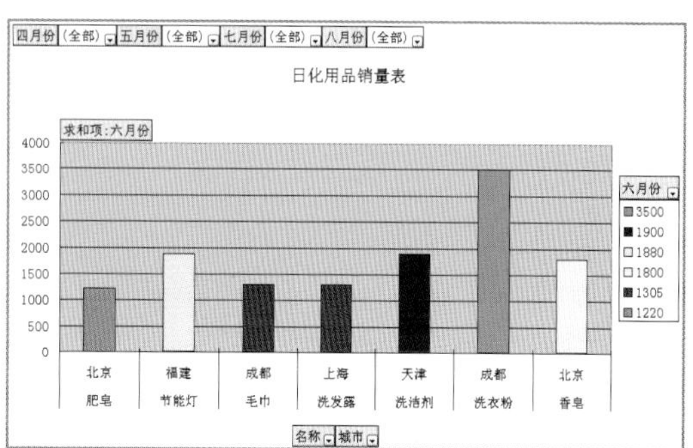

3月份工资表

2013年3月份工资表										
姓名	应领工资				应扣工资			工资	个人所得税	税后工资
	基本工资	提成	奖金	小计	迟到	事假	小计			
王军	¥2,500	¥3,500	¥600	¥6,600	¥50		¥50	¥6,550	¥200	¥6,350
张明江	¥1,500	¥2,800	¥400	¥4,700		¥50	¥50	¥4,650	¥35	¥4,616
郑余凤	¥1,500	¥4,500	¥800	¥6,800			¥0	¥6,800	¥225	¥6,575
杨晓	¥1,500	¥6,200	¥1,300	¥9,000	¥100	¥100	¥200	¥8,800	¥240	¥8,560
谢庆庆	¥1,500	¥3,500	¥500	¥5,500	¥50		¥50	¥5,450	¥90	¥5,360
谢松	¥1,500	¥1,800	¥400	¥3,700			¥0	¥3,700	¥6	¥3,694
李峰	¥1,500	¥1,500	¥300	¥3,300	¥150		¥150	¥3,150	¥0	¥3,150
陈笑天	¥1,000	¥1,200	¥200	¥2,400			¥0	¥2,400	¥0	¥2,400
萧利娜	¥1,000	¥1,000	¥100	¥2,100		¥50	¥50	¥2,050	¥0	¥2,050

贸易公司员工工资表

伊人丝绸贸易有限公司工资表					
姓名	部门	基本工资	提成	扣除	应得工资
熊宇	销售部	¥1,500.00	¥2,000.00	¥300.00	3,200.00
梁怡	销售部	¥1,500.00	¥1,200.00	¥100.00	2,600.00
张霞	技术部	¥1,800.00	¥700.00	¥10.00	2,490.00
熊锦陆	人事部	¥1,500.00	¥400.00	¥20.00	1,880.00
陈林庆	技术部	¥1,800.00	¥700.00	¥30.00	2,470.00
司徒元圣	人事部	¥1,500.00	¥500.00	¥40.00	1,960.00
曾秋雨	销售部	¥1,500.00	¥1,000.00	¥40.00	2,460.00
王卉	技术部	¥1,500.00	¥600.00	¥200.00	1,900.00
吴娉婷	销售部	¥1,500.00	¥1,700.00	¥100.00	3,100.00
统计栏					

工资<2000	工资2000-3000之间	工资>3000
3	4	2

学生成绩表

三年二班成绩表							
姓名	语文	数学	英语	物理	化学	生物	总成绩
小明	88	98	78	60	84	67	475
小雨	78	88	65	78	85	99	493
艾尔	96	78	99	88	76	98	535
史密斯	90	88	98	88	67	85	516
夏河	89	74	95	76	88	65	487

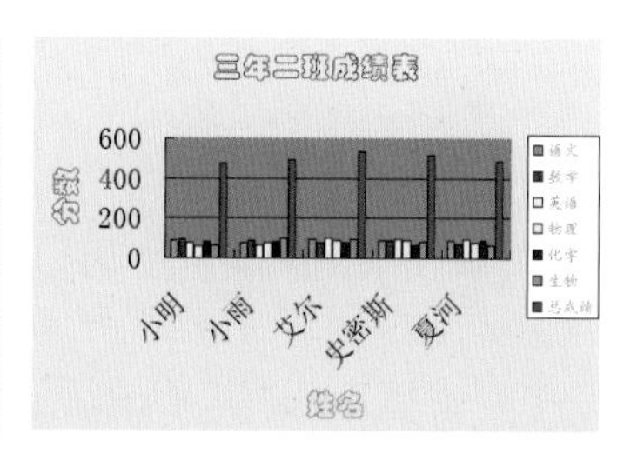

广告招商说明

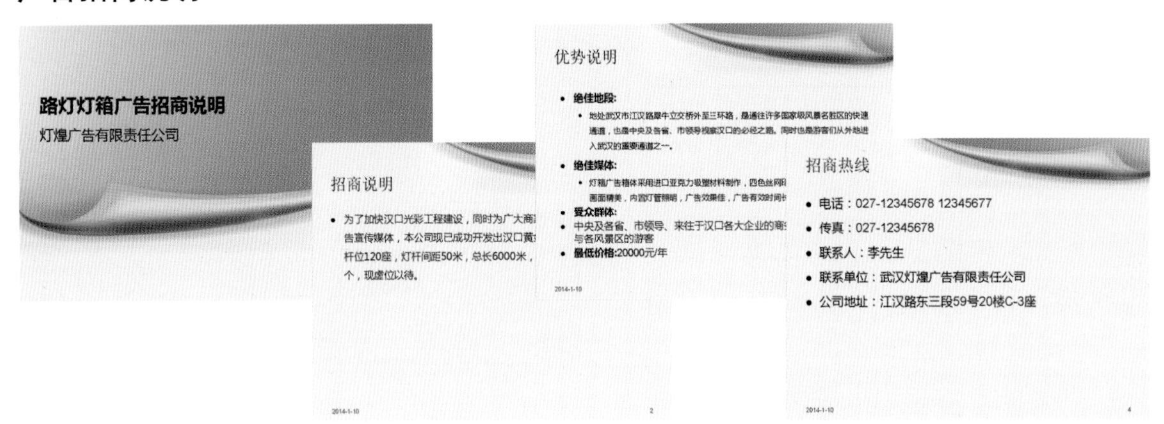

楼盘销售调查报告

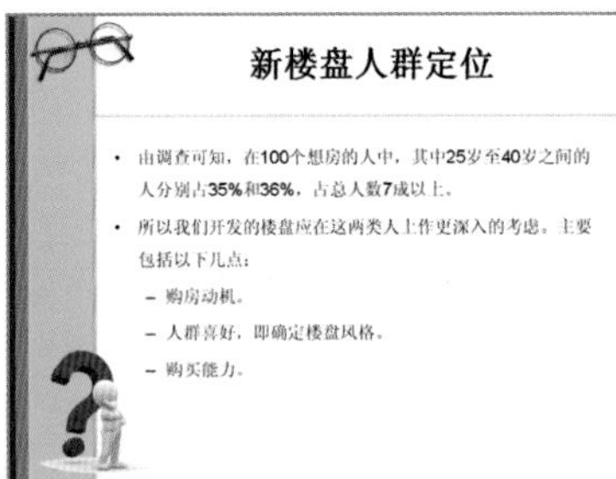

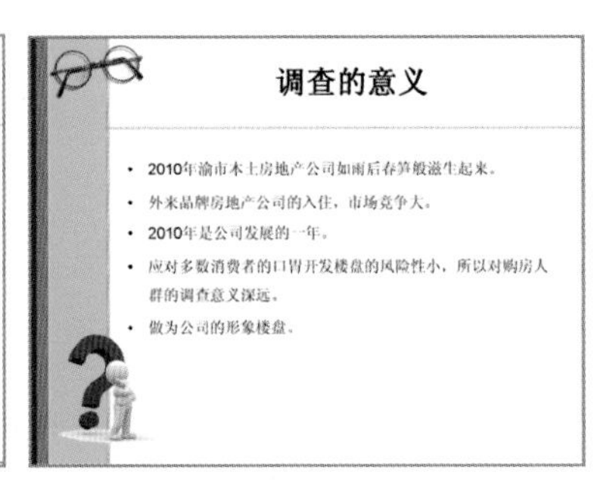

艾佳家居展示

园林设计公司宣传手册

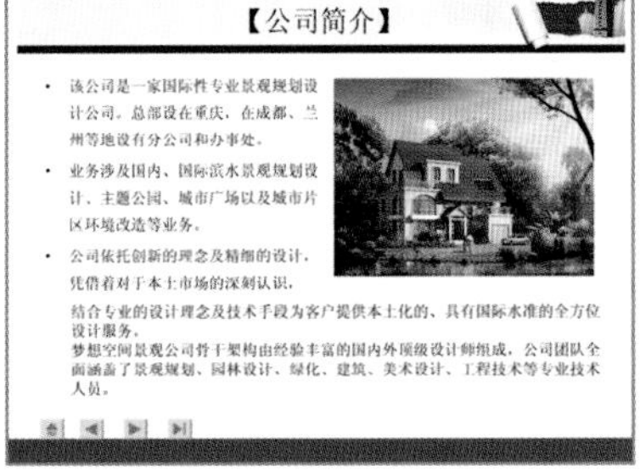

Best Design
Digital communications, the digital era

【公司动态】
公司新闻
1 "左岸风情"环境景观浅析 [2013-5-19]
2 成都天意花园景观设计随笔 [2013-7-10]
3 "翠庭山庄"园林环境设计浅述 [2013-8-20]
4 各界人士参加发布会情况 [2013-9-5]

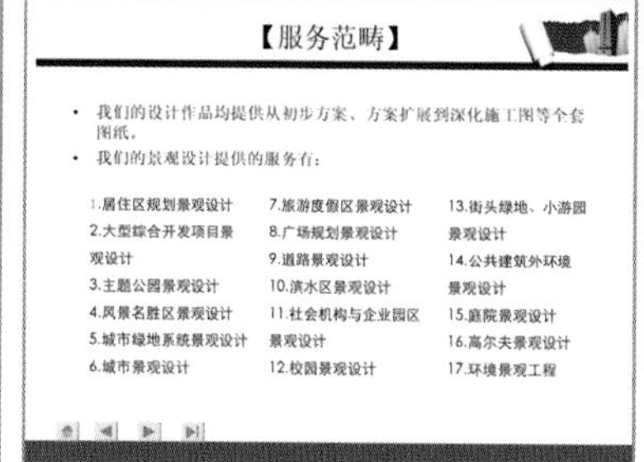
【服务范畴】
我们的设计作品均提供从初步方案、方案扩展到深化施工图等全套图纸。
我们的景观设计提供的服务有：
1.居住区规划景观设计
2.大型综合开发项目景观设计
3.主题公园景观设计
4.风景名胜区景观设计
5.城市绿地系统景观设计
6.城市景观设计
7.旅游度假区景观设计
8.广场规划景观设计
9.道路景观设计
10.滨水区景观设计
11.社会机构与企业园区景观设计
12.校园景观设计
13.街头绿地、小游园景观设计
14.公共建筑外环境景观设计
15.庭院景观设计
16.高尔夫景观设计
17.环境景观工程

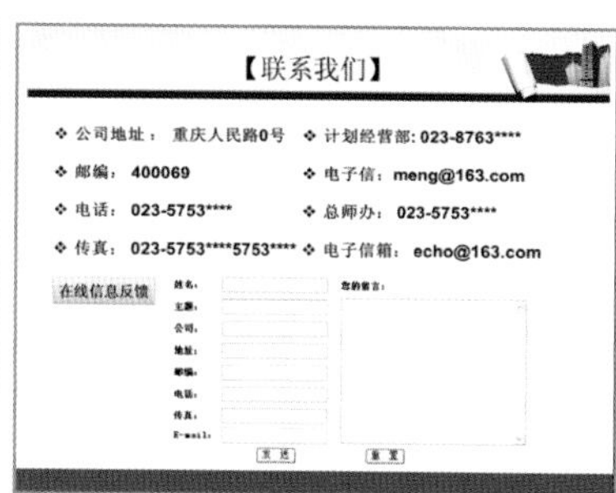
【联系我们】
公司地址：重庆人民路0号
计划经营部: 023-8763****
邮编：400069
电子信：meng@163.com
电话：023-5753****
总师办：023-5753****
传真：023-5753****5753****
电子信箱：echo@163.com
在线信息反馈

楼盘投资策划书

幸福家园
楼盘投资策划书
成都市蓝天房地产有限公司

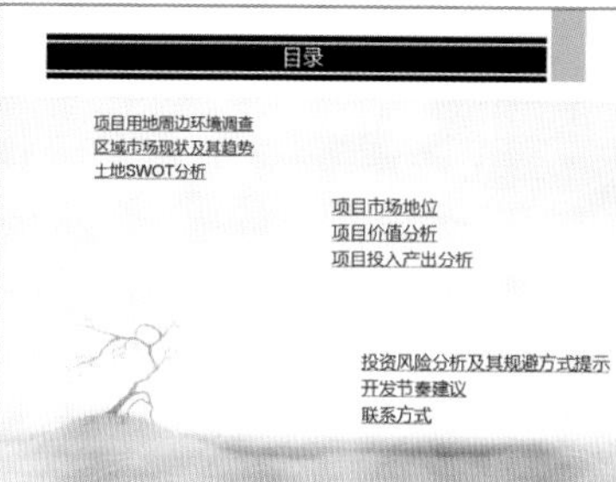
目录
项目用地周边环境调查
区域市场现状及其趋势
土地SWOT分析
项目市场地位
项目价值分析
项目投入产出分析
投资风险分析及其规避方式提示
开发节奏建议
联系方式

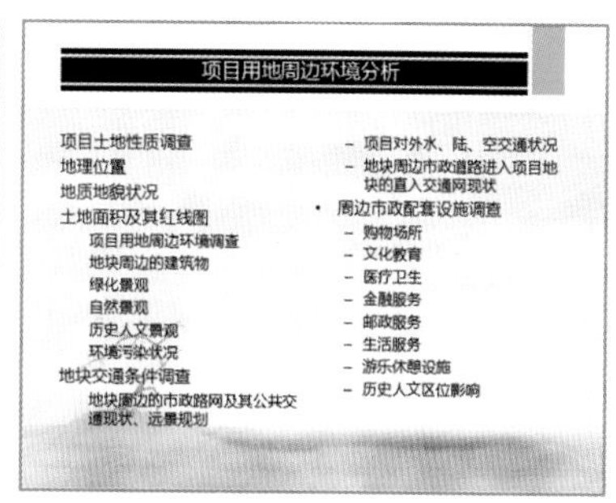
项目用地周边环境分析
项目土地性质调查
地理位置
地质地貌状况
土地面积及其红线图
项目用地周边环境调查
地块周边的建筑物
绿化景观
自然景观
历史人文景观
环境污染状况
地块交通条件调查
地块周边的市政路网及其公共交通现状、远景规划
项目对外水、陆、空交通状况
地块周边市政道路进入项目地块的直入交通网现状
周边市政配套设施调查
购物场所
文化教育
医疗卫生
金融服务
邮政服务
生活服务
游乐休憩设施
历史人文区位影响

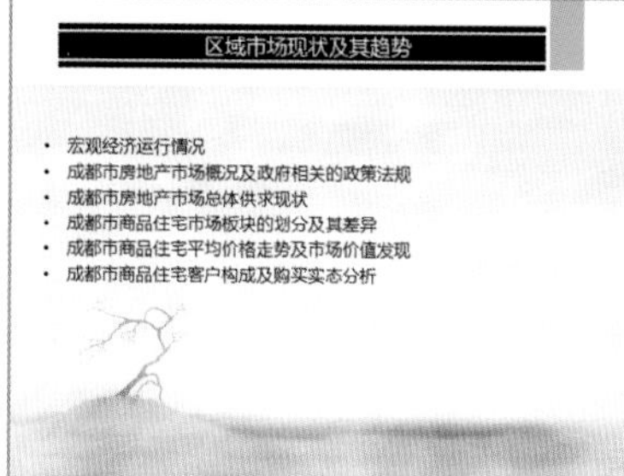
区域市场现状及其趋势
宏观经济运行情况
成都市房地产市场概况及政府相关的政策法规
成都市房地产市场总体供求现状
成都市商品住宅市场板块的划分及其差异
成都市商品住宅平均价格走势及市场价值发现
成都市商品住宅客户构成及购买实态分析

项目市场地位
类比竞争楼盘调研
项目定位
市场定位（区域定位、主力客户群定位）
功能定位
建筑风格定位

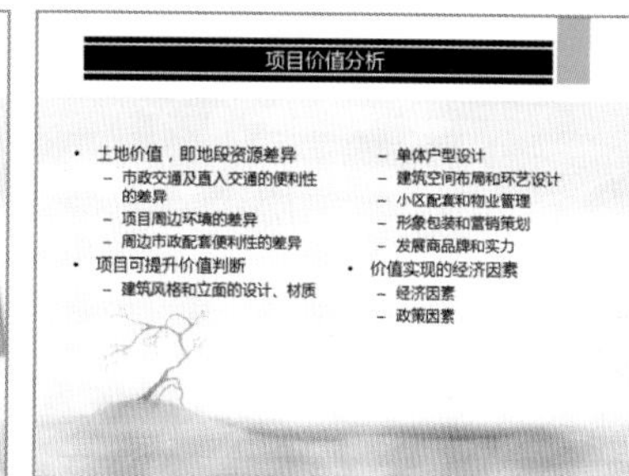
项目价值分析
土地价值，即地段资源差异
市政交通及直入交通的便利性的差异
项目周边环境的差异
周边市政配套便利性的差异
项目可提升价值判断
建筑风格和立面的设计、材质
单体户型设计
建筑空间布局和环艺设计
小区配套和物业管理
形象包装和营销策划
发展商品牌和实力
价值实现的经济因素
经济因素
政策因素

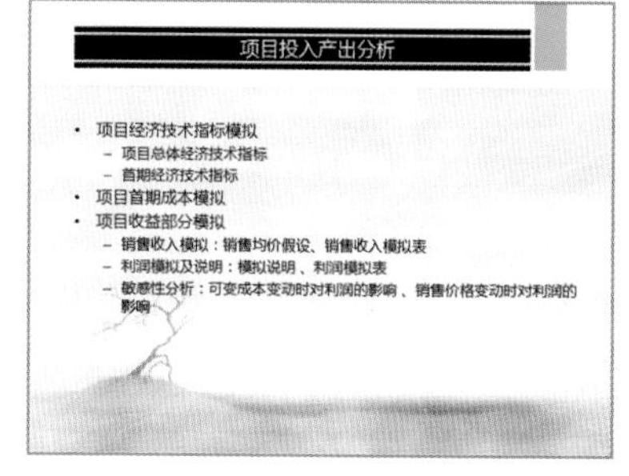
项目投入产出分析
项目经济技术指标模拟
项目总体经济技术指标
首期经济技术指标
项目首期成本模拟
项目收益部分模拟
销售收入模拟：销售均价假设、销售收入模拟表
利润模拟及说明：模拟说明、利润模拟表
敏感性分析：可变成本变动时对利润的影响、销售价格变动时对利润的影响

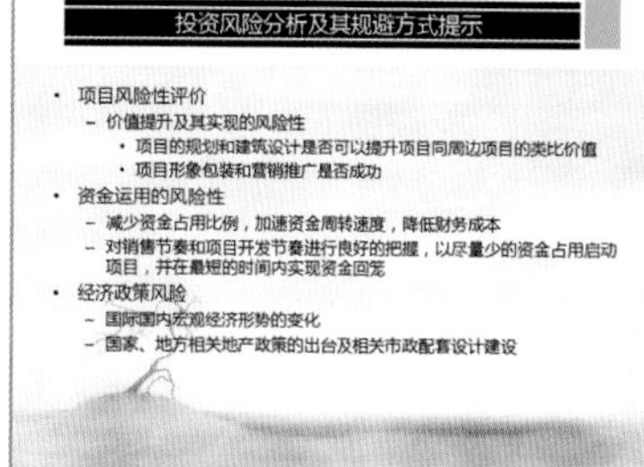
投资风险分析及其规避方式提示
项目风险性评价
价值提升及其实现的风险性
项目的规划和建筑设计是否可以提升项目同周边项目的类比价值
项目形象包装和营销推广是否成功
资金运用的风险性
减少资金占用比例，加速资金周转速度，降低财务成本
对销售节奏和项目开发节奏进行良好的把握，以尽量少的资金占用启动项目，并在最短的时间内实现资金回笼
经济政策风险
国际国内宏观经济形势的变化
国家、地方相关地产政策的出台及相关市政配套设计建设

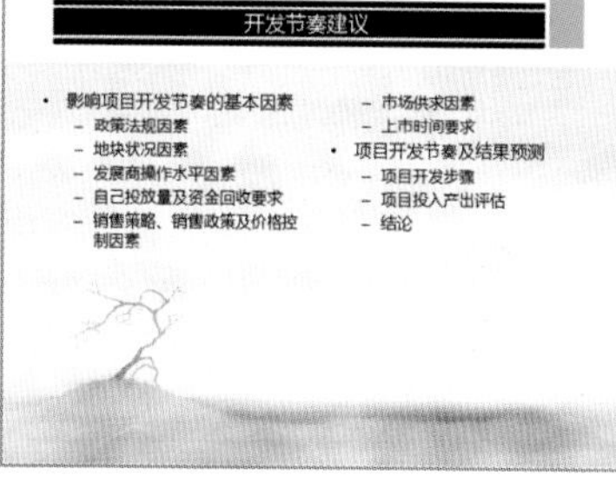
开发节奏建议
影响项目开发节奏的基本因素
政策法规因素
地块状况因素
发展商操作水平因素
自己投放量及资金回收要求
销售策略、销售政策及价格控制因素
市场供求因素
上市时间要求
项目开发节奏及结果预测
项目开发步骤
项目投入产出评估
结论

联系方式
联系电话：028-6246****
公司地址：成都市南安区中山大道111号
E-mail：mlk1221@126.com
联系人：张先生/王先生

谢 谢！

Best Design
Digital communications, the digital era

散文课件

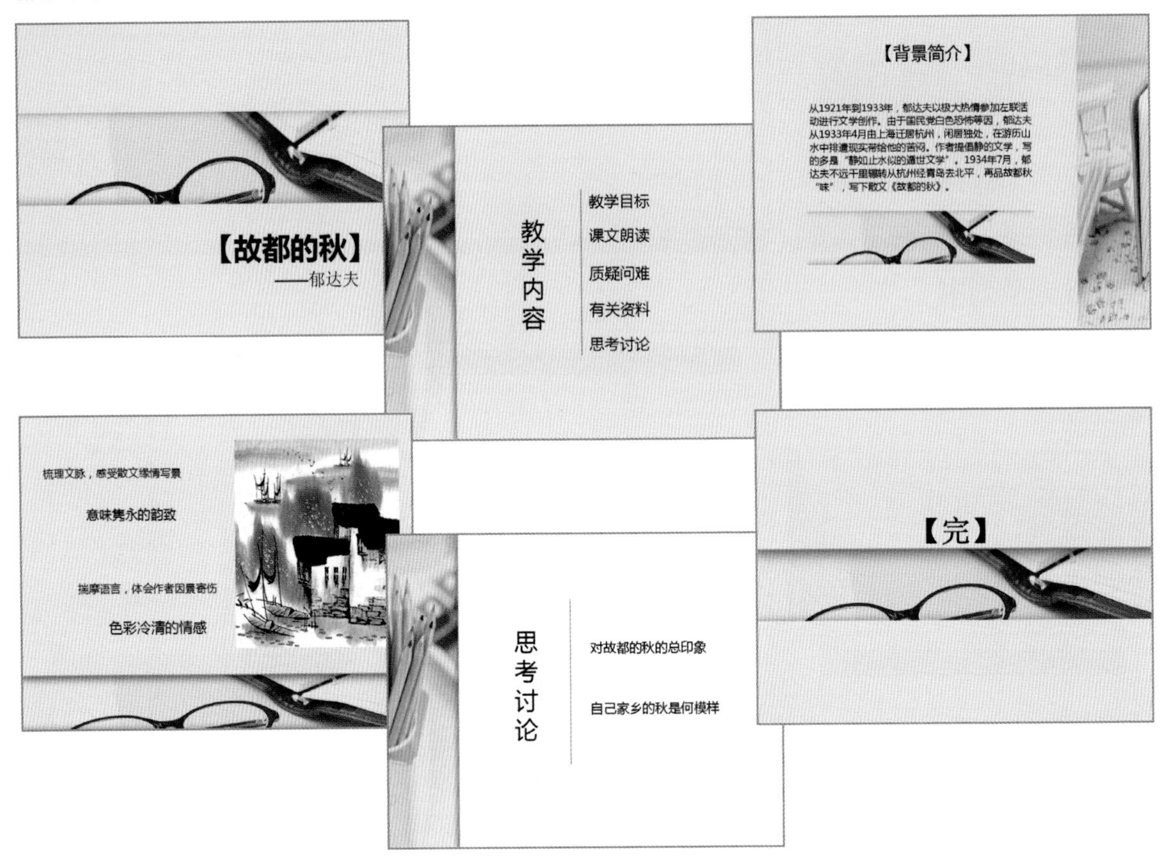
【故都的秋】
——郁达夫
教学内容
教学目标
课文朗读
质疑问难
有关资料
思考讨论
【背景简介】
从1921年到1933年，郁达夫以极大热情参加左联活动进行文学创作。由于国民党白色恐怖等因，郁达夫从1933年4月由上海迁居杭州，闲居独处，在游历山水中排遣现实带给他的苦闷。作者提倡静的文学，写的多是“静如止水似的遁世文学”。1934年7月，郁达夫不远千里辗转从杭州经青岛去北平，再品故都秋“味”，写下散文《故都的秋》。
梳理文脉，感受散文缘情写景
意味隽永的韵致
揣摩语言，体会作者因景寄伤
色彩冷清的情感
思考讨论
对故都的秋的总印象
自己家乡的秋是何模样
【完】

商业技巧谈判

商业谈判技巧
主讲人：王林
谈判的技巧
•勤练内功（战前准备）
•勤练内功（战前准备）
•攻守兼备（克敌制胜）
谈判前的准备

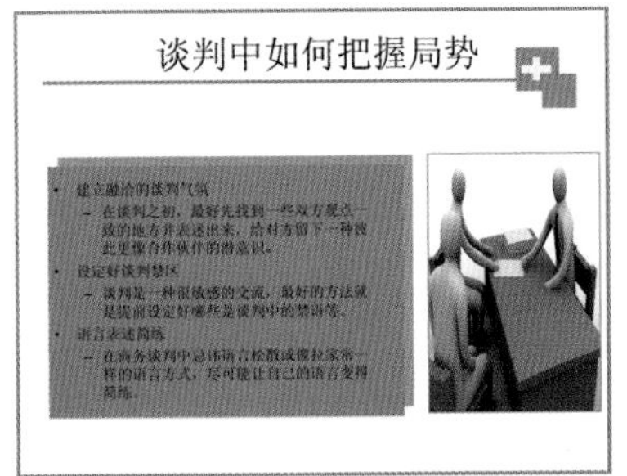
谈判中如何把握局势

谈判中如何克敌制胜

谢谢！

Best Design
Digital communications, the digital era

投标方案

世纪展览中心
投标方案
建兰建筑公司

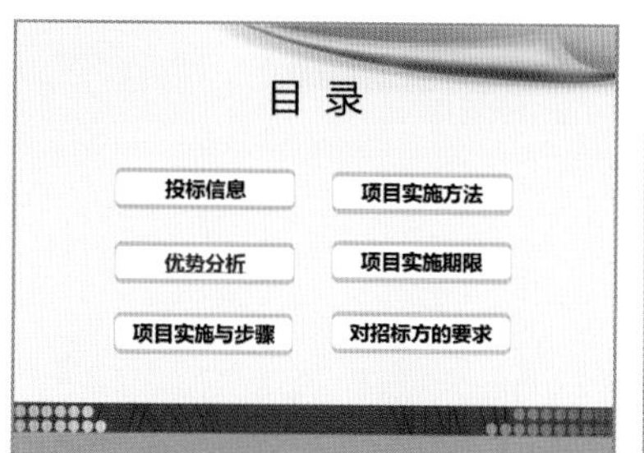
目 录
投标信息
项目实施方法
优势分析
项目实施期限
项目实施与步骤
对招标方的要求

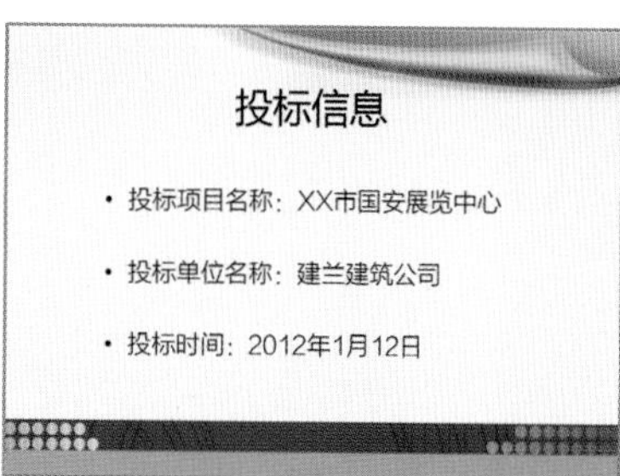
投标信息
投标项目名称：XX市国安展览中心
投标单位名称：建兰建筑公司
投标时间：2012年1月12日

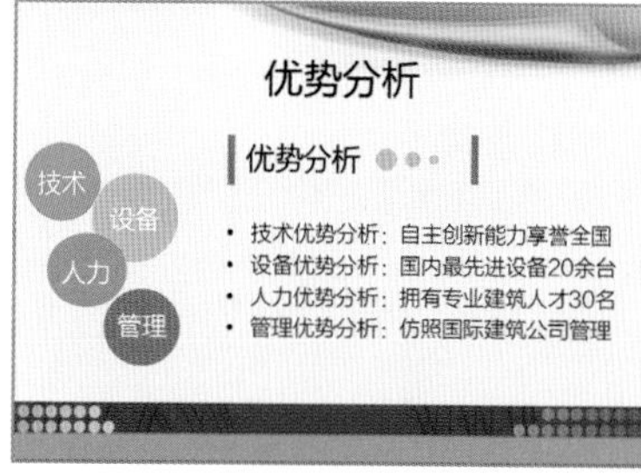
优势分析
技术
设备
人力
管理
优势分析
技术优势分析：自主创新能力享誉全国
设备优势分析：国内最先进设备20余台
人力优势分析：拥有专业建筑人才30名
管理优势分析：仿照国际建筑公司管理

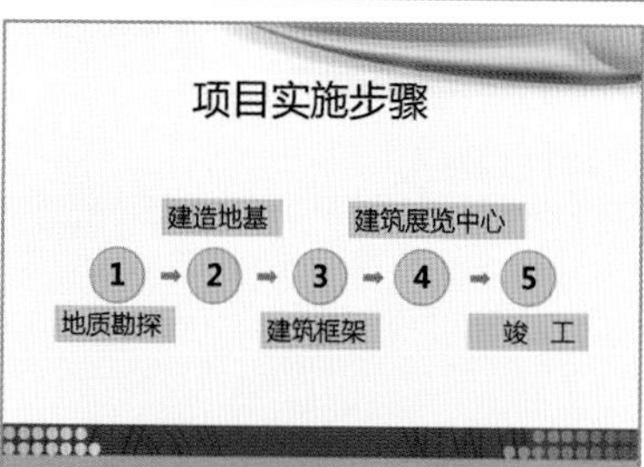
项目实施步骤
建造地基
建筑展览中心
1
2
3
4
5
地质勘探
建筑框架
竣 工

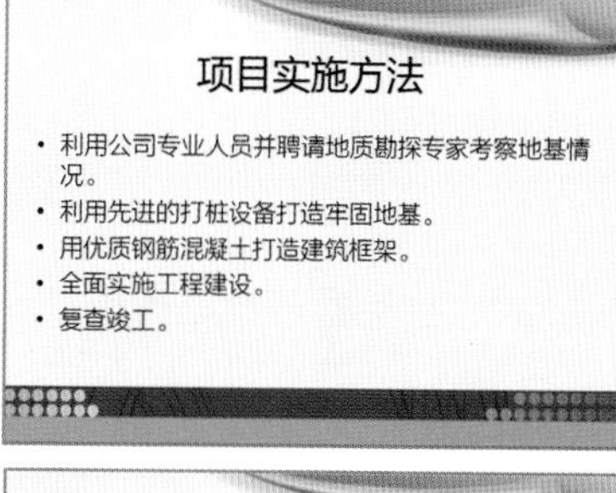
项目实施方法
利用公司专业人员并聘请地质勘探专家考察地基情况。
利用先进的打桩设备打造牢固地基。
用优质钢筋混凝土打造建筑框架。
全面实施工程建设。
复查竣工。

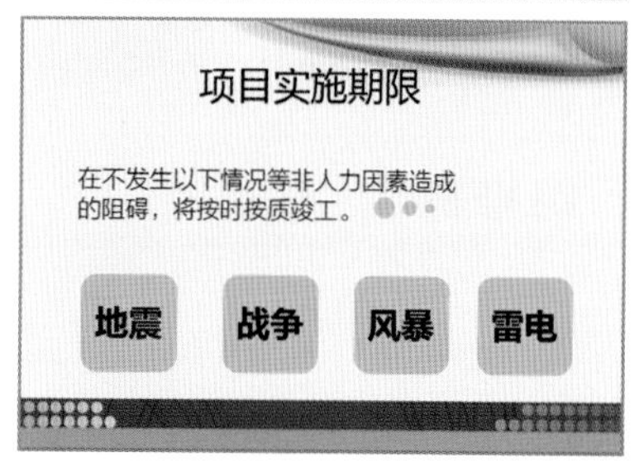
项目实施期限
在不发生以下情况等非人力因素造成的阻碍，将按时按质竣工。
地震
战争
风暴
雷电

对招标方的要求
希招标方切实履行招标义务，配合我方高质量完成工程。
项目实施费用及支付要求均按招标方要求结算。

谢谢大家观看
Thank you

小学英语课件

看图——
"学英语"

apple 苹果
它圆圆的
猜猜它是什么
它很甜

它是红色的
它身体上有小黑点
它很甜
猜猜它是什么
草莓
strawberry

猜猜它是什么
banana
香蕉
它是长条形的
它很软
它是黄色的

苹果
草莓
你最爱吃什么？
香蕉

Bye-Bye!

新品上市

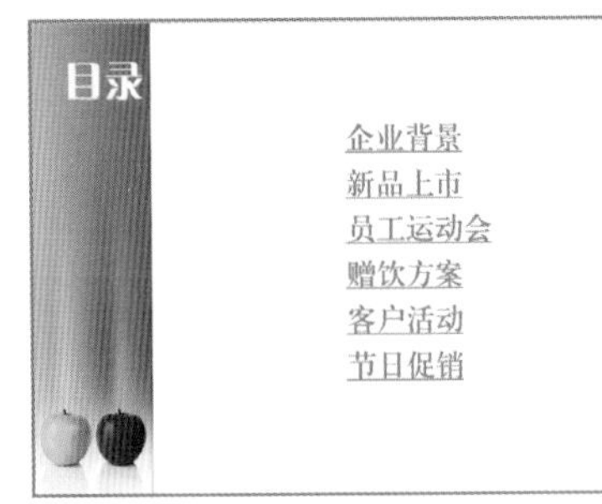

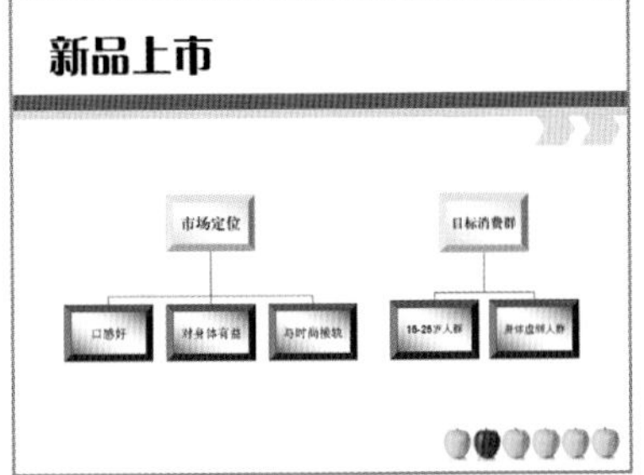

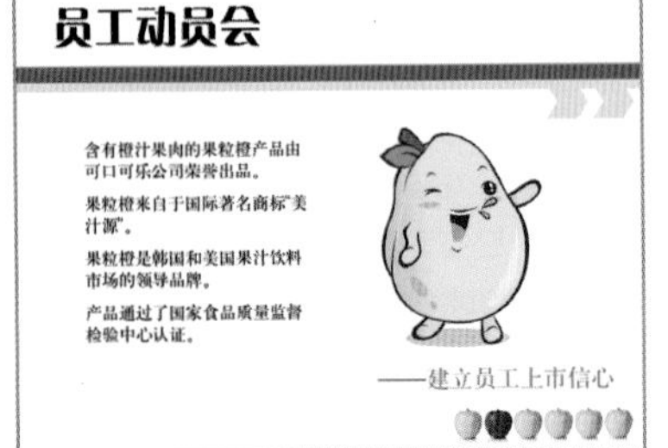

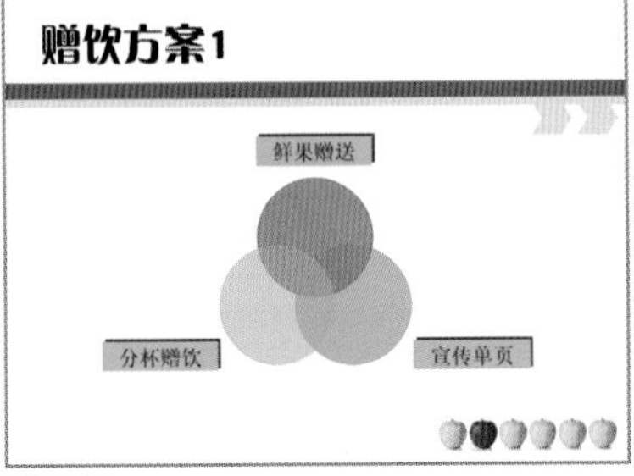

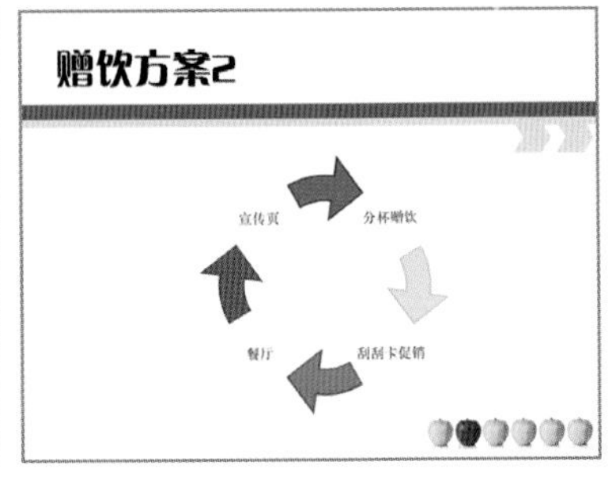

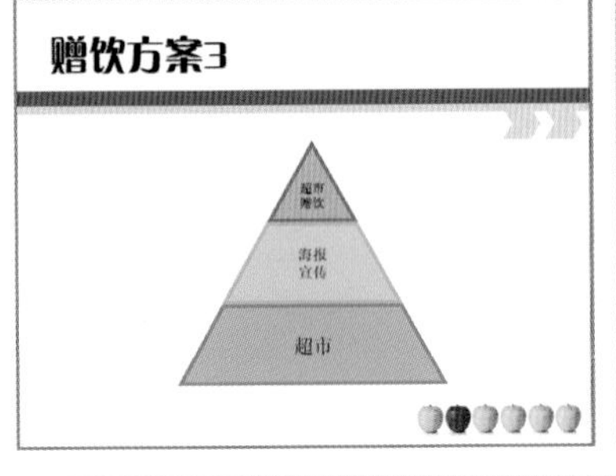

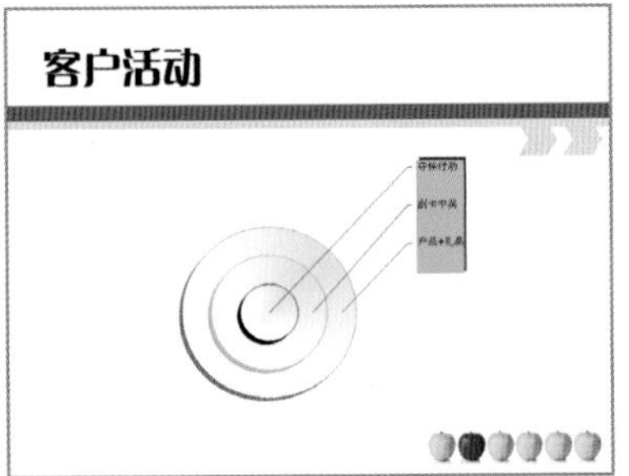

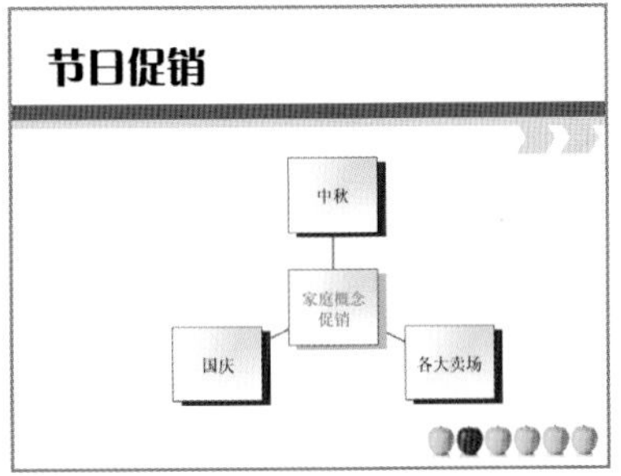

用事实说话

季度统计表 （单位：万元）

	第一个月	第二个月	第三个月	第四个月
青苹果粒	45	58	80	120
红苹果粒	55	75	85	140
青苹果汁	80	55	73	115
红苹果汁	45	58	87	140

Word 2003/Excel 2003/PowerPoint 2003

办公应用

九州书源 / 编著

清华大学出版社

北　京

内容简介

《Word 2003/Excel 2003/PowerPoint 2003办公应用》一书详细而又全面地介绍了学习Word 2003/Excel 2003/PowerPoint 2003的相关知识，主要内容包括Word 2003/Excel 2003/PowerPoint 2003的基础知识，文档的排版与美化，审阅与处理文档，单元格的基本操作，数据的编辑和计算，表格数据的美化，数据的排序、筛选和汇总，图表的创建与美化，数据透视表和数据透视图的应用，函数的应用，幻灯片的基本操作，幻灯片的设计，在幻灯片中添加各种对象，为幻灯片添加动画效果，幻灯片放映以及幻灯片的打印与输出等。最后一章还通过制作Word文档、Excel表格和PowerPoint演示文稿对全书内容进行了综合的演练。

本书内容全面，图文对应，讲解深浅适宜，叙述条理清楚，并配有多媒体教学光盘，对Word/Excel/PowerPoint的初、中级用户有很大帮助。本书适合公司职员、在校学生、教师以及各行各业相关人员进行学习和参考，也可作为各类电脑培训班的办公培训教材。

本书和光盘有以下显著特点：

148节交互式视频讲解，可模拟操作和上机练习，边学边练更快捷！

实例素材及效果文件，实例及练习操作，直接调用更方便！

全彩印刷，炫彩效果，像电视一样，摒弃“黑白”，进入“全彩”新时代！

372页数字图书，在电脑上轻松翻页阅读，不一样的感受！

图书在版编目（CIP）数据

Word 2003/Excel 2003/PowerPoint 2003办公应用 / 九州书源编著．—北京：清华大学出版社，2015
（72小时精通）

ISBN 978-7-302-37955-3

I. ①W… II. ①九… III. ①文字处理系统 ②表处理软件 ③图形软件 IV. ①TP391

中国版本图书馆CIP数据核字（2014）第207785号

责任编辑：赵洛育
封面设计：李志伟
版式设计：文森时代
责任校对：赵丽杰
责任印制：何　芊

出版发行：清华大学出版社
网　址：http://www.tup.com.cn，http://www.wqbook.com
地　址：北京清华大学学研大厦A座　　邮　编：100084
社 总 机：010-62770175　　邮　购：010-62786544
投稿与读者服务：010-62776969，c-service@tup.tsinghua.edu.cn
质 量 反 馈：010-62772015，zhiliang@tup.tsinghua.edu.cn

印 刷 者：三河市君旺印务有限公司
装 订 者：三河市新茂装订有限公司
经　　销：全国新华书店
开　　本：185mm×260mm　印　张：24　插　页：6　字　数：614千字
（附DVD光盘1张）
版　　次：2015年10月第1版　　印　次：2015年10月第1次印刷
印　　数：1～4000
定　　价：69.80元

产品编号：052267-01

PREFACE 前言

※如果您还在为制作一份办公文档而发愁；
※如果您还在为制作一份通知文档而苦恼；
※如果您还在为大量的数据分析而手忙脚乱；
※如果您还在为如何制作各种漂亮的课件而一筹莫展；
※请翻开《Word 2003/Excel 2003/PowerPoint 2003 办公应用》，
※这些问题都能在其中找到并得到解决的办法，
※它将带您在 Word/Excel/PowerPoint 的知识海洋中畅游，
※成为您学习办公文档、电子表格和演示文稿的指明灯。

Word/Excel/PowerPoint 是 Microsoft 办公软件中最为常用的三大组件（又称为 Office 办公三剑客），其强大的文档编排功能、电子表格处理功能和演示文稿制作功能，被广泛应用于各行各业，成为人们生活和办公不可或缺的一部分。尽管如此，还是有很多用户并不太了解 Word/Excel/PowerPoint 的强大之处，仅仅将其作为制作办公文档的工具，忽略了其更实用、强大的功能。本书将针对这种情况，为广大初学者、Word/Excel/PowerPoint 爱好者讲解各种办公文档的制作方法，从全面性和实用性出发，让用户在最短的时间内达到从初学者变为使用高手的目的。

■ 本书的特点

本书以 Word 2003/Excel 2003/PowerPoint 2003 为例进行办公文档制作的讲解。当您在茫茫书海中看到本书时，不妨翻开它看看，关注一下它的特点，相信它一定会带给您惊喜。

26 小时学知识，46 小时上机：本书以实用功能讲解为核心，每章分学习和上机两个部分，学习部分以操作为主，讲解每个知识点的操作和用法，操作步骤详细、目标明确；上机部分相当于一个学习任务或案例制作，同时在每章最后提供有视频上机任务，书中给出操作要求和关键步骤，具体操作过程放在光盘演示中。

知识丰富，简单易学：书中讲解由浅入深，操作步骤目标明确，并分小步讲解，与图中的操作提示相对应，并穿插了“提个醒”、“问题小贴士”和“经验一箩筐”等小栏目。其中“提个醒”主要是对操作步骤中的一些方法进行补充或说明；“问题小贴士”是对用户在学习知识过程中产生疑惑的解答；而“经验一箩筐”则是对知识的总结和技巧，以提高读者对软件的掌握能力。

技巧总结与提高：本书以“秘技连连看”列出了学习 Word/Excel/PowerPoint 的技巧，并以索引目录的形式指出其具体的位置，使读者能更方便地对知识进行查找。最后还在“72 小时后该如何提升”中列出了学习本书过程中应该注意的地方，以提高用户的学习效果。

书与光盘演示相结合：本书的操作部分均在光盘中提供了视频演示，并在书中指出了相对应的路径和视频文件名称，可以打开视频文件对某一个知识点进行学习。

排版美观，全彩印刷：本书采用双栏图解排版，一步一图，图文对应，并在图中添加了操作提示标注，以便于读者快速学习。

配超值多媒体教学光盘：本书配有一张多媒体教学光盘，提供有书中操作所需素材、效果和视频演示文件，同时光盘中还赠送了大量相关的教学教程。

赠电子版阅读图书：本书制作有实用、精美的电子版放置在光盘中，在光盘主界面中单击“电子书”按钮可阅读电子图书，单击“返回”按钮可返回光盘主界面，单击“观看多媒体演示”按钮可打开光盘中对应的视频演示，也可一边阅读一边进行其他上机操作。

■ 本书的内容

本书共分为 5 部分，用户在学习的过程中可循序渐进，也可根据自身的需求，选择需要的部分进行学习。各部分的主要内容介绍如下。

认识 Office 办公三剑客（第 1 章）：主要介绍三剑客的基础操作，包括启动与退出软件、认识 Word 2003/Excel 2003/PowerPoint 2003 的工作界面以及 Office 办公三剑客之间的通用操作等内容。

Word 文档的制作（第 2~4 章）：主要介绍制作 Word 2003 文档的相关操作知识，包括制作规范的 Word 文档、添加对象美化文档和审阅与处理文档等内容。

电子表格的制作（第 5~8 章）：主要介绍 Excel 2003 表格的基础、美化表格、计算与管理数据、函数的应用以及数据透视表与数据透视图等内容。

演示文稿的制作（第 9~11 章）：主要介绍 PowerPoint 2003 演示文稿的相关操作知识，包括幻灯片的设计、美化幻灯片、在幻灯片中添加多媒体对象、为幻灯片添加动画效果以及放映演示文稿的方法等内容。

综合实例制作（第 12 章）：综合运用本书介绍的相关知识，练习制作“影楼宣传单”、“销量分析表”和“新品上市策划”等常用办公文档。

■ 联系我们

本书由九州书源组织编写，参加本书编写、排版和校对的工作人员有彭小霞、陈晓颖、廖宵、包金凤、曾福全、向萍、李星、贺丽娟、何晓琴、蔡雪梅、刘霞、杨怡、李冰、张丽丽、张鑫、张良军、简超、朱非、付琦、何周、董莉莉、张娟。

如果您在学习的过程中遇到什么困难或疑惑，可以联系我们，我们会尽快为您解答，联系方式为：

QQ 群：122144955、120241301（注：只选择一个 QQ 群加入，不重复加入多个群）。

网址：http://www.jzbooks.com。

由于作者水平有限，书中疏漏和不足之处在所难免，欢迎读者不吝赐教。

九州书源

目录 CONTENTS

第1章 Office 办公初体验

学习 2 小时

本章主要介绍了 Word 2003、Excel 2003 和 PowerPoint 2003 的基本操作，在办公领域的应用，通用操作，以及软件的安装和卸载等方法。

- Office 办公初体验
- Word、Excel 和 PowerPoint 的通用操作

1.1 Office 2003 快速入门

Office 2003 是当今社会被公司和部门广泛应用于办公的专业软件，它可以帮助公司和部门完成日常的文档处理工作，充分满足公司和个人对文档编辑的要求。本章将主要介绍关于 Office 2003 中 Word、Excel 和 PowerPoint 组件的实际应用、安装和卸载、工作界面以及三者之间的共性操作等知识。通过本章的学习，用户可以快速掌握办公三剑客的基本操作。

学习 1 小时

- 快速了解 Word/Excel/PowerPoint 2003 工作界面和帮助等功能。
- 掌握 Office 2003 组件的安装以及启动与退出的方法。

1.1.1 Office 2003 在办公中的应用

Office 2003 中包含了多种不同的工具软件，其中最为常用的包括 Word 2003、Excel 2003 和 PowerPoint 2003 这 3 款。下面将依次介绍这些软件在日常生活和工作中的应用。

- Word 2003：Word 2003 是一款非常强大的文字处理软件，常用于制作、打印文档。使用 Word 2003 不仅可以编辑制作专业美观的纯文本文档，还可以通过在文档中插入图片、表格、艺术字等，制作出图文混排、分栏排等多种特殊文档或表格，是电脑办公中使用频率最高的软件之一。Word 2003 可编辑制作通知、会议记录、请柬、宣传单、传真、名片等文档。如下图所示分别为使用 Word 2003 制作的办公会议纪要和名片文档。

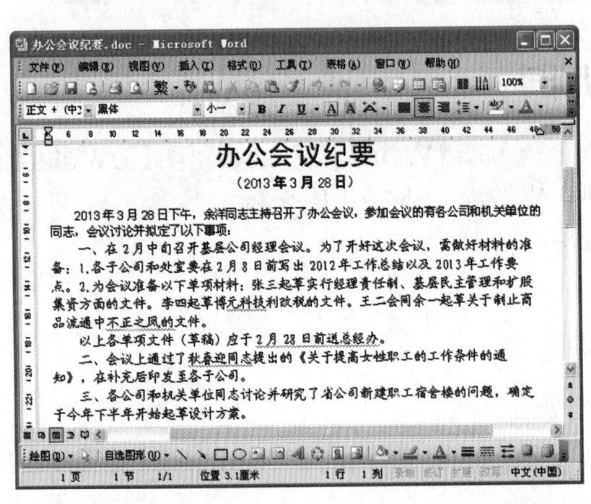

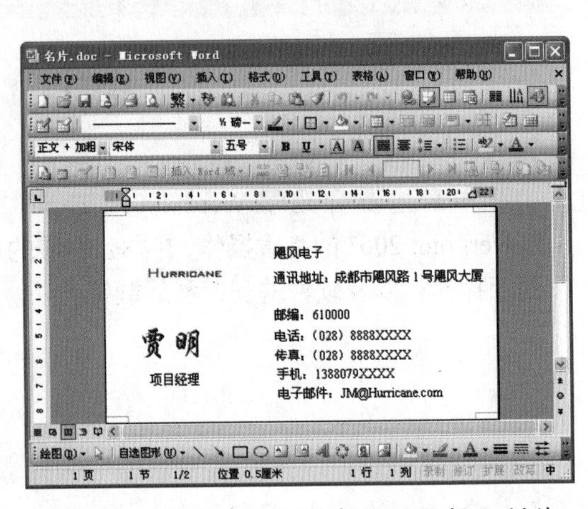

- Excel 2003：Excel 2003 是一款强大的数据处理软件，主要用于电子表格的编辑和制作。使用 Excel 2003 不仅可以对财务、金融等各种行业中的重要数据进行录入和存储，还可以对电子表格中的各种数据进行分析、统计和计算，是电脑办公中管理数据时最常用的软件之一。Excel 2003 可编辑制作财务报表、销售业绩报表、工资明细表和生产记录安排表等多种形式的电子表格。如下图所示分别为使用 Excel 2003 制作的员工工资表和产品库存表。

重庆飞思科技公司员工2013年10月份工资表

姓名	基本工资	业务提成	奖金	合计金额	罚款	应发工资
马琳	800	250.5	30	1080.5	10	￥1,071
郑欣玲	1100	200	30	1330	20	￥1,310
王紫思	1000	310.5	30	1340.5		￥1,341
包慢旭	950	400.65	30	1380.65	20	￥1,361
谭解	750	220	30	1000		￥1,000
黄一一	900	190.85	30	1120.85	40	￥1,081
夏思雨	1200	200	30	1430		￥1,430
谢李	800	170	30	1000		￥1,000
刘世空	850		30	880	20	￥860

雅蝶日用品公司化妆品库存表

产品名称	规格	上月库存	进货数量	出货数量	本月库存
再生霜	50g	423	456	567	312
精华霜	50g	224	767	684	307
晶亮眼影	1.4g	262	163	254	171
舒缓眼霜	20g	784	834	653	965
隐形粉底	30ml	377	363	558	182
亮鲜组合	3g	266	345	395	216
柔彩腮脂	3g	747	646	954	439
纤长睫毛膏	5ml	953	645	973	625
柔白养颜露	30ml	235	426	324	337
柔白补水露	100ml	456	743	634	565
透明质感粉底	5g	843	534	742	635
进货总量	5922	出货总量	6738	库存总量	4754

PowerPoint 2003：PowerPoint 2003 是一款专业的幻灯片处理软件，主要用于幻灯片的制作及演示，它可以创建包含文字、表格、图片和影音等多种混合内容的幻灯片，在多媒体方面应用非常广泛。PowerPoint 可编辑制作课件、产品演示、会议资料、宣传方案等多种形式的幻灯片。如下图所示分别为使用 PowerPoint 2003 制作的数学课件和公司创意大赛幻灯片。

经验一箩筐——Office 中各组件的资源共享

在 Office 2003 中，各组件内的单独资源可共享于其他组件，如在 Word 中可共享使用 Excel 或 PowerPoint 中的文件资源，在 Excel 中可共享使用 Word 中的文件资源等。

1.1.2 安装 Office 组件

Office 2003 办公软件包括多个相对独立的组件，在办公时，根据情况可能会用到不同的组件。所以在安装时，用户可以将所有 Office 组件安装在电脑中，以备需要时使用（需注意的是，安装时，也可根据办公需要和电脑系统的配置选择性地安装 Office 2003 中的某些组件）。下面将安装 Office 组件到电脑中，其具体操作如下：

光盘文件 实例演示 \ 第 1 章 \ 安装 Office 组件

STEP 01：输入产品密钥

1. 将 Office 2003 安装光盘放入光驱中，系统将自动运行安装配置向导，并复制安装文件。完成复制后，打开“产品密钥”界面。在“产品密钥”文本框中依次输入光盘包装盒上的安装序列号。
2. 单击[下一步(N) >]按钮。

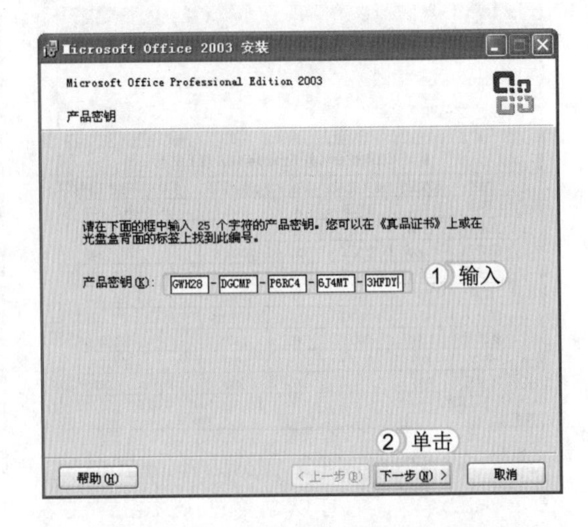

> **提个醒**
> 作为商业软件的 Office 2003 是不能免费获得的，需要在软件专卖店或在网上向 Microsoft 公司购买其正版安装光盘。正版安装光盘的包装盒内还附有安装说明及安装软件时需要使用的注册码等内容。

STEP 02：输入用户信息

1. 打开“用户信息”界面，在“用户名”、“缩写”和“单位”文本框中分别输入相应的用户信息。
2. 单击[下一步(N) >]按钮。

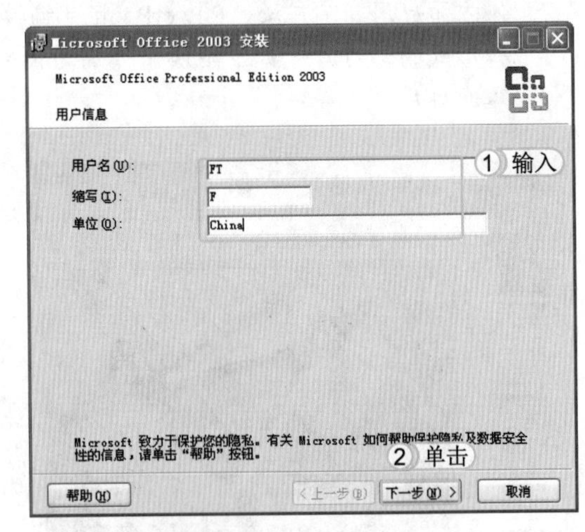

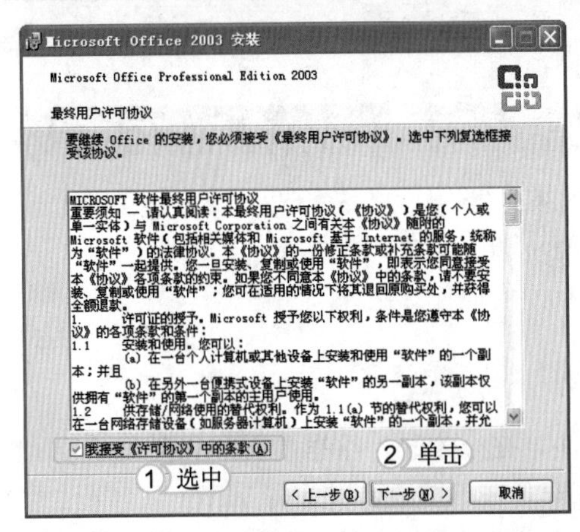

STEP 03：接受《许可协议》条款

1. 打开“最终用户许可协议”界面，在该界面中选中[我接受《许可协议》中的条款(A)]复选框。
2. 单击[下一步(N) >]按钮。

> **提个醒**
> 在安装 Office 2003 组件的过程中，若不想继续安装，可单击[取消]按钮取消安装。

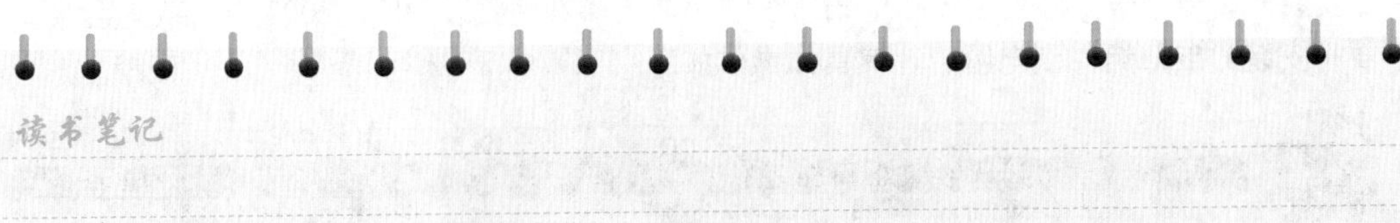

STEP 04： “安装类型”对话框

1. 打开“安装类型”界面，在其中选择安装类型和安装位置，这里选中◎典型安装(T)单选按钮，并保持默认的安装位置。
2. 单击下一步(N)>按钮。

提个醒

安装 Office 2003 办公软件时，需要占用近 2GB 的磁盘空间，如果电脑的主分区(系统盘)不够大，可重新选择安装位置，将其安装在其他磁盘中。

STEP 05： 选择所需安装的 Office 组件

打开“摘要”界面，可查看即将安装的 Office 2003 组件名称及相关的详细信息。然后单击安装(I)按钮。

提个醒

在安装 Office 2003 组件时，用户也可只安装某些组件，如安装其中的 Word、Excel 和 PowerPoint 3 个组件，可在“安装类型”对话框中选中◎自定义安装(C)单选按钮，在打开的对话框中选择相应的组件进行安装。

STEP 06： 查看安装进度

系统开始安装，并显示安装进度。安装完成后，在打开的“安装已完成”界面中单击完成(F)按钮，完成对 Office 2003 的安装。

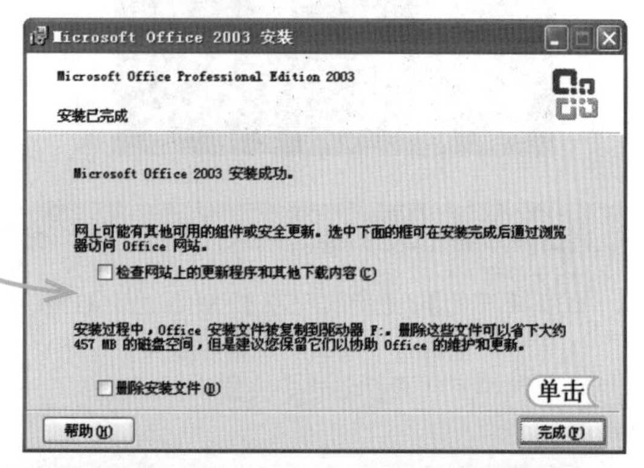

经验一箩筐——卸载 Office 软件的所有组件

卸载 Office 软件所有组件的方法非常简单，在“程序和功能”窗口的列表框中选择 Microsoft Office Professional Edition 2003 选项，单击卸载按钮，或在其上单击鼠标右键，在弹出的快捷菜单中选择“卸载”命令，在打开的对话框中单击是(Y)按钮，开始卸载 Office 软件。

1.1.3 启动和退出 Office 2003 常用组件

安装完 Office 2003 后，便可以使用 Office 2003 中的各个组件。下面将分别介绍 Office 2003 组件的启动和退出方法。

1. 启动 Office 2003 组件

安装 Office 2003 常用组件后，就可使用 Office 2003 中的各个组件进行办公，但在使用前，还需要先启动这些组件。Office 2003 各个组件的启动方法基本相同，主要有以下几种。

- 通过"开始"菜单启动：单击 开始 按钮，在弹出的菜单中选择【开始】/【所有程序】/Microsoft Office 命令，在其子菜单中显示了安装的所有 Office 2003 组件，选择需要的组件启动即可。

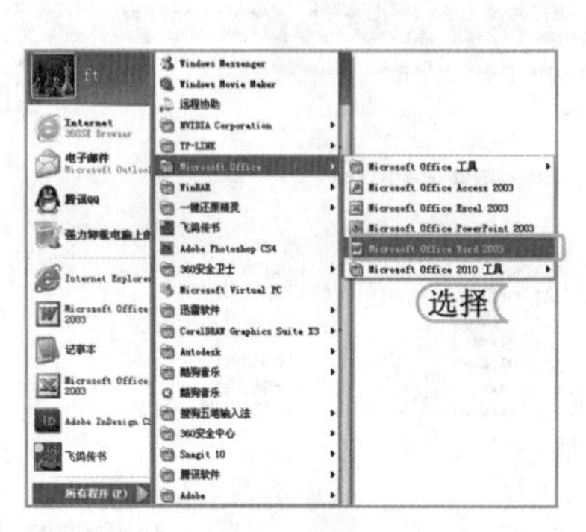

- 通过桌面快捷方式图标启动：双击桌面上 Office 各组件的快捷方式图标即可启动。如双击 Excel 2003 快捷方式图标。

- 通过双击文档启动：启动 Office 2003 组件最直接的方法是双击由组件生成的文档，系统将在启动组件的同时打开所选文档。

经验一箩筐——创建桌面快捷方式图标

选择【开始】/【所有程序】/Microsoft Office 命令，在其子菜单中选择需要在桌面创建快捷方式图标的组件，在其上单击鼠标右键，在弹出的快捷菜单中选择【发送到】/【桌面快捷方式图标】命令，即可在桌面创建快捷方式图标。

2. 退出 Office 2003 组件

退出 Office 组件的方法也有多种，用户可根据使用习惯选择相应的退出方法，常用的退出方法有如下几种：

- 退出 Office 各组件最直接的方法是在 Office 各组件工作界面的标题栏上单击"关闭"

按钮![]。

- 在打开的 Office 各组件的工作界面中按 Alt+F4 组合键。
- 在 Office 各组件的工作界面中选择【文件】/【退出】命令。
- 在打开的 Office 各组件工作界面中的标题栏空白位置处单击鼠标右键，在弹出的快捷菜单中选择“关闭”命令。

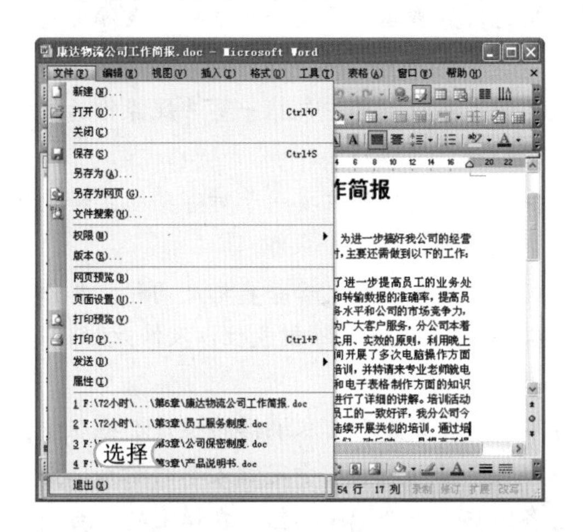

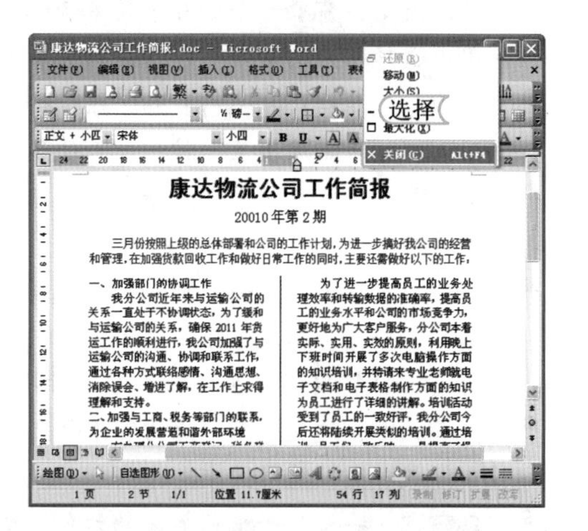

经验一箩筐——其他退出组件的方法

在 Office 各组件工作界面的标题栏左侧双击相应组件的控制菜单图标，如双击 Excel 2003 中的图标，即可退出 Excel 2003。

1.1.4 了解 Office 2003 工作界面

为了更熟练地对 Office 2003 进行操作，需要先了解 Office 2003 各组件的工作界面。Office 2003 各组件工作界面非常相似，一般由标题栏、菜单栏、工具栏、任务窗格、文档编辑区、状态栏和滚动条等组成。下面分别对它们的工作界面进行讲解。

1. Word 2003 工作界面

启动 Word 2003 后即可查看其工作界面，主要由标题栏、菜单栏、“常用”工具栏、“格式”工具栏、标尺、文档编辑区、任务窗格和状态栏等部分组成。

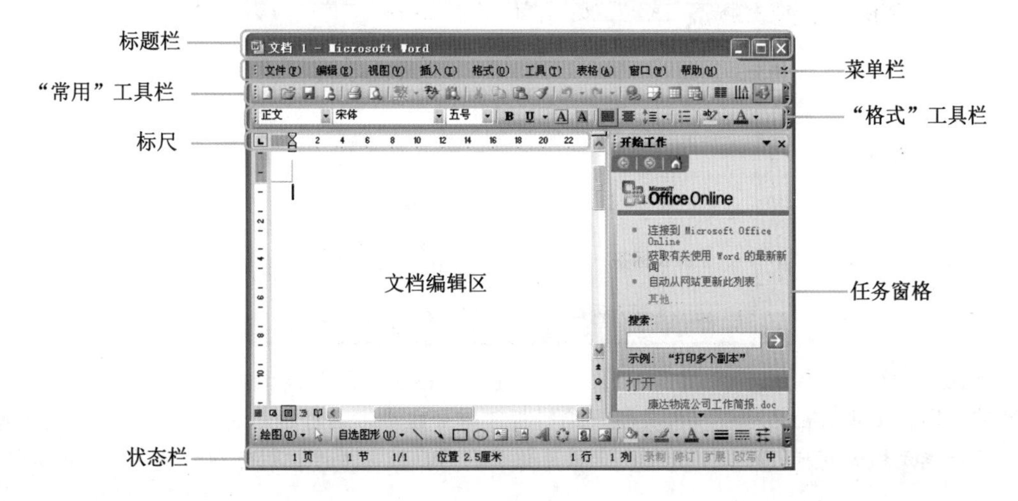

Word 2003 工作界面中，各功能区的作用有所不同，其具体作用如下。

- 标题栏：用于显示正在编辑的文档或程序名称等信息，其右侧有 3 个窗口控制按钮，分别是“最小化”按钮、“最大化”按钮和“关闭”按钮，单击相应的按钮可执行相应的操作。
- 菜单栏：位于标题栏下方，包含 Word 的所有命令，包括文件、编辑、视图、插入、格式、工具、表格、窗口和帮助 9 个菜单项。编辑文档时，只需要选择某一菜单项，在弹出的子菜单中选择相应的命令，即可执行相应的操作。
- “常用”工具栏：是 Word 2003 默认情况下显示的工具栏，其中包括一些常规操作的按钮和列表框，只需单击某一按钮就可快速对文档进行相应的操作。
- “格式”工具栏：它是默认情况下显示的工具栏，其中的按钮主要用于对字符格式和段落格式进行设置，可完成设置字体、字号、对齐方式和项目符号等操作。
- 标尺：在文档编辑区的左侧和上侧都有标尺，标尺分为水平标尺和垂直标尺两种。其作用是确定文档在屏幕及纸张上的位置，即改变段落缩进、设置和清除制表位以及修改栏宽等。选择【视图】/【标尺】命令，可将标尺显示或隐藏。
- 文档编辑区：文档编辑区是 Word 中最重要的部分，所有关于文本编辑的操作都将在该区域中完成，文档编辑区中有个闪烁的光标，称为文本插入点，用于定位文本的输入位置。
- 任务窗格：一般位于工作界面的右侧，单击任务窗格右上角的按钮，在弹出的下拉列表中可选择相应的任务类型，打开相应的任务窗格。单击任务窗格中的某个超级链接或图标，可执行相应的命令。
- 状态栏：Word 2003 工作界面的最下方为状态栏，其中显示了当前文档的一些相关信息，包括当前页码、文档总页数、当前光标所在位置、当前语言状态以及文档编辑的控制按钮等。

2. Excel 2003 工作界面

Excel 2003 的工作界面与 Word 2003 的工作界面基本相同，不同的是 Excel 2003 编辑区由编辑栏、行号和列标、单元格和工作表标签等部分组成。

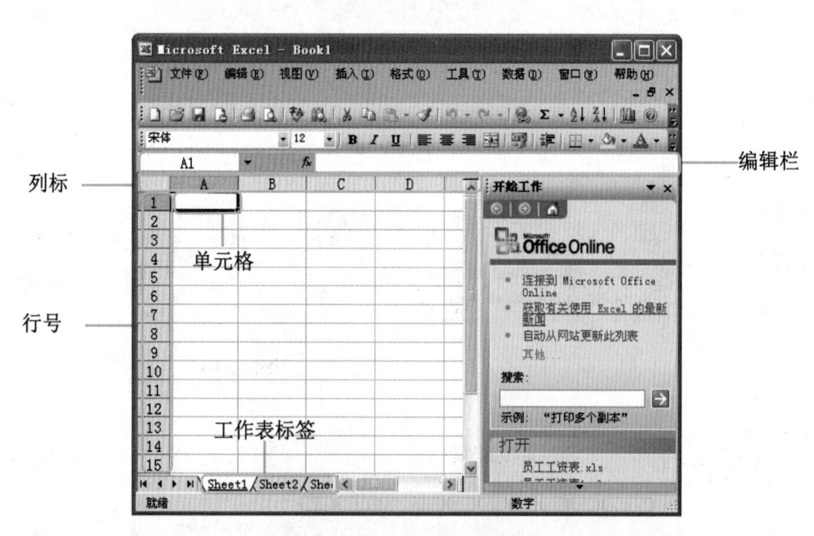

Excel 2003 工作界面与 Word 2003 工作界面中不同的部分及其作用介绍如下。

- 编辑栏：编辑栏由名称框、工具框和编辑框 3 部分组成，名称框中的第一个大写英文字母表示单元格的列标，第二个数字表示单元格的行号。单击按钮则可在打开的“插入函数”

对话框中选择要输入的函数。编辑框用于显示单元格中输入或编辑的内容，也可直接输入和编辑。

- 行号和列标：编辑区左侧的阿拉伯数字就是行号，而上面的英文字母为列标。每个单元格的位置都是由行号和列标来确定的，它们起到了坐标的作用。
- 单元格：单元格是 Excel 工作界面中的矩形小方格，是组成 Excel 表格的基本单位，用户输入的所有内容都将存储和显示在单元格内。
- 工作表标签：用于显示工作表名称，单击某工作表标签可以切换到对应的工作表。默认情况下工作表名称为 Sheet1、Sheet2 和 Sheet3。

3. PowerPoint 2003 工作界面

PowerPoint 2003 的工作界面除了标题栏、“常用”工具栏、“格式”工具栏、菜单栏、任务窗格和状态栏等部分外，还包括“幻灯片 / 大纲”窗格、幻灯片编辑区和“备注”窗格等部分。

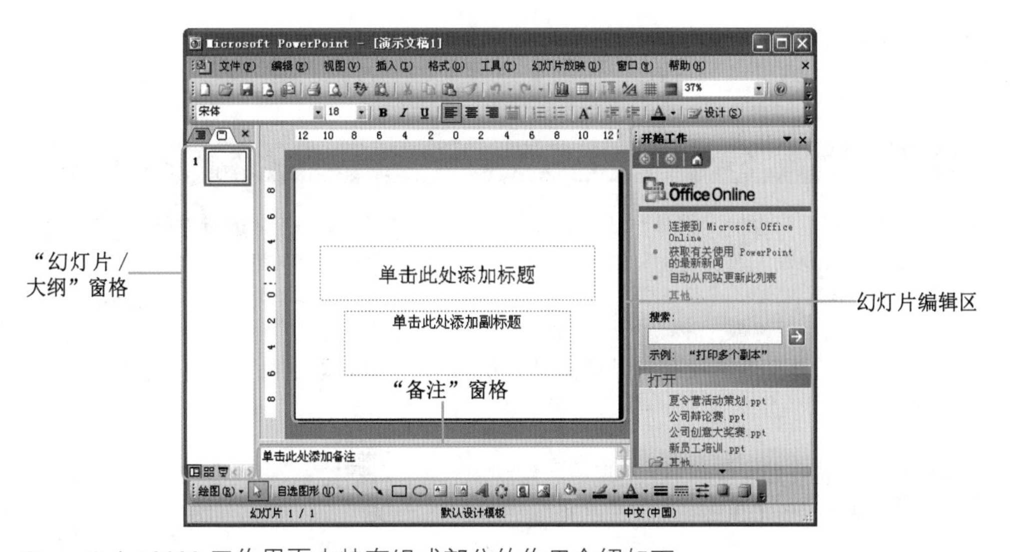

PowerPoint 2003 工作界面中特有组成部分的作用介绍如下。

- “幻灯片 / 大纲”窗格：“幻灯片 / 大纲”窗格位于工作界面的左侧，选择不同的选项卡，即可在相应的窗格中进行切换。在“大纲”选项卡中，系统以大纲形式列出了当前演示文稿中各张幻灯片的内容；而在“幻灯片”选项卡中，显示了演示文稿的幻灯片数量及位置，其中的幻灯片以缩略图形式显示，还可清晰地查看演示文稿的结构。
- 幻灯片编辑区：幻灯片编辑区是编辑幻灯片内容的场所，是演示文稿的核心部分。在该区域中，可对幻灯片内容进行编辑、查看和添加对象等操作，制作的演示文稿将在此完成。
- “备注”窗格：“备注”窗格位于幻灯片编辑区下方，在该窗格中输入内容可以为幻灯片添加说明。如为幻灯片注明展示内容的背景和细节等，以使放映者能够更好地讲解幻灯片中展示的内容。

1.1.5 Office 2003 工作界面任意换

在 Office 2003 各常用组件的工具栏中包含了许多常用的功能命令、按钮和下拉列表框，但是有许多的命令按钮和下拉列表框都没有显示在工具栏中，用户可根据需要自定义工具栏，来变换 Office 2003 各组件工作界面的显示效果。

其操作方法是：启动 Office 2003 任一组件，在工具栏中单击鼠标右键，在弹出的快捷菜单中选择需要显示或隐藏的工具栏命令即可。显示后的工具栏默认位置一般位于各组件工作界面的上方或下方，此时，用户可将鼠标光标移动至工具栏空白处，当鼠标光标变为✥形状时，按住鼠标左键不放拖动至所需位置后，释放鼠标可调整工具栏在工作界面的位置。

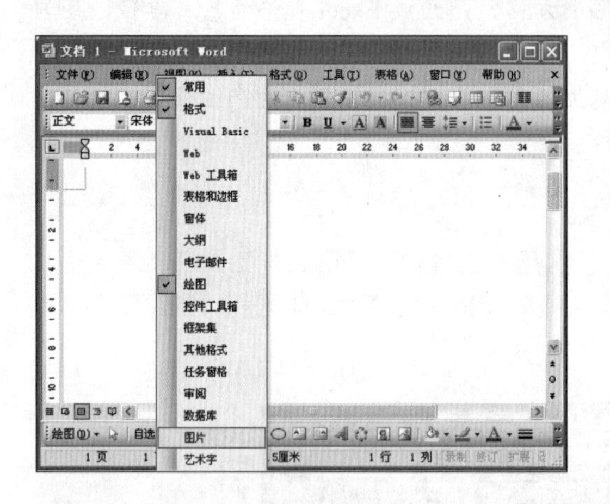

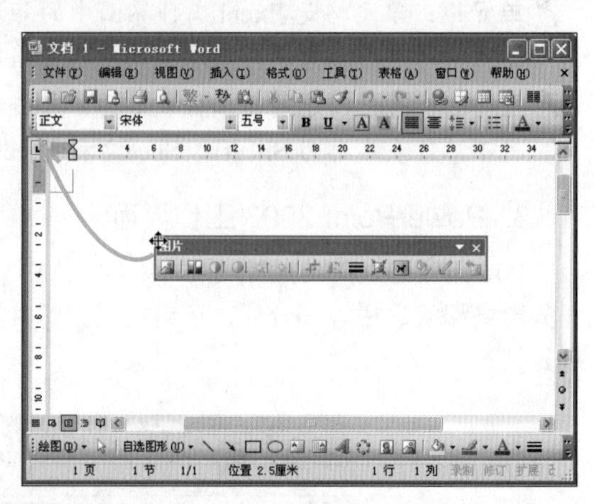

经验一箩筐——“自定义”对话框

在工具栏中单击鼠标右键，在弹出的快捷菜单中选择“自定义”命令，在打开的“自定义”对话框中可以进一步对工具栏进行设置。在“自定义”对话框的“工具栏”选项卡中选中各个复选框，在软件的工作界面中将立即显示出对应的工具栏，在该选项卡中还可以执行“新建”、“重命名”和“删除”等操作；在“命令”选项卡中可以将“命令”列表框中的各个命令拖动到新建的工具栏中；而“选项”选项卡主要用于设置个性化菜单和工具栏。

1.1.6　使用 Office 2003 的帮助功能

在学习和使用 Word、Excel 和 PowerPoint 2003 的过程中，若遇到解决不了的问题，便可通过 Word、Excel 和 PowerPoint 的帮助系统获取帮助并快速解决问题。

获得帮助信息可以通过在“帮助”任务窗格进行搜索。启动 Word、Excel 或 PowerPoint 2003 后，系统会自动在其工作界面的右侧打开任务窗格，选择【帮助】/【Microsoft Office 帮助】命令或按 F1 键，可在任务窗格中打开“帮助”任务窗格。

下面以在 Word 2003 中搜索“合并或拆分子文档”信息为例，讲解获取帮助信息的方法，其具体操作如下：

光盘文件　实例演示 \ 第 1 章 \ 使用 Office 2003 的帮助功能

STEP 01：打开“Word 帮助”任务窗格

启动 Word 2003 软件，选择【帮助】/【Microsoft Office Word 帮助】命令，打开“Word 帮助”任务窗格。

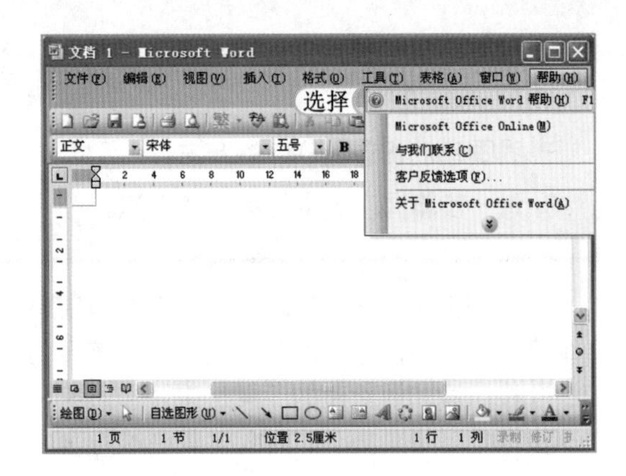

提个醒 在“Word 帮助”任务窗格上方的空白处单击，当鼠标光标变为✥形状时，按住鼠标拖动，可对任务窗格进行移动。

STEP 02：输入关键字

1. 在任务窗格的“搜索”文本框中输入要搜索信息的文本关键字，这里输入“文档”。
2. 单击右侧的“开始搜索”按钮➡。

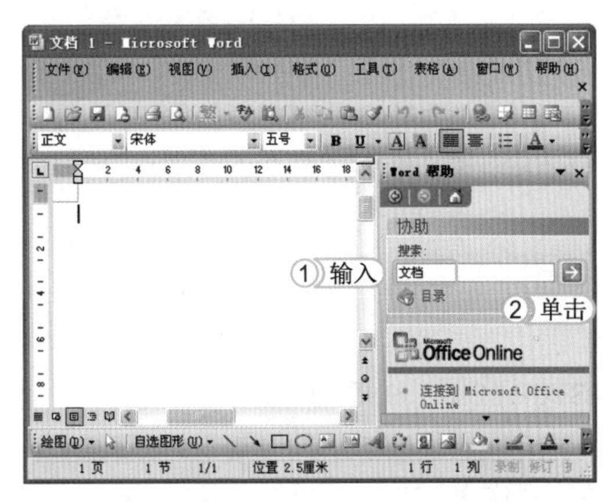

提个醒 单击 Office Online 栏中的超级链接，可在 Internet 上获取相应的 Word、Excel 和 PowerPoint 2003 的信息。

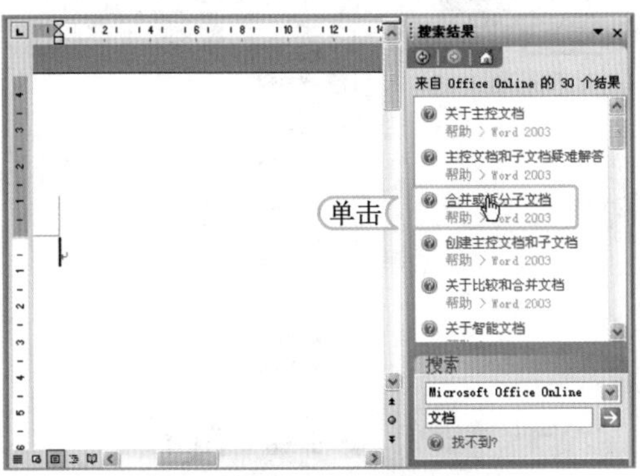

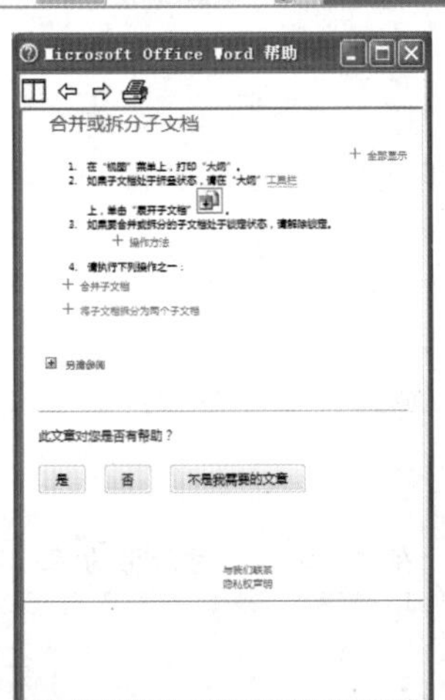

STEP 03：选择需要帮助信息

在打开的“搜索结果”任务窗格的列表框中显示了所有与搜索内容有关的结果。单击搜索结果中的“合并或拆分子文档”超级链接。

提个醒 在“Word 帮助”任务窗格上方单击◎按钮，可打开前一次操作过的信息窗口。

STEP 04：查看帮助信息

系统将自动打开“Microsoft Office Word 帮助”窗口，并显示在屏幕右侧，与 Word 平铺整个屏幕。在窗口中显示了当前要查看的信息内容。

上机 1 小时 定制 Excel 窗口

- 巩固启动和退出软件的方法。
- 进一步掌握自定义工具栏的方法。

本例将启动 Excel 2003，然后在窗口新建一个名为“常用按钮”的工具栏，并将常用功能命令按钮添加到新建的工具栏中，通过练习进一步熟悉自定义 Excel 2003 工具栏的方法。

光盘文件　实例演示 \ 第 1 章 \ 定制 Excel 窗口

STEP 01：启动 Excel 2003

双击系统桌面上 Microsoft Office Excel 2003 的快捷方式图标，启动 Excel 2003 程序。

STEP 02：打开“自定义”对话框

在工具栏中单击鼠标右键，在弹出的快捷菜单中选择“自定义”命令。

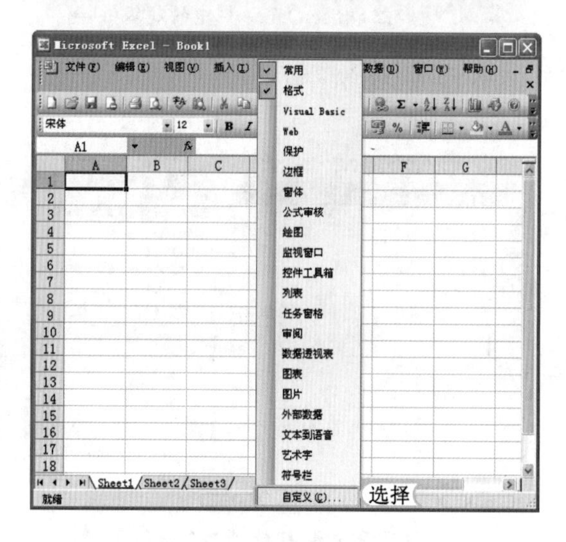

读书笔记

STEP 03：设置新建工具栏名称

1. 打开“自定义”对话框，选择“工具栏”选项卡，单击 新建(N)... 按钮。
2. 在打开对话框的文本框中输入名称“常用按钮”。
3. 单击 确定 按钮，返回到“自定义”对话框。

提个醒　在“自定义”对话框的“工具栏”选项卡中单击 重新设置(R)... 按钮，可以对选择的工具栏进行重新设置。

STEP 04： 添加命令按钮

1. 选择“命令”选项卡。
2. 在“类别”栏中选择“插入”选项。
3. 将“命令”栏中的“单元格”选项拖动到新建的“常用按钮”工具栏中。

提个醒 在“自定义”对话框的“命令”选项卡中单击 重排命令(R)... 按钮，在打开的“重排命令”对话框中可以对菜单栏中的各选项进行移动。

STEP 05： 继续添加命令按钮

1. 使用相同的方法将该类别中的“行”、“列”和“图表”选项移到工具栏中。
2. 单击 关闭 按钮。

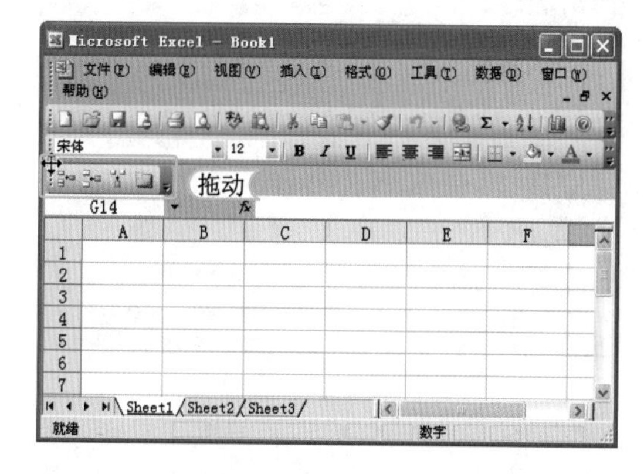

STEP 06： 调整工具栏

将创建的“常用按钮”工具栏拖动到“格式”工具栏下方。

提个醒 将鼠标光标移动到工具栏上，当其变为↕形状时按住鼠标左键进行拖动，可改变工具栏的高度。

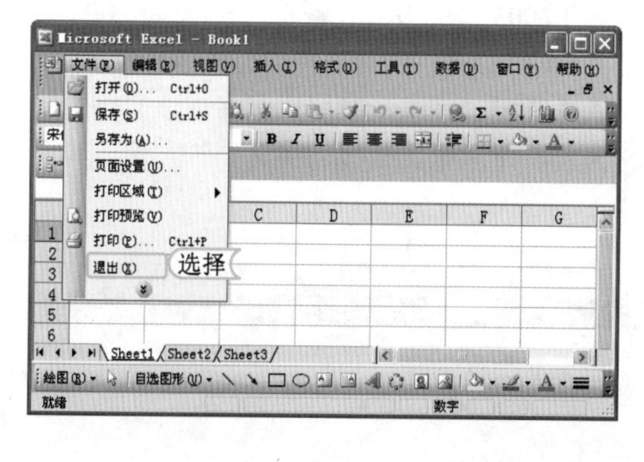

STEP 07： 退出软件

完成操作后，选择【文件】/【退出】命令，退出 Excel 2003 软件。

1.2 Word、Excel 和 PowerPoint 的通用操作

Office 2003 中各组件的作用虽不同，但它们的许多操作都是相同的，只要学会了其中一款软件的操作，其余软件的操作也就非常简单了。下面将介绍 Word、Excel 和 PowerPoint 的通用操作。

学习 1 小时

- 掌握 Word/Excel/PowerPoint 2003 共同的新建、保存、打开、关闭以及撤销与恢复操作。
- 熟练掌握保护 Office 文件的方法。

1.2.1 新建 Office 文件

启动 Office 2003 任一组件后，系统会自动新建一个空白文档，用户可以直接使用。如果新建的文档不能满足办公的需要，用户还可以创建新的文档。而创建文档主要分为创建新的空白文档和通过模板创建文档两种，下面对这两种创建文档的方法进行讲解。

1. 创建空白文档

在 Office 2003 中，Word、Excel 和 PowerPoint 组件新建空白文档的方法都是相同的，下面以 Word 为例来介绍新建空白文档的方法。

启动 Word 2003，单击“常用”工具栏中的“新建空白文档”按钮，可创建新的空白文档。

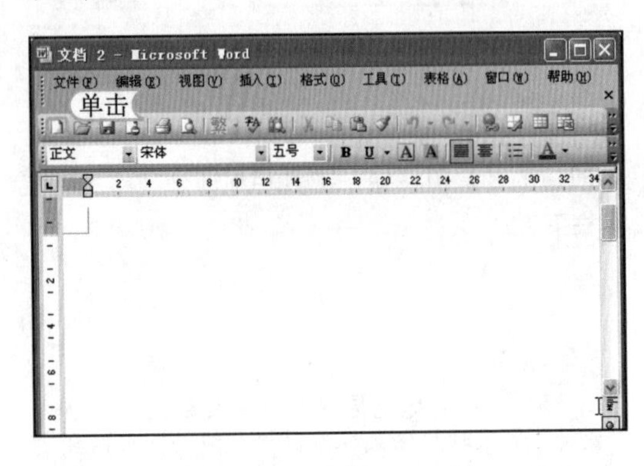

启动 Word 2003，选择【文件】/【新建】命令，打开“新建文档”任务窗格，单击“空白文档”超级链接，即可创建空白文档。

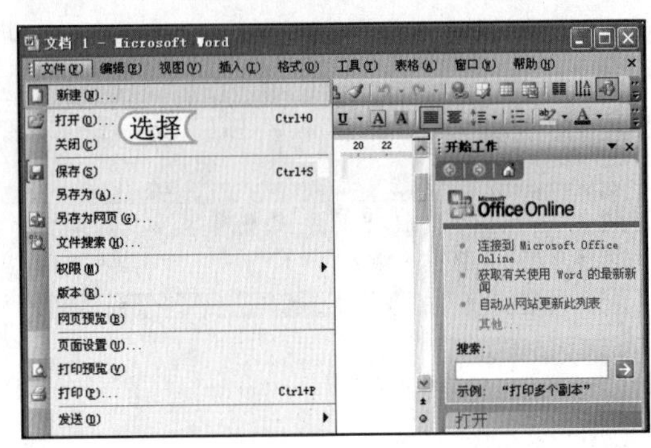

2. 通过模板创建文档

Office 2003 提供了很多固定的模板文档，如 Word 2003 中的报告和备忘录，Excel 2003 中的报价单、预算表，PowerPoint 2003 中的公司会议、市场计划等，创建某种类型的模板文档后，会出现某些已经设定好的内容，只需在相应的位置输入需要的信息，就可快速完成该文档的制作。下面以在 Excel 2003 中根据现有模板创建表格为例，讲解根据模板创建文档的方法，其具体操作如下：

STEP 01: 新建工作簿

启动 Excel 2003，选择【文件】/【新建】命令，打开“新建工作簿”任务窗格，单击“本机上的模板”超级链接。

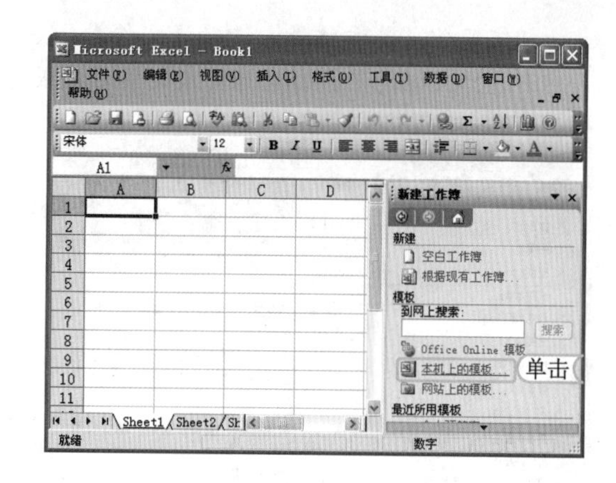

提个醒

如果电脑已连接到网络，在“新建文档”任务窗格中单击“模板”栏中的“网站上的模板”超级链接，打开“基于网站上的模板新建”对话框，在“文件名”文本框中输入网页的网址，单击确定按钮，即可基于网页的模板来新建文件。

STEP 02: 选择模板

1. 打开“模板”对话框，默认选择“常用”选项卡，这里选择“电子方案表格”选项卡。
2. 在列表框中显示了系统自带的Excel文档，在其中选择需要的文档，如选择“个人预算表”选项。
3. 单击确定按钮。

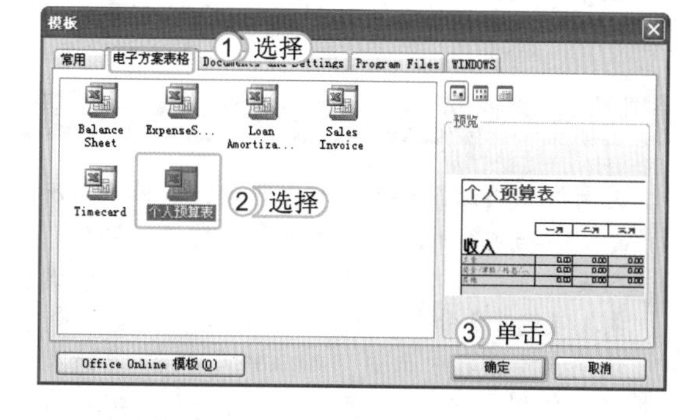

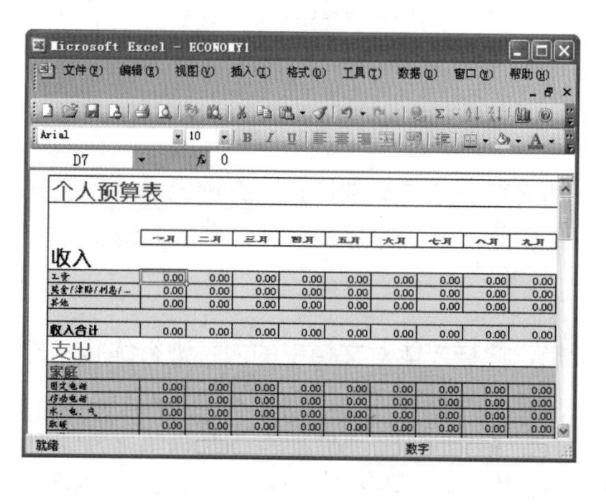

STEP 03: 创建表格

返回 Excel 2003 工作界面，即可看到根据模板创建的表格。用户可以根据需要对创建的表格内容进行修改。

1.2.2 保存 Office 文件

在 Office 2003 中，Word、Excel 和 PowerPoint 组件的保存方法都是相同的，一般分为“保存”和“另存为”两种，这两种方法都可将文档保存下来，而不同之处在于“保存”是将源文件覆盖，而“另存为”则是在不覆盖源文件情况下在另外的位置保存文档。下面以 Word 为例来介绍这两种保存方法。

- 直接保存文档：单击“常用”工具栏中的“保存”按钮，或选择【文件】/【保存】命令。如果文档之前曾被保存过，执行直接保存操作，Word 会自动用修改后的内容替换原内容并进行保存；若文档未保存过，执行直接保存操作，Word 会自动打开“另存为”对话框，用户可在其中指定文档名称和需保存的位置。
- 另存为文档：另存为文档是将已保存过的文档重新保存为另一个文档，但源文档不会发生任何变化。其方法是：选择【文件】/【另存为】命令，打开"另存为"对话框，然后重新选择文档的保存位置并输入文件名，或选择不同的文件类型，再单击保存(S)按钮。

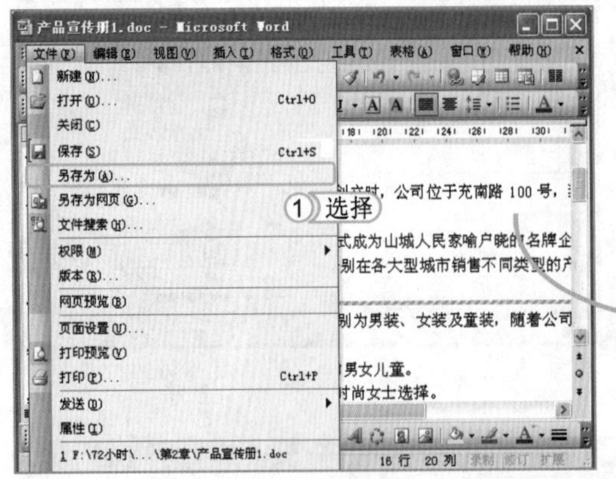

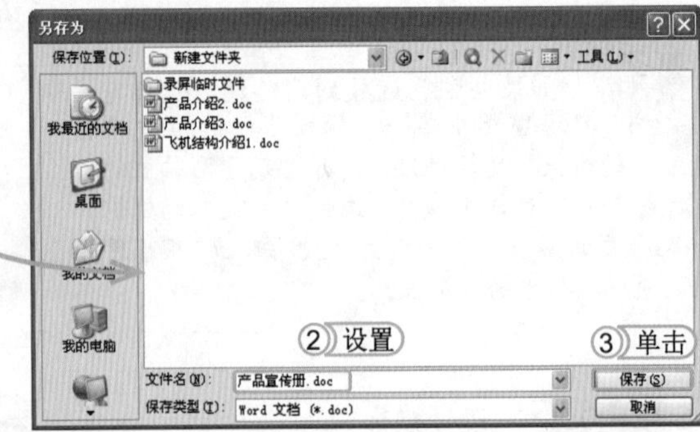

经验一箩筐——自动保存文档

在制作文档时，有时会出现断电或死机等情况，容易造成文档内容的丢失。为避免这种情况发生，可为文档设置自动保存，以减少损失。其方法是：选择【工具】/【选项】命令，打开"选项"对话框，选择"保存"选项卡，在其中选中☑自动保存时间间隔(S):复选框，并在其后的数值框中设置自动保存的时间间隔，单击确定按钮即可在设置的间隔时间后自动保存文档。

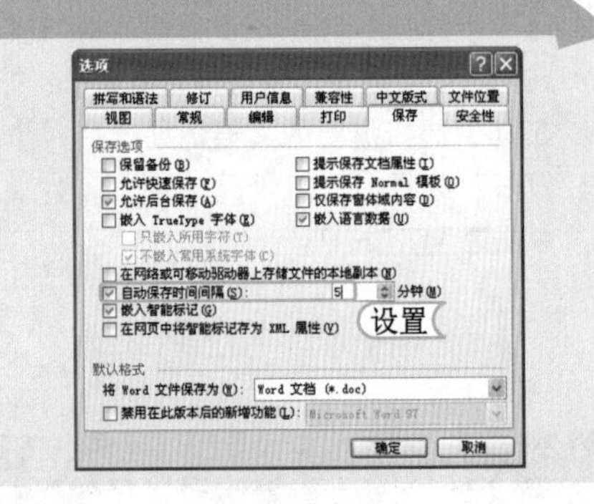

1.2.3 打开和关闭 Office 文件

若要对电脑中保存的文档进行修改或浏览，必须先将相应的文档打开。在浏览或修改完文档后，若已不再需要该文档，就需要将其关闭，下面将分别讲解打开和关闭文档的方法。

1. 打开文档

在对文档进行预览和修改之前，首先应打开文档，这样才能对文档中的内容进行编辑，打开文档的方法有多种，其常用方法如下。

- 通过菜单栏：选择【文件】/【打开】命令，打开"打开"对话框，在"查找范围"下拉列表框中选择文档保存的位置，然后在其列表框中选择需要打开的文档，单击打开(O)按钮，即可打开相应的文档。

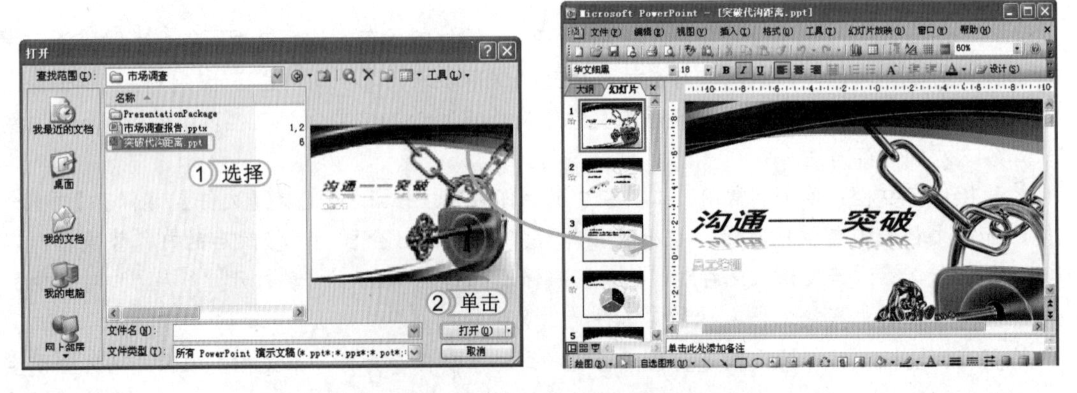

- 通过“常用”工具栏：单击“常用”工具栏中的“打开”按钮，打开“打开”对话框，在对话框中选择需打开文档的路径及文档并双击，可打开文档。
- 直接双击 Office 文档：双击由 Office 2003 组件创建的文档，即可打开该文档。

经验一箩筐——同时打开多个文档

使用 Office 2003 打开文档时，可同时打开多个文档。其方法是：在“打开”对话框中选择文档保存路径，并在文档所在的列表框中按住鼠标左键不放进行拖动选择需打开的文档，释放鼠标后所需文档即呈深色选择状态，再单击 打开(O) 按钮，可同时打开所选的多个文档。

2. 关闭文档

编辑文档的过程中，经常需要打开多个文档窗口，而在不需要某个文档时可将其关闭，关闭文档的方法主要有如下几种。

- 选择【文件】/【关闭】命令。
- 单击菜单栏中的“关闭”按钮×。
- 按 Alt+F4 组合键。

1.2.4 撤销与恢复操作

撤销与恢复操作在 Office 2003 中主要用于在出现错误时，进行纠正操作。撤销与恢复的具体操作方法如下。

- 撤销操作：在对文档进行编辑处理时，Office 2003 中各组件会自动将所做的操作记录下来。当出现错误操作时，可单击常用工具栏中的“撤销”按钮来撤销错误的操作。单击一次可撤销上一步操作，单击多次可撤销多次操作。单击“撤销”按钮右侧的下拉按钮，可任意选择要撤销到哪一步。
- 恢复操作：它与撤销操作是相辅相成的，只有进行了撤销操作后，才可进行恢复操作。单击常用工具栏中的“恢复”按钮，可使文档恢复到最近一次撤销操作前的状态。单击多次可恢复到多次撤销前的状态。单击“恢复”按钮右侧的下拉按钮，可任意选择要恢复到哪一步。

经验一箩筐——通过快捷键进行撤销和恢复操作

按 Ctrl+Z 组合键可撤销上一次操作，连续多次按键可撤销多次操作；按 Ctrl+Y 组合键可恢复上一次撤销操作，连续多次按键可恢复多次操作。

1.2.5 保护 Office 文档

工作中时常会有不可任意传阅查看的私密文档，或不可任意更改的重要资料，这时就需要使用 Office 2003 的加密功能来保护这些文档。

1. 加密保护 Office 文档

打开需要保护的文档，选择【工具】/【选项】命令，打开“选项”对话框，选择“安全性”选项卡，在“打开文件时的密码”文本框中输入设置的密码，单击确定按钮，在打开对话框的“请再次键入打开文件时的密码”文本框中输入相同的密码，单击确定按钮。设置密码后，再次打开该文档将弹出“密码”提示框，提醒用户输入密码，再单击确定按钮。

若需取消已设置的密码，只需在打开加密文档后，以相同的方式打开“选项”对话框的“安全性”选项卡，删除文本框中的密码，单击确定按钮即可。

2. 使用数字签名保护 Office 文档

在实际工作中，当制作好一份文档、表格或演示文稿后，常需要将文档上报给上级领导审查，在上报过程中，若希望保持文档的完整性和原始性，可利用数字签名来保护文档。它主要是通过确认文档是否来源于签名者，来判断文件是否被更改，其目的就是验证内容的真实性。且在设置数字签名后，文档的所有内容将保持签名状态，任何人（包括自己）对文档进行修改，数字签名就会被破坏。那么接收文档的上级，通过查看数字签名是否被破坏也可判断文件的完整性和原始性。

其方法是：选择【开始】/【所有程序】/Microsoft Office/【Microsoft Office 工具】/【VBA 项目的数字证书】命令，打开“创建数字证书”对话框。在“创建数字证书”对话框中，根据自己的需要输入创建的数字证书的名称，单击确定按钮，即可创建数字证书。

然后打开需要添加数字签名的文档，选择【工具】/【选项】命令，打开“选项”对话框，选择“安全性”选项卡，单击数字签名(D)...按钮，打开“数字签名”对话框，单击添加(A)...按钮，打开“选择证书”对话框，可以在列表中看到之前创建的数字证书，再单击确定按钮，返回编辑窗口，完成数字签名的添加。

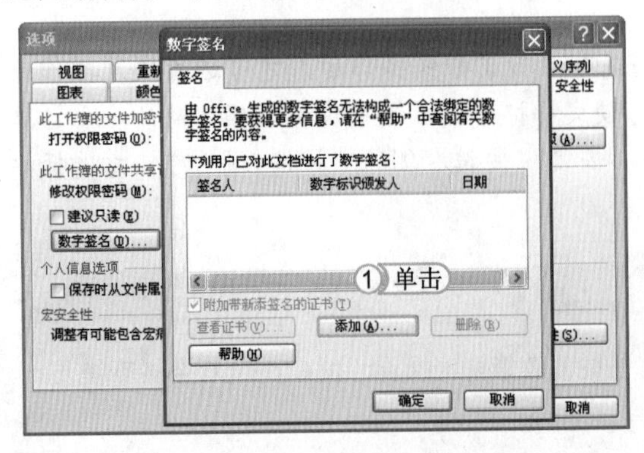

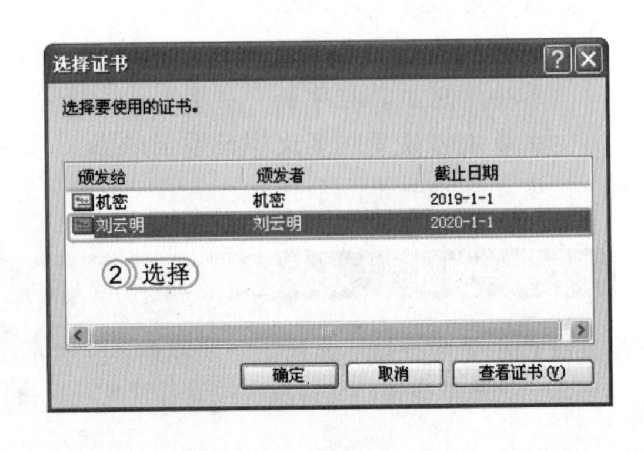

上机1小时 ▶ 新建和保存工作簿

- 掌握打开和保存文档的方法。
- 巩固保护文档的方法。

本例将通过 Excel 2003 的模板新建一个“考勤记录 .xls”工作簿，并对新建的工作簿以“宏鑫公司考勤记录表”为名进行保存。

光盘文件
效果 \ 第 1 章 \ 宏鑫公司考勤记录表 .xls
实例演示 \ 第 1 章 \ 新建和保存文档

STEP 01：打开工作簿

1. 启动 Excel 2003，选择【文件】/【新建】命令，打开“新建工作簿”任务窗格，单击“本机上的模板”超级链接，打开“模板”对话框。选择“电子方案表格”选项卡。
2. 在列表框中选择“考勤记录”选项。
3. 单击 确定 按钮。

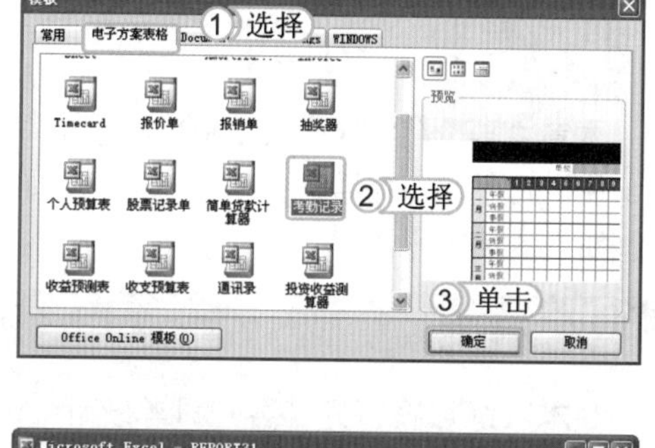

STEP 02：新建模板效果

根据选择的模板新建一个考勤记录表，然后选择【工具】/【选项】命令。

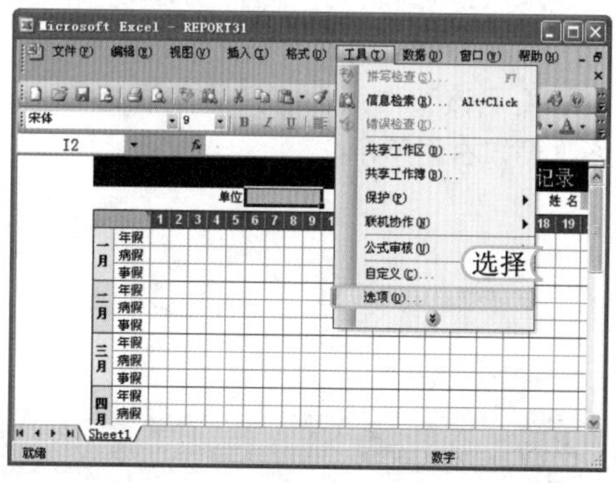

读书笔记

选项
安全性
此工作簿的文件加密设置
打开权限密码(O):
此工作簿的文件共享设置
修改权限密码(M):
建议只读(E)
数字签名(D)...
个人信息选项
保存时从文件属性中删除个人信息(R)
宏安全性
调整有可能包含宏病毒的文件的安全级别并指定受信任的宏创建人姓名。
宏安全性(S)...
① 选择
② 设置
③ 单击
确定
取消

STEP 03：为工作簿设置保护密码

1. 打开“选项”对话框，选择“安全性”选项卡。
2. 在“打开权限密码”和“修改权限密码”文本框中输入需设置的密码。
3. 单击 确定 按钮。

确认密码
重新输入密码(R):
① 输入
警告：丢失或忘记密码后将永远无法打开该文件！建议将密码及其相应工作簿和工作表名称的列表保存在安全的地方(注意，密码区分大小写)。
② 单击
确定
取消

STEP 04：确认密码

1. 在打开对话框的“重新输入密码”文本框中输入相同的密码。
2. 单击 确定 按钮即可。

STEP 05： 保存工作簿

1. 选择【文件】/【另存为】命令，打开“另存为”对话框，在“保存位置”下拉列表框中选择工作簿需保存的位置。
2. 在“文件名”文本框中输入工作簿名称“宏鑫公司考勤记录表.xls”。
3. 单击 保存(S) 按钮。

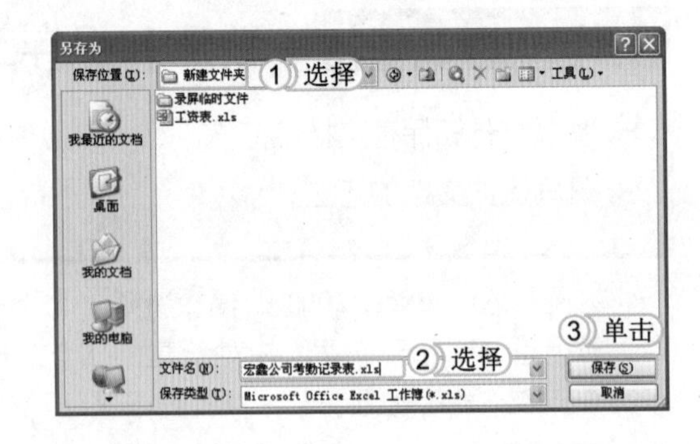

1.3 练习1小时

本章主要介绍了 Office 2003 常用组件的基础知识和其通用操作，用户要想在日常工作中熟练使用它们，还需再进行巩固练习。下面以操作 Excel 和 PowerPoint 软件为例，进一步巩固这些知识的使用方法。

1. 操作 Excel 软件

本次练习将打开“客户订单统计表.xls”工作簿，然后查看其中的内容，最后关闭该工作簿，打开后的表格最终效果如右图所示。

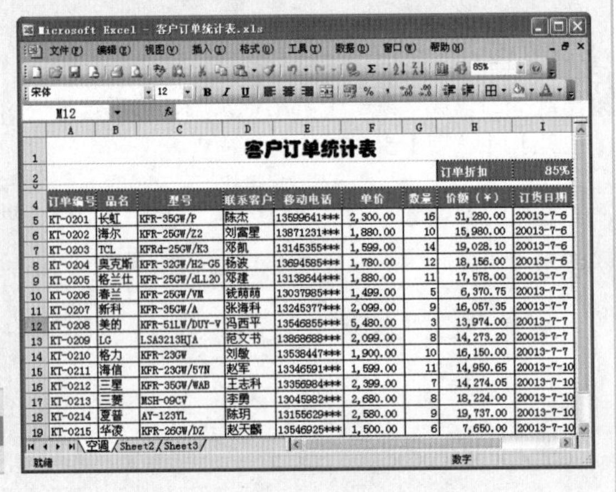

客户订单统计表

订单折扣	85%

订单编号	品名	型号	联系客户	移动电话	单价	数量	价额（¥）	订货日期
KT-0201	长虹	KFR-35GW/P	陈杰	13599641***	2,300.00	16	31,280.00	20013-7-6
KT-0202	海尔	KFR-25GW/Z2	刘富星	13871231***	1,880.00	10	15,980.00	20013-7-6
KT-0203	TCL	KFRd-25GW/K3	邓凯	13145355***	1,599.00	14	19,028.10	20013-7-6
KT-0204	奥克斯	KFR-32GW/H2-G5	杨波	13694585***	1,780.00	12	18,156.00	20013-7-6
KT-0205	格兰仕	KFR-25GW/dLL20	邓建	13138644***	1,880.00	11	17,578.00	20013-7-7
KT-0206	春兰	KFR-25GW/VM	钱萌萌	13037985***	1,499.00	5	6,370.75	20013-7-7
KT-0207	新科	KFR-35GW/A	张海科	13245377***	2,099.00	9	16,057.35	20013-7-7
KT-0208	美的	KFR-51LW/DUY-V	冯西平	13546855***	5,480.00	3	13,974.00	20013-7-7
KT-0209	LG	LSA3213HJA	范文书	13868688***	2,099.00	8	14,273.20	20013-7-7
KT-0210	格力	KFR-23GW	刘敏	13538447***	1,900.00	10	16,150.00	20013-7-7
KT-0211	海信	KFR-23GW/57N	赵军	13346591***	1,599.00	11	14,950.65	20013-7-10
KT-0212	三星	KFR-35GW/WAB	王志科	13356984***	2,399.00	7	14,274.05	20013-7-10
KT-0213	三菱	MSH-09CV	李勇	13045982***	2,680.00	8	18,224.00	20013-7-10
KT-0214	夏普	AY-123YL	陈玥	13155629***	2,580.00	9	19,737.00	20013-7-10
KT-0215	华凌	KFR-26GW/DZ	赵天麟	13546925***	1,500.00	6	7,650.00	20013-7-10

光盘文件
效果\第1章\客户订单统计表.xls
实例演示\第1章\操作 Excel 软件

2. 操作 PowerPoint 软件

本例将练习软件的启动和退出操作，以及根据 PowerPoint 组件中提供的模板新建一个“熊猫翠竹.ppt”演示文稿，并将其保存在D盘中，最终效果如右图所示。

光盘文件
效果\第1章\熊猫翠竹.ppt
实例演示\第1章\操作 PowerPoint 软件

第2章 文档编排——使文档更规范

学习 2 小时

在 Word 中可以制作一些常规文档，但制作文档首先需要掌握文本的输入、文本格式与排版方式的设置等方法。本章将详细介绍文本输入、文本编辑、文档格式和长文档编排方式的设置等知识。

- 对文档进行简单排版
- 快速编排长文档

上机 3 小时

2.1 对文档进行简单排版

要想使用 Word 制作文档，首先需要在文档中输入文本，然后对输入的文本进行简单地编辑和排版，如设置文本格式、插入项目符号和编号、分栏排版、插入页眉页脚和使用文档视图等操作，让文档更规范，也更便于阅读查看。下面就将对它们进行详细讲解。

学习 1 小时

- 掌握各种文本的输入和编辑方法。
- 熟练掌握文本和段落格式的设置方法。
- 灵活运用分栏、页眉和页脚、页码等功能进行简单排版。

2.1.1 输入与编辑文本

新建文档后，即可在文档中输入文本。在 Word 2003 中输入文本包括输入普通文本和特殊符号、插入日期和时间等。同时，只有输入了文本后，才能对文档中的文本进行编辑，下面分别进行讲解。

1. 输入文本

输入文本是制作文档的第一步，其操作方法很简单，只需在文档编辑区中单击，出现不停闪烁的文本插入点后，在该位置输入需要的文本即可。不过，由于文本内容的不同，其输入方法也有所不同。下面通过输入普通文本、特殊符号以及日期与时间来制作“浣花小区停电通知 .doc”文档，其具体操作如下：

光盘文件

效果 \ 第 2 章 \ 浣花小区停电通知 .doc

实例演示 \ 第 2 章 \ 输入文本

STEP 01： 输入标题文本

1. 启动 Word 2003，在文档编辑区的文本插入点处连续多次按 Space 键，使文本插入点居于文档第 1 行的中间位置，然后切换到合适的输入法，在该位置输入文档标题“浣花小区停电通知”。
2. 按 Enter 键换行，在文本插入点处继续输入文档内容，再按 Enter 键换行，接着按 4 次 Space 键，继续输入相应的内容。

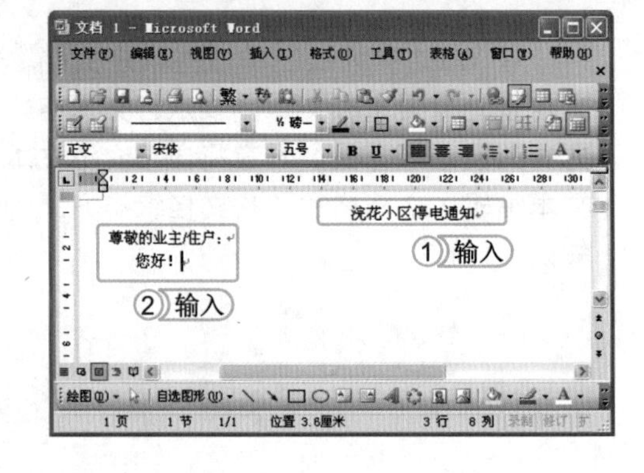

STEP 02： 输入正文内容

再使用前面相应的方法输入通知文档的其他内容。

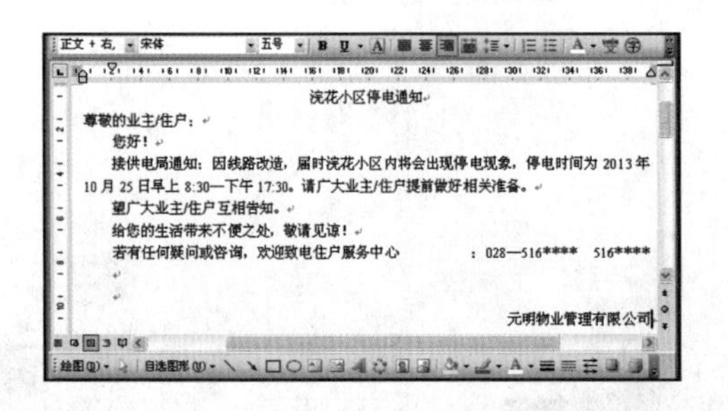

STEP 03: 插入符号

1. 将文本插入点定位到电话号码文本前。选择【插入】/【符号】命令，打开“符号”对话框。单击“字体”列表框右侧的▾按钮，在弹出的下拉列表中选择 Wingdings 选项。
2. 在其下的列表框中选择“☎”符号选项。
3. 单击 插入(I) 按钮。

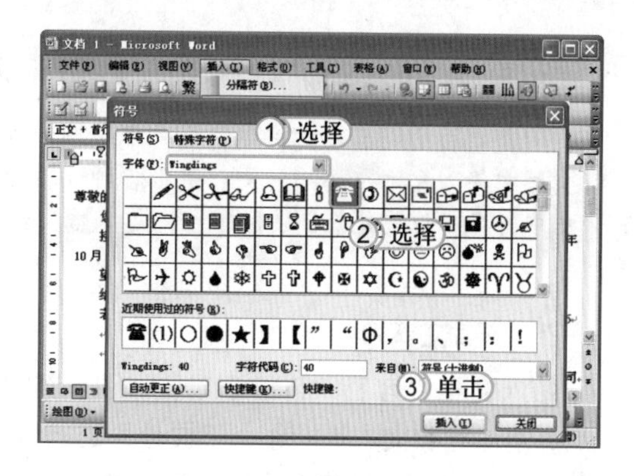

STEP 04: 查看插入符号的效果

单击 关闭 按钮。返回文档编辑区，即可看到添加符号后的效果。

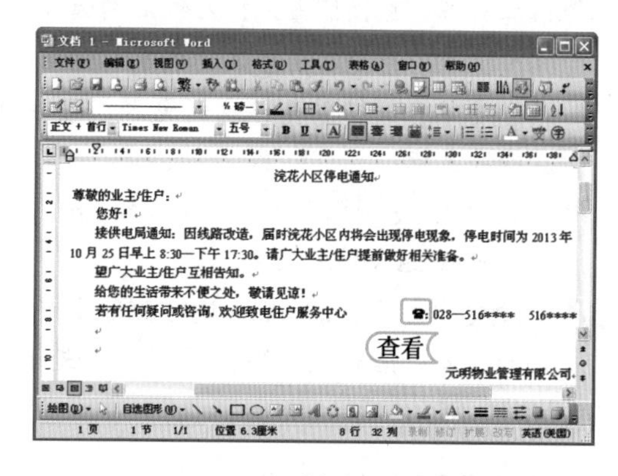

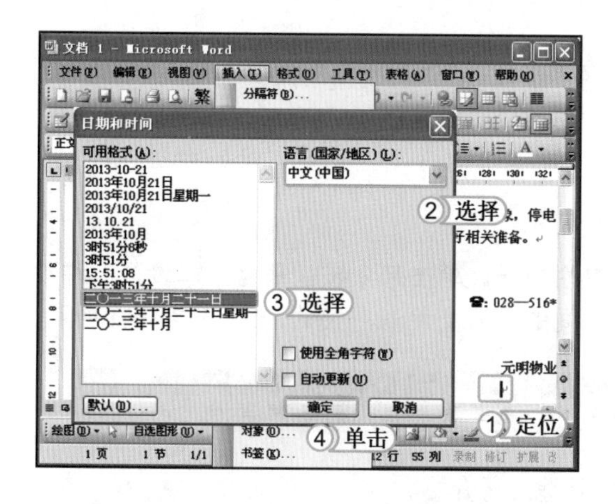

STEP 05: 插入日期

1. 将文本插入点定位到最后一行文本后面，按 Enter 键换行，然后多次按 Space 键，使文本插入点与“元明”文本对齐。
2. 选择【插入】/【日期和时间】命令，打开“日期和时间”对话框，在“语言（国家/地区）”下拉列表框中选择“中文（中国）”选项。
3. 在“可用格式”列表框中选择“二〇一三年十月二十一日”选项。
4. 单击 确定 按钮。

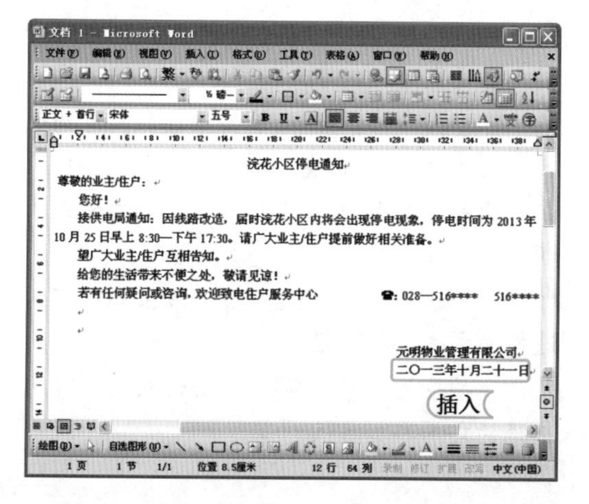

STEP 06: 查看最终效果

返回文档编辑区域，即可查看插入日期的效果，最后对文档进行保存。

经验一箩筐——定位文本插入点

在创建空白文档后，文档中将会出现一个闪烁的竖条，这个竖条被称为文本插入点。无论是在文档中输入文本，还是对文档进行各种编辑操作，都需要先定位文本插入点，其方法是：在文档中的目标位置处单击鼠标即可将文本插入点定位到目标位置。

2. 编辑文本

输入文档内容后，还需要对文本进行编辑。编辑文本包括选择文本、修改文本、移动和复制文本与删除文本等操作，下面分别进行介绍。

- 选择文本：直接使用鼠标左键拖动选择需要的文本。
- 修改文本：选择需要修改的文本，使用输入法进行输入即可修改选择的文本。
- 移动文本：选择需要移动的文本，按住鼠标左键不放，将其移动到需要移动到目标位置后释放鼠标。
- 复制文本：选择需复制的文本，按 Ctrl+C 组合键复制文本，将鼠标光标定位到目标位置后，按 Ctrl+V 组合键粘贴文本。
- 删除文本：按 Backspace 键可删除鼠标光标左侧的文本，按 Delete 键可删除鼠标光标右侧的文本。若是想删除大段文字可先选择需要进行删除的文本，再按 Backspace 键或按 Delete 键。

2.1.2 设置字体格式

字体格式是指文档中文本的字体、字号和颜色等参数，通过对不同的文本设置不同的格式，可使文档更美观，重点更突出。字体格式可以通过“格式”工具栏和“字体”对话框进行设置，其设置方法基本相同，下面分别进行介绍。

1. 通过“格式”工具栏设置

通过工具栏设置字体主要是在“格式”工具栏中通过单击某个按钮来为文本设置一种不同的格式，而其中的下拉列表框可用于设置文本不同的字体及大小。“格式”工具栏如下图所示。

格式 正文 宋体 五号 B I U A A

下面将分别对“格式”工具栏中主要按钮的用途进行介绍。

- “字体”下拉列表框 宋体 ：单击其右侧的按钮，在弹出的下拉列表中可为选择的文本设置字体样式，其默认字体为“宋体”。
- “字号”下拉列表框 五号 ：单击“字号”下拉列表框 五号 右侧的按钮，在弹出的下拉列表中可以为选定的文本设置字号大小，其默认字号为“五号”。
- “加粗”按钮 B ：单击该按钮，可将选择的文本设置为加粗字形。
- “倾斜”按钮 I ：单击该按钮，可将选择的文本设置为倾斜字形。
- “下划线”按钮 U ：单击该按钮，可为选择的文本添加下划线。单击右侧的按钮，在弹出的下拉列表中可选择下划线的样式及颜色。
- “字符边框”按钮 A ：单击该按钮，可为选择的文本添加边框。
- “字符底纹”按钮 A ：单击该按钮，可为选择的文本添加底纹。

“字符缩放”按钮：单击“字符缩放”按钮可将选择的文本宽度放大一倍。单击右侧的按钮，在弹出的下拉列表中可为选择的文本设置字符宽度的缩放百分比。

“字体颜色”按钮：单击“字体颜色”按钮可以为选择的文本修改字体颜色。单击右侧的按钮，在弹出的下拉列表中可为选择的文本设置颜色。

2. 通过“字体”对话框设置

在“字体”对话框中，不仅可对选择的文本进行格式设置，还可在其对话框中预览到设置后的效果，以避免对文本进行反复的格式设置。下面将以在“字体”对话框中设置“红头文件”文档的字体格式为例，讲解字体格式的设置方法，其具体操作如下：

光盘文件
素材\第 2 章\红头文件 .doc
效果\第 2 章\红头文件 .doc
实例演示\第 2 章\通过“字体”对话框设置

STEP 01：选择标题文本

打开“红头文件 .doc”文档，按住鼠标左键拖动选择标题文本，再选择【格式】/【字体】命令。

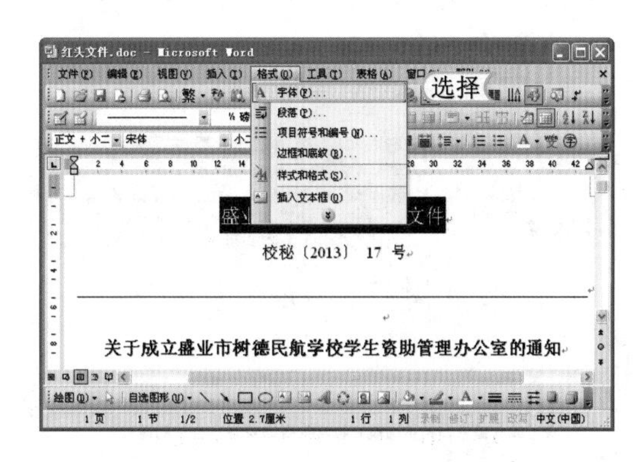

提个醒
在打开的“字体”对话框的“效果”栏中可为文本添加下划线、阴影和空心等字体效果。

STEP 02：设置文本参数

1. 打开“字体”对话框，在“中文字体”下拉列表框中设置字体为“楷体_GB2312”，在“字形”列表框中选择“加粗”选项，在“字号”列表框中选择“小初”选项。
2. 在“字体颜色”下拉列表框中选择“红色”选项。
3. 单击 确定 按钮。

经验一箩筐——通过“字体”对话框设置文本格式

如果要想对文本进行更详细的设置，可以通过“字体”对话框进行。其方法是：选择需要设置格式的文本，选择【格式】/【字体】命令，打开“字体”对话框，在“字体”选项卡中可对字体、字形、字号和字体颜色等进行设置；在“字符间距”选项卡中可对字符缩放、字符间距和字符位置等进行设置；而在“文字效果”选项卡中提供了文字的一些动态效果，如礼花绽放和七彩霓虹等，用户可根据情况选择应用。

STEP 03：打开“字体”对话框

1. 在文档中拖动鼠标选择横线。
2. 并在选择的文本上单击鼠标右键，在弹出的快捷菜单中选择“字体”命令，打开“字体”对话框。

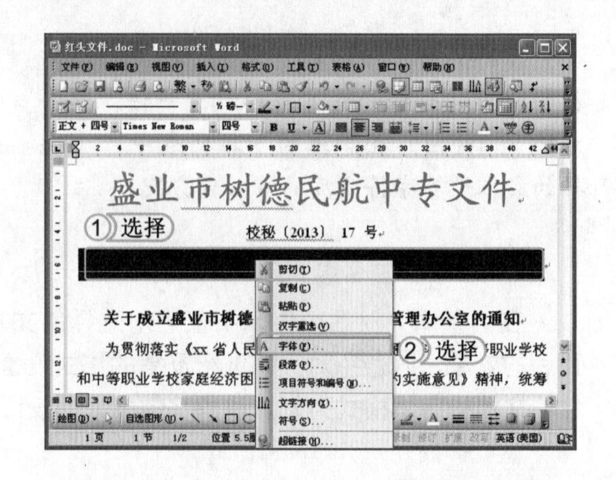

提个醒 在“字体”对话框中的“预览”栏中显示了当前设置的最终效果，用户在设置字体时，可以参考该栏。

STEP 04：设置文本颜色

1. 选择“字体”选项卡，单击“字体颜色”下拉列表框旁的▾按钮，在弹出的列表中选择“红色”选项。
2. 单击 确定 按钮，完成设置。

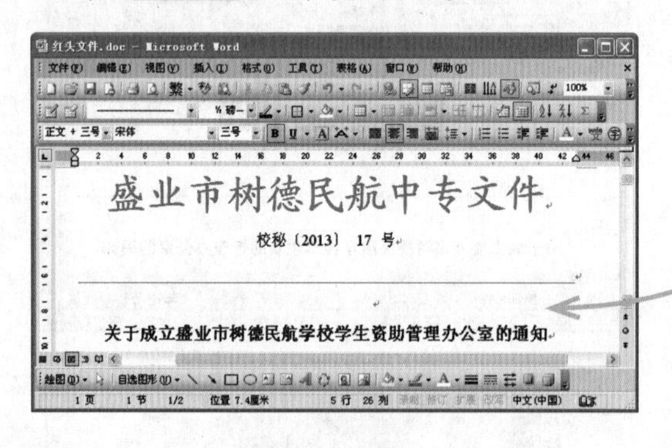

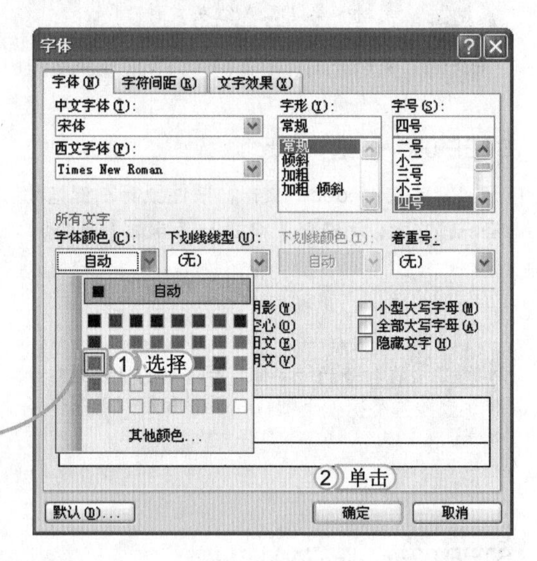

2.1.3 设置段落格式

对文档的段落进行设置可使文档的版式清晰、美观、便于阅读。设置段落格式同样可通过“格式”工具栏和“段落”对话框进行，其设置方法和字体的设置方法大致相同，下面分别进行介绍。

1. 通过“格式”工具栏设置

在 Word 2003 中设置段落格式的方法与设置字体格式的方法类似，设置段落格式也可通过单击“格式”工具栏中的各个按钮来实现。下面将分别对“格式”工具栏中进行段落格式设置的按钮用途进行介绍。

- “两端对齐”按钮▤：单击该按钮，可使选择的段落文字两端对齐。如果该段落最后一行未满，则该行的文字默认靠左对齐。
- “居中对齐”按钮▤：单击该按钮，可使选定的段落或文本插入点所处段落的文本显示在页面的中间位置。
- “右对齐”按钮▤：单击该按钮，可使选择的段落或文本插入点所处段落的文字靠右对齐。
- “分散对齐”按钮▤：单击该按钮，可使选择的段落或文本插入点所处段落的每行文字的两侧具有整齐的边缘。与两端对齐不同的是，其任意一行文字都均匀分布在左右页边距之间。

"减少缩进量"按钮：单击该按钮，可以减少选择段落或文本插入点所处段落的缩进量。

"增加缩进量"按钮：单击该按钮，可增加选择段落或文本插入点所处段落的缩进量。

下面以在工具栏中单击各个按钮来设置"宣传单.doc"文档中的段落格式为例，讲解通过工具栏设置段落格式的方法，其具体操作如下：

光盘文件
素材\第 2 章\宣传单.doc
效果\第 2 章\宣传单.doc
实例演示\第 2 章\通过"格式"工具栏设置

STEP 01：选择标题文本

1. 打开"宣传单.doc"文档，并选择需要进行居中对齐的文本。
2. 单击"格式"工具栏中的"居中对齐"按钮。

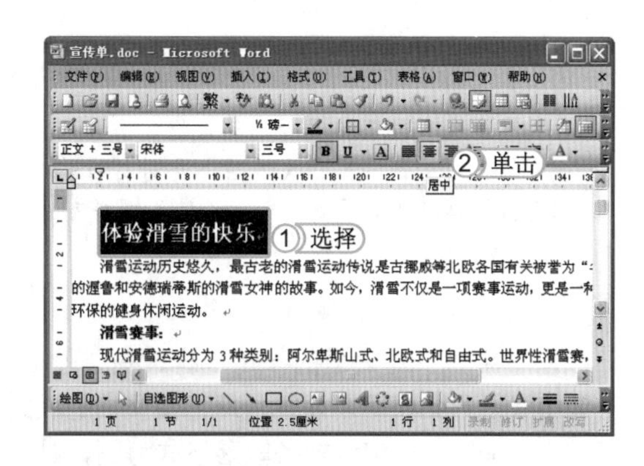

提个醒 在文档左侧单击鼠标可选择一行文本；连续单击两次鼠标可选择一段文本；连续单击 3 次鼠标，可选择整个文档中的文本。

STEP 02：定位鼠标光标

1. 将鼠标光标定位到"滑雪赛事："文本前。
2. 单击两次"格式"工具栏中的"增加缩进量"按钮，增加该段落文本的缩进量。

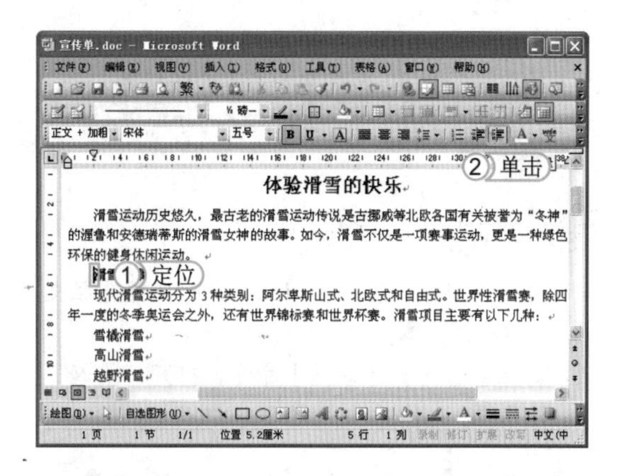

提个醒 如果"格式"工具栏未显示在 Word 工作界面中，可在菜单栏和工具栏的空白区域单击鼠标右键，在弹出的快捷菜单中选择"格式"命令，即可显示出来。

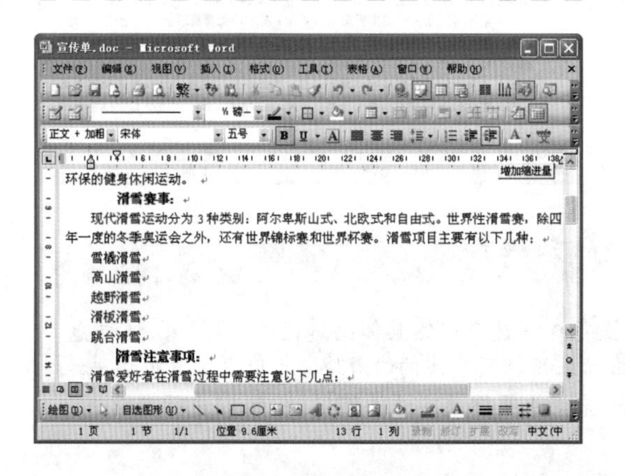

STEP 03：增加其余段落缩进量

使用相同的方法，为"滑雪注意事项："段落文本增加相同的缩进量。

提个醒 按 Ctrl+R 组合键可以将选择的段落设置为右对齐，按 Ctrl+J 组合键可以将选择的段落设置为两端对齐。

STEP 04： 设置行距

1. 按住鼠标左键并拖动鼠标选择全部文本。单击“格式”工具栏中“行距”按钮旁的按钮。
2. 在弹出的下拉列表中选择“1.5”选项。

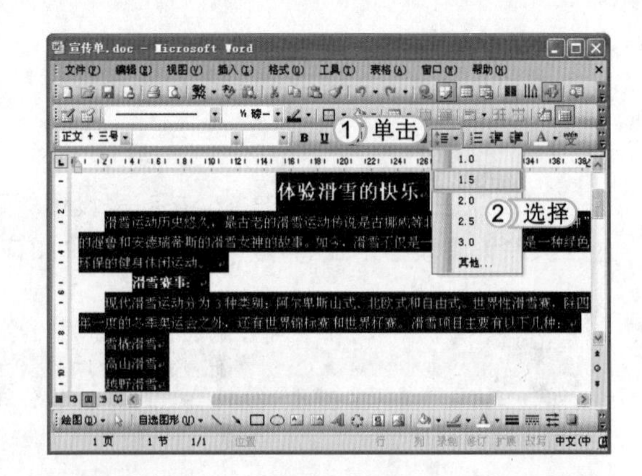

提个醒

段间距等于上一段落的段后距与当前段落的段前距之和。如上一段的段后距为2行，当前段的段前距为1.5行，那么这两段的段间距就为3.5行。

经验一箩筐——设置段落格式的技巧

在文档中设置段落格式时，既可将文本插入点定位于要设置段落格式的段落中进行段落格式的设置，也可先选择整段文本后，再进行段落格式的设置。另外，用户还可选择段落中的部分文本进行段落格式的设置。但无论使用哪种方法，其设置后的效果都是相同的。

2. 通过“段落”对话框设置

与“字体”对话框的作用一样，在“段落”对话框中可对文档的段落格式，如缩进、对齐等格式进行更精确地设置，从而使文档的版式清晰、美观和便于阅读。下面将以在“工作责任制度.doc”文档中设置各段落格式为例，讲解通过“段落”对话框设置段落格式的方法，其具体操作如下：

光盘文件

素材 \ 第 2 章 \ 工作责任制度 .doc
效果 \ 第 2 章 \ 工作责任制度 .doc
实例演示 \ 第 2 章 \ 通过“段落”对话框设置

STEP 01： 选择标题文本

1. 打开“工作责任制度.doc”文档，并选择文档的标题文本。
2. 选择【格式】/【段落】命令，打开“段落”对话框。

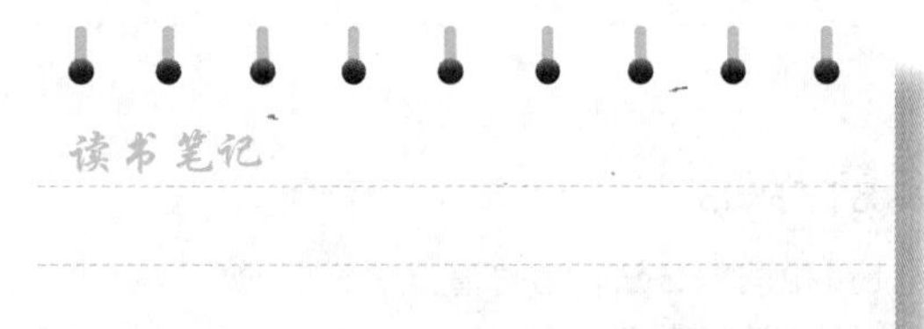

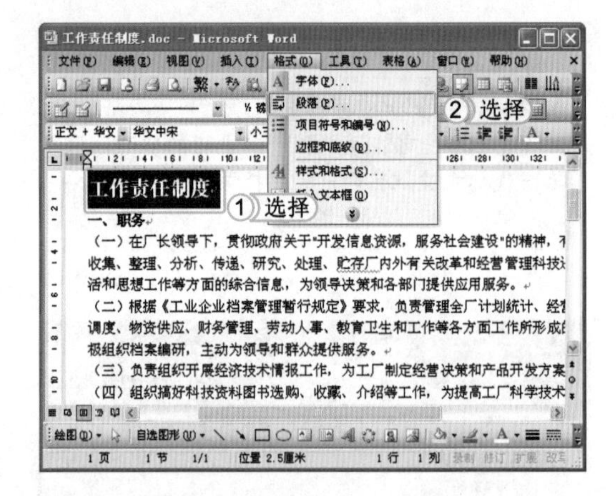

经验一箩筐——通过水平标尺设置段落的缩进

在 Word 2003 中，除可在“段落”对话框中设置各种缩进方式的具体缩进值外，还可以通过拖动水平标尺上的各个滑块来设置段落的缩进。拖动水平标尺左边的▽滑块，可以进行首行缩进；拖动水平标尺左边的△滑块，可以进行悬挂缩进；拖动水平标尺左边的□滑块，可以进行左缩进；拖动水平标尺右边的△滑块，可以进行右缩进。

STEP 02： 设置对齐方式和段落间距

1. 在“常规”栏中单击“对齐方式”下拉列表框旁边的按钮，在弹出的下拉列表中选择“居中”选项。
2. 在“间距”栏的“段前”和“段后”数值框中分别输入值为“1.5 行”。
3. 单击 确定 按钮。

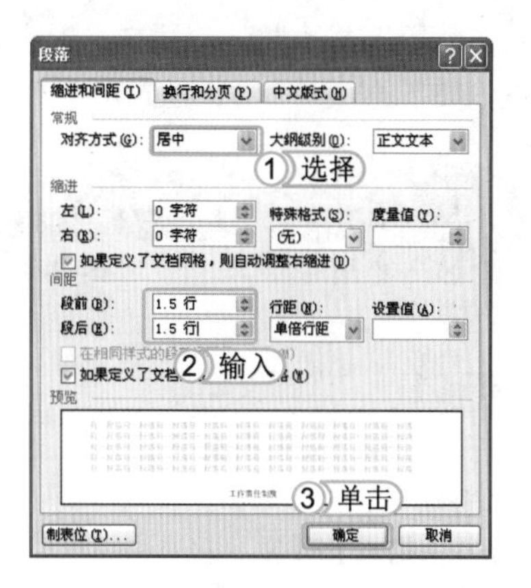

提个醒 在 Word 中，较常用的长度单位有厘米、毫米和磅等，其中磅是一种英美制的长度单位，一般 1 磅等于 0.3527 毫米；1 厘米≈28.346 磅。

STEP 03： 设置首行缩进

1. 选择文档中其余的段落文本。在选择的文本上单击鼠标右键，在弹出的快捷菜单中选择“段落”命令。在打开对话框的“缩进”栏中单击“特殊格式”下拉列表框右侧的按钮。
2. 在弹出的下拉列表中选择“首行缩进”选项。

提个醒 在对报刊、杂志等进行排版时，经常会使用到悬挂缩进，使用悬挂缩进后段落中除首行以外的其他行与页面左边距的缩进量将会随之增加。

STEP 04： 设置行间距

1. 使用相同的方法在“间距”栏中的“行距”下拉列表框中选择“固定值”选项。
2. 在“设置值”数值框中输入值为“20 磅”。
3. 单击 确定 按钮。

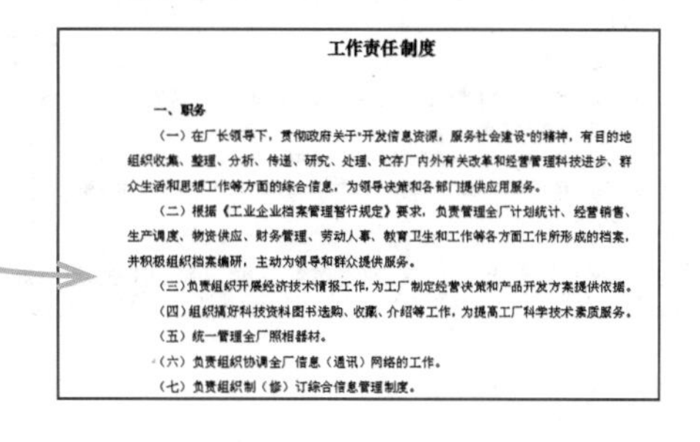
工作责任制度

一、职务

（一）在厂长领导下，贯彻政府关于"开发信息资源，服务社会建设"的精神，有目的地组织收集、整理、分析、传递、研究、处理、贮存厂内外有关改革和经营管理科技进步、群众生活和思想工作等方面的综合信息，为领导决策和各部门提供应用服务。

（二）根据《工业企业档案管理暂行规定》要求，负责管理全厂计划统计、经营销售、生产调度、物资供应、财务管理、劳动人事、教育卫生和工作等各方面工作所形成的档案，并积极组织档案编研，主动为领导和群众提供服务。

（三）负责组织开展经济技术情报工作，为工厂制定经营决策和产品开发方案提供依据。

（四）组织搞好科技资料图书选购、收藏、介绍等工作，为提高工厂科学技术素质服务。

（五）统一管理全厂照相器材。

（六）负责组织协调全厂信息（通讯）网络的工作。

（七）负责组织制（修）订综合信息管理制度。

2.1.4 设置项目符号和编号

为使文档层次分明、条理清晰，达到突出重点的作用，可通过使用项目符号或编号等来组织文档。Word 2003 中常用的项目符号包括“●”、“■”和“◆”等，而常见的编号包括“1.”、“（1）”和“（一）”。下面就将分别介绍设置项目符号和编号的方法。

1. 添加项目符号

为文档中的内容添加项目符号，便于阅读和浏览。项目符号主要用于一些并列的、没有先后顺序的段落文本前。下面在“产品说明书.doc”文档中为部分段落文本添加项目符号，其具体操作如下：

光盘文件
素材\第2章\产品说明书.doc
效果\第2章\产品说明书.doc
实例演示\第2章\添加项目符号

STEP 01：选择文本

1. 打开“产品说明书.doc”文档，选择“功能及特点”下方的文本。
2. 选择【格式】/【项目符号和编号】命令。

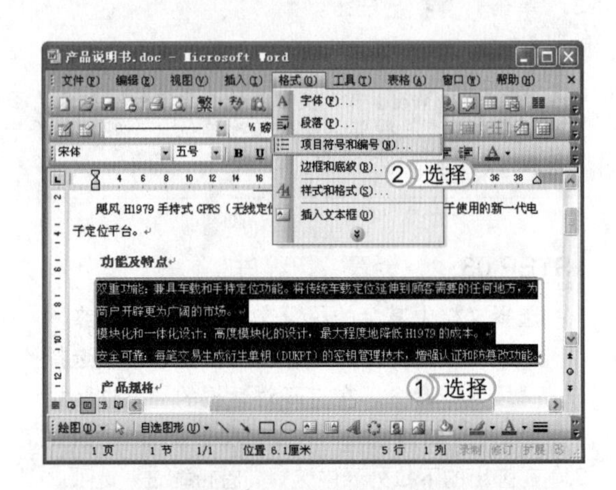

提个醒

选择需要添加项目符号的段落文本后，单击“格式”工具栏中的“编号”按钮可为文本添加默认的项目符号。

STEP 02：设置项目符号

1. 打开“项目符号和编号”对话框，默认选择“项目符号”选项卡，在列表框中选择第1行第4个项目符号样式。
2. 单击确定按钮。返回文档编辑区，即可看到添加项目符号后的效果。

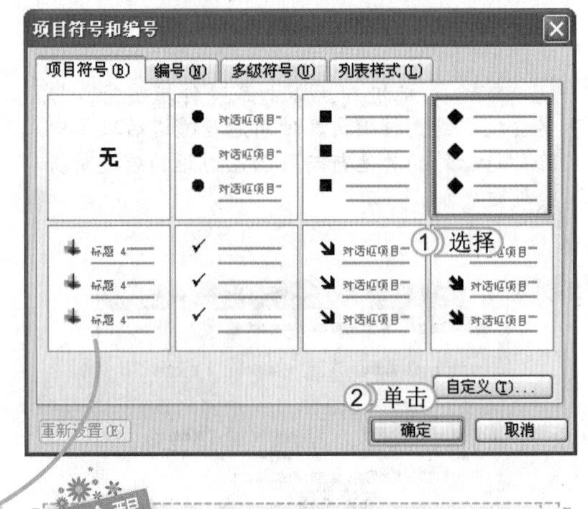

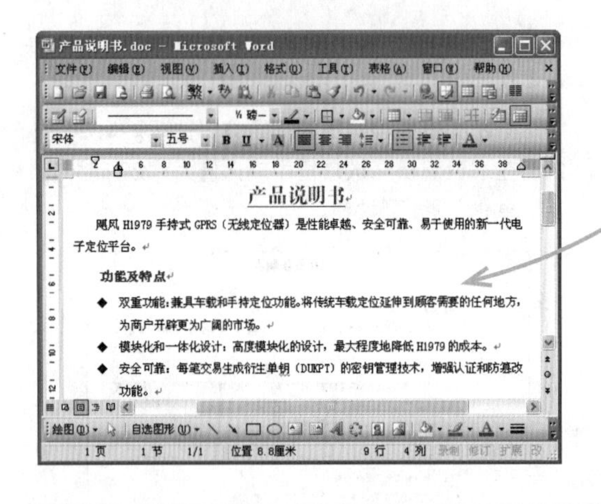

提个醒

在文本插入点直接输入一个项目符号，然后按两下 Space 键，再在其后面输入文本，输入完毕后直接按 Enter 键。系统自动会在下一行处添加一个项目符号。如果在按 Enter 键后不需要在该行输入文本，只需要按 Backspace 键删除当前行的项目符号。

问题小贴士

问：在“项目符号”栏中默认的样式只有7种，太单一了。可不可以添加更多自己喜欢的项目符号样式呢？

答：当然可以，只需在“项目符号”选项卡中选择需要的项目符号样式后，单击自定义(T)...按钮，打开“自定义项目符号列表”对话框，在其中可对项目符号字符、项目符号位置以及添加项目符号的文字位置进行设置。在“项目符号字符”栏中单击字符(C)...按钮，在打开的“符号”对话框中可选择相应的符号作为项目符号；单击图片(P)...按钮，在打开的“图片项目符号”对话框中可选择图片作为项目符号。

2. 添加编号

编号主要用于按一定顺序排列的文本，如操作步骤和条款等。在 Word 2003 中提供了很多编号样式可供用户选择，其操作方法与添加项目符号相似。如果提供的编号样式还不能满足需求，用户还可以自定义编号的样式。下面将为“产品说明书 1.doc”文档中的部分文本内容添加自定义的编号样式，其具体操作如下：

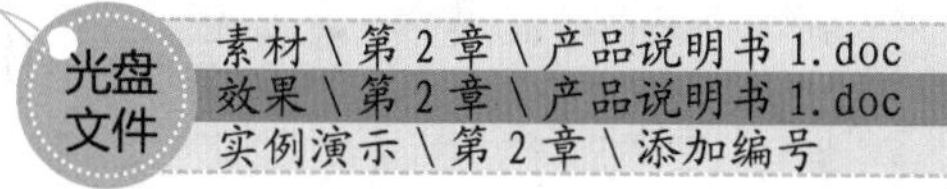

STEP 01：选择项目符号

1. 打开“产品说明书 1.doc”文档，选择“功能及特点”、“产品规格”和“联系方式”文本。
2. 选择【格式】/【项目符号和编号】命令，打开“项目符号和编号”对话框。选择“编号”选项卡，在列表框中选择第 3 种编号样式。
3. 单击 自定义(T)... 按钮。

STEP 02：设置编号格式及位置

1. 打开“自定义编号列表”对话框，在“编号格式”文本框中的“一”文本前后分别输入“第”和“条”文本。
2. 在“编号位置”栏中设置“对齐位置”为“1 厘米”。
3. 单击 确定 按钮。

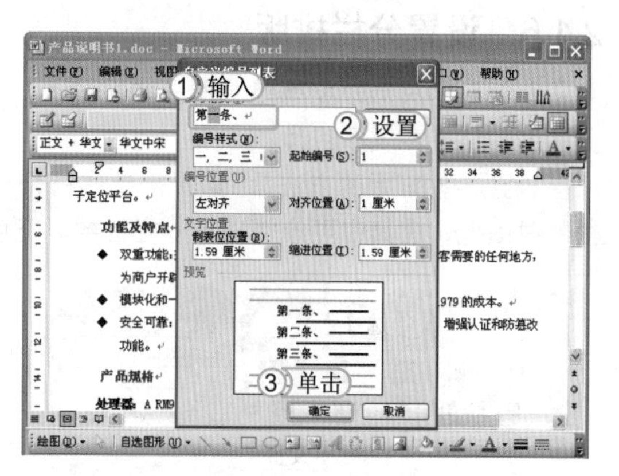

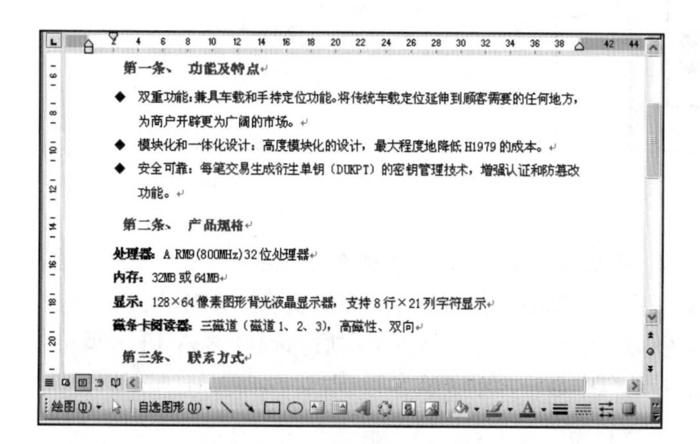

第一条、 功能及特点

- 双重功能：兼具车载和手持定位功能。将传统车载定位延伸到顾客需要的任何地方，为商户开辟更为广阔的市场。
- 模块化和一体化设计：高度模块化的设计，最大程度地降低 H1979 的成本。
- 安全可靠：每笔交易生成衍生单钥（DUKPT）的密钥管理技术，增强认证和防篡改功能。

第二条、 产品规格

处理器： A RM9 (800MHz) 32 位处理器

内存： 32MB 或 64MB

显示： 128×64 像素图形背光液晶显示器，支持 8 行×21 列字符显示

磁条卡阅读器： 三磁道（磁道 1、2、3），高磁性、双向

第三条、 联系方式

STEP 03：完成操作

返回文档编辑区，即可查看添加自定义编号的最终效果。

提个醒

选择需要添加编号的段落文本后，单击“格式”工具栏中的“编号”按钮，也可为文本添加默认的编号。

经验一箩筐——多级编号列表

多级编号列表就是将编号层次关系进行多级缩进排列，如果一个列表下还包含下一级列表，而下级列表中又包含子列表时，就需要用到多级列表。多级编号列表一般用于图书或手册的目录。在“项目符号和编号”对话框中选择“多级符号”选项卡，在其中就可以对其进行设置，也可进行自定义，其方法与自定义项目符号和编号的方法相同。需注意的是，它必须通过按Tab键确认当前级别是上一级还是下一级，从而确定编号的级别。

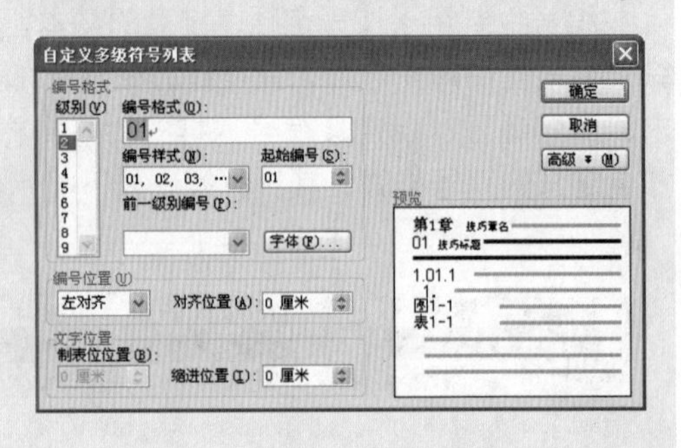

2.1.5 设置首字下沉

首字下沉是一种突出显示段落中的第一个汉字的排版方式，可使文档中的文字更加醒目，在制作一些风格较活泼的文档时，可迅速吸引阅读者的目光，为文档增添一些趣味。

设置首字下沉的方法是：将鼠标光标定位到需要进行首字下沉的段落中，选择【格式】/【首字下沉】命令，在打开的如右图所示的“首字下沉”对话框中，即可设置下沉的位置、下沉行数和距离等参数。

2.1.6 设置分栏排版

利用分栏排版功能可以制作出如报刊、杂志和科技类图书等具有特色的文档版面，使版面更活泼、整齐，便于阅读。

设置分栏排版的方法是：选择需要进行分栏的文本，再选择【格式】/【分栏】命令，打开“分栏”对话框，在其中可分别设置分栏栏数、宽度以及间距等参数。如下图所示。

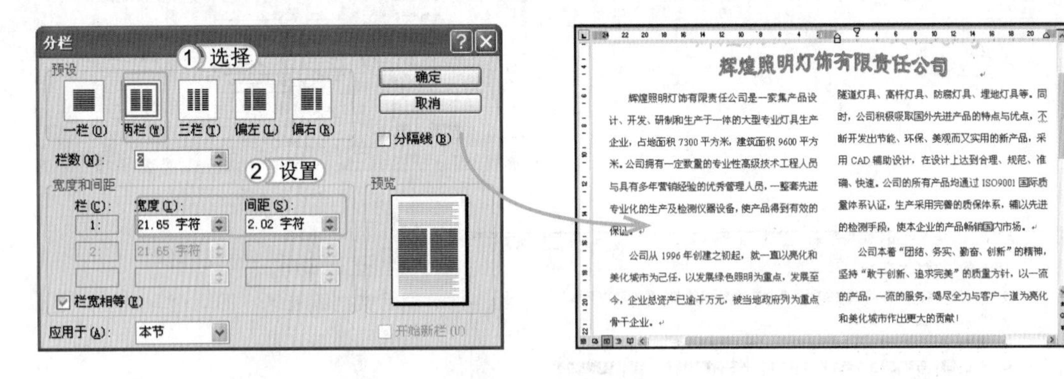

2.1.7 插入分页符

分页符，即对文档进行分页的标记。在Word 2003中，文字或图形填满一页时，将自动插入分页符并开始新的一页。但是在实际使用Word 2003的过程中，往往需要手动插入分页符。

插入分页符的方法是：将鼠标光标移动至需要插入分页符的文字后，选择【插入】/【分隔符】命令，打开“分隔符”对话框，在打开的对话框中选中 分页符(P) 单选按钮，单击 确定 按钮即可。

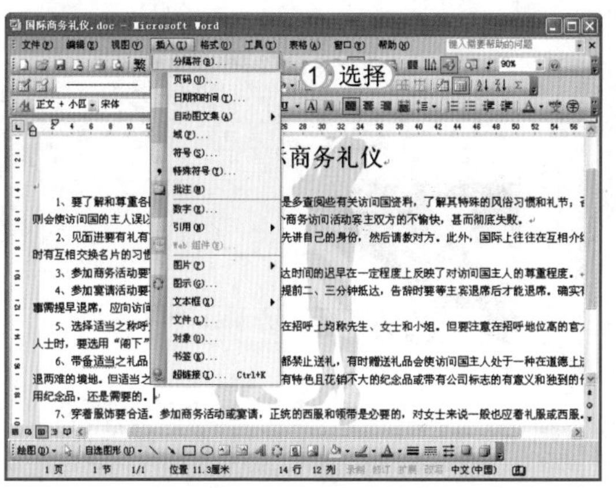

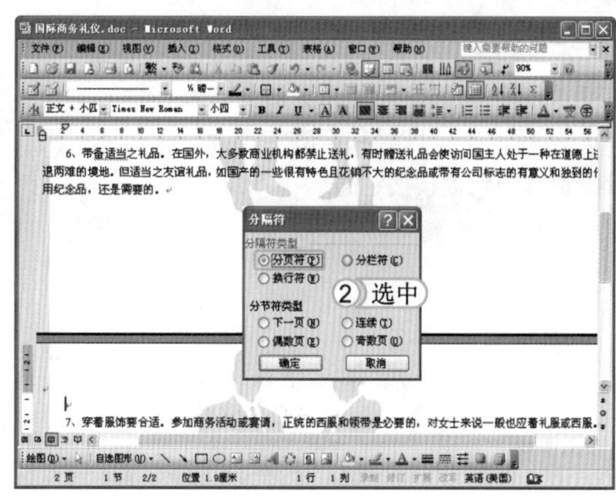

2.1.8 插入页眉页脚

设置页眉和页脚主要是为了提高文档的可读性和美观性。页眉和页脚分别位于文档中每个页面的顶部和底部区域，在页眉和页脚中可以输入文本、图片和图形等，如页码、日期、公司标志和文档标题等。下面在“活动节目单.doc”文档的页眉处插入图片，在页脚处输入文本，其具体操作如下：

光盘文件
素材\第2章\活动节目单.doc、2周年.jpg
效果\第2章\活动节目单.doc
实例演示\第2章\插入页眉页脚

STEP 01： 进入页眉页脚编辑状态

1. 打开“活动节目单.doc”文档，选择【视图】/【页眉和页脚】命令。
2. 进入页眉页脚编辑状态，此时文本插入点定位到文档上方的页眉处。

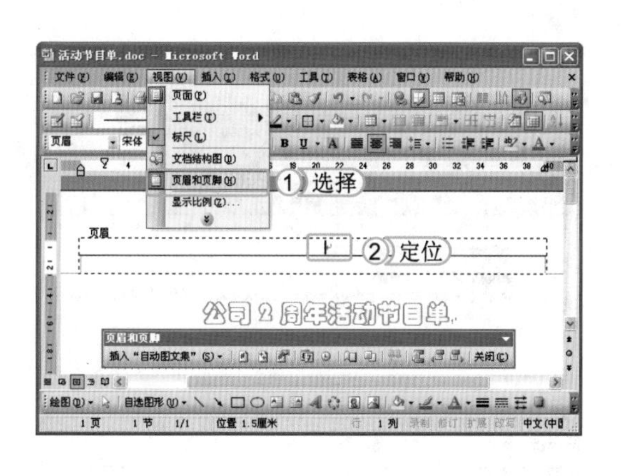

提个醒
通常页眉和页脚显示了文档的附加信息，常用来插入时间、日期、页码、单位名称和徽标等。其中，页眉在页面的顶部，页脚在页面的底部。另外页眉也可以添加文档注释等内容。

STEP 02： 插入图片

1. 选择【插入】/【图片】/【来自文件】命令，在打开的“插入图片”对话框中选择需要插入的图片“2周年.jpg”。
2. 单击 插入(S) 按钮插入图片。

提个醒
插入图片与编辑图片的方法将在3.2节中进行详细讲解。

STEP 03： 切换至页脚

返回文档编辑区，即可在页眉处查看到插入的图片。然后单击"页眉和页脚"工具栏中的"在页眉/页脚间切换"按钮。

提个醒 在页眉和页脚编辑状态中，选择要删除的文字或图形，再按Delete键可删除页眉和页脚。

STEP 04： 输入并设置文本

1. 文本插入点将自动定位到页脚处，输入公司名称。
2. 选择输入的文本，通过"格式"工具栏将其字体设置为"汉仪中宋简"，字号设置为"四号"。
3. 设置完成后，单击"页眉和页脚"工具栏中的关闭按钮，退出页眉/页脚编辑状态。

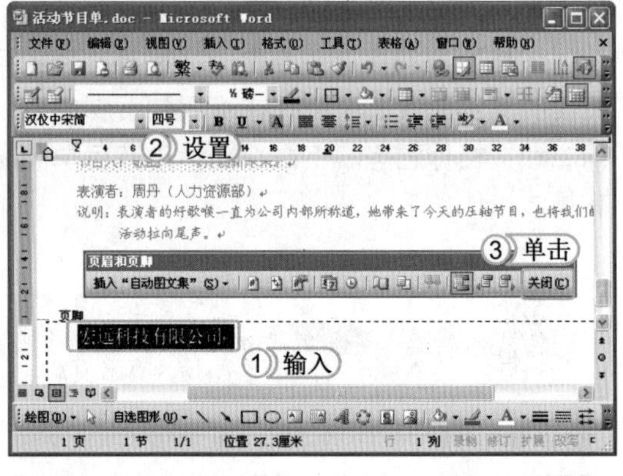

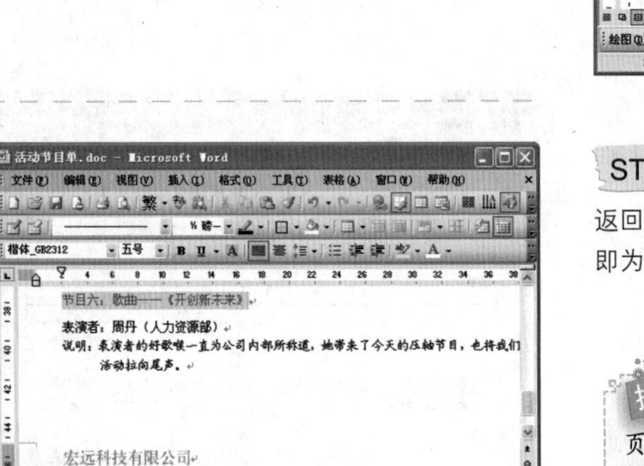

STEP 05： 查看页脚效果

返回文档编辑区，此时，页眉/页脚呈灰色显示，即为不可编辑状态，完成页眉页脚的编辑。

提个醒 在插入了页眉和页脚的情况下双击页眉和页脚的位置，可快速进入页眉和页脚编辑状态；在页眉和页脚编辑状态下双击正文位置则可快速进入正文编辑状态。

问题小贴士

问：插入页眉页脚后，页眉处会出现一条横线，该如何删除呢？

答：在Word中删除页眉横线的方法分别有3种。第1种是选择【编辑】/【清除】/【格式】命令进行删除；第2种是选择【格式】/【边框和底纹】命令，打开"边框和底纹"对话框，在"边框"选项卡的"应用于"下拉列表框中选择"段落"选项，然后选择"设置"区域的"无"选项，并单击确定按钮；第3种方法是选择【格式】/【样式和格式】命令，打开"样式和格式"任务窗格，在"请选择要应用的格式"列表框中单击"页眉"选项右侧的下拉按钮，在弹出的下拉列表中选择"删除"选项，也可删除页眉横线。

经验一箩筐——为奇偶页创建不同的页眉/页脚

为奇偶页创建不同的页眉/页脚就是分别设置奇数页和偶数页的页眉和页脚。其方法是：进入页眉/页脚编辑状态，选择【文件】/【页面设置】命令，在打开的“页面设置”对话框中选择“版式”选项卡，在“页眉和页脚”栏中选中☑奇偶页不同(O)复选框，单击确定按钮即可。

2.1.9 插入页码

若一个文档有多页，为便于后期的阅读和装订，则可为每页文档添加页码。页码可处于页眉和页脚的任意位置，其方法和插入页眉/页脚的方法相似。

插入页码的方法是：选择【插入】/【页码】命令（也可直接单击“页眉和页脚”工具栏中的“插入页码”按钮插入系统默认样式的页码），打开“页码”对话框，在“位置”下拉列表框中选择页码插入后的位置，在“对齐方式”下拉列表框中选择页码插入后的对齐方式，再选中相应的复选框，单击确定按钮即可插入页码。

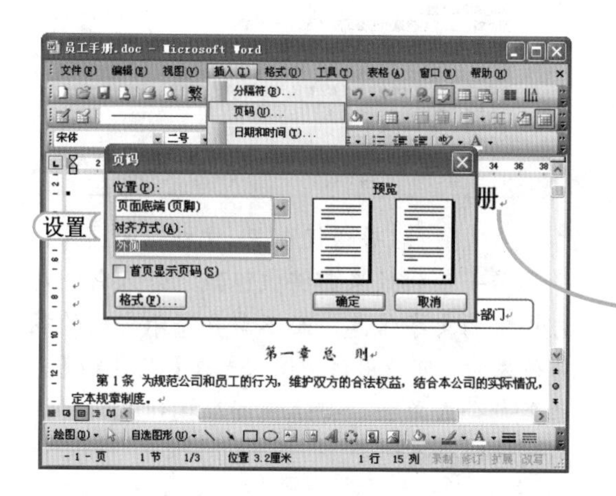

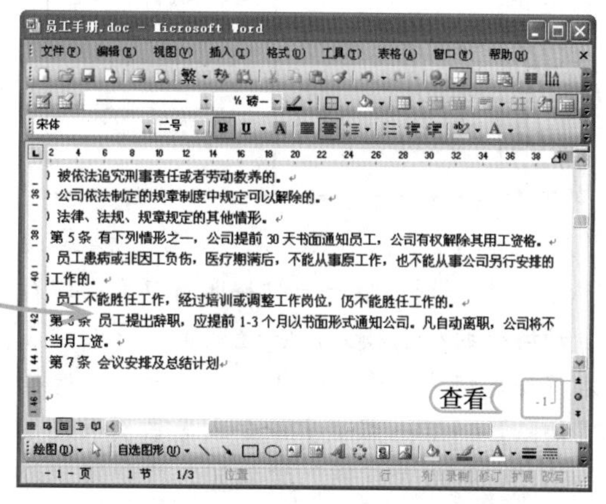

经验一箩筐——设置页码格式

首先进入页眉/页脚编辑状态，选择插入的页码，单击“页眉和页脚”工具栏中的“设置页码格式”按钮，打开“页码格式”对话框，在“数字格式”下拉列表框中选择需要的页码样式，选中⊙起始页码(A):单选按钮，在其后的文本框中输入要插入的页码起始页，就可从该页开始设置页码的顺序。

2.1.10 使用文档视图

为方便用户在各种视图中进行操作和办公，Word 2003 提供了页面视图、阅读版式视图、Web 版式视图、大纲视图和普通视图 5 种视图模式。各视图的设置方法和显示效果如下。

页面视图：是 Word 2003 中最常用的视图模式，也是 Word 2003 的默认视图。用户对文档的录入、编辑等绝大部分操作都是在页面视图下完成的。选择【视图】/【页面】命令，或单击页面左下角的“页面视图”按钮，即将视图切换到页面视图。

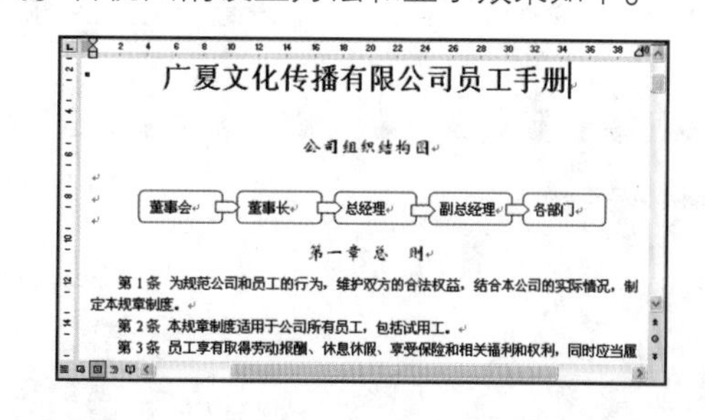

阅读版式视图：在该视图中，文档将全屏显示。选择【视图】/【阅读版式】命令，或单击页面左下角的“阅读版式”按钮将视图切换到阅读版式视图。单击“阅读版式”工具栏中的缩略图按钮，窗口左侧将出现“缩略图”任务窗格，在其中每页文档将以小图片的方式显示，单击相应的缩略图片，在右侧即可查看该页的内容。

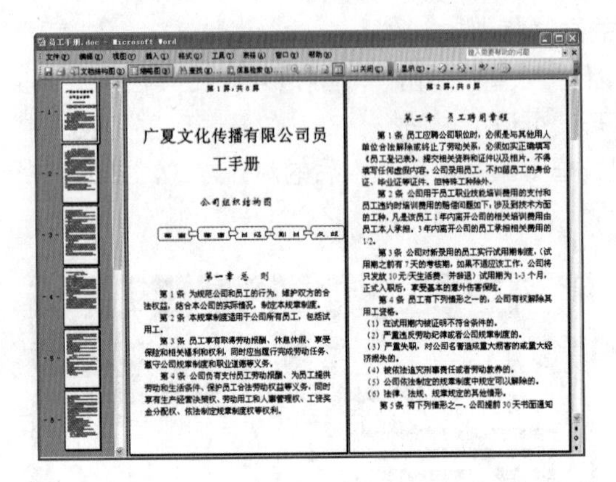

大纲视图：大纲视图就像是一个树形的文档结构图，通过双击标题前面的✚或━按钮可将某个标题的下一级标题显示或隐藏出来。选择【视图】/【大纲】命令或单击页面左下角的“大纲视图”按钮，将视图切换到大纲视图。

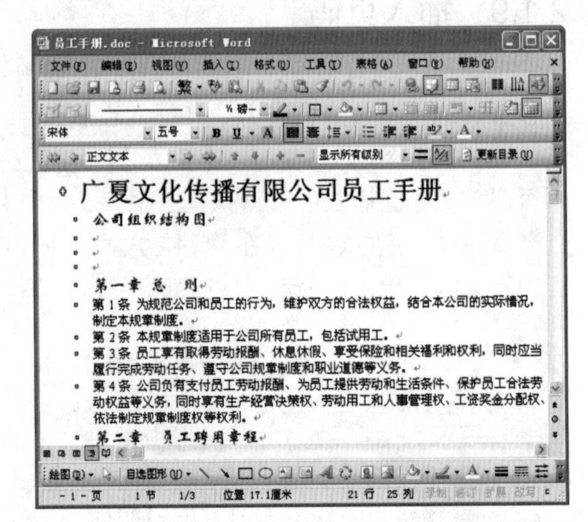

Web版式视图：Web版式视图模式是Word几种视图中唯一一种按照窗口大小进行自动换行的视图模式，它避免了用户必须左右移动光标才能看见整排文字的情况。选择【视图】/【Web版式】命令或单击页面左下角的“Web版式视图”按钮，将视图切换到Web版式视图。

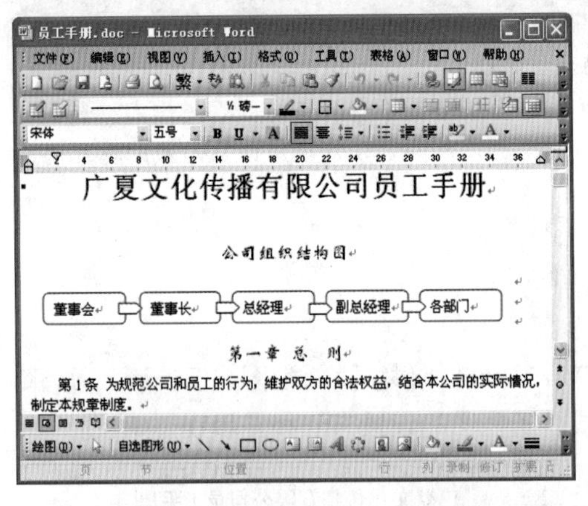

普通视图：在普通视图下，文档中的图片、样式等一系列效果都将被隐藏。若只需观看文档中的文字信息，而不需要显示文档的装饰效果时，可使用该视图。选择【视图】/【普通】命令或单击“普通视图”按钮，将视图切换到普通视图。

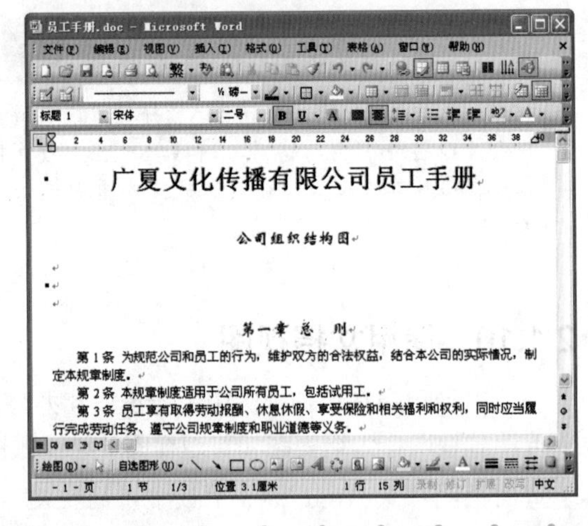

读书笔记

上机1小时 制作“公司宣传工作计划”文档

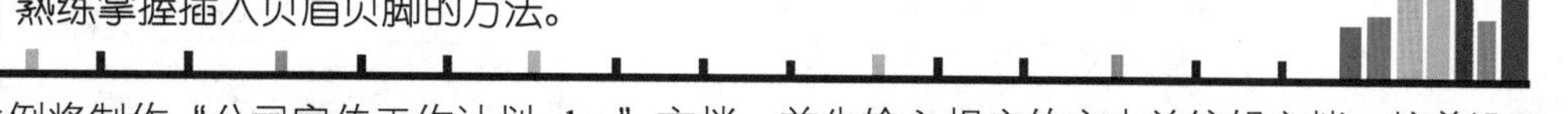

- 巩固设置段落格式的方法。
- 熟练掌握插入页眉页脚的方法。

本例将制作“公司宣传工作计划.doc”文档，首先输入相应的文本并编辑文档，接着设置文本格式、段落格式等，然后为文本内容添加项目符号和编号，最后插入页眉页脚、页码并使用文档视图查看文档，最终效果如下图所示。

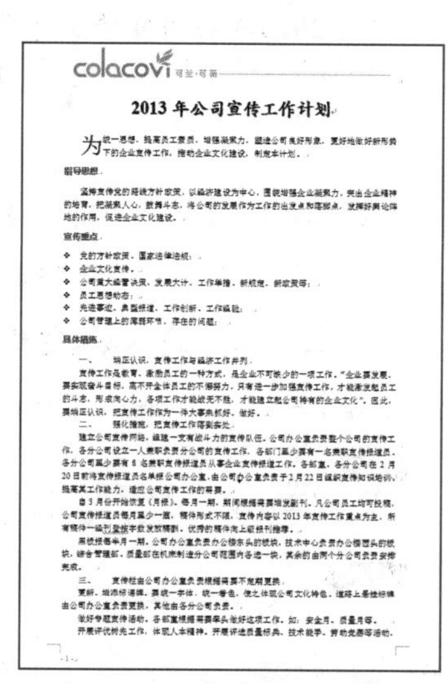

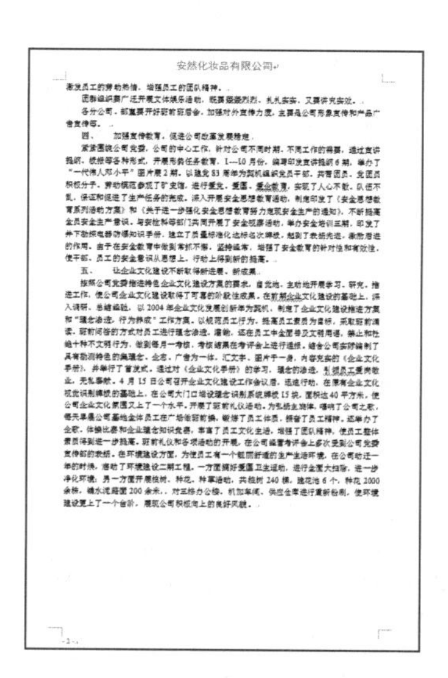

光盘文件
素材\第2章\可薇.jpg
效果\第2章\公司宣传工作计划.doc
实例演示\第2章\制作“公司宣传工作计划”文档

STEP 01：输入文本

启动 Word 2003 应用程序，在文档编辑区中输入“宣传工作计划”的相关内容，然后将文档保存为“公司宣传工作计划.doc”。

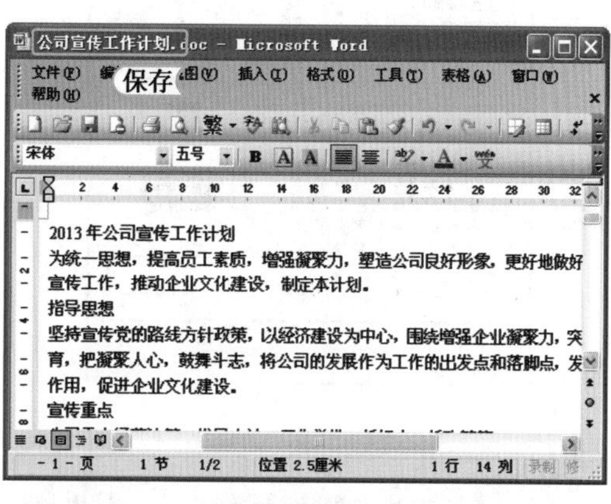

STEP 02：选择文本

1. 在文档中拖动鼠标选择“2013年公司宣传工作计划”文本。
2. 选择【格式】/【字体】命令。

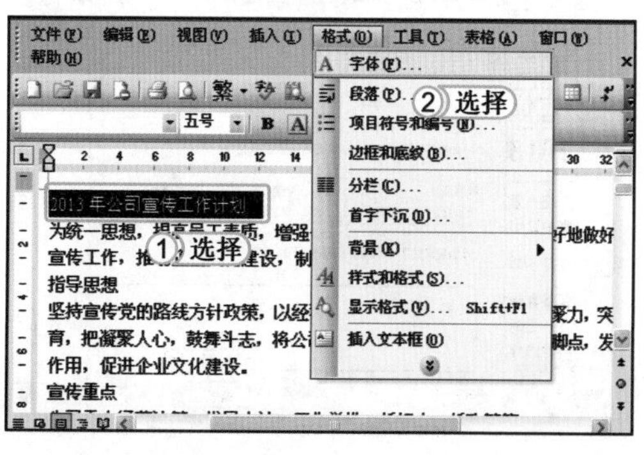

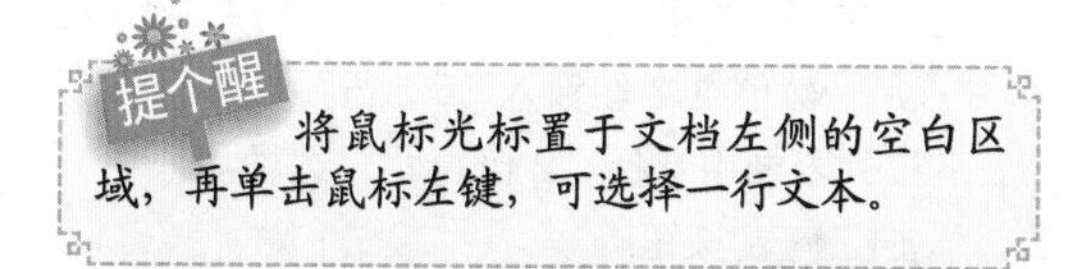

提个醒 将鼠标光标置于文档左侧的空白区域，再单击鼠标左键，可选择一行文本。

STEP 03: 设置字体格式

1. 打开“字体”对话框，选择“字体”选项卡，在“中文字体”下拉列表框中选择“华文楷体”选项，在“字形”列表框中选择“加粗”选项，在“字号”列表框中选择“二号”选项。
2. 在“效果”栏中选中☑阴影(W)复选框。
3. 单击[确定]按钮。

STEP 04: 打开“字体”对话框

1. 按住 Ctrl 键不放依次选择“指导思想”、“宣传重点”、“具体措施”3 条文本。
2. 在其上单击鼠标右键，在弹出的快捷菜单中选择“字体”命令，打开“字体”对话框。

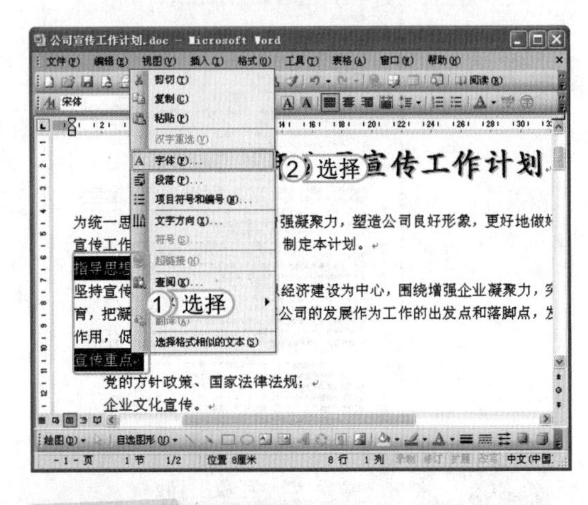

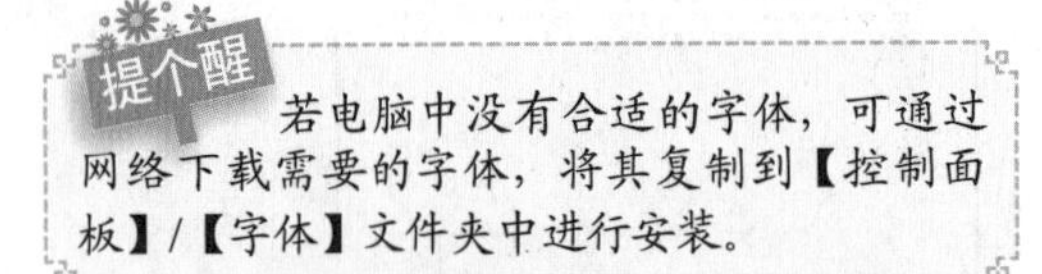

提个醒

若电脑中没有合适的字体，可通过网络下载需要的字体，将其复制到【控制面板】/【字体】文件夹中进行安装。

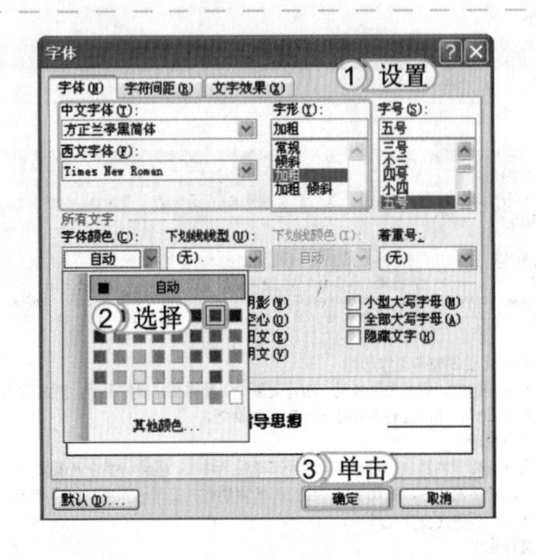

STEP 05: 设置字体颜色

1. 选择“字体”选项卡，在“中文字体”下拉列表框中选择“方正兰亭黑简体”选项，在“字形”列表框中选择“加粗”选项。
2. 在“字体颜色”下拉列表框中选择“靛青”选项。
3. 单击[确定]按钮。

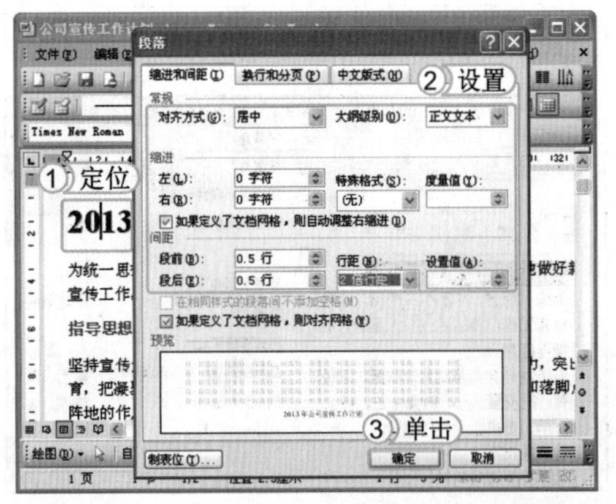

STEP 06: 设置段落格式

1. 将鼠标光标定位至标题“2013 年公司宣传工作计划”文本中的任意位置，选择【格式】/【段落】命令。
2. 打开“段落”对话框，选择“缩进和间距”选项卡。在“对齐方式”下拉列表框中选择“居中”选项，在“段前”和“段后”数值框中均输入“0.5 行”，在“行距”下拉列表框中选择“2 倍行距”选项。
3. 单击[确定]按钮。

STEP 07：设置首行缩进

1. 选择文档中的段落文本，在其上单击鼠标右键，在弹出的快捷菜单中选择“段落”命令。打开“段落”对话框，选择“缩进和间距”选项卡。
2. 在“特殊格式”下拉列表框中选择“首行缩进”选项。
3. 单击确定按钮。

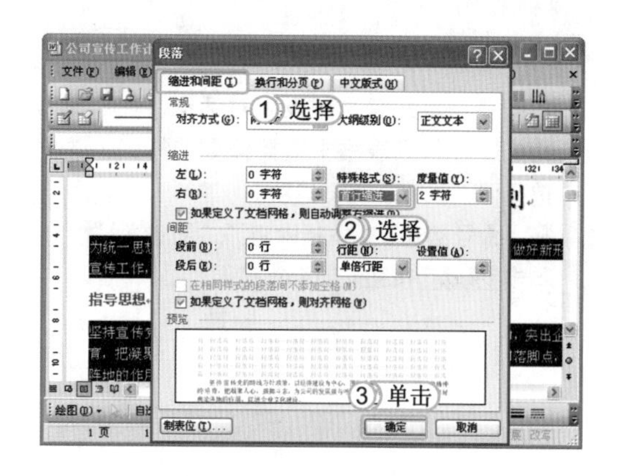

STEP 08：添加项目符号

1. 选择“宣传重点”下的多行文本。
2. 选择【格式】/【项目符号和编号】命令，打开“项目符号和编号”对话框。选择“项目符号”选项卡，单击自定义(T)...按钮。

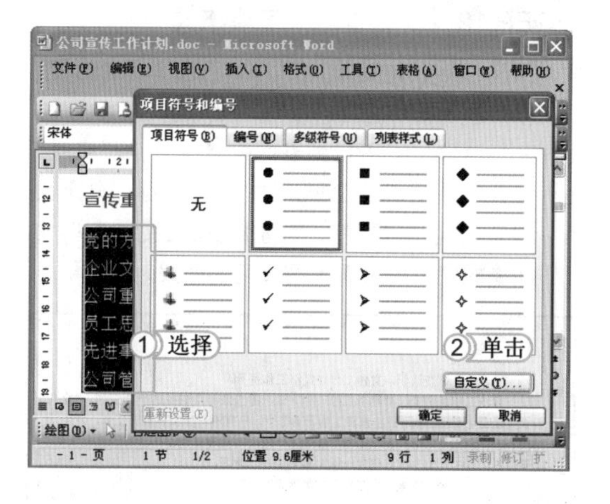

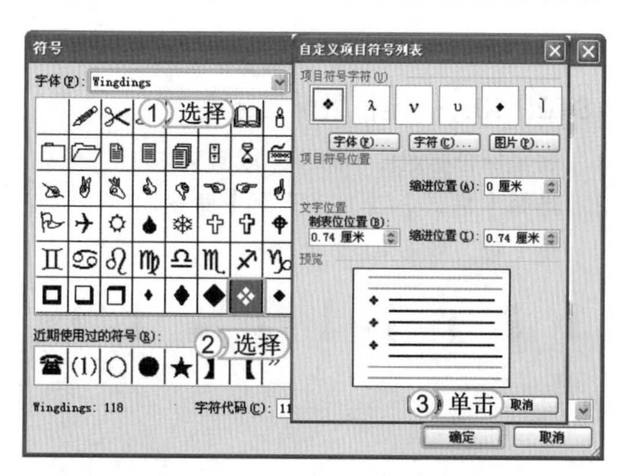

STEP 09：自定义项目符号

1. 打开“自定义项目符号列表”对话框，单击字符(C)...按钮。打开“符号”对话框，在“字体”下拉列表框中选择“Wingdings”选项。
2. 在下方的列表框中选择所需的符号。
3. 单击确定按钮。返回“自定义项目符号列表”对话框，即可在“预览”栏中看到设置的项目符号样式，再单击确定按钮。

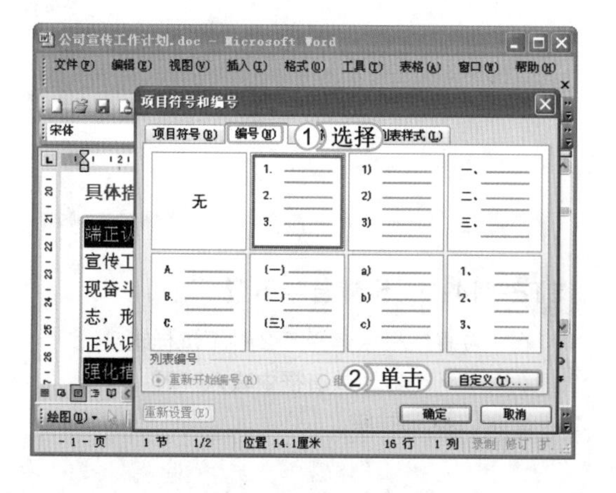

STEP 10：添加编号

1. 在文档中选择“端正认识”类的标题段落文本，按照前面相同的方法打开“项目符号和编号”对话框，选择“编号”选项卡。
2. 由于没有合适的编号样式，这里直接单击自定义(T)...按钮。

STEP 11： 自定义编号格式

1. 打开“自定义编号列表”对话框，在“编号样式”下拉列表框中选择需要的样式，这里选择“一，二，三”选项。
2. 在“编号格式”文本框中将“.”更改为“、”。
3. 单击字体(F)...按钮。

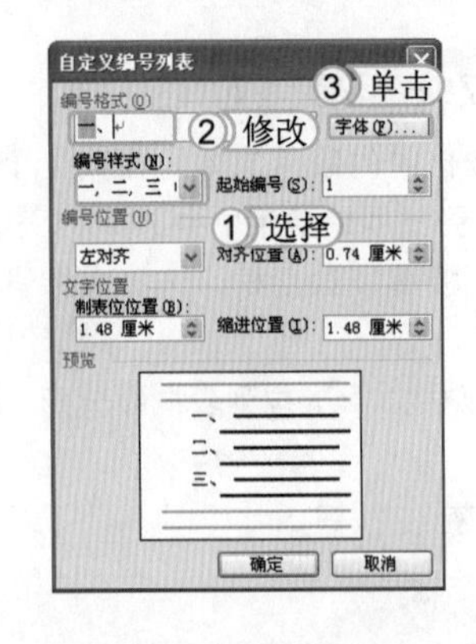

STEP 12： 设置编号字体格式

1. 打开“字体”对话框，在“字体”选项卡中的“字形”列表框中选择“加粗”选项。
2. 在“字体颜色”下拉列表框中选择“梅红”选项。
3. 设置完成后单击确定按钮。返回“自定义编号列表”对话框，单击确定按钮返回文档编辑区，即可看到设置后的效果。

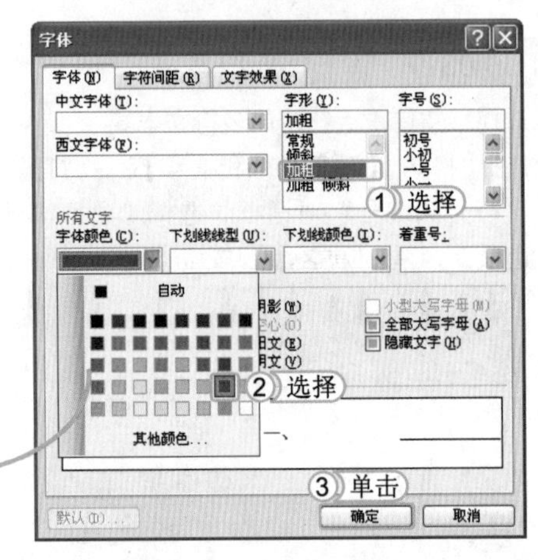

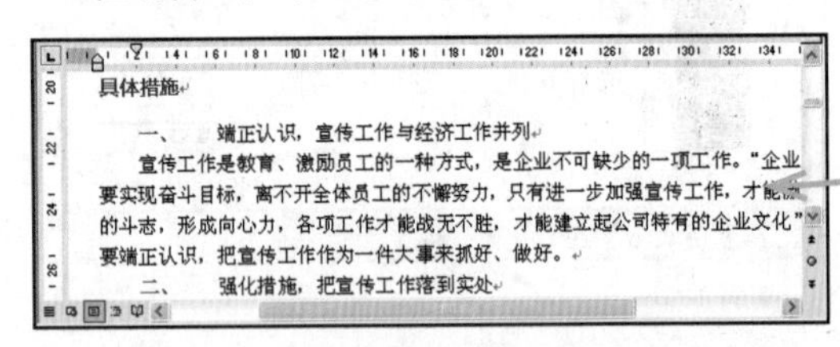

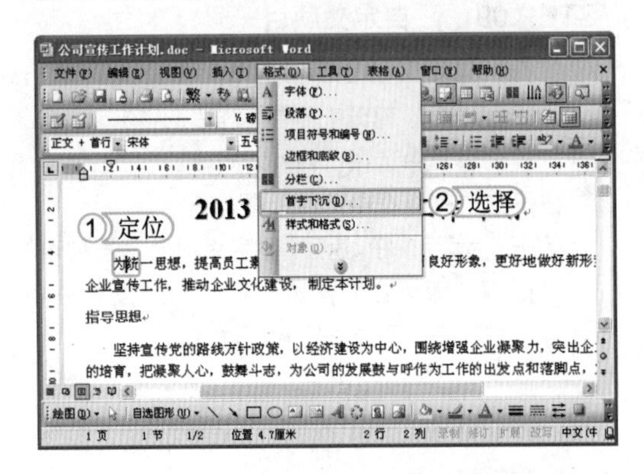

STEP 13： 定位鼠标光标

1. 将鼠标光标定位于第1个段落文本中。
2. 选择【格式】/【首字下沉】命令，打开“首字下沉”对话框。

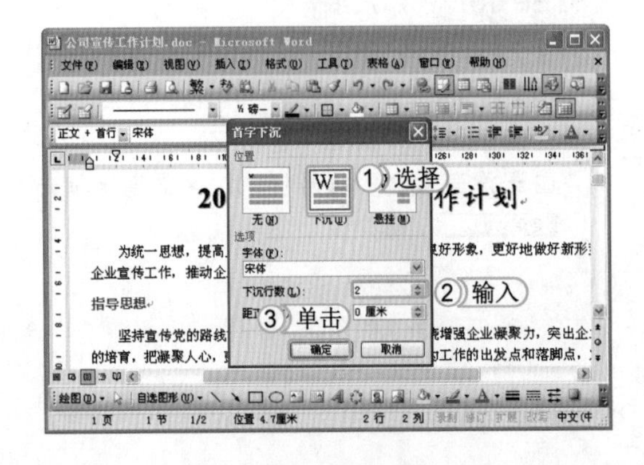

STEP 14： 设置首字下沉

1. 在“位置”栏中选择第2种下沉样式。
2. 在“下沉行数”数值框中输入“2”。
3. 单击确定按钮。

STEP 15: 删除页眉横线

1. 选择【视图】/【页眉页脚】命令，进入“页眉页脚”编辑区。再单击“页眉和页脚”工具栏中的“页面设置”按钮。
2. 打开“页面设置”对话框，在“版式”选项卡的“页眉和页脚”栏中选中 奇偶页不同(O) 和 首页不同(P) 复选框。
3. 单击 确定 按钮。

STEP 16: 在页眉处插入图片

1. 选择【编辑】/【清除】/【格式】命令，清除页眉横线。选择【插入】/【图片】/【来自文件】命令，打开“插入图片”对话框。在电脑中找到并选择需要插入的图片，这里选择“可薇.jpg”图片。
2. 单击 插入(S) 按钮。

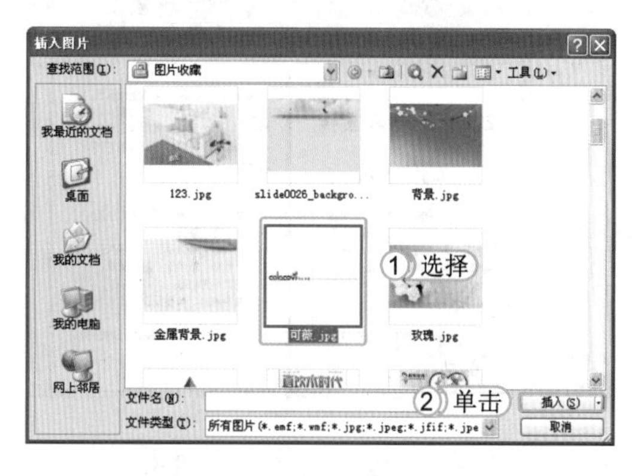

STEP 17: 插入页码

1. 返回即可看到插入的页眉效果。在“页眉和页脚”工具栏中单击“在页眉和页脚间切换”按钮，切换至页脚处。
2. 在“页眉和页脚”工具栏中，单击“插入页码”按钮，插入默认的样式页码。

提个醒 进入页眉/页脚编辑状态，将文本插入点定位到需要插入日期和时间的位置，单击“页眉和页脚”工具栏中的“插入日期”按钮，可插入系统当前显示的日期；单击“插入时间”按钮，可插入系统当前显示的时间。

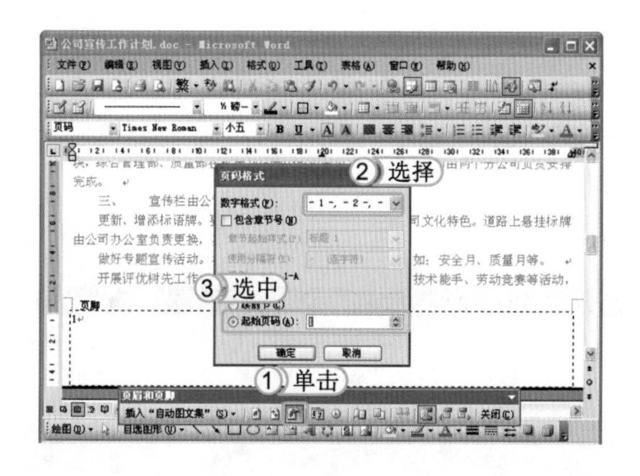

STEP 18: 设置页码格式

1. 单击“设置页码格式”按钮，打开“页码格式”对话框。
2. 在“数字格式”下拉列表框中选择一种页码样式，这里选择“-1-, -2-, -3-”选项。
3. 在“页码编排”栏中选中 起始页码(A): 单选按钮，单击 确定 按钮。

STEP 19: 设置偶数页页眉

1. 拖动文档右侧的滚动条切换至偶数页页眉，选择【编辑】/【清除】/【格式】命令，清除页眉横线，在页眉中输入“安然化妆品有限公司”文本。
2. 设置其字体为“黑体”，字号为“四号”，字体颜色为“深红”，对齐方式为“居中”。

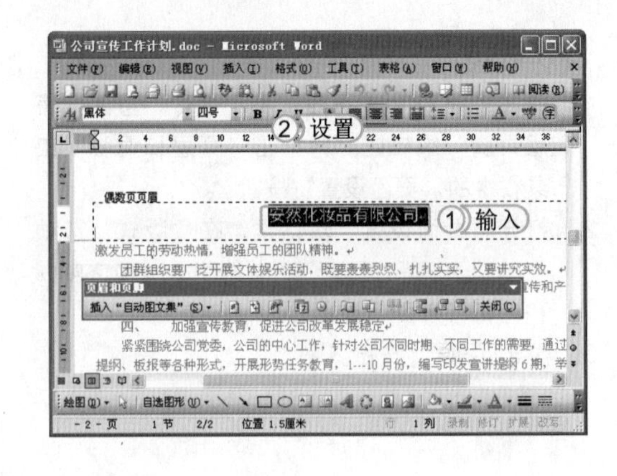

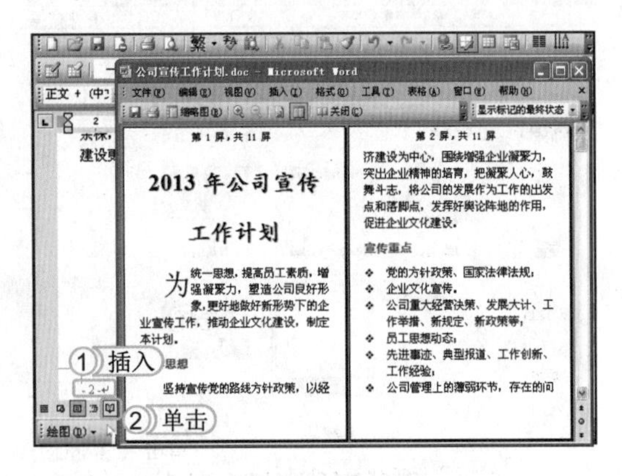

STEP 20: 阅读文档

1. 切换至偶数页页脚，单击“页眉和页脚”工具栏中的“插入页码”按钮，插入页码“-2-”。再双击文档空白处退出页眉/页脚编辑状态。
2. 在页面左下角单击“阅读版式”按钮，文档即以阅读方式显示。阅览完成后，单击“阅读版式”工具栏中的关闭按钮，退出阅读版式状态，完成本例的制作，最后保存并关闭文档。

2.2 快速编排长文档

若想使用 Word 快速制作出需要的、专业的长文档，用户可通过 Word 中的样式、模板和格式刷等功能来实现，从而提高工作效率。本节将介绍 Word 2003 中一些长文档的处理技巧，包括样式、模板、提取目录和制作文档封面等。下面就将详细进行讲解。

学习 1 小时

- 掌握样式的创建与编辑方法。
- 灵活运用模板进行长文档的排版。
- 熟练掌握目录和文档封面的制作方法。

2.2.1 创建与应用样式

样式是指设置字体和段落格式后的组合，使用它能快速对文档进行编辑。虽然在 Word 2003 中提供了多种标准的样式，但自带的样式并不能完全适用于工作。因此，用户还可以通过“新建样式”对话框创建新的样式。下面在“试用合同书”文档中创建一级标题和二级标题两种样式，并为相应的文本应用新创建的样式，其具体操作如下：

光盘文件

素材 \ 第 2 章 \ 试用合同书 .doc
效果 \ 第 2 章 \ 试用合同书 .doc
实例演示 \ 第 2 章 \ 创建与应用样式

STEP 01：新建样式

1. 打开“试用合同书.doc”文档，选择【格式】/【样式和格式】命令，在打开的窗格中单击[新样式...]按钮。
2. 打开“新建样式”对话框，在“属性”栏的“名称”文本框中输入“一级标题”，在“格式”栏中设置“字体”为“汉仪大黑简”；“字号”为“三号”，单击[居中]按钮。
3. 设置完成后单击[确定]按钮。

STEP 02：设置二级标题样式

1. 再次打开“新建样式”对话框，在“名称”文本框中输入“二级标题”，在“格式”栏中设置字体为“方正兰亭黑简体”，字号为“四号”。
2. 单击[格式(O)▾]按钮，
3. 在弹出的下拉列表中选择“段落”选项。

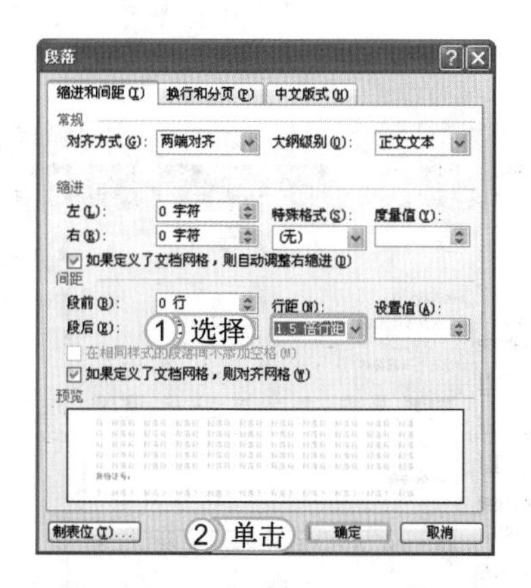

STEP 03：设置段落间距

1. 打开“段落”对话框，默认选择“缩进和间距”选项卡，在“间距”栏的“行距”下拉列表框中选择“1.5倍行距”选项。
2. 单击[确定]按钮。

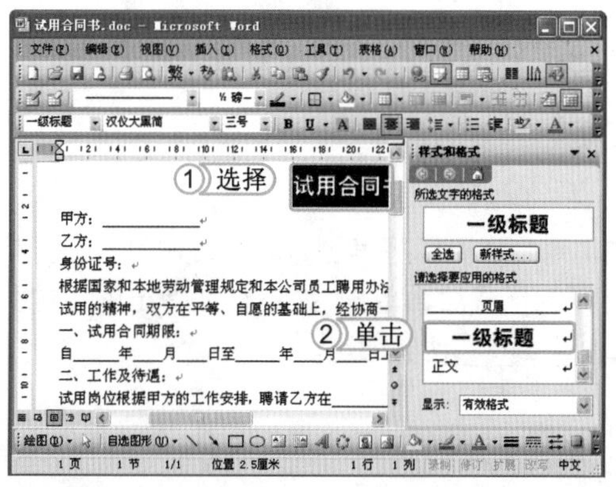

STEP 04：应用样式

1. 返回文档编辑区，在“样式和格式”任务窗格中将显示创建的样式。然后在文档编辑区中选择标题文本。
2. 在“样式和格式”任务窗格的“请选择要应用的格式”列表框中选择“一级标题”选项为其应用创建的样式。

STEP 05： 应用二级标题样式

在文档编辑区选择大写的数字所在的段落，使用相同的方法为其应用创建的“二级标题”样式。

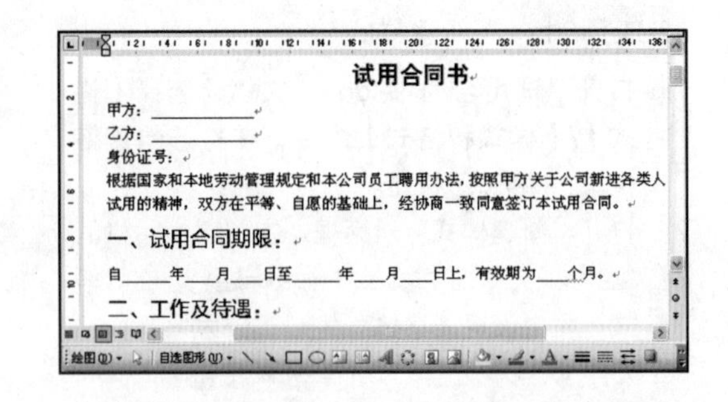

经验一箩筐——应用系统自带的样式

在 Word 2003 中提供了多种标准的样式，用户可以直接为文档应用自带的样式。其方法是：将文本插入点定位到要应用样式的段落中，或选择要应用样式的文本或词组，单击“格式”工具栏中的“样式”下拉列表框 正文 右侧的 按钮，在弹出的下拉列表中选择所需的样式，即可将该样式应用到文档中。

2.2.2 修改和删除样式

从创建的样式中可得知，样式主要由字符、段落、制表位、标题和正文等构成，如果对应用的样式效果不满意，用户还可以对样式进行修改和删除。下面分别进行介绍。

1. 修改样式

用户可以修改样式以制作出满意的样式效果。其方法是：在“样式和格式”任务窗格中选择需要更改的样式，在选择的样式后单击 按钮，在弹出的下拉列表中选择“修改”选项，在打开的“修改样式”对话框中对样式进行相应的修改即可。

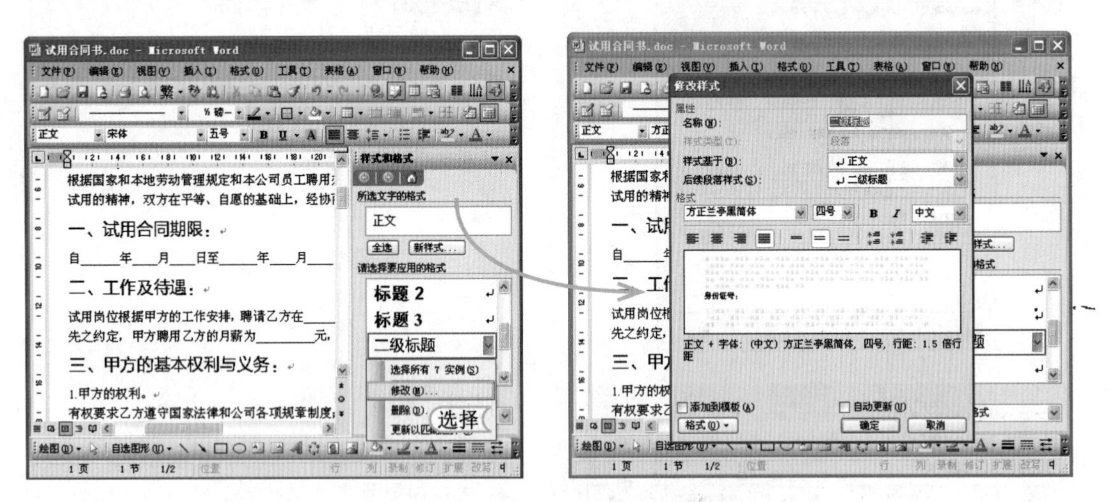

2. 删除样式

“样式和格式”任务窗格中无用或多余的样式，用户还可以将其删除。其方法是：在“样式和格式”任务窗格中选择需要删除的样式，在选择的样式后面单击 按钮，在弹出的下拉列表中选择“删除”选项，在打开的提示对话框中单击 是(Y) 按钮即可。

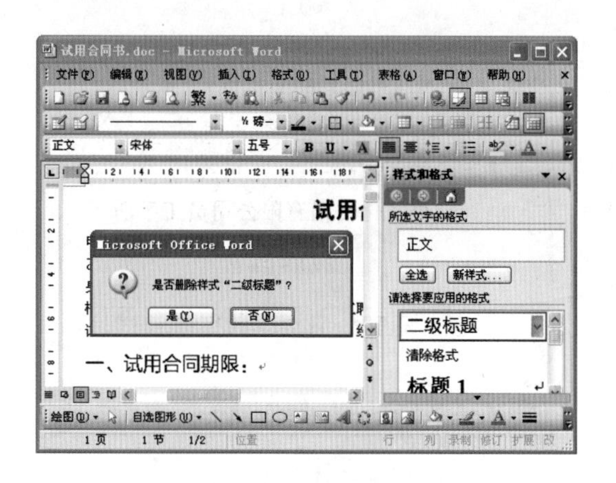

提个醒 虽然 Word 中自带的样式不能删除，但能对样式进行修改操作。如果要查看文本的样式，可将文本插入点定位到文本中，再打开"样式和格式"任务窗格，系统会用蓝色的矩形框显示所选文本的样式选项。将鼠标光标移动到矩形框中，系统将自动显示文本的样式。

2.2.3 保存并应用模板

模板也是 Word 文档中的一种，它和样式的区别在于，样式是段落或字符格式的组合，而模板则是整篇文档格式的组合，也可以说是样式的组合。如果在 Word 文档中使用模板，可省去许多重复性的操作，从而加快制作相同格式文档的速度。

1. 保存模板

由于 Word 2003 中提供的模板有限，不能满足所有用户的需求，这时用户可以自行创建新的模板，也就是将制作好的文档另存为模板，这样以后在制作同一类型的文档时，就可以直接调用保存的文档，大大提高了制作文档的效率。

保存和应用模板的方法是：打开要创建为模板的文档，选择【文件】/【另存为】命令后，打开"另存为"对话框，在"文件名"文本框中输入文档名称，在"保存类型"下拉列表框中选择"文档模板（*.dot）"选项，单击 保存(S) 按钮。

提个醒 无论是 Word 自带的模板或是创建的模板，用户都可根据需要对其进行修改。对模板进行修改即是对模板中的样式进行修改，且在修改模板样式后，不会影响基于修改前模板创建的文档。

2. 应用模板

应用模板创建文档会使操作变得更加简单、快捷，其方法非常简单，只需选择【文件】/【新建】命令，打开"新建文档"任务窗格，在"模板"栏中单击"本机上的模板..."超级链接，打开"模板"对话框，在"常用"选项卡中选择需要的模板选项，单击 确定 按钮即可打开模板，然后根据情况对模板内容进行修改。

经验一箩筐——应用系统自带的模板

打开"模板"对话框，在"报告"和"信函和传真"选项卡中提供了多种模板选项，用户可选择需要的模板，单击 确定 按钮，便可基于该模板创建文档。

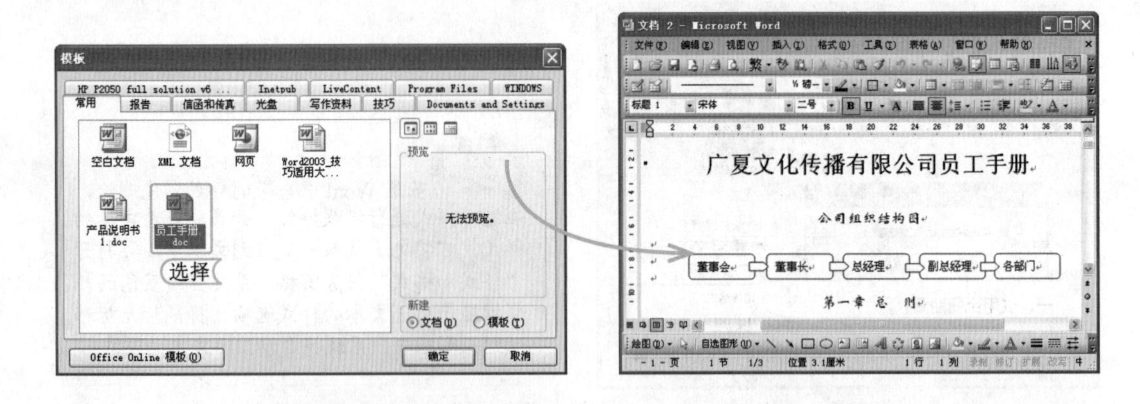

经验一箩筐——快速套用模板

对于使用频率较高的模板，用户可将其快速运用到文档的排版中，并设置 Word 每次启动时自动套用该模板文档。其方法是：选择【工具】/【选项】命令，打开“选项”对话框。选择“文件位置”选项卡，在“文件类型”列表中选择“用户模板”选项，单击 修改(M)... 按钮。在打开的对话框中选择所需模板，再单击 确定 按钮即可。另外，运用该模板必须将模板命名为 Normal.dot。

2.2.4 创建目录

对于一些特殊的文档，还需要制定相应的目录，以方便他人能够快速地查看指定的内容。这里需注意，不是每个文档都可创建目录，而必须是应用了样式的文档。

创建目录的方法是：打开需要创建目录的文档，选择【插入】/【引用】/【索引和目录】命令，打开“索引和目录”对话框，选择“目录”选项卡，在“制表符前导符”下拉列表框中选择创建目录时的标题名称与页码中间使用的符号，在“常规”栏的“格式”下拉列表框中选择相应的格式，在“显示级别”数值框中输入要显示的目录级别数，然后单击 确定 按钮即可插入与之相应的目录。

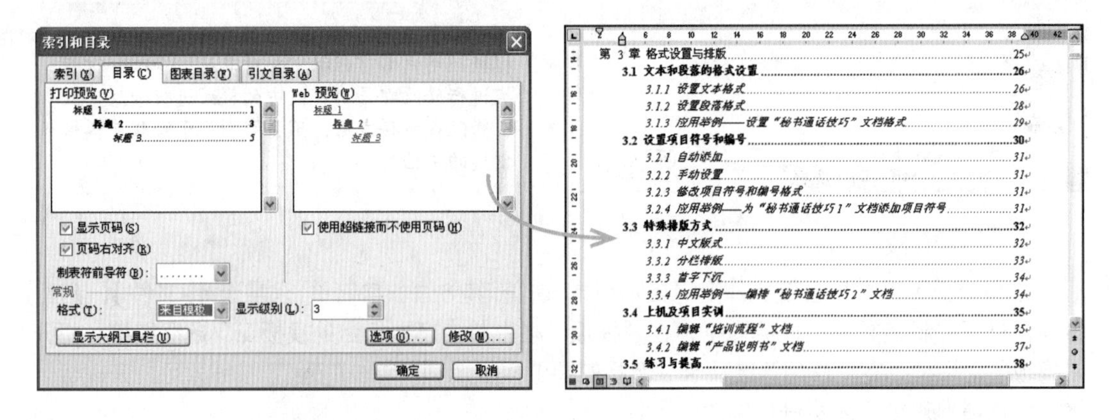

2.2.5 格式刷的使用

格式刷主要用于复制格式，它能将某段文本中的格式应用到同一文档或者不同文档的另一段文本中，如果要在一篇文档中对多处不连续的文本设置相同的字符和段落格式，灵活的运用格式刷可省去繁杂的操作。

其方法是：选择设置格式的文本，双击“格式刷”按钮，此时鼠标光标将变成格式刷状态，用鼠标拖动选中其他要应用相同格式的文本，释放鼠标后便可应用字符格式。用该方法可以多次复制相同格式，完成后再次单击按钮，便可退出格式刷状态。

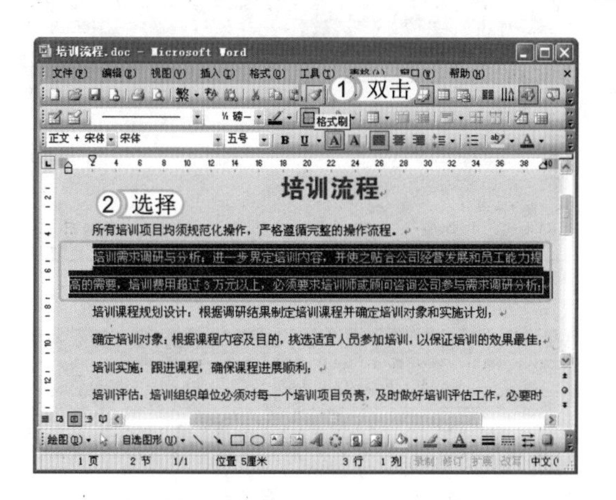

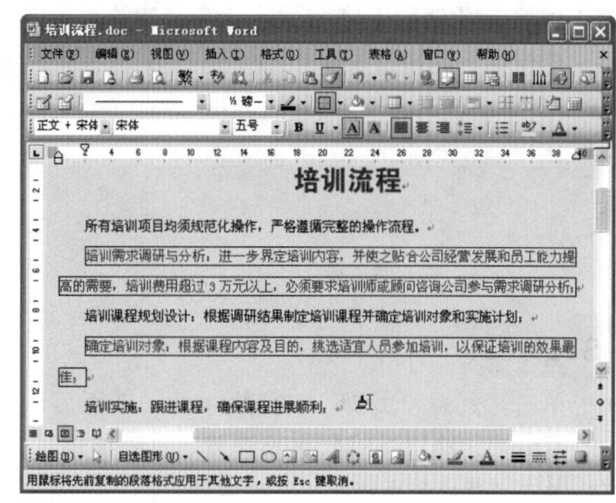

上机 1 小时 ▶ 制作劳动合同

- 巩固样式和模板的应用。
- 掌握提取目录和格式刷的方法。

本例将制作“劳动合同.doc”文档，首先为文档添加页眉和页脚，接着设置样式并为文本应用不同的样式，最后提取目录，最终效果如下图所示。

光盘文件

素材 \ 第 2 章 \ 劳动合同.doc、logo.png
效果 \ 第 2 章 \ 劳动合同.doc
实例演示 \ 第 2 章 \ 制作劳动合同

鸿兴科技有限公司

劳动合同

__________公司(单位)(以下简称甲方)

__________(以下简称乙方)

依照国家有关法律条例，就聘用事宜，订立本合同。

第一条 试用期及录用

(一)、 甲方依照合同条款聘用乙方为员工，乙方工作部门为____，职位为____，工种为____，乙方应经过三至六个月的试用期，在此期间甲、乙任何一方有权终止合同，但必须提前七天通知对方或以七天的试用工资作为补偿。

(二)、 试用期满，双方无异议，乙方成为甲方的正式合同制劳务工，甲方将以书面方式给予确认。

(三)、 乙方试用合格后被正式录用，其试用期应计算在合同有效期内。

第二条 工资及其它补助奖金

(一)、 甲方根据国家有关规定和企业经营状况实行本企业的等级工资制度，并根据乙方所担负的职务和其他条件确定其相应的工资标准，以银行转账形式支付，按月发放。

(二)、 甲方根据盈利情况及乙方的行为和工作表现增加工资，如果乙方没达到甲方规定的要求指标，乙方的工资将得不到提升。

(三)、 在如下情况，甲方公司主管人员会同人事部门将给乙方荣誉或物质奖励，如模范地遵守公司的规章制度，生产和工作中有突出贡献，技术革新、经营管理改善。乙方也可

1

鸿兴科技有限公司

由于有突出贡献得到工资和职务级别的提升。

(四)、 甲方根据本企业利润情况设立年终奖金，根据员工劳动表现及在单位服务年限发放奖金。

(五)、 甲方根据政府的有关规定和企业状况，向乙方提供津贴和补助金。

(六)、 除了法律、法规、规章明确要求的补助外，甲方将不再有义务向乙方提供其它补助津贴。

第三条 工作时间及公假

(一)、 乙方的工作时间每天为 8 小时(不含吃饭时间)，每星期工作五天或每周工作时间不超过 40 时，除吃饭时间外，每个工作日不安排其它休息时间。

(二)、 乙方有权享受法定节假日以及婚假、丧假等有薪假期。甲方如要求乙方在法定节假日工作，在乙方同意后，须安排乙方相应的时间轮休，或按国家规定支付乙方加班费。

(三)、 乙方成为正式员工，在本企业连续工作满半年后，可按比例获得每年根据其所担负的职务相应享受______天的有薪年假。

(四)、 乙方在生病时，经甲方认可的医生及医院证明，过试用期的员工每月可享受有薪病假一天，病假工资超出有薪病假部分的待遇，按政府和单位的有关规定执行。

(五)、 甲方根据生产经营需要，可调整变动工作时间，包括变更日工作开始和结束的时间，在照顾员工有合理的休息时间的情况下，日工作时间可做不连贯的变更，或要求员工在法定节假日及休息日到岗工作。乙方无特殊理由应积极支持和服从甲方安排，但甲方应严格控制加班加点的时间。

第四条 法制教育

在乙方任职期间，甲方须经常对乙方进行职业道德、业务技术、安全生产及各种规章制度及社会法制教育，乙方应积极接受这方面的教育。

第五条 工作安排与条件

(一)、 甲方有权根据生产和工作需要及乙方的能力，合理安排和调整乙方的工作，乙方应服从甲方的管理和安排，在规定的工作时间内按质按量完成甲方指派的工作任务。

(二)、 甲方须为乙方提供符合国家要求的安全卫生的工作环境，否则乙方有权拒绝工作或终止合同。

第六条 劳动保护

甲方根据生产和工作需要，按国家规定为乙方提供劳动保护用品和保健食品。对女职工经期、孕期、产期和哺乳期提供相应的保护，具体办法按国家有关规定执行。

2

STEP 01：在页眉插入图片

打开“劳动合同 .doc”文档，选择【视图】/【页眉和页脚】命令，进入页眉和页脚编辑状态。选择【编辑】/【清除】/【格式】命令，清除页眉横线。然后在页眉处插入图片“Logo.png”。

STEP 02：插入页码

1. 单击“页眉和页脚”工具栏中的“在页眉和页脚间切换”按钮，切换到首页页脚编辑区。
2. 单击“页眉和页脚”工具栏中的“插入页码”按钮。
3. 插入页码“1”。
4. 单击关闭(C)按钮退出页眉/页脚编辑状态。

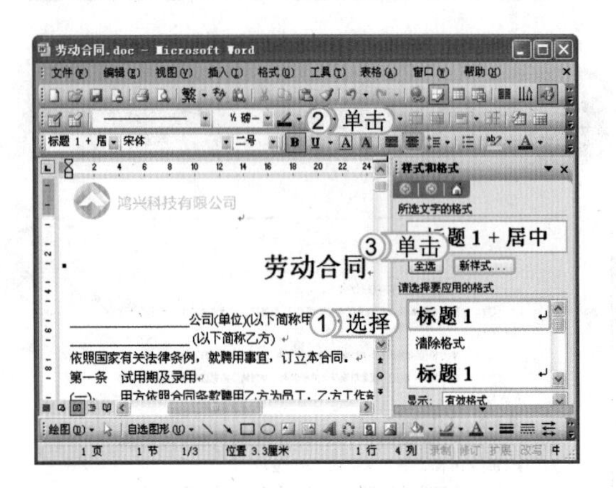

STEP 03：新建样式

1. 将鼠标光标定位到首页的标题文本中，选择【格式】/【样式和格式】命令，打开“样式和格式”任务窗格，选择任务窗格中的“标题1”样式。
2. 在“格式”工具栏中单击按钮设置对齐方式为“居中”。
3. 单击任务窗格中的新样式...按钮，打开“新建样式”对话框。

STEP 04：设置样式

1. 在“属性”栏的“名称”文本框中输入“条款”文本。
2. 在“格式”栏中设置字体为“方正大标宋简体”，字号为“小三”，对齐方式为“两端对齐”。
3. 单击确定按钮。

提个醒 在“新建样式”对话框的“格式”栏中单击按钮，可设置行距、段落间距和缩进量。

STEP 05：应用样式

1. 在文档中选择“第一条 试用期及录用”文本，
2. 在右侧的“样式和格式”任务窗格中单击新建的“条款”样式，为文本应用该样式。

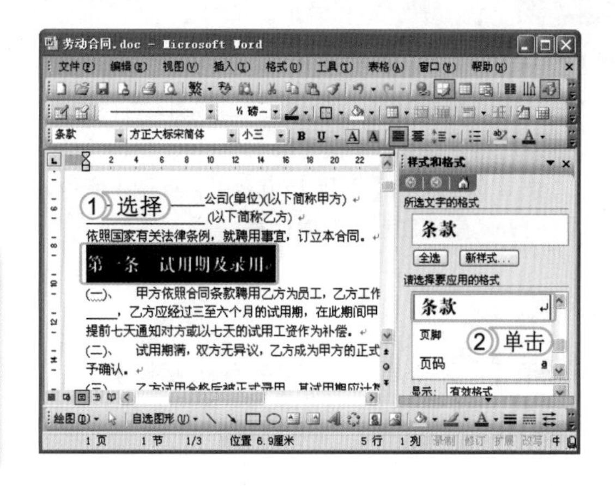

STEP 06：使用格式刷复制样式

1. 选择“第一条 试用期及录用”文本。双击常用工具栏中的“格式刷”按钮。
2. 拖动鼠标选择第二条条款，为其复制相同的样式。然后使用相同的方法为文档中其他的条款内容复制相同的样式。

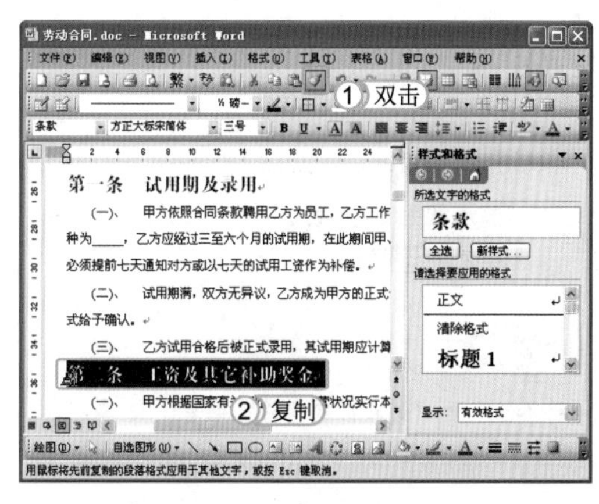

> **提个醒**
> 在“常用”工具栏中单击“格式刷”按钮，即可执行一次复制格式的操作；双击“格式刷”按钮，则可执行多次复制格式的操作。

STEP 07：修改样式

1. 在“样式和格式”任务窗格中单击“正文”样式后面的按钮，在弹出的下拉列表中选择“修改”选项。
2. 在打开的“修改样式”对话框中单击 格式(O) 按钮。
3. 在弹出的下拉列表中选择“段落”选项。

STEP 08：设置正文的段落格式

1. 打开“段落”对话框，在“特殊格式”下拉列表框中选择“首行缩进”选项。
2. 在“行距”下拉列表框中选择“多倍行距”选项。在其后的数值框中输入“1.4”。
3. 依次单击 确定 按钮。

STEP 09：分段文本

1. 返回文档编辑区。将鼠标光标定位到标题文本后面，按 Enter 键分段。
2. 选择【插入】/【引用】/【索引和目录】命令，打开“索引和目录”对话框。

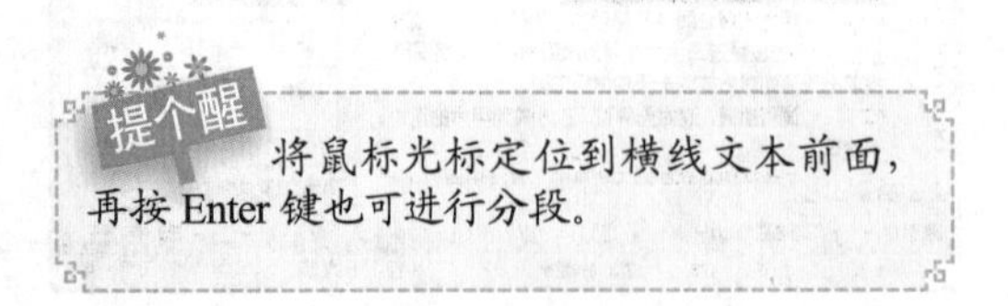

将鼠标光标定位到横线文本前面，再按 Enter 键也可进行分段。

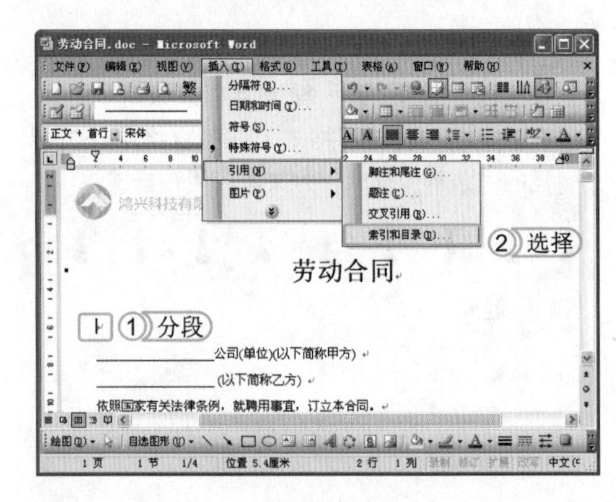

STEP 10：提取目录

1. 选择“目录”选项卡，在“制表符前导符”下拉列表框中选择“………”选项。
2. 在“显示级别”数值框中输入“1”。
3. 单击 选项(O)... 按钮。

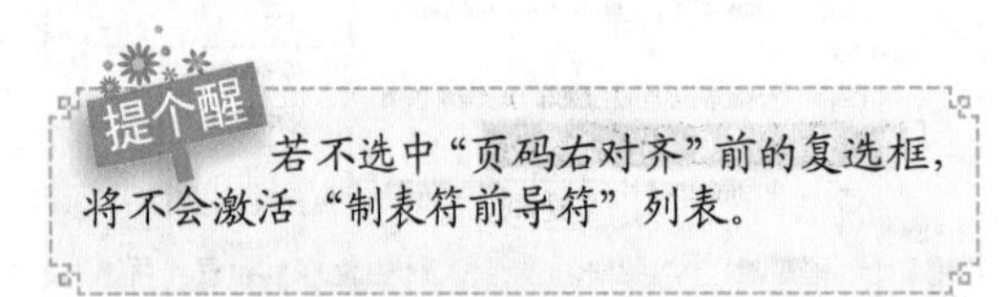

若不选中“页码右对齐”前的复选框，将不会激活“制表符前导符”列表。

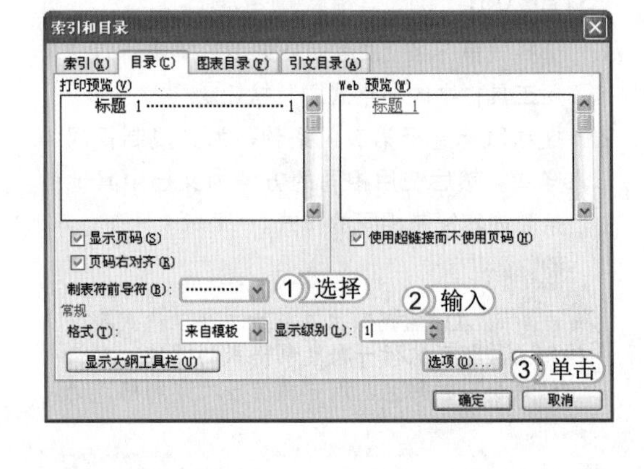

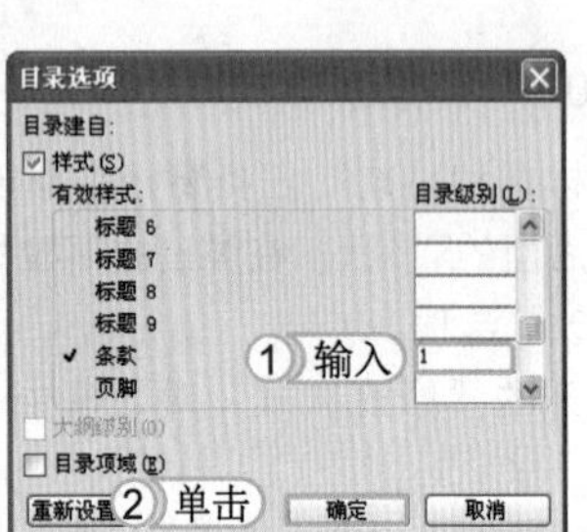

STEP 11：设置目录选项

1. 打开“目录选项”对话框，删除“有效样式”列表框“标题 1”样式后文本框中的数字。在“条款”样式后面的文本框中输入“1”。
2. 单击 确定 按钮。

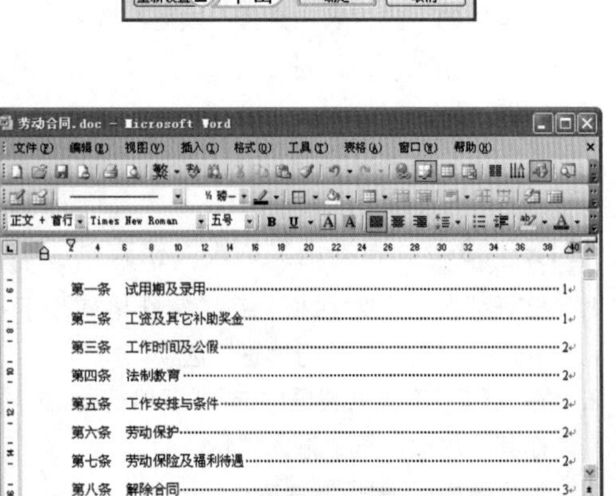

STEP 12：查看目录效果

返回“索引和目录”对话框，单击 确定 按钮关闭对话框，返回文档编辑区即可查看创建的目录效果。

STEP 13： 将文档保存为模板

1. 选择【文件】/【另存为】命令，打开“另存为”对话框。在“文件名”文件框中输入文档名称，这里输入“劳动合同 .dot”。
2. 在“保存类型”下拉列表框中选择“文档模板（*.dot）”选项。
3. 单击 保存(S) 按钮。在打开的“模板”对话框中即可查看到该文档已保存为模板。

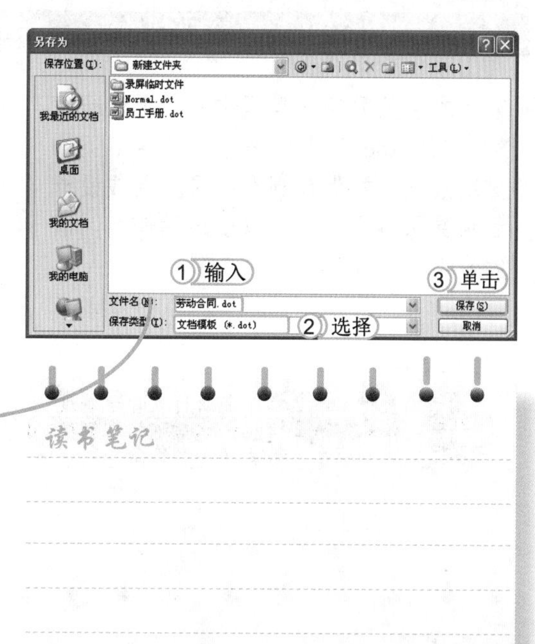

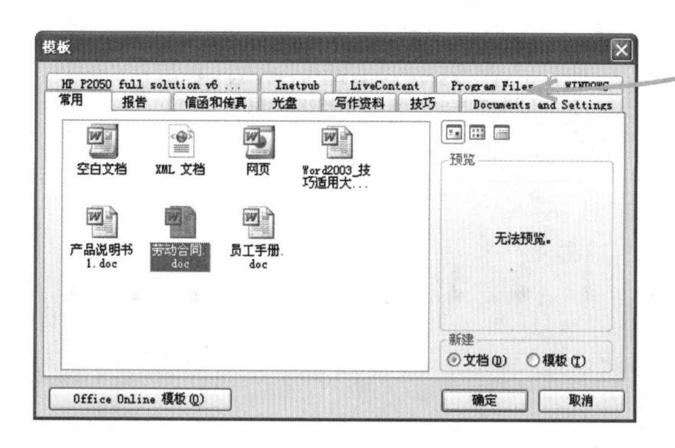

读书笔记

2.3 练习 1 小时

本章主要介绍了文本格式、项目符号和编号、页眉和页脚、样式和模板以及目录的操作方法，用户要想在日常工作中熟练使用它们，还需再进行巩固练习。下面以制作租赁招标书和企业行政管理制度为例，进一步巩固这些知识的使用方法。

1. 制作租赁招标书

本例将首先输入文本，然后分别设置文本格式、段落格式以及添加项目符号和编号，最后再为文档添加页眉。最终效果如下图所示。

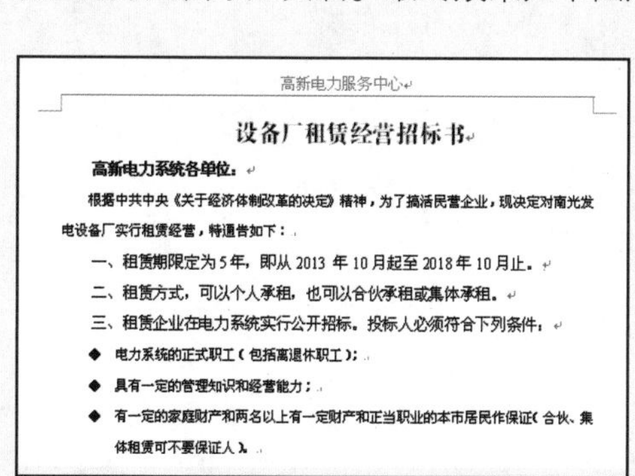

高新电力服务中心

设备厂租赁经营招标书

高新电力系统各单位：

根据中共中央《关于经济体制改革的决定》精神，为了搞活民营企业，现决定对南光发电设备厂实行租赁经营，特通告如下：

一、租赁期限定为 5 年，即从 2013 年 10 月起至 2018 年 10 月止。

二、租赁方式，可以个人承租，也可以合伙承租或集体承租。

三、租赁企业在电力系统实行公开招标。投标人必须符合下列条件：

◆ 电力系统的正式职工（包括离退休职工）；

◆ 具有一定的管理知识和经营能力；

◆ 有一定的家庭财产和两名以上有一定财产和正当职业的本市居民作保证（合伙、集体租赁可不要保证人）。

四、凡愿参加投标者，请于 2013 年 6 月 20 日至 7 月 10 日至经贸科申请投标，领取标书。七日内提出投标方案。9 月 10 日进行公开答辩，确定中标人。

五、高新联合建设管理有限公司招标办公室为投标者免费提供咨询服务。

地点：成都市高新区九龙街八宝商务楼 3 楼

咨询服务时间：2013 年 5 月 17 日至 31 日

上午：9:00－12:00

下午：13:00－17:00（节假日休息）

联系电话：028-812*****

高新电力服务中心
2013 年 5 月 12 日

光盘文件
效果 \ 第 2 章 \ 租赁招标书 .doc
实例演示 \ 第 2 章 \ 制作租赁招标书

2. 制作企业行政管理制度

本例将利用光盘提供的“企业行政管理制度.doc”文档来练习首字下沉的排版效果，并为其制作目录。完成设置后将其保存为模板，以便日后使用。最终效果如右图所示。

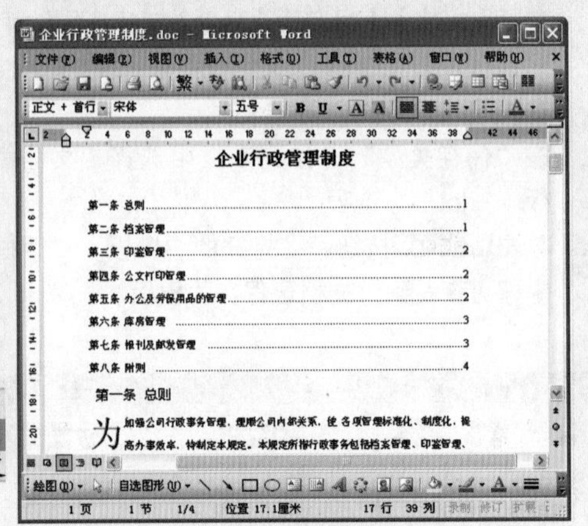

光盘文件
素材\第2章\企业行政管理制度.doc
效果\第2章\企业行政管理制度.doc
实例演示\第2章\制作企业行政管理制度

读书笔记

办公

72 HOURS

第3章 文档美化——添加美化元素

学习 3 小时

为了使 Word 文档更加美观，使表达的内容更加突出，可以在文档中使用图文结合的方式来编辑文档和表现内容，恰如其分地展示 Word 文档的内容。本章将介绍在 Word 中添加背景、设置页面大小和方向、使用图片和剪贴画、插入和编辑图形、添加艺术字、使用文本框和表格等。

- 快速美化文档页面
- 使用图片快速美化文档
- 使用其他对象丰富文档

上机 4 小时

3.1 快速美化文档页面

在 Word 中编辑好文档后，为了使文档更加美观，常常要对其页面进行适当的设置。设置页面主要包括设置页面背景、设置页面边框和底纹、设置页边距和页面大小等，下面将分别进行讲解。

学习 1 小时

- 掌握设置页面背景的方法。
- 掌握添加水印的方法。
- 掌握设置页面边框和底纹的方法。
- 掌握设置页边距和页面大小的方法。

3.1.1 设置页面背景

在编辑一些特殊行业的文档时，如旅游、广告等，不仅要求文档的实用性，更要求文档具有良好的视觉效果，通过 Word 2003 可以为文档添加特殊的背景效果，以增强文档的美观性。

1. 添加颜色

在 Word 文档中使用漂亮的页面颜色可以使文档从视觉上感到清新。设置页面背景的方法是：选择【格式】/【背景】命令，在弹出的子菜单中选择任一种颜色，可为页面背景添加纯色背景。

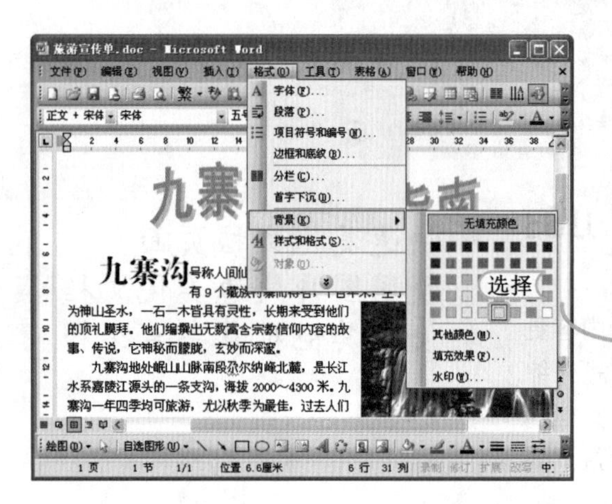

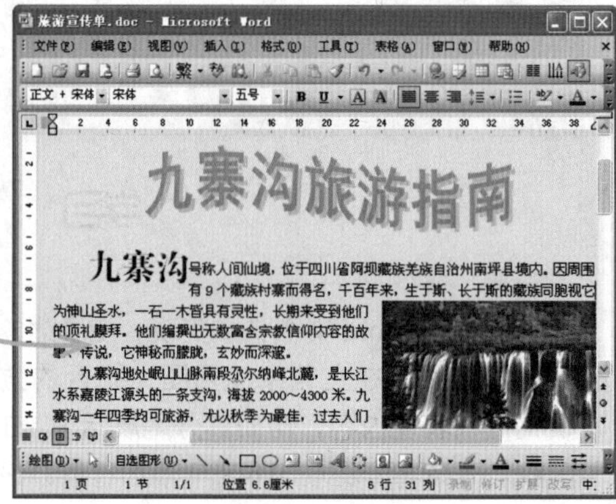

2. 添加其他效果

在 Word 文档中除了可添加纯色背景颜色外，还可添加其他效果，如渐变、纹理、图案和图片等。添加其他效果的方法是：选择【格式】/【背景】/【填充效果】命令，打开“填充效果”对话框，如右图所示。选择对应的选项卡，在其中进行相应的设置后，单击确定按钮。该对话框中各选项卡的作用分别介绍如下。

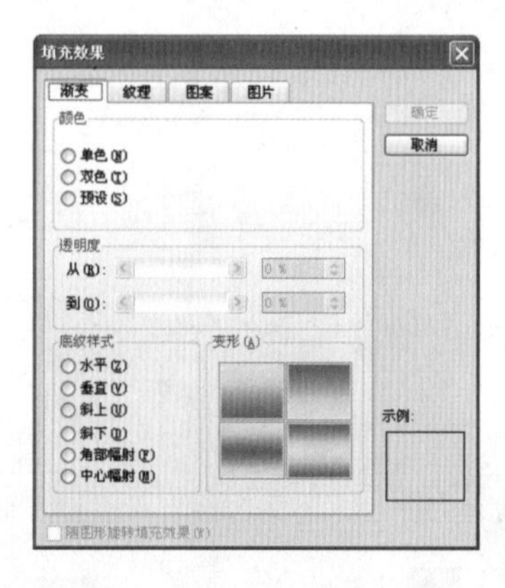

- 渐变：选择“渐变”选项卡，在其中可设置填充效果的颜色、透明度底纹样式和变形等。
- 纹理：选择“纹理”选项卡，在其中可选择一种软件提供的纹理样式作为页面背景。单击[其他纹理(Q)...]按钮，在打开的对话框中可选择电脑内的图片作为纹理应用于页面。
- 图案：选择“图案”选项卡，在其中可选择一种软件提供的图案样式作为页面背景，还可在“前景”和“背景”下拉列表框中选择需要的颜色为图案样式应用前景和背景色。
- 图片：选择“图片”选项卡，在其中可单击[选择图片(L)...]按钮，在打开的对话框中选择需要的图片作为页面背景。

下面以在“活动宣传单.doc”文档中通过添加纹理设置页面背景，以掌握页面背景的设置方法。其具体操作如下：

光盘文件
素材\第3章\活动宣传单.doc、花纹.jpg
效果\第3章\活动宣传单.doc
实例演示\第3章\设置页面背景

STEP 01：打开“填充效果”对话框

1. 打开“活动宣传单.doc”文档，选择【格式】/【背景】/【填充效果】命令。打开“填充效果”对话框，选择“纹理”选项卡。
2. 单击[其他纹理(Q)...]按钮。

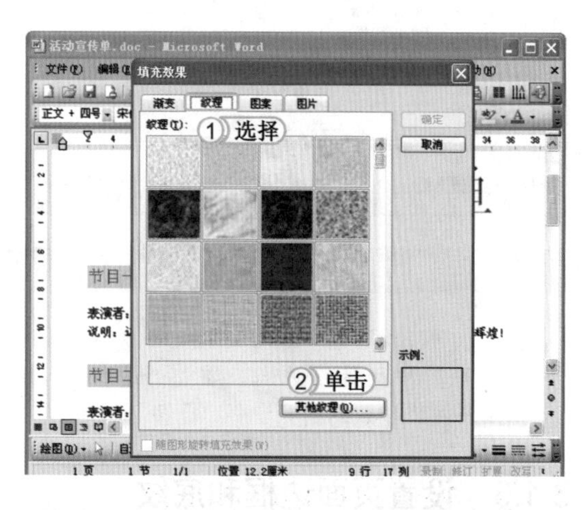

提个醒
在“纹理”下拉列表框中选择一种纹理样式，在下方的空白方块中将显示纹理样式的名称，在右下角的“示例”方块中将显示文本的样式，以便于查看效果。

STEP 02：选择纹理

1. 打开“选择纹理”对话框，在其中选择电脑中保存的图片“花纹.jpg”。
2. 单击[插入(S)]按钮。

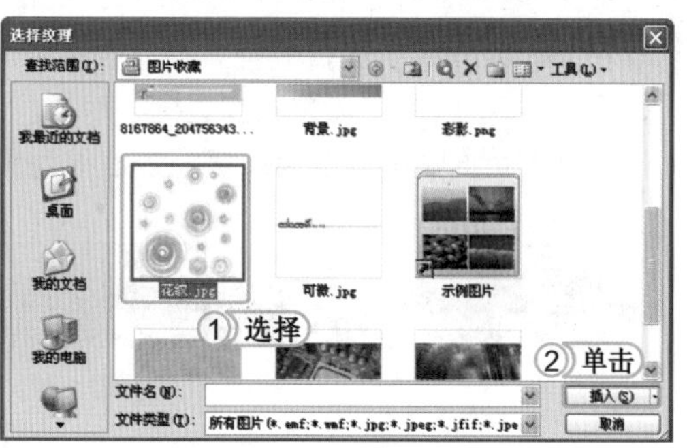

STEP 03：查看花纹背景的效果

返回“填充效果”对话框，在“花纹”栏中可看到添加的“花纹”，然后单击[确定]按钮返回文档编辑区，即可查看到添加纹理的页面背景效果。

3.1.2 添加水印

在 Word 2003 中，可以为文档加入文字和图片两种水印效果，它主要用于公司或机关文件中。需注意的是，在输入与编辑文本时，水印不能被编辑。

添加水印的方法是：选择【格式】/【背景】/【水印】命令，打开“水印”对话框，选中相应的单选按钮，如选中 文字水印(X) 单选按钮，然后在下方的“文字 ”列表框中输入需要添加的水印文本，然后分别设置字体、尺寸和颜色等，再单击 确定 按钮即可在文档中添加水印。

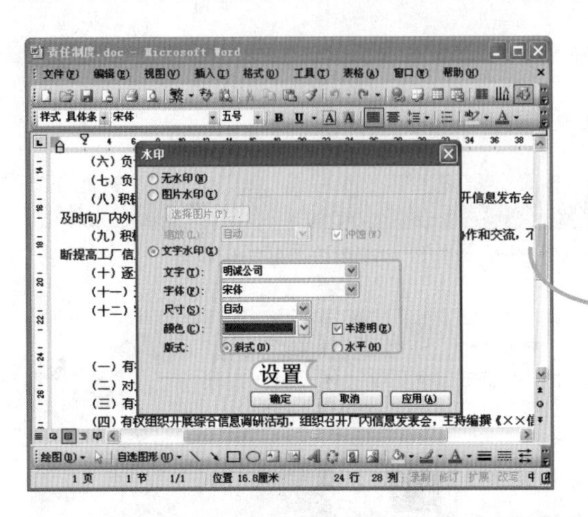

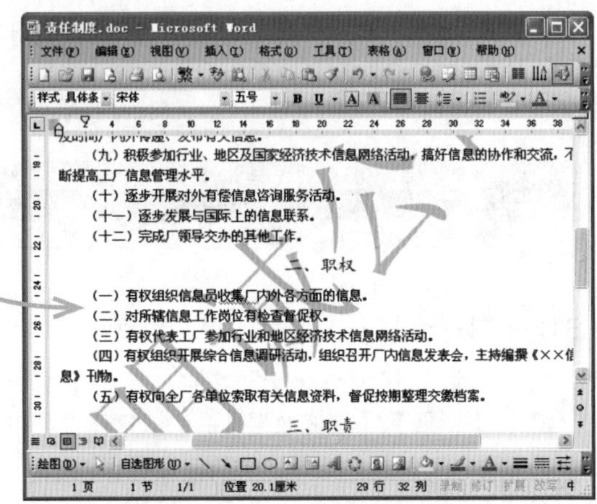

经验一箩筐——取消水印及添加图片水印

在“水印”对话框中选中 无水印(N) 单选按钮，可取消设置的水印；若选中 图片水印(I) 单选按钮，并单击下方的 选择图片(P)... 按钮，在打开的“插入图片”对话框中插入电脑中保存的图片，可为文档添加图片水印效果。

3.1.3 设置页面边框和底纹

在 Word 2003 中编辑一些具有广告价值、有特殊意义和用途的文档时，为了使文档更加美观，可为文字、段落或页面添加边框和底纹。它们的设置方法都相似，下面以在“广告计划.doc”文档中添加页面边框以及为段落添加底纹为例讲解设置边框和底纹的方法，其具体操作如下：

光盘文件
素材 \ 第 3 章 \ 广告计划 .doc
效果 \ 第 3 章 \ 广告计划 .doc
实例演示 \ 第 3 章 \ 设置页面边框和底纹

STEP 01：打开“边框和底纹”对话框

打开“广告计划.doc”文档，按 Ctrl+A 组合键选择全部文本，再选择【格式】/【边框和底纹】命令，打开“边框和底纹”对话框。

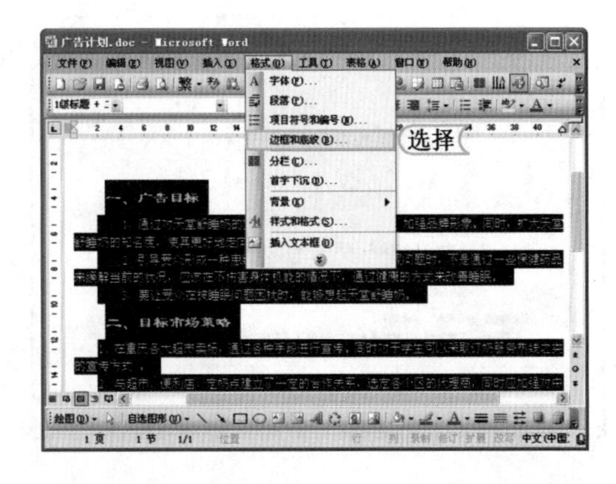

提个醒

选择需要添加边框和底纹的文本，然后在“格式”工具栏中分别单击“字符边框”按钮A和“字符底纹”按钮A，可为选择的文本添加黑色边框和灰色底纹。

STEP 02： 设置边框样式

1. 在打开的对话框中选择“页面边框”选项卡。
2. 在设置栏中选择一个页面边框的样式，这里选择“方框”选项。
3. 在“艺术型”下拉列表框中选择一个艺术型的页面边框，其他设置保持默认不变。

STEP 03： 设置底纹

1. 选择“底纹”选项卡，在“填充”栏中选择“浅黄”选项。
2. 在“应用于”下拉列表框中选择“段落”选项。
3. 单击 确定 按钮完成设置。

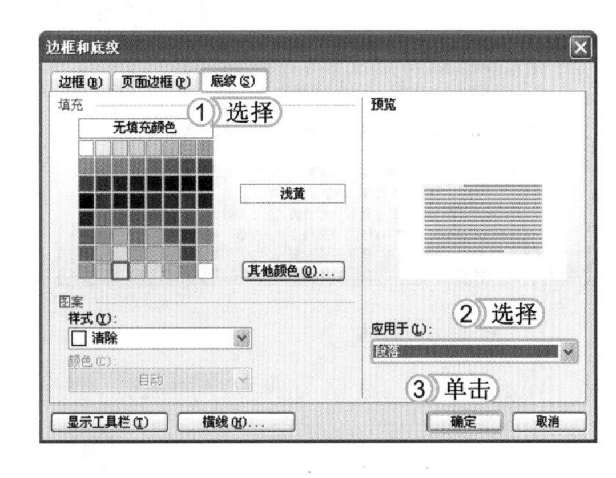

提个醒 在“底纹”选项卡“图案”栏的“样式”下拉列表框中选择需要的样式，在“颜色”下拉列表框中选择需要的颜色，即可为选择的段落文本添加有图案的底纹。

STEP 04： 最终效果

返回文档编辑区，可查看到添加边框和底纹的效果。

读书笔记

3.1.4 设置页面属性

在默认情况下，Word 2003 文档的页面为 A4 大小，即 21×29.7 厘米，但在一些特殊情况下需要根据实际情况自定义页面的属性，如自定义页面的页边距、纸张大小和方向等属性。下面将详细介绍页面属性的设置方法。

1. 设置页边距

页边距是指文档内容与纸张边缘之间的距离，页边距可以控制页面中文档内容的宽度和长度，调整页边距的方法有两种，其方法分别如下。

🔑**通过鼠标拖动调整**：将鼠标光标移至水平标尺中左边距或右边距的位置（文字边距外的标尺为蓝色，边距内的为白色），向左或向右拖动鼠标光标，此时会显示一条垂直的虚线表示调整的页边距所在位置；将鼠标光标移动到垂直标尺中上边距与下边距的位置并拖动鼠标光标，此时会显示一条水平的虚线表示调整页边距后的位置。

🔑**自定义设置页边距**：选择【文件】/【页面设置】命令，打开“页面设置”对话框，选择“页边距”选项卡。在下方的“页边距”栏中设置上和下、左和右的页面边距即可。

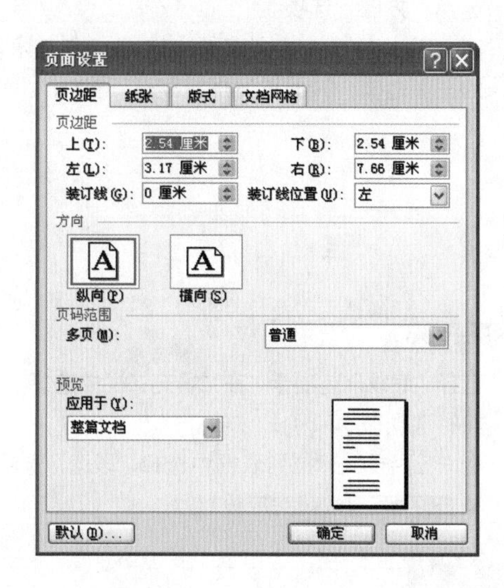

2. 设置页面大小

Word 2003 的默认页面大小为 A4。但是在打印时若使用了不同大小的纸张，则最终的打印效果会与打印前 Word 中设置的打印效果存在很大差异。因此，在打印前需要根据打印机纸张的大小来设置页面的大小。下面以在“产品说明书 .doc”文档中设置页面大小为例讲解设置页面大小的方法，其具体操作如下：

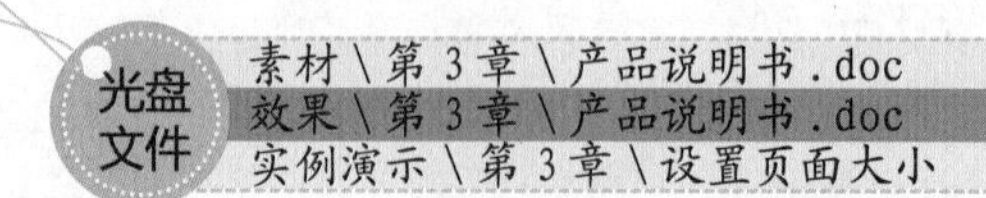

STEP 01：打开“页面设置”对话框

打开“产品说明书 .doc”文档，选择【文件】/【页面设置】命令，打开“页面设置”对话框。

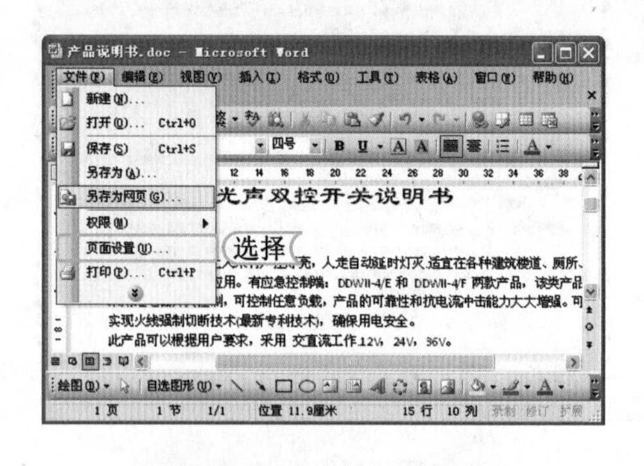

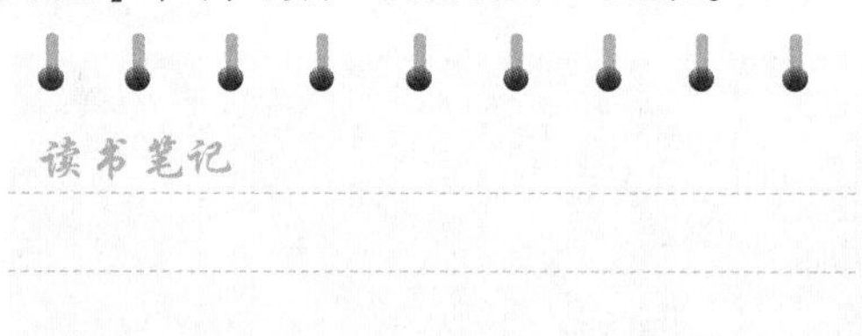

STEP 02：纸张设置

1. 在打开的对话框中选择“纸张”选项卡。
2. 在“纸张大小”栏的“宽度”数值框中输入“18 厘米”，在“高度”数值框中输入“25 厘米”。
3. 单击 确定 按钮。

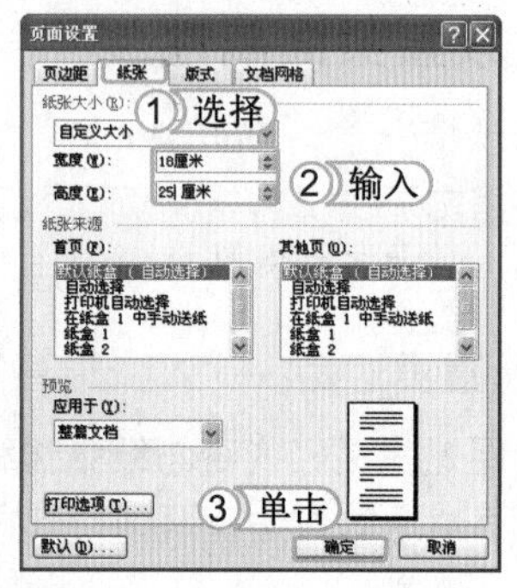

STEP 03： 查看最终效果

返回文档窗口，此时，文档页面的大小已调整为设置的纸张大小。

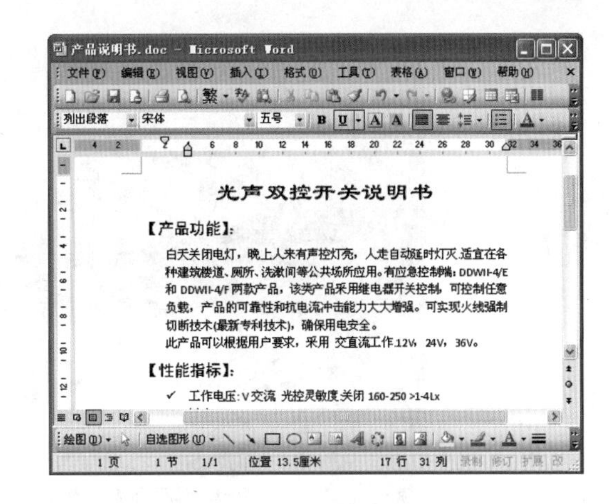

> **提个醒** 在“页面设置”对话框的“纸张大小”下拉列表框中选择相应的选项也可设置页面大小；而在“预览”栏中可以预览设置页面后的效果。

3. 设置纸张方向

在默认情况下，Word 2003 的页面方向为纵向，根据实际情况可对纸张的方向进行调整。设置纸张方向的方法是：选择【文件】/【页面设置】命令，打开“页面设置”对话框。选择“页边距”选项卡，在“方向”栏中选择相应的选项，再单击 确定 按钮。

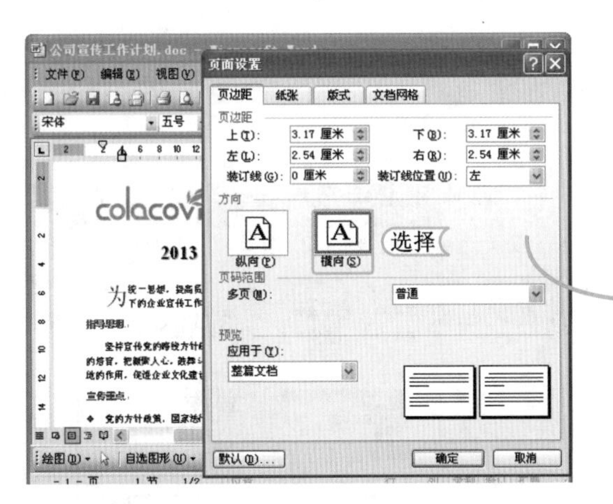

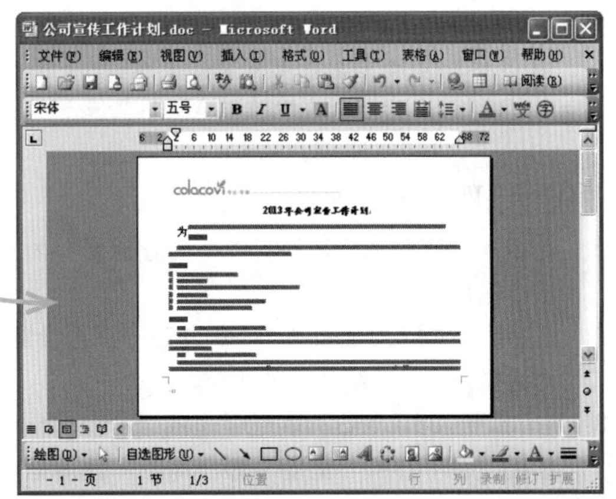

经验一箩筐——通过“文档属性”对话框设置页面方向

选择【文件】/【打印】命令，打开“打印”对话框（打印文档知识将在4.2.4节中讲解）。选择一个打印机后，单击 属性(P) 按钮，打开“文档属性”对话框。选择“打印快捷方式”选项卡，在其中的“方向”下拉列表框中也可选择页面的方向，设置后页面方向将直接应用于打印后的效果。

上机1小时 制作问卷调查

- 熟悉页面背景的设置方法。
- 掌握添加水印的方法。
- 巩固页面边框和底纹、大小和页边距的操作方法。

本例将制作“问卷调查.doc”文档，主要进行页面背景、页面大小以及为文本添加边框和底纹等设置操作。通过本例用户可制作出更整齐大方的文档，完成后的效果如下图所示。

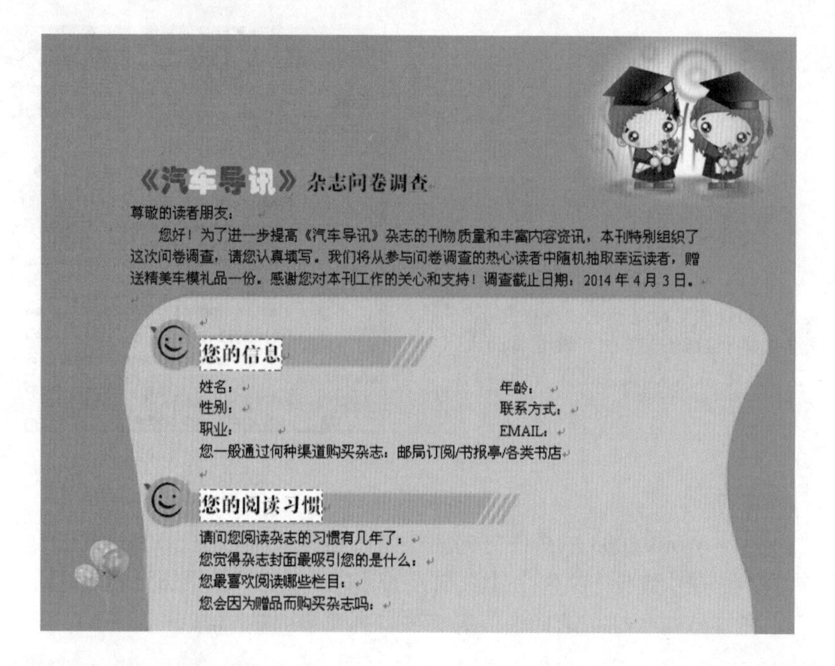

光盘文件
素材\第 3 章\橘色背景 .jpg
效果\第 3 章\问卷调查 .doc
实例演示\第 3 章\制作问卷调查

STEP 01：设置纸张

1. 新建一个空白文档，将其以“问卷调查”为名进行保存。
2. 选择【文件】/【页面设置】命令，打开“页面设置”对话框，选择“纸张”选项卡。
3. 在“纸张大小”下拉列表框中选择“自定义大小”选项，在下方的“宽度”和“高度”数值框中分别输入“18 厘米”和“20 厘米”。
4. 单击 确定 按钮。

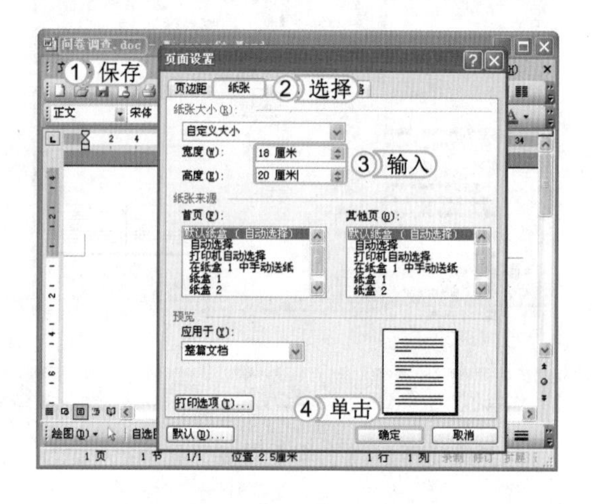

STEP 02：设置页面方向

1. 选择“页边距”选项卡。
2. 在“方向”栏中选择“横向”选项。
3. 单击 确定 按钮。

提个醒 在“页边距”选项卡中的“装订线”数值框中可以设置装订线的距离，在右侧的“装订线位置”下拉列表框中可选择装订线的位置，设置装订线的距离可以在装订纸张时留出装订所需的距离。

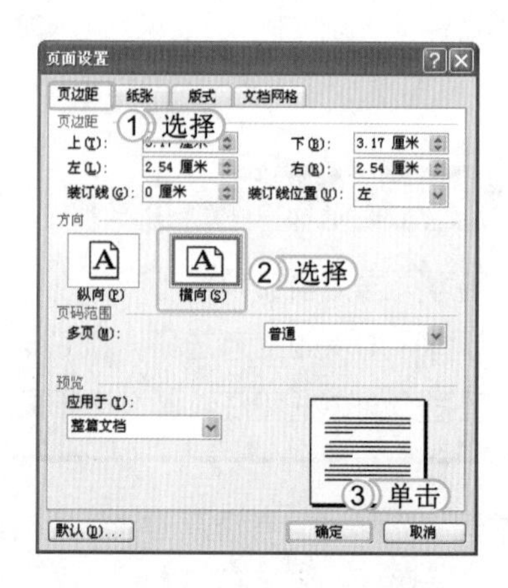

STEP 03： 插入文档背景图片

1. 选择【格式】/【背景】/【填充效果】命令，打开“填充效果”对话框，选择“图片”选项卡。
2. 单击 选择图片(L)... 按钮。

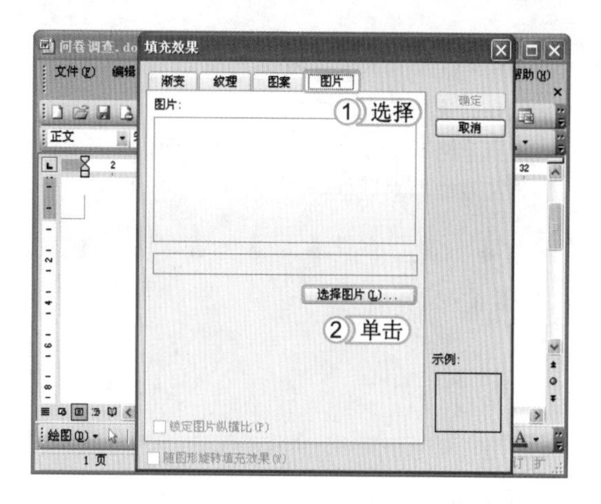

STEP 04： 选择图片

1. 打开“选择图片”对话框，在其中选择一张电脑中保存的图片，这里选择“橘色背景.jpg”图片。
2. 单击 插入(S) 按钮返回“填充效果”对话框，单击 确定 按钮，返回文档编辑区。

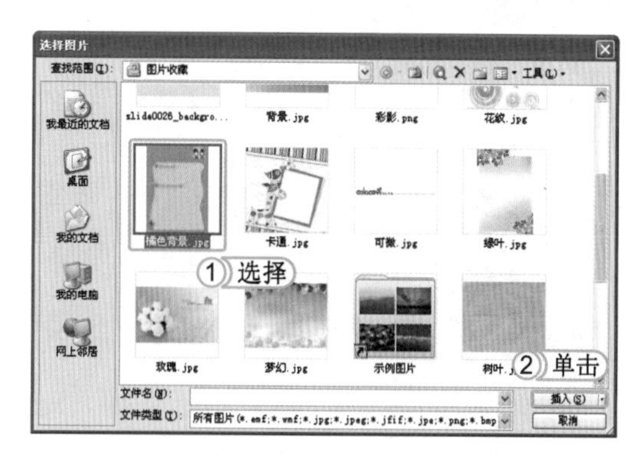

STEP 05： 输入文本

1. 将鼠标光标定位于文本中，输入相应的文本。然后选择“汽车导讯”文本。
2. 将在工具栏中设置字体为“华文琥珀”，字号为“二号”，字体颜色设置为“蓝色”。

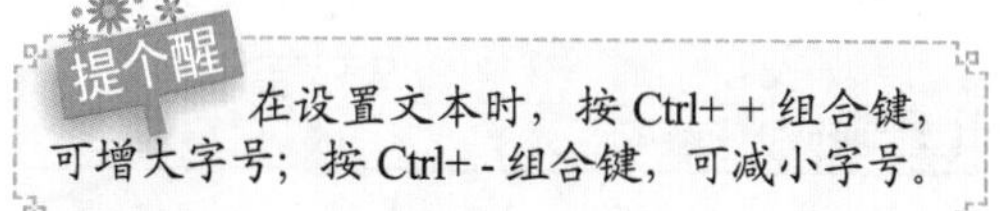

提个醒 在设置文本时，按 Ctrl+ + 组合键，可增大字号；按 Ctrl+ - 组合键，可减小字号。

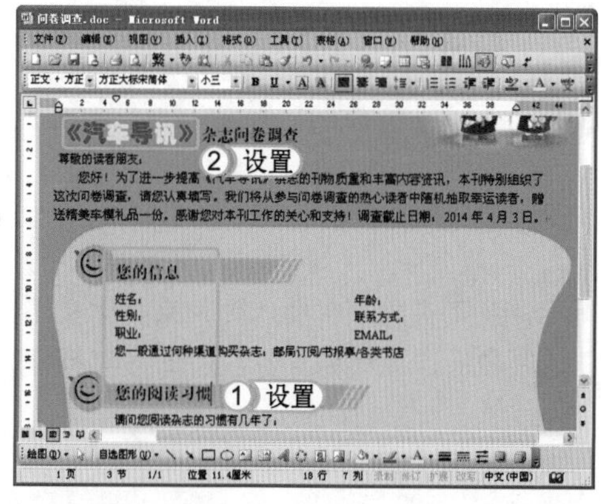

STEP 06： 设置字体格式

1. 使用相同的方法分别设置“杂志问卷调查”、“您的信息”和“您的阅读习惯”文本的字体为“方正大标宋简体”，字号为“小三”。
2. 将标题文本中的“车”和“讯”的字体颜色设置为“黄色”。

STEP 07：打开“边框和底纹”对话框

1. 选择“您的信息”文本。
2. 选择【格式】/【边框和底纹】命令，打开“边框和底纹”对话框。

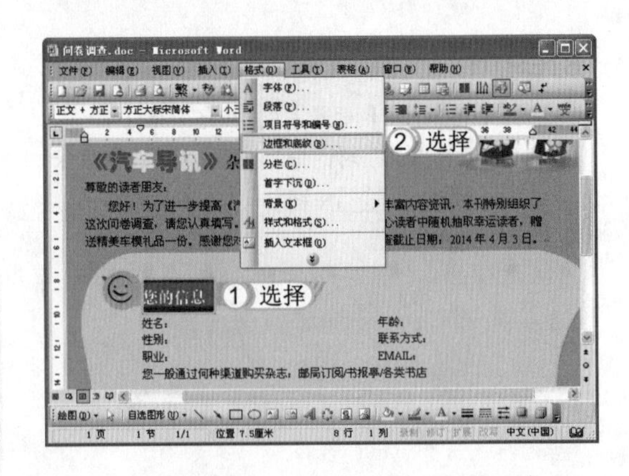

STEP 08：设置边框

1. 选择“您的信息”和“您的阅读习惯”文本，在打开的“边框和底纹”对话框中选择“边框”选项卡。
2. 在“设置”栏中选择“方框”选项。在“线型”下拉列表框中选择“虚线”样式，在“颜色”下拉列表框中选择“蓝色”。
3. 在“应用于”下拉列表框中选择“文字”选项。

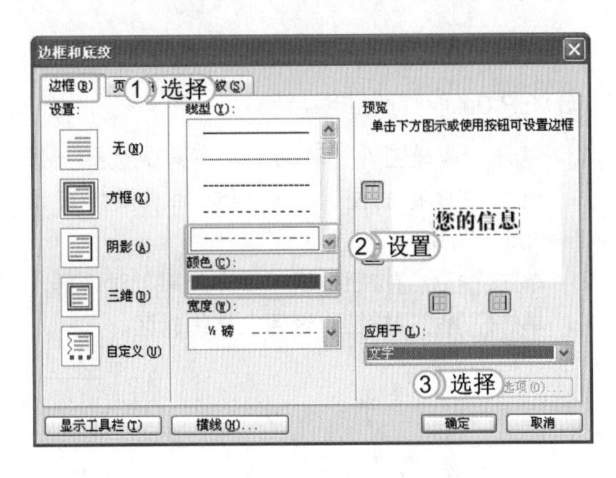

STEP 09：设置底纹

1. 选择“底纹”选项卡。
2. 在“填充”栏中选择“白色”选项。
3. 在“应用于”下拉列表框中选择“文字”选项。
4. 单击 确定 按钮，返回文档编辑区即可查看到设置完成后的效果。

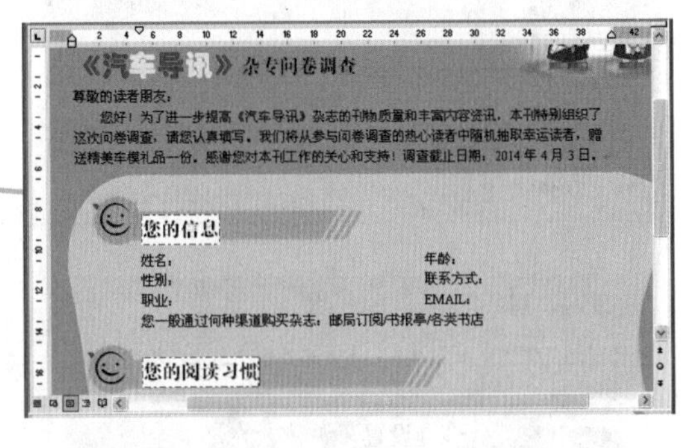

3.2 使用图片快速美化文档

使用 Word 2003 编辑文档时，为了使文档更加美观，还可在文档中插入图片来美化文档。且在插入图片后，对图片进行各种编辑，使图片与文档更融洽，更具专业性。下面对其操作方法进行讲解。

学习 1 小时

- 掌握插入图片的方法。
- 掌握插入剪贴画的方法。
- 掌握图片的编辑方法。

3.2.1 插入图片

在 Word 2003 中，可以插入电脑中保存的图片文件，让文档资料更形象具体地展现出来，这样不仅能增加文档的美观性，更易于理解和阅读。下面在“梦想空间景观公司 .doc”文档中插入本地图片，其具体操作如下：

光盘文件
素材 \ 第 3 章 \ 梦想空间景观公司 .doc、建筑 .jpg
效果 \ 第 3 章 \ 梦想空间景观公司 .doc
实例演示 \ 第 3 章 \ 插入图片

STEP 01：准备插入图片

打开“梦想空间景观公司 .doc”文档。将鼠标光标定位于需插入图片的位置。选择【插入】/【图片】/【来自文件】命令，打开“插入图片”对话框。

提个醒

除了可插入电脑中保存的图片，还可插入外部图片，如数码照相机中的图片和通过扫描仪扫描的图片，只需连接好外部设备即可插入，其方法与插入电脑中的图片相似。

STEP 02：插入图片

1. 在“查找范围”下拉列表框中选择图片所在的位置。
2. 在列表框中选择需插入的图片“建筑 .jpg”。
3. 单击 插入(S) 按钮。

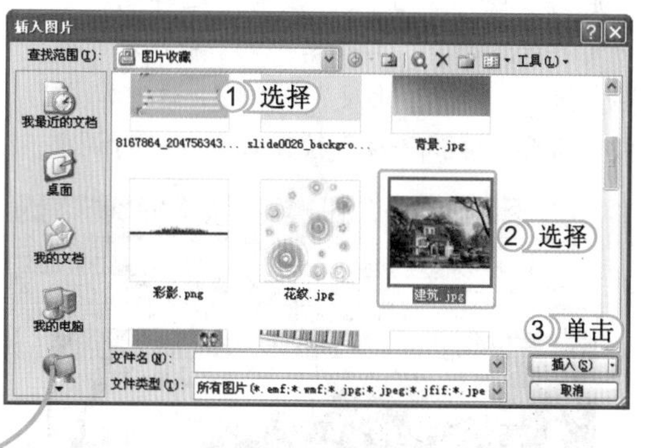

3.2.2 插入剪贴画

Word 2003 除了可以插入电脑中保存的图片外，还可以插入系统自带的各种剪贴画，这些剪贴画不仅可丰富文档，而且操作也非常简便。

插入剪贴画的方法是：将鼠标光标定位于需插入图片的位置，选择【插入】/【图片】/【剪贴画】命令，打开“剪贴画”任务窗格，在“搜索文字”文本框中输入相应的关键字，在“搜索范围”和“结果类型”下拉列表框中保持默认选项，然后单击搜索按钮。系统会自动将搜索到的符合条件的剪贴画缩略图显示在任务窗格中。单击需要插入的剪贴画缩略图，将其插入到文档中。

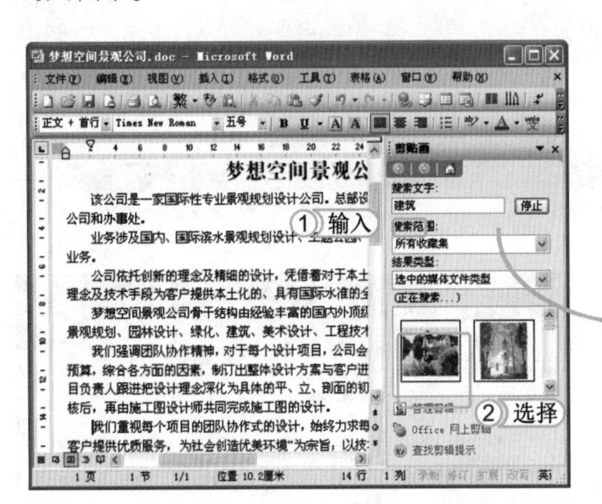

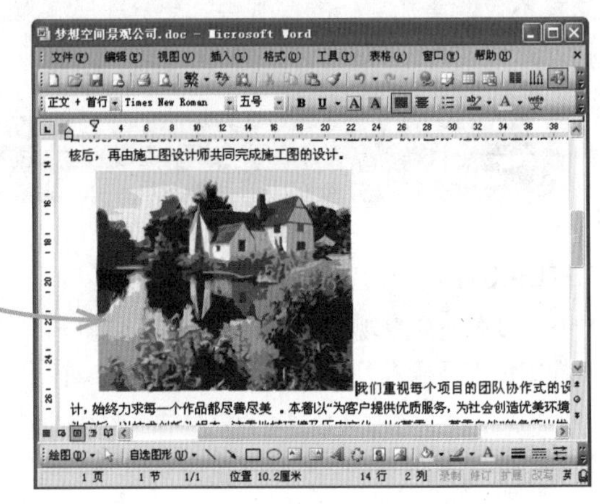

3.2.3 调整图片亮度和对比度

若文档中插入的图片曝光度过低或色泽过于灰暗，可以调整其对比度和亮度，使图片看上去更清晰明亮。图片对比度和亮度可通过“图片”工具栏和“设置图片格式”对话框进行设置，下面分别进行介绍。

- **通过“图片”工具栏设置：** 选择图片，再分别单击“图片”工具栏中的“增加对比度”按钮、“降低对比度”按钮、“增加亮度”按钮和“降低亮度”按钮即可进行调整。
- **通过“设置图片格式”对话框设置：** 选择图片，选择【格式】/【图片】命令，打开“设置图片格式”对话框，在“图片”选项卡的“图像控制”栏中进行设置即可。

3.2.4 调整图片大小及位置

在 Word 文档中，若插入的图片大小和位置不符合版面要求，可以利用图片编辑功能进行调整，使图文结合得更加完美。

1. 调整图片大小

常用的调整图片大小的方式主要有两种，一种是利用鼠标拖动图片四周的控制点进行调整；另一种是通过“设置图片格式”对话框进行设置，其具体方法如下。

通过拖动控制点调整：选择图片，将鼠标光标移动到图片四周黑色控制点上，待其变为↖或↗形状时，按住鼠标左键不放拖动至合适大小后松开。

通过“设置图片格式”对话框调整：选择图片，执行【格式】/【图片】命令，或双击图片，打开“设置图片格式”对话框，在“大小”选项卡中进行相应的设置后可调整图片大小。

2. 调整图片位置

在 Word 中调整图片的位置，一般是通过拖动鼠标的方法来实现，但利用鼠标拖动调整图片位置会受到图片环绕方式的影响。图片的环绕方式主要有嵌入型、四周型、紧密型、衬于文字下方和浮于文字上方 5 种。在默认情况下，插入文档中的图片版式通常为嵌入型，即不可进行拖动操作，此时就需通过“设置图片格式”对话框中的“版式”选项卡或单击“图片”工具栏中的“文字环绕”按钮，将图片设置成其他环绕方式。

下面在“梦想空间景观公司 1.doc”文档中将图片缩放至 20%，设置“环绕方式”为“四周型”，并拖动至文档第 2 段段首，其具体操作如下：

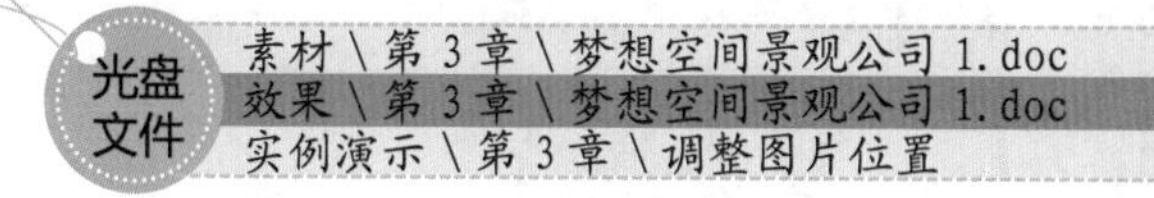

素材\第 3 章\梦想空间景观公司 1.doc
效果\第 3 章\梦想空间景观公司 1.doc
实例演示\第 3 章\调整图片位置

STEP 01： 设置图片大小

1. 打开“梦想空间景观公司 1.doc”文档，选择图片。选择【格式】/【图片】命令，打开“设置图片格式”对话框，选择“大小”选项卡。
2. 在“缩放”栏中设置“高度”和“宽度”均为“20%”。
3. 选中 锁定纵横比(A) 和 相对原始图片大小(R) 复选框。

065
72 Hours
62 Hours
52 Hours
42 Hours
32 Hours
22 Hours
12 Hours

STEP 02：设置图片位置

1. 选择“版式”选项卡。
2. 设置“环绕方式”为“四周型”。
3. 单击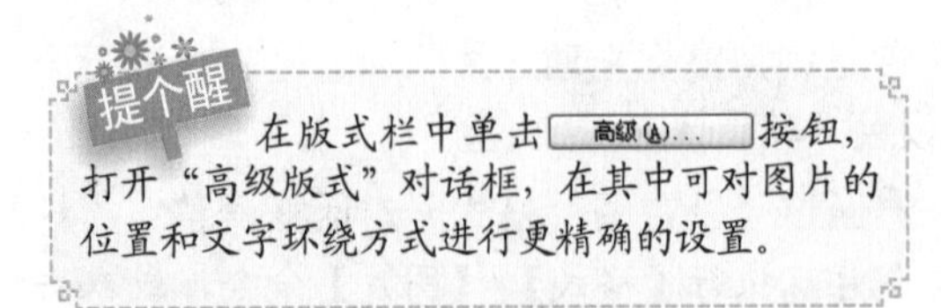按钮。

提个醒

在版式栏中单击 高级(A)... 按钮，打开“高级版式”对话框，在其中可对图片的位置和文字环绕方式进行更精确的设置。

STEP 03：移动图片

返回文档编辑区，选择图片，再按住鼠标左键不放将图片拖动至第 2 段段首位置后松开鼠标。

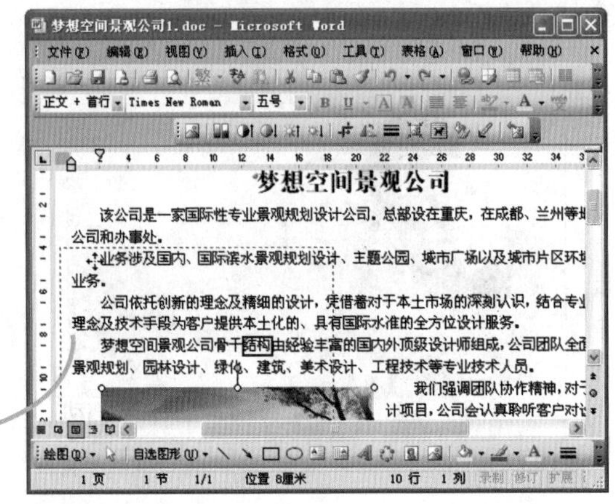

3.2.5 按要求对图片进行裁剪

为了使插入文档中的图片更符合版面需要，可以将图片裁剪为需要的大小。裁剪图片通常在“设置图片格式”对话框中进行设置。

其方法是：选择图片，选择【格式】/【图片】命令，打开“设置图片格式”对话框，选择“图片”选项卡，在“裁剪”栏的“左、右、上、下”数值框中分别输入精确的数值，再单击 确定 按钮。

3.2.6 旋转图片角度

旋转图片角度与裁剪图片的操作方法非常相似，也可通过“设置图片格式”对话框进行设置，在其中可对图片进行任意角度的旋转设置。

其方法是：选择图片，选择【格式】/【图片】命令，打开“设置图片格式”对话框，选择“大小”选项卡，在“尺寸和旋转”栏的“旋转”数值框中输入精确的旋转角度，再单击确定按钮旋转图片。

> **经验一箩筐——通过“图片”工具栏和鼠标旋转图片**
>
> 通过“图片”工具栏也可旋转图片，但有一定的条件限制，即只能将选择图片向左旋转90°。其方法是：选择图片，再单击“图片”工具栏的“向左旋转90度”按钮。另外，选择图片，将鼠标光标置于图片的绿色控制点上，当鼠标光标变为形状时，拖动鼠标也可旋转图片。

3.2.7 删除图片背景

在 Word 2003 中，删除图片背景即是将图片背景设置为透明色，可通过“图片”工具栏进行设置。

其方法是：选择图片，在“图片”工具栏中单击“设置透明色”按钮，当鼠标光标变为形状时，在图片背景上单击，即可去掉图片背景。

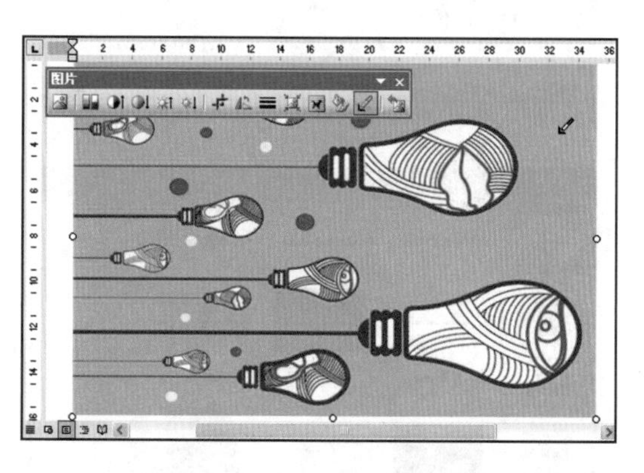

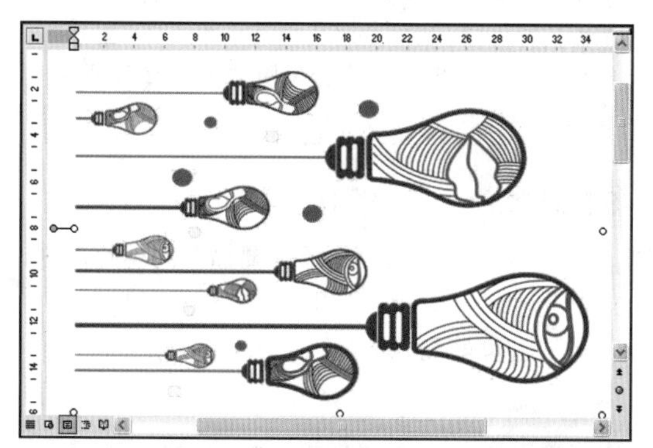

> **问题小贴士**
>
> 问：单击“设置透明色”按钮，为什么只能将图片的部分背景删除呢？
>
> 答：这是因为使用该功能只能将纯色图片的背景设置为透明色，对于不是纯色背景的图片，则不能达到要求，即不能完全删除背景色。

上机1小时 完善"照明企业"文档

- 巩固插入图片的方法。
- 巩固插入剪贴画的方法。
- 进一步掌握编辑图片的技巧。

本例将为"照明企业.doc"文档插入图片和剪贴画，并对该文档中的图片进行大小、位置和角度等编辑。通过本例的操作可使用户巩固使用图片美化文档的方法，完成后的效果如右图所示。

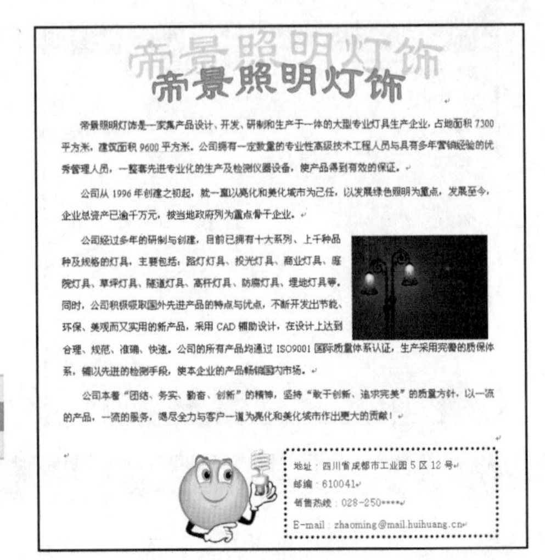

光盘文件

素材\第3章\照明企业.doc、灯饰.jpg
效果\第3章\照明企业.doc
实例演示\第3章\完善"照明企业"文档

STEP 01：选择命令

1. 打开"照明企业.doc"文本，将文本插入点定位到第3段文本前。
2. 选择【插入】/【图片】/【来自文件】命令，打开"插入图片"对话框。

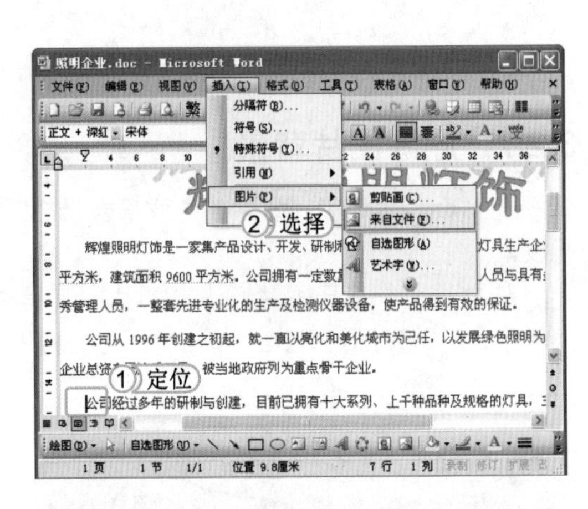

提个醒

默认情况下，"图片"工具栏未显示在工作界面中，需在"常用"工具栏的空白处单击鼠标右键，在弹出的快捷菜单中选择"图片"命令将其显示出来。使用相同的方法也可将其隐藏。

STEP 02：插入图片

1. 在打开的对话框中选择需要插入的图片，这里选择"灯饰.jpg"图片。
2. 单击 插入(S) 按钮。

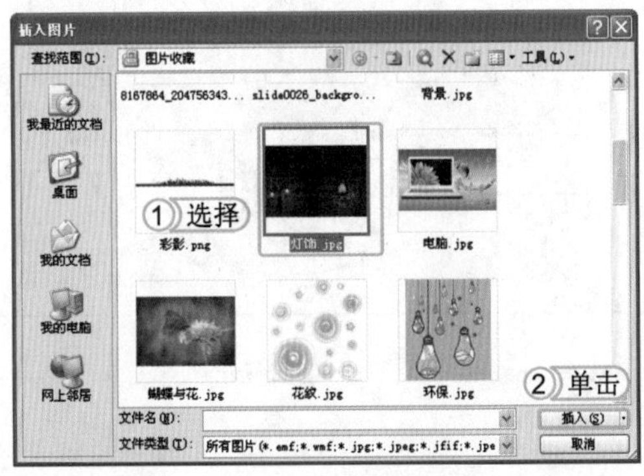

提个醒

单击"图片"工具栏中的"插入图片"按钮，同样可打开"插入图片"对话框来插入图片。

STEP 03： 调整图片大小

将鼠标光标置于图片右上角的控制点上，当鼠标光标变为↗形状时，拖动鼠标将图片调整到合适的大小。

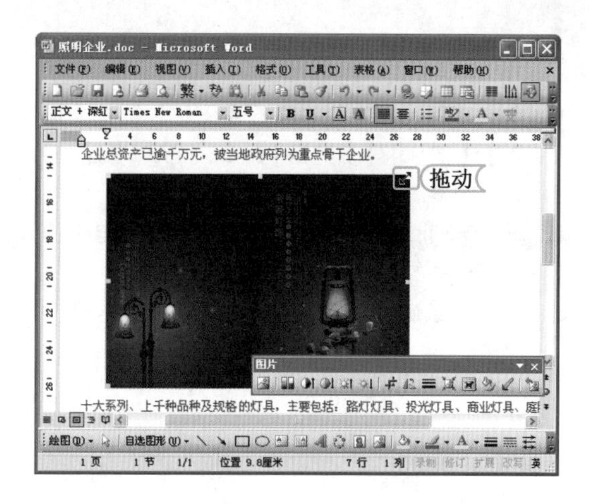

提个醒 将鼠标光标置于图片的上、下、左、右的控制点上，当其变为↕或↔形状时，拖动鼠标可手动调整图片的高度和宽度。但这样做很容易造成图片变形。

STEP 04： 设置图片版式

1. 在"图片"工具栏中单击"文字环绕"按钮。
2. 在弹出的下拉列表框中选择"四周型环绕"选项。

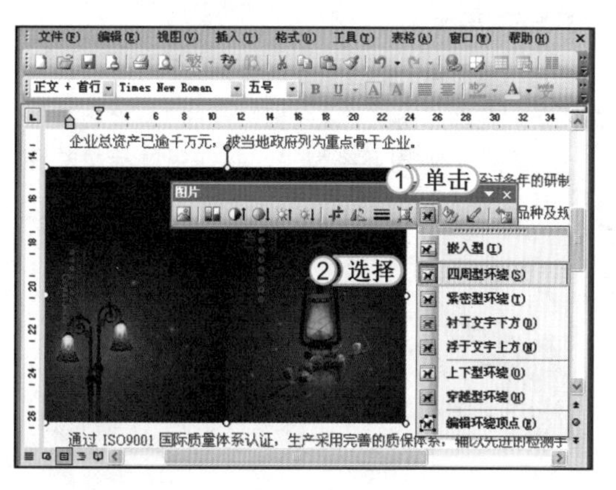

提个醒 单击"文字环绕"按钮，在弹出的下拉列表中选择"编辑环绕顶点"选项，图片四周将出现四个黑色实心控制点，将鼠标光标置于控制点上，当其变为✥形状时拖动鼠标，可调整图片与文字之间的环绕样式。

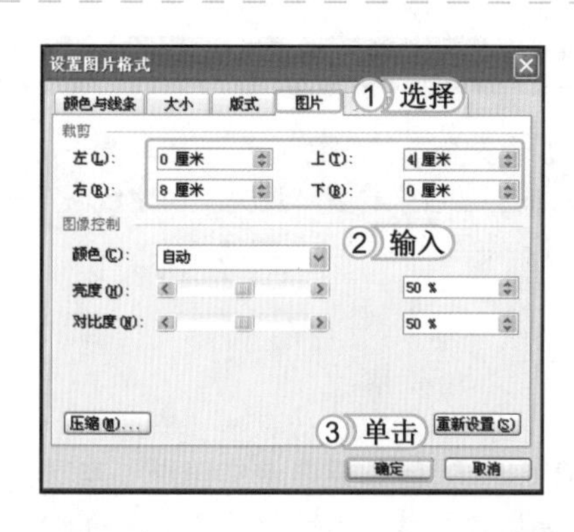

STEP 05： 裁剪图片

1. 选择图片，再选择【格式】【图片】命令，打开"设置图片格式"对话框，选择"图片"选项卡。
2. 在"裁剪"栏中的"右"和"上"数值框中分别输入"8 厘米"和"4 厘米"。
3. 单击 确定 按钮。

提个醒 选择图片，单击"图片"工具栏中的"裁剪"按钮。然后将鼠标光标移动到图片四周黑色控制点上，待其变为形状时，按住鼠标左键不放拖动至合适大小后松开，也可裁剪图片。

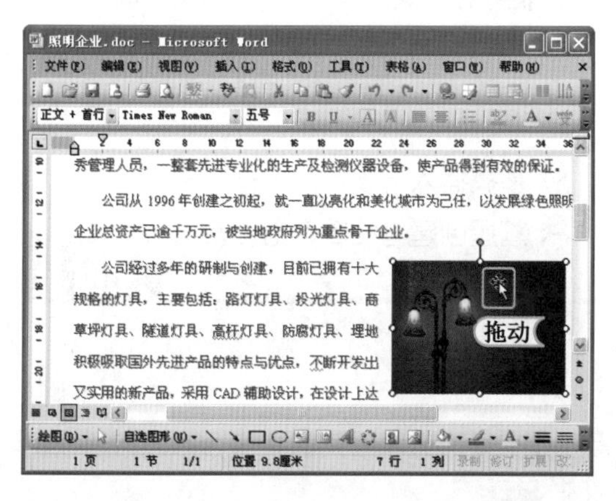

STEP 06： 调整图片位置

在图片上按住鼠标左键将图片拖动至文档右方。

STEP 07：插入剪贴画

1. 将文本插入点定位到文档左下方，选择【插入】/【图片】/【剪贴画】命令，打开“剪贴画”任务窗格。在“搜索文字”文本框中输入“灯”。
2. 单击搜索按钮，在下方即可搜索出系统自带的与灯相关的剪贴画。
3. 单击搜索出的第 1 个剪贴画，将其插入到文档中。

STEP 08：编辑剪贴画

1. 拖动剪贴画上的控制点调整图片大小。
2. 使用前面相同的方法将剪贴画的“环绕方式”设置为“四周环绕型”，并使用鼠标将其移动到文档右侧的位置。

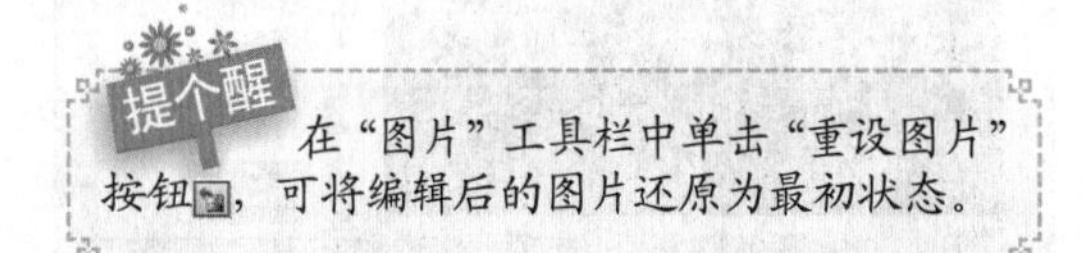
提个醒 在“图片”工具栏中单击“重设图片”按钮，可将编辑后的图片还原为最初状态。

经验一箩筐——为图片添加边框和颜色

在 Word 2003 中，还可为插入的图片或剪贴画添加边框和颜色。其方法非常简单，选择【格式】/【图片】命令，在打开的对话框中选择“颜色与线条”选项卡。在“填充”和“线条”栏中分别设置颜色和线条样式等参数后，单击确定按钮，为图片添加边框和颜色。

3.3 使用其他对象丰富文档

在 Word 中编辑文档时，设置文档的格式可使文档清晰明了，但如果要使文档更加丰富美观，就可在文档中插入艺术字、文本框、自选图形、图示和表格等对象。下面将分别进行详细讲解。

学习 1 小时

- 掌握插入与编辑艺术字的方法。
- 掌握插入与设置文本框方法。
- 掌握插入与设置自选图形、图示的方法。
- 掌握创建与编辑表格的方法。

3.3.1 插入与编辑艺术字

在一些广告、海报和贺卡等文档中，经常会看到具有特殊艺术效果的文字，即大家所说的艺术字。将艺术字插入到文档中再进行编辑，可使其呈现不同的艺术效果，让文档看起来既轻松，又美观。

1. 插入艺术字

在文档中插入艺术字可使文档内容更加丰富，提高文档的可读性。插入艺术字的方法是：选择【插入】/【图片】/【艺术字】命令，在打开的“艺术字库”对话框中选择一种艺术字样式，单击 确定 按钮。在打开的“编辑‘艺术字’文字”对话框中的“文字”文本框中输入要插入的艺术字，然后在“字体”和“字号”下拉列表框中设置其字体格式，再单击 确定 按钮。

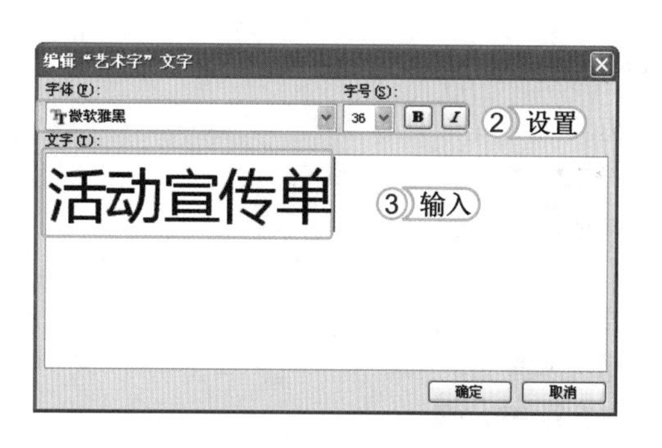

2. 编辑艺术字

若对插入的艺术字不满意，不必将插入的艺术字删除后重新插入，只需通过“艺术字”工具栏对其进行编辑。下面对“活动宣传单 1.doc”文档中的艺术字进行编辑，其具体操作如下：

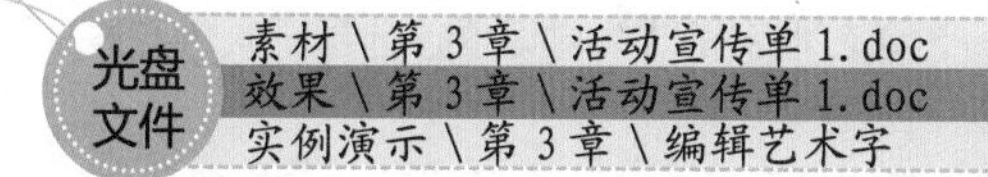

STEP 01：编辑剪贴画

1. 打开“活动宣传单 1.doc”文档，选择文档中的标题艺术字。
2. 系统自动打开“艺术字”工具栏，在工具栏中单击“艺术字库”按钮。

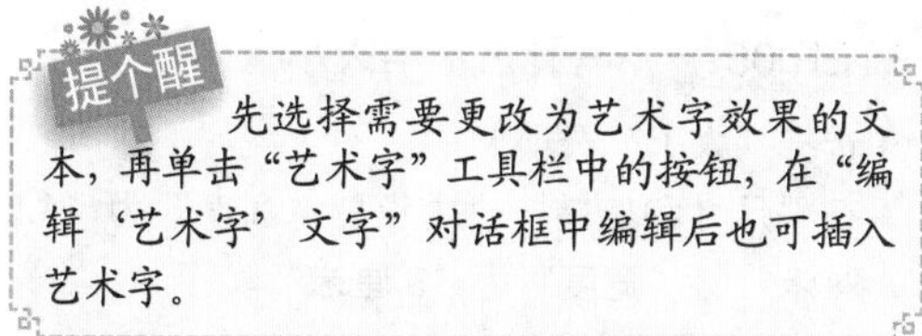

先选择需要更改为艺术字效果的文本，再单击“艺术字”工具栏中的按钮，在“编辑‘艺术字’文字”对话框中编辑后也可插入艺术字。

读书笔记

STEP 02： 更改艺术字样式

1. 在打开的“艺术字库”对话框中选择第 2 排第 5 个艺术字样式。
2. 单击[确定]按钮。

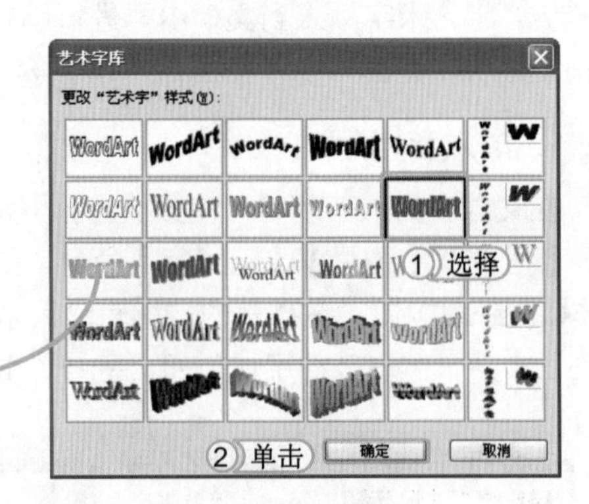

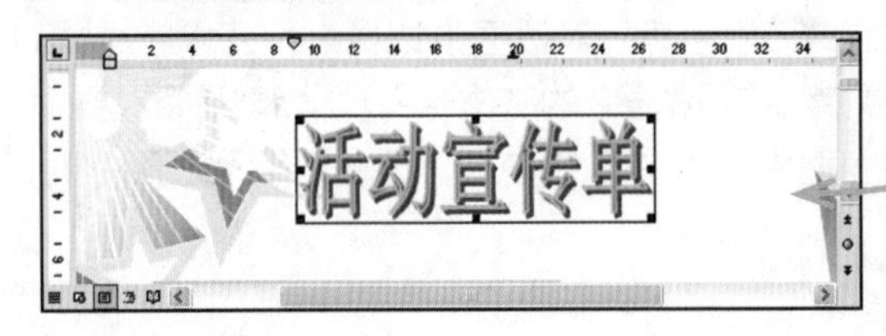

STEP 03： 更改字体

1. 返回文档编辑区，单击“艺术字”栏中的[编辑文字(X)...]按钮，打开“编辑‘艺术字’文字”对话框。
2. 在对话框的“字体”下拉列表框中选择“华文中宋”选项。
3. 单击[B]按钮。
4. 单击[确定]按钮。

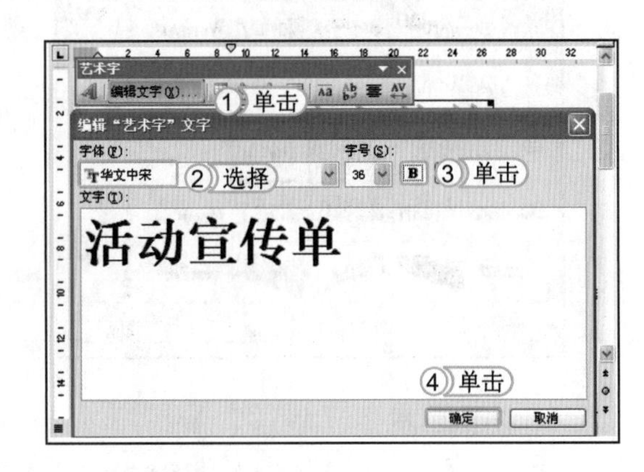

STEP 04： 更改填充和线条颜色

1. 在“艺术字”工具栏中单击[设置艺术字格式]按钮，打开“设置艺术字格式”对话框，选择“颜色与线条”选项卡。
2. 在“填充”栏中设置“颜色”为“橙色”；在“线条”栏中设置“颜色”为“绿色”。

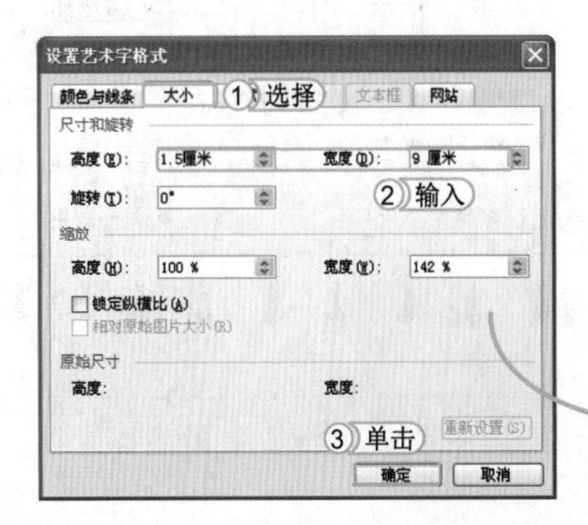

STEP 05： 设置艺术字大小

1. 选择“大小”选项卡。
2. 在“尺寸和旋转”栏中设置“高度”为“1.5 厘米”、“宽度”为“9 厘米”。
3. 单击[确定]按钮。

STEP 06： 设置艺术字形状

1. 返回到文档中，在“艺术字”工具栏中单击按钮。
2. 在弹出的列表框中选择一种艺术字形状。

经验一箩筐——其他编辑艺术字的操作

在使用“艺术字”工具栏编辑艺术字时，单击按钮，可以对艺术字的文字环绕类型进行编辑；单击按钮，可以对艺术字的字母高度进行编辑；单击按钮，可以对艺术字的竖排文字进行编辑；单击按钮，可以对艺术字的对齐方式进行编辑；单击按钮，可以对艺术字的字符间距进行编辑。

3.3.2 插入与编辑文本框

文本框是一种特殊的图形对象，它是一个可以进行移动的载体，利用它可以制作出图文混排的效果，从而使办公中的文档编辑变得更加方便。

1. 插入文本框

文本框并不是自带的，需要手动进行插入，在 Word 中可以插入的文本框有横排文本框和竖排文本框两种，但其操作方法都相同。

插入文本框的方法是：将文本插入点定位到要插入文本框的位置，选择【插入】/【文本框】/【横排】命令，此时，在文档编辑区中出现一个图形方框，按 Esc 键取消此方框，鼠标光标变为＋形状，然后按住鼠标左键并拖动鼠标绘制文本框，绘制完成后释放鼠标。

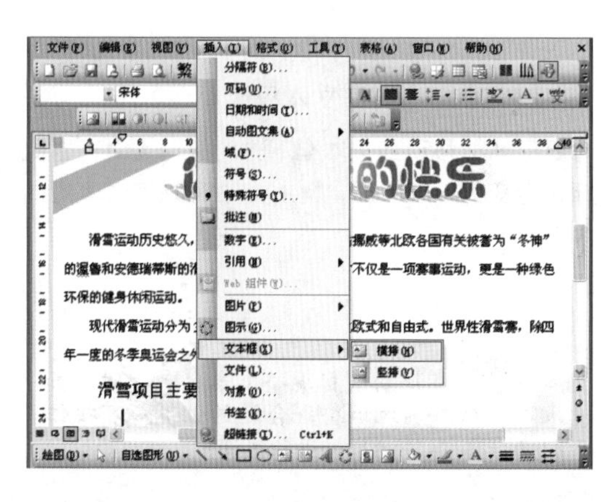

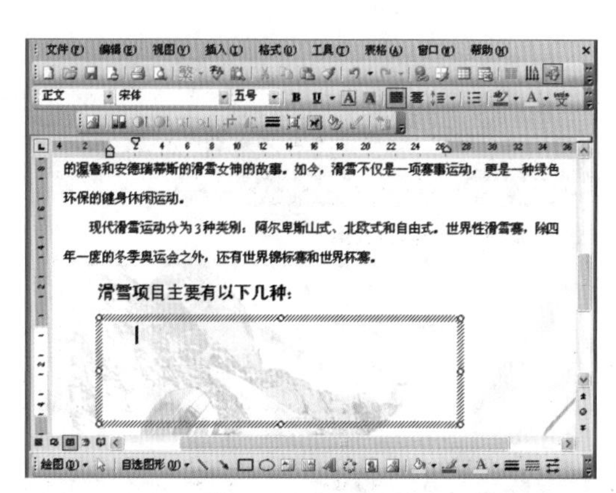

经验一箩筐——通过“绘图”工具栏插入文本框

单击“绘图”工具栏中的“横排文本框”按钮或“竖排文本框”按钮，当鼠标光标变为＋形状时，在文档中按住鼠标左键不放并拖动，绘制出文本框。

62 Hours
52 Hours
42 Hours
32 Hours
22 Hours
12 Hours

2. 编辑文本框

在 Word 中，还可以对绘制的文本框进行相应的编辑，如设置边框颜色、填充颜色、大小和位置等，还能对文本框中的文本和图片等对象进行编辑。下面在绘制的文本框中输入文本内容，并对其边框颜色和填充颜色等进行编辑，其具体操作如下：

光盘文件
素材 \ 第 3 章 \ 滑雪宣传单 .doc
效果 \ 第 3 章 \ 滑雪宣传单 .doc
实例演示 \ 第 3 章 \ 编辑文本框

STEP 01：打开对话框

打开“滑雪宣传单 .doc”文档，将鼠标移动到文本框上，当鼠标光标变为✥形状时，双击文本框，打开“设置文本框格式”对话框。

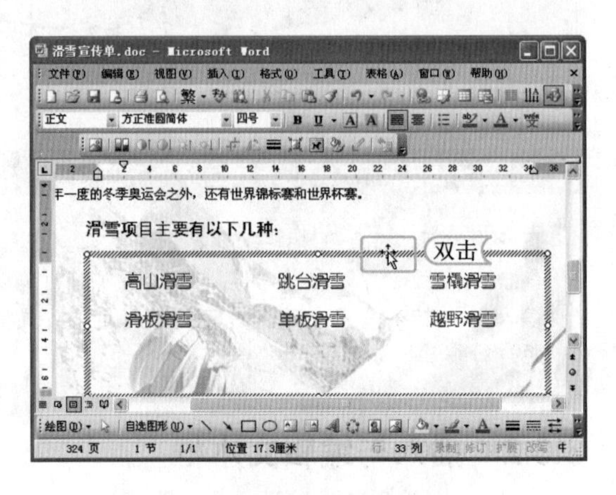

提个醒

在插入文本框前，如果在选择了文本后，执行插入文本框命令，则插入文本框后，选择的文本将会显示在插入的文本框中。

STEP 02：设置填充颜色

1. 选择“颜色与线条”选项卡，在“填充”栏的“颜色”下拉列表框中选择“浅蓝”选项。
2. 在“线条”栏的“颜色”下拉列表框中选择“浅蓝色”选项，在“虚实”下拉列表框中选择“圆点”选项，在“线型”下拉列表框中选择“3.5 磅”选项。
3. 单击 确定 按钮。

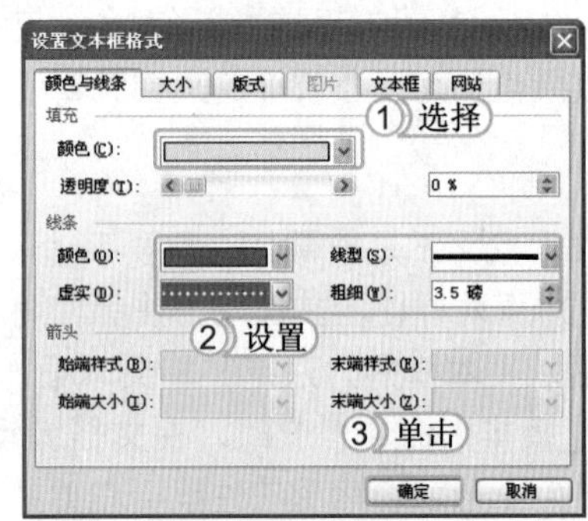

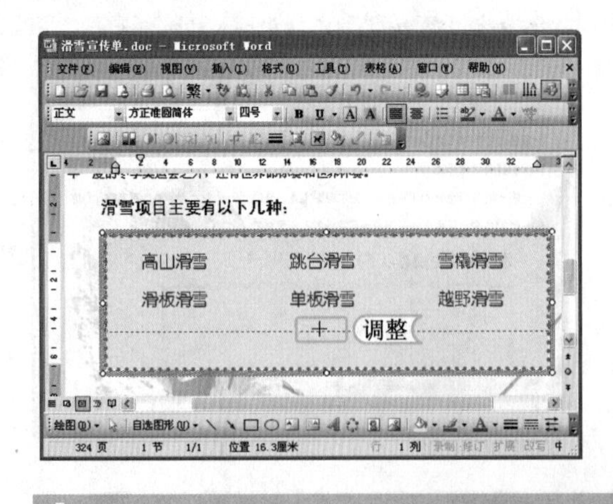

STEP 03：调整文本框大小

将鼠标光标移动到文本框下方的控制点上，当鼠标光标变为＋形状时，向上拖动可调整文本框的大小。

提个醒

在拖动鼠标调整文本框大小时，如果不能很准确地调整到合适的位置，可按住 Alt 键的同时拖动鼠标进行微调。

经验一箩筐——设置文本框大小

设置文本框大小除了可以通过拖动文本框的控制点外，还可以在“设置文本框格式”对话框的“大小”选项卡中进行设置，其设置方法与设置艺术字大小的方法一致。

STEP 04: 调整文本框位置

将鼠标光标移动到文本框的边框线上，当其变为形状时，按住 Shift 键向左拖动，调整到合适的大小释放鼠标，完成文本框的编辑。

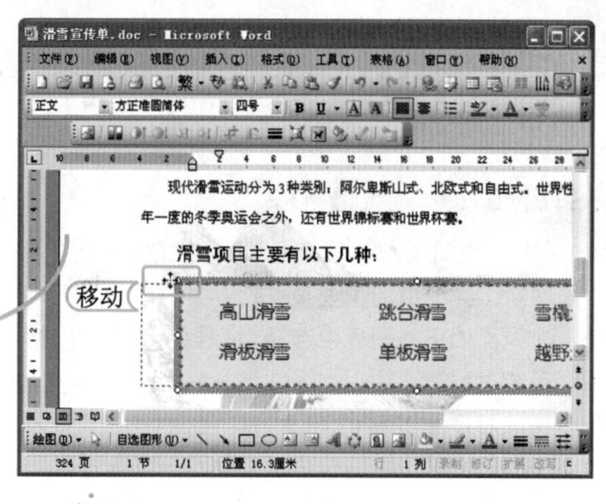

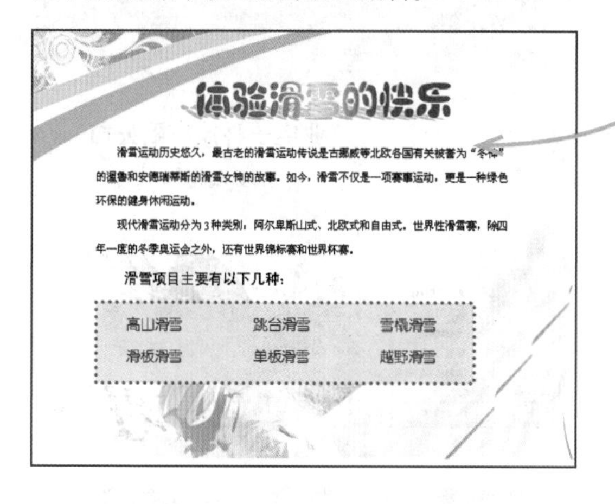

提个醒 在插入文本框时，可以直接在文档中的其他位置绘制文本框，而不必绘制在出现的方框中，这样便于文本框位置的调整。

3.3.3 插入与编辑自选图形

在 Word 2003 中，用户还可手动绘制图形以便更准确地表达文档内容。可手动绘制的图形包括线条、连接符、图形的基础形状（正方形和矩形等）、旗帜和星形等，下面进行详细介绍。

1. 插入自选图形

要在文档中添加自选形状，需先明确添加哪种形状，然后通过“绘图”工具栏即可进行添加。其方法是：在工具栏右侧的空白处单击鼠标右键，在弹出的快捷菜单中选择“‘绘图’工具栏”命令，打开“绘图”工具栏，单击自选图形(U)▾按钮，在弹出的列表中选择需要添加的形状类型，此时光标变为＋形状，在文档编辑区中拖动鼠标即可绘制形状，到合适的大小时释放鼠标。

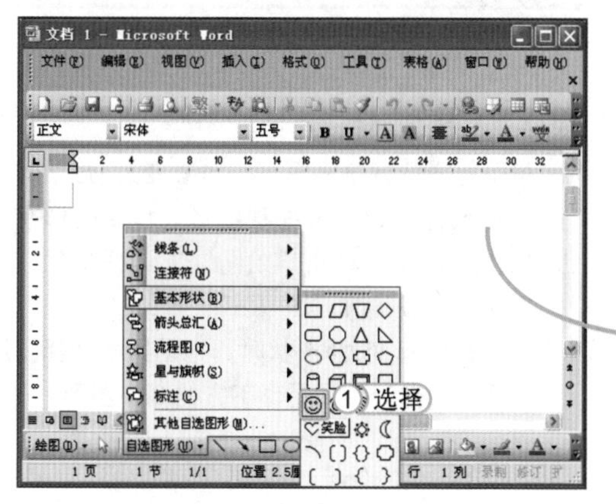

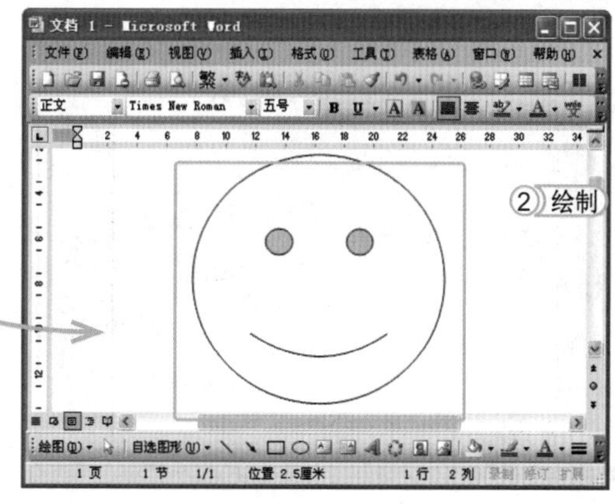

2. 编辑自选图形

在对绘制的自选图形进行编辑时，除了可以使用编辑剪贴画和图片的方法进行自选图形格式的编辑外，还可以对自选图形的图形背景、阴影和三维效果等进行编辑。

下面就以在“公司考勤管理流程 .doc”文档中编辑插入的自选图形为例，讲解编辑自选图形的方法，制作一个公司考勤管理流程图。其具体操作如下：

光盘文件
素材\第3章\公司考勤管理流程.doc
效果\第3章\公司考勤管理流程.doc
实例演示\第3章\编辑自选图形

STEP 01：绘制图形

1. 打开“公司考勤管理流程.doc”文档，单击“绘图”工具栏中的自选图形(U)按钮。
2. 在弹出的下拉列表中选择“流程图”/“流程图:可选过程”选项。
3. 将其移动到文档标题下方，当鼠标光标变为＋形状，单击绘制一个“流程图：可选过程”图形。

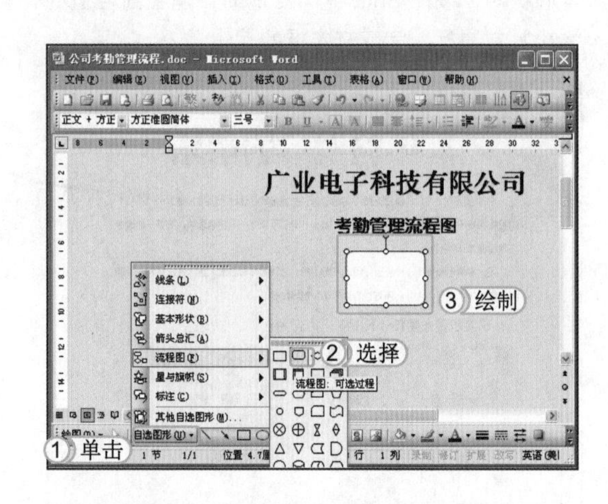

STEP 02：复制图形

1. 再使用相同的方法在“流程图：可选过程”图形下方绘制一个“流程图：过程”图形。
2. 按 Ctrl+C 组合键复制，再按 6 次 Ctrl+V 组合键粘贴，复制出 6 个“流程图：过程”图形。

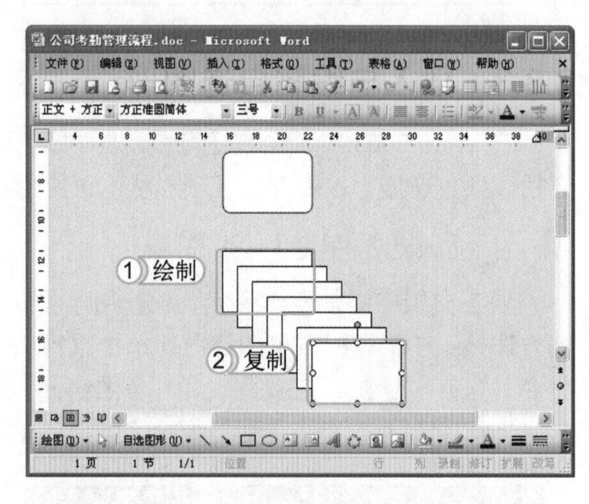

提个醒

复制图形时，先选择图形，在按住 Ctrl 键的同时，将鼠标光标置于图形上，当其变为形状时，拖动鼠标也可复制图形。

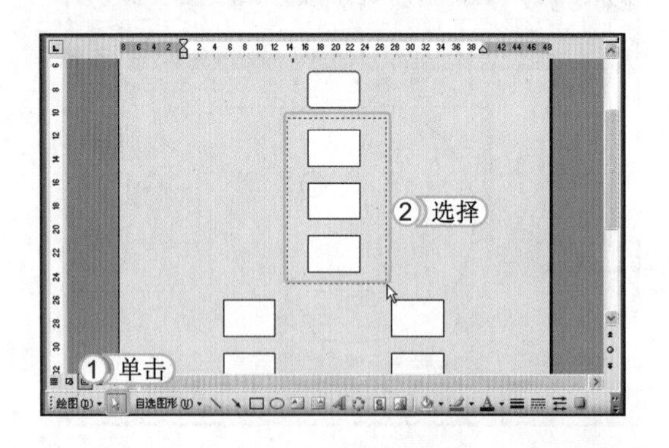

STEP 03：移动并选择图形

1. 将鼠标光标置于图形上，当其变为形状时，按住鼠标左键不放拖动图形，移动图形在文档中的位置。单击“绘图”工具栏中的“选择对象”按钮。
2. 当鼠标光标变为形状时，拖动鼠标选择“流程图：可选过程”图形下方的 3 个图形。

经验一箩筐——手动绘制图形

在“自选图形”工具栏中单击按钮，再在弹出的列表框中选择相应的选项即可绘制相应的图形，其中主要包括了绘制直线、箭头、双箭头、曲线、任意多边形或自由曲线等图形，选择相应的选项后，直接在文档中拖动鼠标或单击鼠标确定绘制的图形点，即可完成绘制。

STEP 04： 对齐图形

1. 单击“绘图”工具栏中的绘图(D)按钮。
2. 在弹出的下拉列表中选择“对齐或分布”/“水平居中”选项。

提个醒 单击“绘图”工具栏中的绘图(D)按钮，在弹出的下拉列表中选择“文字环绕”命令，在弹出的子列表中选择相应选项，可设置图形与文字之间的环绕方式。

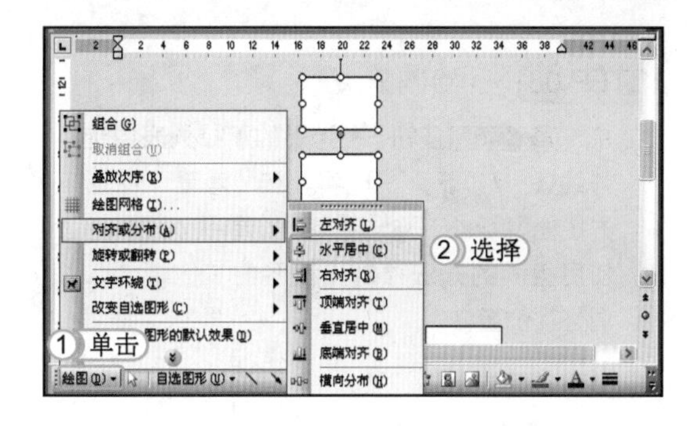

STEP 05： 输入文本

1. 在第1个图形上单击鼠标右键，在弹出的快捷菜单中选择“添加文字”命令。此时该图形处于可编辑状态，输入“考勤”文本。
2. 再次单击鼠标右键，在弹出的快捷菜单中选择“设置自选图形格式”命令，打开“设置自选图形格式”对话框。

提个醒 在绘制的形状上单击鼠标右键，在弹出的快捷菜单中选择“叠放次序”命令，在弹出的子菜单中选择相应的命令，可设置形状的上下层叠次序。

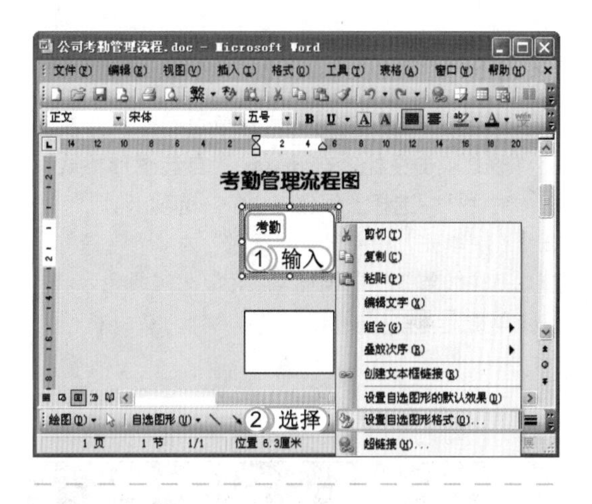

STEP 06： 调整图形大小

1. 选择“大小”对话框，在“尺寸和旋转”栏的“高度”数值框中输入“1厘米”。
2. 单击确定按钮。

提个醒 对插入的自选图形设置三维效果的方法是：在“绘图”工具栏中单击“三维效果样式”按钮，在弹出的列表框中选择相应的选项。

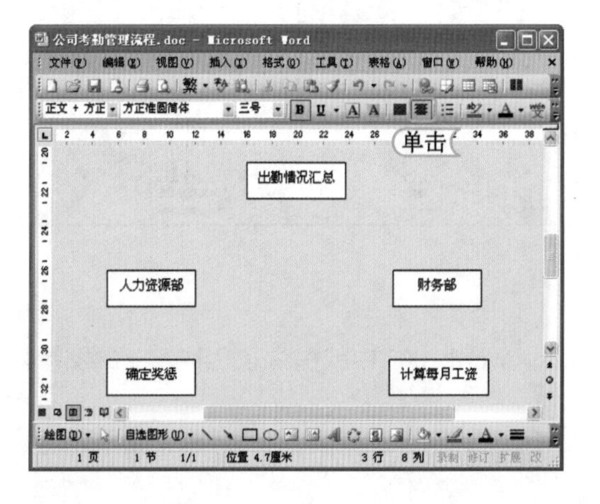

STEP 07： 设置文本对齐方式

单击工具栏中的“居中”按钮，将图形中的文字居中显示。使用相同的方法在其他图形中添加文字并设置图形大小与文字对齐方式。

提个醒 按Ctrl+E组合键可以将文本框中的文本设置为居中对齐；按Ctrl+R组合键可以将文本框中的文本设置为右对齐。

STEP 08： 绘制箭头

1. 单击自选图形(U)▾按钮，在弹出的下拉列表中选择“线条”/“箭头”选项。在“考勤”图形下方按住鼠标向下拖动绘制一个箭头。
2. 使用相同的方法绘制流程图的其他箭头，并调整其位置。

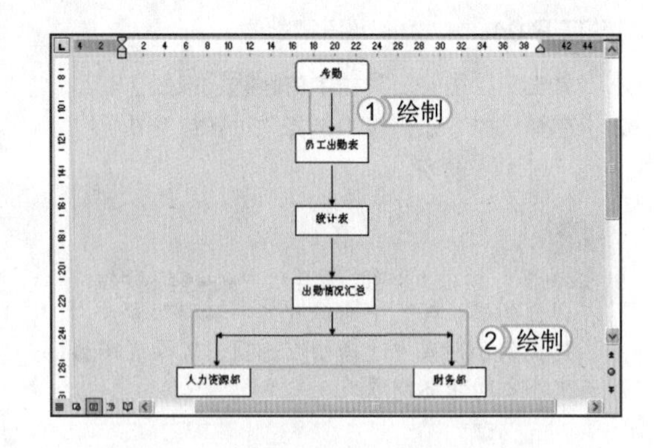

STEP 09： 设置图形颜色与线条

1. 按住 Ctrl 键的同时，依次单击图形，并在图形上双击鼠标，打开“设置自选图形格式”对话框，选择“颜色与线条”选项卡。
2. 在“填充”栏中设置“颜色”为“浅青绿”，在“线条”栏中设置“颜色”为“绿色”。
3. 单击 确定 按钮。

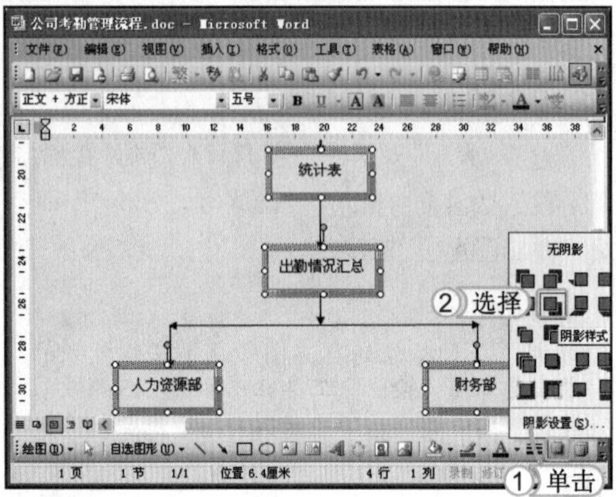

STEP 10： 为图形添加阴影样式

1. 单击“绘图”工具栏中的“阴影样式”按钮。
2. 在弹出的下拉列表中选择“阴影样式 6”选项。

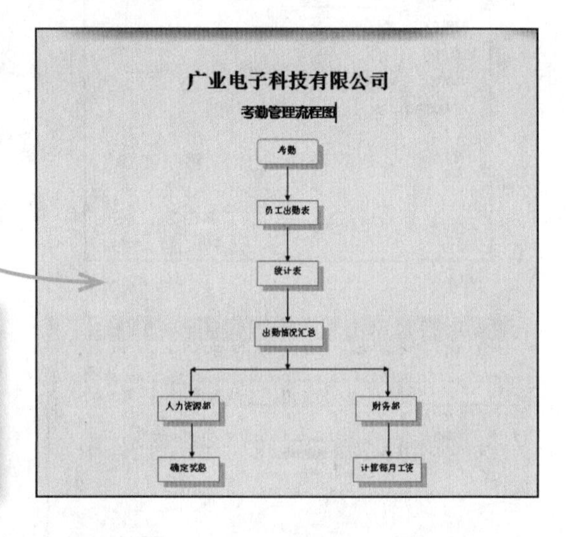

读书笔记

3.3.4 插入与编辑图示

在编辑办公文档时，经常会用到各种各样的图示，Word 2003 中就提供了几种专业的图示，以便用户使用。

1. 插入图示

图示主要用于设计某些结构图，通过这些结构图能够让读者对其中要表达的内容一目了然。

在 Word 2003 中插入图示的方法非常简单，打开一篇文档，将文本插入点定位到需要插入图示的位置，选择【插入】【图示】命令，打开"图示库"对话框，在其中选择一种图示样式，单击 确定 按钮，可在文档中插入相应的图示。

2. 编辑图示

在文档中每插入一种图示，都将打开一个对应的图示工具栏，用户可通过该工具栏中的按钮对图示进行编辑。

图示工具栏中常用按钮的作用介绍如下。

- 插入形状(N) 按钮：单击该按钮，可为插入的图示添加结构形状。单击右侧的下拉按钮，在弹出的下拉列表中可以选择要插入到组织结构图的形状，如下属、同事和助手等。
- 版式(L) 按钮：单击该按钮，在弹出的下拉列表中可以选择组织结构图的版式。
- 选择(C) 按钮：主要用于选择图示的组织结构，单击该按钮，在弹出的下拉列表中可以选择组织结构图某一部分，如级别、分支、连线和助手等。
- "自动套用格式"按钮：单击该按钮，可在打开的"组织结构图样式库"对话框选择 Word 自带的组织结构图样式。

3.3.5 创建表格

Word 中的表格是由行和列的方式组合而成的多个单元格。在 Word 2003 中，主要是通过命令自动创建表格和通过绘制表格功能手动绘制表格，下面分别对这两种创建表格的方法进行讲解。

1. 自动创建表格

通过自动创建表格的方法，可快速地创建出由多个大小相同的单元格组成的表格，且表格的行数和列数可以随心控制。

其方法是：选择【表格】/【插入】/【表格】命令，打开"插入表格"对话框，在"表格尺寸"栏的"列数"和"行数"数值框中分别输入要插入的行数和列数，单击 确定 按钮。

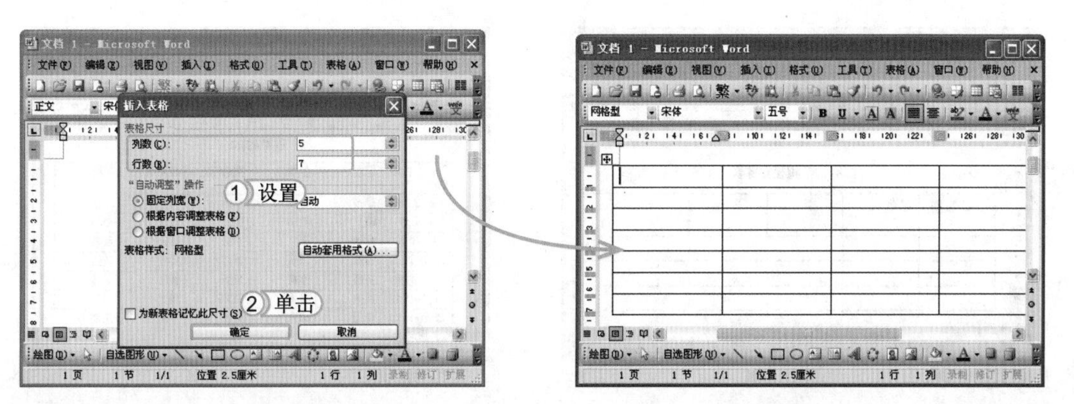

经验一箩筐——通过工具栏快速创建表格

在 Word 中通过“常用”工具栏插入表格是最简单快速的方法。其方法是：单击“常用”工具栏中的▦按钮，在弹出的下拉列表中的表格区域中移动鼠标选择表格的行和列，再单击鼠标即可插入表格。

2. 手动创建表格

在文档编辑过程中，需要创建的表格方式并不是相同的，因此，在创建表格时，用户可通过手动绘制的方法绘制表格。手动绘制表格可绘制出不同高度、宽度和行列数的表格，而且还可以对现有的表格进行编辑操作。

其方法是：选择【表格】/【绘制表格】命令，打开“表格和边框”工具栏，当鼠标光标变为✏形状时，在文档编辑区中单击并拖动鼠标，即可绘制表格。

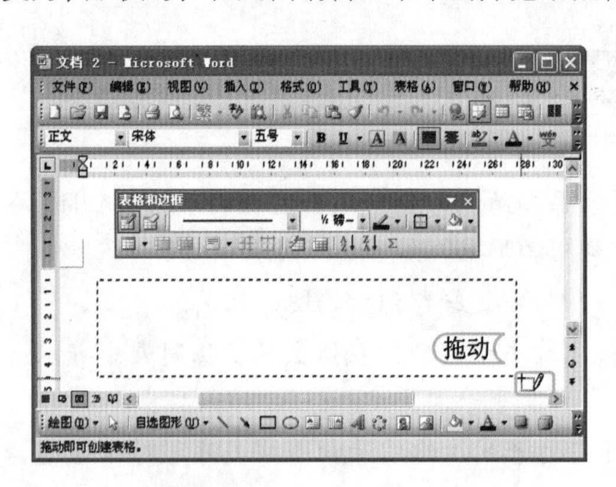

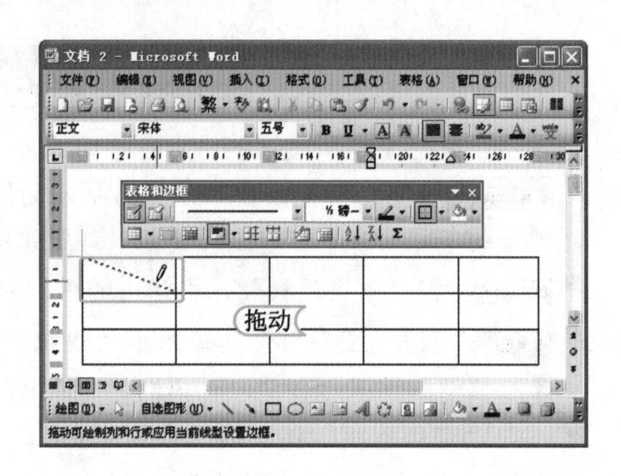

3.3.6 编辑表格

无论是自动创建的表格，还是手动绘制的表格，难免会有不符合要求的地方，此时就需要对绘制的表格进行编辑，使其符合使用要求。在 Word 中，对表格的编辑操作包括为表格添加内容、调整表格布局、美化表格、跨页拆分表格、对表格数据进行排序和计算以及使用图表展示数据关系等，下面分别进行讲解。

1. 为表格添加内容

在 Word 的表格中添加内容与在 Word 文档中直接输入内容的方法基本相同。不同的是，表格中的每一个单元格相当于 Word 中的一行，在单元格中输入的内容过多时，系统也会自动换行至单元格中的下一行并自动调整单元格的高度。在表格中输入内容的方法是：将文本插入点定位到各个单元格中并输入相应的文本。

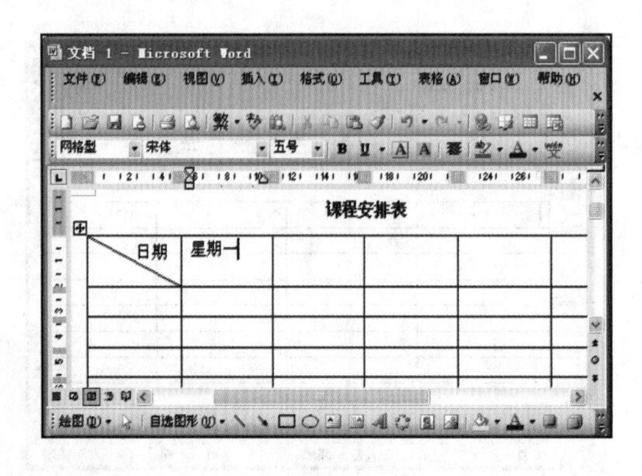

课程安排表

日期/时间	星期一	星期二	星期三	星期四	星期五
8:00~8:30	早读	早读	早读	早读	早读
8:40~9:30	语文	数学	英语	语文	语文
9:40~10:20	数学	语文	生物	政治	自习
10:30~11:10	自然	音乐	自习	历史	英语
11:20~1200	英语	体育	数学	数学	自然
14:30~15:10	历史	美术	语文	美术	音乐
15:20~16:00	自习	语文	英语	体育	生物

2. 调整表格布局

在 Word 中，对表格的编辑操作包括选择表格内容、插入行或列、删除行或列、合并与拆分单元格和设置文本对齐方式等。下面对“课程安排表.doc”文档中的表格进行编辑，其具体操作如下：

光盘文件
素材\第 3 章\课程安排表.doc
效果\第 3 章\课程安排表.doc
实例演示\第 3 章\调整表格布局

STEP 01：绘制箭头

1. 打开“课程安排表.doc”文档，将鼠标光标定位到第 2 行的第 1 个单元格文本前面，拖动鼠标选择除第 1 行单元格外的所有单元格。
2. 在其上方单击鼠标右键，在弹出的快捷菜单中选择“单元格对齐方式”命令，在弹出的子菜单中选择“居中”命令。

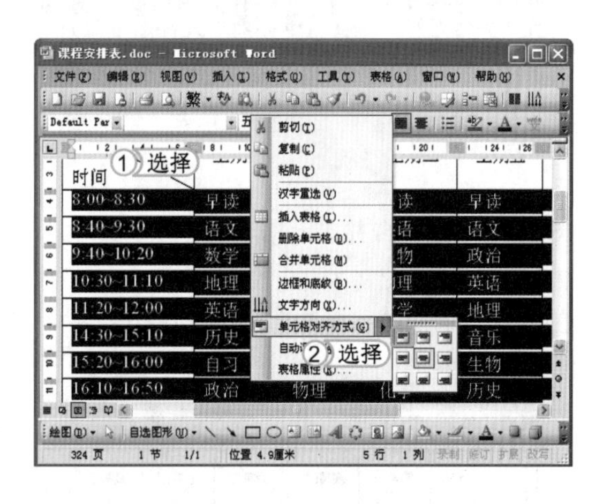

提个醒
选择需设置的单元格后，单击“格式”工具栏中的“居中”按钮，也可使文字位于单元格的水平中央位置。

STEP 02：删除列

1. 按住鼠标左键向下拖动选择第 6 列单元格。
2. 选择【表格】/【删除】/【列】命令删除多余的列。

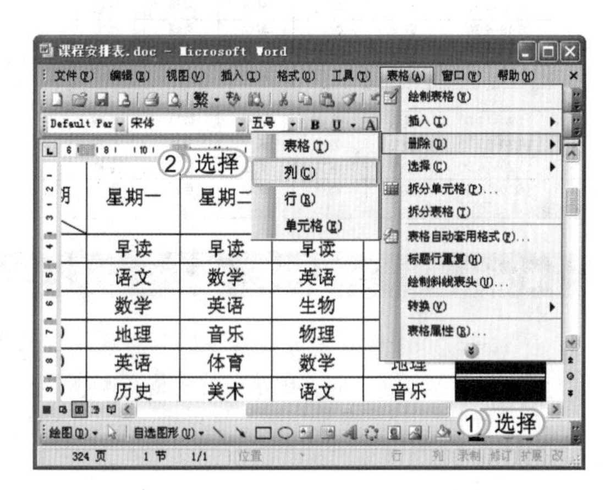

提个醒
将鼠标光标移动到表格边框左端线的左边附近，当鼠标光标变为↗形状时，单击鼠标可选择一行。将鼠标光标移动到表格边框的上端线上，当鼠标光标变成⬇形状时，单击鼠标可选择一列。

日期 时间	星期一	星期二	星期三	星期四	星期五
8:00~8:30	早读	早读	插入	早读	早读
8:40~9:30	语文	数学	英语	英语	语文
9:40~10:20	数学	英语	生物	语文	政治
10:30~11:10	地理	音乐	物理	化学	英语
11:20~12:00	英语	体育	数学	数学	地理
14:30~15:10	历史	美术	语文	美术	音乐
15:20~16:00	自习	语文	英语	体育	生物
16:10~16:50	政治	物理	化学	自然	历史

STEP 03：插入列

选择第 5 列单元格，单击鼠标右键，在弹出的快捷菜单中选择“插入列”命令，在第 4 列和第 5 列之间插入一列。并在该列单元格中输入相应的文本。

提个醒
输入文本时，按 Tab 键可将文本插入点移动到后一个单元格，按 Shift+Tab 组合键移动到前一个单元格，这样无需手动定位文本插入点，便可快速输入文本。

STEP 04：插入行

1. 将文本插入点定位至倒数第 4 行的第 1 个单元格文本前面。
2. 选择【表格】/【插入】/【行(在上方)】命令。

> **提个醒**
> 在调整第 1 行高度与第 1 列的宽度时，可将光标定位到其交叉的单元格中，然后在“表格属性”对话框中分别输入行高值与列宽值，即可同时设定第 1 行的行高与第 1 列的列宽。

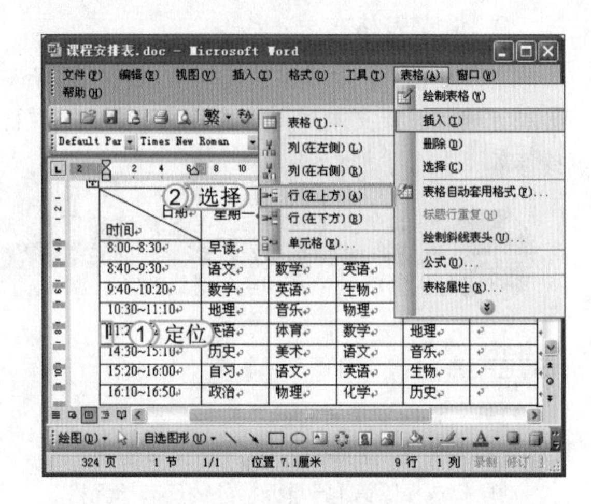

STEP 05：合并单元格

系统将在上方自动插入一行表格并将其选择，保持选择状态，单击鼠标右键，在弹出的快捷菜单中选择“合并单元格”命令。

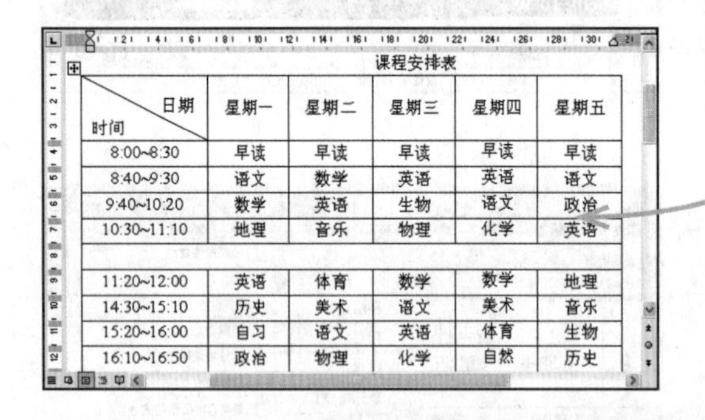

课程安排表

日期 / 时间	星期一	星期二	星期三	星期四	星期五
8:00~8:30	早读	早读	早读	早读	早读
8:40~9:30	语文	数学	英语	英语	语文
9:40~10:20	数学	英语	生物	语文	政治
10:30~11:10	地理	音乐	物理	化学	英语
11:20~12:00	英语	体育	数学	数学	地理
14:30~15:10	历史	美术	语文	美术	音乐
15:20~16:00	自习	语文	英语	体育	生物
16:10~16:50	政治	物理	化学	自然	历史

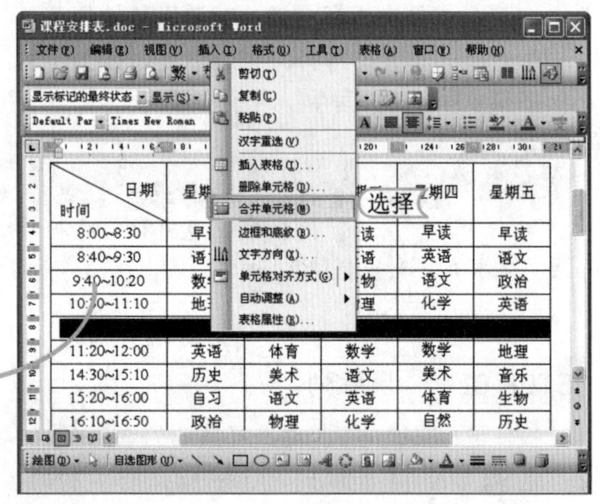

经验一箩筐——拆分单元格

在 Word 2003 中，还可以将表格中的单元格拆分为多个单元格。其方法是：选择需要拆分的单元格，单击鼠标右键，在弹出的快捷菜单中选择“拆分单元格”命令，打开“拆分单元格”对话框，在“行数”和“列数”数值框中输入要拆分的行数和列数，单击 确定 按钮。

3. 美化表格

在创建和调整完表格布局后，往往还需要对表格的格式和样式进行设置，以达到美化和规范表格的目的。下面分别对设置表格格式和样式的方法进行讲解。

(1) 设置表格格式

为表格设置格式不仅可以使制作的表格更规范，还可以起到美化表格的作用。设置表格格式可通过“表格属性”对话框来实现，将文本插入点定位到表格中，选择【表格】/【表格属性】命令，打开“表格属性”对话框，默认选择“表格”选项卡。

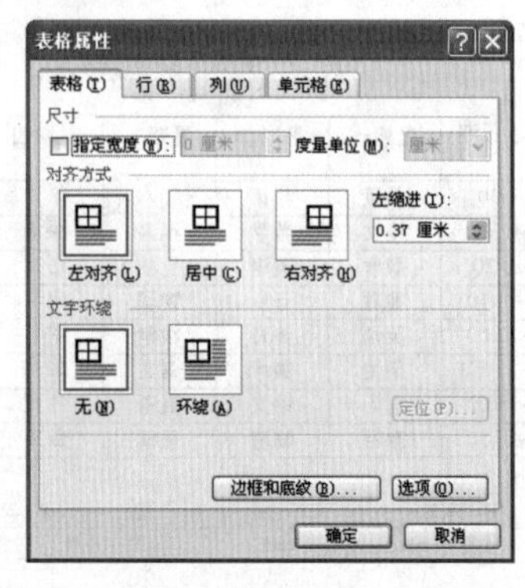

下面对“表格”选项卡中各选项的含义进行介绍。

- “尺寸”栏：设置表格的大小，选中☑指定宽度(W):复选框，在其后的数值框中可设置表格的宽度。
- “对齐方式”栏：主要用于设置表格与文本的对齐方式，并可设置表格的左缩进值，适合用于表格和文本混排的文档。
- “文字环绕”栏：主要用于设置文字在表格周围的环绕方式。
- 边框和底纹(B)...按钮：单击该按钮，打开“边框和底纹”对话框，在其中可以对表格的边框和底纹进行设置。

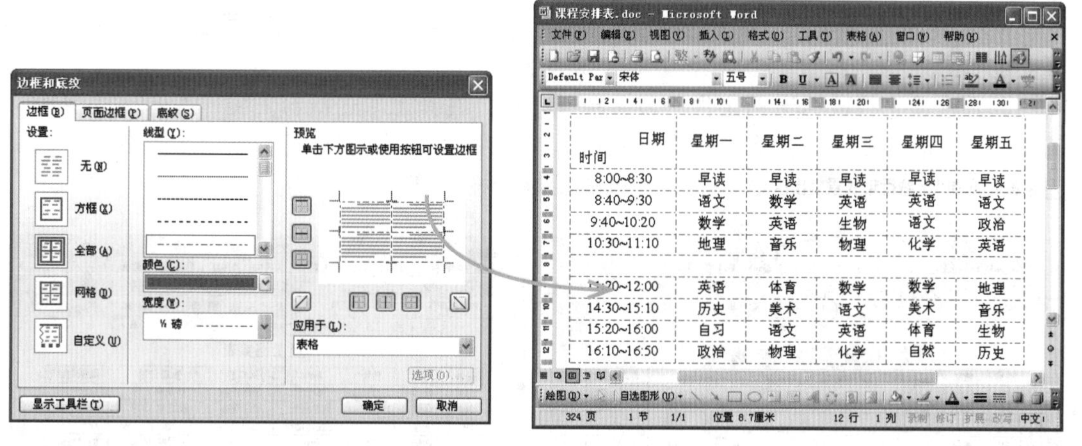

- 选项(O)...按钮：单击该按钮，打开“表格选项”对话框，在其中可以设置单元格的边距和间距等。

（2）套用表格样式

Word 2003 提供了自动套用表格样式的功能，可以快速对创建的表格进行格式化设置。其方法是：选择文档中的表格，单击鼠标右键，在弹出的快捷菜单中选择“表格自动套用格式”命令，打开“表格自动套用格式”对话框，在“表格样式”列表框中选择需要的样式，单击应用(A)按钮，可为表格应用选择的样式。

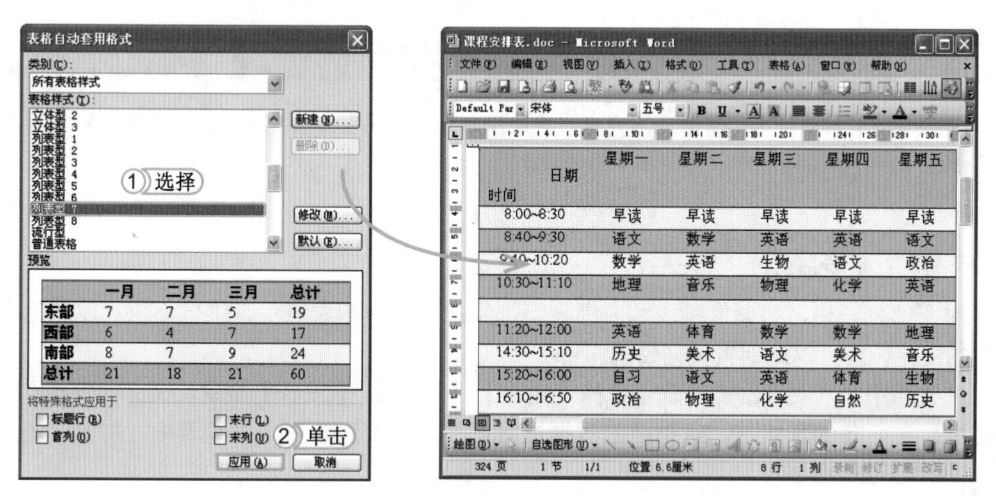

经验一箩筐——为行和列应用特殊格式

若想突出表格中某行和某列的内容，最简单的方法就是为表格中的行和列应用特殊格式。通过"表格自动套用格式"对话框就可以实现。其方法是：在"表格自动套用格式"对话框中为表格套用样式后，在"将特殊格式应用于"栏中选中☑标题行(R)和☑末列(U)复选框，即可将特殊格式应用到表格的标题行和末列中。

4. 跨页拆分表格

在制作表格时，为了说明表格的作用和内容，通常需有一个表头。且许多表格包含的数据量较大，包含的表格不止一页，这种情况下为了能方便浏览和编辑表格，可在每一页的首行设置表格表头。

其方法是：将鼠标光标定位于表头单元格中，在其上单击鼠标右键，在弹出的快捷菜单中选择"表格属性"命令，打开"表格属性"对话框，选择"行"选项卡，在其中选中☑在各页顶端以标题行形式重复出现(H)复选框，单击 确定 按钮即可。

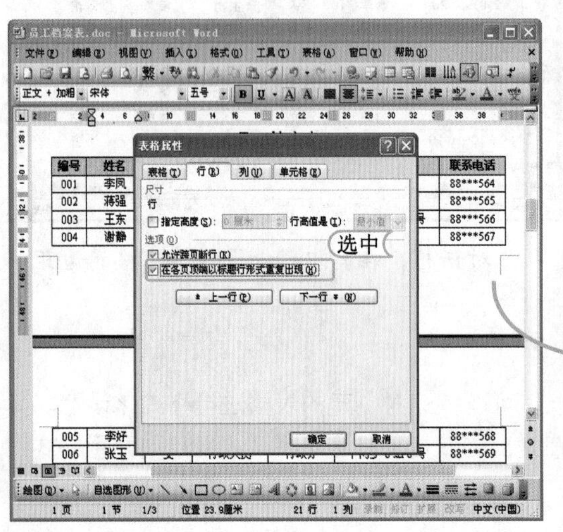

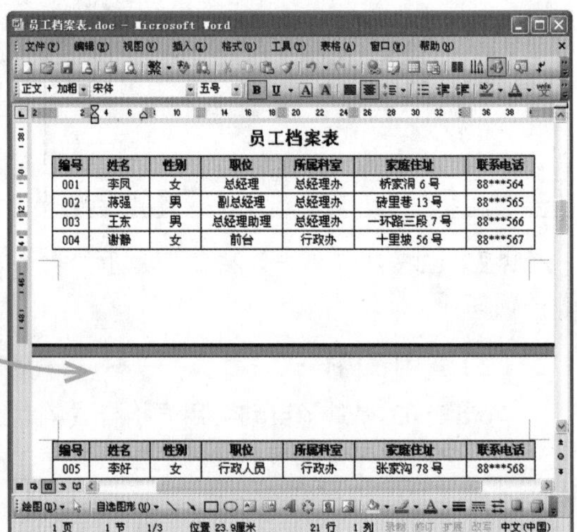

经验一箩筐——添加表头

在第一页的表格首行上设置好表头内容，将鼠标光标定位在表格表头行，选择【表格】/【标题行重复】命令，也可自动在每页的首行上添加表头。

5. 使用图表展示数据关系

对于部分表格，如销售额表和业绩表等，用户可采用图表表示，这样不仅可以快速看出数据的变化，还可以起到美化文档的作用。

在文档中插入图表的方法是：选择【插入】/【图片】/【图表】命令，在文档中插入默认的图表，在打开的表格中，对里面的数据进行更改，更改完成后，关闭表格，图表会随着表格中的数据而发生变化。

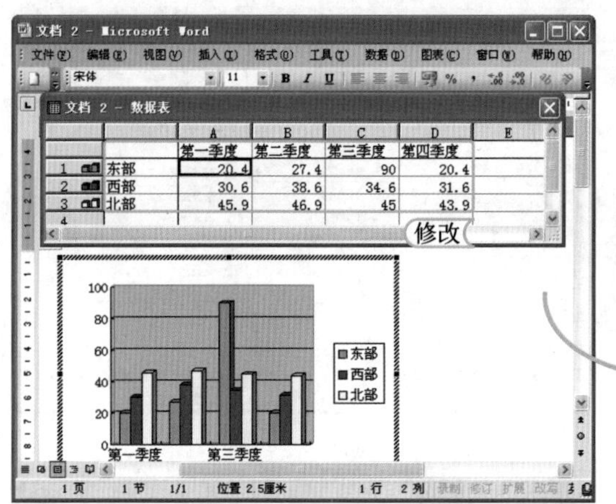

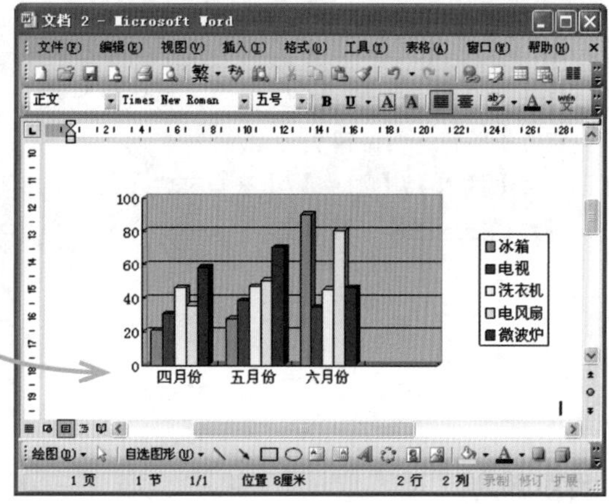

上机1小时 制作公司宣传单

- 巩固插入与编辑图片、艺术字、文本框的方法。
- 巩固插入表格的方法。
- 进一步掌握编辑表格的技巧。

本例将制作“公司宣传单.doc”文档，通过在文档中插入与编辑图片、艺术字、文本框、自选图形和表格等对象，让用户巩固对本节知识的学习，其最终效果如下图所示。

爱家 家政服务

选择爱家　　选择健康的生活

爱家家政服务公司是成都的一家大型家政服务企业，是一家为企事业单位及家庭提供专业保洁服务的综合性公司。公司拥有完善的管理制度，高素质的管理人员，充裕的中高级家政服务人员、专业的保洁员以及技术维修人员。我们以最先进的管理，最领先的科技，最专业化的服务来满足您的每一个需求。您的满意和依赖是我们永远追求的目标。选择爱家，选择健康的生活、放心的服务。

一、三种保洁卡任你选择

名称	服务卡面值	有效期	累计使用时间
如意卡	400	长年	24 小时
吉祥卡	800	长年	65 小时
幸福卡	1300	长年	135 小时

二、保洁卡服务范围：室内

厨卫洁具、室内玻璃、地面、顶棚、家具、器皿、整理书架、储物柜、清洗衣物（不含灯具清洁）。

光盘文件

素材\第3章\公司宣传单.doc、沙发.jpg
效果\第3章\公司宣传单.doc
实例演示\第3章\制作公司宣传单

STEP 01：定位光标

1. 打开“公司宣传单.doc”文档，将鼠标光标定位于首行行首位置。
2. 选择【插入】/【图片】/【来自文件】命令，打开“插入图片”对话框。

STEP 02：插入图片

1. 在打开的对话框中选择电脑中保存的图片，这里选择“沙发.jpg”图片。
2. 单击 插入(S) 按钮。

提个醒 在“插入图片”对话框中，默认选择的是所有文件类型的图片，若存储图片的文件夹中的图片过多，一时难以找到，可在“文件类型”下拉列表框中选择要插入的图片类型，以缩小查找范围。

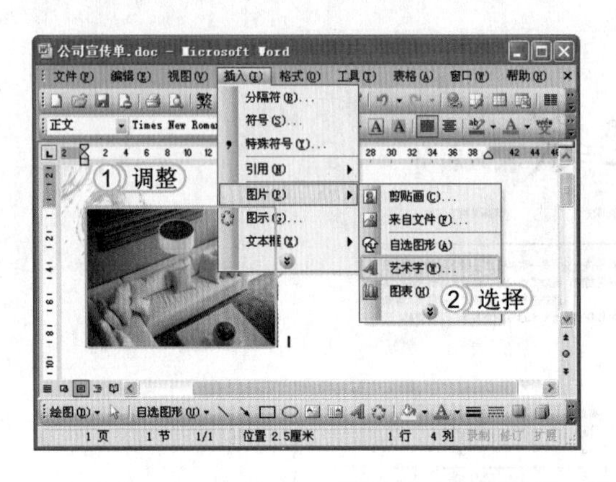

STEP 03：调整图片大小

1. 在图片上单击鼠标选择图片，并将鼠标光标移动到图片右下角，按住鼠标左键不放向右下角拖动调整图片大小。
2. 选择【插入】/【图片】/【艺术字】命令，打开“艺术字”对话框。

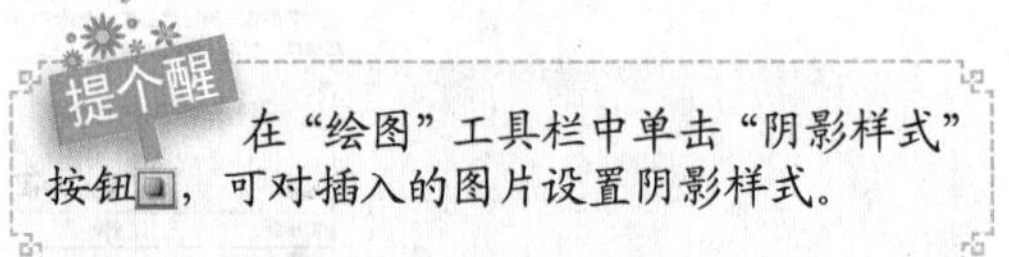

提个醒 在“绘图”工具栏中单击“阴影样式”按钮，可对插入的图片设置阴影样式。

STEP 04：选择艺术字样式

1. 在打开的对话框中选择第1行第4种艺术字样式，单击 确定 按钮。
2. 打开“编辑‘艺术字’文字”对话框，在“文字”文本框中输入“爱家”。
3. 在“字号”下拉列表框中选择“60”选项。
4. 单击 确定 按钮。

STEP 05: 调整艺术字位置

1. 选择艺术字，单击“艺术字”工具栏中的“文字环绕”按钮，在弹出的下拉列表中选择“浮于文字上方”选项。
2. 再选择艺术字，当鼠标光标变为形状时，按住鼠标左键将其拖动到与图片顶端齐平。

提个醒 在编辑插入的艺术字时，单击“艺术字”工具栏中的按钮，也可打开“艺术字库”对话框。

STEP 06: 插入文本框

选择【插入】/【文本框】/【横排】命令，在文档编辑区将出现文本框，按Esc键取消。当鼠标光标变为＋形状时，拖动鼠标在艺术字后面绘制一个横排文本框。将鼠标光标定位到绘制的文本框中，并输入“家政服务”。

STEP 07: 设置字体格式

1. 选择“家政服务”文本。
2. 在“常用”工具栏中设置其字体为“方正大标宋简体”，字号为“一号”，字体颜色为“绿色”。

提个醒 在文本框中输入字体后，需选择文本框中的字体，然后对选择的字体进行设置。而不是选择文本框，否则进行的设置将不能生效。

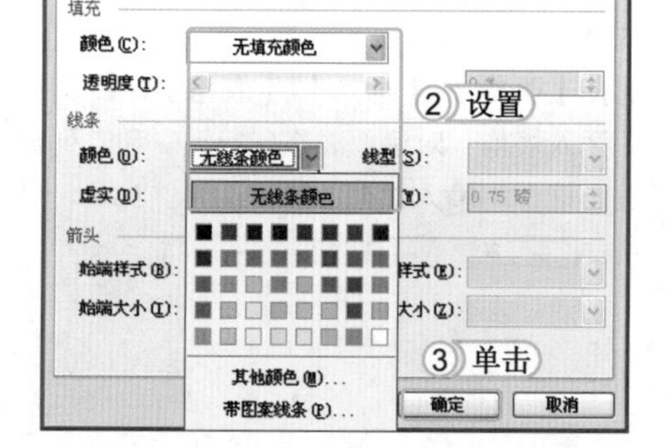

STEP 08: 设置文本框格式

1. 在文本框上单击鼠标右键，在弹出的快捷菜单中选择“设置文本框格式”命令。打开“设置文本框格式”对话框，选择“颜色与线条”选项卡。
2. 在“填充”栏的“颜色”下拉列表框中选择“无填充颜色”选项。在“线条”栏的“颜色”下拉列表框中选择“无线条颜色”选项。
3. 单击确定按钮。

STEP 09：设置字体格式

1. 使用相同的方法，在文档编辑区中插入多个文本框，并在其中输入文字。
2. 按住 Ctrl+Shift 组合键的同时，选择下方的条款文本。在“常用”工具栏中设置其字体为“华文中宋”，字号为“四号”，字体颜色为“深蓝”。

STEP 10：绘制直线

1. 单击“绘图”工具栏中的“直线”按钮。
2. 按住 Shift 键的同时，在图片左下方向右拖动鼠标绘制一条直线。

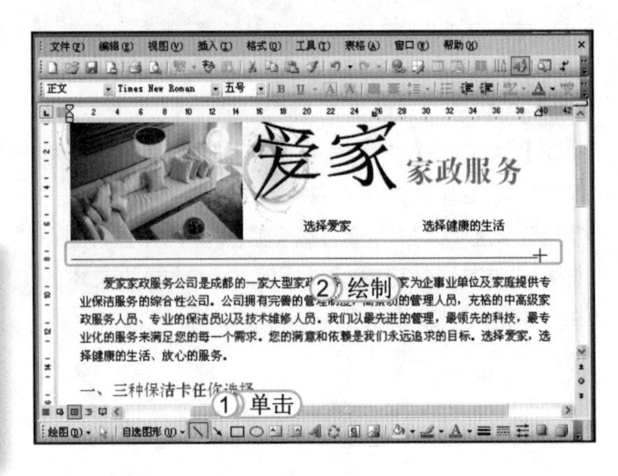

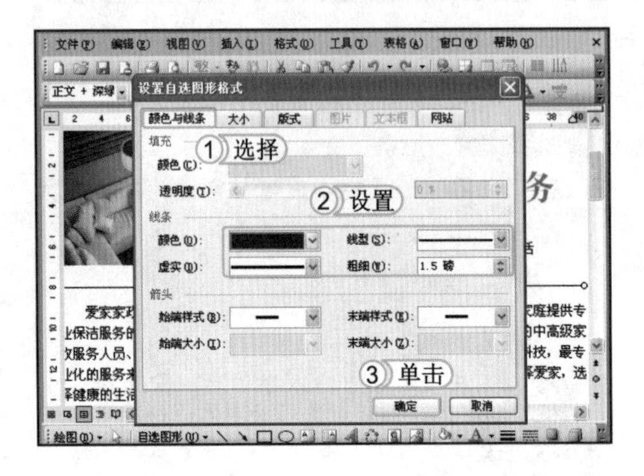

STEP 11：设置自选图形格式

1. 单击“绘图”工具栏中的按钮，在弹出的下拉列表中选择“其他线条”选项。打开“设置自选图形格式”对话框，选择“颜色与线条”选项卡。
2. 在“线条”栏的“颜色”下拉列表框中选择“深绿”选项。在“线型”下拉列表框中选择“1.5 磅”线型样式。
3. 单击 确定 按钮。

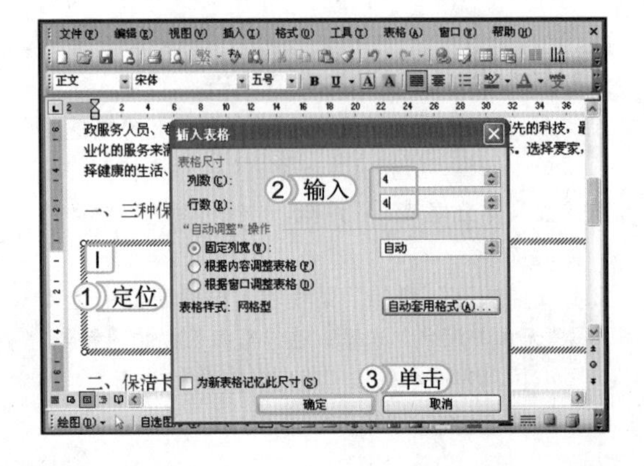

STEP 12：插入表格

1. 将文本插入点定位到“一、”条款下方的文本框中。
2. 选择【表格】/【插入】/【表格】命令，打开“插入表格”对话框，在“行数”和“列数”数值框中均输入“4”。
3. 单击 确定 按钮。

STEP 13：编辑表格

1. 在插入的表格中输入相应的内容。
2. 选择表格中第 1 行的文本，在“常用”工具栏中设置其“字体”为“方正黑体简体”。再单击“加粗”按钮B。

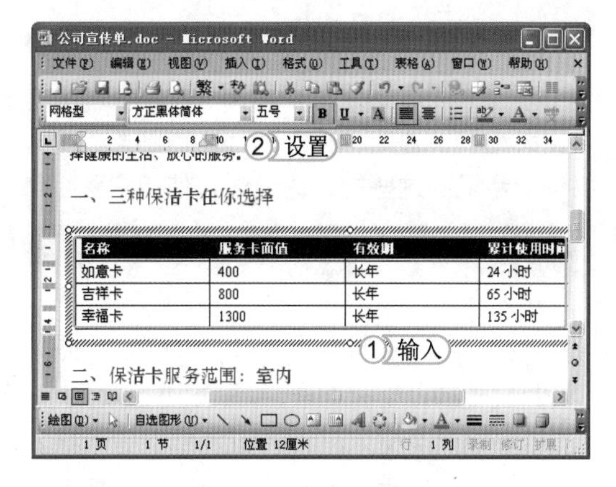

STEP 14：插入剪贴画

1. 选择【插入】/【图片】/【剪贴画】命令，打开“剪贴画”任务窗格。在“搜索文字”文本框中输入“人”。
2. 单击搜索按钮，将在下方自动搜索并显示出系统提供的与“人”相关的剪贴画。
3. 单击需要的剪贴画将其插入。

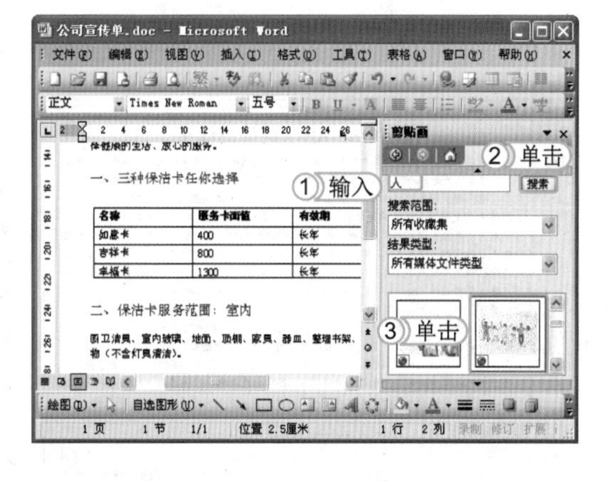

STEP 15：设置图片格式

1. 双击插入的剪贴画，打开“设置图片格式”对话框，选择“版式”选项卡。
2. 在“环绕方式”栏中选择“浮于文字上方”选项。
3. 单击 确定 按钮。

STEP 16：调整剪贴画位置和大小

选择剪贴画，将其移动至文档右下角的位置，并调整其大小。完成本例的制作。

读书笔记

3.4 练习 1 小时

本章主要介绍了文档页面和插入各种对象的多种方法，包括页面背景、页面边框和底纹、页面大小和页边距、插入图片、剪贴画、文本框、艺术字和表格等。下面将通过制作产品推荐书进一步巩固这些知识的用法，使用户熟练掌握并进行运用。

制作产品推荐书

打开"产品推荐书 .doc"文档，首先设置文档的大小和背景，并添加边框效果；然后绘制两个文本框，在文本框中插入标题艺术字和正文，并对其进行编辑，最后插入图片及表格，其最终效果如图所示。

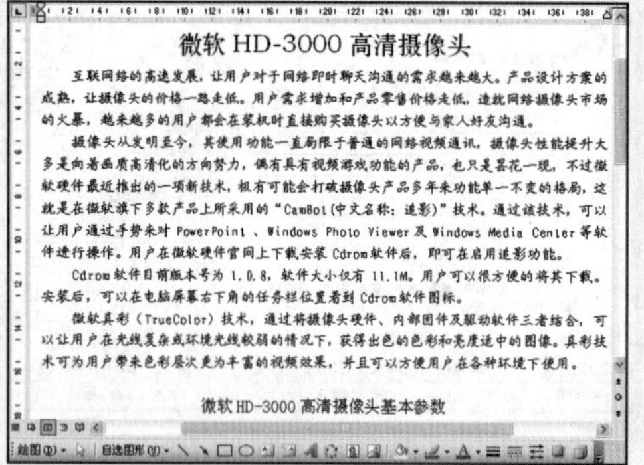

微软 HD-3000 高清摄像头

互联网络的高速发展，让用户对于网络即时聊天沟通的需求越来越大。产品设计方案的成熟，让摄像头的价格一路走低。用户需求增加和产品零售价格走低，造就网络摄像头市场的火暴，越来越多的用户都会在装机时直接购买摄像头以方便与家人好友沟通。

摄像头从发明至今，其使用功能一直局限于普通的网络视频通讯，摄像头性能提升大多是向着画质高清化的方向努力，偶有具有视频游戏功能的产品，也只是昙花一现，不过微软硬件最近推出的一项新技术，极有可能会打破摄像头产品多年来功能单一不变的格局，这就是在微软旗下多款产品上所采用的"CamBot(中文名称：追影)"技术。通过该技术，可以让用户通过手势来对 PowerPoint 、Windows Photo Viewer 及 Windows Media Center 等软件进行操作。用户在微软硬件官网上下载安装 Cdrom 软件后，即可在启用追影功能。

Cdrom 软件目前版本号为 1.0.8，软件大小仅有 11.1M。用户可以很方便的将其下载。安装后，可以在电脑屏幕右下角的任务栏位置看到 Cdrom 软件图标。

微软真彩（TrueColor）技术，通过将摄像头硬件、内部固件及驱动软件三者结合，可以让用户在光线复杂或环境光线较弱的情况下，获得出色的色彩和亮度适中的图像。真彩技术可为用户带来色彩层次更为丰富的视频效果，并且可以方便用户在各种环境下使用。

微软 HD-3000 高清摄像头基本参数

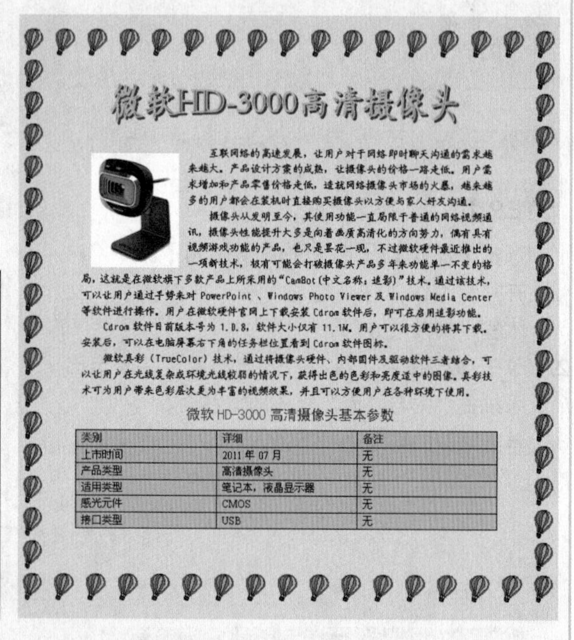

微软HD-3000高清摄像头

互联网络的高速发展，让用户对于网络即时聊天沟通的需求越来越大。产品设计方案的成熟，让摄像头的价格一路走低。用户需求增加和产品零售价格走低，造就网络摄像头市场的火暴，越来越多的用户都会在装机时直接购买摄像头以方便与家人好友沟通。

摄像头从发明至今，其使用功能一直局限于普通的网络视频通讯，摄像头性能提升大多是向着画质高清化的方向努力，偶有具有视频游戏功能的产品，也只是昙花一现，不过微软硬件最近推出的一项新技术，极有可能会打破摄像头产品多年来功能单一不变的格局，这就是在微软旗下多款产品上所采用的"CamBot(中文名称：追影)"技术。通过该技术，可以让用户通过手势来对 PowerPoint 、Windows Photo Viewer 及 Windows Media Center 等软件进行操作。用户在微软硬件官网上下载安装 Cdrom 软件后，即可在启用追影功能。

Cdrom 软件目前版本号为 1.0.8，软件大小仅有 11.1M。用户可以很方便的将其下载。安装后，可以在电脑屏幕右下角的任务栏位置看到 Cdrom 软件图标。

微软真彩（TrueColor）技术，通过将摄像头硬件、内部固件及驱动软件三者结合，可以让用户在光线复杂或环境光线较弱的情况下，获得出色的色彩和亮度适中的图像。真彩技术可为用户带来色彩层次更为丰富的视频效果，并且可以方便用户在各种环境下使用。

微软 HD-3000 高清摄像头基本参数

类别	详细	备注
上市时间	2011 年 07 月	无
产品类型	高清摄像头	无
适用类型	笔记本，液晶显示器	无
感光元件	CMOS	无
接口类型	USB	无

光盘文件

素材 \ 第 3 章 \ 制作产品推荐书 .doc、摄像头 .jpg
效果 \ 第 3 章 \ 制作产品推荐书 .doc
实例演示 \ 第 3 章 \ 制作产品推荐书

读书笔记

第4章 文档检查——审阅与处理文档

学习 2 小时

- 文档错误纠正
- Word 其他应用及设置

制作 Word 时，若文档中出现的错误较多，如文本或格式等，这时，使用 Word 的纠错功能可以快速查找和修改错误。此外，还可在 Word 中制作信封和邮件等。本章将详细介绍定位文档、查找与替换、添加及审阅批注和修订、自动更正功能，以及快速制作信封和合并邮件等操作方法。

上机 3 小时

4.1 文档错误纠正

在输入文本或编辑文档时，通常会出现疏漏或错误的情况，这时就可以使用 Word 2003 提供的功能对文档中的错误之处进行更正或标注。如插入与改写文本、查找与替换文本、拼写和语法检查、添加批注和修订以及自动更正功能等，下面分别进行详细讲解。

学习 1 小时

- 熟练掌握定位文档和校对文档内容的操作方法。
- 灵活运用插入与改写、查找和替换文本功能纠正文档错误。
- 掌握批注和修订、自动更正功能的运用。

4.1.1 定位文档

在 Word 2003 文档中，用户可以通过“定位”功能快速定位到指定的页、节、行、书签、批注、脚注或尾注等特定位置，从而实现快速查找文档内容的目的。

其方法是：打开 Word 文档，选择【编辑】/【定位】命令，打开“查找和替换”对话框，在“定位”选项卡的“定位目标”列表框中选择“页”选项，然后在“输入页号”文本框中输入需要定位到的页码，单击定位(G)按钮，返回可看到文本插入点将自动定位到指定页码首行的第 1 个字符前。

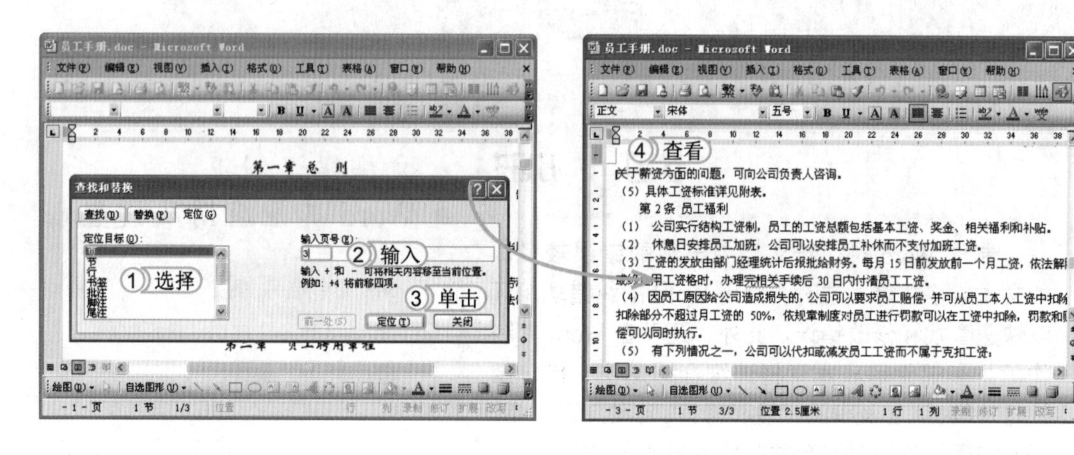

4.1.2 插入与改写文本

在编辑文本时，文档中不可避免地会出现一些遗漏或输入错误的情况，为了使输入的内容能得到快速有效的更正，Word 提供了两种方法进行改正，一是插入文本；二是改写文本。插入和改写文本之间的区别在于使用改写文本的方法对文本进行更正时，每改写一个文本，都将替换一个文本插入点后的文本；而插入则是将文本插入点后的文本向后移。默认情况下是以插入文本的状态在文档中输入文本，它们的操作方法分别如下。

- 插入文本：当文档中出现输漏的情况时，就可使用插入功能进行修改。其方法是：将文本插入点定位到需要插入文本的位置，然后直接输入相应的文本。
- 改写文本：改写文本是指对输入错误的文本进行更改。其方法是：选择输入错误的文本，然后输入正确的文本。

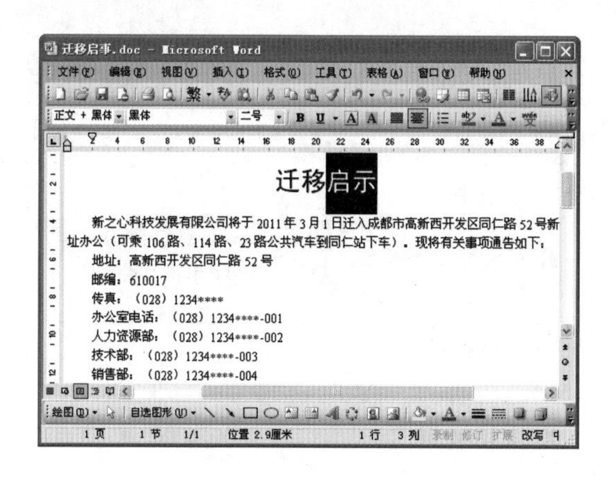

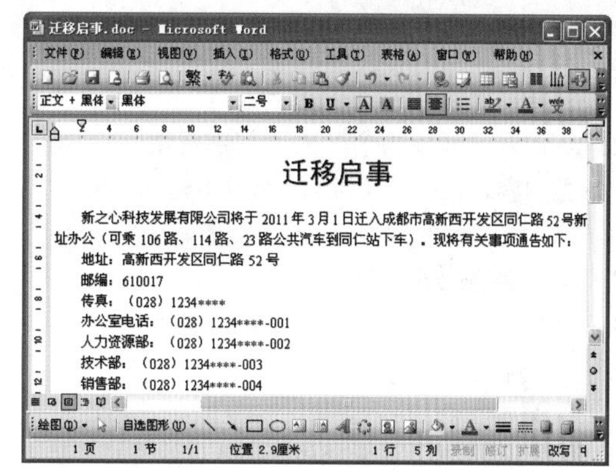

4.1.3 查找与替换文本

若发现整篇文档中某字或某词语全部出现错误，可在 Word 2003 中使用查找和替换功能，这样不仅能提高查找和更改文本的速度，还能减少出错的几率。

下面在“产品宣传册.doc”文档中查找输入错误的“营销”文本，然后通过替换功能将其替换为“销售”文本，其具体操作如下：

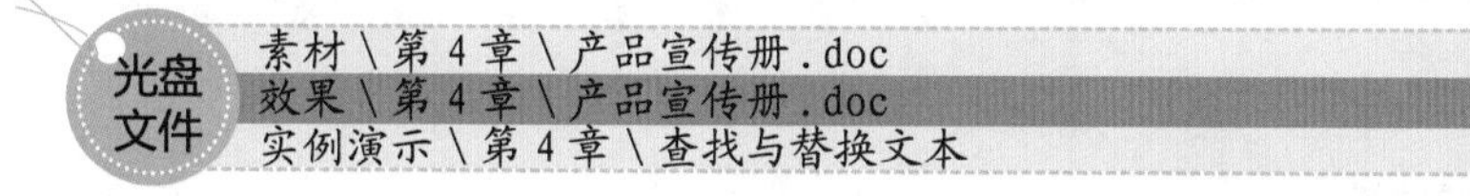

STEP 01：输入查找内容

1. 打开“产品宣传册.doc”文档，选择【编辑】/【查找】命令，打开“查找和替换”对话框，选择“查找”选项卡。
2. 在“查找内容”文本框中输入“营销”文本。
3. 单击查找下一处(F)按钮。系统自动对文本进行查找，查找到的文本将呈选择状态并定位到相应位置。

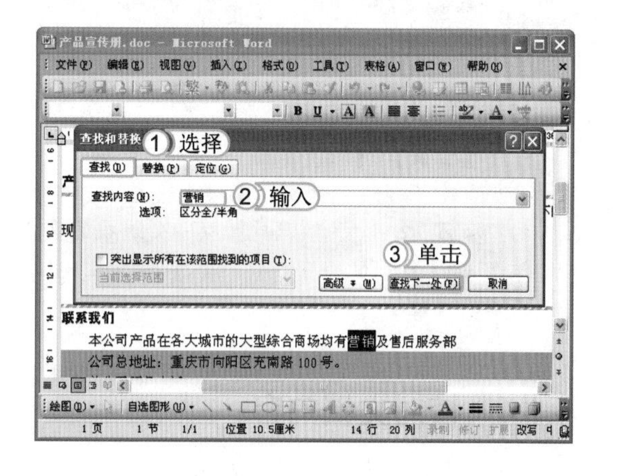

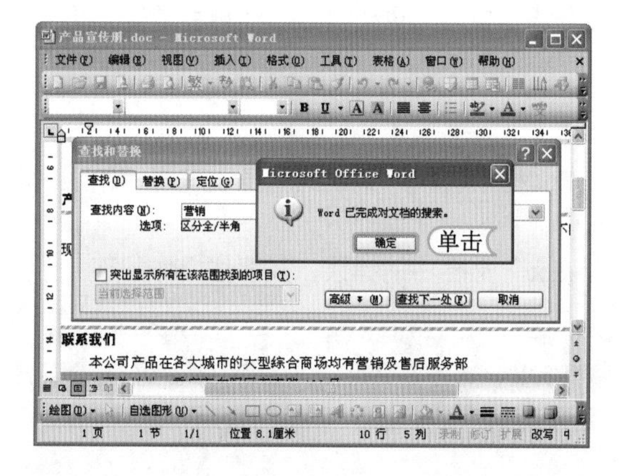

STEP 02：查找文本

依次单击查找下一处(F)按钮，自动查找文档中的其余文本和位置，完成所有文本的查找后，在打开的提示对话框中单击确定按钮。

提个醒 查找文本就是将需要的某个文本信息从文档中找到并突出显示出来；替换文本实际上是对文本的内容进行更改。

STEP 03： 替换文本

1. 选择“替换”选项卡。
2. 此时，“查找内容”文本框中已填写了相应的内容，在“替换为”文本框中输入“销售”文本。
3. 单击全部替换(A)按钮。
4. 在打开的对话框中单击确定按钮。

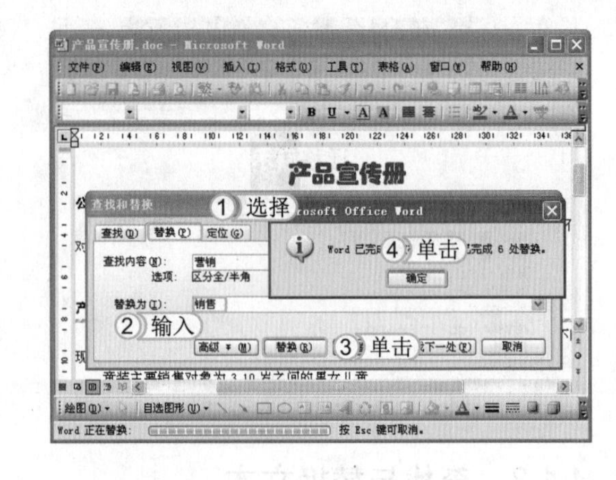

提个醒 通过按 Ctrl+F 组合键或按 Ctrl+H 组合键可分别打开“查找和替换”对话框的“查找”和“替换”选项卡。

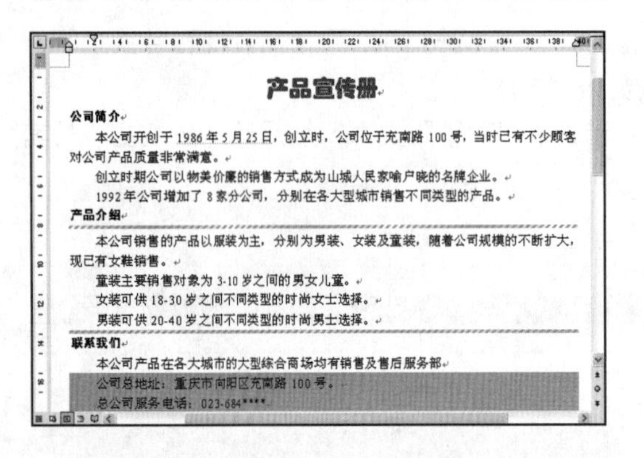

STEP 04： 查看替换文本

系统将替换文档中所有查找的内容，返回“查找和替换”对话框，单击关闭按钮，即可返回文档编辑区，查看替换文本后的效果。

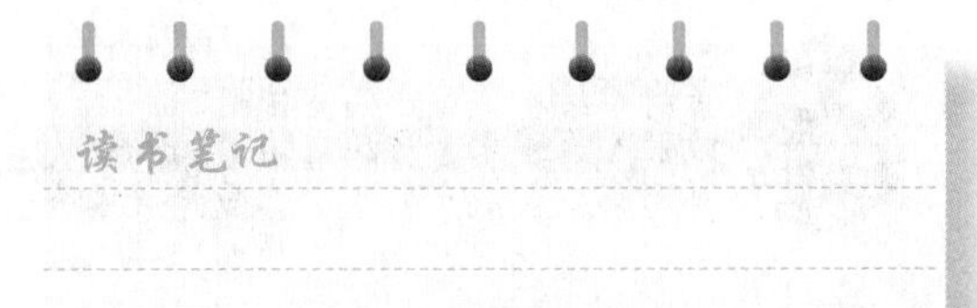

经验一箩筐——查找和替换的高级设置

选择【编辑】/【替换】命令，也可打开“查找和替换”对话框，在“替换”选项卡的“查找内容”文本框中输入的文本必须是文档中连续的文本，否则查找不出需要的文本。单击对话框中的替换(R)按钮，一次只能替换一处查找的文本；单击全部替换(A)按钮，则可替换所有查找的文本；单击高级 ▼ (M)按钮，在展开的“搜索选项”栏和“替换”栏中，可对要查找和替换的内容进行更详细的设置。

4.1.4 校对文档内容

在日常办公中，校对分为两种，一种是自行校对，另一种是传给他人校对。通过校对可减少最终文档的错误率。在 Word 2003 中常用的校对方法是拼写和语法检查、统计字数等，下面分别进行介绍。

1. 拼写和语法检查

Word 2003 提供的拼写和语法检查功能可以检查文档中有语法错误的句子及有拼写错误的单词，以帮助用户检查文档中的错误及不足。

下面使用拼写和语法检查功能检查“公司简介 .doc”文档中的错误，其具体操作如下：

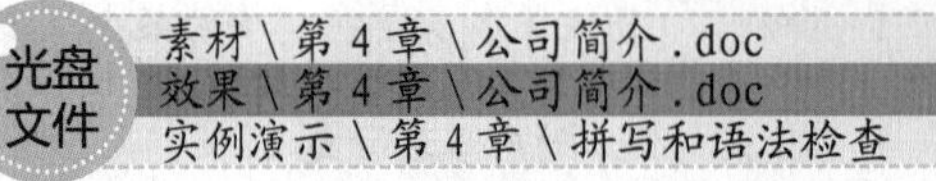

STEP 01：修改拼写错误

1. 打开“公司简介.doc”文档，选择【工具】/【拼写和语法检查】命令，打开“拼写和语法检查”对话框。在上方的列表框中显示了出现错误的句子，其中可能错误的内容以红色显示，在下方的“建议”列表框中显示了系统提供的修改，这里选择“Sony”选项。
2. 单击[更改(C)]按钮。

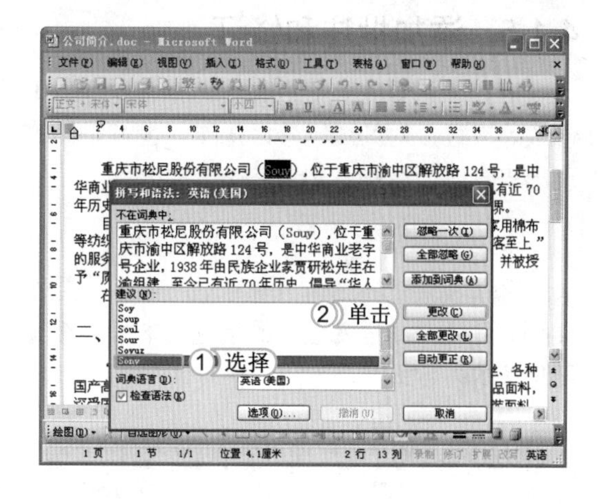

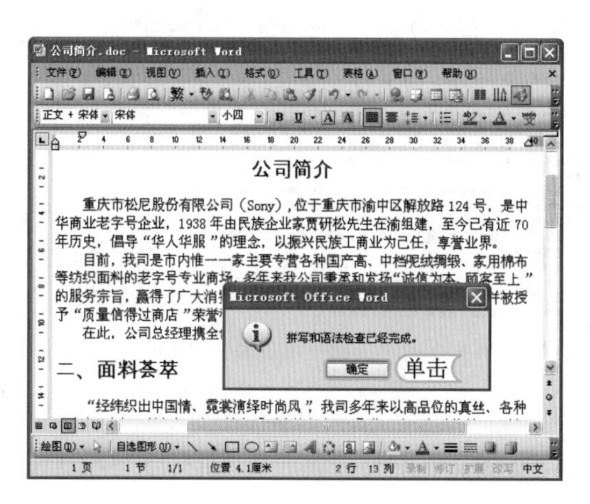

STEP 02：完成检查与拼写

检查完成后，系统将自动打开对话框提示检查完成，单击[确定]按钮。返回文档，可发现文本已修改。

提个醒 打开文档时，若发现文档中有些内容下方有红色或绿色的波浪线，即表示这些内容可能有误。此时，可使用拼写和语法检查功能进行检查，且在检查完成后，可发现原错误文本下方将不再显示错误的波浪线。

问题小贴士

问：在文档中很明显地发现其中有拼写或语法错误，但是使用拼写检查时，却不能识别，这是怎么回事？

答：这种情况可能是因为所出现的拼写和语法的错误，其格式不是拼写检查可识别的格式。也有可能是因为之前进行过拼写检查并执行过忽略操作所导致。要解决这些问题很简单，只需要将错误的文本形式更改为拼写检查所能识别的格式，或直接关闭文档后再次打开文档进行拼写检查。

2. 字数统计

Word 2003 还提供了强大的字数统计功能，通过该功能可将文档字数、页数、行数和段落数进行统计，以方便用户了解当前文档的基本信息情况。其操作方法非常简单，只需选择【工具】/【字数统计】命令，打开“字数统计”对话框，在统计信息栏中即显示了文档的相关信息统计结果。

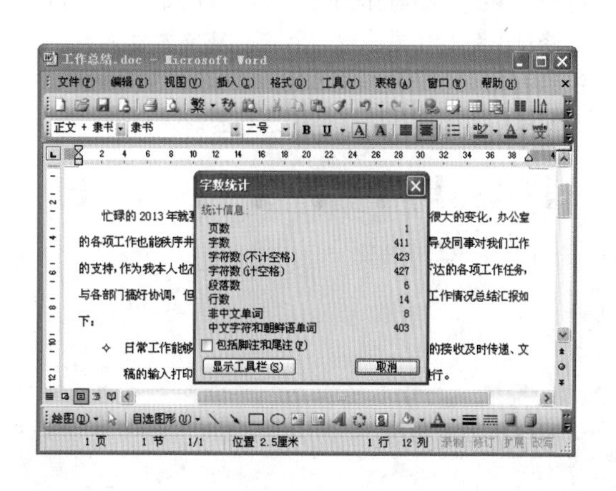

4.1.5 添加批注和修订

在办公过程中，在校对他人制作的 Word 文档时，若发现其中有误，可通过批注功能提出修改，或直接对其进行修订操作，也就是修改，并将修改的情况用不同颜色的文字和删除线表现出来，以让原作者知道被修改的内容。

1. 添加批注

添加批注的方法非常简单，只需选择要插入批注的文本，选择【插入】/【批注】命令，此时，文档右侧将自动插入红色的批注文本框，在其中输入具体的批注内容，即自己的疑问和作者需要修改的内容即可。

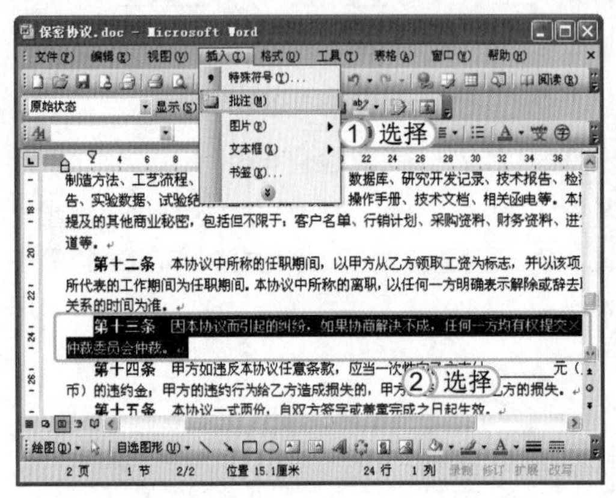

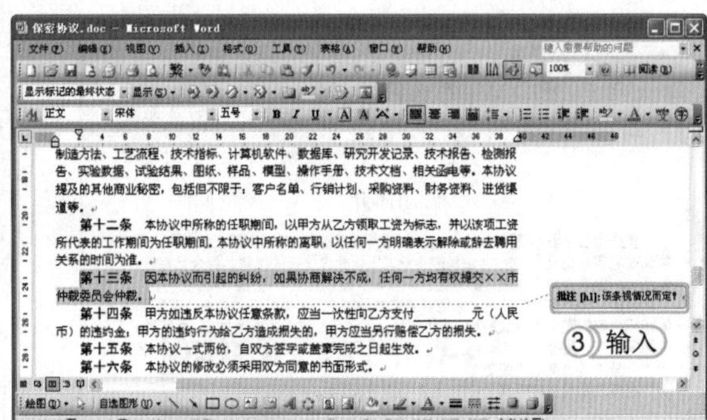

2. 修订文档

修订与批注有所不同，它可直接将修改效果显示出来。且在修改完成后，原作者可根据修订内容同意修改或拒绝修改。

下面修订“护肤品简介.doc”文档，主要涉及添加、删除、移动和修改等内容，其具体操作如下：

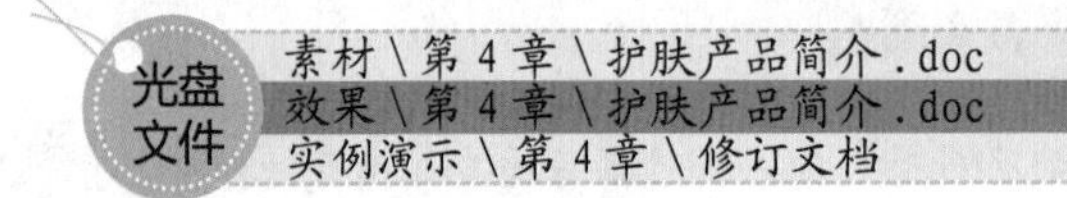

素材\第 4 章\护肤产品简介.doc
效果\第 4 章\护肤产品简介.doc
实例演示\第 4 章\修订文档

STEP 01： 进入修订状态

打开“护肤产品简介.doc”文档，选择【工具】/【修订】命令，进入修订状态。将文本插入点定位到第 1 行的“单位”文本后，输入需添加的内容，此时添加的内容将以红色下划线的形式显示。

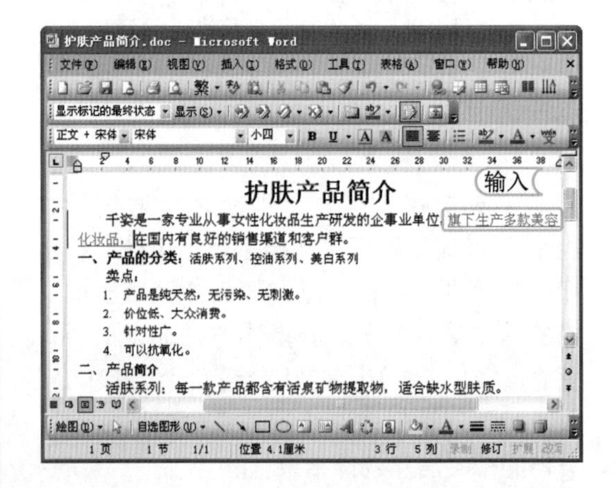

STEP 02： 修订状态

然后对文档中有误的内容依次进行复制、粘贴、删除和添加等操作，其修改的内容将以不同的颜色和符号显示。

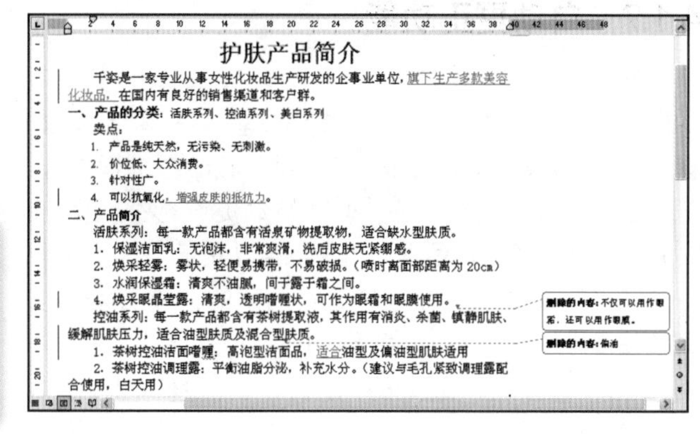

4.1.6 审阅批注和修订

当审阅批注和修订时，可以接受也可以拒绝其任意一项更改建议。接受更改建议时，可对被批注和修订的错误文本内容进行修改。而拒绝更改建议，则是将批注本身或修订内容删除。

1. 接受和拒绝批注

当将添加批注后的文档返回给原作者后，作者可接受或拒绝给出的批注建议，其方法都非常简单，具体方法分别如下。

- 接受批注：将文本插入点定位于批注的文本位置，根据给出的批注建议进行修改。
- 拒绝批注：将文本插入点定位于批注的文本位置，单击鼠标右键，在弹出的快捷菜单中选择“删除批注”命令。

2. 接受和拒绝修订

将添加修订后的文档返回给作者后，原作者可通过“审阅”工具栏对其进行修改。其方法是：将文本插入点定位到第一处批注或修订的位置，单击“审阅”工具栏中的“接受”按钮，在弹出的下拉列表中选择“接受对文档所做的所有修订”选项，将接受修订，并将修改的内容以正常的文字效果显示；如不接受修订，只需单击“审阅”工具栏中的“拒绝”按钮。

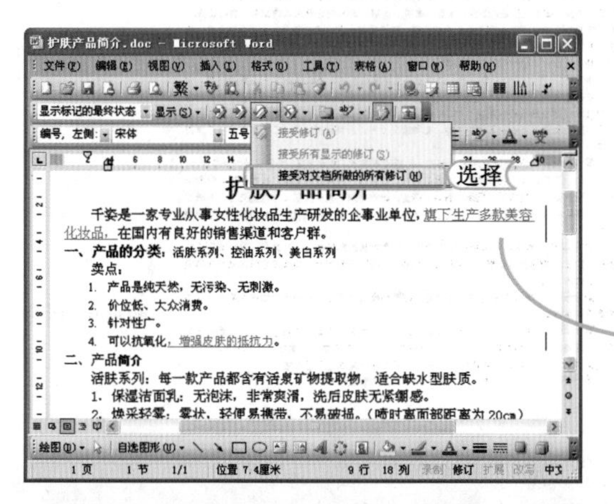

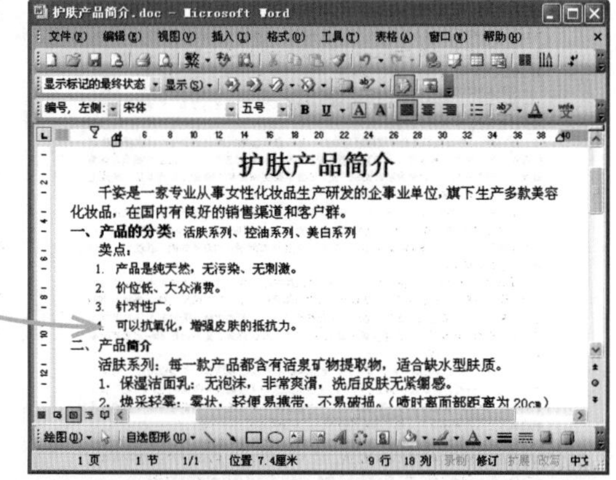

经验一箩筐——快速修订文档

在修订文档时，单击“审阅”工具栏中的按钮，在弹出的下拉列表中可设置修订内容的颜色。同时，在修订时，单击“后一处修订或批注”按钮，可跳转至下一条修订。

4.1.7 自动更正功能

在日常办公过程中，用户可借助 Word 2003 的“自动更正”功能来避免在 Word 文档中输入错别字词，如键入错误、误拼的单词、语法错误和错误的大小写等。

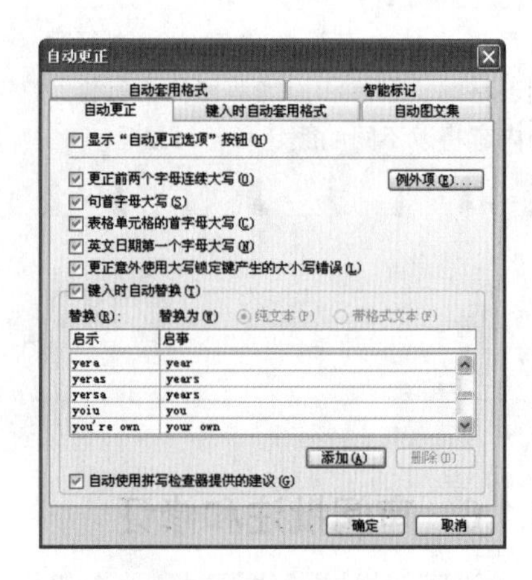

其方法是：选择【工具】/【自动更正选项】命令，打开“自动更正”对话框，选择“自动更正”选项卡，在“替换”文本框中输入含有错别字的词或词条（该词条最多可以包含 31 个字符且不能包含空格），在“替换为”文本框中输入正确的词，并单击 确定 按钮，Word 2003 会将输入错误的词或词组自动更正为正确的词或词组。

上机 1 小时 编辑“保密协议”文档

- 进一步掌握拼写检查文本的方法。
- 巩固使用查找和替换文本的方法。
- 熟练掌握添加批注的方法。

光盘文件
素材 \ 第 4 章 \ 保密协议 .doc
效果 \ 第 4 章 \ 保密协议 .doc
实例演示 \ 第 4 章 \ 编辑“保密协议”文档

本例将运用拼写检查、查找和替换文本以及添加批注等知识，对“保密协议 .doc”文档进行编辑，完成后的最终效果如下图所示。

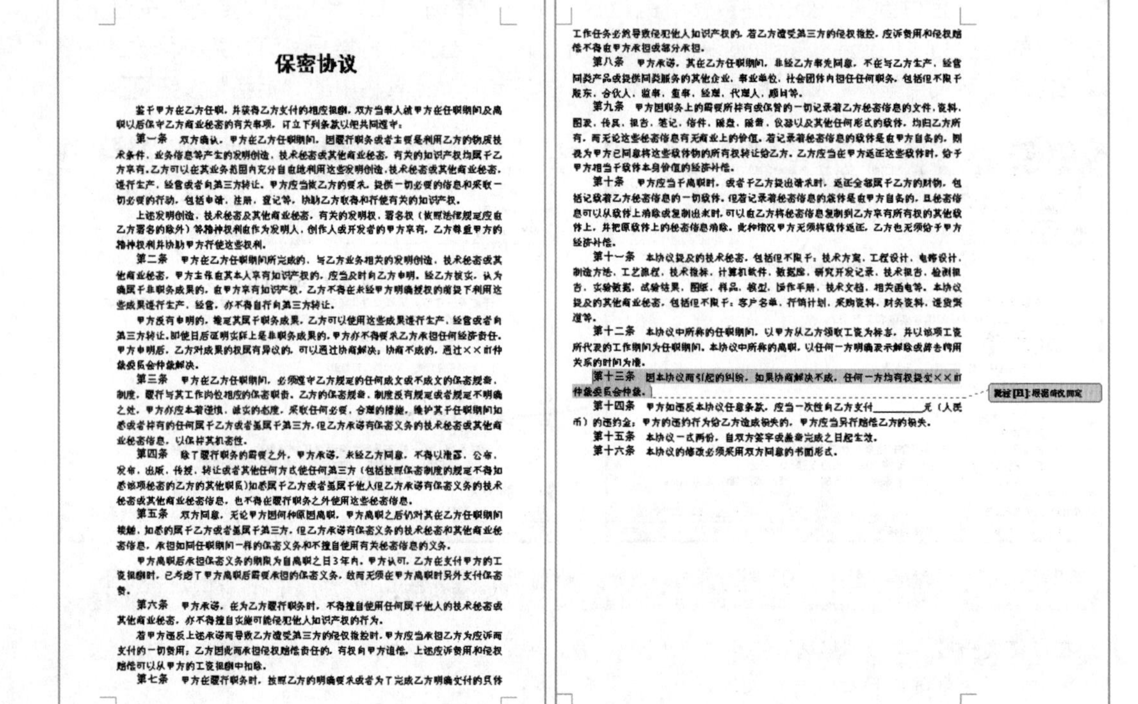

保密协议

鉴于甲方在乙方任职，并获得乙方支付的相应报酬，双方当事人就甲方在任职期间及离职以后保守乙方商业秘密的有关事项，订立下列条款以便共同遵守：

第一条　双方确认，甲方在乙方任职期间，因履行职务或者主要是利用乙方的物质技术条件、业务信息等产生的发明创造、技术秘密或其他商业秘密，有关的知识产权均属于乙方享有。乙方可以在其业务范围内充分自由地利用这些发明创造、技术秘密或其他商业秘密，进行生产、经营或者向第三方转让。甲方应当依乙方的要求，提供一切必要的信息和采取一切必要的行动，包括申请、注册、登记等，协助乙方取得和行使有关的知识产权。

上述发明创造、技术秘密及其他商业秘密，有关的发明权、署名权（依照法律规定应由乙方署名的除外）等精神权利由作为发明人、创作人或开发者的甲方享有，乙方尊重甲方的精神权利并协助甲方行使这些权利。

第二条　甲方在乙方任职期间所完成的、与乙方业务相关的发明创造、技术秘密或其他商业秘密，甲方主张由其本人享有知识产权的，应当及时向乙方申明。经乙方核实，认为确属于非职务成果的，由甲方享有知识产权，乙方不得在未经甲方明确授权的前提下利用这些成果进行生产、经营，亦不得自行向第三方转让。

甲方没有申明的，推定其属于职务成果，乙方可以使用这些成果进行生产、经营或者向第三方转让。即使日后证明实际上是非职务成果的，甲方亦不得要求乙方承担任何经济责任。甲方申明后，乙方对成果的权属有异议的，可以通过协商解决；协商不成的，通过××市仲裁委员会仲裁解决。

第三条　甲方在乙方任职期间，必须遵守乙方规定的任何成文或不成文的保密规章、制度，履行与其工作岗位相应的保密职责。乙方的保密规章、制度没有规定或者规定不明确之处，甲方亦应本着谨慎、诚实的态度，采取任何必要、合理的措施，维护其于任职期间知悉或者持有的任何属于乙方或者虽属于第三方，但乙方承诺有保密义务的技术秘密或其他商业秘密信息，以保持其机密性。

第四条　除了履行职务的需要之外，甲方承诺，未经乙方同意，不得以泄露、公布、发布、出版、传授、转让或者其他任何方式使任何第三方（包括按照保密制度的规定不得知悉该项秘密的乙方的其他职员）知悉属于乙方或者虽属于他人但乙方承诺有保密义务的技术秘密或其他商业秘密信息，也不得在履行职务之外使用这些秘密信息。

第五条　双方同意，无论甲方因何种原因离职，甲方离职之后仍对其在乙方任职期间接触、知悉的属于乙方或者虽属于第三方，但乙方承诺有保密义务的技术秘密和其他商业秘密信息，承担如同任职期间一样的保密义务和不擅自使用有关秘密信息的义务。

甲方离职后承担保密义务的期限为自离职之日 3 年内。甲方认可，乙方在支付甲方的工资报酬时，已考虑了甲方离职后需要承担的保密义务，故而无须在甲方离职时另外支付保密费。

第六条　甲方承诺，在为乙方履行职务时，不得擅自使用任何属于他人的技术秘密或其他商业秘密，亦不得擅自实施可能侵犯他人知识产权的行为。

若甲方违反上述承诺而导致乙方遭受第三方的侵权指控时，甲方应当承担乙方为应诉而支付的一切费用；乙方因此而承担侵权赔偿责任的，有权向甲方追偿。上述应诉费用和侵权赔偿可以从甲方的工资报酬中扣除。

第七条　甲方在履行职务时，按照乙方的明确要求或者为了完成乙方明确交付的具体工作任务必然导致侵犯他人知识产权的，若乙方遭受第三方的侵权指控，应诉费用和侵权赔偿不得由甲方承担或部分承担。

第八条　甲方承诺，其在乙方任职期间，非经乙方事先同意，不在与乙方生产、经营同类产品或提供同类服务的其他企业、事业单位、社会团体内担任任何职务，包括但不限于股东、合伙人、监事、董事、经理、代理人、顾问等。

第九条　甲方因职务上的需要所持有或保管的一切记录着乙方秘密信息的文件、资料、图表、传真、报告、笔记、信件、磁盘、磁带、仪器以及其他任何形式的载体，均归乙方所有，而无论这些秘密信息有无商业上的价值。若记录着秘密信息的载体是由甲方自备的，则视为甲方已同意将这些载体物的所有权转让给乙方。乙方应当在甲方返还这些载体时，给予甲方相当于载体本身价值的经济补偿。

第十条　甲方应当于离职时，或者于乙方提出请求时，返还全部属于乙方的财物，包括记载着乙方秘密信息的一切载体。但若记录着秘密信息的载体是由甲方自备的，且秘密信息可以从载体上消除或复制出来时，可以由乙方将秘密信息复制到乙方享有所有权的其他载体上，并把原载体上的秘密信息消除。此种情况甲方无须将载体返还，乙方也无须给予甲方经济补偿。

第十一条　本协议提及的技术秘密，包括但不限于：技术方案、工程设计、电路设计、制造方法、工艺流程、技术指标、计算机软件、数据库、研究开发记录、技术报告、检测报告、实验数据、试验结果、图纸、样品、模型、操作手册、技术文档、相关函电等。本协议提及的其他商业秘密，包括但不限于：客户名单、行销计划、采购资料、财务资料、进货渠道等。

第十二条　本协议中所称的任职期间，以甲方从乙方领取工资为标志，并以该项工资所代表的工作期间为任职期间。本协议中所称的离职，以任何一方明确表示解除或辞去聘用关系的时间为准。

第十三条　因本协议而引起的纠纷，如果协商解决不成，任何一方均有权提交××市仲裁委员会仲裁。

批注 [D]: 根据情况而定

第十四条　甲方如违反本协议任意条款，应当一次性向乙方支付＿＿＿＿＿＿元（人民币）的违约金；甲方的违约行为给乙方造成损失的，甲方应当另行赔偿乙方的损失。

第十五条　本协议一式两份，自双方签字或盖章完成之日起生效。

第十六条　本协议的修改必须采用双方同意的书面形式。

STEP 01：打开“拼写和语法”对话框

1. 打开“保密协议 .doc”文档，将文本插入点定位到第一段文本前。
2. 选择【工具】/【拼写和语法】命令，打开“拼写和语法”对话框。

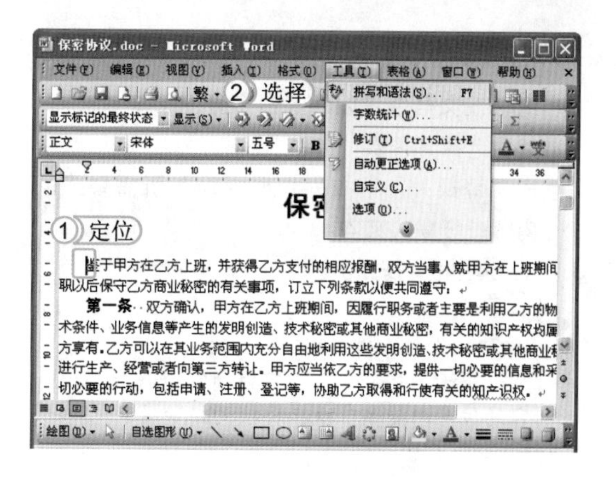

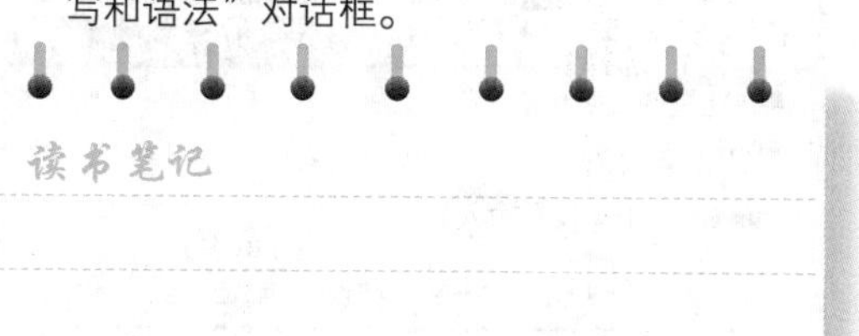

STEP 02：修改语法错误文本

1. 在“输入错误或特殊用法”列表框中将提示有语法错误的文字并呈绿色显示，选择错误的文本，将其修改为“知识产权”文本。
2. 单击 更改(C) 按钮。

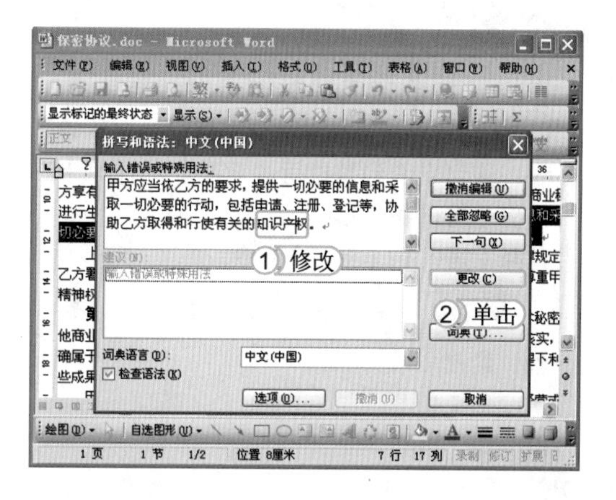

提个醒

单击 词典(T)... 按钮，可以打开“更新微软拼音输入法词典”对话框，在其中可以对难以确定的字、词进行查找和修改。

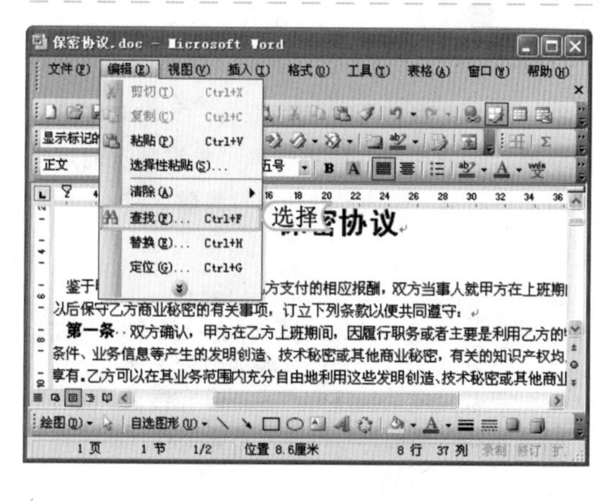

STEP 03：打开“查找和替换”对话框

在打开的已完成更改的提示对话框中单击 确定 按钮，即可将更改后的内容应用到文档中。然后选择【编辑】/【查找】命令，打开“查找和替换”对话框。

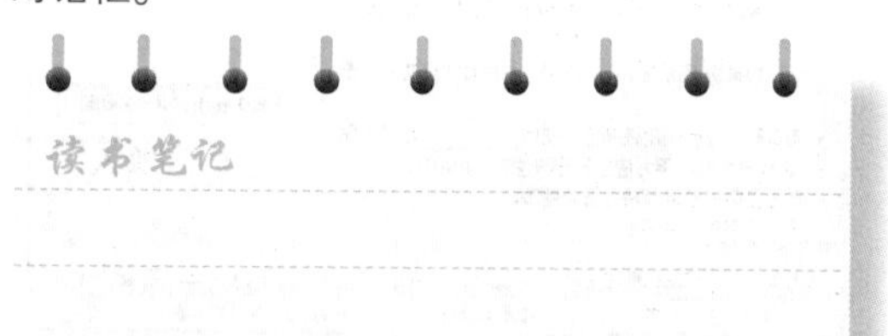

STEP 04：查找文本

1. 选择“查找”选项卡。
2. 在“查找内容”下拉列表框中输入“上班”文本。
3. 单击 查找下一处(F) 按钮。

提个醒

在“查找和替换”对话框的“查找”选项卡中，选中 突出显示所有在该范围找到的项目(T): 复选框，在下方的下拉列表框中可选择要查找文本的范围，如主文档、页眉和页脚与批注等选项，再进行查找。此时查找到的文本将呈高亮显示。

STEP 05: 替换文本

1. 此时在文档中将以黑底白字显示所查找文本，然后选择“替换”选项卡。
2. 在“替换为”下拉列表框中输入所需替换的内容“任职”文本。
3. 单击全部替换(A)按钮。

提个醒 在“查找和替换”对话框中选择“定位”选项卡，在其中可以定位所需查找和替换内容的位置，提高查找和替换的精确度。

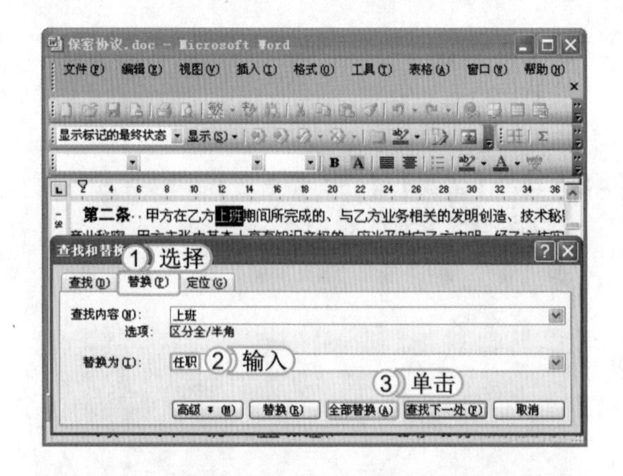

STEP 06: 插入批注

1. 在打开的已完成替换提示对话框中单击确定按钮。关闭对话框，返回文档编辑区中，即可查看到替换后的效果。选择第十三条保密规则中的文本。
2. 选择【插入】/【批注】命令。

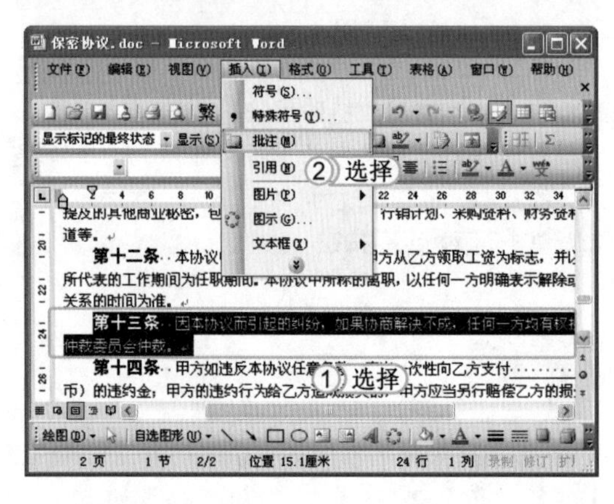

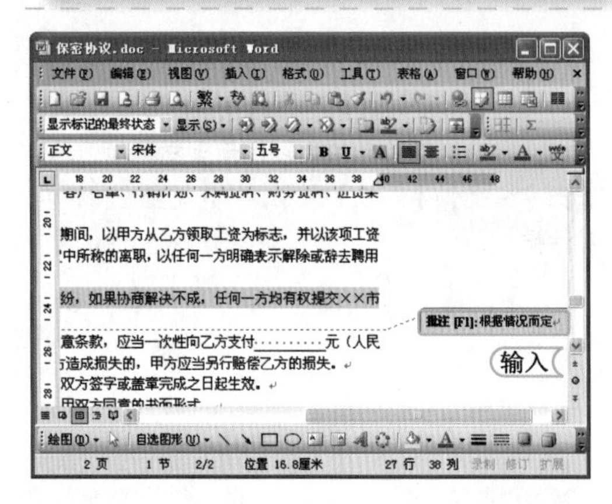

STEP 07: 输入批注内容

此时，该条文本将会被批注框选，其右侧将出现批注框，然后在批注框中输入“根据情况而定”文本，然后单击批注框外任意位置确认输入。

提个醒 在添加批注时，需要根据文档的需求来适量添加，如果过分添加则会导致文档内容的混乱。对于批注的内容，若有错误，还可将文本插入点定位到批注文本框中进行修改。

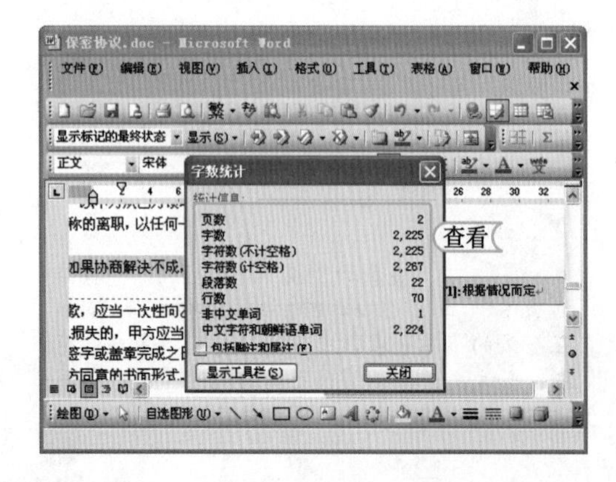

STEP 08: 统计字数

选择【工具】/【字数统计】命令，打开“字数统计”对话框，在其中显示了整篇文档的页数、字数和字符数等信息。查看完成后，单击右上角的☒按钮关闭对话框。

提个醒 在 Word 中，也可只统计某部分文本字数。其方法是，选择要统计的文本，再选择【工具】/【字数统计】命令。

4.2 Word 其他应用及设置

在日常办公过程中，办公人员经常会与电子邮件打交道，Word 2003 提供了邮件制作功能，通过该功能可制作信封，也可制作邮件内容（信件内容）。在制作完成后，还可将制作的文档录制或打印出来，以便后期使用。下面分别进行详细讲解。

学习 1 小时

- 熟练掌握使用 Word 快速制作信封的方法。
- 灵活运用邮件合并功能。
- 掌握录制与运行宏的操作方法。
- 掌握打印文档的方法。

4.2.1 制作信封

一般情况下，如果需要发送的信件很多，单个制作是一件非常繁琐的事。此时，就可用 Word 2003 的“中文信封向导”功能，它不仅可以批量生成漂亮的信封，而且可以批量填写信封上的各项内容，实现信封批处理。

下面将制作一个中文信封，并设置收、寄人的相关信息，其具体操作如下：

光盘文件
效果 \ 第 4 章 \ 信封 .doc
实例演示 \ 第 4 章 \ 制作信封

STEP 01：打开信封制作向导

新建一个空白 Word 文档，选择【工具】/【信函与邮件】/【中文信封向导】命令。打开“信封制作向导”对话框，单击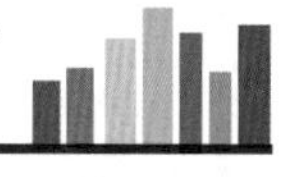按钮。

提个醒
在制作信封前，选择【工具】/【信函与邮件】/【中文信封向导】命令，将打开提示对话框，需根据提示安装相关组件后，才能制作信封。

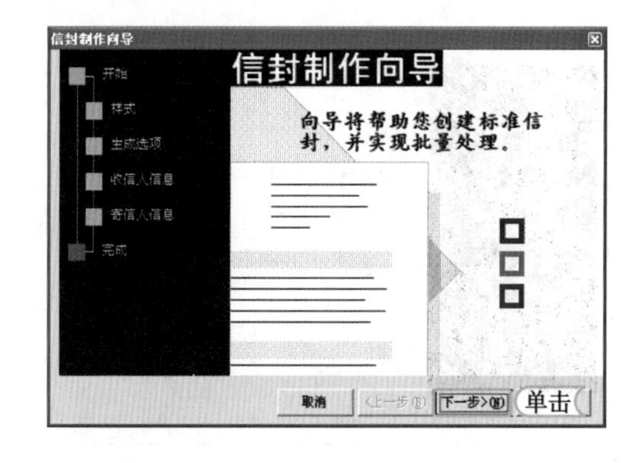

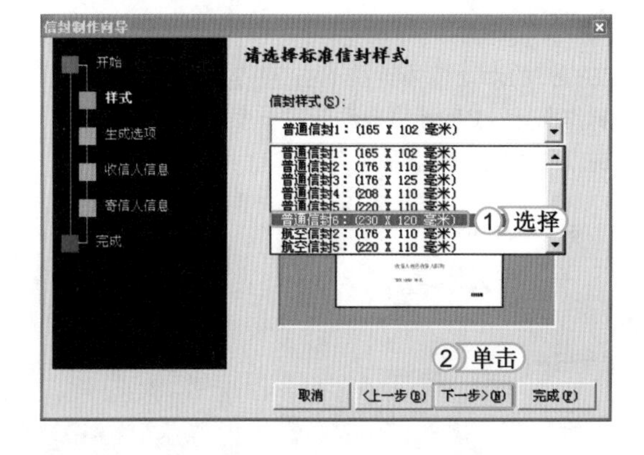

STEP 02：选择信封样式

1. 打开“请选择标准信封样式”对话框，在“信封样式”下拉列表框中选择需要的信封样式，这里选择“普通信封 6:（230x120 毫米）”选项。
2. 单击下一步按钮。

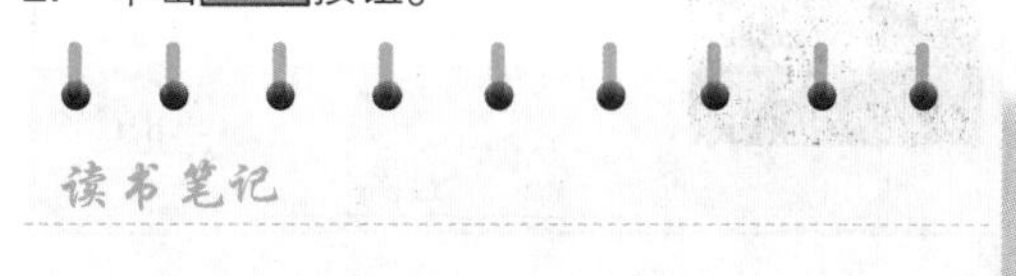

STEP 03： 选择信封样式

1. 打开“怎样生成这个信封”对话框，选中 生成单个信封(S) 单选按钮。
2. 选中 打印邮政编码边框(P) 复选框。
3. 单击 下一步(N) 按钮。

提个醒 如果选中 以此信封为模板，生成多个信封(M) 单选按钮，并在“使用预定义的地址簿”下拉列表框中选择需要的选项，可批量创建多个信封。

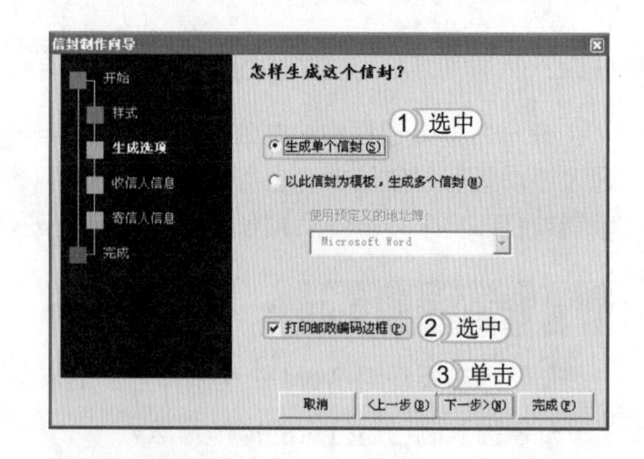

STEP 04： 输入收信人信息

1. 打开“请输入收信人的姓名、地址、邮编”对话框，在“姓名”、“职务”、“地址”、“邮编”文本框中输入收信人的相关信息。
2. 单击 下一步(N) 按钮。

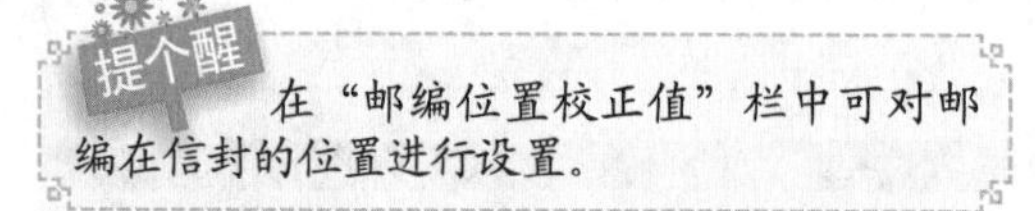

提个醒 在“邮编位置校正值”栏中可对邮编在信封的位置进行设置。

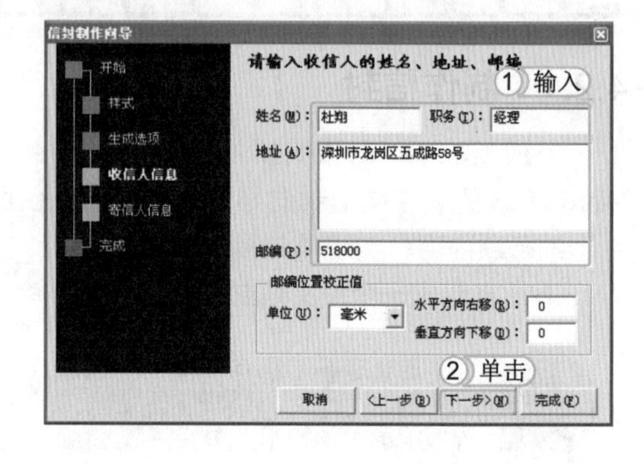

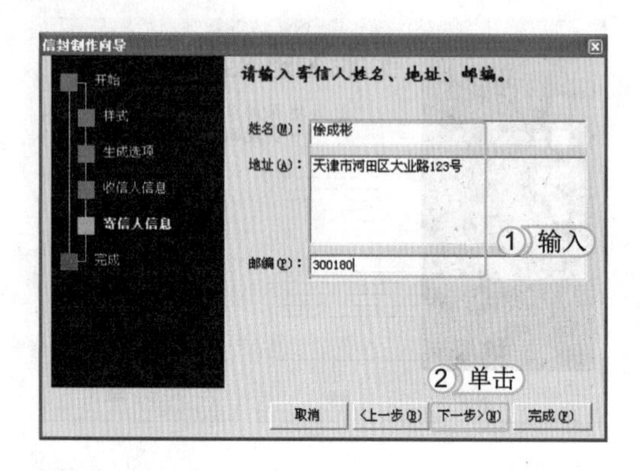

STEP 05： 输入寄信人信息

1. 打开“请输入寄信人的姓名、地址、邮编”对话框，在“姓名”、“地址”、“邮编”文本框中输入寄信人的相关信息。
2. 单击 下一步(N) 按钮。

STEP 06： 生成信封

在打开的对话框中直接单击 完成(F) 按钮，退出信封制作向导，Word 将自动新建一个文档，并显示了制作的中文信封。

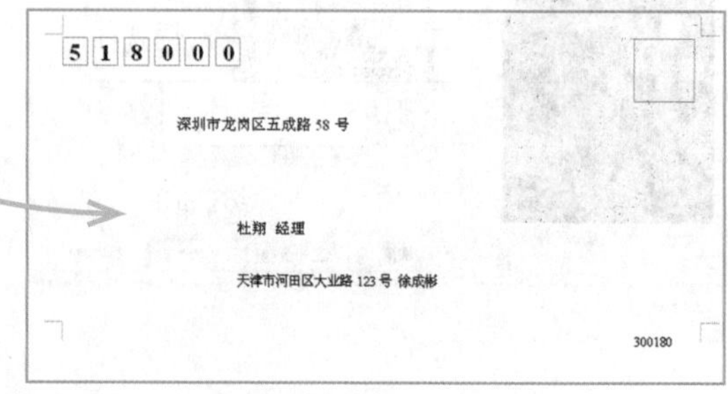

经验一箩筐——设置信封文字

如果对生成的信封不满意，可以在模板中对信封中文字的字体、字型、字号、颜色和位置进行设置，其设置方法与普通文本的设置方法相同。然后再单击“邮件合并”工具栏上的“合并至文档”按钮，系统会根据调整后的模板样式再次批量生成信封。

4.2.2 邮件合并

在制作内容相同而分发对象不同的邮件（信件）时，可使用 Word 2003 的邮件合并功能，自动为邮件添加不同的分发对象。下面将在“感谢信 .doc”文档中进行邮件合并，其具体操作如下：

光盘文件
素材 \ 第 4 章 \ 感谢信 .doc
效果 \ 第 4 章 \ 感谢信 .doc
实例演示 \ 第 4 章 \ 邮件合并

STEP 01：打开“邮件合并”任务窗格

1. 打开“感谢信 .doc”文档，选择【工具】/【信函与邮件】/【邮件合并】命令。打开“邮件合并”任务窗格，在“选择文档类型”栏中选中 信函 单选按钮。
2. 再单击任务窗格下方的“下一步：正在启动文档”超级链接。

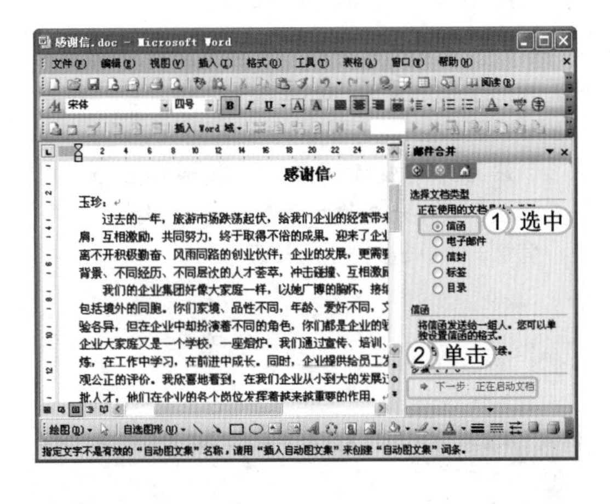

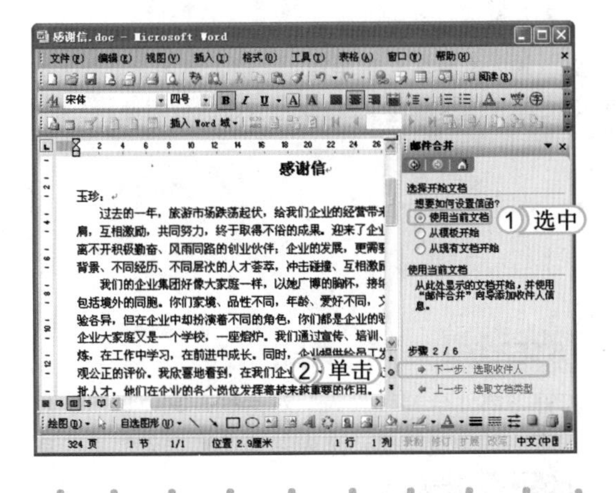

STEP 02：选取文档类型

1. 打开“选择开始文档”任务窗格，选中 使用当前文档 单选按钮。
2. 单击“下一步：选取收件人”超级链接。

提个醒 如在选择开始文档时，若选中 从现有文档开始 单选按钮，则表示选择并打开已进行过邮件合并的文档，然后修改其内容及收件人。

读书笔记

STEP 03：选择收件人

1. 打开“选择收件人”任务窗格，选中 ◎键入新列表 单选按钮。
2. 单击“创建”超级链接。

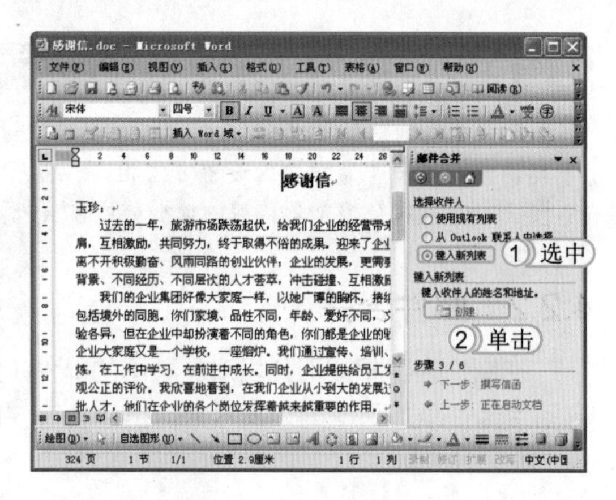

STEP 04：创建收件人地址

1. 打开“新建地址列表”对话框，在对应的文本框中输入职务、姓氏、名字和公司名称等联系信息。
2. 创建完一条地址信息后，单击 新建条目(N) 按钮，继续创建下一条地址信息，这里创建了 5 条信息，再单击 关闭 按钮。

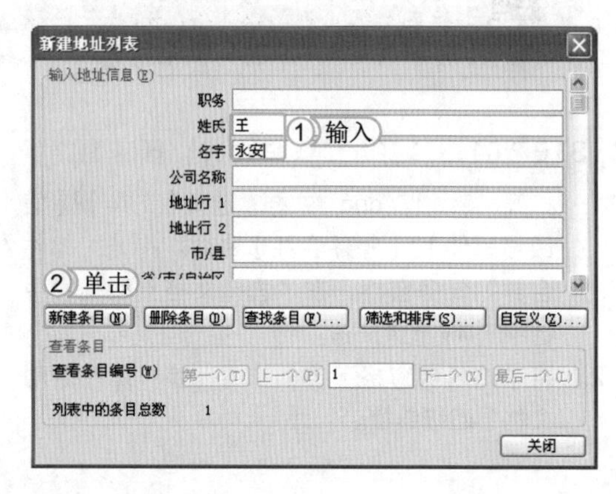

STEP 05：保存“收件人地址”数据源

1. 打开“保存通讯录”对话框，这里默认选择“我的数据源”文件夹。
2. 输入文件名，这里输入“员工姓名”。
3. 单击 保存(S) 按钮保存创建的数据源。

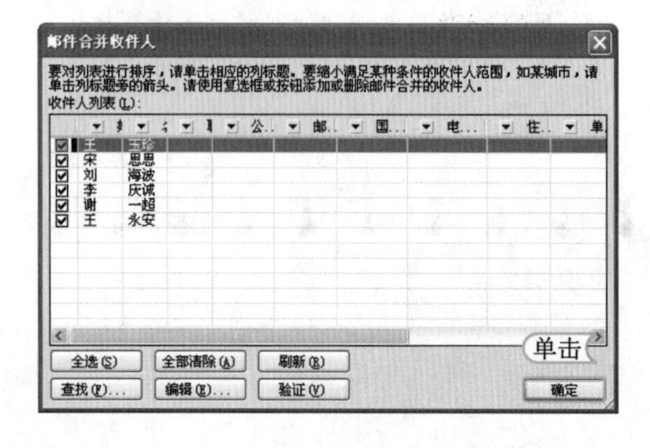

STEP 06：确认数据

打开“邮件合并收件人”对话框，其中显示了数据源中的地址信息，选中并确认数据无误后，单击 确定 按钮。

> **提个醒** 如果发现数据源的地址信息有误，可单击 编辑(E)... 按钮，在打开的“输入地址信息”对话框中输入正确的信息即可。

STEP 07： 插入域

1. 返回“邮件合并”任务窗格，单击“下一步：撰写信函”超级链接。打开“撰写信函”任务窗格，将鼠标光标定位于称呼的冒号前，单击“其他项目”超级链接。
2. 打开“插入合并域”对话框，在“域”列表框中选择“名字”选项。
3. 单击 插入(I) 按钮将其插入到文档中。

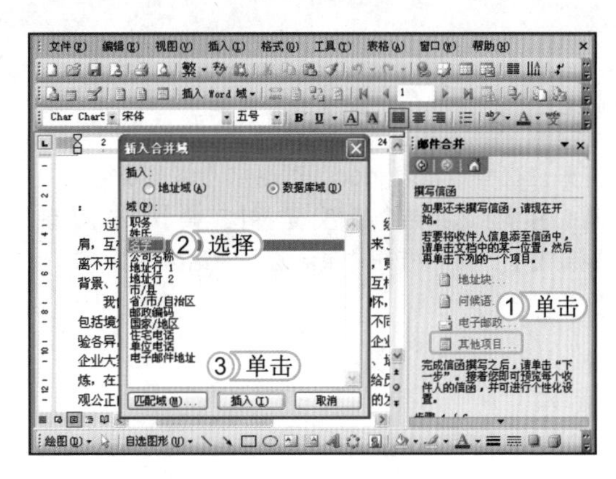

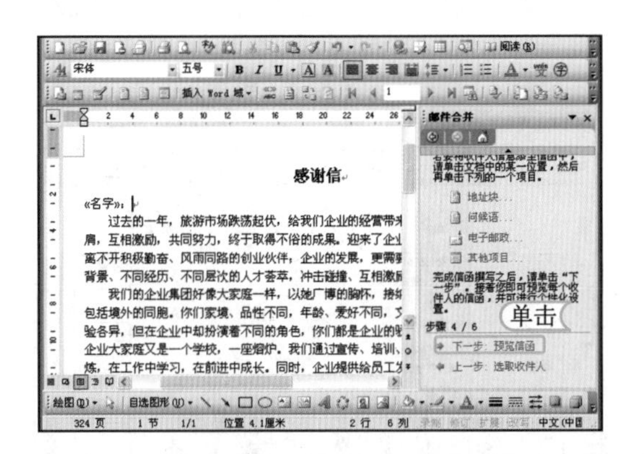

STEP 08： 打开“预览信函”任务窗格

返回主文档，可看到鼠标光标处已显示插入的域，然后单击“下一步：预览信函”超级链接，打开“预览信函”任务窗格。

提个醒

邮件合并后，工作界面将自动显示出“邮件合并”工具栏，单击工具栏中的 按钮，可查看不同的邮件信息。

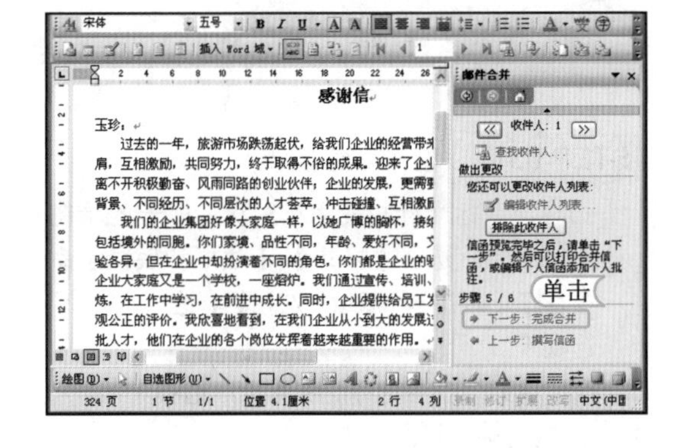

STEP 09： 查看最终效果

此时将显示合并后的第一位收件人的文档效果，通过单击任务窗格中的《按钮和》按钮，可以在每一个收件人的信函中进行浏览。完成浏览后，单击“下一步：完成合并”超级链接，完成后可选择保存或打印邮件内容。

4.2.3 录制与运行宏

在制作 Word 文档的过程中如果需要经常执行一系列操作，可将这些操作以宏的方式录制下来，下次再通过运行宏的方式快速执行该操作，从而提高工作效率。

1. 录制宏

宏是将一系列的 Word 命令和指令组合在一起，形成一个命令，以实现任务执行的自动化。用户可以创建并执行一个宏，以替代人工进行一系列费时而重复的 Word 操作。

下面将在“饮料销售表 .doc”文档中录制一个名为“设置表格格式”的宏，要求应用表格样式，设置文字格式为方正准圆简体和居中对齐，其具体操作如下：

光盘文件

素材 \ 第 4 章 \ 饮料销售表 .doc
效果 \ 第 4 章 \ 饮料销售表 .doc
实例演示 \ 第 4 章 \ 录制宏

STEP 01： 打开“录制宏”对话框

打开“饮料销售表.doc”对话框，单击表格左上角的⊞图标选择整个表格，选择【工具】/【宏】/【录制新宏】命令，打开“录制宏”对话框。

STEP 02： 为宏命名

1. 在“宏名”文本框中输入名称“设置表格格式”。
2. 单击 确定 按钮。

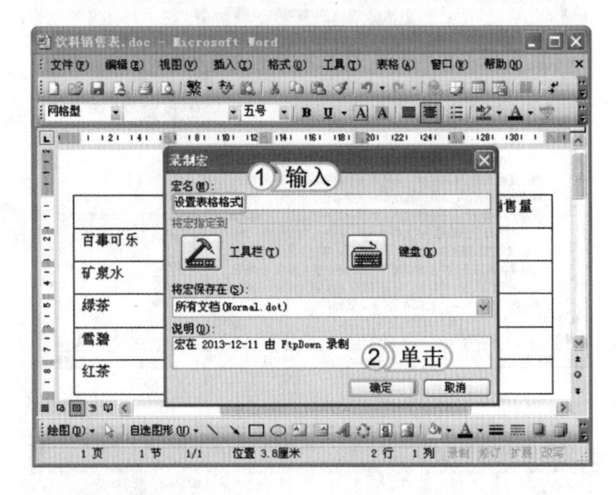

STEP 03： 设置表格底纹

1. 此时，鼠标光标将变为形状，即宏的录制正式开始。选择【格式】/【边框和底纹】命令，打开“边框和底纹”对话框，选择“底纹”选项卡。
2. 在“填充”栏中选择“浅黄色”选项。
3. 单击 确定 按钮。

STEP 04： 设置字体格式

1. 返回工作界面，在“格式”工具栏中设置字体为“方正准圆简体”，“字号”为“五号”，“字体颜色”为“红色”，单击“居中”按钮。
2. 单击“停止录制”按钮。

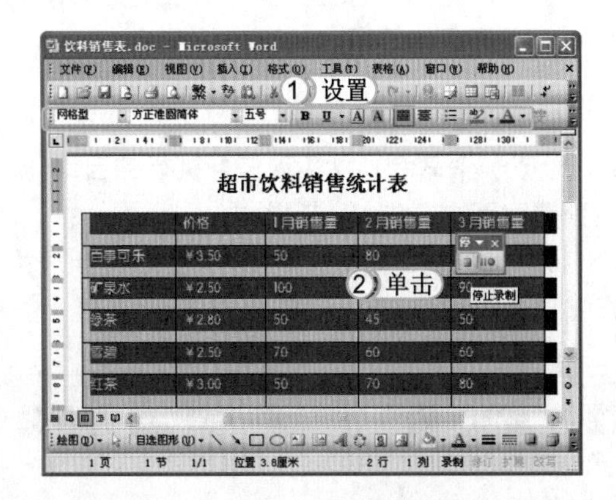

> **经验一箩筐——为宏设置快捷键**
>
> 在“录制宏”对话框中单击“键盘”按钮，可在打开的对话框中指定按键，以后在运行宏时可直接按设置的快捷键。

2. 运行宏

录制好宏后即可运行宏，其方法非常简单，可打开一个文档，选择要进行宏操作的对象，然后选择【工具】/【宏】/【宏】命令，打开“宏”对话框，在“宏名”列表框中选择要运行的宏名称，然后单击 运行(R) 按钮，即可快速按录制宏的内容设置所选对象。

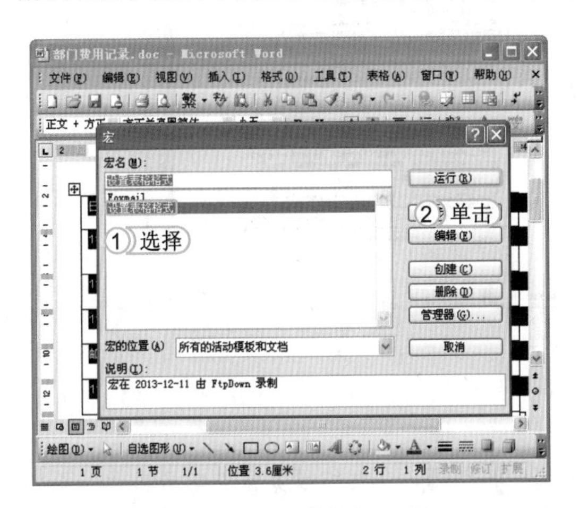

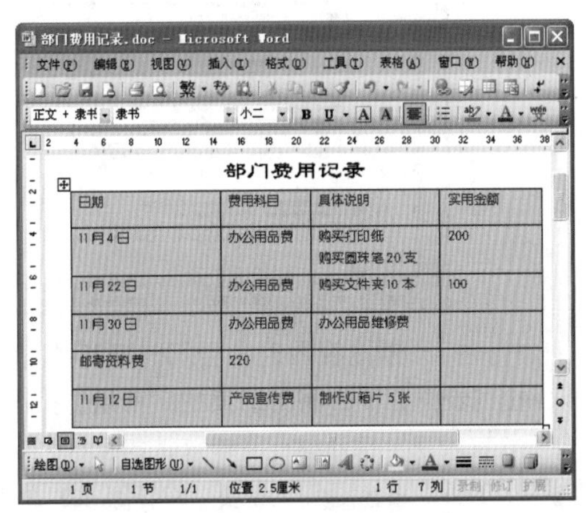

> **经验一箩筐——编辑宏**
>
> 在 Excel 中应用并进行宏的调用后，再次打开“宏”对话框，在其中单击 编辑(E) 按钮，可以打开 VB 程序编辑系统，然后在其中进行宏的编辑。

4.2.4 打印文档

在办公中，经常需要将制作完成的电子文档以纸质文档形式打印出来，以便于查阅和存档。在打印前，需对文档进行打印预览，确认无误后，才能开始打印文档。

1. 打印预览

对文档进行打印预览，主要是为了检查打印的效果是否满足需要，以避免纸张不必要的浪费。其方法是：打开需打印的文档，选择【文件】/【打印预览】命令，或单击“常用”工具栏中的“打印预览”按钮，将页面跳转至预览视图中预览打印效果，如下图所示为 Word 文档打印预览效果。

> **经验一箩筐——打印预览**
>
> 在 Office 2003 中，各组件的打印预览方法都相同，只是打开打印预览窗口后，打开的“打印预览”工具栏的显示方式不一样，但其工具栏中各按钮或下拉列表框的作用都是相同的。

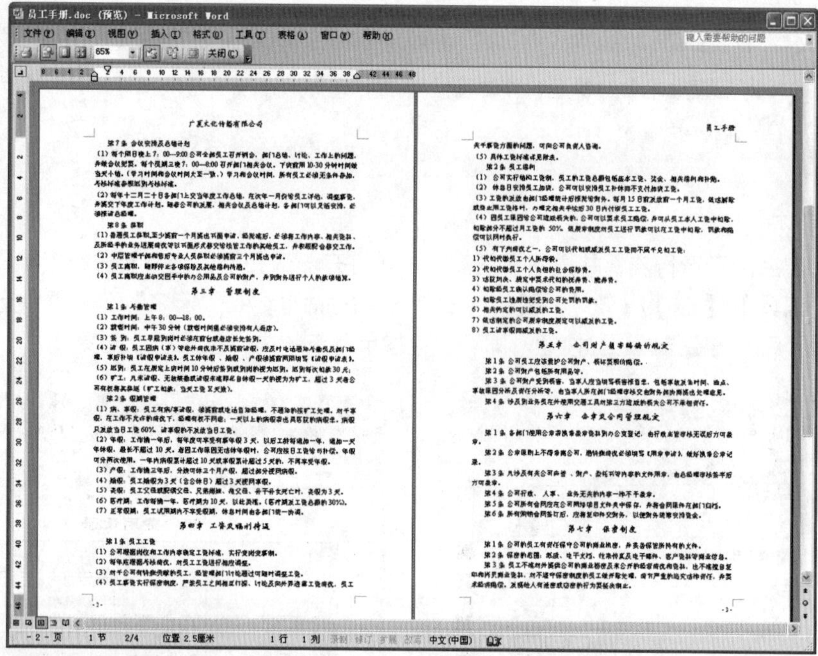

打开打印预览视图时，会同时打开“打印预览”工具栏，预览工具栏中包含了多个按钮和下拉列表框，下面将对工具栏中常用的按钮和下拉列表框的作用进行介绍。

- “放大镜”按钮：单击该按钮可放大或缩小预览文档。
- “单页”按钮和“多页”按钮：单击“单页”按钮，在打印预览窗口中只显示一页文档；单击“多页”按钮，在弹出的下拉列表中可选择多页文档显示在打印预览窗口中。
- 50% 下拉列表框：单击其右侧的按钮，在弹出的下拉列表中可设置预览文档显示的比例。
- “全屏”按钮：单击该按钮，可使预览的文档全屏显示在窗口中。
- 关闭(C)按钮：单击该按钮，可关闭打印预览窗口。

2. 打印文档

预览文档并确认文档无误后，即可对文档进行打印。下面以打印“员工手册.doc”文档为例，讲解打印 Word 2003 文档的方法，其具体操作如下：

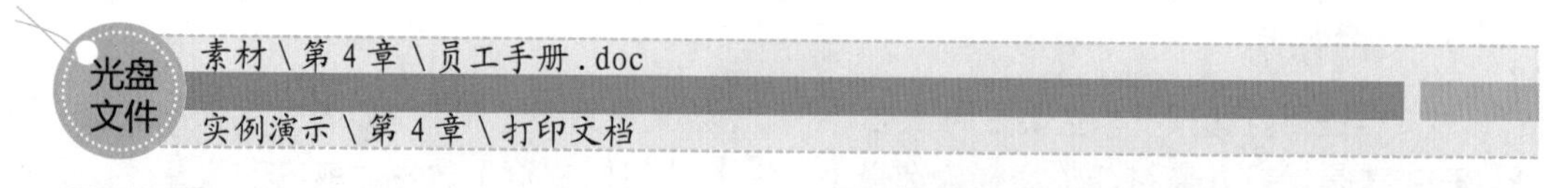

STEP 01：打开“打印”对话框

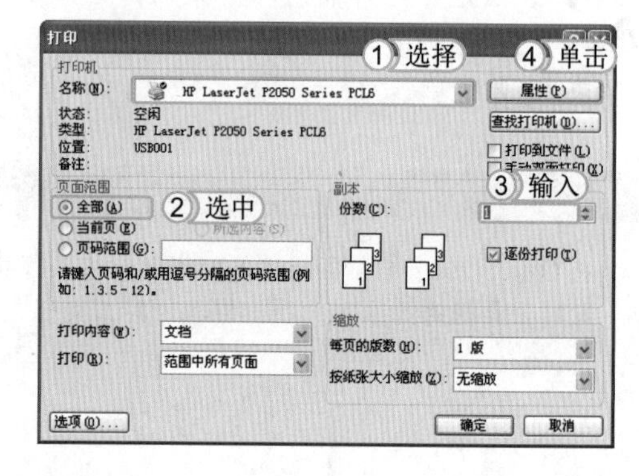

1. 打开“员工手册.doc”文档，选择【文件】/【打印】命令，打开“打印”对话框，在“名称”下拉列表框中选择打印机类型。
2. 在“页面范围”栏中设置需打印的页数，这里选中 全部(A) 单选按钮。
3. 在“副本”栏的“份数”数值框中输入需打印的份数。
4. 单击 属性(P) 按钮。

STEP 02： 打开“打印”对话框

1. 打开“文档 属性”对话框，选择“纸张/质量”选项卡。
2. 在“纸张尺寸”下拉列表框中选择纸张的大小。
3. 在“打印质量”下拉列表框中选择打印质量。
4. 单击 确定 按钮返回“打印”对话框，再单击 确定 按钮打印文档。

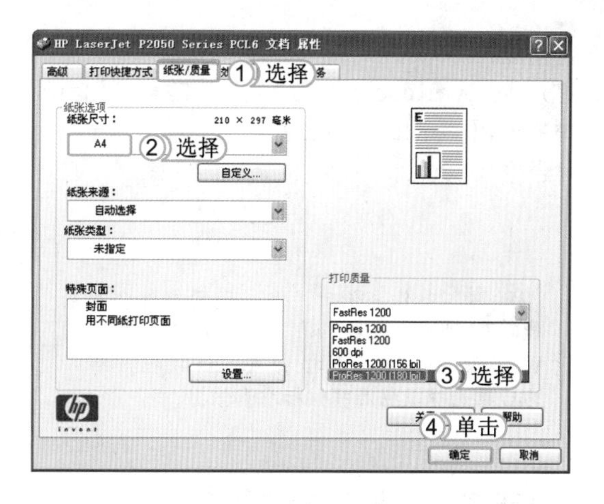

经验一箩筐——取消打印任务

在打印的过程中，若发现文档存在错误可取消打印任务，其方法是：选择【开始】/【打印机和传真】命令，打开“打印机和传真”对话框，双击打开正在进行打印任务的打印机，选择当前打印任务，再选择【文档】/【取消】命令即可。

上机1小时 制作并打印“邀请函”

- 进一步掌握邮件合并的操作方法。
- 巩固打印文档的方法。

本例将通过“邮件合并”功能批量制作邀请函，并在制作完成后，将其打印出来，完成后其最终效果如下图所示。

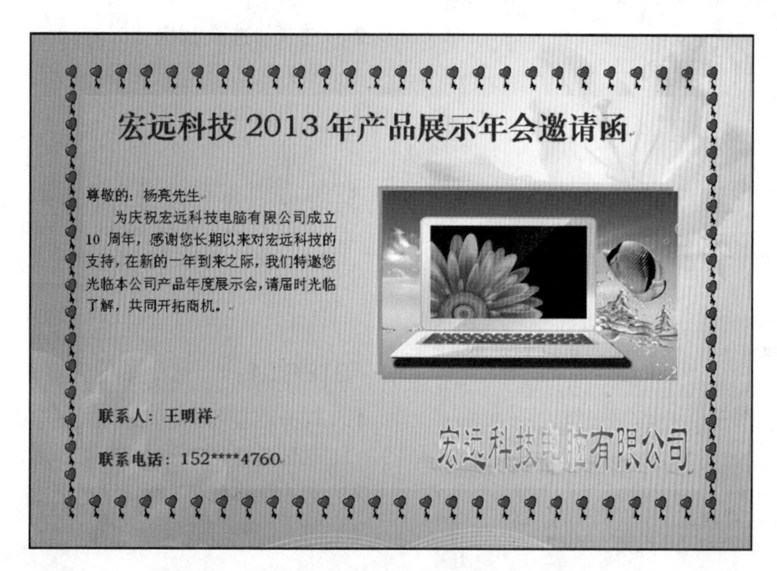

光盘文件
素材\第4章\邀请函.doc、客户资料表.xls
效果\第4章\邀请函.doc
实例演示\第4章\制作并打印“邀请函”

STEP 01： 显示“邮件合并”工具栏

打开“邀请函.doc”文档，选择【工具】/【信函与邮件】/【显示邮件合并工具栏】命令，显示出“邮件合并”工具栏。

提个醒

制作本例时，需在使用邮件合并功能前先创建一个数据源文档，该文档可以为Word表格、Excel表格和Access数据库等，为后期选择数据源提供标准和依据。

STEP 02： 选择文档类型

1. 单击“邮件合并”工具栏中的“设置数据类型”按钮。
2. 打开“主文档类型”对话框，选中信函(L)单选按钮。
3. 单击确定按钮。

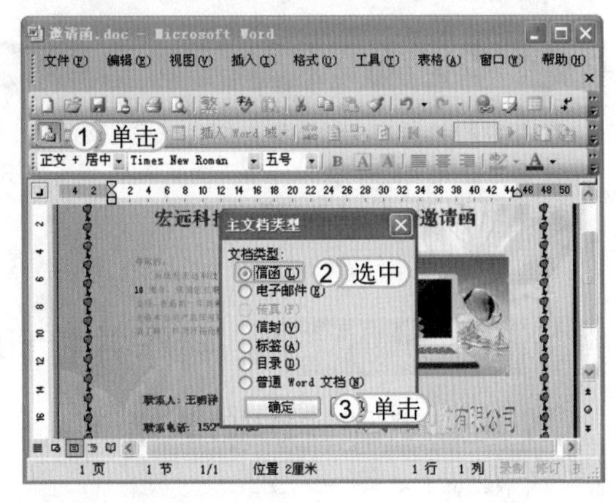

提个醒

从右图可以看出，利用“邮件合并”功能可以创建如信函、电子邮件、传真、信封、标签和目录等文档。

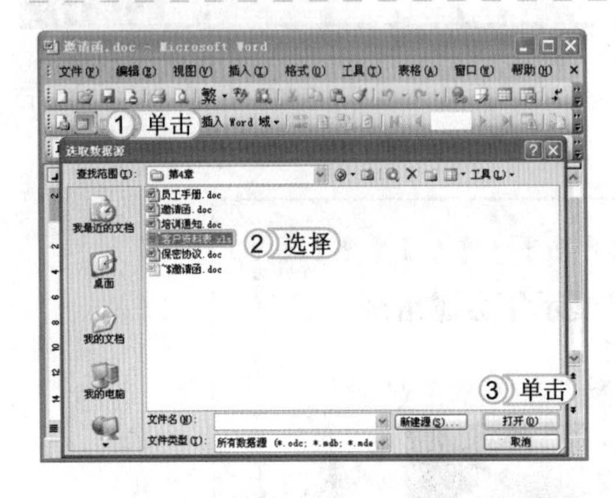

STEP 03： 选择数据源

1. 单击“邮件合并”工具栏中的“打开数据源”按钮。
2. 打开“选取数据源”对话框，在其中选择需要的数据源，这里选择“客户资料表.xls”文档。
3. 单击打开(O)按钮。

提个醒

由于客户资料被保存在Excel工作表中，因此这里是将Excel工作表中的数据读取出来，并合并到邀请函文档中。

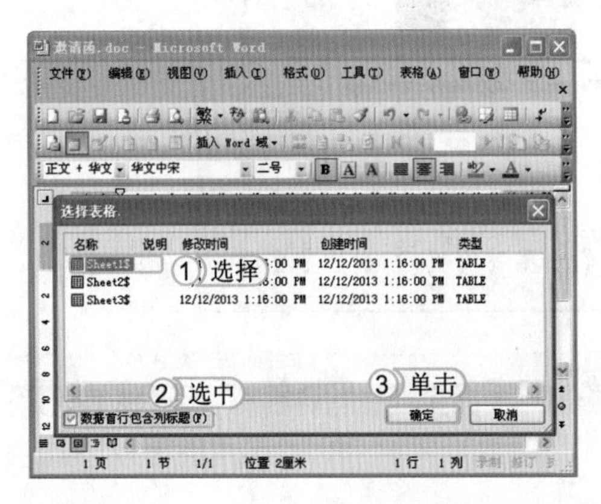

STEP 04： 选择数据工作表

1. 打开“选择表格”对话框，选择所需的工作表，这里选择“Sheet1$”工作表。
2. 选中数据首行包含列标题(F)复选框。
3. 单击确定按钮。

STEP 05：将所选数据源与邀请函关联

1. 单击“邮件合并”工具栏的“收件人”按钮，打开“邮件合并收件人”对话框，在其中列出了邮件合并的数据源中的所有数据。单击 全选(S) 按钮。
2. 单击 确定 按钮。

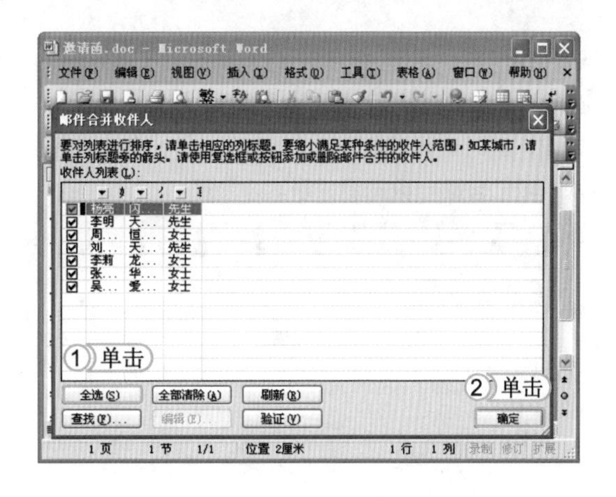

> **提个醒**
> 这里的收件人列表是一个数据源文件，其中包含了用户希望合并到输出文档的数据，通常都保存了姓名、通讯地址等列表。

STEP 06：为邀请函插入域

1. 将鼠标光标插入到“尊敬的：”文本后。单击“邮件合并”工具栏的“插入域”按钮，打开“插入合并域”对话框。
2. 在“插入”栏中选中 数据库域(D) 单选按钮。
3. 在“域”列表框中选择需要的域，这里选择“姓名”选项。
4. 单击 插入(I) 按钮，即可在其后显示 <姓名> 文本。

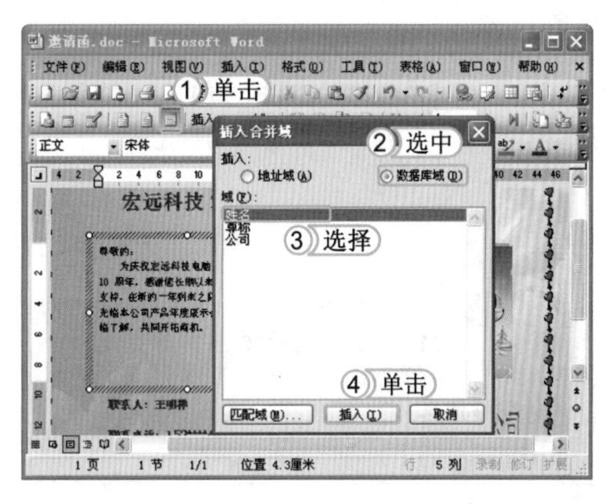

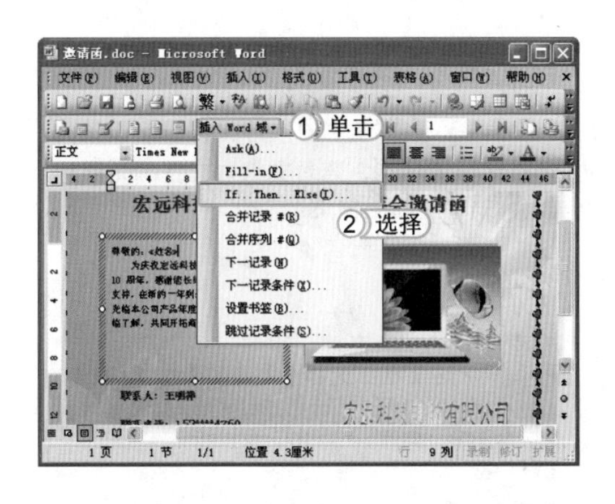

STEP 07：插入被邀请人的姓名

1. 关闭“插入合并域”对话框。单击“邮件合并”工具栏的 插入 Word 域 按钮。
2. 在弹出的下拉列表中选择“If...Then...Else(I)”选项，打开“插入 Word 域：IF”对话框。

> **提个醒**
> 通过插入 Word 域链接，系统会自动根据客户姓名的变化而改变其称谓。

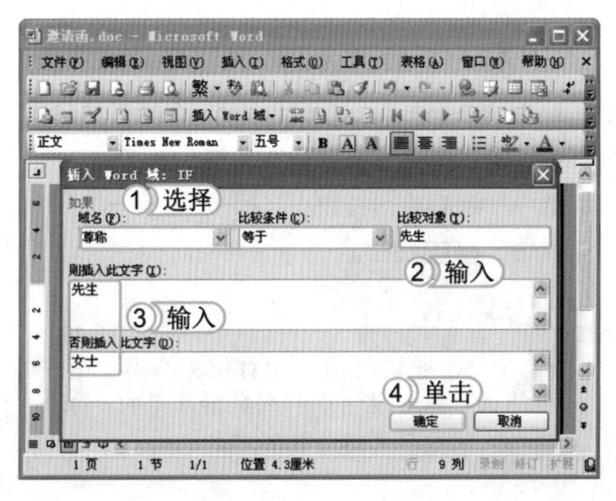

STEP 08：插入被邀请人的称谓

1. 在“如果”栏的“域名”下拉列表框中选择“尊称”选项，在“比较条件”下拉列表框中选择“等于”选项。
2. 在“比较对象”文本框中输入“先生”。
3. 在“则插入此文字”文本框中输入“先生”。在“否则插入此文字”文本框中输入“女士”。
4. 单击 确定 按钮，完成数据源和邀请函的域链接。

STEP 09：查看合并到邀请函中的数据

单击“邮件合并”工具栏的“查看合并数据”按钮。此时可发现文档中“尊敬的：”文本后插入的域已自动与数据源关联。

STEP 10：查看下一条记录

再依次单击“邮件合并”工具栏中的“下一条记录”按钮，查看其他合并到邀请函的数据。

> **提个醒** 虽然现在看到的文档实际上是一个Word文档，但是在该文档中可以浏览所有客户的资料信息。

STEP 11：打印预览

单击“常用”工具栏中的“打印预览”按钮，进入打印预览状态，查看文档内容正确无误后，单击关闭(C)按钮返回工作界面。

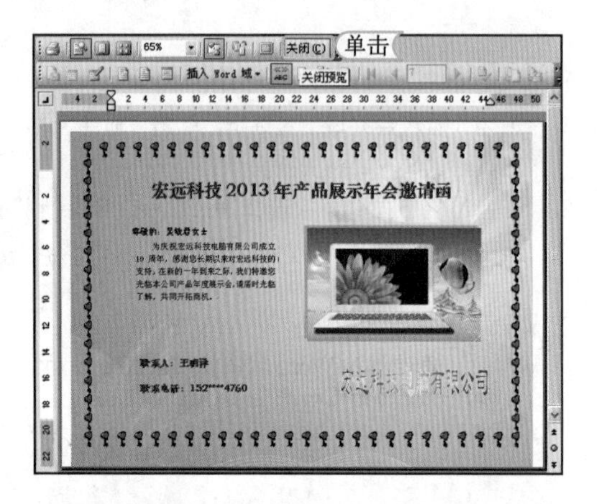

> **提个醒** 这里也可选择【文件】/【打印】命令，在打开的“打印”对话框中进行相应设置后，再进行打印。

STEP 12：将邀请函合并到打印机

1. 单击“邮件合并”工具栏中的“合并到打印机”按钮，打开“合并到打印机”对话框。
2. 选中◎全部(A)单选按钮。
3. 单击确定按钮。

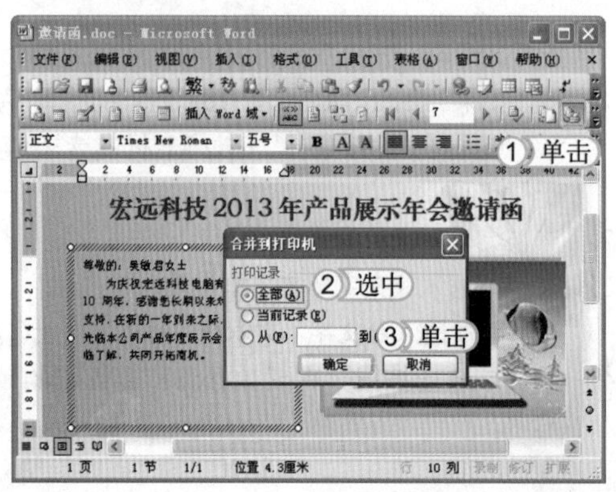

> **提个醒** 合并到打印机即打印包含客户资料的邀请函，每份邀请函对应数据源中的一条客户信息，便于邮寄给各位客户。

STEP 13：打印文档

1. 打开“打印”对话框，在“名称”下拉列表框中选择打印机类型。
2. 在“页面范围”栏中设置需打印的页数，这里选中◎全部(A)单选按钮。
3. 在“副本”栏的“份数”数值框中输入需打印的份数，这里输入“1”。
4. 单击 确定 按钮打印文档。

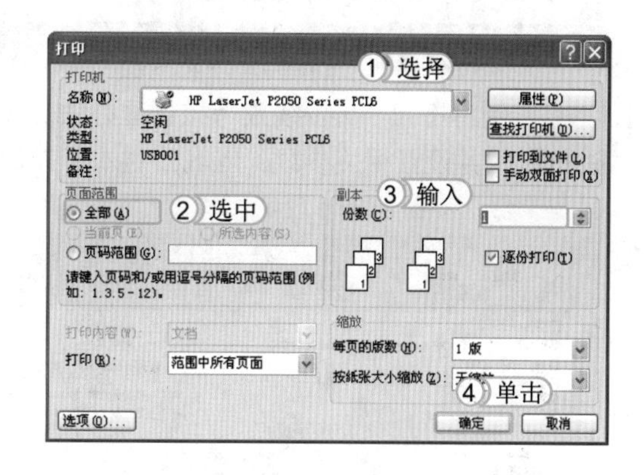

经验一箩筐——打印邀请函

在打印邮件合并的邀请函文档时，数据源中有多少条记录，Word会通过打印机打印出多少份邀请函文档，且每份邀请函文档中都会自动填写每位客户的姓名和尊称。

4.3 练习1小时

本章主要介绍了Word文档错误纠正及邮件合并等操作方法，包括替换和查找功能、拼写和语法错误、添加批注和修订、制作信封、邮件合并、宏的应用及打印文档等。下面将通过编辑查账证明书和打印员工绩效考核管理办法两个文档，进一步巩固这些知识的操作方法，使用户熟练掌握并进行运用。

62 Hours
52 Hours
42 Hours
32 Hours
22 Hours
12 Hours

1. 编辑查账证明书

本例将编辑“查账证明书.doc”文档，首先对文档内容进行拼写与语法检查，然后使用查找和替换功能，将文档中的“人”文本替换为“会计师”文本。最后使用插入与改写文本功能将文档中的“查明”文本更改为“调查”文本，编辑前后的文档效果如下图所示。

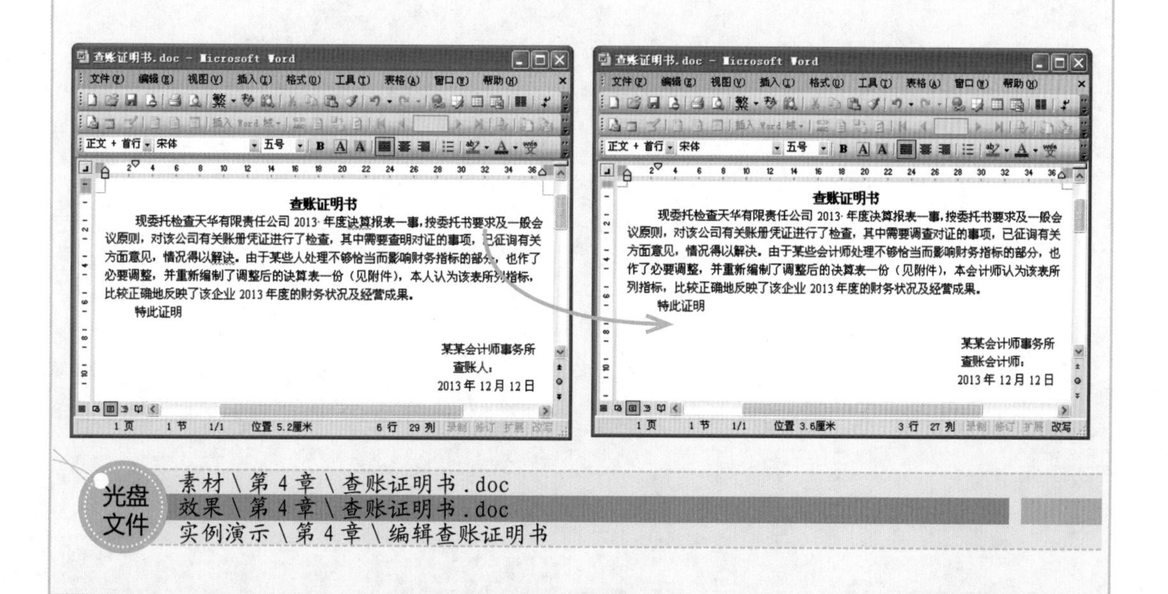

光盘文件
素材\第4章\查账证明书.doc
效果\第4章\查账证明书.doc
实例演示\第4章\编辑查账证明书

2. 打印"员工绩效考核管理办法"文档

本例将打印"员工绩效考核管理办法.doc"文档，首先对其进行预览，在确认无误后，进行打印并设置相关参数，以巩固对本节知识的掌握和理解，其设置参数如下图所示。

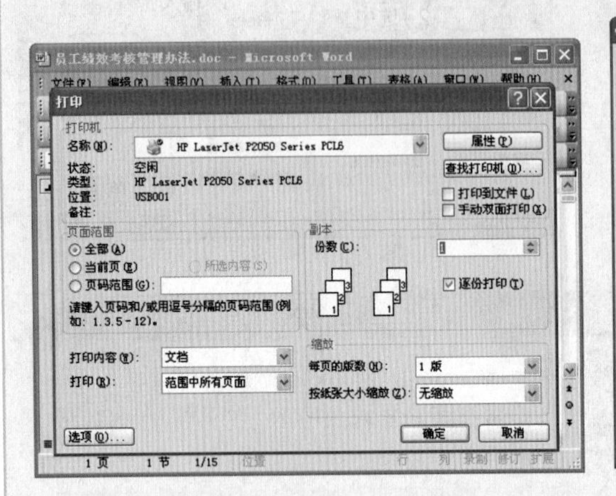

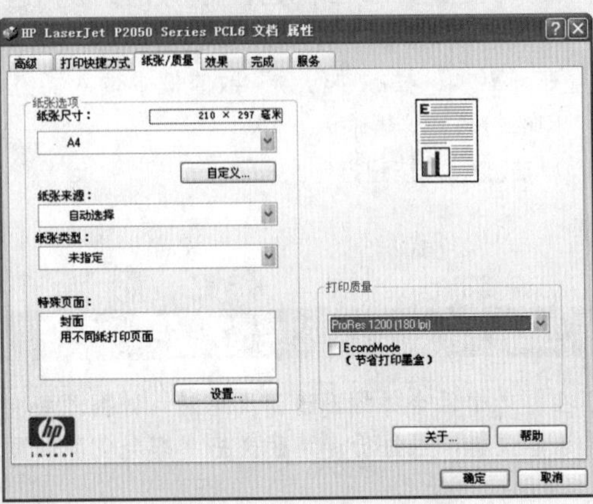

光盘文件

素材\第4章\员工绩效考核管理办法.doc

实例演示\第4章\打印"员工绩效考核管理办法"文档

读书笔记

第5章 表格制作——丰富并美化工作表

学习 3 小时

Excel 表格可用来管理和计算数据，其数据的输入和编辑与 Word 相似。另外，Excel 中包括工作簿、工作表和单元格 3 种元素。其中，用户操作最多的就是单元格。本章主要介绍 Excel 中数据的输入和编辑与工作簿、工作表和单元格的基本操作以及计算数据的方法。

- Excel 的基本操作
- 编辑数据
- 计算数据

上机 4 小时

5.1 Excel 的基本操作

Excel 2003 的基本操作主要包括工作簿、工作表和单元格的操作，这些操作非常简单，但在日常办公的过程中非常重要。下面将分别进行讲解。

学习 1 小时

- 熟练掌握选择、插入以及删除单元格的操作方法。
- 掌握合并与拆分单元格的方法。
- 掌握设置行高和列宽以及隐藏和显示单元格的操作方法。

5.1.1 认识工作簿、工作表和单元格

在 Excel 中包括工作簿、工作表和单元格 3 种对象。默认情况下，新建的一个工作簿中包含3张工作表，即Sheet1 工作表、Sheet2 工作表和 Sheet3 工作表。每张工作表都包含多个单元格，用户可在这些单元格中存储和处理数据。工作簿、工作表和单元格三者之间的关系如下面右图所示。

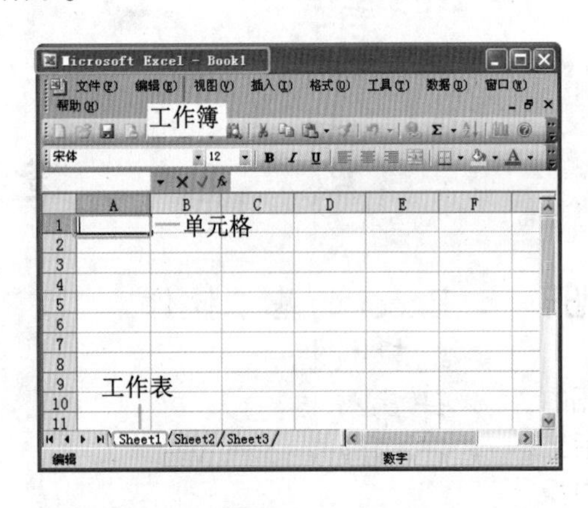

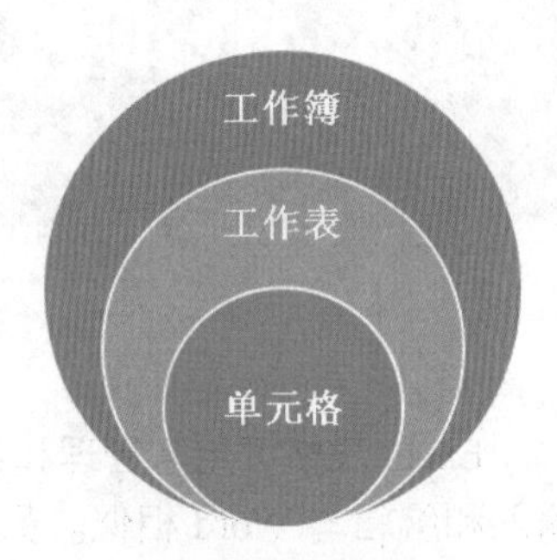

经验一箩筐——工作簿、工作表和单元格的关系

默认情况下，Excel 工作簿中包含 3 张工作表，分别为 Sheet1、Sheet2、Sheet3；一个工作簿中最多可包含 255 个工作表；每个工作表中包含 256 列 65,536 行，即 256 × 65,536=16,777,216 个单元格。

5.1.2 工作表的基本操作

为了能正常使用 Excel 进行办公，用户除需学会对单元格进行编辑外，还需学会对工作表进行管理操作。常见的工作表操作包括选择、插入与删除、移动和复制、重命名、显示和隐藏以及保护工作表等，下面就对常用的工作表的基本操作进行讲解。

1. 选择工作表

在对工作表进行编辑之前应先选择工作表，而在对工作簿进行一些操作时，会需要用户同

时选择多个工作表。在 Excel 中常使用的工作表选择方法有如下几种。

- 选择单张工作表：使用鼠标单击工作表标签可选择一张工作表。

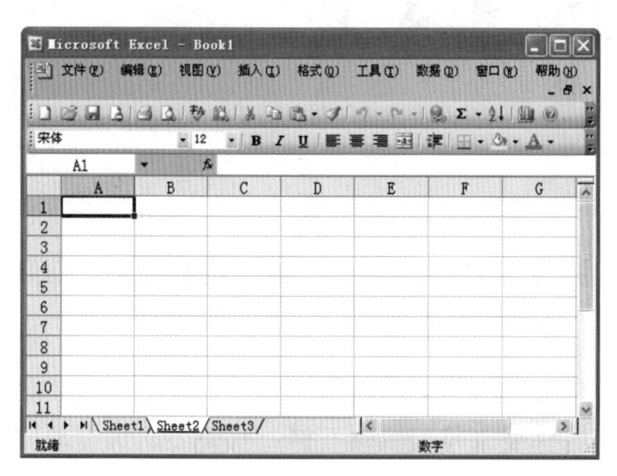

- 选择多张不连续的工作表：按住 Ctrl 键的同时单击需要的工作表标签，可选择不相邻的多张工作表。

- 选择工作簿中全部的工作表：在任意工作表标签上单击鼠标右键，在弹出的快捷菜单中选择“选定全部工作表”命令，可选择工作簿中的所有工作表。

- 选择多张连续的工作表：选择第一张工作表标签，按住 Shift 键不放单击最后一张工作表标签，可选择这两个工作表之间的所有工作表。

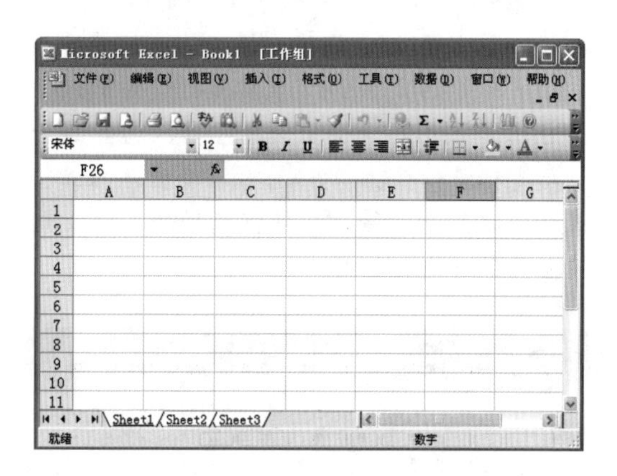

2. 插入与删除工作表

如果默认的 3 张工作表不能满足需求时，可通过插入工作表的方法新建工作表。如有不需要或错误的工作表，还可将其删除。

(1) 插入工作表

在日常办公中，用户会发现默认的工作表数量不能满足办公需要，此时就需在工作簿中插入工作表。Excel 中最常用的两种插入工作表的方法分别介绍如下：

- 若要在当前使用工作表之前新建工作表，可选择【插入】/【工作表】命令，在工作表标签中即可查看到已插入的名为“Sheet4”的工作表。
- 在工作表标签上单击鼠标右键，在弹出的快捷菜单中选择“插入”命令。打开“插入”对话框，选择“常用”选项卡并在其中选择“工作表”选项，单击 确定 按钮。

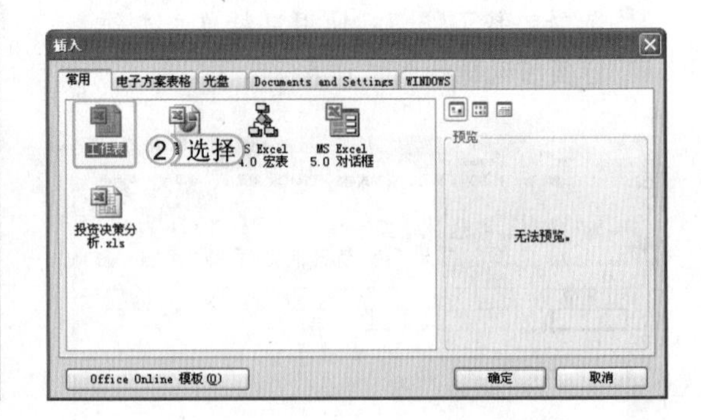

（2）删除工作表

为了使工作簿更便于阅读和使用，对于不需要的工作表最好将其从工作簿中及时删除。删除时，用户只需选择需要删除的工作表并在其工作表标签上单击鼠标右键，在弹出的快捷菜单中选择“删除”命令。

3. 移动和复制工作表

移动和复制工作表的方法很简单，可以根据不同的需要来进行移动和复制，这样做能有效提高工作效率。移动或复制工作表的方法分别介绍如下。

- 移动工作表：随意选择一张工作表标签后，按住鼠标并拖动，此时，鼠标光标变为形状，且在工作表标签上会出现符号，它会随着鼠标光标进行移动，当符号移动至两张工作表标签之间时，释放鼠标将选择的工作表移动至两张工作表之间。
- 复制工作表：复制工作表的方法与移动工作表的方法类似，但在复制时必须按住 Ctrl 键，且鼠标光标会变为形状，同时也会出现符号。

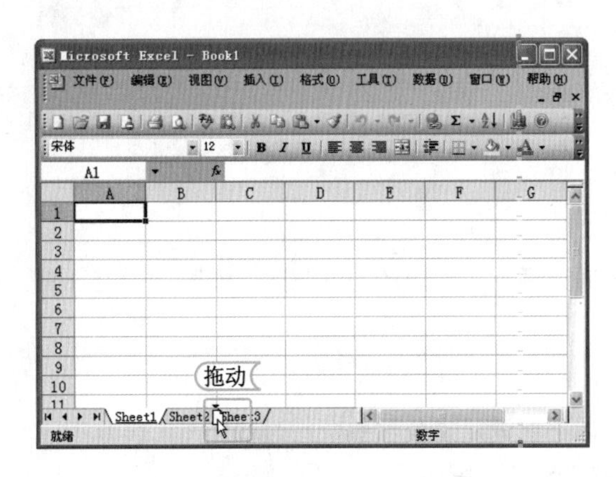

4. 重命名工作表

为了使工作表名称能够体现该工作表中的内容且容易区分，可对系统默认的工作表名称进行重命名，以达到见名知意的效果。

其方法是：选择需更改名称的工作表，然后选择【格式】/【工作表】命令，在弹出的子菜单中选择“重命名”命令，此时选择的工作表名称呈黑底白字显示，在其中输入所需名称，然后按 Enter 键确认，完成工作表的重命名。

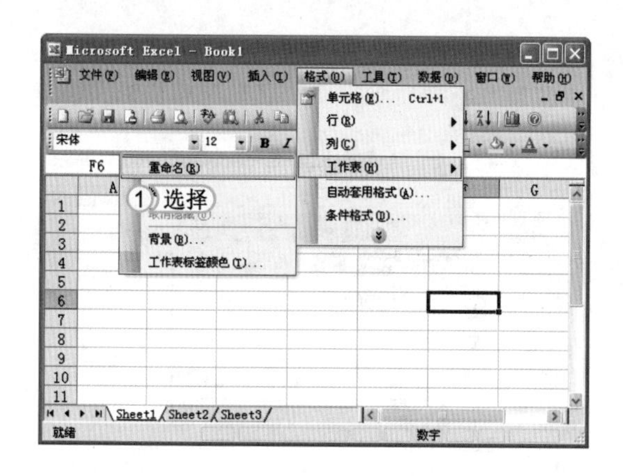

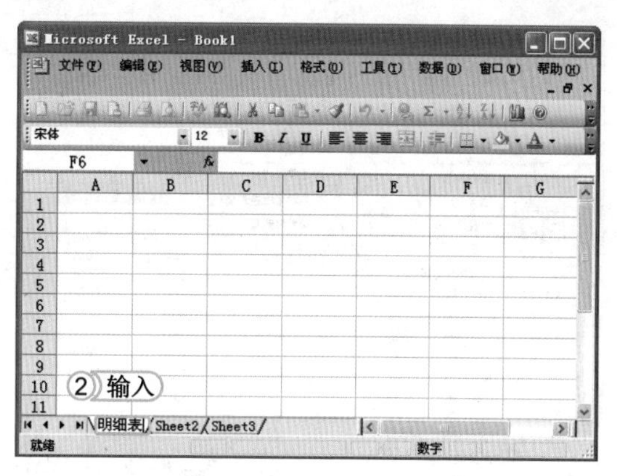

经验一箩筐——快速重命名工作表

除了上述重命名方法外，还可以双击需要重命名的工作表标签或在需要重命名的工作表标签上单击鼠标右键，在弹出的快捷菜单中选择“重命名”命令来快速重命名工作表。

5. 隐藏和显示工作表

隐藏工作表实际上也是保护工作表的一种手段，若需对隐藏的工作表进行编辑，则在编辑之前，还应将其显示出来。

（1）隐藏工作表

隐藏某张工作表后，在 Excel 的工作界面中查看不到关于这张工作表的任何信息，但被隐藏的工作表仍存在于工作簿中。

其方法是：打开一个工作簿，选择需要隐藏的工作表，然后选择【格式】/【工作表】/【隐藏】命令隐藏工作表。

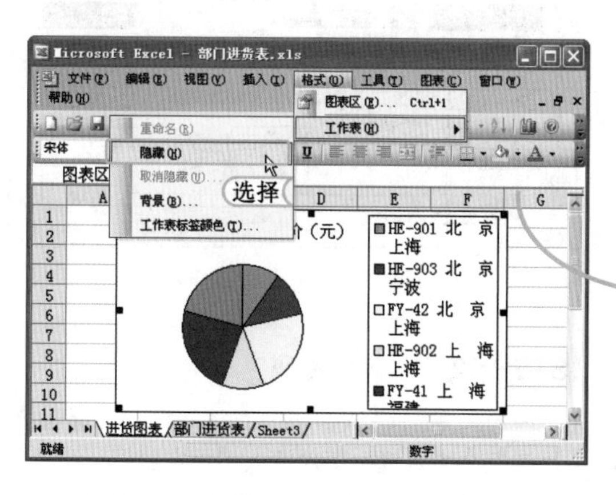

部门进货表

货物名称	产地	代理	单价（元）	数量（件）	总计（元）
HE-901	北京	上海	180	120	21600
HE-903	北京	宁波	210	190	39900
FY-42	北京	上海	410	160	65600
HE-902	上海	上海	200	300	6000
FY-41	上海	福建	430	150	64500
FY-43	上海	广安	380	200	7600
HE-901	北京	上海	180	120	21600
HE-903	北京	云南	210	190	39900
FY-42	北京	上海	410	160	65600

（2）显示工作表

若将隐藏的工作表显示，则可对工作表执行取消隐藏操作，将其显示出来。

其方法是：选择【格式】/【工作表】/【取消隐藏】命令，打开“取消隐藏”对话框，在“取消隐藏工作表”列表框中，选择要取消隐藏的工作表后单击[确定]按钮。

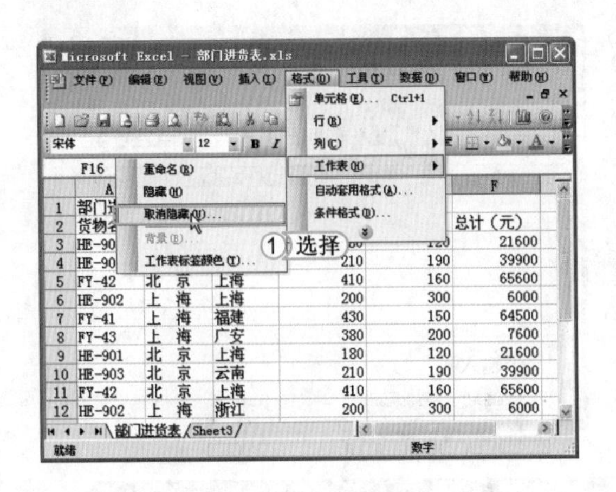

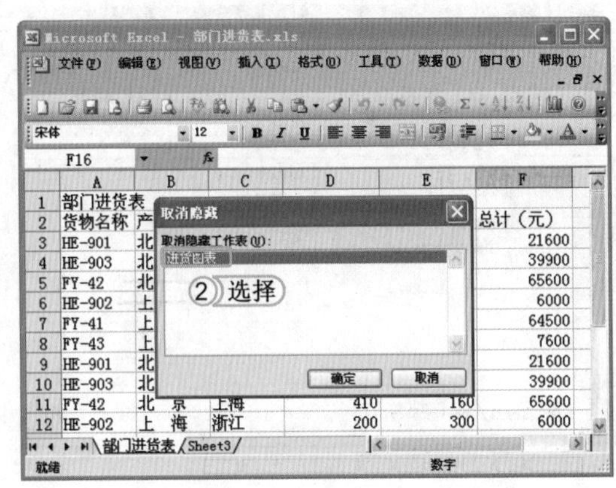

6. 保护工作表

使用保护工作表的方法对工作表进行保护，实际上是对工作表中的某一种操作进行限制，防止他人修改工作表，被保护的工作表在工作簿中仍然可见。下面在“部门进货表.xls”中对工作表进行保护设置，其具体操作如下：

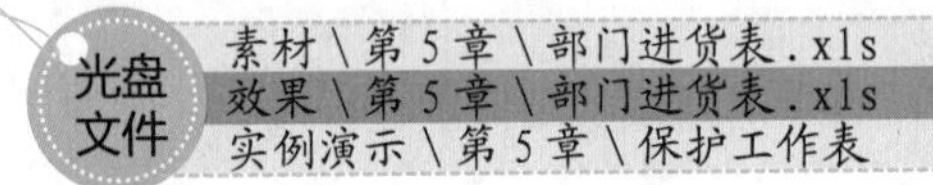

STEP 01： 保护工作表

1. 打开“部门进货表.xls”工作簿，选择【工具】/【保护】/【保护工作表】命令，打开“保护工作表”对话框。在“取消工作表保护时使用的密码”文本框中输入保护密码。
2. 在“允许此工作表的所有用户进行”列表框中选中☑设置单元格格式、☑插入列和☑插入行复选框。
3. 单击 确定 按钮。

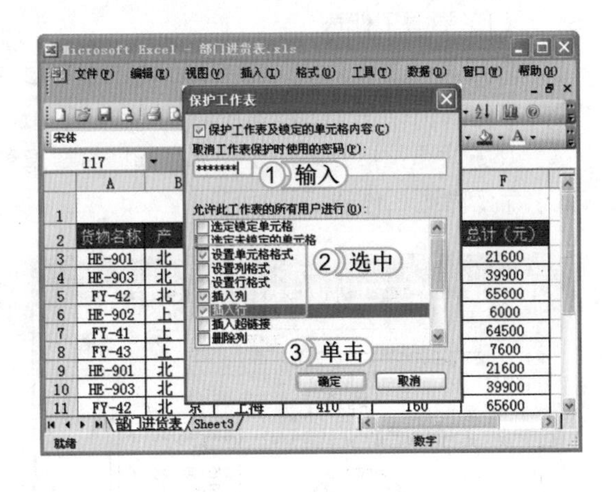

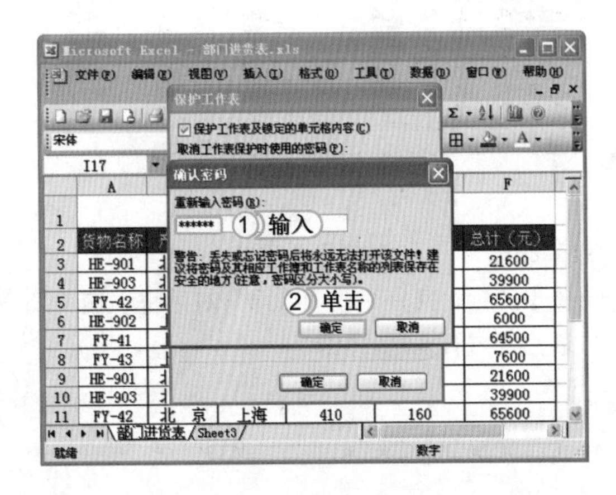

STEP 02： 确认密码

1. 在打开的“确认密码”对话框的“重新输入密码”文本框中再次输入保护密码。
2. 单击 确定 按钮完成操作。

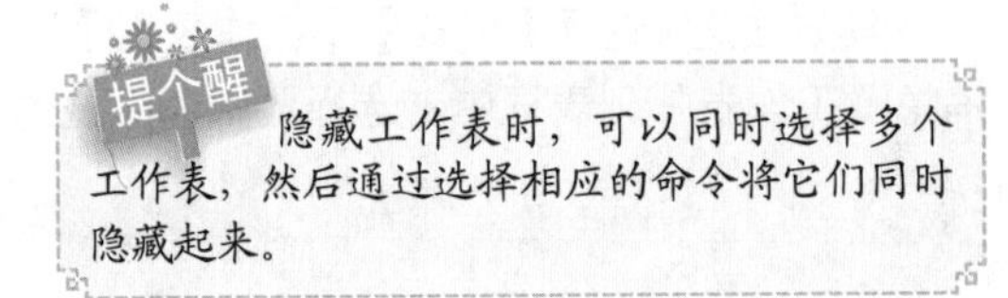

STEP 03： 撤销工作表保护

1. 完成保护工作表后，若想再次对工作表进行编辑，需要输入密码撤销工作表保护操作。此时，只需选择【工具】/【保护】/【撤销工作表保护】命令，在打开的对话框中输入密码。
2. 单击 确定 按钮。

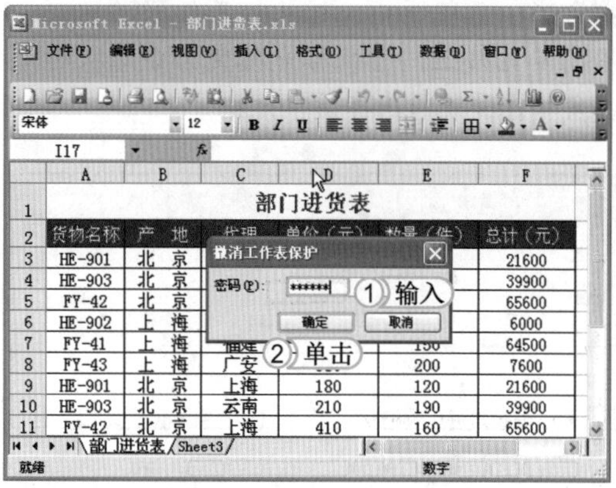

5.1.3 单元格的基本操作

单元格是构成电子表格的基础，在表格中输入和编辑数据其实就是在单元格中输入和编辑数据。单元格的基本操作有插入、合并、拆分、删除、移动与复制等，下面将讲解它们的操作方法。

1. 在单元格中输入数据

在工作簿中输入数据实际上是指在单元格中输入数据。单元格中的数据可分为文本型数据和数字型数据。在单元格中输入文本型数据时，数据会自动左对齐，而输入的数字型数据则会自动右对齐。

其方法是：在工作表中单击选择需要输入数据的单元格，直接将数据输入到单元格中。再按 Enter 键，即可完成该单元格数据的输入，且系统会自动选择 A2 单元格，使用相同的方法完成其余单元格数据的输入。

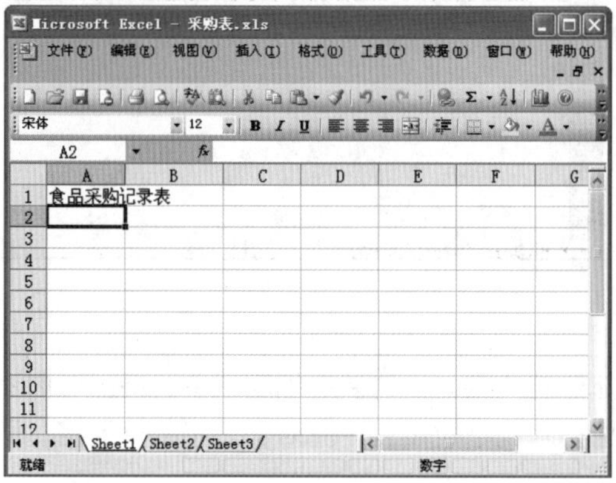

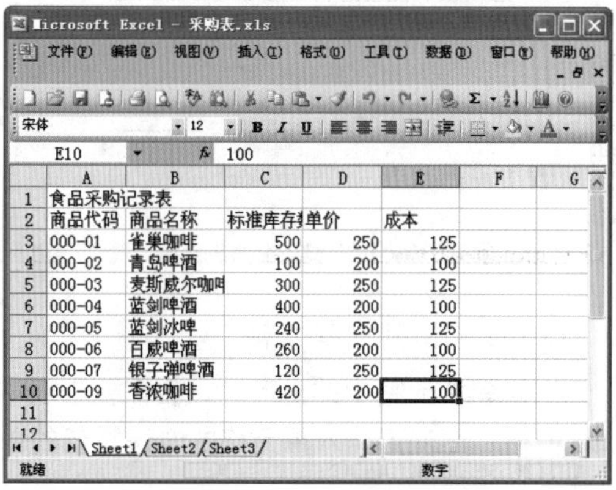

2. 选择单元格

单元格是存储数据的主要场所，因此对单元格的操作非常重要。要对单元格进行操作，就要先选择单元格，选择单元格的方法与在 Word 文档中选择文本的方法大致相同，其选择方法如下。

选择一个单元格：将鼠标光标移动到要选择的单元格上，当鼠标光标变为✚形状时单击鼠标左键就能选择该单元格。

选择相邻的多个单元格：选择一个起始单元格，然后按住鼠标左键不放并拖动至目标单元格，释放鼠标即可选择相邻的多个单元格。

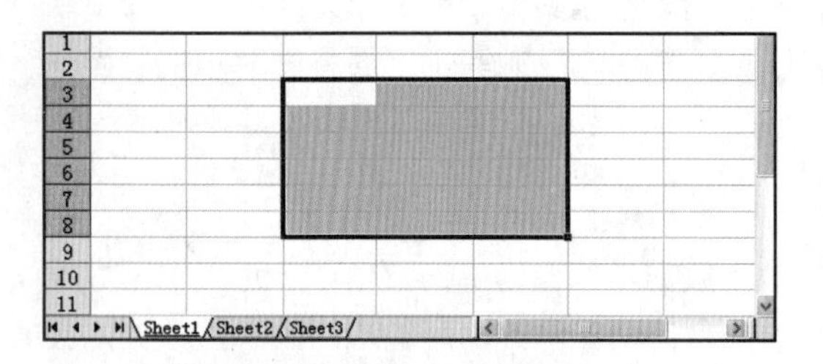

选择不相邻的多个单元格：按住 Ctrl 键不放，然后拖动鼠标选择需要的单元格即可。

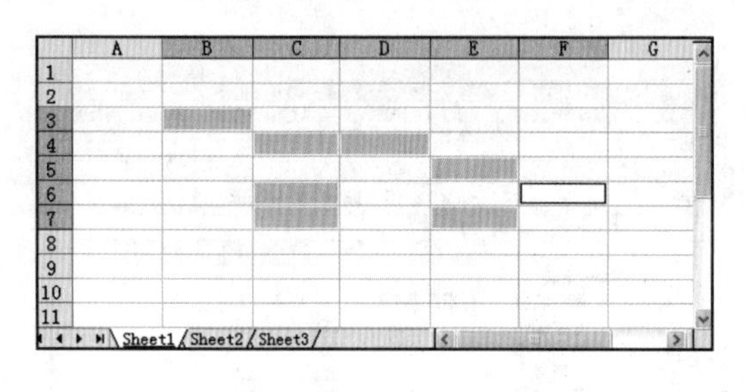

选择一行单元格：将鼠标光标移动到某行单元格行号上，当鼠标光标变成➡形状时，单击即可选择该行。

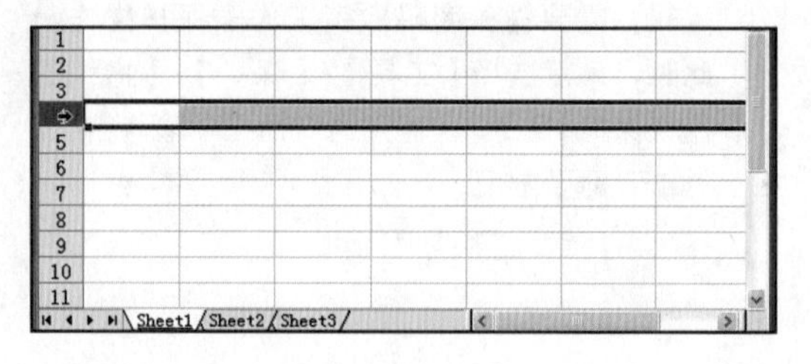

选择一列单元格：将鼠标光标移动到某列单元格列标上，当鼠标光标变成⬇形状时，单击即可选择该列。

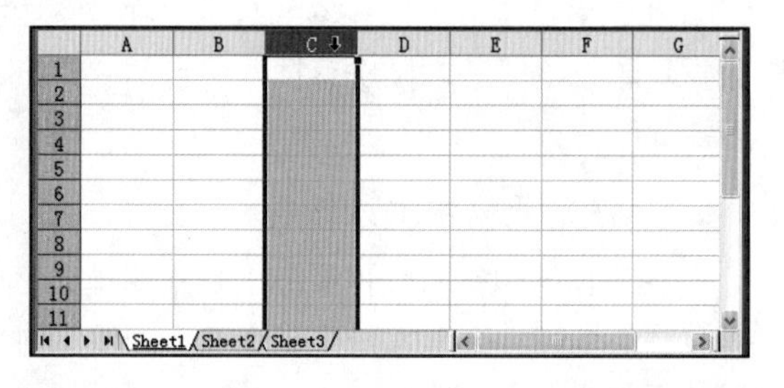

选择全部单元格：单击工作表左上角的“全选”按钮或按 Ctrl+A 组合键，可选择工作表中所有的单元格。

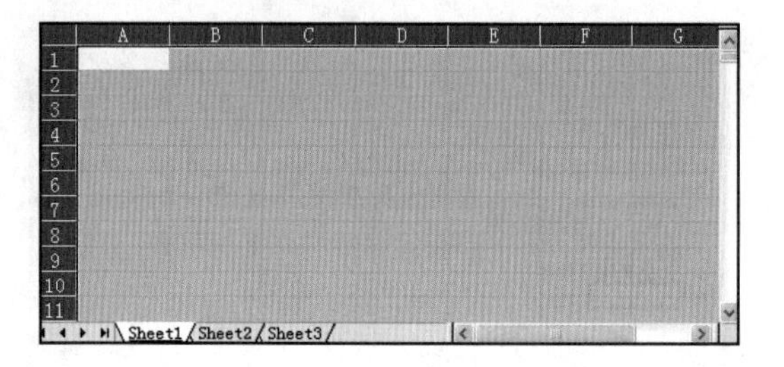

3. 插入和删除单元格

在编辑单元格中的内容时，若需要在表中补充一些内容，则需要在编辑的单元格区域内添加单元格，可使用插入单元格的方法将新的单元格插入到指定位置；而对于无用的单元格，则可将其从表格中删除。

（1）插入单元格

在表格中将鼠标光标移动到要执行插入操作的单元格中，如果要同时插入多个单元格，则在表格中选择数目相同的单元格。

插入单元格的方法非常简单，只需在选择的单元格上单击鼠标右键，在弹出的快捷菜单中选择“插入”命令，打开“插入”对话框，在其中选中相应的单选按钮，并单击确定按钮，可在指定的位置处插入相应的单元格。

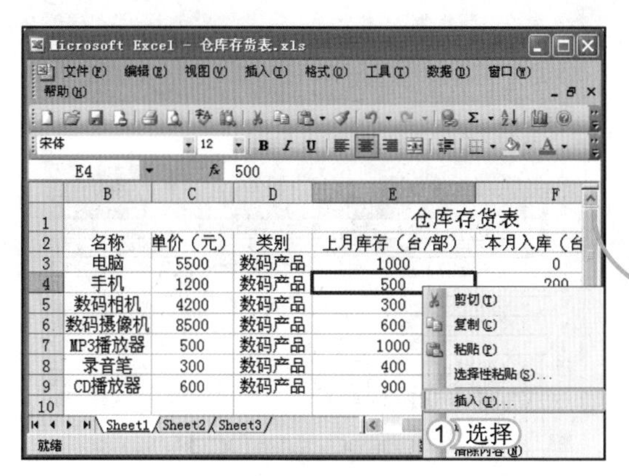

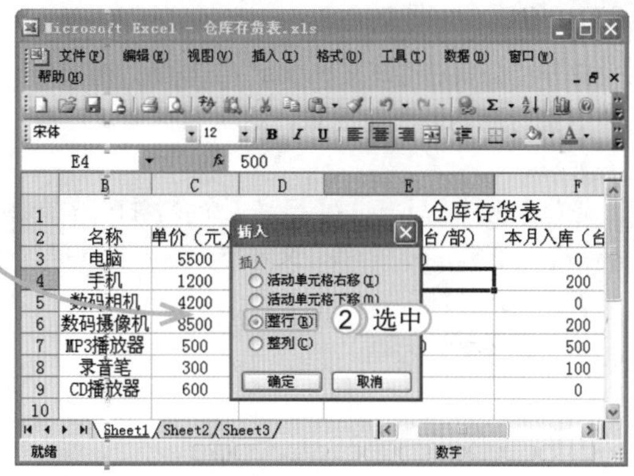

经验一箩筐——“插入”对话框中各单选按钮的作用

⊙活动单元格右移(I)：插入新单元格后，当前单元格向右移动。⊙活动单元格下移(D)：插入新单元格后，当前单元格向下移动。⊙整行(R)：当前单元格所在行向下移动一行，并在上方插入整行单元格。⊙整列(C)：当前单元格所在列向右移动一列，并在左侧插入整列单元格。

（2）删除单元格

对于工作表中无用的单元格可以将其删除，这有利于提高工作效率，而且删除多余的单元格可以使工作表的数据更有条理。

其方法是：选择要删除的单元格，选择【编辑】/【删除】命令。打开“删除”对话框，在其中选择一种删除方式，单击 确定 按钮。

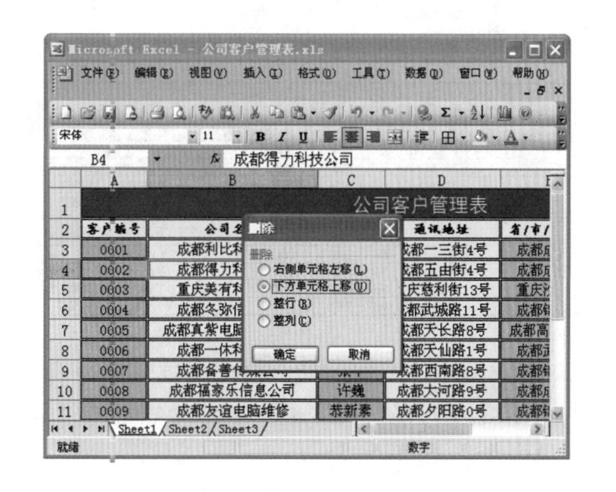

4. 调整单元格的行高和列宽

在文档中创建表格，它的行高和列宽都采用默认值，通常情况下，在表格各单元格中输入的内容各不相同，因此，需要对表格的行高和列宽进行适当调整。用户可以根据需要对表格中行的高度和列的宽度进行调整，Word 2003 中提供了多种对表格中行和列进行调整的方式，下面将对其进行介绍。

（1）通过对话框设置行高和列宽

在 Word 2003 中通过对话框可以准确地设置表格的行高和列宽。下面在“公司日常开支表.xls”工作簿中将第 1 行的行高设置为“20”，B 列的列宽设置为“14”为例，介绍通过对话框调整单元格行高和列宽的方法。其具体操作如下：

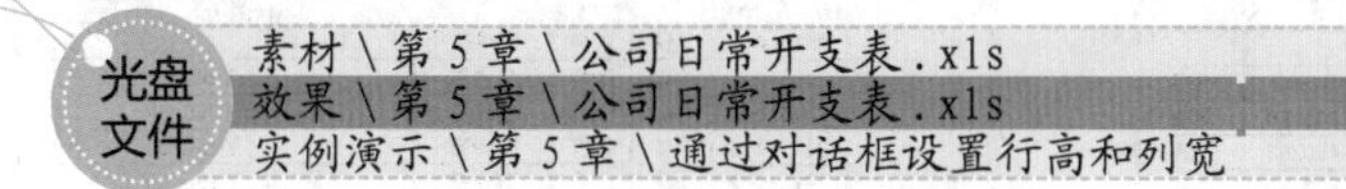

STEP 01：调整行高

1. 打开“公司日常开支表.xls”工作簿，选择要调整行高的单元格区域，这里选择第 1 行单元格。
2. 选择【格式】/【行】/【行高】命令，打开“行高”对话框，在“行高”文本框中输入行高值，这里输入“20”。
3. 单击 确定 按钮。

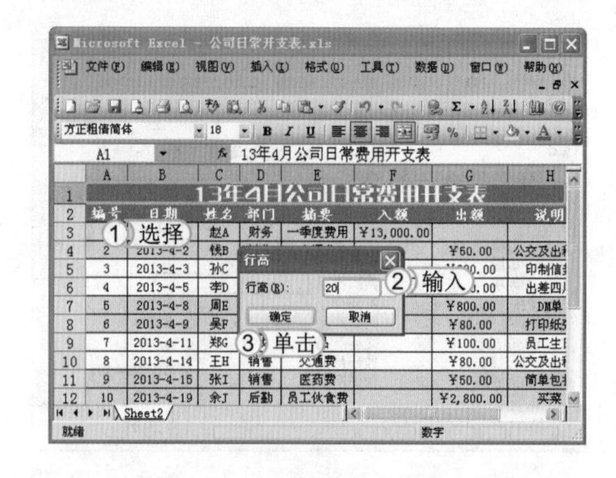

STEP 02：设置列宽

1. 选择要调整列宽的单元格区域，这里选择 A 列单元格。选择【格式】/【列】/【列宽】命令，打开“列宽”对话框。
2. 在“列宽”文本框中输入列宽值，这里输入“11”。
3. 单击 确定 按钮。

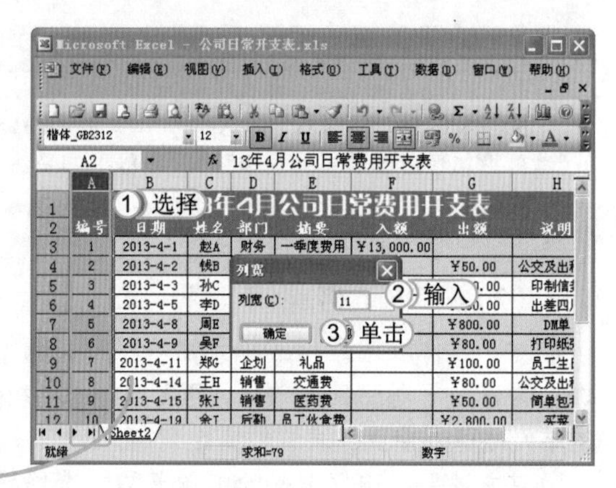

13年4月公司日常费用开支表							
编号	日期	姓名	部门	摘要	入额	出额	说明
1	2013-4-1	赵A	财务	一季度费用	¥13,000.00		
2	2013-4-2	钱B	销售	交通费		¥50.00	公交及出租车
3	2013-4-3	孙C	企划	宣传费		¥200.00	印制信封
4	2013-4-5	李D	销售	交通费		¥450.00	出差四川
5	2013-4-8	周E	广告	宣传费		¥800.00	DM单
6	2013-4-9	吴F	财务	办公费		¥80.00	打印纸张
7	2013-4-11	郑G	企划	礼品		¥100.00	员工生日
8	2013-4-14	王H	销售	交通费		¥80.00	公交及出租车
9	2013-4-15	张I	销售	医药费		¥50.00	简单包扎
10	2013-4-19	余J	后勤	员工伙食费		¥2,800.00	买菜

（2）通过鼠标拖动调整行高或列宽

除了可以通过对话框对行高或列宽进行精确调整外，还可以通过拖动鼠标调整单元格的行高或列宽，其操作方法如下。

- 调整行高：将鼠标光标移动到要设置行高所在行的行号下方，当鼠标光标变为 ✛ 形状时，按住鼠标左键上下拖动鼠标即可改变该行的行高，调整完毕后释放鼠标左键完成调整。
- 调整列宽：将鼠标光标移动到要设置列宽所在列的列标右侧，当鼠标光标变为 ✛ 形状时，按住鼠标左键左右拖动鼠标即可改变该列的列宽，调整完毕后释放鼠标左键完成调整。

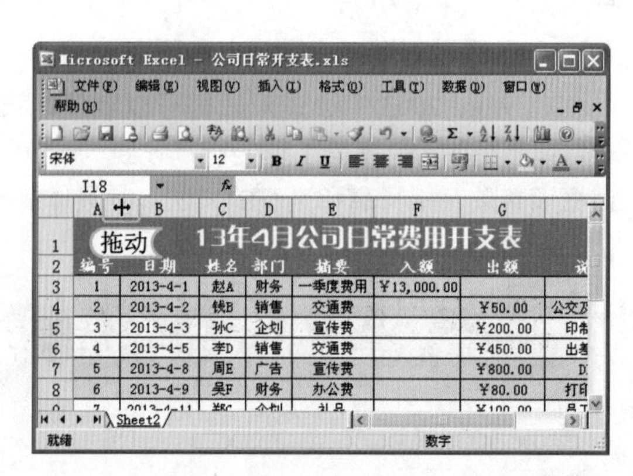

经验一箩筐——自动调整行高或列宽

选择改变列宽的单元格，执行【格式】/【行】/【最适合的行高】命令或执行【格式】/【列宽】/【最适合的列宽】命令，Excel 可根据单元格中的内容自动调整行高或列宽。

5. 合并与拆分单元格

在编辑工作表时，如果在一个单元格中输入过多的内容，在显示时可能会占用几个单元格的位置，这时可以将几个单元格合并成一个单元格，用于完全显示表格内容，而合并后的单元格可以再次进行拆分。下面分别对合并与拆分单元格进行讲解。

(1) 合并单元格

合并单元格的操作通常用于制作表格的标题或特殊的表头，在 Excel 中，选择两个或两个以上的单元格后，就可执行合并单元格操作。

下面在“年度销售表.xls”工作簿中进行合并单元格操作，使工作表中的表标题放置在一个单元格中，其具体操作如下：

光盘文件
素材\第5章\年度销售表.xls
效果\第5章\年度销售表.xls
实例演示\第5章\合并单元格

STEP 01：打开“单元格格式”对话框

1. 打开“年度销售表.xls”工作簿，选择 A1:G1 单元格区域。
2. 选择【格式】/【单元格】命令，打开“单元格格式”对话框。

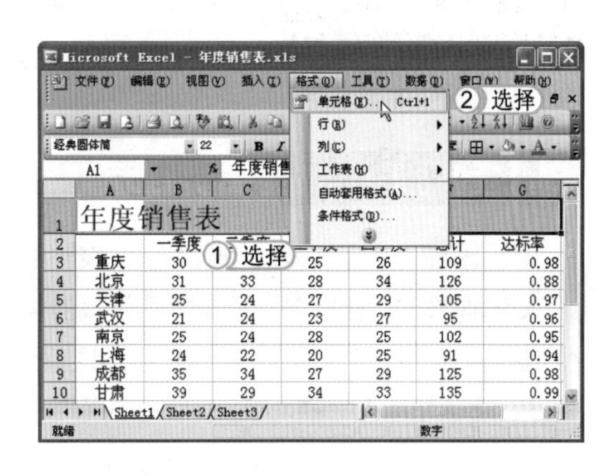

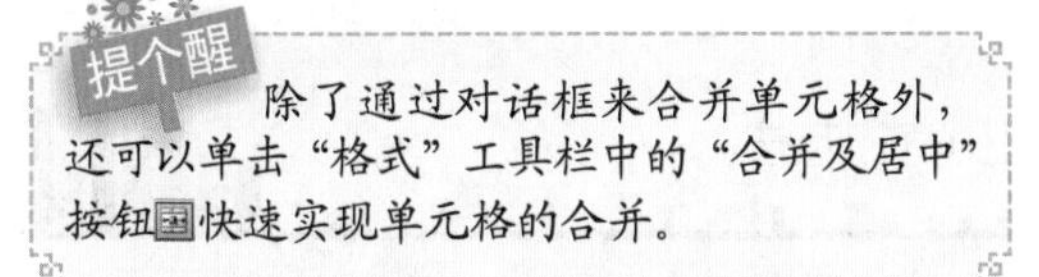

提个醒 除了通过对话框来合并单元格外，还可以单击“格式”工具栏中的“合并及居中”按钮快速实现单元格的合并。

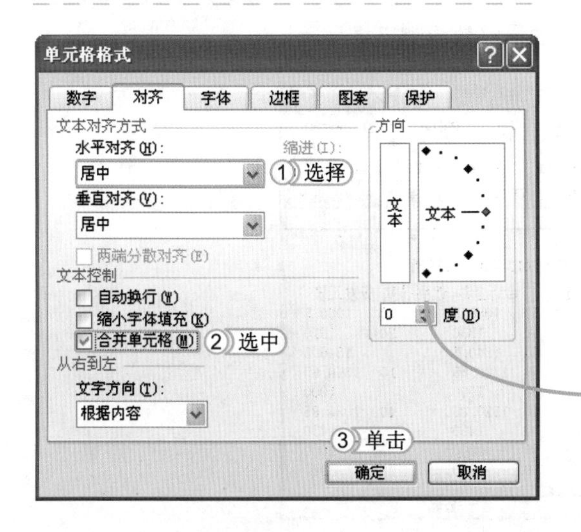

STEP 02：合并单元格

1. 选择“对齐”选项卡，在“水平对齐”下拉列表框中选择水平对齐方式，这里选择“居中”选项。
2. 在“文本控制”栏中选中“合并单元格”复选框。
3. 单击“确定”按钮，返回编辑区即可看到合并单元格后的效果。

年度销售表						
	一季度	二季度	三季度	四季度	总计	达标率
重庆	30	28	25	26	109	0.98
北京	31	33	28	34	126	0.88
天津	25	24	27	29	105	0.97
武汉	21	24	23	27	95	0.96
南京	25	24	28	25	102	0.95
上海	24	22	20	25	91	0.94
成都	35	34	27	29	125	0.98
甘肃	39	29	34	33	135	0.99

（2）拆分单元格

对于合并后的单元格，可对其进行拆分，拆分单元格的方法和合并单元格的方法类似。选择已合并的单元格，选择【格式】/【单元格】命令，打开“单元格格式”对话框，单击“对齐”选项卡，取消选中☑合并单元格(M)复选框，或再次单击“合并后居中”按钮，即可拆分单元格。

6. 移动与复制单元格

若单元格的位置错误，可以将单元格移动到正确的位置；若单元格中的内容需要重复使用，则可对单元格进行复制。要对某个单元格进行移动或复制，可先选择该单元格，并在其上方单击鼠标右键，在弹出的快捷菜单中选择“剪切”或“复制”命令。然后选择要移动或复制到的单元格，并在其上单击鼠标右键，在弹出的快捷菜单中选择“粘贴”命令。

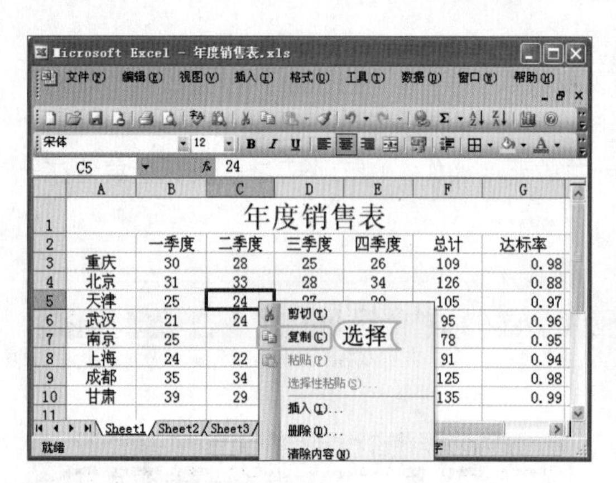

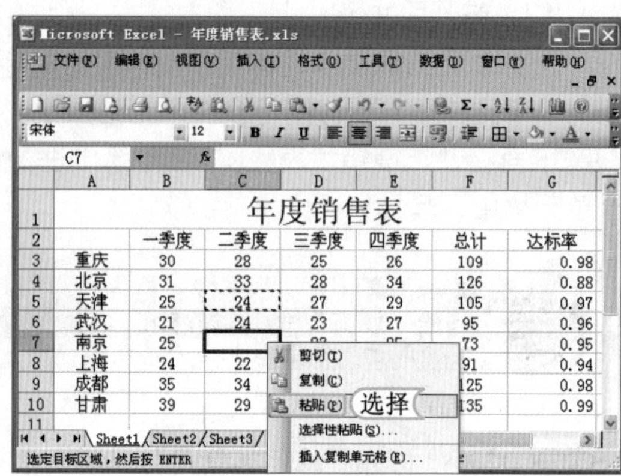

上机1小时 ▶ 制作员工工资表

- 巩固练习选择、插入和删除工作表与单元格的操作。
- 掌握移动、复制以及重命名工作表的操作。
- 熟练掌握合并、拆分单元格以及调整行高和列宽的方法。

本例将制作员工工资表，首先新建工作簿并删除多余的工作表，然后输入文本、合并单元格，使其内容居中显示，再调整行高，完成后的最终效果如下图所示。

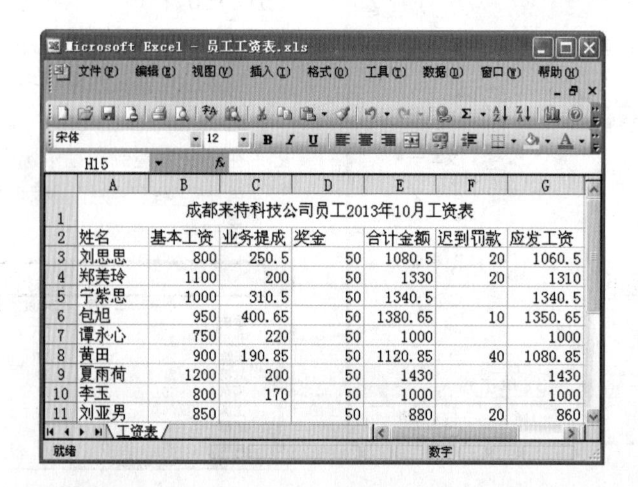

光盘文件

效果\第5章\员工工资表.xls

实例演示\第5章\制作员工工资表

STEP 01：新建工作簿

1. 启动 Excel 2003，新建一个名为“员工工资表.xls”的工作簿。
2. 在默认的 3 张工作表中选择 Sheet2 工作表并双击，此时工作表呈黑底白字，输入文本“工资表”为工作表名称。

STEP 02：删除工作表

1. 按住 Ctrl 键，选择 Sheet1 和 Sheet3 工作表，在其上单击鼠标右键。
2. 在弹出的快捷菜单中选择“删除”命令，将两张工作表删除。

> **提个醒**
>
> 若删除的工作表中有数据存在，将自动打开 Microsoft Office Excel 对话框，提示有数据存在是否永久删除，单击 确定 按钮可删除该工作表。

STEP 03：输入工作表标题

1. 选择 A1 单元格。
2. 将文本插入点定位到编辑栏中输入“成都来特科技公司员工 2013 年 10 月工资表”。

> **提个醒**
>
> 选择要输入数据的单元格，将文本插入点定位到编辑栏中输入所需数据，再单击☑按钮或单击其他单元格，也可完成文本的输入。

STEP 04：输入文本

完成输入后按 Enter 键确认内容的输入，文本插入点将自动跳转至该列的下一个单元格。直接在该单元格中输入文本，这里输入“姓名”文本。

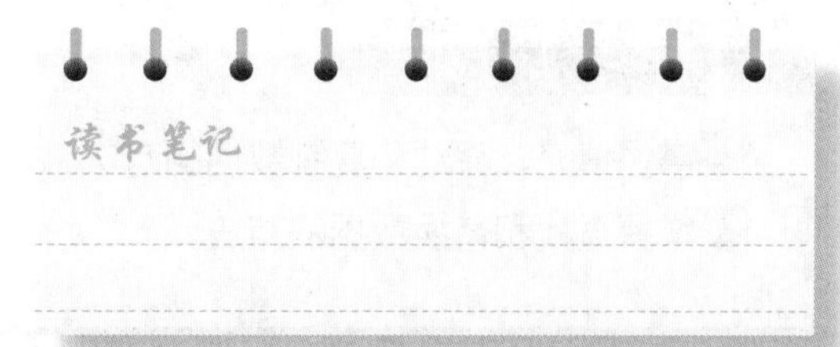

STEP 05： 选择单元格

1. 使用相同的方法在单元格中输入其他数据，选择 A1:G1 单元格区域。
2. 并在其上单击鼠标右键，在弹出的快捷菜单中选择“设置单元格格式”命令。

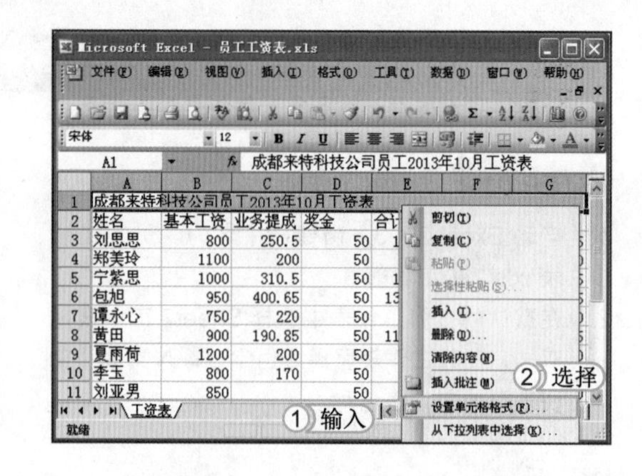

提个醒 在单元格中输入的文本宽度超过单元格本身，并且其右侧的单元格中又包含数据时，则只能显示本单元格中列宽范围以内的内容，其余部分将自动隐藏但内容仍然存在。

STEP 06： 合并单元格

1. 打开“单元格格式”对话框，选择“对齐”选项卡。
2. 在“水平对齐”下拉列表框中选择水平对齐方式，这里选择“居中”选项。
3. 选中 ☑合并单元格(M) 复选框。
4. 单击 确定 按钮。

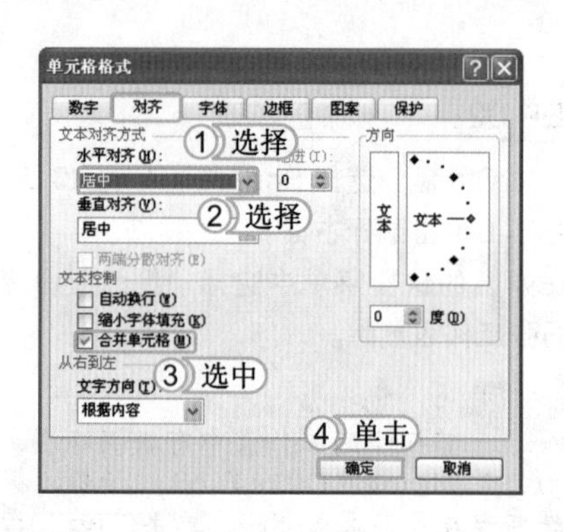

STEP 07： 调整单元格行高

选择 A1 单元格，将鼠标光标移到单元格右下角，当鼠标光标变为✛形状时，按住鼠标左键不放，向下拖动调整单元格行高。

拖动

	A	B	C	D	E	F	G
1	成都来特科技公司员工2013年10月工资表						
2	姓名	基本工资	业务提成	奖金	合计金额	迟到罚款	应发工资
3	刘思思	800	250.5	50	1080.5	20	1060.5
4	郑美玲	1100	200	50	1330	20	1310
5	宁紫思	1000	310.5	50	1340.5		1340.5
6	包旭	950	400.65	50	1380.65	10	1350.65
7	谭永心	750	220	50	1000		1000
8	黄田	900	190.85	50	1120.85	40	1080.85
9	夏雨荷	1200	200	50	1430		1430
10	李玉	800	170	50	1000		1000
11	刘亚男	850		50	880	20	860

5.2 编辑数据

表格中的数据并不是在输入后就不能再进行更改，在制作表格的过程中，通常需要对已有的数据进行编辑，如填充数据、移动、复制、查找和替换等编辑操作。

学习 1 小时

- 掌握填充、移动和复制数据的方法。
- 掌握修改和删除数据的方法。
- 掌握查找和替换数据的方法。
- 掌握设置数据类型的方法。

5.2.1 填充数据

在工作中制作电子表格时，有时需要输入一些相同或有规律的数据，如员工编号、学生学号等，如果依次输入会浪费时间，在 Excel 中提供了快速填充数据的功能，通过该功能用户可以快速输入数据，从而大大提高工作效率和准确性。

1. 通过控制柄填充数据

通过控制柄可以在连续的单元格中填充相同或有规律的数据。其操作方法是：将鼠标光标移动到单元格边框右下角的控制柄上，此时鼠标光标变为✚形状，按住鼠标左键不放拖动鼠标到需要的位置，释放鼠标，完成相同数据的填充。

Microsoft Excel - 仓库存货表.xls
文件(F) 编辑(E) 视图(V) 插入(I) 格式(O) 工具(T) 数据(D) 窗口(W) 帮助(H)
宋体 12
D4 数码产品

仓库存货表						
编号	名称	单价（元）	类别	（台/部）		
				上月库存	本月入库	本月出库
db001	电脑	5500	数码产品	1000	0	200
db002	手机	1200		500	200	400
db003	数码相机	4200			0	50
db004	数码摄像机	8500			200	300
db005	MP3播放器	500		1000	500	600
db006	录音笔	300		400	100	50
db007	CD播放器	600		900	0	100

Sheet1 / Sheet2 / Sheet3
就绪 数字
① 拖动

Microsoft Excel - 仓库存货表.xls
D4 数码产品

仓库存货表						
编号	名称	单价（元）	类别	（台/部）		
				上月库存	本月入库	本月出库
db001	电脑	5500	数码产品	1000	0	200
db002	手机	1200	数码产品	500	200	400
db003	数码相机	4200	数码产品	300	0	50
db004	数码摄像机	8500	数码产品		200	300
db005	MP3播放器	500	数码产品		500	600
db006	录音笔	300	数码产品	400	100	50
db007	CD播放器	600	数码产品	900	0	100

Sheet1 / Sheet2 / Sheet3
就绪 数字
② 填充

经验一箩筐——填充有规律的数据

在单元格中填充有规律的数据，如填充产品编号，首先在相邻上下两个单元格中输入数据，如输入 1 和 2，然后将鼠标光标移到输入编号 2 的单元格，当鼠标光标变为✚形状时，按住鼠标左键不放拖动鼠标到需要的位置，释放鼠标即可。

2. 通过"序列"对话框填充数据

通过"序列"对话框除了可以进行一般的数据填充外，还可以进行等比、日期等特殊数据的填充。下面在"报名表 .xls"工作簿中对"报名日期"列进行填充，其具体操作如下：

光盘文件
素材 \ 第 5 章 \ 报名表 .xls
效果 \ 第 5 章 \ 报名表 .xls
实例演示 \ 第 5 章 \ 通过"序列"对话框填充数据

STEP 01： 打开"序列"对话框

打开"报名表 .xls"工作簿，选择 G3:G12 单元格区域。选择【编辑】/【填充】/【序列】命令，打开"序列"对话框。

文件(F) 编辑(E) 视图(V) 插入(I) 格式(O) 工具(T) 数据(D) 窗口(W) 帮助(H)
撤消 在 G3 中键入"2013/10/3"(U) Ctrl+Z
剪切(T) Ctrl+X
复制(C) Ctrl+C
Office 剪贴板(B)...
粘贴(P) Ctrl+V
选择性粘贴(S)...
填充(I)
清除(A)
删除(D)...
删除工作表(L)
移动或复制工作表(M)...
查找(F)... Ctrl+F
链接(K)...
向下填充(D) Ctrl+D
向右填充(R) Ctrl+R
向上填充(U)
向左填充(L)
序列(S)...
选择
姓名 张强 李华 梦小 天堂 艾佳 华文 叶天 汪蓝 贺长 张爱年 女 12 1999年9月 东城根9号 85***51
84***48 84***49 87***50
Sheet1 / Sheet2 / Sheet3
就绪 数字

提个醒 在单元格中可以对数字、文本、日期以及时间等进行填充，但不能对同时带有文本和数字的数据进行填充。

STEP 02：设置填充选项

1. 在“序列产生在”栏中选中◎列(C)单选按钮。在“类型”栏中选中◎日期(D)单选按钮。在“日期单位”栏中选中◎工作日(W)单选按钮。
2. 保持其他设置不变，单击[确定]按钮。

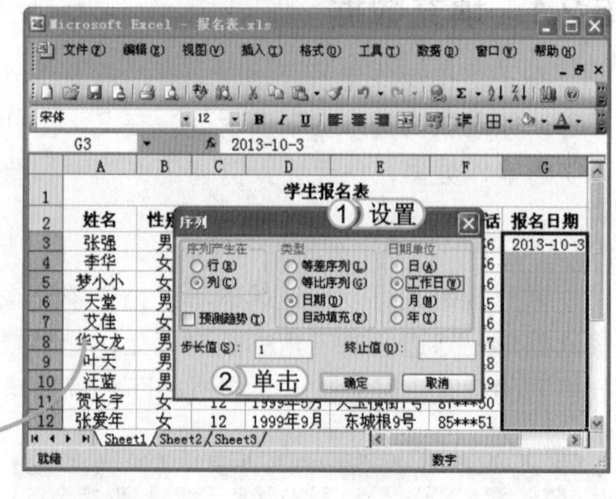

提个醒 若只选择了作为填充依据的单元格，则需要在“序列”对话框的“终止值”文本框中输入数据，以使数据能够填充到所需区域。

经验一箩筐——填充不相邻单元格中的数据

若想在表格不相邻的单元格中填充相同数据，可通过快捷键来完成，其方法是：按住 Ctrl 键的同时，选择不相同的单元格，再释放 Ctrl 键，并在最后选择的单元格中输入需要填充的数据，再按 Ctrl+Enter 组合键，这时，所选的不相邻单元格即可填充与最后选择的单元格中相同的数据。

5.2.2 使用数据记录单批量输入数据

在输入一个列或行数很多的 Excel 表格中的数据时，需来回地拉动滚动条和移动光标，操作起来既麻烦又容易出错。但使用记录单来进行数据的批量输入，就免去了来回拉动滚动条和移动光标的操作，这样还可提高输入数据的速度。

下面在“考试成绩表.xls”工作簿中使用数据记录单功能批量输入数据，其具体操作如下：

光盘文件
素材\第 5 章\考试成绩表.xls
效果\第 5 章\考试成绩表.xls
实例演示\第 5 章\使用数据记录单批量输入数据

STEP 01：选择“记录单”命令

1. 打开“考试成绩表.xls”工作簿，选择数据区域的任意一个单元格。
2. 选择【数据】/【记录单】命令，打开“记录单”对话框。

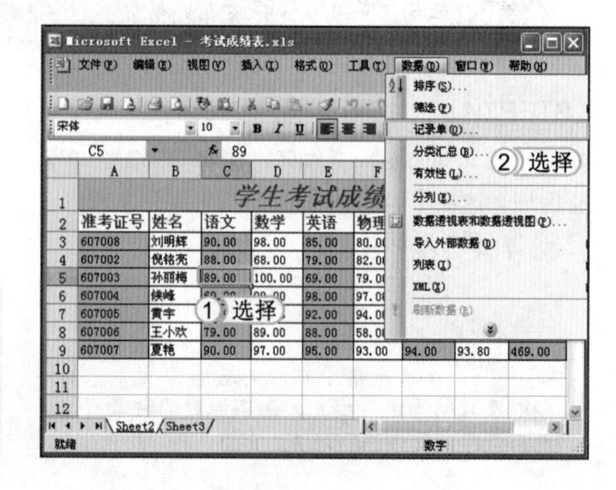

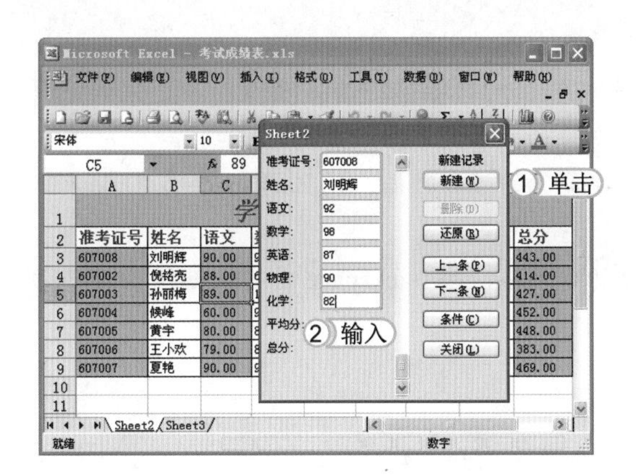

STEP 02： 新建并输入数据

1. 单击 新建(W) 按钮。
2. 在左侧对应的文本框中输入表格中需要录入的数据。
3. 完成后，按 Enter 键。

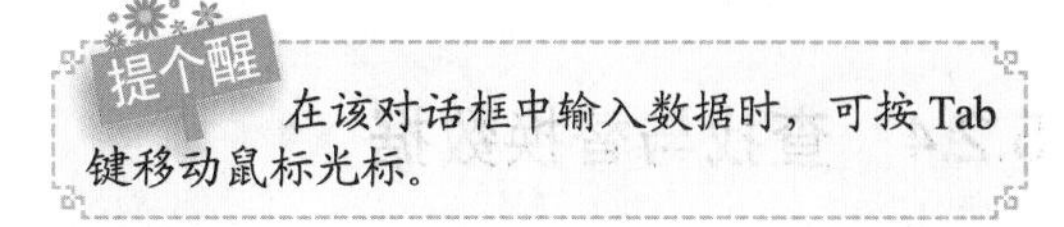
提个醒 在该对话框中输入数据时，可按 Tab 键移动鼠标光标。

STEP 03： 输入数据效果

此时，记录单对话框中文本框的数据将自动添加到表格中，并进入下一条记录的输入状态。继续输入需要添加的数据，按 Enter 键。

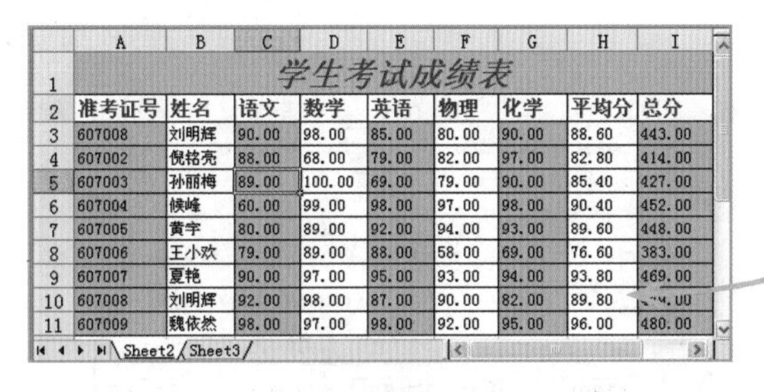

学生考试成绩表								
准考证号	姓名	语文	数学	英语	物理	化学	平均分	总分
607008	刘明辉	90.00	98.00	85.00	80.00	90.00	88.60	443.00
607002	倪铭亮	88.00	68.00	79.00	82.00	97.00	82.80	414.00
607003	孙丽梅	89.00	100.00	69.00	79.00	90.00	85.40	427.00
607004	候峰	60.00	99.00	98.00	97.00	98.00	90.40	452.00
607005	黄宇	80.00	89.00	92.00	94.00	93.00	89.60	448.00
607006	王小欢	79.00	89.00	88.00	58.00	69.00	76.60	383.00
607007	夏艳	90.00	97.00	95.00	93.00	94.00	93.80	469.00
607008	刘明辉	92.00	98.00	87.00	90.00	82.00	89.80	[illegible]
607009	魏依然	98.00	97.00	98.00	92.00	95.00	96.00	480.00

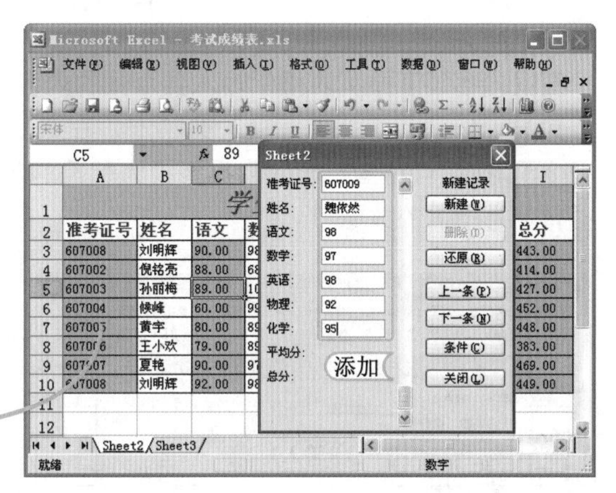

5.2.3 修改和删除数据

当用户发现表格中的数据出现错误或者重复时，就可以对其进行修改或清除。下面将分别介绍修改和删除数据的方法。

1. 修改数据

修改数据的方法非常简单，可通过编辑栏修改，也可以通过单元格修改。其方法是：选择需要修改数据的单元格，然后在编辑栏中输入正确的内容；或是双击需修改数据的单元格并直接输入正确的内容。

2. 删除数据

在编辑数据的过程中，有时需要对一些多余或错误的数据进行清除操作。下面分别介绍删除单元格中的部分数据和删除单元格中的所有数据。

- 删除单元格中的部分数据：选择单元格中需要删除的部分数据，按 Backspace 或 Delete 键即可将其删除。
- 清除单元格中的所有数据：选择要清除数据的单元格，按 Backspace 或 Delete 键将其中所有数据删除。

5.2.4 查找与替换数据

若表格中的数据过多且有误，便可使用 Excel 提供的查找并替换数据功能，对其中的数据进行查找和修改操作，其操作与在 Word 中查找和替换数据完全相同。

其方法是：选择【编辑】/【查找】命令，在打开的对话框中选择“查找”选项卡，在“查找内容”下拉列表框中输入要查找的内容，单击查找全部(I)按钮，系统会自动把满足条件的记录显示出来。选择“替换”选项卡，在“替换为”下拉列表框中输入需替换的数据，单击替换(R)按钮可将查找出的数据替换为所需的数据，单击全部替换(A)按钮可将所有满足条件的数据替换为所需的数据。

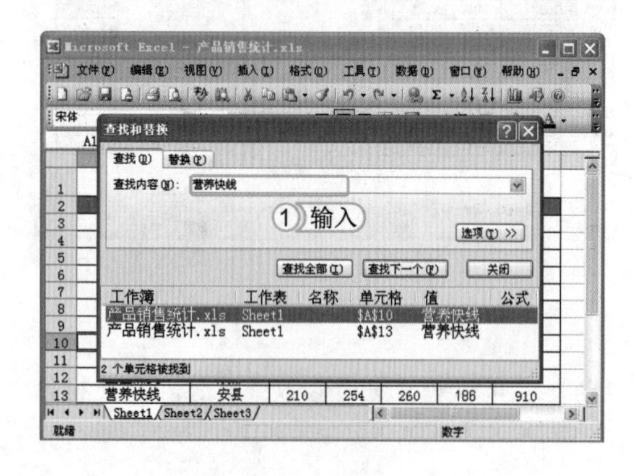

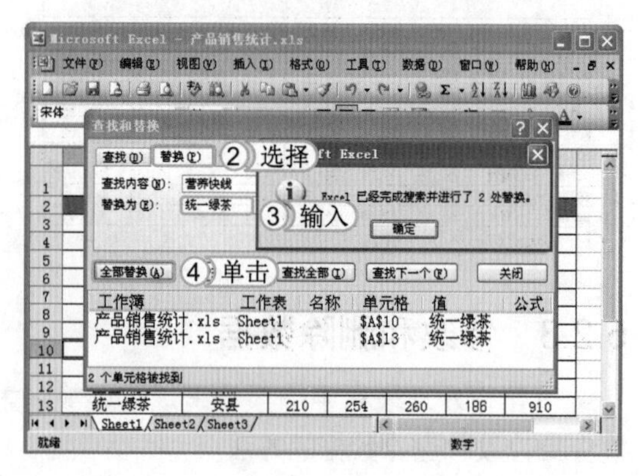

5.2.5 设置数据类型

在 Excel 中，数据可被设置为数值、货币、日期、会计专用、科学记数、分数和百分比等类型，多种行业都能用 Excel 来编辑表格。下面以在“进货表 .xls”工作簿中将总计列数据设置为“货币”类型，其具体操作如下：

光盘文件
素材 \ 第 5 章 \ 进货表 .xls
效果 \ 第 5 章 \ 进货表 .xls
实例演示 \ 第 5 章 \ 设置数据类型

STEP 01：打开“单元格格式”对话框

1. 打开“进货表 .xls”工作簿，选择 F3:F14 单元格区域。
2. 选择【格式】/【单元格】命令，打开“单元格格式”对话框。

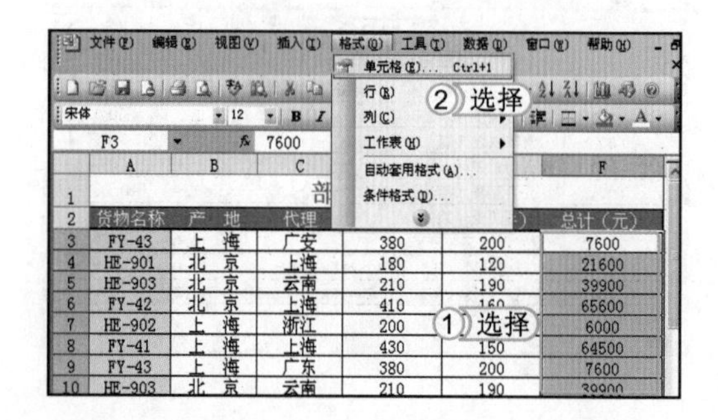

STEP 02： 设置数字格式

1. 选择“数字”选项卡。
2. 在“分类”列表框中选择“货币”选项。
3. 在“负数”列表框中选择第4种货币类型。
4. 单击 确定 按钮。

	A	B	C	D	E	F
1	部门进货表					
2	货物名称	产 地	代理	单价（元）	数量（件）	总计（元）
3	FY-43	上 海	广安	380	200	¥7,600.00
4	HE-901	北 京	上海	180	120	¥21,600.00
5	HE-903	北 京	云南	210	190	¥39,900.00
6	FY-42	北 京	上海	410	160	¥65,600.00
7	HE-902	上 海	浙江	200	300	¥6,000.00
8	FY-41	上 海	上海	430	150	¥64,500.00
9	FY-43	上 海	广东	380	200	¥7,600.00
10	HE-903	北 京	云南	210	190	¥39[illegible]
11	FY-42	北 京	上海	410	160	¥65,600.00
12	HE-902	上 海	浙江	200	300	¥6,000.00

Sheet1 / Sheet2 / Sheet3

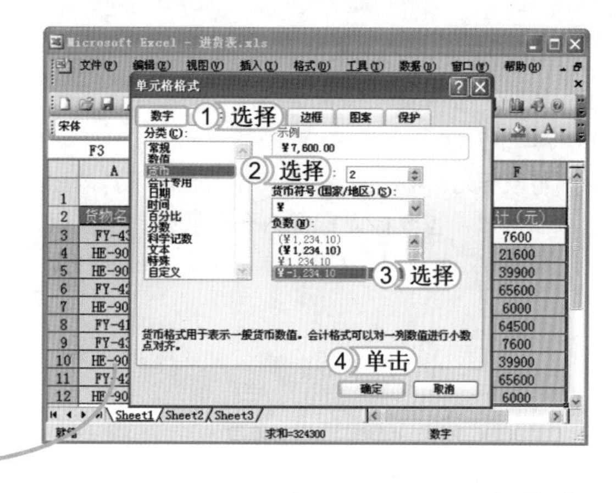

经验一箩筐——通过工具栏快速设置数据类型

除了利用“单元格格式”对话框外，还可以利用“格式”工具栏对数据进行简单设置。单击工具栏中的“货币样式”按钮和“百分比样式”按钮，以及最右侧的“工具栏选项”按钮，在弹出的列表框中还有4种选项可供用户选择使用。

上机1小时 制作公司员工信息表

- 进一步掌握填充相同数据和有规律数据的方法。
- 巩固修改和删除数据、查找与替换数据的操作。
- 熟练掌握设置数据类型的方法。

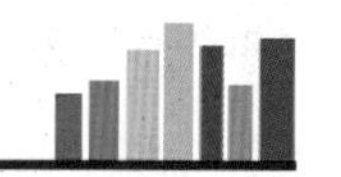

本例将制作“公司员工信息表.xls”工作簿，主要练习填充数据的方法，以及使用记录单添加公司新进职工的信息，并对老员工的工资进行查找与替换，最后设置工资的数据类型，完成后的最终效果如下图所示。

Microsoft Excel - 公司员工信息表.xls

	A	B	C	D	E	F	G
1	员工信息表						
2	员工编号	部门	姓名	性别	年龄	工龄	基本工资
3	K001	研发部	刘文元	男	35	12	¥4,800
4	K002	研发部	宁波	男	28	6	¥3,200
5	K003	研发部	宋静	女	26	3	¥2,500
6	K004	市场部	唐心	女	30	7	¥3,500
7	K005	市场部	赵一龙	男	40	15	¥5,600
8	K006	设计部	廖丹丹	女	25	2	¥2,000
9	K007	设计部	叶士凡	男	37	12	¥4,800
10	K008	行政部	王芯心	女	23	0	¥1,500

Sheet1 / Sheet2 / Sheet3

光盘文件
素材\第5章\公司员工信息表.xls
效果\第5章\公司员工信息表.xls
实例演示\第5章\制作公司员工信息表

STEP 01: 填充其他员工编号

1. 打开“公司员工信息表.xls”工作簿，选择A4单元格。
2. 将鼠标光标移动到A4单元格边框右下角的控制柄上，当鼠标光标变为✚形状时。按住鼠标左键不放拖动鼠标到A9单元格，释放鼠标。

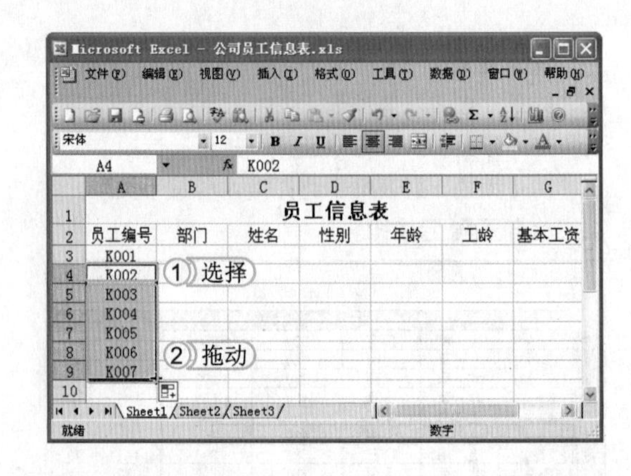

STEP 02: 填充相同数据

1. 在B3单元格中输入“研发部”。
2. 将鼠标光标移动到该单元格边框右下角，当鼠标光标变为✚形状时，拖动鼠标到B5单元格填充相同数据。

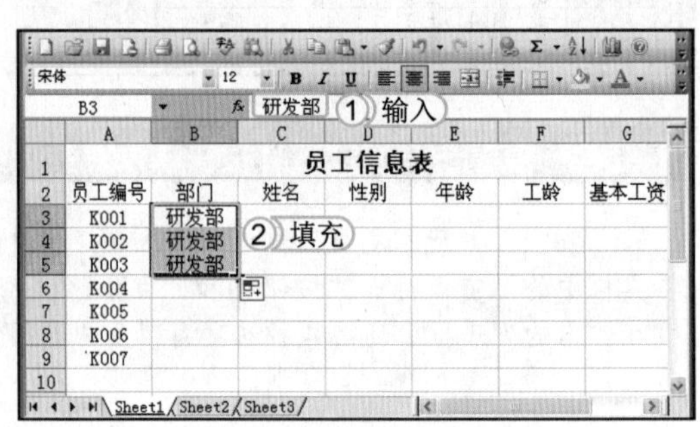

	A	B	C	D	E	F	G
1			员工信息表				
2	员工编号	部门	姓名	性别	年龄	工龄	基本工资
3	K001	研发部	刘文元	男	35	12	4500
4	K002	研发部	宁波	男	28	6	3200
5	K003	研发部	宋静	女	26	3	2500
6	K004	市场部	唐心	女	30	7	3500
7	K005	市场部	赵一龙	男	40	15	5600
8		设计部	廖丹丹	女	25	2	2000
9	K007	设计部	叶十凡	男	37	12	4500

① 输入 ② 输入

STEP 03: 填充并输入数据

1. 按照前面相同的方法输入和填充其他部门。
2. 然后分别输入公司员工的“姓名”、“性别”、“年龄”和“基本工资”等数据。

STEP 04: 查找数据

1. 选择【编辑】/【查找】命令，打开“查找和替换”对话框，选择“查找”选项卡。
2. 在“查找内容”文本框中输入“4500”。
3. 单击 查找全部 按钮。

STEP 05: 替换数据

1. 选择“替换”选项卡。
2. 在“替换为”文本框中输入“4800”。
3. 单击 全部替换 按钮。
4. 打开“替换”提示对话框，单击 确定 按钮返回编辑区，可看到替换后的效果。

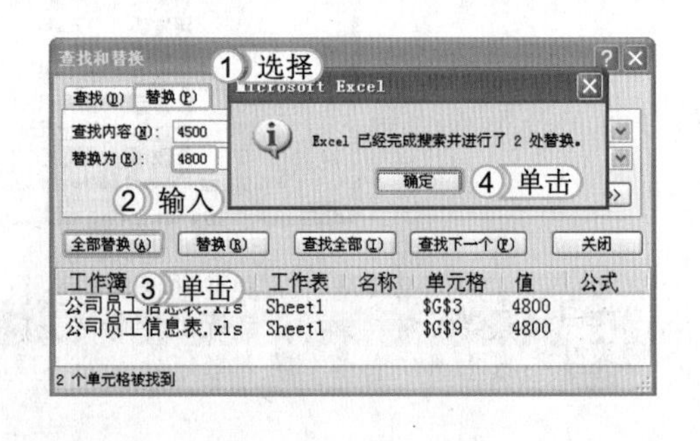

STEP 06：打开“Sheet1”对话框

1. 选择数据区域中的任一单元格。
2. 选择【数据】/【记录单】命令，打开“Sheet1”对话框。

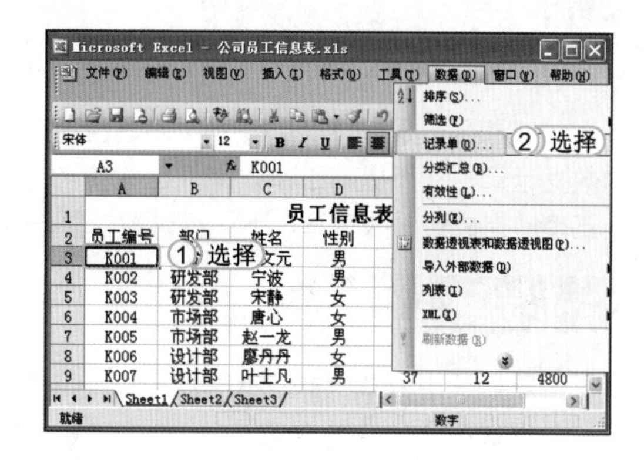

提个醒 打开该对话框后，所打开的对话框名称与该工作表的名称相对应。

STEP 07：使用记录单添加新员工信息

1. 单击 新建(W) 按钮。
2. 在“员工编号”、“部门”、“姓名”、“性别”、“年龄”、“工龄”和“基本工资”文本框中输入要添加的新员工信息。再按Enter键并关闭对话框。

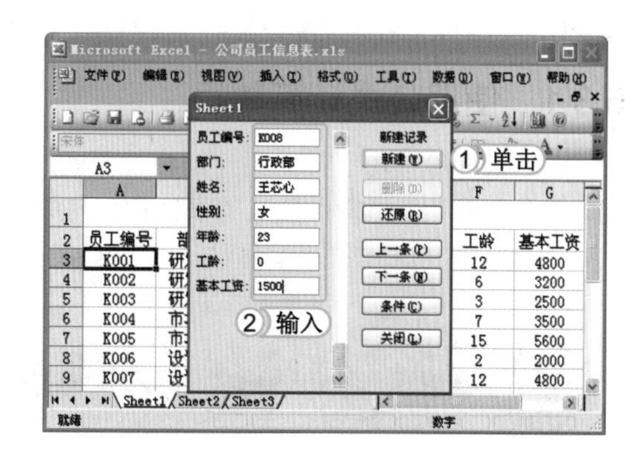

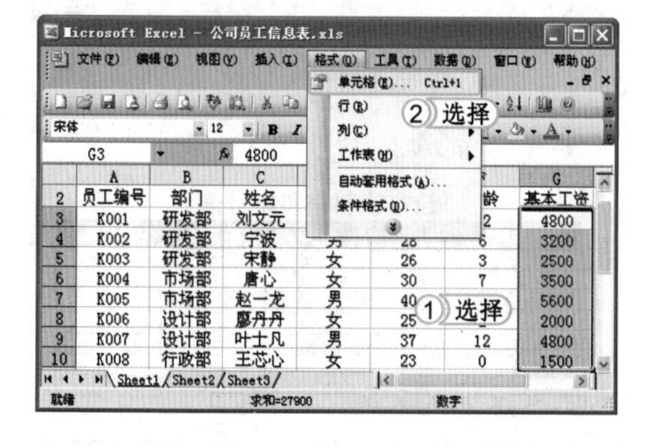

STEP 08：打开“单元格格式”对话框

1. 选择G3:G10单元格区域。
2. 选择【格式】/【单元格】命令，打开“单元格格式”对话框。

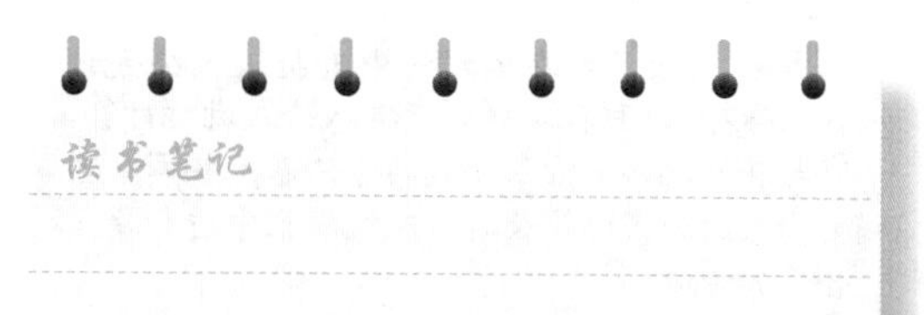

单元格格式

数字 对齐 字体 边框 图案 保护

分类(C)：常规 数值 货币 会计专用 日期 时间 百分比 分数 科学记数 文本 特殊 自定义

示例 ￥4,800

小数位数(D)：0

货币符号(国家/地区)(S)：￥

会计格式可对一列数值进行货币符号和小数点对齐。

确定 取消

STEP 09：设置单元格格式

1. 选择“数字”选项卡。
2. 在“分类”栏的列表框中选择“会计专用”选项。
3. 在“小数位数”数值框中输入“0”。
4. 单击 确定 按钮。

	A	B	C	D	E	F	G
2	员工编号	部门	姓名	性别	年龄	工龄	基本工资
3	K001	研发部	刘文元	男	35	12	￥4,800
4	K002	研发部	宁波	男	28	6	￥3,200
5	K003	研发部	宋静	女	26	3	￥2,500
6	K004	市场部	唐心	女	30	7	￥3,500
7	K005	市场部	赵一龙	男	40	15	￥5,600
8	K006	设计部	廖丹丹	女	25	2	￥2,000
9	K007	设计部	叶士凡	男	37	12	￥4,800
10	K008	行政部	王芯心	女	23	0	￥1,500

5.3 计算数据

公式和函数是一种对工作表中的数值进行计算的等式，可以帮助用户快速地完成各种复杂的数据运算，从而提高工作效率。但在使用时必须遵守 Excel 公式和函数的相关规律，否则无法正确地完成数据的运算。下面将讲解计算与编辑公式和函数的方法。

学习 1 小时

- 掌握使用公式计算数据的方法。
- 掌握使用函数计算数据的方法。
- 掌握公式的编辑方法。
- 掌握单元格引用和定义单元格名称的方法。

5.3.1 使用公式计算数据

在 Excel 中提供了帮助用户解决计算问题的功能，这种功能就是公式。输入公式时必须先输入等号“=”，再输入公式的表达式，完成后按 Enter 键或 Ctrl+Enter 组合键得出计算结果。

下面将在“超市饮料销售统计表.xls”工作簿中输入公式，其具体操作如下：

光盘文件
素材 \ 第 5 章 \ 超市饮料销售统计表 .xls
效果 \ 第 5 章 \ 超市饮料销售统计表 .xls
实例演示 \ 第 5 章 \ 使用公式计算数据

STEP 01：输入公式

1. 打开“超市饮料销售统计表 .xls”工作簿，选择要输入公式的单元格，这里选择 E3 单元格。
2. 在编辑栏中输入“= C3*D3”。

提个醒 除了可在单元格中直接输入公式计算数据外，还可在编辑栏中输入公式进行计算，它与在单元格中输入公式的方法基本相同。当要输入的公式比较长时，在编辑栏中进行输入会更加方便。

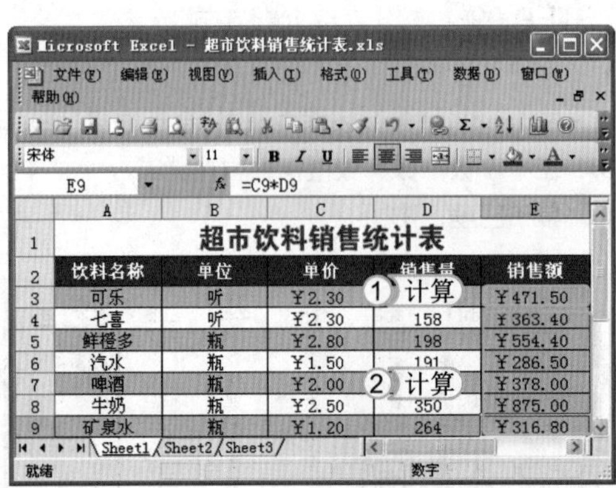

STEP 02：显示计算结果

1. 按 Enter 键，Excel 将进行计算并自动显示出运算结果。
2. 用相同的方法依次计算 E4:E9 单元格区域的销售额。

提个醒 在输入公式时，当输入“=”后，可直接拖动鼠标选择需进行计算的单元格，Excel 会自动把选择的单元格直接添加到编辑栏的公式中。

经验一箩筐——修改公式

输入公式后，还可根据实际情况对公式进行编辑，如编辑输入错误的区域、增加或减少参与计算的单元格和改变公式的计算方法等。其方法分别介绍如下。

- 在单元格中进行编辑：双击需要编辑公式的单元格，删除该单元格中要编辑的公式后重新输入新的公式，也可删除单元格中的计算结果，然后重新输入计算公式。
- 在编辑框中进行编辑：选择需要编辑公式的单元格，将文本插入点定位到编辑栏中，然后删除编辑栏中的公式，再输入新的公式。

5.3.2 使用函数计算数据

在 Excel 中输入函数的方法与输入公式的方法相同，通过函数可以简化常规公式、完成常规公式无法完成的特殊运算，还可以实现智能判断。下面在“成绩表.xls”工作簿中使用求和函数 SUM 计算成绩总和，其具体操作如下：

光盘文件
素材 \ 第 5 章 \ 成绩表 .xls
效果 \ 第 5 章 \ 成绩表 .xls
实例演示 \ 第 5 章 \ 使用函数计算数据

STEP 01：打开“插入函数”对话框

1. 打开“成绩表.xls”工作簿，选择 H3 单元格。
2. 选择【插入】/【函数】命令，打开“插入函数”对话框。

提个醒

选择需要计算的单元格，单击编辑栏中的“插入函数”按钮，也可在打开的“插入函数”对话框中选择需要的函数来计算数据。

STEP 02：选择函数

1. 在“或选择类别”下拉列表框中选择“常用函数”选项。
2. 在“选择函数”列表框中选择 SUM 选项。
3. 单击 确定 按钮。

经验一箩筐——函数的组成

函数是 Excel 中一种预定义的公式，它们按照特定的数值（参数）、特定的顺序或结构进行计算。函数的结构包括等号、函数名以及在括号里用逗号隔开的计算参数等 3 个部分，一般形式为 = 函数名 (参数 1, 参数 2,...)，如 “=SUM(G3:G8,2000)” 。

STEP 03： 选择单元格区域

1. 打开“函数参数”对话框，在 SUM 栏中的 Number1 文本框中输入要计算的单元格区域，这里输入“B3:G3”。
2. 单击[确定]按钮。

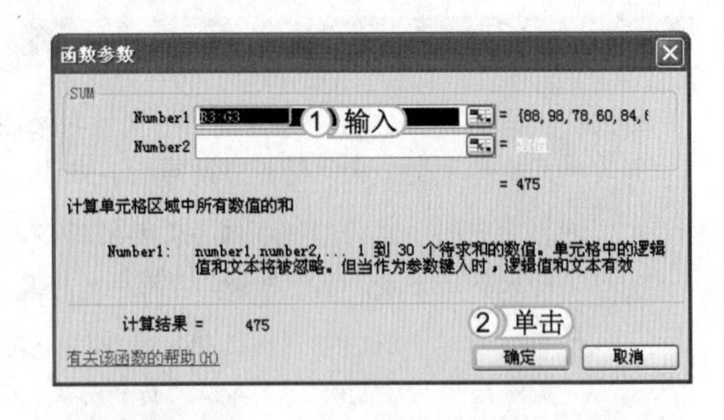

H10 =SUM(B10:G10)

	A	B	C	D	E	F	G	H
1	三年二班成绩表							
2	姓名	语文	数学	英语	物理	化学	生物	总成绩
3	王明	88	98	78	60	84	67	475
4	刘一雨	78	88	65	78	85	99	493
5	艾尔	96	78	99	88	76	98	535
6	史密斯	90	88	98	88	67	85	516
7	夏南	89	74	95	76	88	65	487
8	余祥林	65	96	78	77	89	89	494
9	欧阳鹤	85	60	88	67	[illegible]	[illegible]	470
10	上官森	77	99	84	95	[illegible]	[illegible]	526

计算

STEP 04： 查看效果

返回工作表，Excel 将自动进行计算并将结果显示在 H3 单元格中。然后使用同样的方法插入函数，依次计算 H4:H10 单元格区域的结果。

经验一箩筐——工作表中计算区域的选择

除上述手动输入计算区域的方法外，还可单击按钮，返回工作表中利用鼠标选择计算的单元格区域，再单击按钮，返回“函数参数”对话框查看所选择的区域，最后单击[确定]按钮完成工作表中计算区域的选择。

5.3.3 复制公式

重复向需要计算的单元格中输入相同或相似的公式或函数，显然会浪费大量时间。此时，可使用复制公式的方法对公式进行复制，以快速计算出工作表中大量要计算的数据。其方法是：将鼠标光标移动到被复制公式的单元格右下角，当鼠标光标变为+形状时，按住鼠标左键向下拖动至需复制公式的单元格，释放鼠标后，每个单元格将自动计算出相应的结果。

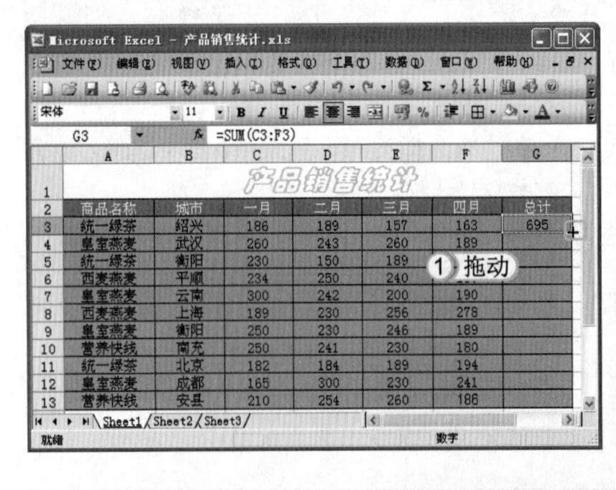

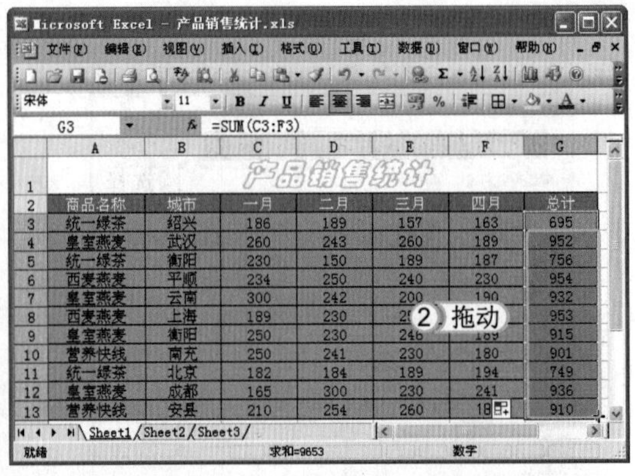

经验一箩筐——其他方法复制公式

选择【编辑】/【复制】命令或按 Ctrl+C 组合键，对选择的单元格内容进行复制。复制后单元格四周会出现闪烁的虚线框，表示该单元格已被复制。再选择工作表中需进行复制公式的单元格，选择【编辑】/【粘贴】命令或按 Ctrl+V 组合键，对复制的公式进行粘贴即可完成公式的复制。

5.3.4 显示公式

在默认情况下，进行计算后的单元格中将显示公式的计算结果，当要查看工作表中包含的公式时，可以先单击该单元格，然后在编辑栏中查看；如果要查看多个单元格中的公式，可以通过设置只显示公式而不显示结果的方式查看。

其方法是：选择需要显示公式的单元格区域，选择【工具】/【公式审核】/【公式审核模式】命令，返回工作界面，即可看到所选单元格区域显示公式的效果。

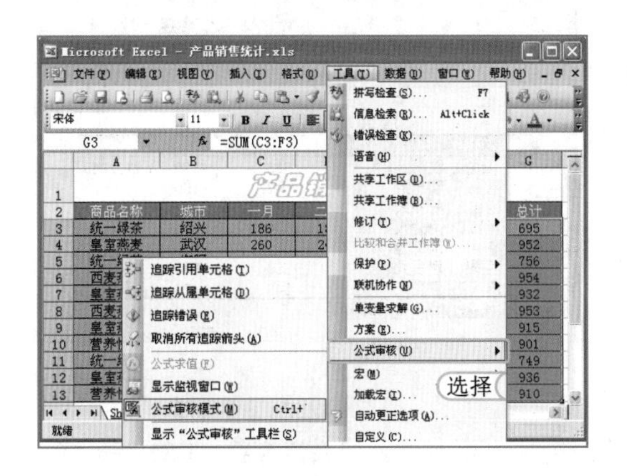

5.3.5 单元格引用

在 Excel 中引用单元格实际上就是使用其他单元格的地址，单元格的引用主要包括相对引用、绝对引用和混合引用，下面将分别进行介绍。

1. 相对引用

相对引用是指引用的单元格的地址会随着存放计算结果的单元格位置的不同而有相应改变，但引用的单元格与包含公式的单元格的相对位置不变。如在工作簿 E3 单元格中输入公式“=C3*D3”，按 Enter 键得出相应计算结果。然后将 E3 单元格中的公式复制到 E5 单元格中，则 E5 单元格中的公式自动改变为“=C5*D5”并显示出计算结果。

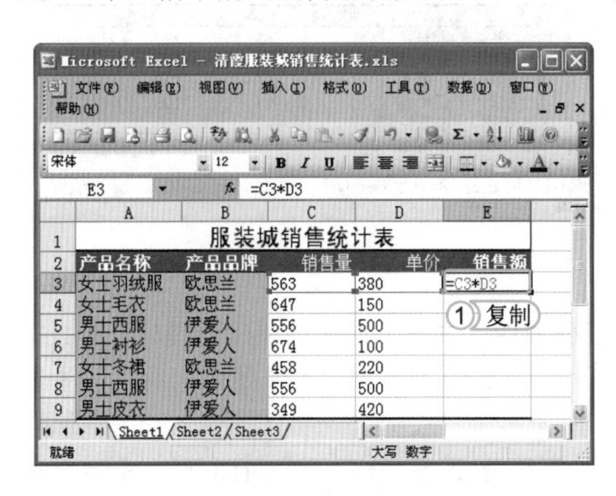

2. 绝对引用

绝对引用是指在引用单元格地址时，所在单元格与引用单元格的位置是绝对不变的，即将公式复制到其他单元格中，单元格公式地址固定不变。若要运用绝对引用功能，在要引用的单元格公式中添加“$”符号即可。如将E3单元格中包含的公式编辑为“=$C$3*$D$3”，此时若将E3单元格的公式复制到E7单元格中，完成复制后，E7单元格中得到的结果将与E3单元格中的结果一样，同时在编辑栏中可看到该单元格公式中的单元格地址并没有发生改变，仍为“=$C$3*$D$3”的计算结果。

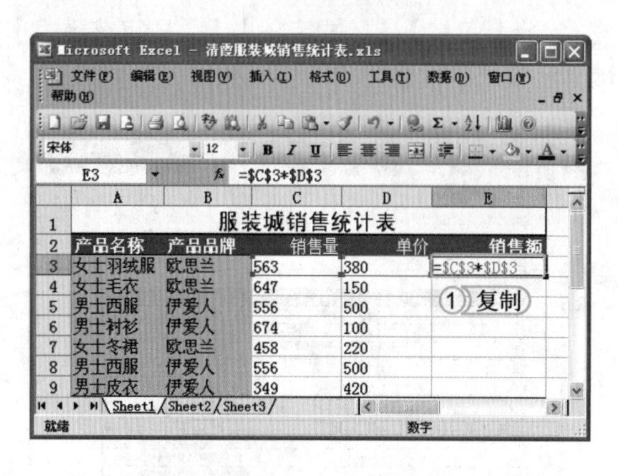

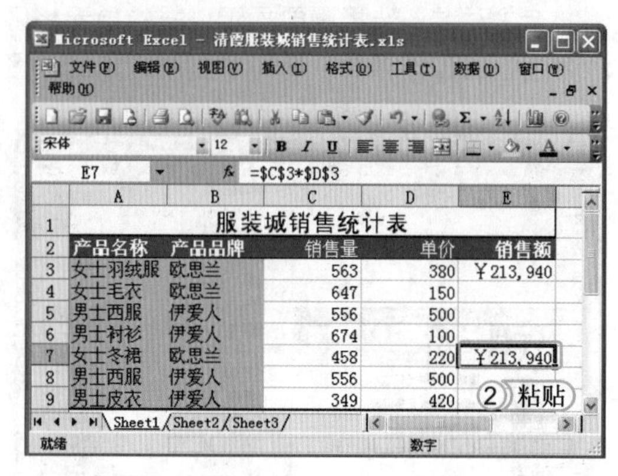

3. 混合引用

混合引用具有绝对列和相对行或相对列和绝对行的引用方式，如采用$A1、B$1等形式。如果公式所在单元格的位置改变，则相对引用将改变，而绝对引用将不变。如将E3单元格中包含的公式编辑为“=$C3*D$3”，此时若将E3单元格的公式复制到E8单元格中，完成复制后，选择E8单元格，在编辑栏中可看到该单元格公式中的单元格为C8和D3，同时得出的结果为C8和D3单元格中数据的乘积。

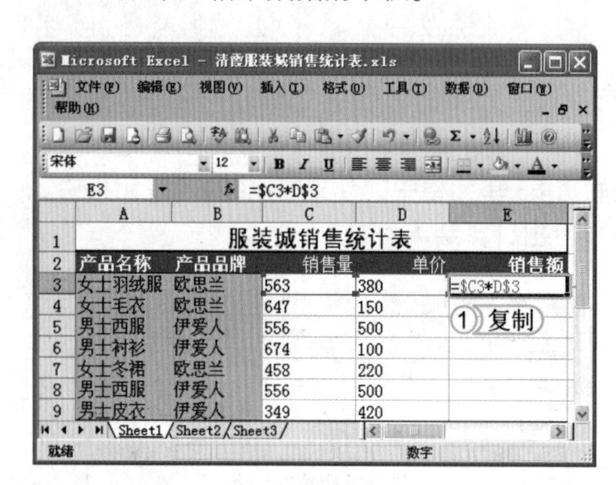

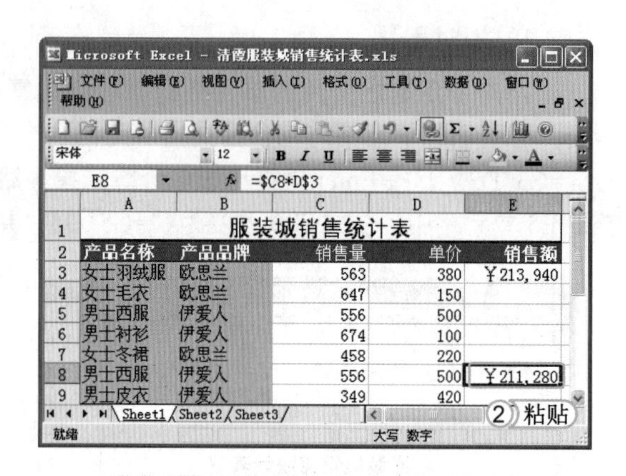

4. 引用其他工作表和工作簿

在实际工作中，常需要引用不同的工作表和工作簿中的内容，以达到快速处理与分析数据的目的。此时就可使用“!”符号来实现，下面将对引用其他工作表和工作簿中内容的方法进行介绍。

- 引用其他工作表：格式为“=工作表名称!单元格地址”，如“=Sheet1!C11”表示引用Sheet1工作表中的C11单元格。
- 引用其他工作簿：格式为“'工作簿存储地址[工作簿名称]工作表名称'!单元格地址”，如“=SUM('C\My Documents\[Book3.xls]Sheet1:Sheet3'!F3)”表示引用C盘My Documents文件夹中的Book3工作簿中Sheet1到Sheet3中所有F3单元格中的数据。

5.3.6 定义和使用单元格名称

定义单元格名称可以非常方便地表示出单元格或单元格区域，同时还能更加快捷地更改和调整数据，从而提高数据分析的工作效率。

1. 定义单元格名称

定义单元格名称是指为单元格或单元格区域命名，在定位或引用单元格及单元格区域时就可以通过定义的名称来操作相应的单元格。

下面将以在“2013 年 5 月销售提成简表 .xls”工作簿中，将所有员工的销售金额对应的单元格定义名称为“销售”为例进行讲解，其具体操作如下：

STEP 01： 打开“定义名称”对话框

打开“2013 年 5 月销售提成简表 .xls”工作簿，选择【插入】/【名称】/【定义】命令，打开“定义名称”对话框。

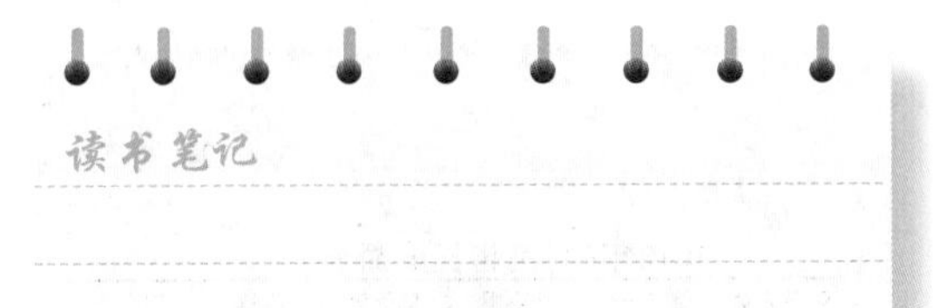

STEP 02： 输入定义的名称

1. 在“在当前工作簿中的名称”文本框中输入“销售”。
2. 输入完成后单击“引用位置”文本框后面的按钮。

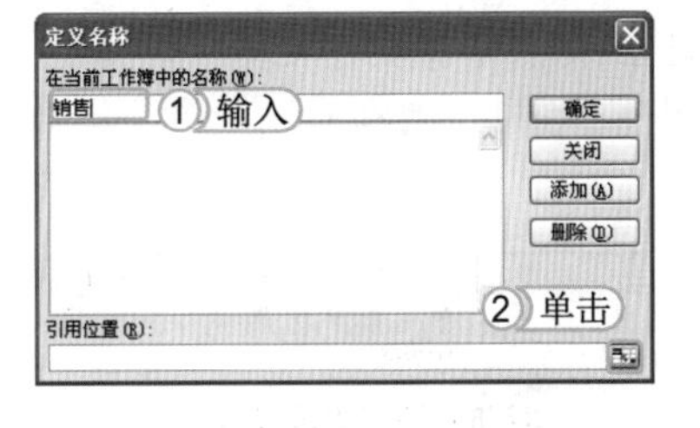

STEP 03： 设置引用位置

1. 在当前表格中拖动鼠标选择 B2:F2 单元格区域。
2. 单击按钮返回“定义名称”对话框，单击 确定 按钮。并使用相同的方法将 B5:F5 单元格区域定义为“提成”。

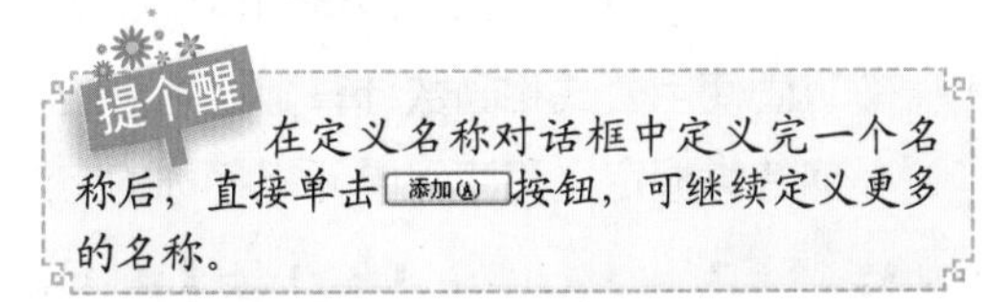

在定义名称对话框中定义完一个名称后，直接单击 添加(A) 按钮，可继续定义更多的名称。

经验一箩筐——定义名称的规则

定义单元格或单元格区域名称必须遵循以下规则：

- 名称中第一个字符必须是字母、文字或小数点。如果名称中包含字母时，可以不区分大小写。
- 定义的名称最多可以包含 255 个字符，但不允许有空格。
- 名称不能使用类似单元格引用地址的格式以及 Excel 中的一些固定词汇，如 C$10、H3:C8、函数名和宏名等。
- 除了 R 或 C 外，可以只使用一个字符定义名称。

2. 使用定义的名称

为单元格或单元格区域定义名称后，就可通过定义的名称方便、快速地查找和引用该单元格或单元格区域。

下面将在“2013 年 5 月销售提成简表 1”工作簿中通过定义的“销售和提成”名称，计算其总和，其具体操作如下：

光盘文件
素材 \ 第 5 章 \2013 年 5 月销售提成简表 1.xls
效果 \ 第 5 章 \2013 年 5 月销售提成简表 1.xls
实例演示 \ 第 5 章 \ 使用定义的名称

STEP 01：使用定义的名称

打开“2013 年 5 月销售提成简表 1.xls”工作簿，选择 B7 单元格，并输入求和函数“=SUM(销售)”，可看到 Excel 快速选中对应的 B3:F3 单元格区域。

Microsoft Excel - 2013年5月销售提成简表1.xls

SUM =SUM(销售)

	A	B	C	D	E	F
1	2013年5月销售提成简表					
2	销售人员	赵成一	张丽娟	陈玉莹	李锐	刘文成
3	销售金额	￥1,750.00	￥1,465.00	￥2,550.00	￥985.00	￥1,885.00
4						
5	提成	￥9,935	￥10,935	￥10,200	￥7,900	￥8,900
6						
7	总销售	=SUM(销售)				
8	总提成	SUM(number1, [number2], ...)				

输入

提个醒

SUM 函数主要用于计算某一单元格区域中所有数字之和。其格式为：SUM(number1,number2...)”。

B8 =SUM(提成)

	A	B	C	D	E	F
1	2013年5月销售提成简表					
2	销售人员	赵成一	张丽娟	陈玉莹	李锐	刘文成
3	销售金额	￥1,750.00	￥1,465.00	￥2,550.00	￥985.00	￥1,885.00
4						
5	提成	￥9,935	￥10,935	￥10,200	￥7,900	￥8,900
6						
7	总销售	￥8,635.00				
8	总提成	￥47,870.00				

STEP 02：计算结果

按 Enter 键确认，可计算出销售量的总和。再使用相同的方法，在 B8 单元格中输入“=SUM(提成)”，计算出总提成金额。

上机 1 小时 制作员工培训成绩统计表

- 进一步掌握填充相同数据和有规律数据的方法。
- 巩固使用公式和函数计算数据的方法。
- 熟练掌握定义和使用单元格名称的方法。

本例将制作“公司员工培训成绩统计表.xls”工作簿，首先使用函数计算员工培训科目的平均成绩，并进行填充数据以复制公式。然后定义单元格区域，对各个员工的总成绩进行计算，最后再使用函数结合引用单元格计算出各个员工的成绩排名，完成后的最终效果如下图所示。

员工培训成绩统计表

员工姓名	培训科目				平均成绩	总成绩	名次
	电脑操作	财会知识	公关礼仪	管理技能			
刘红志	85	75	92	88	85	340	5
王美丽	78	95	83	95	87.75	351	2
宁波	90	84	86	76	84	336	6
宋海云	80	86	87	93	86.5	346	3
谢思思	94	67	79	82	80.5	322	7
李芯	95	95	88	90	92	368	1
刘艳梅	72	81	97	96	86.5	346	3
唐飞	86	63	73	89	77.75	311	8

光盘文件

素材\第5章\公司员工培训成绩统计表.xls

效果\第5章\公司员工培训成绩统计表.xls

实例演示\第5章\制作员工培训成绩统计表

STEP 01：计算平均成绩

1. 打开“公司员工培训成绩统计表.xls”工作簿，选择F4单元格。选择【插入】/【函数】命令，打开“插入函数”对话框。在“或选择类别”下拉列表框中选择“常用函数”选项。
2. 在“选择函数”列表框中选择AVERAGE选项。
3. 单击 确定 按钮。

STEP 02：选择单元格区域

1. 打开“函数参数”对话框，单击AVERAGE栏中的Number1文本框后的按钮。“函数参数”对话框将缩小，将鼠标光标移动到工作表中，当其变为✚形状时，选择B4:E4单元格区域。
2. 单击按钮。

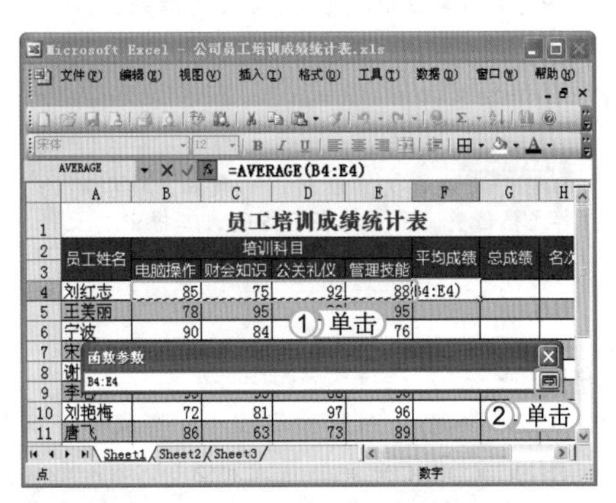

经验一箩筐——AVERAGE函数的含义

AVERAGE函数用于返回参数的算术平均值，其语法结构为：AVERAGE(number1,number2...)，其中“number1,number2...”是要计算其平均值的1~255个数值。

STEP 03：复制公式计算员工成绩

“函数参数”对话框将展开，在 Number1 文本框中已引用 B4:F4 单元格区域，单击[确定]按钮，Excel 将自动进行计算并将结果显在 F4 单元格中。

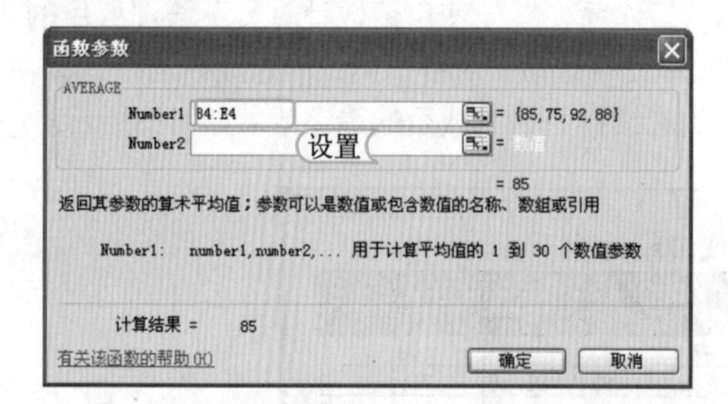

STEP 04：复制公式计算其他员工成绩

1. 将鼠标光标置于 F4 单元格右下角，当其变为✚形状时，按住鼠标左键不放向下拖动至 F11 单元格处，释放鼠标，并单击出现的按钮。
2. 在弹出的快捷菜单中选中[不带格式填充(O)]单选按钮，计算出其他员工的总成绩。

员工培训成绩统计表

员工姓名	电脑操作	财会知识	公关礼仪	管理技能	平均成绩	总成绩	名次
刘红志	85	75	92	88	85		
王美丽	78	95			87.75		
宁波	90	84			84		
宋海云	80	86	87	93	86.5		
谢思思	94	67	79	82	80.5		
李芯	95	95	88	90	92		
刘艳梅	72	81	97	96	86.5		
唐飞	86	63	73	89	77.75		

1 填充　复制单元格(C)　仅填充格式(F)　不带格式填充(O)　2 选择

经验一箩筐——其他复制方式

复制公式时，当拖动至最末单元格时，会出现按钮，单击该按钮，在弹出的快捷菜单中可分别选择[复制单元格(C)]单选按钮、[仅填充格式(F)]单选按钮和[不带格式填充(O)]单选按钮。

STEP 05：定义单元格区域名称

1. 选择【插入】/【名称】/【定义】命令，打开“定义名称”对话框。在“当前工作簿中的名称”文本框中输入“刘红志”。
2. 单击按钮。

提个醒 在定义名称时，如果知道要引用的单元格位置，可直接在下方的文本框中输入引用的参数，这样更能提高工作效率。

STEP 06：选择单元格区域

1. “定义名称”对话框将缩小，将鼠标光标移动到工作表中，当其变为✣形状时，选择 B4:E4 单元格区域。
2. 单击按钮。

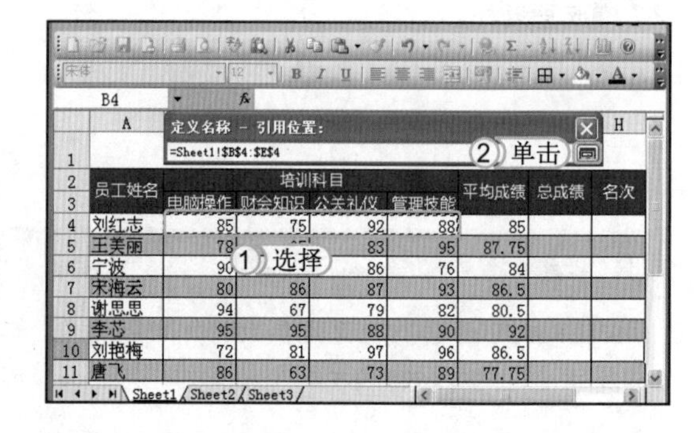

STEP 07： 定义名称

1. 返回“定义名称”对话框，单击 添加(A) 按钮，再使用相同的方法将其他员工的各科成绩定义为相应的员工姓名。
2. 定义完成后，单击 确定 按钮。

STEP 08： 计算总成绩

1. 选择 G4 单元格。
2. 在编辑栏中输入公式“=SUM(刘红志)”，按 Enter 键计算出刘红志的总成绩。

STEP 09： 计算名次

1. 使用相同的方法计算该列其他员工的总成绩。
2. 选择 H4 单元格。
3. 在编辑栏中输入“=RANK(G4,$G$4:$G$11)”，按 Enter 键计算出名次。

提个醒 RANK 函数的格式为 RANK(number, ref,order)，该函数是用于返回数据在一列数字中相对于其他数值的大小排位。本例中的“=RANK(G4,$G$4:$G$11)”表示在 G 列中引用 G4:G11 单元格中的数字进行升序排列。

STEP 10： 填充数据

1. 将鼠标光标置于 H4 单元格右下角，当鼠标光标变为✚形状时，按住鼠标左键不放向下拖动至 F11 单元处，释放鼠标，并单击按钮。
2. 在弹出的快捷菜单中选中 不带格式填充(O) 单选按钮，计算出其他员工的名次。

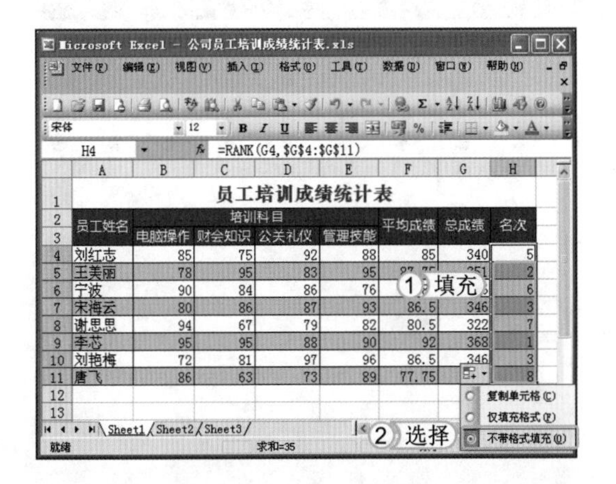

员工培训成绩统计表

员工姓名	电脑操作	财会知识	公关礼仪	管理技能	平均成绩	总成绩	名次
刘红志	85	75	92	88	85	340	5
王美丽	78	95	83	95	87.75	351	2
宁波	90	84	86	76	84	336	6
宋海云	80	86	87	93	86.5	346	3
谢思思	94	67	79	82	80.5	322	7
李芯	95	95	88	90	92	368	1
刘艳梅	72	81	97	96	86.5	346	3
唐飞	86	63	73	89	77.75	311	8

5.4 练习1小时

本章主要介绍了Excel的基本操作、数据的编辑和公式、函数的使用方法，包括工作表和单元格的基本操作、数据编辑和使用公式和函数计算数据等。下面将通过制作员工业绩评定表和员工收入表两个练习进一步巩固这些知识的操作方法，使用户熟练掌握并加以运用。

1. 制作员工业绩评定表

本例将制作员工业绩评定表，首先新建一个名为“员工业绩评定表”的工作簿，并将“Sheet1”工作表重命名为“销售部”，然后输入、填充数据，最后对数据和单元格进行设置字体格式、合并单元格、调整行高或列宽、设置数据类型等编辑操作，最终效果如右图所示。

员工业绩评定表

序号	姓名	职位	基本工资	提成	业绩评定
A001	杨志飞	业务员	￥1,500	￥800	良好
A002	蒋娇倩	业务员	￥1,500	￥500	欠佳
A003	宋聂锋	业务员	￥1,500	￥200	优良
A004	杨欢一	业务员	￥1,500	￥800	良好
A005	张琼	业务员	￥1,500	￥800	良好
A006	王鸿浩	业务员	￥1,500	￥2,800	优良
A007	孙潇潇	业务员	￥1,500	￥800	良好
A008	付红晓	主管	￥1,800	￥1,000	良好
A009	张献暨	主管	￥1,800	￥1,000	良好
A010	赵翼	销售经理	￥2,000	￥2,500	优良
A011	宋瑞	销售经理	￥2,000	￥1,500	良好

Sheet1 / Sheet2 / Sheet3

光盘文件

效果\第5章\员工业绩评定表.xls

实例演示\第5章\制作员工业绩评定表

2. 制作员工收入表

本例将制作员工收入表，主要练习输入、填充数据、删除和重命名工作表，然后对数据进行求和计算，最后使用定义单元格名称的方法计算出生产部经理的实得工资，完成后的最终效果如右图所示。

员工收入表

部门	职务	姓名	基本工资	奖金	补贴	全勤	实得工资
生产部	部门经理	陈灵青	3500	2500	1000	100	7100
市场部	部门经理	程乾	4000	2000	900	100	7000
市场部	员工	崔颖	2500	1500	500	100	4600
生产部	员工	范毅	2500	1000	500	100	4100
质量部	部门经理	廖华	3000	4000	1200	100	8300
技术部	部门经理	刘立志	3500	3500	1000	100	8100
质量部	员工	孙虹茹	4000	3000	900	100	8000
生产部	员工	汪洋	2500	1000	500	100	4100
职位	实得工资						
生产部经理	7100						

工资表

光盘文件

效果\第5章\员工收入表.xls

实例演示\第5章\制作员工收入表

读书笔记

第6章 数据管理——展示数据

学习 2 小时

- 设置表格和表格数据
- 管理数据

在 Excel 中，数据的管理也很重要。通常在表格中记录较多的数据时，通过 Excel 的相应功能对其进行管理，让管理人员很容易地查看出不同阶段或不同情况下各数据的变化情况。管理数据可通过对数据进行排序、筛选和分类汇总等方法来实现，本章将对这些管理数据的操作方法进行详细讲解。

上机 3 小时

6.1 设置表格及表格数据

虽然在Excel表格中可以直接输入数据，但当内容较多时，看起来会显得杂乱无章。若用户想要使用Excel 2003制作出美观的表格界面，就需对数据及单元格格式进行设置。下面将讲解如何对表格中的数据及单元格格式进行设置，以使表格更加美观、内容易于查看。

学习1小时

- 熟练掌握设置数据字体格式和对齐方式的方法。
- 灵活掌握设置单元格颜色和为其添加边框的方法。
- 掌握设置数据条件格式和使用格式刷套用单元格格式的方法。

6.1.1 设置字体格式

设置字体格式是指对单元格中数据的字体、字号和字体颜色等进行设置，以达到表格布局层次分明、大方美观的效果。其设置方法与在Word中设置字体格式的方法相似。设置数据字体格式通常可以通过“格式”工具栏和“单元格格式”对话框来设置，其设置方法分别如下。

- 通过“格式”工具栏设置：选择要设置数据字体格式的单元格或单元格区域，通过单击“格式”工具栏 中的按钮或选择下拉列表框中的选项，即可为数据设置相应的字体格式。
- 通过“单元格格式”对话框设置：选择要设置数据字体格式的单元格或单元格区域，选择【格式】/【单元格】命令，打开“单元格格式”对话框，单击“字体”选项卡，在其中的下拉列表框中选择相应选项或选中相应复选框，单击 确定 按钮。

6.1.2 设置对齐方式

与Word中插入的表格一样，在Excel的单元格中输入数据，文字型数据会自动左对齐，而数字型数据会自动右对齐。另外，在Excel中还提供了其他对齐方式，用户可根据实际情况对单元格进行设置。

设置数据对齐的方法非常简单，只需选择需设置的数据，单击“格式”工具栏中的“左对齐”按钮，将选择的文本左对齐；单击“居中”按钮，将选择文本居中对齐；单击“右对齐”按钮，即可将选择的文本右对齐。

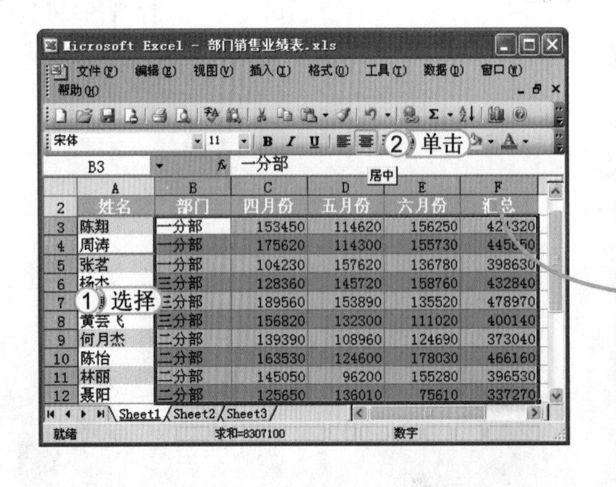

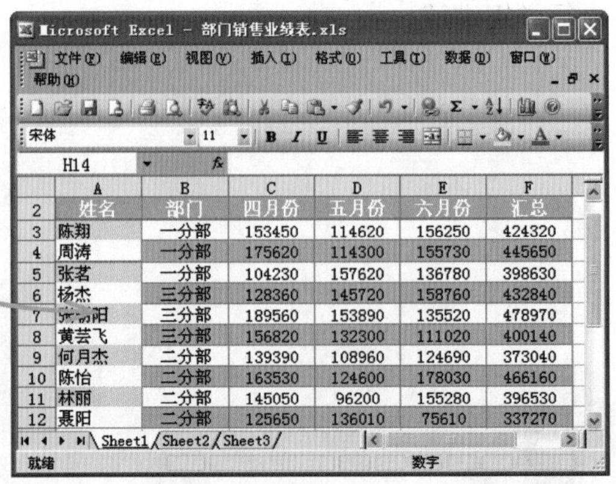

6.1.3 设置边框和底纹

Excel 2003 默认制作的表格打印出来没有边框，为了更方便查看打印后的效果，可为其设置边框。同时，为使表格更加美观和突出重要部分可为其设置底纹。

下面在“房屋销量表.xls”工作簿中对 A2:G2 单元格区域填充橙色底纹，并对 A3:G11 单元格设置绿色边框，其具体操作如下：

光盘文件
素材\第6章\房屋销量表.xls
效果\第6章\房屋销量表.xls
实例演示\第6章\设置边框和底纹

STEP 01：设置单元格底纹颜色

1. 打开“房屋销量表.xls”文档，选择 A2:G2 单元格区域。
2. 在“格式”工具栏上单击“填充颜色”按钮右侧的下拉按钮。
3. 在弹出的下拉列表中选择“橙色”选项。

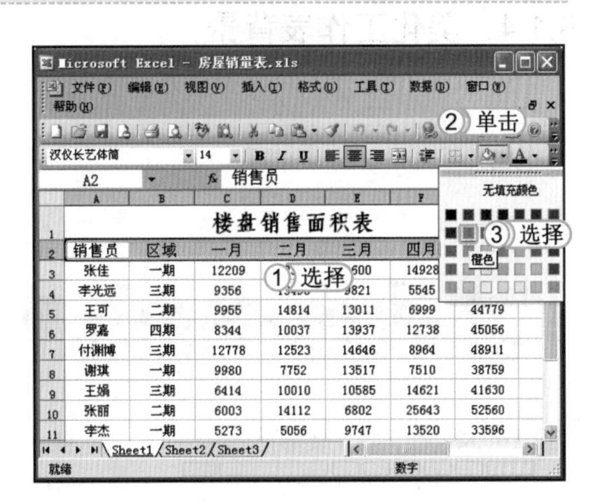

提个醒 填充底纹颜色同样可在“单元格格式”对话框中进行。只需在对话框中选择“图案”选项卡，在“单元格底纹”栏中选择颜色块选项后，单击确定按钮。

STEP 02：打开“单元格格式”对话框

1. 返回工作界面，即可看到为单元格填充颜色后的效果。再选择 A3:G11 单元格区域。
2. 选择【格式】/【单元格】命令，打开“单元格格式”对话框。

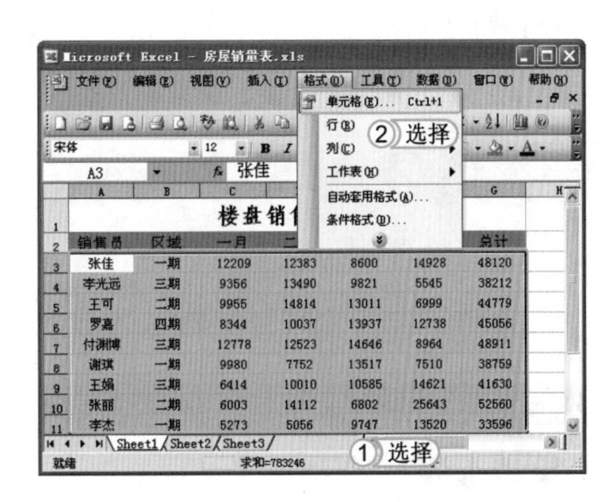

提个醒 选择单元格或单元格区域后，单击鼠标右键，在弹出的快捷菜单中选择“设置单元格格式”命令，也可以打开“单元格格式”对话框。

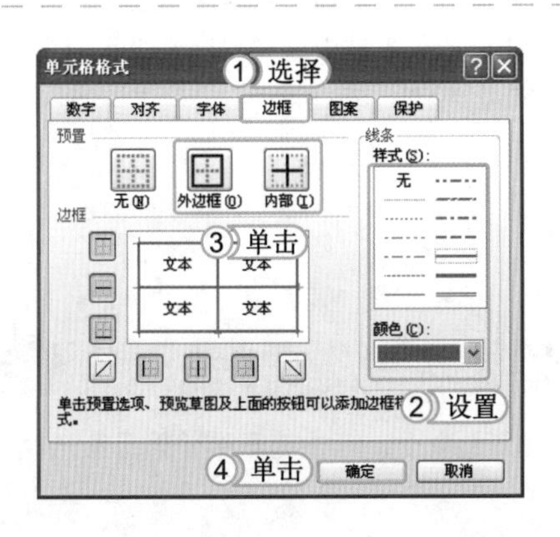

STEP 03：设置边框

1. 选择“边框”选项卡。
2. 在“线条”栏的“样式”列表框中选择右侧的第 5 个样式选项。在“颜色”下拉列表框中选择“海绿”选项。
3. 在“预置”栏中分别单击“外边框”按钮和“内部”按钮，为每个单元格四周都添加边框。
4. 单击确定按钮。

STEP 04： 查看效果

返回工作表区域，可查看到为单元格添加边框后的效果。

楼盘销售面积表						
销售员	区域	一月	二月	三月	四月	总计
张佳	一期	12209	12383	8600	14928	48120
李光远	三期	9356	13490	9821	5545	38212
王可	二期	9955	14814	13011	6999	44779
罗嘉	四期	8344	10037	13937	12738	45056
付渊博	三期	12778	12523	14646	8964	48911
谢琪	一期	9980	7752	13517	7510	38759
王娟	三期	6414	10010	10585	14621	41630
张丽	二期	6003	14112	6802	25643	52560
李杰	一期	5273	5056	9747	13520	33596

提个醒

在为单元格设置边框和底纹颜色时，尽量保持简洁，如果设置得太过艳丽，其表达效果会适得其反。

6.1.4 美化工作表背景

对于一些具有宣传性质的表格，可以为工作表添加背景图案，使其更具吸引力。设置表格背景其实很简单，就是在表格中插入背景图片，作用是使工作表更一目了然和美观。但是如果插入的图片过于复杂，可能会影响表格数据的显示，所以要多调试才行。下面在“部门销售业绩表.xls”工作簿中设置背景为“玫瑰.jpg”的图片，其具体操作如下：

光盘文件

素材\第 6 章\部门销售业绩表.xls、玫瑰.jpg
效果\第 6 章\部门销售业绩表.xls
实例演示\第 6 章\美化工作表背景

STEP 01： 选择单元格区域

打开“部门销售业绩表.xls”，单击“全选”按钮，选择全部单元格区域，选择【格式】/【工作表】/【背景】命令。

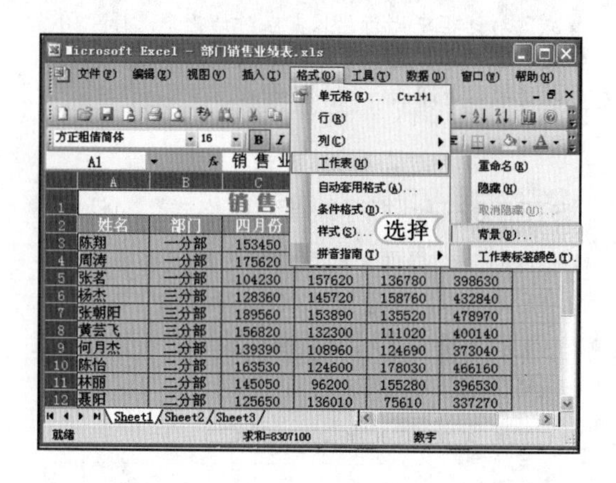

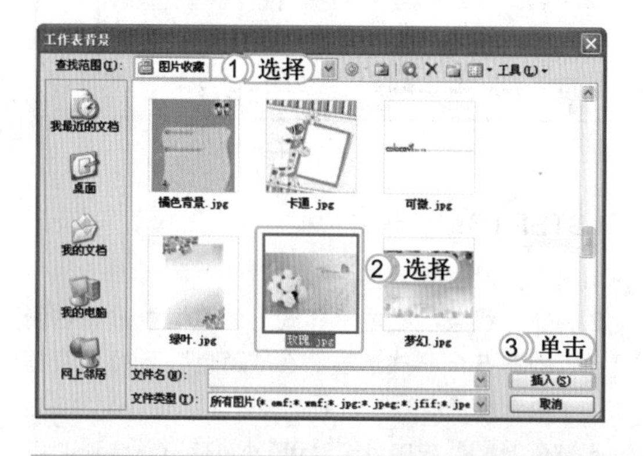

STEP 02： 插入背景图片

1. 打开“工作表背景”对话框，在“查找范围”下拉列表框中选择图片存储的位置。
2. 在中间的列表框中选择“玫瑰.jpg”图片。
3. 单击 插入(S) 按钮。

经验一箩筐——删除背景图案

在插入背景图案后，选择【格式】/【工作表】/【删除背景】命令，可快速删除背景图案。

STEP 03： 设置字体颜色

1. 插入图片后，若觉得图片不能有效地凸显文字内容，可更改字体颜色来达到凸显目的。选择 A1:D10 单元格区域。
2. 单击“格式”工具栏中的“文字颜色”按钮右侧的下拉按钮，在弹出的列表中选择“蓝色”选项。

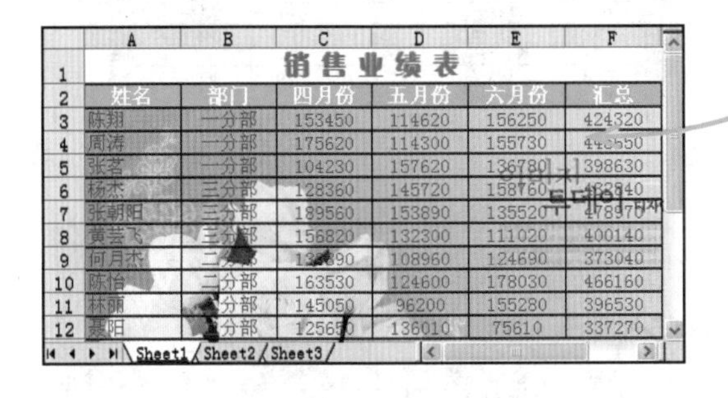

6.1.5 套用表格样式

为了提高工作效率，用户可将系统自带的表格格式套用到自己制作的表格中，不仅可使表格更美观，还不容易出现错误。

其方法是：选择需套用表格样式的单元格区域，然后选择【格式】/【自动套用格式】命令，在打开的“自动套用格式”对话框的列表框中选择需要的表格格式，单击确定按钮返回工作表中，即可查看到套用表格格式后的效果。

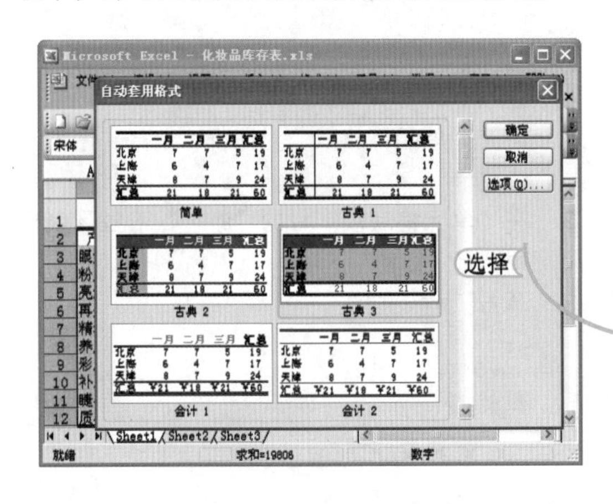

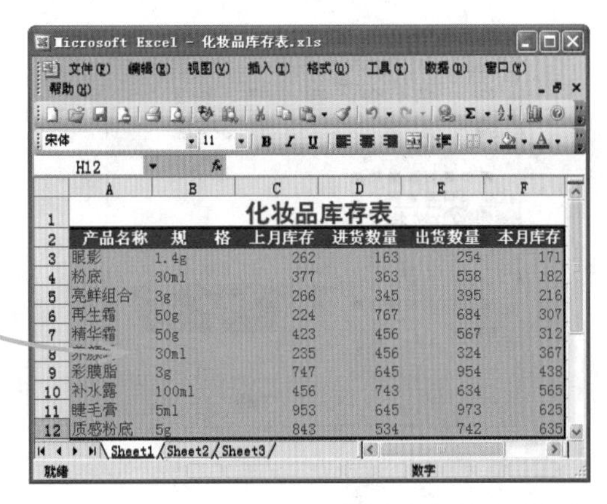

6.1.6 设置条件格式

条件格式是指当单元格中的数据满足某种条件时，将单元格显示成设置条件所对应的单元格样式，以便对数据进行查看。下面将为“公司产品信息.xls”工作簿中的单元格区域设置条件格式，其具体操作如下：

光盘文件
素材\第 6 章\公司产品信息.xls
效果\第 6 章\公司产品信息.xls
实例演示\第 6 章\设置条件格式

STEP 01： 打开“条件格式”对话框

1. 打开“公司产品信息.xls”工作簿，选择需要设置条件格式的单元格区域，这里选择F3:F12单元格区域。
2. 选择【格式】/【条件格式】命令，打开“条件格式”对话框。

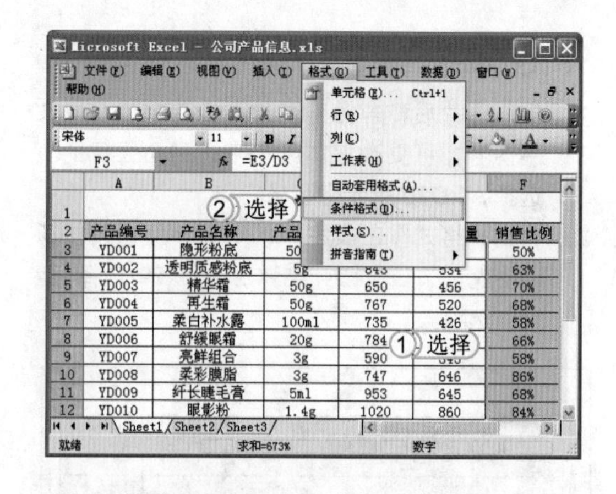

STEP 02： 设置条件

1. 在“条件1”栏的第1个下拉列表框中选择数据类型，这里选择“单元格数值”选项。在第2个下拉列表框中选择条件，这里选择“大于”选项。
2. 在后面的文本框中输入数值大小，这里输入“65%”。
3. 单击[格式(F)...]按钮。

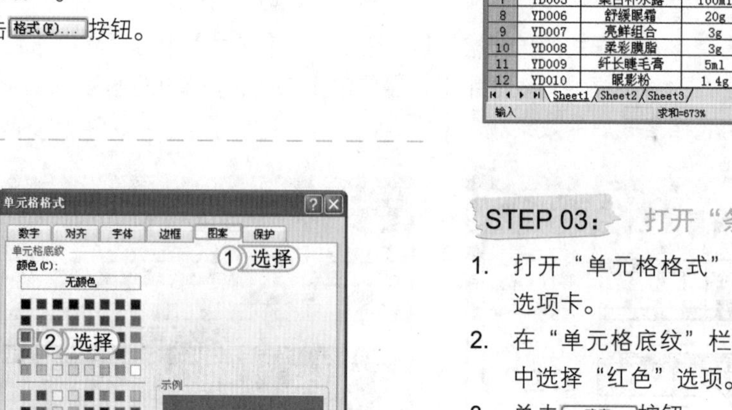

STEP 03： 打开“条件格式”对话框

1. 打开“单元格格式”对话框，选择“图案”选项卡。
2. 在“单元格底纹”栏的“颜色”下拉列表框中选择“红色”选项。
3. 单击[确定]按钮。

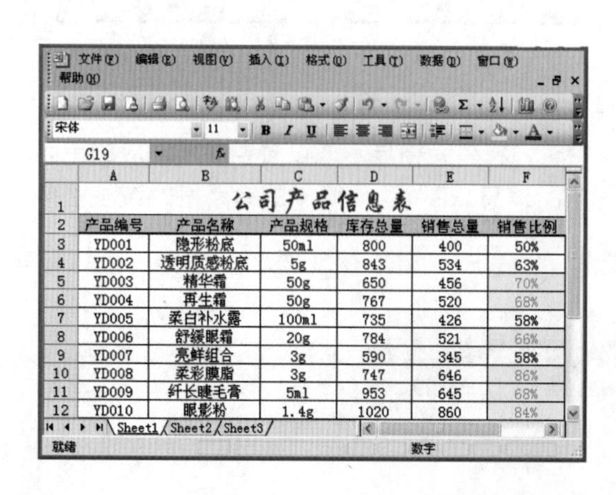

公司产品信息表

产品编号	产品名称	产品规格	库存总量	销售总量	销售比例
YD001	隐形粉底	50ml	800	400	50%
YD002	透明质感粉底	5g	843	534	63%
YD003	精华霜	50g	650	456	70%
YD004	再生霜	50g	767	520	68%
YD005	柔白补水露	100ml	735	426	58%
YD006	舒缓眼霜	20g	784	521	66%
YD007	亮鲜组合	3g	590	345	58%
YD008	柔彩膜脂	3g	747	646	86%
YD009	纤长睫毛膏	5ml	953	645	68%
YD010	眼影粉	1.4g	1020	860	84%

STEP 04： 查看效果

返回“条件格式”对话框，单击[确定]按钮，返回工作表区域，可查看设置后的效果。

6.1.7 复制单元格格式

在某个单元格或单元格区域中设置了格式后，若想为其他单元格或单元格区域设置与之相同的格式，就可以使用格式刷快速复制。在工作中熟练使用格式刷工具可以大大提高工作效率。

其方法是：选择单元格，单击“格式”工具栏中的“格式刷”按钮，当鼠标光标变为形状时，拖动鼠标选择需要的单元格区域，释放鼠标后目标单元格区域中数据的格式与源单元格区域中数据的格式相同。如下图所示。

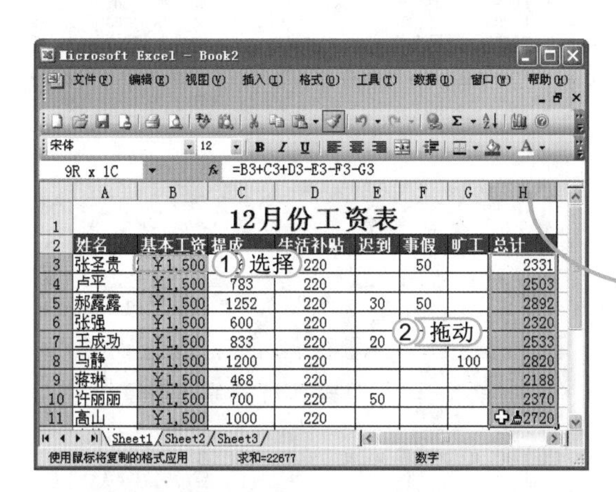

	A	B	C	D	E	F	G	H
1	12月份工资表							
2	姓名	基本工资	提成	生活补贴	迟到	事假	旷工	总计
3	张圣贵	￥1,500	661	220		50		￥2,331
4	卢平	￥1,500	783	220				￥2,503
5	郝露露	￥1,500	1252	220	30	50		￥2,892
6	张强	￥1,500	600	220				￥2,320
7	王成功	￥1,500	833	220	20			￥2,533
8	马静	￥1,500	1200	220			1	￥2,820
9	蒋琳	￥1,500	468	220				￥2,188
10	许丽丽	￥1,500	700	220	50			￥2,370
11	高山	￥1,500	1000	220				￥2,720

上机 1 小时 制作员工能力考核表

- 进一步掌握设置数据字体格式和对齐方式的方法。
- 巩固设置单元格颜色和为其添加边框的方法。
- 熟练掌握设置数据条件格式的方法。

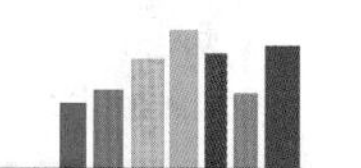

本例将制作一份员工能力考核表，制作该考核表时，主要运用了设置表格格式、使用条件格式来突出表格中的相关数据。从而使表格更加美观，主次分明，重点突出，完成后的最终效果如下图所示。

	A	B	C	D	E
1	员工能力考核表				
2	员工编号	姓名	业务知识	工作能力	综合评定
3	F001	张锁	70	82	76
4	F002	万明	75	75	75
5	F003	陈建军	80	82	81
6	F004	周利平	82	92	87
7	F005	伍小均	75	91	83
8	F006	严其华	72.6	82	77.3
9	F007	罗华余	91	75	83
10	F008	周静	82	76	79
11	F009	蒋文丽	71	72	71.5
12	F010	徐佳佳	75	70	72.5

光盘文件

效果\第 6 章\员工能力考核表.xls

实例演示\第 6 章\制作员工能力考核表

STEP 01：设置数据字体样式和字号

1. 启动 Excel 2003，新建一个工作簿并将其保存为“员工能力考核表.xls”，根据本月考核情况在工作表中输入相应的考核记录内容，然后选择 A1 单元格。
2. 在“格式”工具栏中将字体设置为“华文隶书”、字号为“16”。

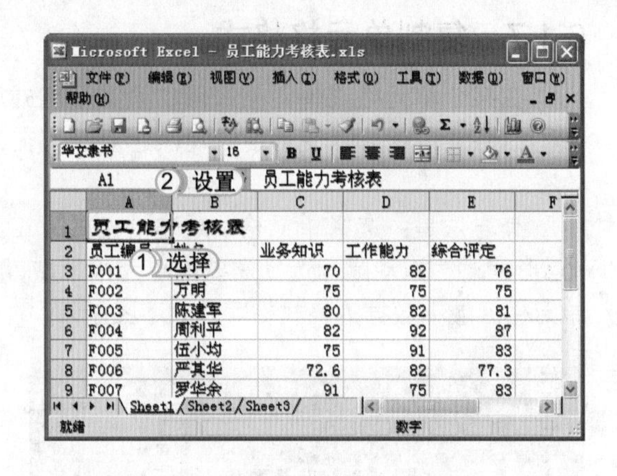

STEP 02：设置对齐方式

选择 A1:F1 单元格区域，单击“格式”工具栏中的“合并及居中”按钮。

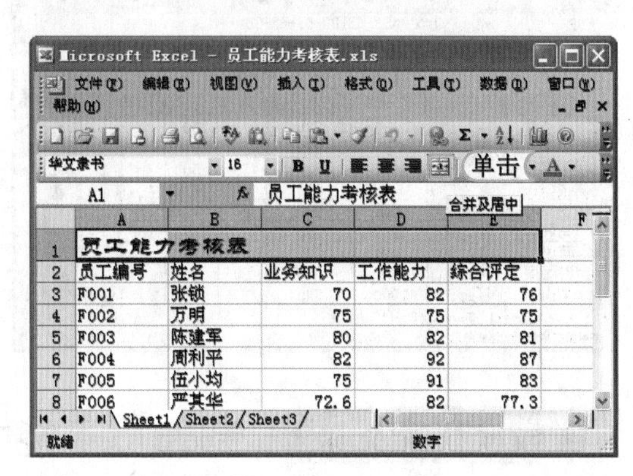

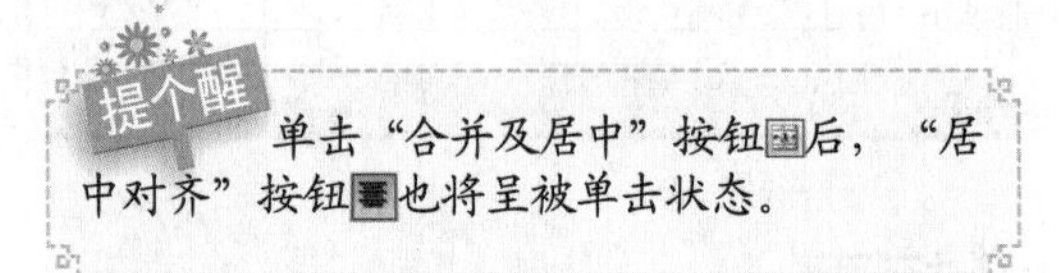

单击“合并及居中”按钮后，“居中对齐”按钮也将呈被单击状态。

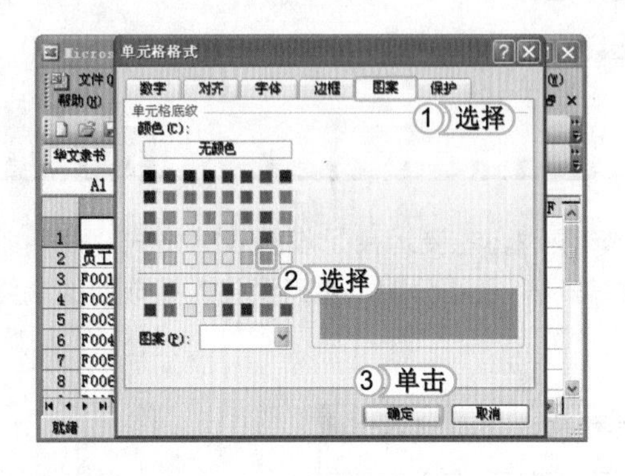

STEP 03：为单元格填充颜色

1. 保持单元格的选择状态，选择【格式】/【单元格】命令，打开“单元格格式”对话框，选择“图案”选项卡。
2. 在“单元格底纹”栏中选择“浅紫色”选项。
3. 单击 确定 按钮。

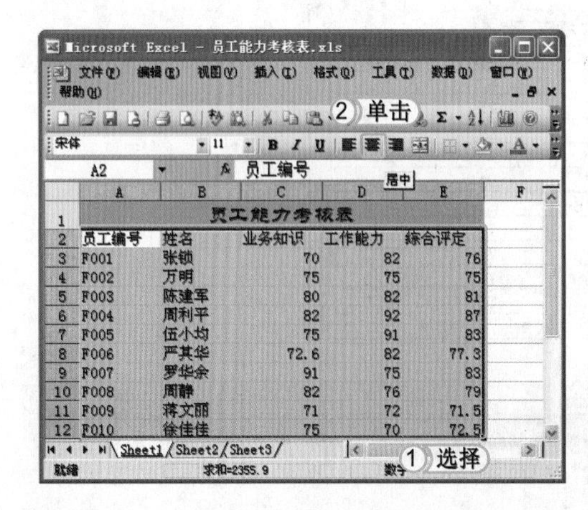

STEP 04：设置单元格居中对齐

1. 选择 A2:E12 单元格区域。
2. 单击“格式”工具栏中的“居中”按钮。

读书笔记

STEP 05：为单元格添加边框

1. 保持单元格的选择状态，再次打开“单元格格式”对话框，选择“边框”选项卡。
2. 在“线条”栏“样式”列表中选择线型，在“颜色”下拉列表框中选择“靛青”选项。
3. 然后在“预置”栏中单击“外边框”按钮和“内部”按钮。
4. 单击 确定 按钮。

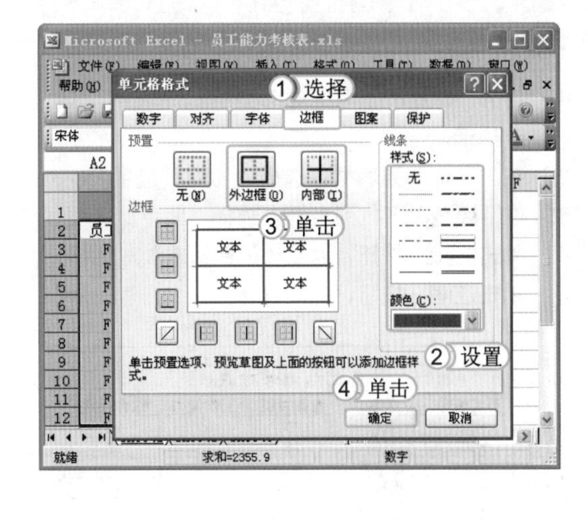

提个醒 如单击“格式”工具栏中的“边框”按钮，在弹出的下拉列表中选择相应的选项，也可为单元格添加边框。

STEP 06：加粗文本

1. 选择 A2:E2 单元格区域。
2. 在“格式”工具栏中单击“加粗”按钮**B**。
3. 再单击“填充颜色”按钮右侧的下拉按钮，在弹出的下拉列表中选择“茶色”选项。

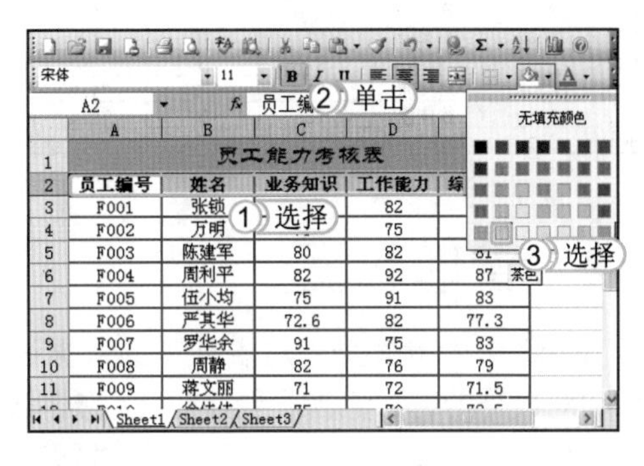

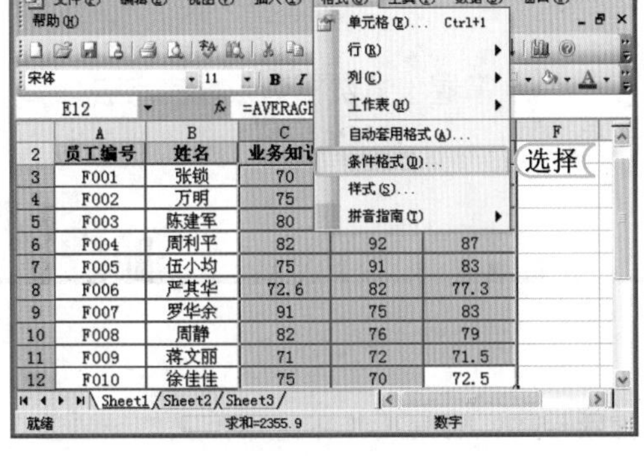

STEP 07：打开“条件格式”对话框

选择E3:E12单元格区域，选择【格式】/【条件格式】命令，打开“条件格式”对话框。

STEP 08：设置条件

1. 在“条件1”栏的第1个下拉列表框中选择“单元格数值”选项。在第2个下拉列表框中选择“介于”选项。
2. 在后面的文本框中分别输入数值“80”和“95”。
3. 单击 格式(F)... 按钮。

提个醒 在“条件格式”对话框中单击 添加(A)>> 按钮，将显示更多的条件栏，可设置更多的条件格式。

STEP 09： 设置满足条件字体格式

1. 打开"设置单元格格式"对话框，单击"字体"选项卡。
2. 在"字形"列表框中选择"加粗"选项。
3. 在"颜色"下拉列表框中选择"紫色"选项。
4. 单击 确定 按钮，返回"条件格式"对话框，单击 确定 按钮，完成操作。

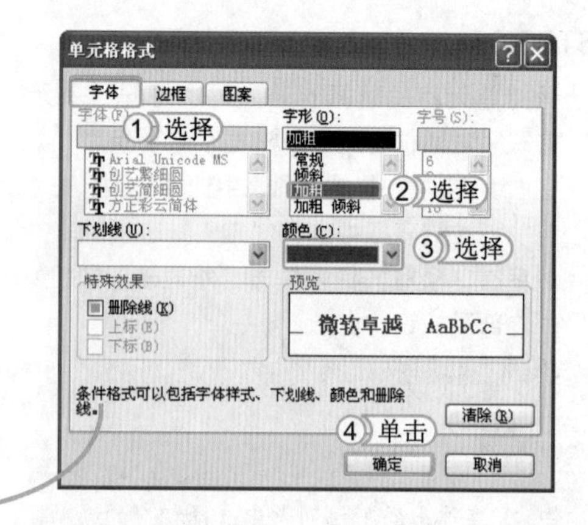

	A	B	C	D	E
1	员工能力考核表				
2	员工编号	姓名	业务知识	工作能力	综合评定
3	F001	张锁	70	82	76
4	F002	万明	75	75	75
5	F003	陈建军	80	82	81
6	F004	周利平	82	92	87
7	F005	伍小均	75	91	83
8	F006	严其华	72.6	82	77.3
9	F007	罗华余	91	75	83
10	F008	周静	82	76	79
11	F009	蒋文丽	71	72	71.5
12	F010	徐佳佳	75	70	72.5

Sheet1 / Sheet2 / Sheet3

提个醒 选择单元格中的数据，然后单击"字体颜色"按钮，在弹出的列表框中选择颜色选项，也可设置字体颜色。

6.2 管理数据

Excel 最大的优势是对表格中的数据进行管理操作，以使用户的工作和学习更加自如。Excel 对数据的智能化管理主要包括根据需要进行数据排序、数据筛选、设置数据的有效性和数据分类汇总等，通过它们可对数据进行有效的管理和分析。

学习 1 小时

- 熟练掌握数据排序的应用方法。
- 灵活掌握数据筛选的方法。
- 掌握对数据进行分类汇总的方法。
- 掌握设置数据有效性的方法。

6.2.1 表格数据的排序

排序是指 Excel 中的数据按照特定的规律进行重新排序，它是工作中经常涉及的一项重要工作，利用它对数据进行有效地整理，便于统计归类。

1. 简单排序

简单排序就是以一个条件为排序依据，对工作表中的数据进行排序。这是一种简单且使用较频繁的排序方法，在排序时，需要指定以工作表中某一个字段为条件进行排序。下面在"月销售记录表.xls"工作簿中对员工"销售额"进行降序排列，其具体操作如下：

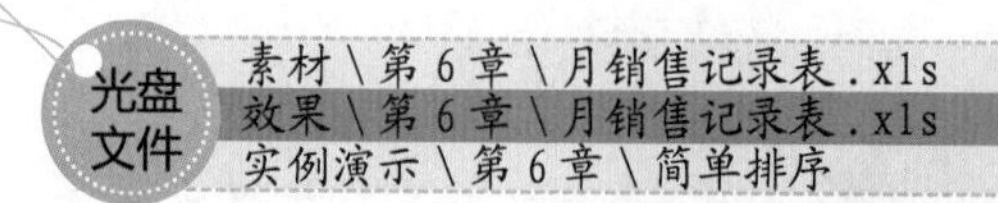

STEP 01： 打开“排序”对话框

打开“月销售记录表.xls”工作簿，选择 A3:H13 单元格区域，选择【数据】/【排序】命令，打开“排序”对话框。

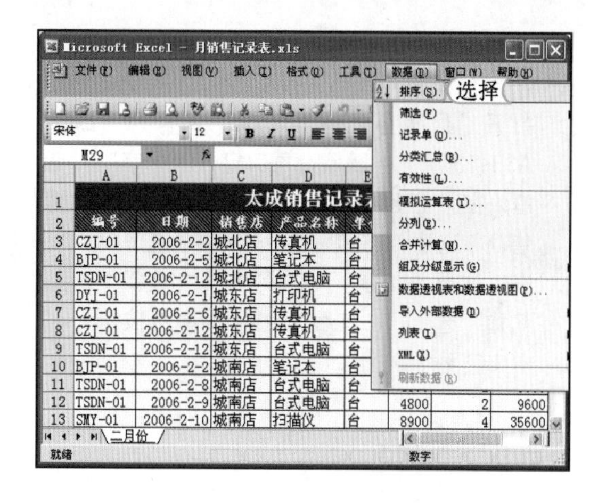

> **提个醒**
> 在 Excel 中，排序分为升序和降序。其中升序是指对单元格中的数据从小到大进行排序，而降序则正好相反。若排序关键字的单元格数据为汉字，则系统默认以汉字拼音 A~Z 为排序依据进行排序。

STEP 02： 设置排序条件

1. 在“主要关键字”下拉列表框中选择“销售额”选项。
2. 在其后选中⊙降序单选按钮。
3. 单击 确定 按钮。

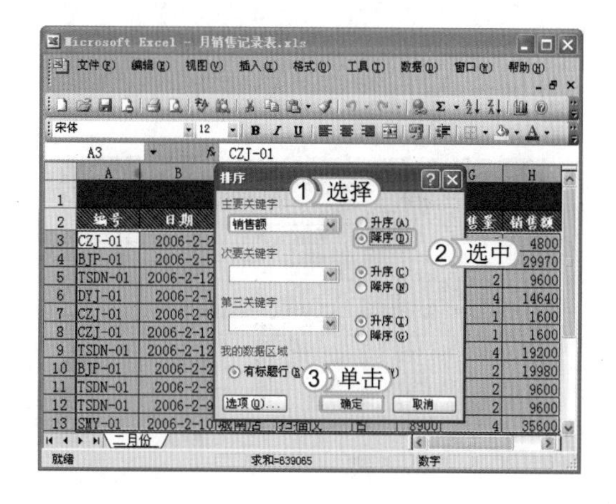

> **提个醒**
> 在表格中选择排序对象所在的单元格，单击“格式”工具栏中的升序或降序按钮，可对数据进行升序或降序排列。

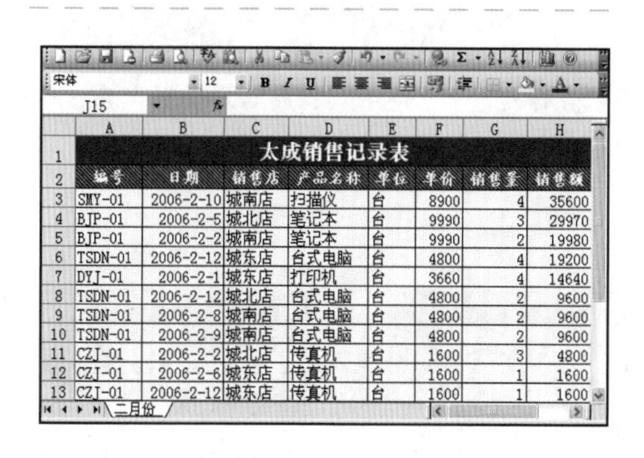

太成销售记录表

编号	日期	销售店	产品名称	单位	单价	销售量	销售额
SMY-01	2006-2-10	城南店	扫描仪	台	8900	4	35600
BJP-01	2006-2-5	城北店	笔记本	台	9990	3	29970
BJP-01	2006-2-2	城南店	笔记本	台	9990	2	19980
TSDN-01	2006-2-12	城东店	台式电脑	台	4800	4	19200
DYJ-01	2006-2-1	城东店	打印机	台	3660	4	14640
TSDN-01	2006-2-12	城北店	台式电脑	台	4800	2	9600
TSDN-01	2006-2-8	城南店	台式电脑	台	4800	2	9600
TSDN-01	2006-2-9	城南店	台式电脑	台	4800	2	9600
CZJ-01	2006-2-2	城北店	传真机	台	1600	3	4800
CZJ-01	2006-2-6	城东店	传真机	台	1600	1	1600
CZJ-01	2006-2-12	城东店	传真机	台	1600	1	1600

STEP 03： 查看最终效果

返回工作表，即可查看到“销售额”列中单元格数据按大小进行了排序。

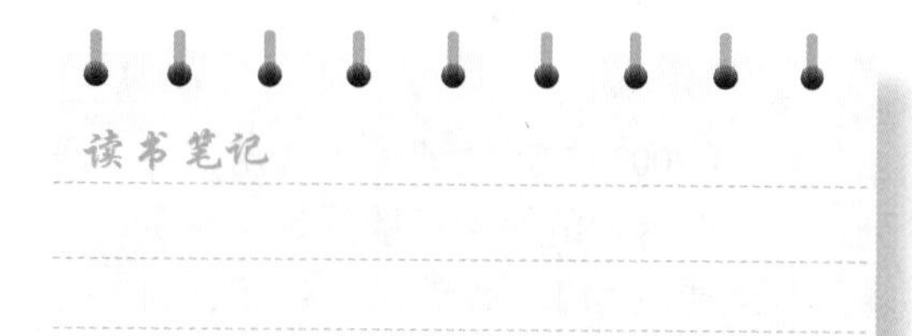

2. 按多个条件排序

按多个条件排序是指以多个关键字为条件，对工作表中的数据进行排序，常用于对相同数据的排序。下面在“月销售记录表 1.xls”工作簿中以“销售额”为主要关键字，“产品名称”为次要关键字进行排序，其具体操作如下：

光盘文件
素材 \ 第 6 章 \ 月销售记录表 1.xls
效果 \ 第 6 章 \ 月销售记录表 1.xls
实例演示 \ 第 6 章 \ 按多个条件排序

STEP 01：打开“排序”对话框

1. 打开“月销售记录表1.xls”工作簿，选择A3:H13单元格区域，再次打开“排序”对话框，在“主要关键字”下拉列表框中选择“销售额”选项，在其后选中⊙升序(A)单选按钮。
2. 在“次要关键字”下拉列表框中选择“产品名称”选项，在其后选中⊙升序(C)单选按钮。
3. 单击[确定]按钮。

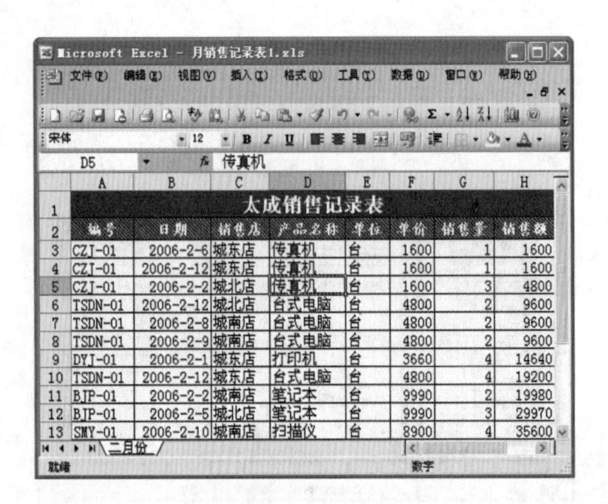

	A	B	C	D	E	F	G	H
1	太成销售记录表							
2	编号	日期	销售店	产品名称	单位	单价	销售量	销售额
3	CZJ-01	2006-2-6	城东店	传真机	台	1600	1	1600
4	CZJ-01	2006-2-12	城东店	传真机	台	1600	1	1600
5	CZJ-01	2006-2-2	城北店	传真机	台	1600	3	4800
6	TSDN-01	2006-2-12	城北店	台式电脑	台	4800	2	9600
7	TSDN-01	2006-2-8	城南店	台式电脑	台	4800	2	9600
8	TSDN-01	2006-2-9	城南店	台式电脑	台	4800	2	9600
9	DYJ-01	2006-2-1	城东店	打印机	台	3660	4	14640
10	TSDN-01	2006-2-12	城东店	台式电脑	台	4800	4	19200
11	BJP-01	2006-2-2	城南店	笔记本	台	9990	2	19980
12	BJP-01	2006-2-5	城北店	笔记本	台	9990	3	29970
13	SMY-01	2006-2-10	城南店	扫描仪	台	8900	4	35600

STEP 02：打开“排序”对话框

返回工作簿可查看整个选择的记录都以“销售额”进行了升序排序，而对于销售额相同的产品，也进行了升序排序。

> **提个醒** 在进行排序时，用户不宜将排序条件设置得太多，否则进行排序后，工作表中的数据仍然很乱。进行多个条件排序时，排序的顺序宜设置为相同顺序，如同为升序。

经验一箩筐——以行标显示数据

如果所选区域中的第1行内容或所选择区域中不包含标题，那么可在“排序”对话框中选中⊙无标题行(W)单选按钮，系统将自动把所选数据行以行标表示。

3. 自定义排序

Excel 2003中提供了一些常用的序列，当系统自带的序列不能满足实际需求时，则可利用Excel提供的自定义排序功能，快速创建需要的数据排序方式，如按照时间和日期等。其方法非常简单，只需在“排序”对话框中单击[选项(O)...]按钮，打开“排序选项”对话框，在该对话框中可设置排序的相应内容。

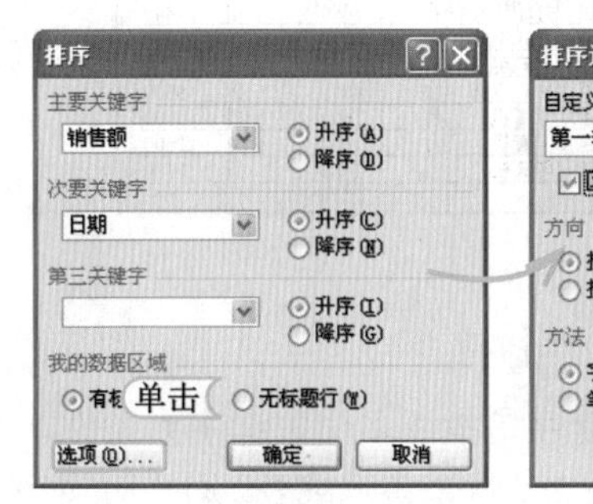

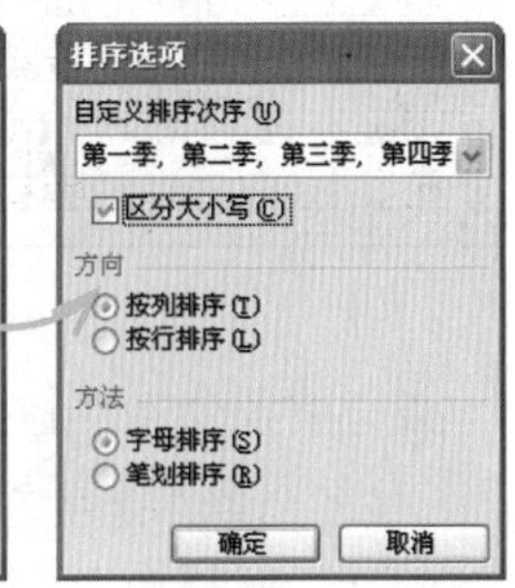

在“排序选项”对话框中可设置如下几个方面。

- **设置排序类型：**在“排序选项”对话框中的“自定义排序次序”下拉列表框中可自定排序的类型，如“星期一、星期二……”或“第一季、第二季……”等。
- **设置排序大小写：**是指在排序时是否对排序内容进行大小写的区分。如需显示的排序区分大小写，只需在“排序选项”对话框中选中☑区分大小写(C)复选框。

- 设置排序方向：排序方向是指在排序时，是按“行”排序还是按“列”排序。如需设置排序方向，在“排序选项”对话框中的“方向”栏中选中⊙按列排序(T)或⊙按行排序(L)单选按钮。
- 设置排序方法：是指排序时以字母排序显示，或以笔划排序显示。如需设置排序方法，在“排序”对话框中的“方法”栏中选中⊙字母排序(S)或⊙笔划排序(R)单选按钮。

6.2.2 表格数据的筛选

Excel 的数据筛选功能可以帮助用户筛选符合条件的记录，并对不满足条件的记录进行隐藏，只显示符合筛选条件的记录。通过 Excel 2003 可实现数据的快速筛选和高级筛选。

1. 自动筛选

自动筛选可根据用户的需要，筛选出所有符合用户要求的数据。在筛选的同时，还可对相应的关键字所在列进行升序或降序排列。

其方法是：在工作表中选择任意一个包含数据的单元格，选择【数据】/【筛选】/【自动筛选】命令，Excel 自动在每列表头右侧添加▾按钮，单击单元格右侧的▾按钮，在弹出的下拉列表中选择相应的选项，Excel 将自动隐藏未选择的选项数据。

Microsoft Excel - 产品生产统计表.xls

文件(F) 编辑(E) 视图(V) 插入(I) 格式(O) 工具(T) 数据(D) 窗口(W) 帮助(H)

宋体 12 H15

	A	B	C	D	E	F
1	饮料生产统计表					
2	生产日期	制造编号	产品名称	预定产量	今日实际产量	累计产量
3	2012-4-12	HS-001		100000	45000	83000
4	2012-4-13	HS-002		100000	44000	82000
5	2012-4-14	HS-003		100000	45000	83000
6	2012-4-15	HS-004			45000	83000
7	2012-4-16	HS-005			45000	83000
8	2012-4-17	HS-006	水密桃果肉饮料	100000	44000	82000
9	2012-4-18	HS-007	草莓果肉饮料	100000	46000	84000
10	2012-4-19	HS-008	草莓果肉饮料	100000	45000	83000
11	2012-4-20	HS-009	水密桃果肉饮料	100000	45000	83000
12	2012-4-21	HS-010	草莓果肉饮料	100000	45000	83000
13	2012-4-22	HS-011	橙子果肉饮料	100000	45000	83000

升序排列
降序排列
(全部)
(前 10 个...)
(自定义...)
草莓果肉饮料
橙子果肉饮料
水密桃果肉饮料
选择

Sheet1 Sheet2 Sheet3
就绪 数字

Microsoft Excel - 产品生产统计表.xls

	A	B	C	D	E	F
1	饮料生产统计表					
2	生产日期	制造编号	产品名称	预定产量	今日实际产量	累计产量
5	2012-4-14	HS-003	草莓果肉饮料	100000	45000	83000
9	2012-4-18	HS-007	草莓果肉饮料	100000	46000	84000
10	2012-4-19	HS-008	草莓果肉饮料	100000	45000	83000
12	2012-4-21	HS-010	草莓果肉饮料	100000	45000	83000

Sheet1 Sheet2 Sheet3
在 11 条记录中找到 4 个 数字

经验一箩筐——方便的自动筛选功能

使用 Excel 的自动筛选功能筛选数据，可以快速而方便地查找和使用单元格区域或表中数据的子集。

2. 自定义筛选

在 Excel 中还可自定义筛选条件，通过在“自定义自动筛选方式”对话框中设置需要满足的条件即可，其主要方法是通过菜单命令来完成的，如筛选大于、等于、小于或自定义某个数值的数据记录。

下面将在“商品销售情况表.xls”工作簿中自定义筛选条件，使其只显示销售量大于 60 和小于 40 的数据并对其进行降序排列，使数据更加清晰、直观。其具体操作如下：

光盘文件
素材 \ 第 6 章 \ 商品销售情况表.xls
效果 \ 第 6 章 \ 商品销售情况表.xls
实例演示 \ 第 6 章 \ 自定义筛选

STEP 01：打开工作簿

打开“商品销售情况表.xls”工作簿，选择【数据】/【筛选】/【自动筛选】命令。

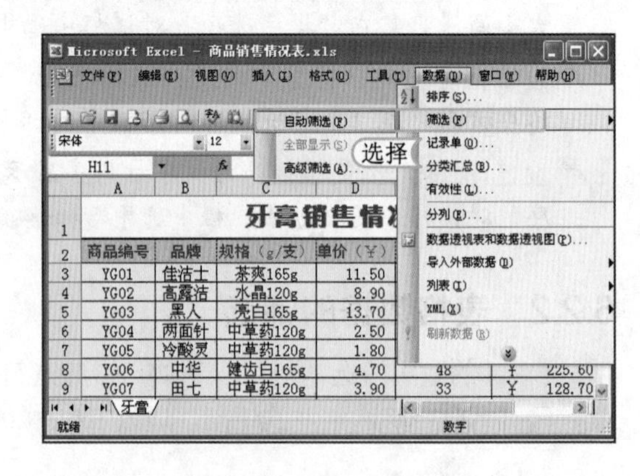

STEP 02：打开工作簿

单击E1单元格右侧的按钮，在打开的列表框中选择“自定义”选项。

提个醒 Excel根据表头内容的不同，其下拉列表中显示的选项也不同。如表头内容为数据时，则在下拉列表中显示为“数字筛选”选项；为日期时，则显示为“日期筛选”选项。

STEP 03：打开工作簿

1. 打开“自定义自动筛选方式”对话框，在“显示行”栏的下拉列表框中选择“大于”选项，并在其后的文本框中输入“60”。
2. 选中或(O)单选按钮。
3. 在下方的下拉列表框中选择“小于”选项，并在后方输入“40”。
4. 单击确定按钮。

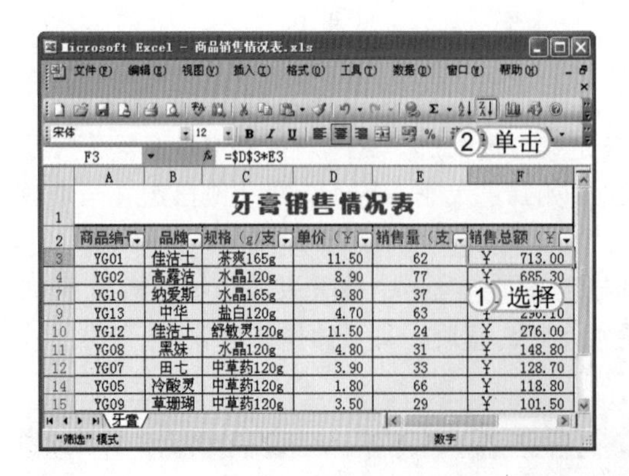

STEP 04：查看筛选结果

1. 返回工作表，Excel自动筛选销售量大于60和小于40的数据，并对其进行显示。再选择F3单元格。
2. 在工具栏中单击“降序”按钮，使数据按降序排列。

提个醒 对某项数据进行筛选后，该表头的黑色三角形按钮将变为蓝色三角形按钮。

经验一箩筐——设置自定义筛选条件方式

在自定义筛选时，在筛选对话框中提供了⊙与(A)和⊙或(O)两个单选按钮，其中⊙与(A)单选按钮表示筛选满足所有条件的数据记录，而⊙或(O)单选按钮表示筛选满足任意一项条件的数据记录。

3. 高级筛选

自定义筛选数据最多只能设置筛选条件，如需要筛选满足更多条件的数据记录，可通过Excel的高级筛选功能来完成，其工作原理是通过在单元格中预先设置筛选的条件，再通过选择数据源的方式来进行筛选。

本例将在“销售业绩表.xls”工作簿中自定义筛选条件，使其只显示满足销售量为6、产品为冰箱且销售地区为北京的记录。其具体操作如下：

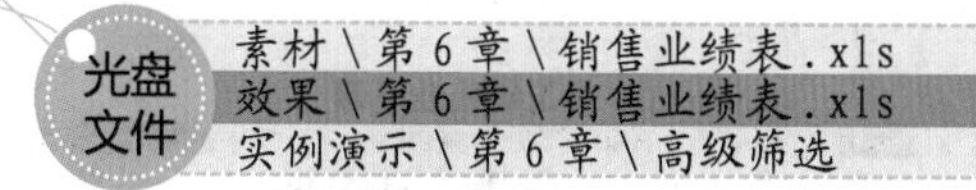

素材\第6章\销售业绩表.xls
效果\第6章\销售业绩表.xls
实例演示\第6章\高级筛选

STEP 01：输入筛选条件

1. 打开“销售业绩表.xls”工作簿，在任意单元格中输入自定义筛选条件，如这里输入“销售量”为“6”，“产品”为“冰箱”，“销售地区”为“北京”。
2. 选择【数据】/【筛选】/【高级筛选】命令，打开“高级筛选”对话框。

STEP 02：设置列表区域

1. 在“方式”栏中选中⊙在原有区域显示筛选结果(F)单选按钮。
2. 单击列表区域文本框右侧的按钮，在表格中选择A2:H11单元格区域。
3. 再单击“高级筛选-列表区域”对话框中的按钮，返回“高级筛选”对话框。

STEP 03： 设置条件区域

1. 返回到“高级筛选”对话框，单击“条件区域”文本框后的按钮。打开“高级筛选－条件区域：”对话框，在表格中选择筛选条件所在的单元格区域，这里选择 B12:D13 单元格区域。
2. 单击“高级筛选－条件区域：”对话框中的按钮。

员工销售业绩表

编号	姓名	日期	销售地区	产品	单价	销售量	销售额
001	林立	20				6	23100
002	陈向喜	20					14352
003	李三立	2012-3-4	天津	电风扇	3966	6	23796
004	马尚	2012-3-5	深圳	洗衣机	1986	6	11916
005	曾宽	2012-3-6	广州	冰箱	2839	3	8517
006	冯鑫	2012-3-7	四川	空调	3588	6	21528
007	张杰	2012-3-8	北京	彩电	3966	4	15864
008	朱胜	2012-3-9	上海	微波炉	1465	8	11720
010	于篮	2012-3-12	北京	冰箱	2839	6	17034
	销售量	2012-3-12	销售地区				
	6	冰箱	北京				

高级筛选 - 条件区域：销售业绩表!$B$12:$D$13

②单击 ①选择

STEP 04： 查看效果

返回“高级筛选”对话框，单击 确定 按钮。在表格中即可查看到通过高级筛选功能筛选出的符合销售量为“6”、产品为“冰箱”、销售地区为“北京”的数据。

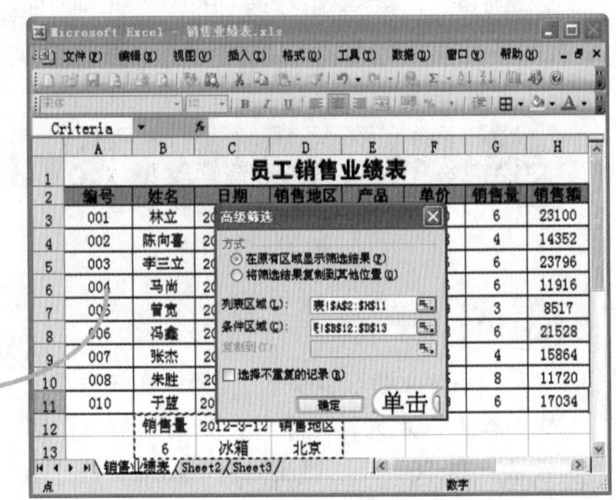

员工销售业绩表

编号	姓名	日期	销售地区	产品	单价	销售量	销售额
001	林立	2012-3-2	北京	冰箱	3850	6	23100
010	于篮	2012-3-12	北京	冰箱	2839	6	17034
	销售量	产品	销售地区				
	6	冰箱	北京				

在 9 条记录中找到 2 个

经验一箩筐——还原筛选数据

对数据进行高级筛选后，要重新显示当前工作表中的所有数据，可选择【数据】/【筛选】/【全部显示】命令。

6.2.3 数据分类汇总

Excel 2003 能够自动计算表格中包含数字的列分类后的汇总值，并且将各分类明细数据隐藏起来，只是分级显示其汇总列表。使电子表格的结构更加清晰明了，以便用户能更加直观地查看工作表中的数据。但在分类汇总前需对要汇总的数据进行排序后，才可以创建分类汇总，否则，汇总出的结果毫无意义。

下面将在“员工信息表.xls”工作簿中对部门“男”、“女”同事的“薪酬”进行分类汇总，其具体操作如下：

光盘文件
素材 \ 第 6 章 \ 员工信息表 .xls
效果 \ 第 6 章 \ 员工信息表 .xls
实例演示 \ 第 6 章 \ 数据分类汇总

STEP 01：对数据进行排序

1. 打开“员工信息表.xls”工作簿，选择C2单元格。
2. 单击“格式”工具栏中的“降序”按钮，将工作表中的数据按照姓名进行排序。

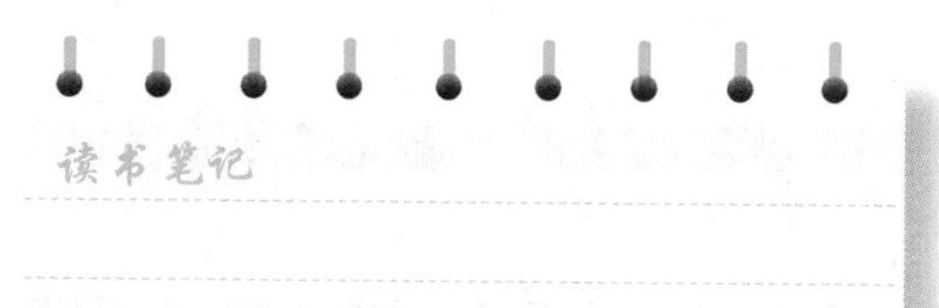

STEP 02：选择汇总数据

1. 选择A2:G12单元格区域。选择【数据】/【分类汇总】命令，打开“分类汇总”对话框，在“分类字段”下拉列表框中选择“性别”选项。
2. 在“汇总方式”下拉列表框中选择“求和”选项。
3. 在“选定汇总项”列表框中选中薪酬复选框。
4. 单击确定按钮。

提个醒 在打开的“分类汇总”对话框中单击全部删除(R)按钮可清除分类汇总。

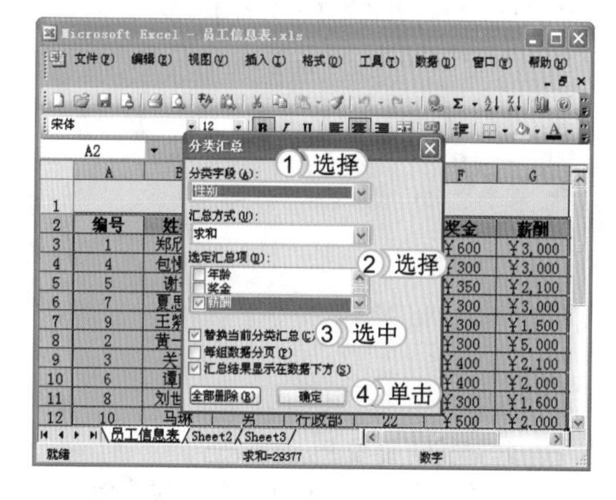

STEP 03：查看最终效果

返回工作表中，即可查看到不同部门的“男”、“女”同事的薪酬进行了汇总。

提个醒 创建分类汇总后只能在工作表中查看，而打印出来的文件则不能显示分类汇总。因此，分类汇总仅仅在编辑表格时运用，编辑完成后可关闭或删除。

经验一箩筐——显示对应级别内容

通过单击工作表左上角的1、2或3按钮，可显示对应级别中的所有数据。单击1按钮，将只显示“总计”内容；单击2按钮，将显示所有项目的“汇总”及“总计”内容；单击3按钮，将显示所有内容，如右图所示为单击2按钮显示的内容。

6.2.4 设置数据有效性

在 Excel 中运用数据有效性是为了检查单元格中的有效数据，而一般最常用的就是设置数字范围、在输入无效数据时显示出错误警告和提示信息。

下面在“成绩表.xls”工作簿中设置指定数据区域的范围值，并在输入错误时显示警告信息。其具体操作如下：

光盘文件
素材 \ 第 6 章 \ 成绩表.xls
效果 \ 第 6 章 \ 成绩表.xls
实例演示 \ 第 6 章 \ 设置数据有效性

STEP 01: 选择设置数字范围的单元格

打开“成绩表.xls”工作簿，选择 B3:G10 单元格区域，然后选择【数据】/【有效性】命令，打开“数据有效性”对话框。

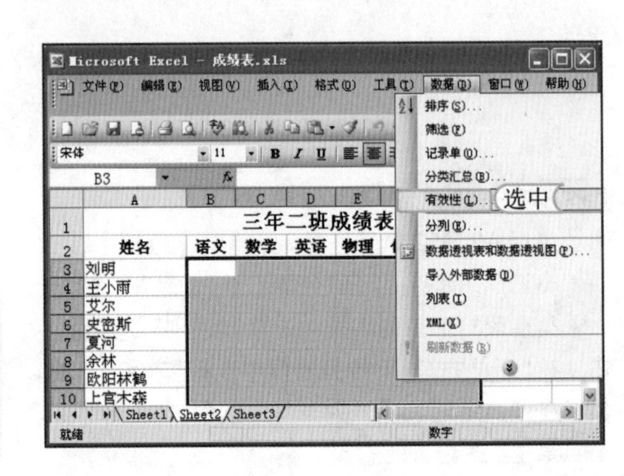

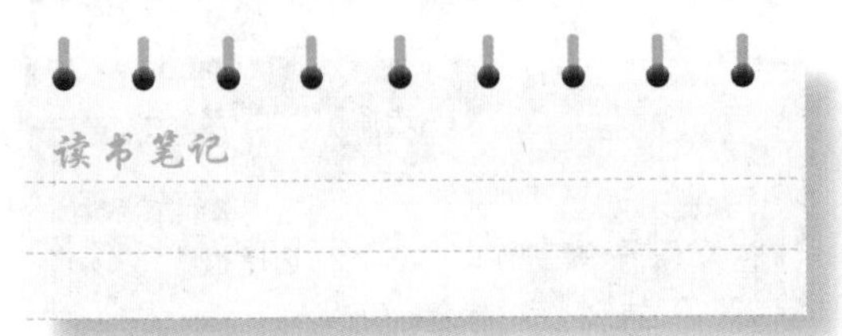

STEP 02: 设置数字范围

1. 选择“设置”选项卡。
2. 在“允许”下拉列表框中选择“整数”选项，在“数据”下拉列表框中选择“介于”选项。
3. 分别在下方的“最小值”和“最大值”数值框中输入“10”和“100”。

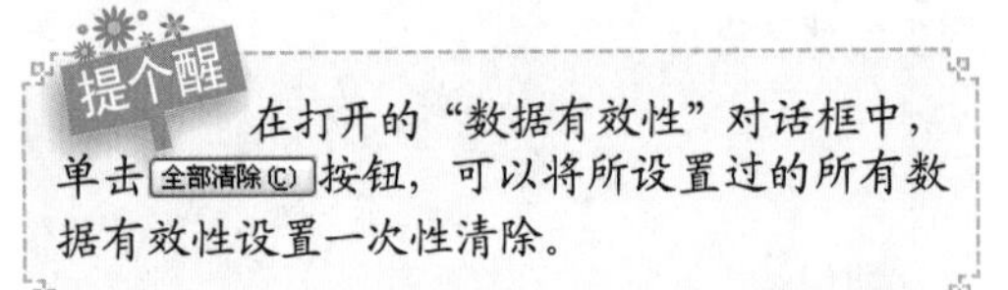

提个醒

在打开的“数据有效性”对话框中，单击[全部清除(C)]按钮，可以将所设置过的所有数据有效性设置一次性清除。

STEP 03: 输入错误时显示警告信息

1. 选择“出错警告”选项卡。
2. 选中 ☑ 输入无效数据时显示出错警告(S) 复选框。
3. 在下方的“样式”下拉列表框中选择“警告”选项；在右侧的“标题”文本框中输入“数据有误”文本，在下方的“错误信息”文本框中输入错误信息的说明文本。
4. 单击[确定]按钮。

STEP 04： 输入数据

1. 返回工作表中，此时在该区域的单元格中输入数据，如输入10以下或100以上的数值时，系统就会自动提示错误信息的报告。
2. 在打开的提示框中单击 否(N) 按钮，即可返回工作表中进行数据的修改。

> **提个醒** 在Excel表格中进行数据有效性的设置，是为了给表格数据一定的限制，可有效地将其中的数据设置成有规律的整体。

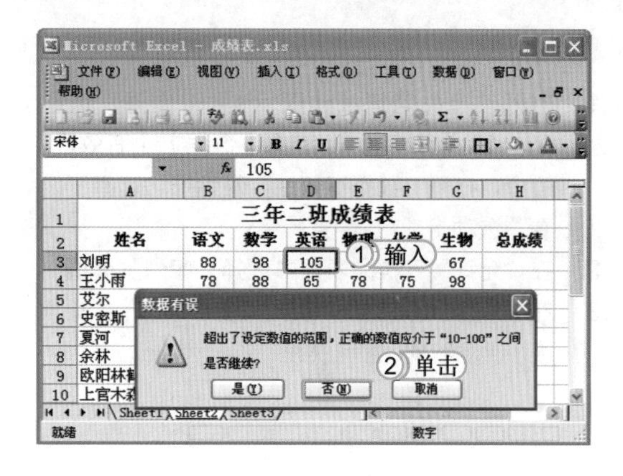

Microsoft Excel - 成绩表.xls

② 单击

H3 =SUM(B3:G3)

	A	B	C	D	E	F	G	H
1	三年二班成绩表							
2	姓名	语文	数学	英语	物理	化学	生物	总成绩
3	刘明	88	98	95	87	84	67	519
4	王小雨	78	88	65	78	75	98	482
5	艾尔	96	78	99	88			535
6	史密斯	90	78	85	83			512
7	夏河	69	72	87	88	89	90	495
8	余林	85	69	77	79	98	93	501
9	欧阳林鹤	86	73	89	69	78	90	485
10	上官木森	77	99	86	93	96	79	530

① 选择

求和=4059

STEP 05： 计算总成绩

1. 选择H3:H10单元格区域。
2. 单击"格式"工具栏中的"自动求和"按钮 Σ，计算出各学生的总成绩。

	A	B	C	D	E	F	G	H
1	三年二班成绩表							
2	姓名	语文	数学	英语	物理	化学	生物	总成绩
3	刘明	88	98	95	87	84	67	519
4	王小雨	78	88	65	78	75	98	482
5	艾尔	96	78	99	88	76	98	535
6	史密斯	90	78	85	83	79	97	512
7	夏河	69	72	87	88	89	90	495
8	余林	85	69	77	79	98	93	501
9	欧阳林鹤	86	73	89	69	78	90	485
10	上官木森	77	99	86	93	96	79	530

上机1小时 分析产品销售统计表

- 进一步掌握对表格数据进行排序的方法。
- 巩固数据筛选和分类汇总的应用方法。
- 熟练掌握设置数据有效性的方法。

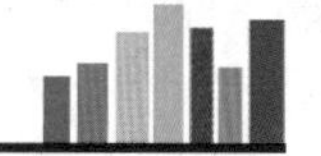

本例将对"产品销售统计表.xls"工作簿进行分析，主要通过排序、按商品名称分类汇总、按总计（销量）进行筛选等方法，分析公司产品销售情况，完成后的最终效果如下图所示。

	A	B	C	D	E	F	G
1	产品销售统计						
2	商品名称	城市	一月	二月	三月	四月	总计
3	皇室燕麦	武汉	260	243	260	189	952
4	皇室燕麦	云南	300	242	200	190	932
5	皇室燕麦	衡阳	250	230	246	189	915
6	皇室燕麦	成都	165	300	230	241	936
7	皇室燕麦 汇总						3735
11	统一绿茶 汇总						0
12	西麦燕麦	平顺	234	250	240	230	954
13	西麦燕麦	上海	189	230	256	278	953
14	西麦燕麦 汇总						1907
15	营养快线	南充	250	241	230	180	901
16	营养快线	安县	210	254	260	186	910
17	营养快线 汇总						1811
18	总计						7453

光盘文件
素材\第6章\产品销售统计表.xls
效果\第6章\产品销售统计表.xls
实例演示\第6章\分析产品销售统计表

STEP 01：设置商品名称的有效性

1. 打开“产品销售统计表.xls”工作簿，选择A3:A13单元格区域。选择【数据】/【有效性】命令，打开“数据有效性”对话框。选择“设置”选项卡。
2. 在“允许”下拉列表框中选择“序列”选项。
3. 在“来源”数值框中输入“统一绿茶,皇室燕麦,西麦燕麦,营养快线”。

STEP 02：设置输入信息

1. 选择“输入信息”选项卡。
2. 在“输入信息”文本框中输入“请输入商品名称”。

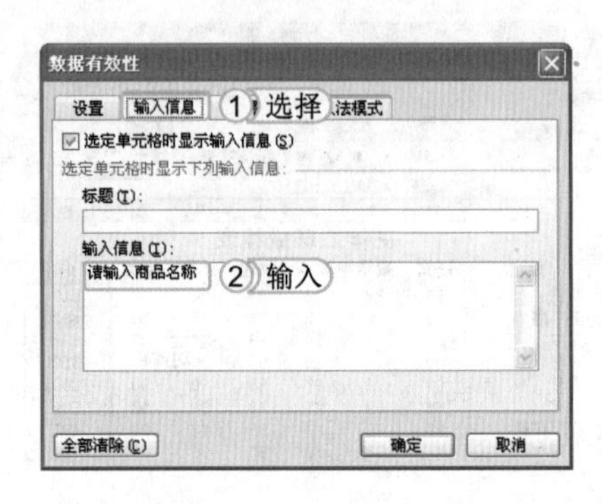

提个醒

设置输入信息后，在表格中设置数据有效性后的单元格右侧将显示出“输入信息”文本，其目的主要用以提示用户。

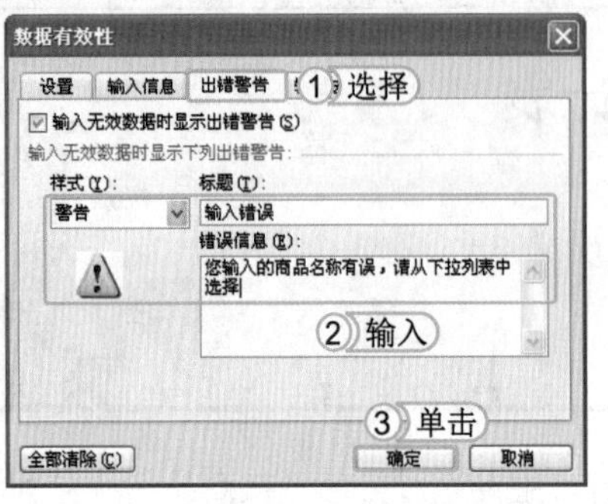

STEP 03：设置警告提示信息

1. 选择“出错警告”选项卡。
2. 在下方的“样式”下拉列表框中选择“警告”选项；在右侧的“标题”文本框中输入“输入错误”文本，在下方的“错误信息”文本框中输入错误信息的说明文本。
3. 单击 确定 按钮。

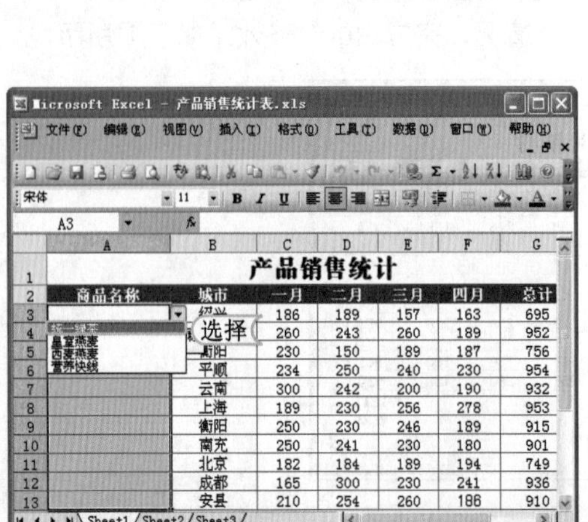

STEP 04：选择商品名称

返回工作表中，此时单击设置了数据有效性的单元格，在其右侧将显示一个下拉按钮和提示信息。单击该按钮，在弹出的下拉列表中选择商品名称，这里选择“统一绿茶”。

STEP 05：数据排序

1. 选择 A2 单元格。
2. 单击“格式”工具栏中的“升序排序”按钮，此时表中数据就会以总计列的数据为准，以升序方式排列。

> **提个醒**　如果不对所选区域中的第 1 行内容或所选区域中包含的表格标题行进行排序。那么可在“排序”对话框中选中“数据包含标题”前的复选框。

STEP 06：分类汇总

1. 选择【数据】/【分类汇总】命令，打开“分类汇总”对话框。在“分类字段”下拉列表框中选择“商品名称”选项。
2. 在“汇总方式”下拉列表框中选择“求和”选项。
3. 在“选定汇总项”列表框中选中☑总计复选框，
4. 单击 确定 按钮。

> **提个醒**　如果是对数据进行高级筛选，需先在工作表中输入筛选条件时，一定要输入相应的文字说明，否则 Excel 将不知道是为哪些数据设置的条件。

STEP 07：自动筛选

选择【数据】/【自动筛选】命令。单击“总计”单元格右侧的按钮，在弹出的下拉列表中选择“（自定义 ...）”选项。

> **提个醒**　对数据进行筛选后，要重新显示当前工作表中的所有数据，可选择【数据】/【筛选】/【全部显示】命令。

STEP 08：设置自定义筛选条件

1. 打开“自定义自动筛选方式”对话框，在“显示行”栏的第 1 个下拉列表框中选择“大于或等于”选项。
2. 在其右侧的下拉列表框中输入“900”。
3. 单击 确定 按钮。

6.3 练习 1 小时

本章主要介绍了 Excel 表格及表格数据的设置和管理数据的方法，包括添加边框和底纹、应用单元格样式、数据排序、数据筛选和数据的分类汇总等。下面将通过编辑员工收入表和分析员工工资表两个练习进一步巩固这些知识的操作方法，使用户熟练掌握并进行运用。

1. 编辑员工收入表

本例将打开“员工收入表2.xls”工作簿，将表格中标题突出显示，为表头设置深红色底纹，然后将其内容颜色更改为绿色，并将每列列宽进行手动拉宽，最后将表格边框设置为虚线红色，设置前后的效果如下图所示。

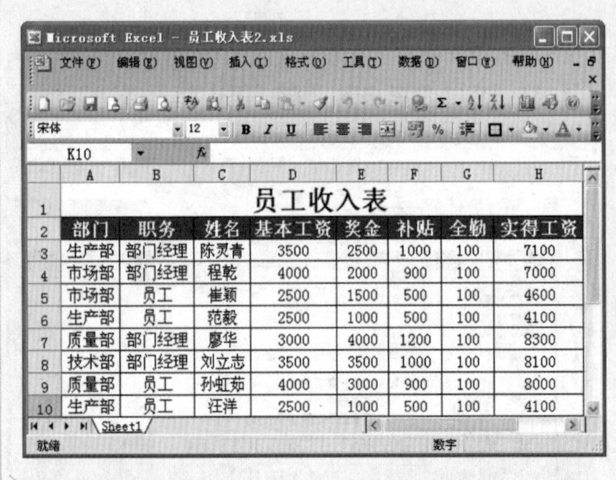

员工收入表

部门	职务	姓名	基本工资	奖金	补贴	全勤	实得工资
生产部	部门经理	陈灵青	3500	2500	1000	100	7100
市场部	部门经理	程乾	4000	2000	900	100	7000
市场部	员工	崔颖	2500	1500	500	100	4600
生产部	员工	范毅	2500	1000	500	100	4100
质量部	部门经理	廖华	3000	4000	1200	100	8300
技术部	部门经理	刘立志	3500	3500	1000	100	8100
质量部	员工	孙虹茹	4000	3000	900	100	8000
生产部	员工	汪洋	2500	1000	500	100	4100

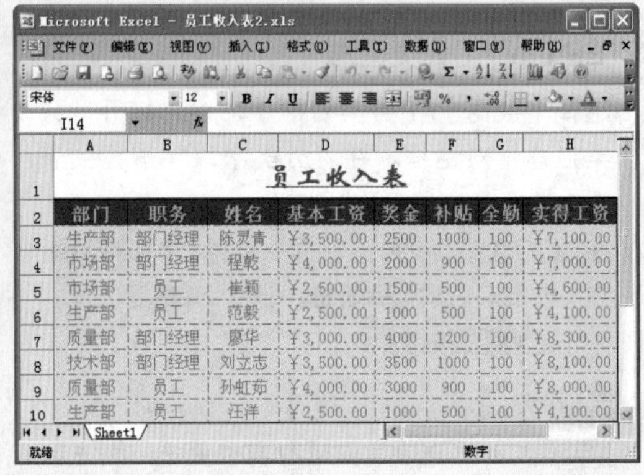

员工收入表

部门	职务	姓名	基本工资	奖金	补贴	全勤	实得工资
生产部	部门经理	陈灵青	¥3,500.00	2500	1000	100	¥7,100.00
市场部	部门经理	程乾	¥4,000.00	2000	900	100	¥7,000.00
市场部	员工	崔颖	¥2,500.00	1500	500	100	¥4,600.00
生产部	员工	范毅	¥2,500.00	1000	500	100	¥4,100.00
质量部	部门经理	廖华	¥3,000.00	4000	1200	100	¥8,300.00
技术部	部门经理	刘立志	¥3,500.00	3500	1000	100	¥8,100.00
质量部	员工	孙虹茹	¥4,000.00	3000	900	100	¥8,000.00
生产部	员工	汪洋	¥2,500.00	1000	500	100	¥4,100.00

光盘文件
素材\第 6 章\员工收入表 2.xls
效果\第 6 章\员工收入表 2.xls
实例演示\第 6 章\编辑员工收入表

2. 分析员工工资表

本例将按照员工职位进行分类汇总，并筛选出工资高于或达到 2000 的数据，使对公司的业务情况有基本的了解，根据情况可做出适当的调整，完成后的最终效果如下图所示。

思立员工工资表

行	编号	姓名	部门	职务	基本工资	保险	假勤扣款	奖金总额	加班工资	上月余额	实际工资	个人所得税	税后工资
7	701	青润樣	企划部	经理	¥3,000.00	¥601.50	¥ -	¥300.00	¥ -	¥ 1.70	¥2,700.20	¥ 125.02	¥ 2,575.18
8				经理 汇总									¥ 2,575.18
13				生产人员 汇总									¥ -
14	602	高鹏	生产部	主管	¥2,500.00	¥501.25	¥ 30.00	¥250.00	¥90.00	¥ 2.90	¥2,311.65	¥ 86.17	¥ 2,225.49
15				主管 汇总									¥ 2,225.49
16	601	赵东阳	生产部	经理	¥2,800.00	¥561.40	¥ -	¥280.00	¥60.00	¥ 3.80	¥2,582.40	¥ 113.24	¥ 2,469.16
17				经理 汇总									¥ 2,469.16
18	504	林冰	技术部	工程师	¥2,500.00	¥501.25	¥ 10.00	¥250.00	¥75.00	¥ 3.40	¥2,317.15	¥ 86.72	¥ 2,230.44
19	503	王剑锋	技术部	工程师	¥2,800.00	¥561.40	¥ -	¥280.00	¥90.00	¥ 2.60	¥2,611.20	¥ 116.12	¥ 2,495.08
20	502	何勇	技术部	工程师	¥2,800.00	¥561.40	¥ 20.00	¥280.00	¥75.00	¥ 5.10	¥2,578.70	¥ 112.87	¥ 2,465.83
21				工程师 汇总									¥ 7,191.35
22	501	苏益	技术部	经理	¥3,500.00	¥701.75	¥ -	¥350.00	¥120.00	¥ 5.60	¥3,273.85	¥ 186.08	¥ 3,087.77
23				经理 汇总									¥ 3,087.77
26				干事 汇总									¥ -
27	401	何秀俐	办公室	主任	¥2,500.00	¥501.25	¥ 10.00	¥250.00	¥ -	¥ 2.60	¥2,241.35	¥ 79.14	¥ 2,162.22
28				主任 汇总									¥ 2,162.22
30	304	朱珠	销售部	业务员	¥1,800.00	¥360.90	¥ -	¥705.00	¥ -	¥ 1.60	¥2,145.70	¥ 69.57	¥ 2,076.13
31	303	肖有亮	销售部	业务员	¥1,800.00	¥360.90	¥ 10.00	¥660.00	¥ -	¥ 1.30	¥2,090.40	¥ 64.04	¥ 2,026.36
32	302	吴启	销售部	业务员	¥1,800.00	¥360.90	¥ 20.00	¥690.00	¥ -	¥ 2.40	¥2,111.50	¥ 66.15	¥ 2,045.35
33				业务员 汇总									¥ 6,147.84
34	301	章展	销售部	经理	¥3,000.00	¥601.50	¥ 30.00	¥1,250.00	¥ -	¥ 5.30	¥3,623.80	¥ 238.57	¥ 3,385.23
35				经理 汇总									¥ 3,385.23
40	201	王郭英	财务部	经理	¥3,000.00	¥601.50	¥ -	¥300.00	¥ -	¥ 1.30	¥2,699.80	¥ 124.98	¥ 2,574.82
41				经理 汇总									¥ 2,574.82
44				办事员 汇总									¥ -
45	101	欧沛东	人事部	经理	¥3,000.00	¥120.00	¥ -	¥300.00	¥ -	¥ 5.80	¥3,185.80	¥ 125.43	¥ 3,060.37
46				经理 汇总									¥ 3,060.37
47				总计									¥34,879.42

光盘文件
素材\第 6 章\思立员工工资表.xls
效果\第 6 章\思立员工工资表.xls
实例演示\第 6 章\分析员工工资表

第7章 数据分析——简化数据

学习 3 小时

在 Excel 中进行数据的计算和管理时，经常会遇到很复杂的数据及操作，这样不仅不能提高工作效率，而且很容易出错。此时可使用图表、数据透视图、数据透视表以及数据分析工具对数据内容进行分析，以提高工作效率。

- 图表分析
- 透视分析
- 使用数据工具分析数据

7.1 图表分析

在 Excel 中，为了更直观地表现工作簿中抽象而枯燥的数据内容，可以在表格中创建 Excel 图表，通过它可清楚地了解各个数据的大小以及数据的变化情况，以方便对数据进行对比和分析。通过创建各类图表，用户可以更加容易地分析数据的走向、差异并预测趋势，总结出有价值的规律。

学习 1 小时

- 熟练掌握在表格中创建各种类型图表的方法。
- 灵活掌握编辑和美化图表的方法。
- 掌握使用趋势线和误差线分析图表的方法。

7.1.1 创建图表

Excel 中提供了多种形式的图表供用户选择，如柱形图、折线图、饼图、条形图、面积图、散点图和其他图表等，其下又包含很多子类型的图表，适用于不同的场合。下面以在“采购表 .xls”工作簿中创建一个图表类型为“柱形图”，子类型为“三维簇状柱形图”的图表为例，介绍在 Excel 中创建图表的方法，其具体操作如下：

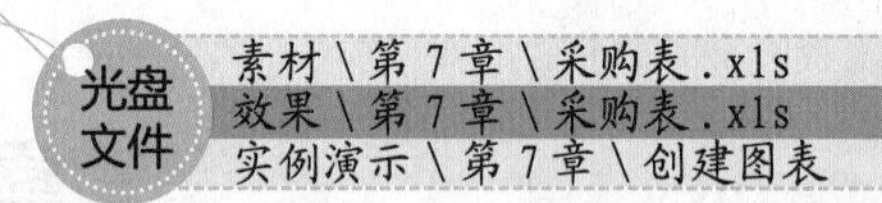

光盘文件

素材 \ 第 7 章 \ 采购表 .xls
效果 \ 第 7 章 \ 采购表 .xls
实例演示 \ 第 7 章 \ 创建图表

STEP 01：打开“图表类型”对话框

打开“采购表 .xls”工作簿，选择【插入】/【图表】命令，打开“图表类型”对话框。

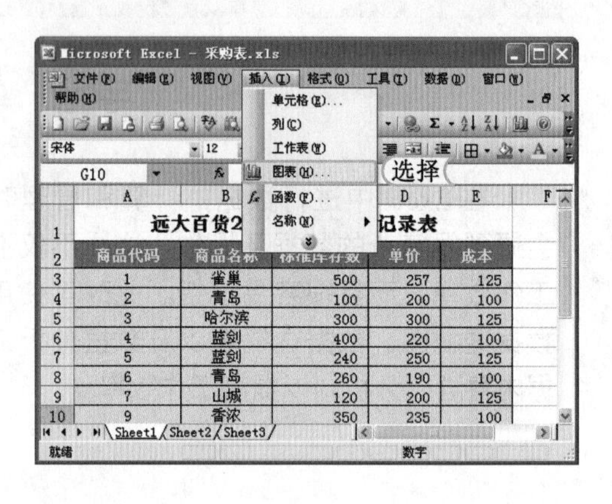

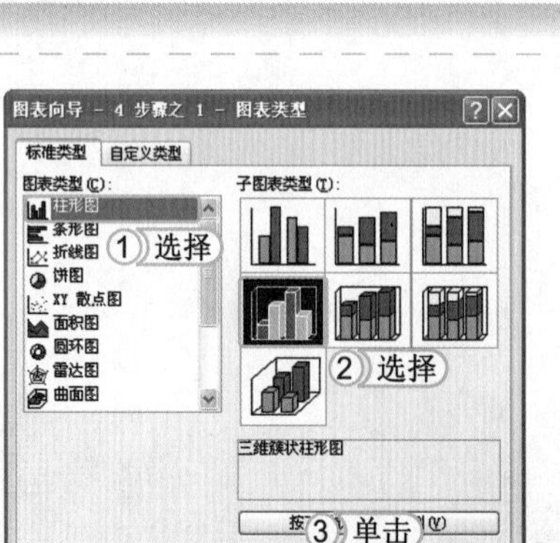

STEP 02：选择图表类型

1. 在“标准类型”选项卡的“图表类型”列表框中选择“柱形图”选项。
2. 在“子图表类型”列表框中选择“三维簇状柱形图”选项。
3. 单击 下一步(N) > 按钮。

STEP 03：设置数据区域

打开“图表源数据”对话框，系统默认选择“数据区域”选项卡，单击“数据区域”文本框后的[按钮]按钮。

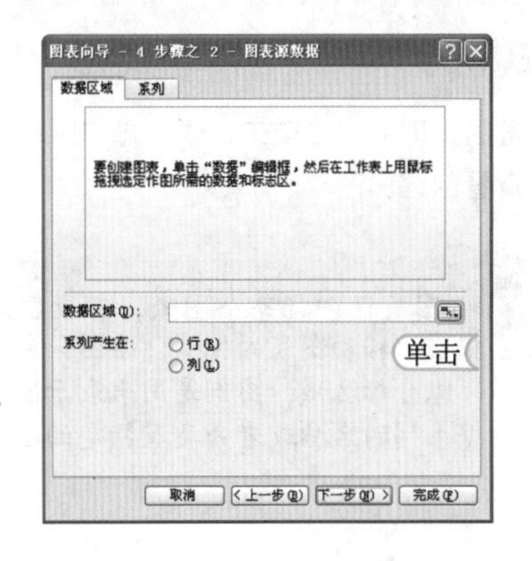

提个醒　选择用于创建图表的单元格时，如果只选择一个单元格，则 Excel 会自动将相邻的单元格且包含数据的所有单元格添加到图表中。

STEP 04：选择图表数据区域

1. 系统自动折叠“图表源数据”对话框，此时，在工作表中按住鼠标左键选择 A2:E10 单元格区域。
2. 单击“图表源数据”对话框中的[按钮]按钮。

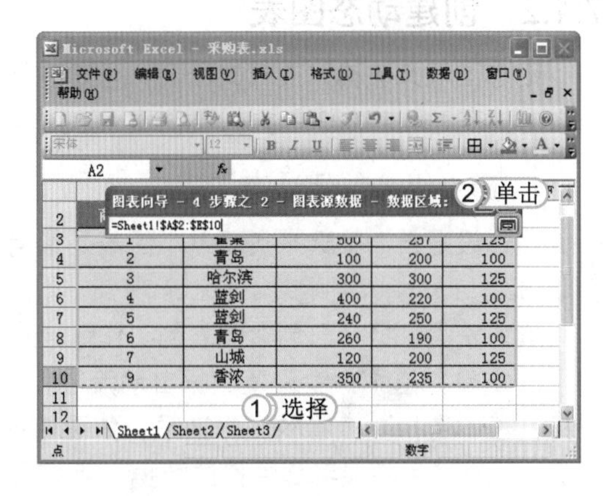

提个醒　在创建图表时，可先选择需要的数据区域，然后再创建图表，这样在“图表向导 -4 步骤之 2- 图表源数据”对话框中就不用进行设置了。

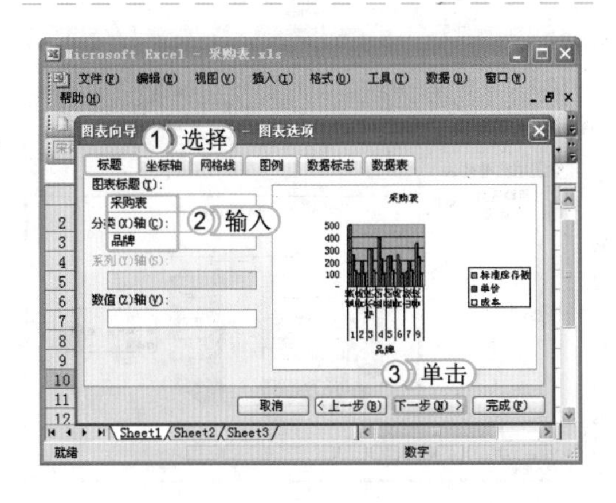

STEP 05：设置图表标题

1. 在返回的“图表源数据”对话框中单击[下一步(N) >]按钮。打开“图表选项”对话框，选择“标题”选项卡。
2. 在“图表标题”文本框中输入图表的标题，这里输入“采购表”文本；在“分类 (X) 轴”文本框中输入“品牌”文本。
3. 单击[下一步(N) >]按钮。

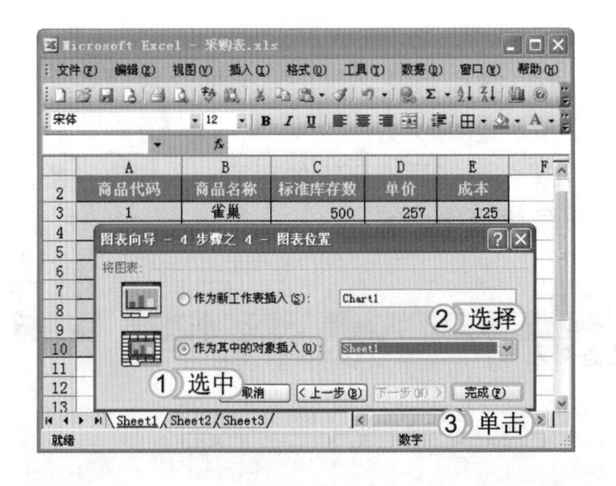

STEP 06：设置图表位置

1. 打开“图表位置”对话框，在“将图表”栏中选中[作为其中的对象插入(O):]单选按钮。
2. 在其后的下拉列表框中选择“Sheet1”选项。
3. 单击[完成(F)]按钮。

STEP 07： 查看创建图表的效果

完成设置后，即可在当前工作表（即 Sheet1 工作表）中查看创建的图表。

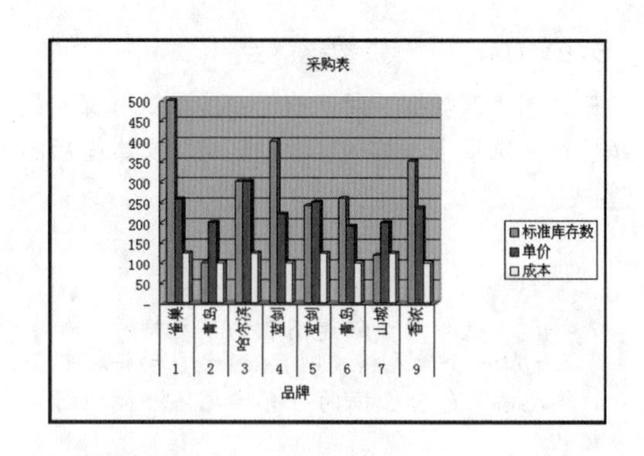

提个醒 图表区即指整个图表，移动图表区的位置相当于移动图表的位置；绘图区包括图形和横、纵坐标区域；图例是用来表示图表中各个数据系列的名称或者分类及指定的图案或颜色。

7.1.2 创建动态图表

动态图表又被称为交互式图表，可通过鼠标选择不同的预设项目，在图表中动态显示对应的数据，在 Excel 2003 中，想要创建动态图表可通过筛选和定义名称的方法来创建。

1. 通过筛选创建动态图表

通过设置自动筛选来实现动态图表是最简单的方法，只要选择全部数据制作图表，再设置自动筛选。

其方法是：打开已创建图表的工作簿，选择含有数据的任一单元格，再选择【数据】/【筛选】/【自动筛选】命令设置数据自动筛选。然后单击表头单元格右侧的下拉按钮 ，在弹出的下拉列表中选择要查看的数据选项，如图选择“月份”下拉列表中的“2”月，此时，可看到数据区域筛选后将显示 2 月份的数据，且图表也会自动变为 2 月份的数据图表。

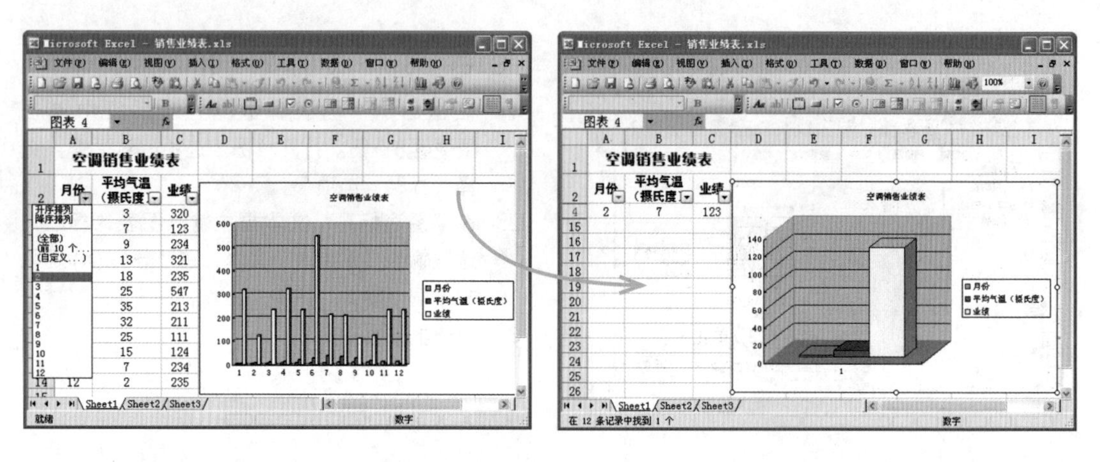

2. 通过定义名称创建动态图表

在图表中可使用 OFFSET 函数制作滚动条体现图表的实用性，用户只需拖动滚动条显示或隐藏图表中的数据系列显示的数据点数量，从而形成动态图表。

下面将在“销售业绩表 1.xls”工作簿中创建一个图表，然后在创建的图表上创建滚动条，通过拖动滚动条，在图表中显示相应的数据信息。其具体操作如下：

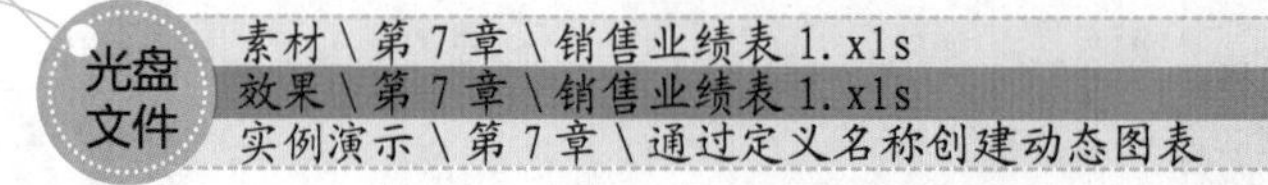
光盘文件
素材 \ 第 7 章 \ 销售业绩表 1.xls
效果 \ 第 7 章 \ 销售业绩表 1.xls
实例演示 \ 第 7 章 \ 通过定义名称创建动态图表

STEP 01：打开“定义名称”对话框

1. 打开“销售业绩表 1.xls”工作簿，选择 E8 单元格，并输入“12”。
2. 选择【插入】/【名称】/【定义】命令，打开“定义名称”对话框。

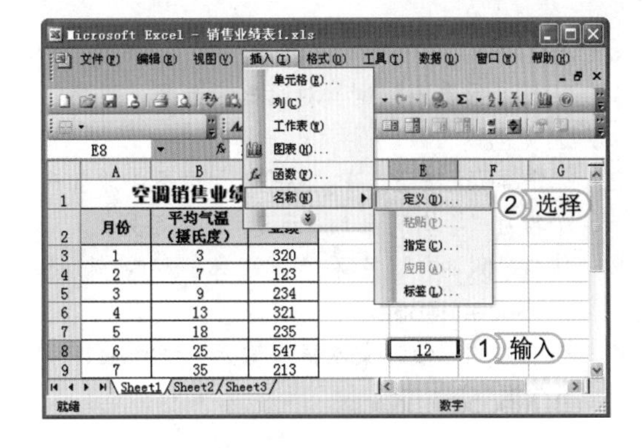

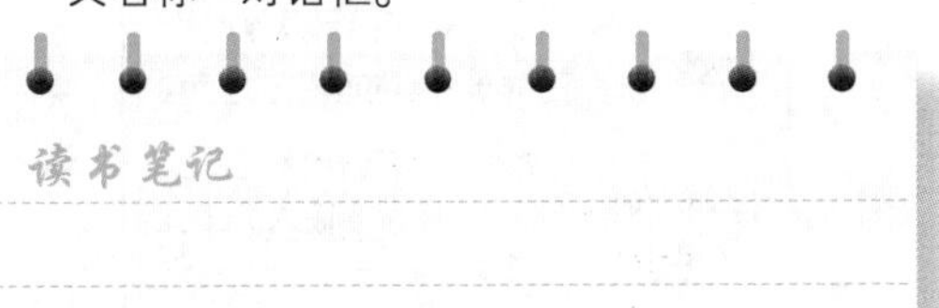

STEP 02：定义名称

1. 在“在当前工作簿中的名称”文本框中输入“月份”。
2. 在“引用位置”文本框中输入“=OFFSET(Sheet1!$A$3,0,0,Sheet1!$E$8,1)”。
3. 单击添加(A)按钮。

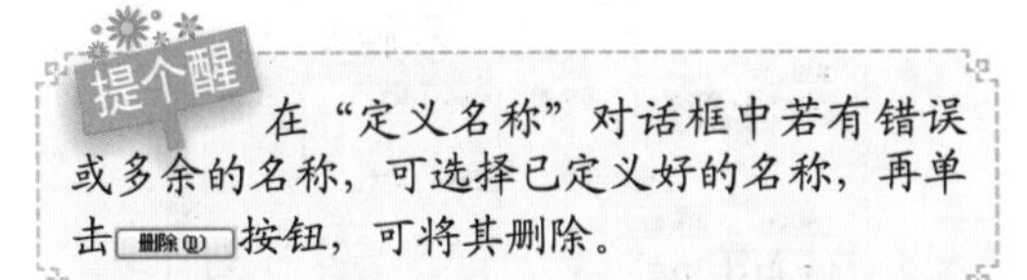

在“定义名称”对话框中若有错误或多余的名称，可选择已定义好的名称，再单击删除(D)按钮，可将其删除。

STEP 03：定义业绩和平均气温名称

使用相同的方法，在该对话框中设置“在当前工作簿中的名称”为“平均气温”，“引用位置”为“=OFFSET(Sheet1!$B$3,0,0,Sheet1!$E$8,1)”；设置“名称”为“业绩”，“引用位置”为“=OFFSET(Sheet1!$C$3,0,0,Sheet1!$E$8,1)”。

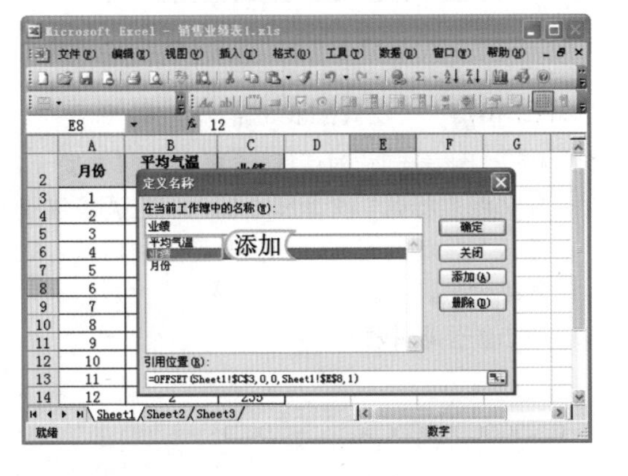

STEP 04：选择图表类型

1. 选择【插入】/【图表】命令，打开“图表向导-4 步骤之 1- 图表类型”对话框。
2. 在“标准类型”选项卡的“图表类型”列表框中选择“柱形图”选项。
3. 在“子图表类型”列表框中选择“簇状柱形图”选项。
4. 单击下一步(N) >按钮。

STEP 05: 设置图表源数据

1. 打开"图表源数据"对话框，选择"系列"选项卡。
2. 单击 添加(A) 按钮，在"系列"列表框中添加一个名为"平均气温（摄氏度）"的系列。
3. 在右侧的"名称"文本框中输入"=Sheet1!$B$2"。
4. 在下方的"值"文本框中输入"=Sheet1!平均气温"。

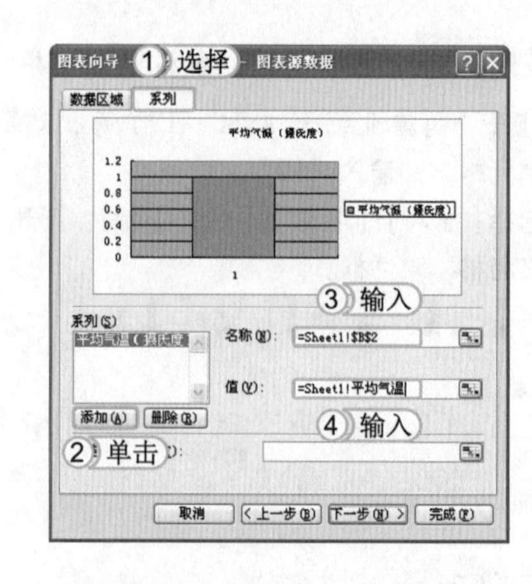

STEP 06: 设置系列条件

1. 单击 添加(A) 按钮添加一个名为"业绩"的系列。
2. 在右侧的"名称"文本框中输入"=Sheet1!$C$2"。在"值"文本框中输入"=Sheet1!业绩"。
3. 单击 下一步(N) > 按钮。

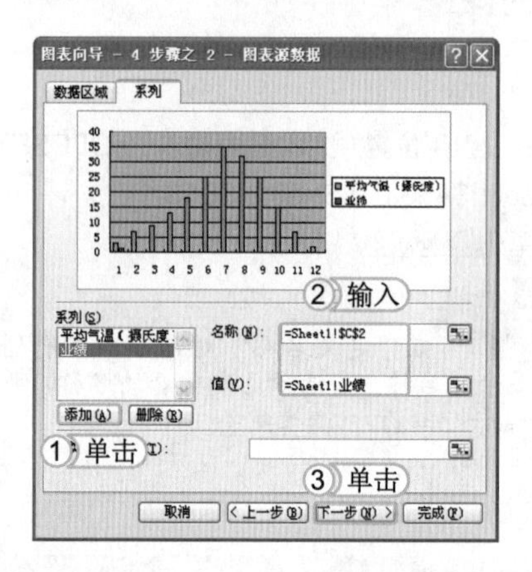

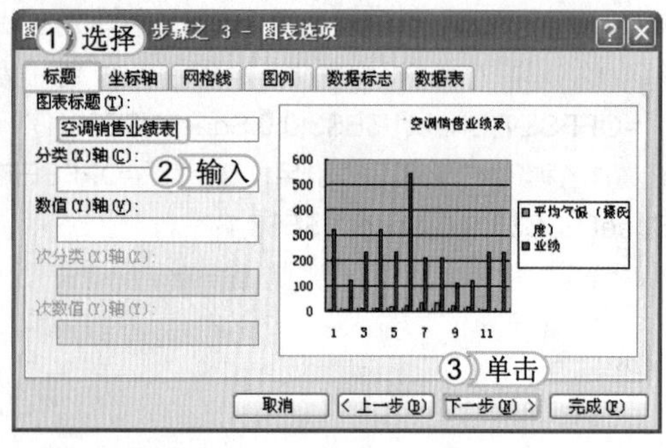

STEP 07: 设置图表标题

1. 打开"图表选项"对话框，选择"标题"选项卡。
2. 在"图表标题"文本框中输入"空调销售业绩表"，此时可在右侧预览到添加标题后的图表效果。
3. 单击 下一步(N) > 按钮。

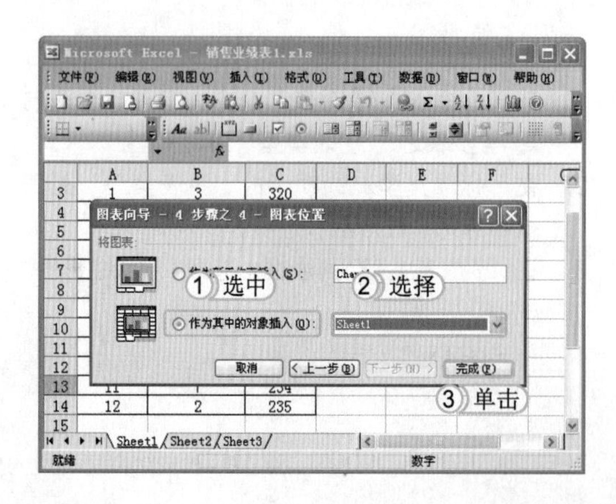

STEP 08: 作为对象插入图表

1. 打开"图表位置"对话框，在"将图表"栏中选中 作为其中的对象插入(O): 单选按钮。
2. 在其后的下拉列表框中选择"Sheet1"选项。
3. 单击 完成(F) 按钮。

STEP 09：打开“窗体”工具栏

1. 在菜单栏的空白处单击鼠标右键，在弹出的快捷菜单中选择“窗体”选项。
2. 打开“窗体”工具栏，在其中单击“滚动条”按钮。

> **提个醒**
> 如果不对所选区域中的第 1 行内容或所选区域中包含的表格标题行进行排序，那么可在“排序”对话框中选中“数据包含标题”前的复选框。

STEP 10：添加滚动条

1. 在图表右上角拖动鼠标绘制一个矩形框，完成后释放鼠标即可添加滚动条。
2. 在滚动条上单击鼠标右键，在弹出的快捷菜单中选择“设置控件格式”命令。

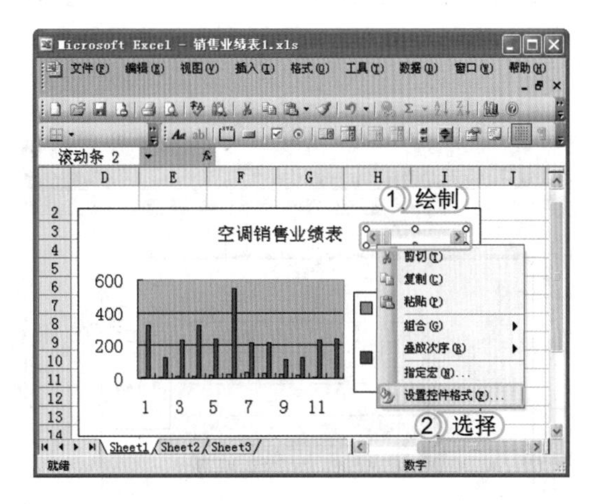

STEP 11：设置控件格式

1. 打开“设置控件格式”对话框，选择“控制”选项卡。
2. 设置“当前值、最小值、最大值、步长、页步长和单元格链接”分别为“2、1、12、1、3 和 $E$8”。
3. 选中 三维阴影(3) 复选框。
4. 单击 确定 按钮。

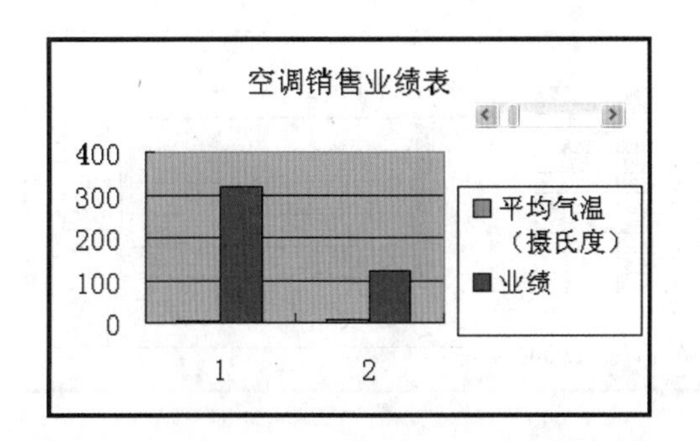

STEP 12：查看最终效果

返回工作表，拖动滚动条，即可在图表中查看各月的平均气温和销售业绩。

7.1.3 编辑图表

编辑图表包括对图表位置和大小、图例的位置和大小等的操作，用户可根据实际情况，对工作表中创建的图表进行编辑与修改。下面对常用的几种编辑图表的方法进行介绍。

1. 调整图表位置与大小

在创建图表后，常常因为所创建图表默认的位置和大小不能很好地显示其中的数据，这时就需要调整图表的位置和大小。

- 调整图表位置：将鼠标光标移动到图表上短暂停留，会看见系统提示的图表区信息，按住鼠标左键并拖动，此时鼠标光标变为✣形状，拖动至目标区域后释放鼠标可改变图表位置。
- 调整图表大小：选择需要调整大小的图表，将鼠标光标移动至图表四周的任意一个控制点上，当鼠标光标变为↘或↗形状时，按住鼠标左键不放进行拖动可对角缩放图表；将鼠标光标移至上下边框控制点，当鼠标光标变为↕形状时，拖动鼠标上下缩放图表大小；将鼠标光标移至左右边框控制点，当鼠标光标变为↔形状时，拖动鼠标左右缩放图表大小。

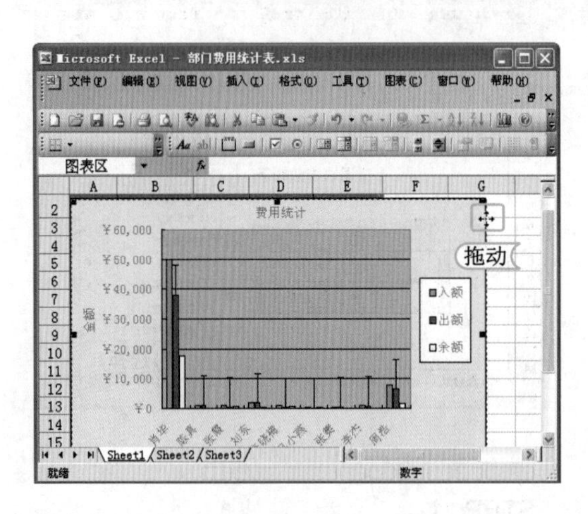

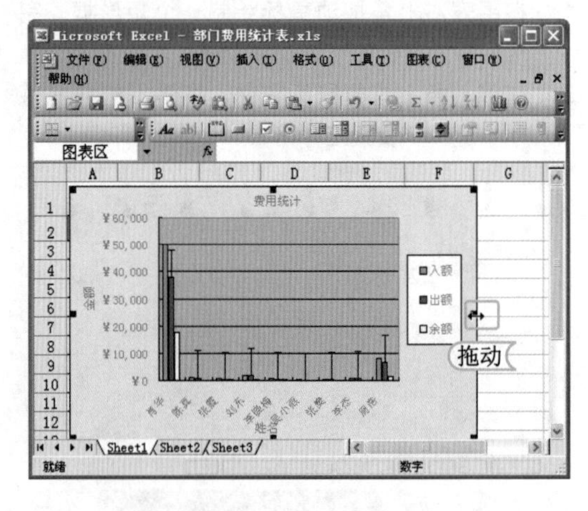

2. 改变图表数据

在工作表中创建图表后，图表中的数据和原表格中的数据是紧密相连的，如果在表格中更改数据，那么图表中的数据也会随之发生相应的变化。因此，要更改图表的数据，只能在表格中进行。在表格中更改图表数据的方法很简单，在表格中选择需要更改数据的单元格，然后修改其中的数据，如将“肖华”修改为“肖华云”，此时，图表中的“肖华”也随之更改为“肖华云”。

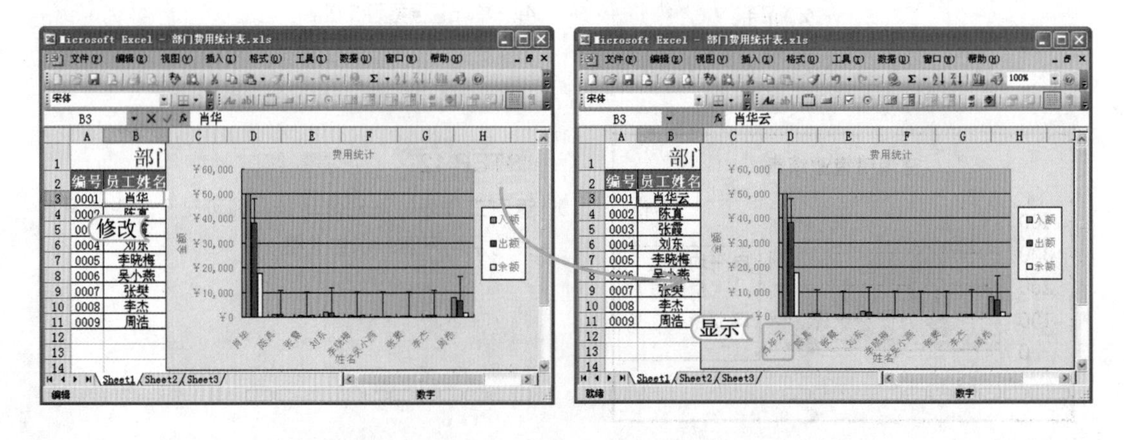

3. 更改图表类型

在 Excel 中创建图表后，如果对所创建的图表类型不满意，用户可以进行更改，使其达到使用要求。更改图表类型的方法很简单，在图表区中单击鼠标右键，在弹出的快捷菜单中选择“图表类型”命令。打开“图表类型”对话框，在其中选择所需更换的图表类型，然后在“子图表类型”列表框中选择所需图表类型，单击 确定 按钮。

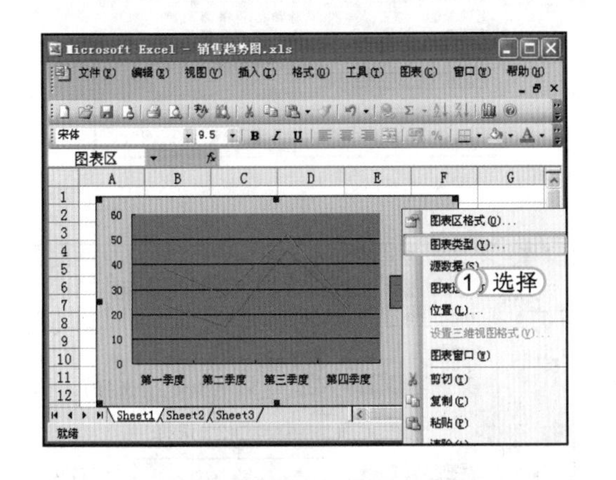

经验一箩筐——自定义图表类型

打开“图表类型”对话框，选择“自定义类型”选项卡，在下方的“图表类型”列表框中可选择更多类型的图表。

7.1.4 美化图表

在 Excel 中美化图表，就是指设置图表中文字格式、颜色、绘图区背景以及添加趋势线和误差线等，其目的是为了观察图表中的数据变化，使表格更美观，让人能一目了然。

1. 设置图表区格式

在 Excel 2003 中要设置图表格式，就要从设置图表区格式开始，而设置图表区格式，一般包括设置图表区背景和字体格式。图表区是整个图表最大的区域，设置好图表区格式是设置图表格式的关键。本例将打开“个人月消费图表 .xls”工作簿，并通过“图表区格式”对话框对图表区进行美化，其具体操作如下：

光盘文件
素材 \ 第 7 章 \ 个人月消费图表 .xls
效果 \ 第 7 章 \ 个人月消费图表 .xls
实例演示 \ 第 7 章 \ 设置图表区格式

STEP 01：打开“图表区格式”对话框

打开“个人月消费图表 .xls”工作簿，选择图表中的图表区。单击鼠标右键，在弹出的快捷菜单中选择“图表区格式”命令，打开“图表区格式”对话框。

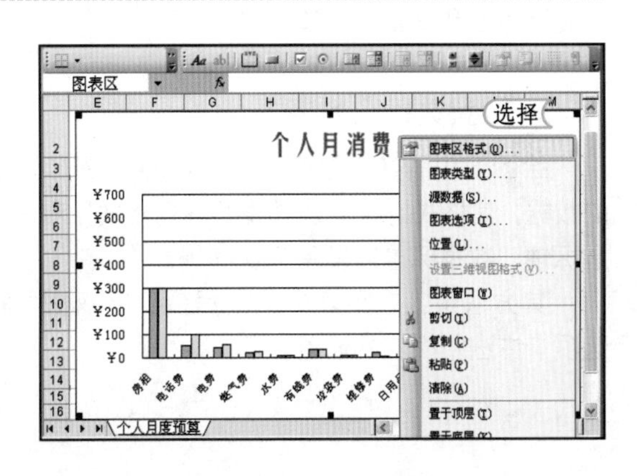

STEP 02: 设置图案填充

1. 选择"图案"选项卡。
2. 在"边框"栏选中◎自动(A)单选按钮。
3. 在右侧的"区域"列表框中选择"草绿色"选项。

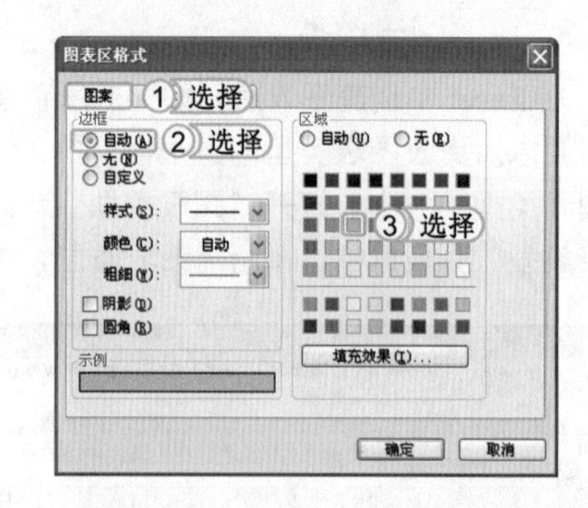

提个醒 在打开的"图表区格式"对话框中单击 填充效果(I)... 按钮，在打开的"填充效果"对话框中可以选择更多样式和颜色图案。

STEP 03: 查看最终效果

1. 选择"字体"选项卡。
2. 在"字体"列表框中选择"微软雅黑"选项。在"字号"列表框中选择"12"选项。
3. 在"颜色"下拉列表框中选择"靛蓝"选项。
4. 单击 确定 按钮。返回图表中，即可查看设置格式后的图表区效果。

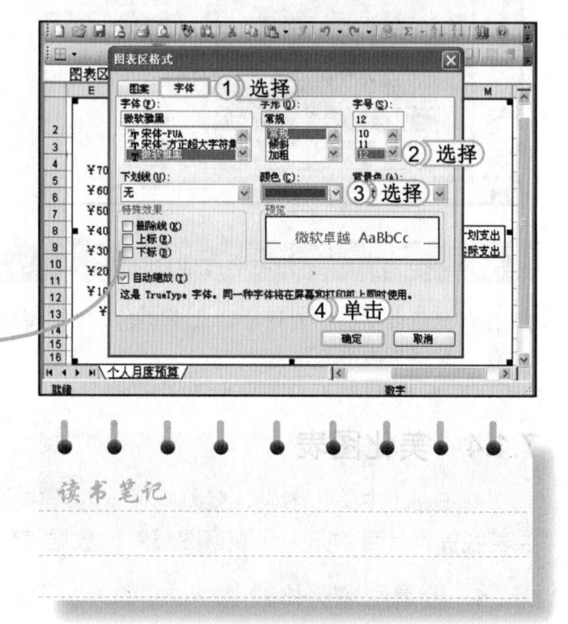

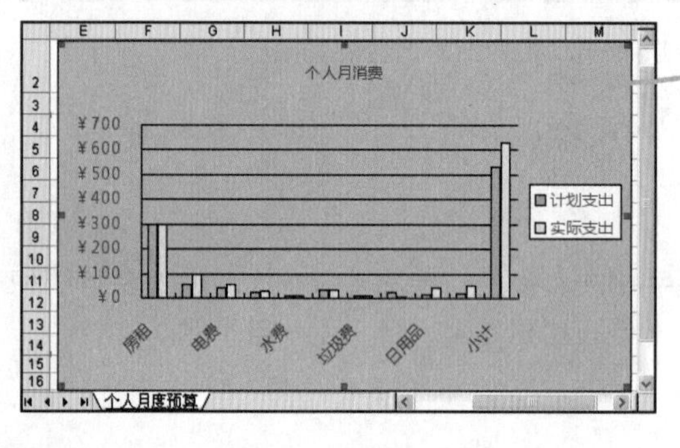

读书笔记

2. 设置绘图区格式

在图表中设置绘图区格式时，只能对绘图区的背景图案和边框颜色等进行设置，其方法与图表区的修饰类似，首先选择绘图区，单击鼠标右键，在弹出的快捷菜单中选择"绘图区格式"命令，打开"绘图区格式"对话框，在"图案"选项卡中设置边框和背景图案等。

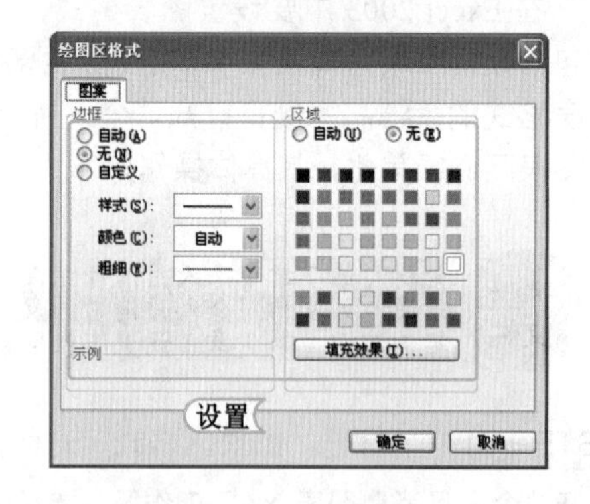

3. 设置数据系列格式

绘图区中的数据系列指显示数据的图形，数据标签就是在图表的数据系列上显示出对应的数据，其格式均可通过"数据系列格式"对话框进行设置，在其中可以设置数据系列的图案、坐标轴、数据标志以及系列次序等。

其方法是：在图表中的数据系列上双击鼠标，打开"数据系列格式"对话框，然后在各选项卡中进行相应的设置。

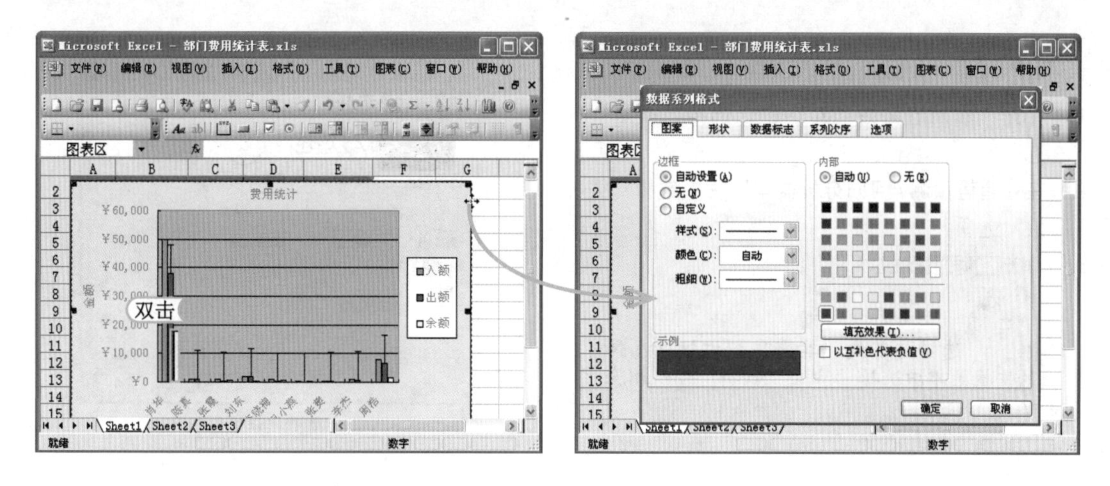

7.1.5 添加趋势线和误差线

趋势线以图形的方式表示数据系列的趋势，主要用于问题预测研究。误差线通常运用在统计或科学记数法数据中，误差线显示相对序列中每个数据标记的潜在误差或不确定度，下面分别进行介绍。

1. 添加趋势线

添加趋势线可以用来显示某个线型数据系列中的变化趋势，并预测未来的情况。下面以为“百佳百货销售统计 .xls”工作簿中的 8 月销售数据添加红色趋势线为例，介绍添加趋势线的方法，其具体操作如下：

光盘文件
素材 \ 第 7 章 \ 百佳百货销售统计 .xls
效果 \ 第 7 章 \ 百佳百货销售统计 .xls
实例演示 \ 第 7 章 \ 添加趋势线

STEP 01： 打开“添加趋势线”对话框

打开“百佳百货销售统计 .xls”工作簿。选择 8 月数据系列，单击鼠标右键，在弹出的快捷菜单中选择“添加趋势线”命令。

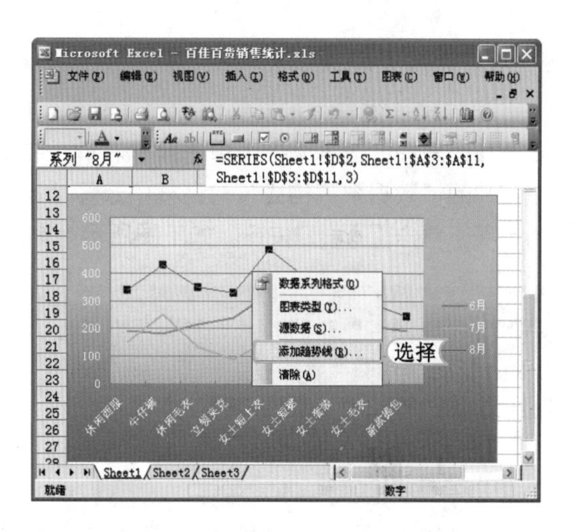

问题小贴士

问：是不是所有图表都能运用趋势线和误差线进行表示呢？

答：不是，只有二维图表才能运用趋势线和误差线（但二维雷达图、饼图和圆环图例外），其他的图表就不能运用。

STEP 02: 设置趋势线类型

1. 打开“添加趋势线”对话框，选择“类型”选项卡。
2. 在“趋势预测 / 回归分析类型”栏中选择“线性”选项。
3. 单击[确定]按钮。

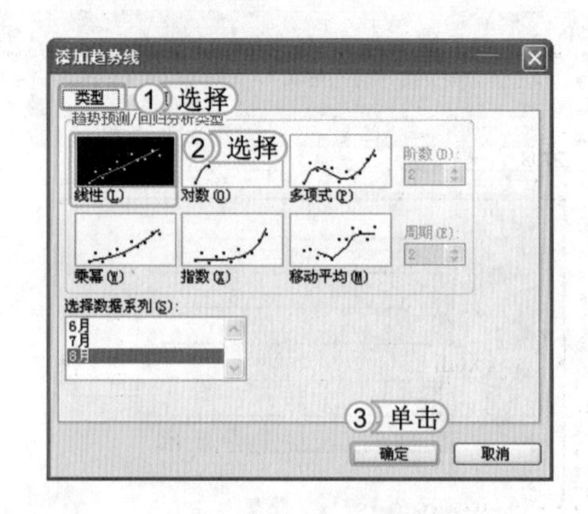

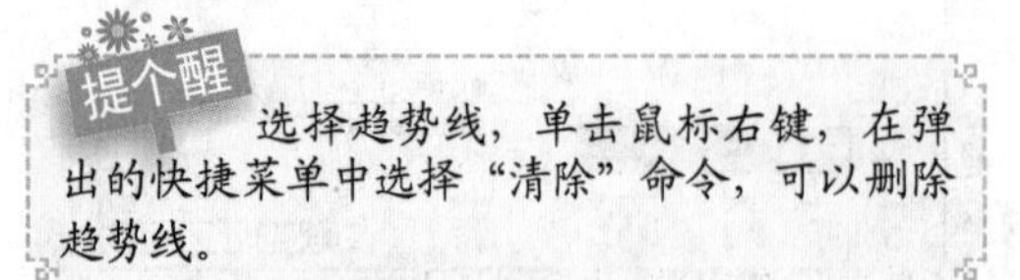

提个醒

选择趋势线，单击鼠标右键，在弹出的快捷菜单中选择“清除”命令，可以删除趋势线。

STEP 03: 设置趋势线的颜色

1. 保持趋势线的选择状态，在“格式”工具栏中单击“填充颜色”按钮。
2. 在弹出的下拉列表中选择“红色”选项。

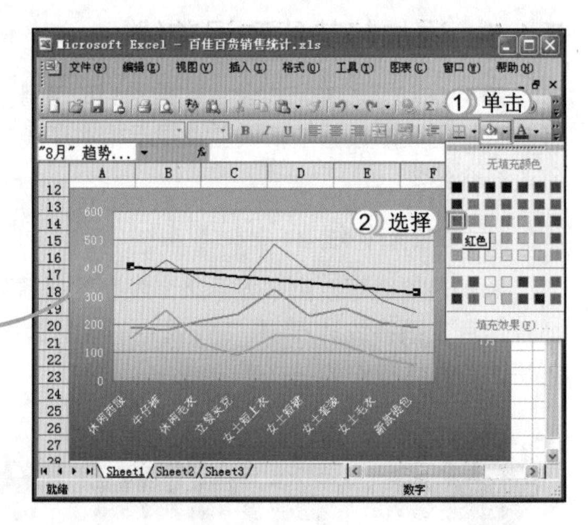

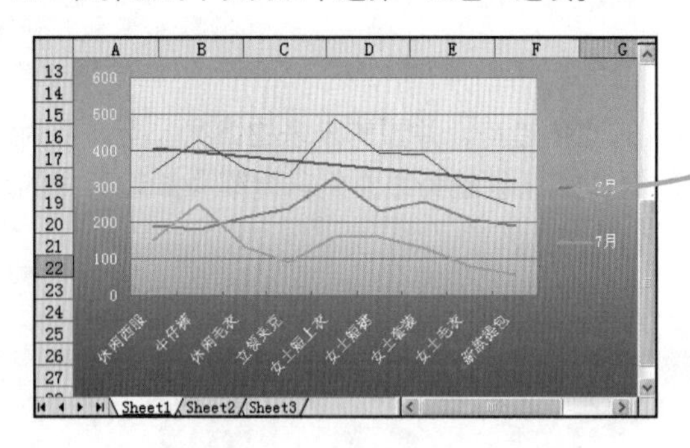

2. 添加误差线

添加误差线与添加趋势线的方法相似，同样可以通过快捷菜单来完成。其方法是：选择要添加误差线的数据系列，单击鼠标右键，在弹出的快捷菜单中选择“数据系列格式”命令，在打开的“数据系列格式”对话框中选择“误差线 Y”选项卡，在“显示方式”栏中选择相应的选项，单击[确定]按钮。如下图所示为选择“正偏差”选项的误差线效果。

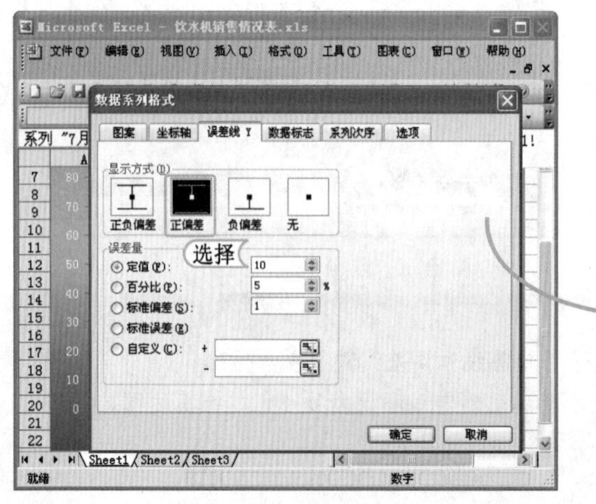

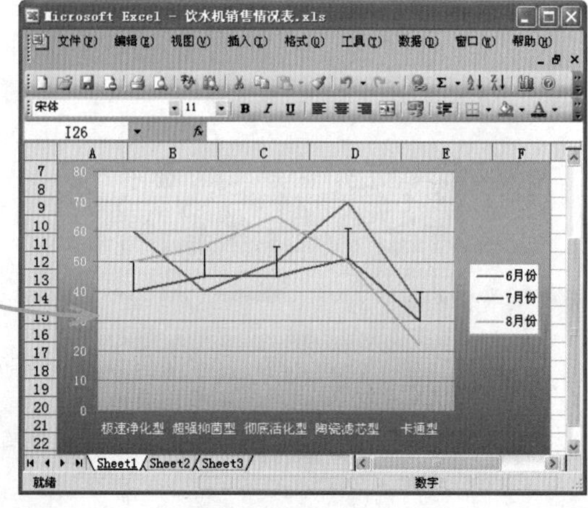

经验一箩筐——删除误差线

在打开的“数据系列格式”对话框中选择“误差线 Y”选项卡，在“显示方式”栏中选择“无”选项，或选择添加的误差线，按 Delete 键；或单击鼠标右键，在弹出的快捷菜单中选择“清除”命令，都可以删除误差线。

上机 1 小时 分析季度工资表

- 巩固插入和更改图表的方法。
- 进一步掌握编辑和美化图表的方法。
- 熟练掌握添加趋势线和误差线的方法。

本例将在“季度工资表.xls”工作簿的下方插入柱形图，并设置图表位置和大小，然后修改图表数据，最后为其添加趋势线，完成后的最终效果如下图所示。

光盘文件
素材 \ 第 7 章 \ 季度工资表.xls
效果 \ 第 7 章 \ 季度工资表.xls
实例演示 \ 第 7 章 \ 分析季度工资表

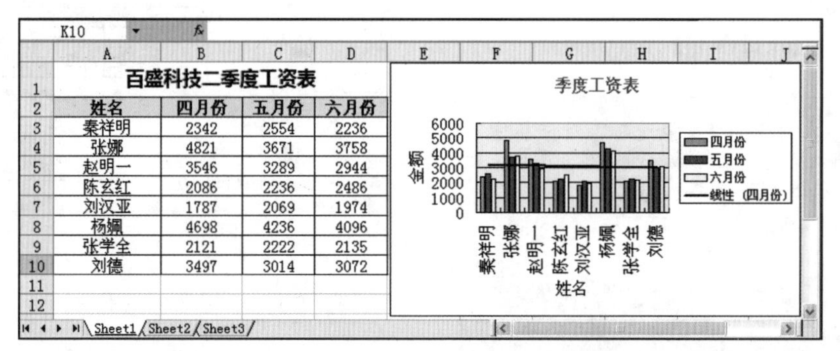

百盛科技二季度工资表

姓名	四月份	五月份	六月份
秦祥明	2342	2554	2236
张娜	4821	3671	3758
赵明一	3546	3289	2944
陈玄红	2086	2236	2486
刘汉亚	1787	2069	1974
杨娴	4698	4236	4096
张学全	2121	2222	2135
刘德	3497	3014	3072

STEP 01： 选择图表类型

1. 打开“季度工资表.xls”工作簿，选择【插入】/【图表】命令。在打开对话框的“图表类型”列表框中选择“柱形图”选项。
2. 在“子图表类型”列表框中选择“堆积柱形图”选项。
3. 单击下一步(N) >按钮。

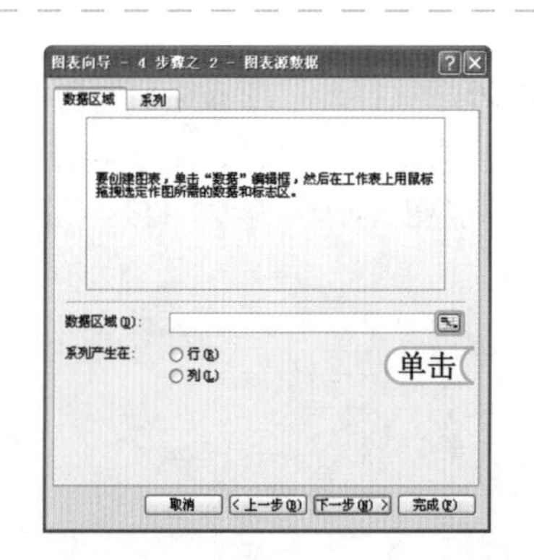

STEP 02： 切换到选择数据区域模式

打开“图表源数据”对话框，单击“数据区域”列表框右侧的按钮，准备选择需插入图表的单元格数据区域。

STEP 03： 选择数据区域

1. 系统将自动折叠该对话框，此时选择 A2:D10 单元格区域。
2. 单击按钮，返回“图表源数据”对话框，此时，“数据区域”列表框中将会显示选择的区域，并在“系列产生在”栏中自动选中 列(L) 单选按钮，确认无误后，单击 下一步(N) > 按钮。

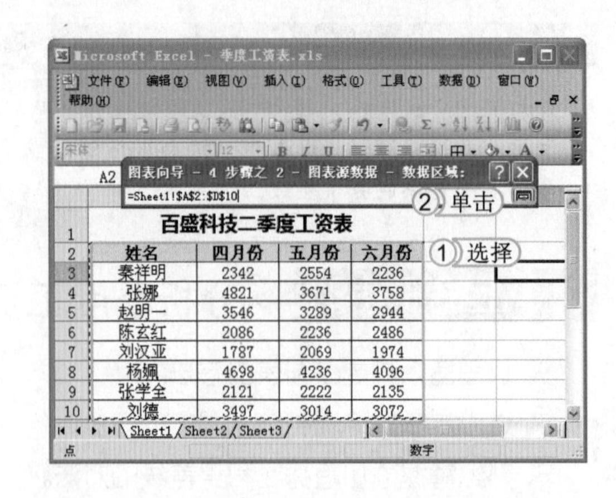

STEP 04： 设置图表标题

1. 打开“图表选项”对话框，选择“标题”选项卡。
2. 在“图表标题”、“分类轴”和“数值轴”文本框中分别输入“季度工资表”、“姓名”以及“金额”。
3. 单击 下一步(N) > 按钮。

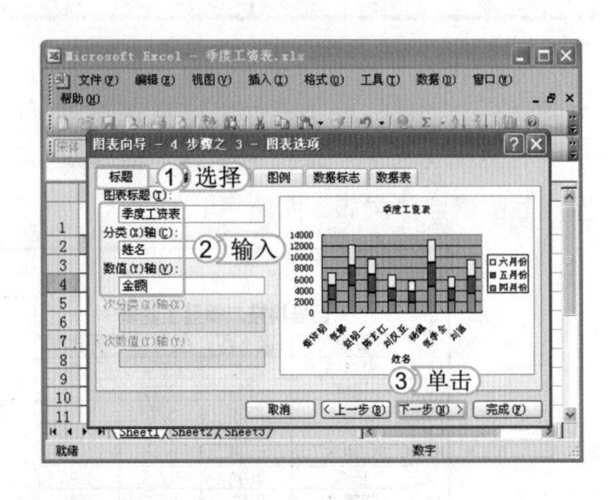

提个醒 在打开的“图表选项”对话框中可同时对图表标题、坐标轴、网格线、图例、数据标志和数据表进行统一设置。

STEP 05： 设置图表位置

1. 打开“图表位置”对话框，在其中选中 作为其中的对象插入(O) 单选按钮。
2. 在其右侧的列表框中选择“Sheet1”选项。
3. 单击 完成(F) 按钮。

提个醒 用鼠标单击图表区时，在图表的四周将出现边框，且表格中与图表相关的数据将突出显示。

STEP 06： 打开“图表类型”对话框

选择插入的图表，单击鼠标右键，在弹出的快捷菜单中选择“图表类型”命令，打开“图表类型”对话框。

STEP 07： 更改图表类型

1. 在“图表类型”列表框中选择“柱形图”选项。
2. 在“子图表类型”列表框中选择“簇状柱形图”选项。
3. 单击 确定 按钮。

提个醒

更改图表时，选择图表后，在菜单栏中将显示“图表”命令，选择该命令后，在弹出的下拉列表中选择“图表类型”选项，也可打开“图表类型”对话框。

STEP 08： 调整图表位置和大小

选择图表，使用鼠标拖动移动图表的位置到数据列表的下方。然后移动鼠标光标到图表右下角的黑色控制点上，当鼠标光标变为↘形状时，拖动鼠标调整图表的大小。

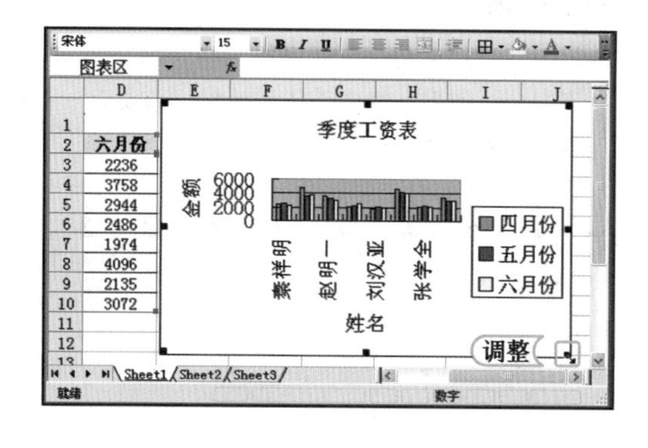

STEP 09： 设置图表区的字体格式

1. 在图表上单击鼠标右键，在弹出的快捷菜单中选择“设置图表格式”命令，打开“图表区格式”对话框，选择“字体”选项卡。
2. 在“字号”下拉列表框中选择“12”选项。
3. 单击 确定 按钮。

提个醒

通常默认的图表字体字号较大，有时不能够完全显示图表内容，此时需要设置图表中的字号大小，然后对图表中的标题等字号进行调整。

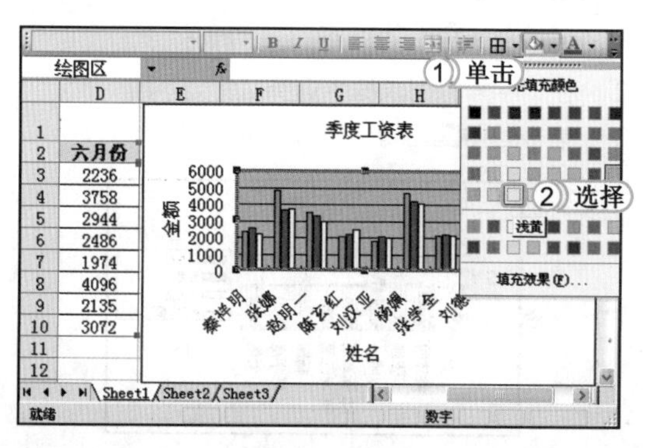

STEP 10： 设置绘图区颜色

1. 选择“绘图区”的灰色区域。单击“格式”工具栏中“填充颜色”按钮右侧的下拉按钮。
2. 在弹出的下拉列表中选择“浅黄”选项。

STEP 11: 打开“添加趋势线”对话框

1. 选择图表标题，单击“格式”工具栏中的“加粗”按钮B，再单击最右侧“字体颜色”按钮A右侧的下拉按钮，在弹出的列表中选择“红色”选项，将标题文本加粗并改变为红色。
2. 选择绘图区中的“暗红色”数据系列并单击鼠标右键，在弹出的快捷菜单中选择“添加趋势线”命令。

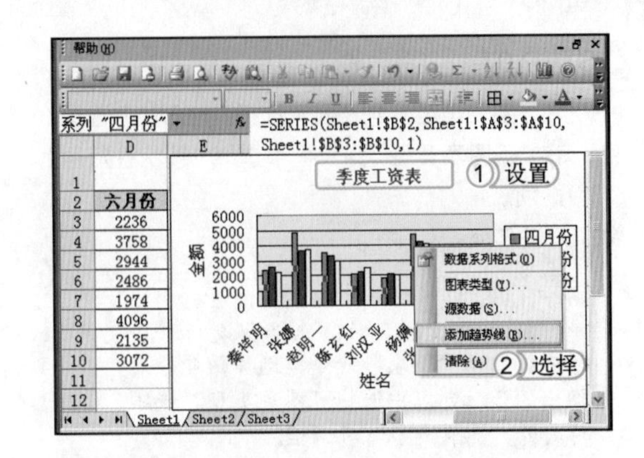

STEP 12: 添加趋势线

1. 打开“添加趋势线”对话框，在“趋势预测/回归分析类型”栏中选择“线性”选项。
2. 单击 确定 按钮。

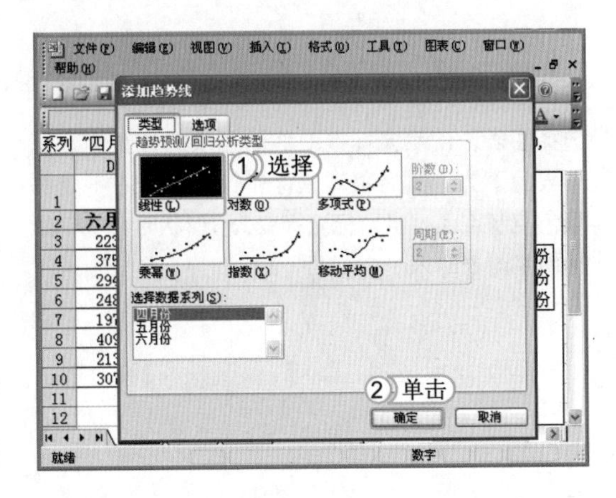

STEP 13: 打开“图例格式”对话框

选择绘图区右侧的“图例”数据系列并单击鼠标右键，在弹出的快捷菜单中选择“图例格式”命令，打开“图例格式”对话框。

提个醒 如果在“图例格式”对话框中设置增大了图例的字号，可能会超出标题范围，此时可拖动图表，调整其大小，让内容在一行内显示完全。

STEP 14: 设置图例格式

1. 选择“字体”选项卡。
2. 在“字号”列表框中选择“9”选项。
3. 单击 确定 按钮。

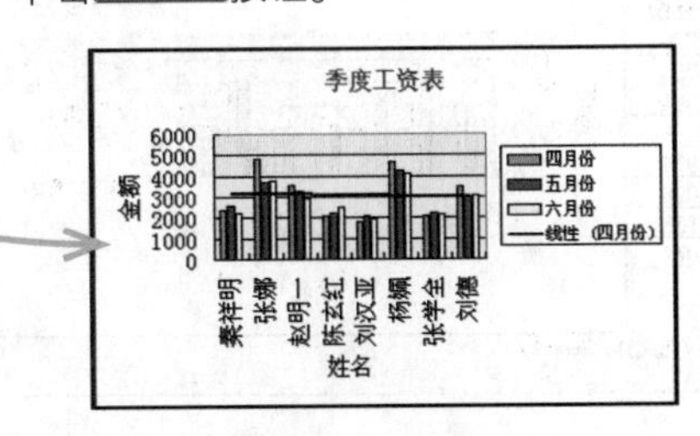

7.2 透视分析

在日常工作中，数据透视表是可以快速汇总大量数据的交互式报表，可以汇总、分析、浏览和提供摘要数据，同时创建相应的数据透视图，以图表的形式表示数据透视表中的数据。

学习 1 小时

- 认识数据透视表和数据透视图。
- 灵活掌握数据透视表的创建和应用方法。
- 掌握数据透视图的创建和应用方法。

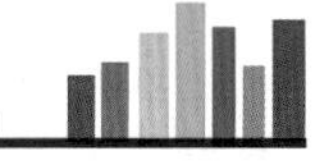

7.2.1 认识数据透视表和数据透视图

数据透视表是一种交互式报表，可按照不同的需要以及不同的关系来提取、组织和分析数据。而数据透视图则是以图形的形式来表示数据透视表中的数据，在 Excel 中可利用数据透视表来创建数据透视图，它们之间是相互关联的。

1. 认识数据透视表

数据透视表是 Excel 重要的分析报告工具，它集筛选、排序和分类汇总等功能于一身，弥补了在表格中输入大量数据时，使用图表分析显得很拥挤的缺点。而在创建数据透视表后，在指定的工作区域可查看创建的数据透视表，它主要由数据透视表布局区和数据透视表字段列表区构成，其特点及作用分别介绍如下。

- 数据透视表布局区：是生成数据透视表的区域，如下图所示。它是通过在字段列表区域中选择并拖动相应字段到数据透视表的对应位置而形成的。
- 数据透视表字段列表区：数据透视表字段列表区域用于显示数据源中的列标题。每个标题都是一个字段，如“产地”、“规格”和“原价”等。

	A	B	C	D
1	商品名称	(全部)		
2				
3	求和项:原			
4	产地	规格	汇总	
5	上海	100g	1.5	
6		200抽	3.8	
7	上海 汇总		5.3	
8	深圳	200ml	43.8	
9	深圳 汇总		43.8	
10	重庆	150g	3.5	
11		200ml	19.8	
12		280g	2.5	
13		2支	9.8	
14		400ml	19.8	
15	重庆 汇总		55.4	
16	总计		104.5	

Sheet6 / Sheet1 / Sh

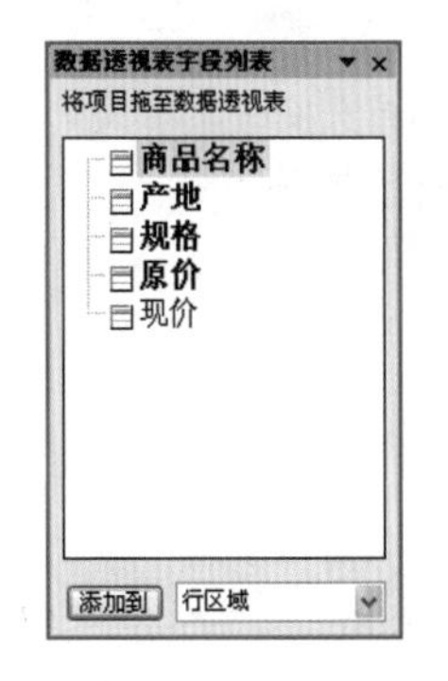

2. 认识数据透视图

数据透视图具有与图表相似的数据系列、分类、数据标记和坐标轴，另外还包含了数据透视表对应的特殊元素，数据透视图中的大多数操作与标准图表一样，同时也存在如下差别。

- 交互性：对于标准图表，针对用户查看的每个数据透视图创建一张图表，但它们不交互，而对于数据透视图，只要创建单张图表就可通过更改报表布局或显示的明细数据以不同的方式交互查看数据。
- 图表类型：标准图表的默认图表类型为簇状柱形图，它按分类来比较值。而数据透视图的默认图表类型为堆积柱形图，它能比较各个值在整个分类总计中所占的比例。可以将数据透视图类型更改为除 XY 散点图、股份图和气泡图之外的其他任何图表类型。

- 图表位置：默认情况下，标准图表会嵌入在工作表中，而数据透视图默认情况下是创建在图表工作表上的，且在创建后，还可将其重新定位到工作表上。
- 数据源：基于相关联的数据透视表中的数据，可通过调整数据透视表中的数据来修改数据透视图中的数据。
- 图表元素：数据透视图除包含与标准图表相同的元素外，还包括字段和项，可以添加、旋转和删除字段和项来显示数据的不同视图。数据透视图中的字段分类、字段系列和值字段分别对应于标准图表中的分类、系列和数据。数据透视图中还包含报表筛选，而这些字段中都包含项，它对应于标准图表中的图例。
- 移动或调整项的大小：在数据透视图中，可为图例选择一个预设位置并可更改标题的字体、字号等，但无法移动或重新调整绘图区、图例、图表标题或坐标轴的大小。

7.2.2 创建数据透视表

在表格中创建数据透视表的方法与创建图表的方法类似。而要创建数据透视表，首先要选择需要创建数据透视表的单元格，然后再进行创建。下面在“部门费用统计表.xls”工作簿中创建数据透视表，其具体操作如下：

光盘文件
素材\第7章\部门费用统计表.xls
效果\第7章\部门费用统计表.xls
实例演示\第7章\创建数据透视表

STEP 01: 选择创建数据透视表

1. 打开“部门费用统计表.xls”工作簿，选择任一单元格，选择【数据】/【数据透视表和数据透视图】命令。打开“数据透视表和数据透视图向导-3步骤之1”对话框，选中 数据透视表(T) 单选按钮。
2. 单击 下一步(N) > 按钮。

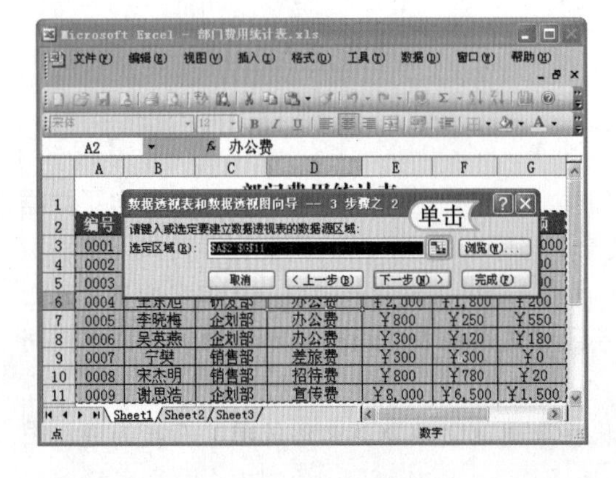

STEP 02: 打开选择数据区域的对话框

在打开的“数据透视表和数据透视图向导-3步骤之2”对话框中，单击“选定区域”文本框后的按钮。

提个醒
创建数据透视表时，可先选择要进行分析的数据区域，那么在打开的对话框中将不用再单击“选定区域”文本框右侧的按钮，确认地址后，可直接单击 下一步(N) > 按钮，再依次进行设置即可完成数据透视表的创建。

STEP 03：选择数据区域

1. 在工作表中选择 A2:G11 单元格区域。
2. 单击对话框中的按钮，并在返回的对话框中单击下一步(N) >按钮。

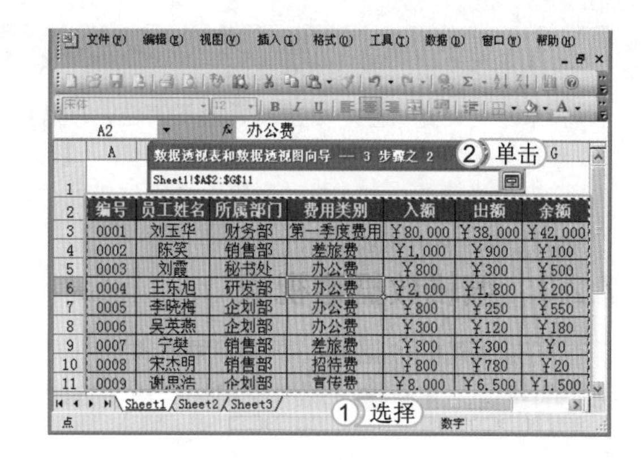

提个醒 在要创建数据透视表的工作簿中，不能选择合并单元格的区域，否则将不能创建数据透视表。

STEP 04：设置数据透视表显示位置

1. 在打开对话框的"数据透视表显示位置"栏中，选中◎现有工作表(E)单选按钮。
2. 在其下的文本框中输入数据透视表放置位置。
3. 单击完成(F)按钮。

提个醒 在打开的对话框中选中◎新建工作表(N)单选按钮，再单击完成(F)按钮，即可自动新建一张工作表来显示数据透视表。

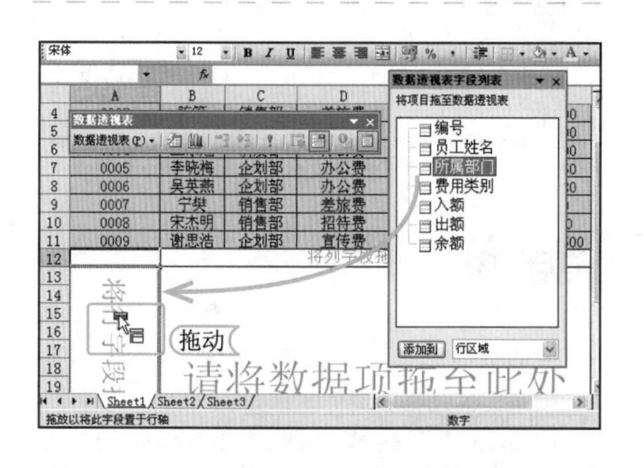

STEP 05：设置数据透视表字段

系统在工作表中创建数据透视表框架，并打开"数据透视表字段列表"任务窗格。选择任务窗格中的"所属部门"选项并拖动至透视表中的"将行字段拖至此处"单元格。

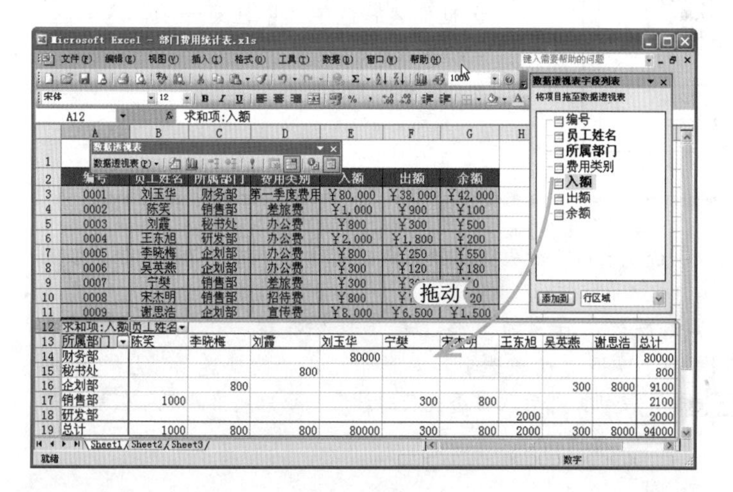

STEP 06：查看效果

使用同样的方法，将"员工姓名"选项和"入额"选项分别拖动至"将列字段拖至此处"单元格和"请将数据项拖至此处"单元格中，系统会自动将拖进的数据进行分类排序和汇总，完成数据透视表的创建。

经验一箩筐——删除数据透视表

如果感觉创建的整个数据透视表不满意，可以将其删除。其方法是：选择透视表中任一单元格，单击鼠标右键，在弹出的快捷菜单中选择【选定】/【整张表格】命令，然后单击鼠标右键，在弹出的快捷菜单中选择“删除”命令，打开“删除”对话框，单击 确定 按钮。

7.2.3 编辑数据透视表

若对创建的数据透视表不满意或对透视表中显示的数据不满意，还可对创建的透视表进行相应的编辑。下面在“部门费用统计表 1.xls”工作簿中对创建的数据透视表进行编辑，其具体操作如下：

光盘文件

素材 \ 第 7 章 \ 部门费用统计表 1.xls
效果 \ 第 7 章 \ 部门费用统计表 1.xls
实例演示 \ 第 7 章 \ 编辑数据透视表

STEP 01：添加字段

1. 打开“部门费用统计表 1.xls”工作簿，在“数据透视表字段列表”任务窗格中选择“费用类别”选项。
2. 在右下角下拉列表框中选择“行区域”选项。
3. 单击 添加到 按钮。

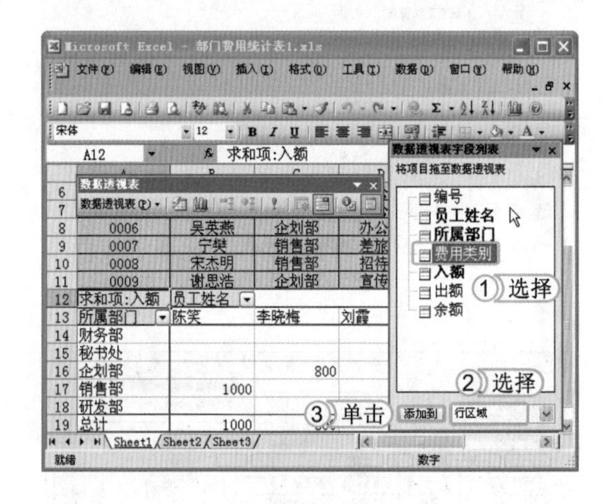

STEP 02：选择费用类别

1. 在工作表中，系统自动将“费用类别”选项中的数据添加到“行字段”中。单击“费用类别”单元格右侧的 按钮。
2. 在弹出的列表框中取消选中 □(全部显示) 复选框。然后选中其中任意一项，这里选中 ☑差旅费 复选框。
3. 单击 确定 按钮。

问题小贴士

问：创建数据透视表后，若丢失了数据源，有什么办法可以重新生成数据源吗？

答：在数据透视表的任意单元格上单击鼠标右键，在弹出的快捷菜单中选择“表格选项”命令，打开“数据透视表选项”对话框。在“数据选项”栏中选中 ☑显示明细数据(D) 复选框，单击 确定 按钮，然后双击透视表的最后一个单元格，即可在新的工作表中重新生成数据源表格。

STEP 03： 打开“自动套用格式”对话框

完成后即可看到效果，再单击“数据透视表”工具栏中的“设置报告格式”按钮，打开“自动套用格式”对话框。

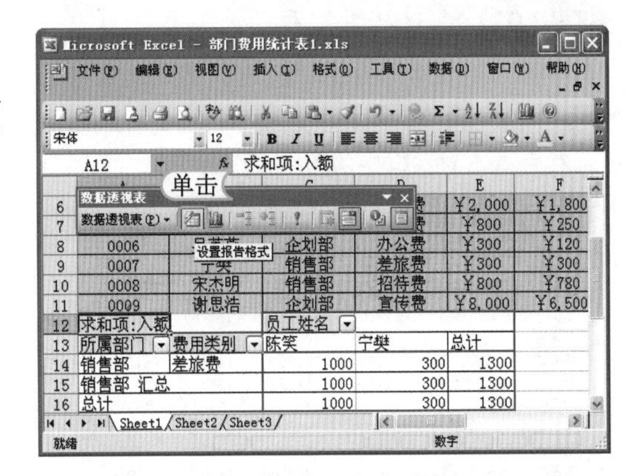

> **提个醒**
> 单击“数据透视表”工具栏中的 数据透视表(P)▾ 按钮，在弹出的下拉菜单中选择“设置报告格式”命令，也可以打开“自动套用格式”对话框对透视表格式进行设置。

STEP 04： 查看最终效果

1. 在打开对话框的列表框中选择“表 10”选项。
2. 单击 确定 按钮，返回工作表，即可看到设置后的效果。

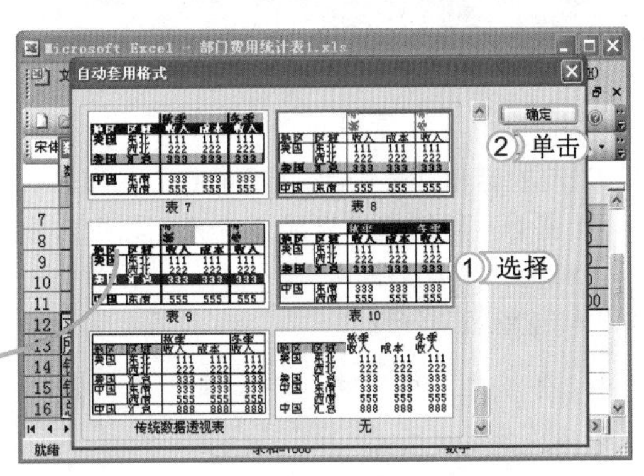

	A	B	C	D	E
10	0008	宋杰明	销售部	招待费	￥800
11	0009	谢思浩	企划部	宣传费	￥8,000
12	入额		员工姓名		
13	所属部门	费用类别	陈芙	宁樊	总计
14	销售部	差旅费	1000	300	1300
15	销售部 汇总		1000	300	1300
16	总计		1000	300	1300

7.2.4 创建数据透视图

创建数据透视图与数据透视表有密切关联，它是用图表的形式来表示数据透视图，使数据更加直观。数据透视图与数据透视表之间是相互对应的，如果更改了其中的某个数据，那么另一个中的相应数据也会随之改变。数据透视图的创建方法与创建数据透视表的方法类似，且创建出的数据透视图类似于图表。下面在“员工销售业绩表 .xls”工作簿中创建数据透视图，其具体操作如下：

> **光盘文件**
> 素材 \ 第 7 章 \ 员工销售业绩表 .xls
> 效果 \ 第 7 章 \ 员工销售业绩表 .xls
> 实例演示 \ 第 7 章 \ 创建数据透视图

STEP 01： 创建数据透视图

1. 打开“员工销售业绩表 .xls”工作簿，选择【数据】/【数据透视表和数据透视图】命令。在打开对话框的“所需创建的报表类型”栏中，选中 ◉数据透视图(及数据透视表)(R) 单选按钮。
2. 单击 下一步(N) > 按钮。

STEP 02：选择数据源

在打开的对话框中，单击“选定区域”文本框后的按钮。返回工作表中选择 A2:F16 单元格区域，然后单击对话框中的按钮。

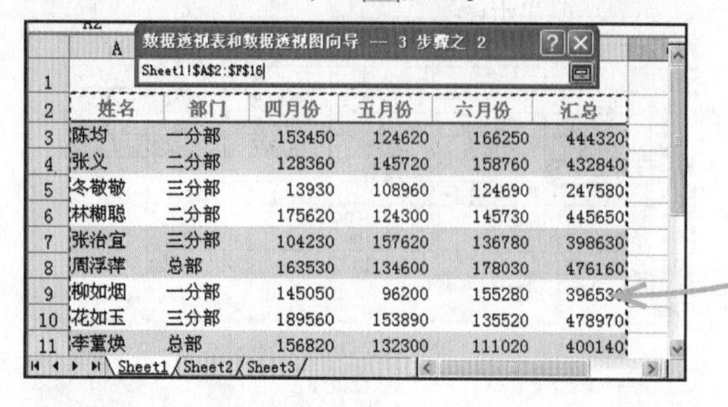

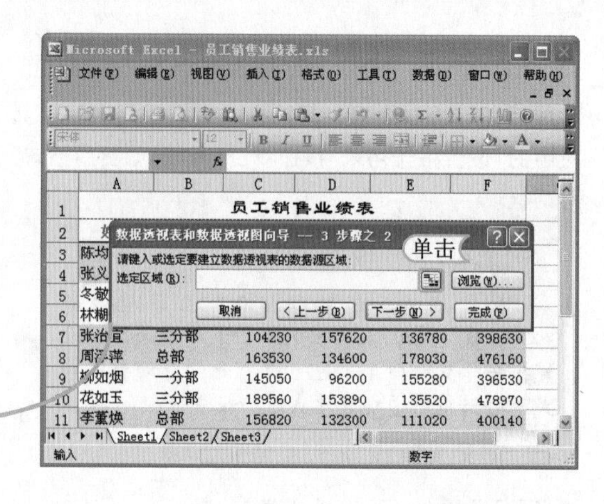

STEP 03：设置数据透视图的位置

1. 返回对话框并单击下一步(N) >按钮，在打开对话框的“数据透视表显示位置”栏中选中新建工作表(N)单选按钮。
2. 单击完成(F)按钮。

数据透视表和数据透视图向导 — 3 步骤之 3

1 选中

2 单击

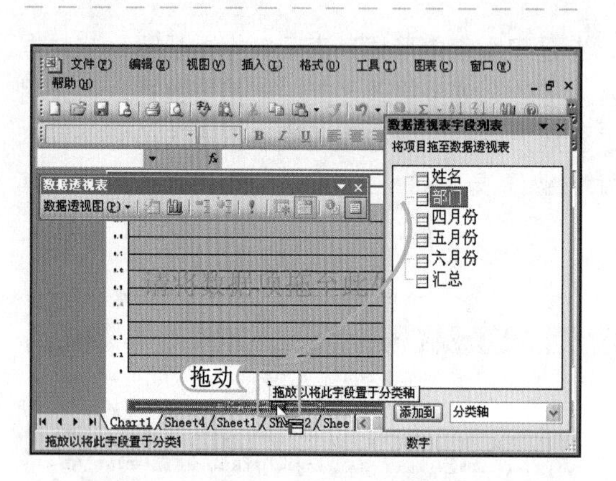

STEP 04：添加字段

此时，在工作表中将自动创建数据透视图框架，并打开“数据透视表字段列表”任务窗格。选择任务窗格中的“部门”选项并拖动至“在此处放置分类字段”单元格中，释放鼠标。

> **提个醒** 若工作表中已创建了数据透视表，可选择数据透视表中任意单元格，再单击“数据透视表”工具栏中的按钮，Excel 将基于数据透视表快速创建透视图。

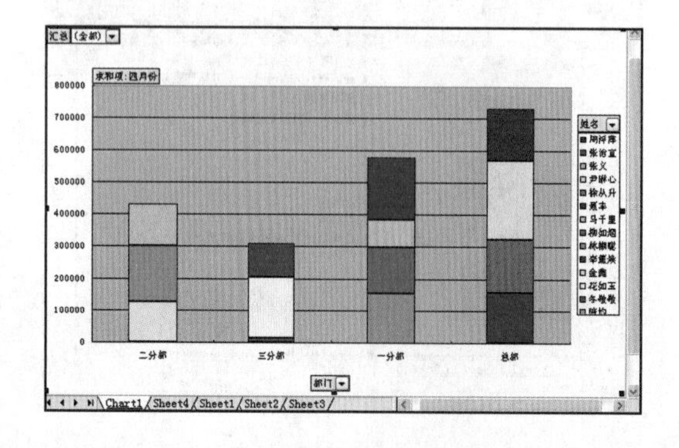

STEP 05：最终效果

使用相同的方法依次将“四月份”选项拖至“请将数据项拖至此处”单元格中；将“姓名”选项拖至“在此处放置系列字段”单元格中；将“汇总”选项拖至“请将页字段拖至此处”单元格中，图表中将自动对数据进行显示和分类。

7.2.5 删除数据透视图

在创建数据透视图后，可使用与 7.1.3 节的编辑图表相同的方法对其进行编辑，同时图表中的汇总项也会随着页字段的变化而变化。而用户在不需要数据透视图时，还可将其删除。其方法非常简单，选择创建数据透视图后的工作表，如“chart1”工作表，在其工作表标签上单击鼠标右键，在弹出的快捷菜单中选择“删除”命令。在打开的对话框中单击 删除 按钮，删除放置数据透视图的工作表及数据透视图；或在数据透视图空白处单击鼠标右键，在弹出的快捷菜单中选择“清除”命令即可。

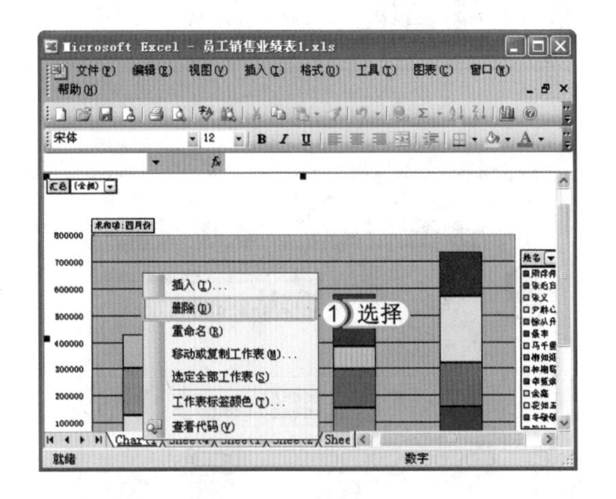

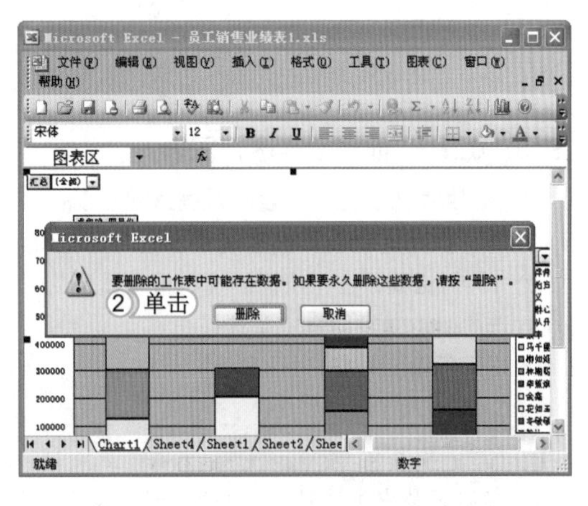

上机 1 小时 管理业绩评定表

- 进一步掌握创建和编辑数据透视表的方法。
- 巩固创建和删除数据透视图的方法。

本例将运用本章节所学知识，在“业绩评定表 .xls”工作簿中创建数据透视表和数据透视图，对员工业绩进行直观的管理和分析，完成后的最终效果如下图所示。

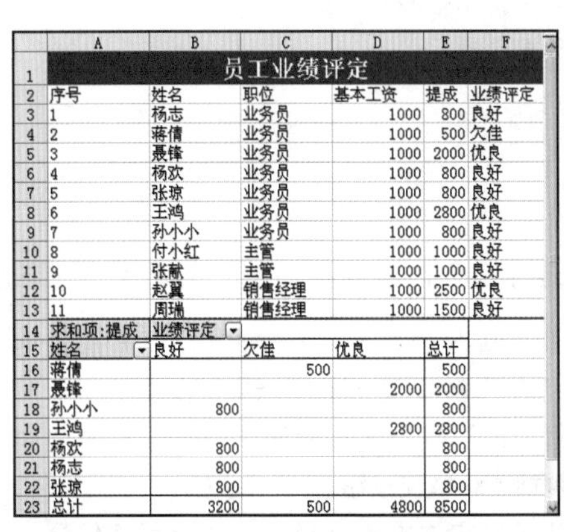

	A	B	C	D	E	F
1	员工业绩评定					
2	序号	姓名	职位	基本工资	提成	业绩评定
3	1	杨志	业务员	1000	800	良好
4	2	蒋倩	业务员	1000	500	欠佳
5	3	聂锋	业务员	1000	2000	优良
6	4	杨欢	业务员	1000	800	良好
7	5	张琼	业务员	1000	800	良好
8	6	王鸿	业务员	1000	2800	优良
9	7	孙小小	业务员	1000	800	良好
10	8	付小红	主管	1000	1000	良好
11	9	张献	主管	1000	1000	良好
12	10	赵翼	销售经理	1000	2500	优良
13	11	周瑞	销售经理	1000	1500	良好
14	求和项:提成	业绩评定				
15	姓名	良好	欠佳	优良	总计	
16	蒋倩		500		500	
17	聂锋			2000	2000	
18	孙小小	800			800	
19	王鸿			2800	2800	
20	杨欢	800			800	
21	杨志	800			800	
22	张琼	800			800	
23	总计	3200	500	4800	8500	

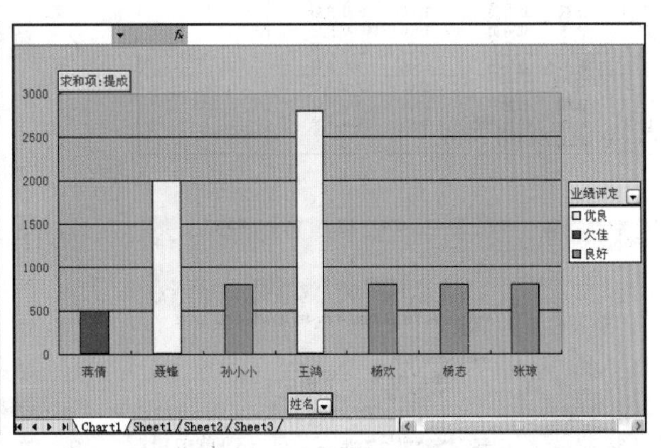

光盘文件
素材 \ 第 7 章 \ 业绩评定表 .xls
效果 \ 第 7 章 \ 业绩评定表 .xls
实例演示 \ 第 7 章 \ 管理业绩评定表

STEP 01： 数据排序

1. 打开“业绩评定表 .xls”工作簿，选择 A2 单元格。
2. 在“格式”工具栏中单击“升序排序”按钮 A↓Z。

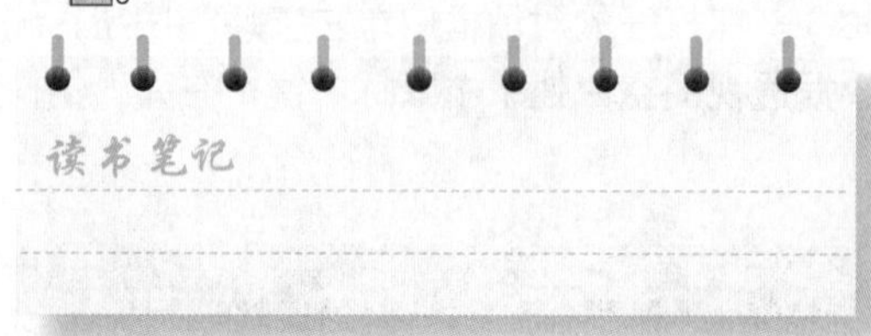

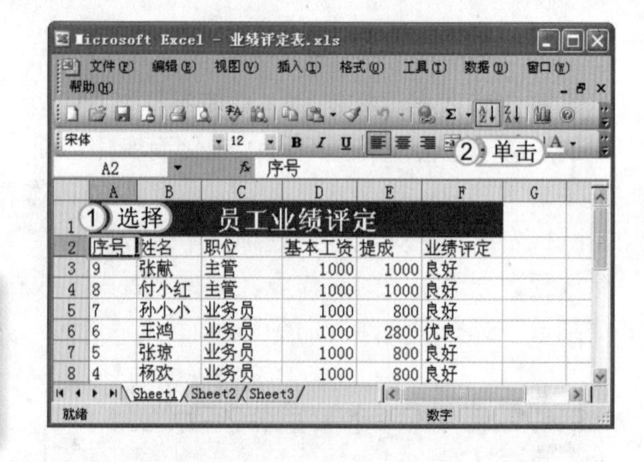

STEP 02： 创建数据透视图表

1. 选择【数据】/【数据透视表和数据透视图】命令，打开“数据透视表和数据透视图向导 -3 步骤之 1”对话框，在“所需创建的报表类型”栏中选中 ◎数据透视图(及数据透视表)(R) 单选按钮。
2. 单击 下一步(N) > 按钮。

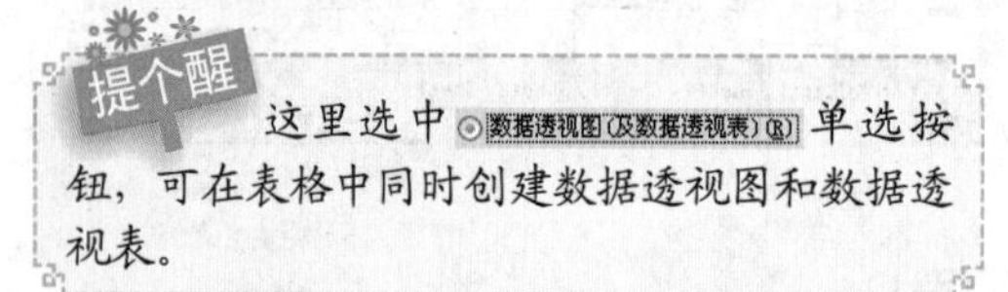

提个醒 这里选中 ◎数据透视图(及数据透视表)(R) 单选按钮，可在表格中同时创建数据透视图和数据透视表。

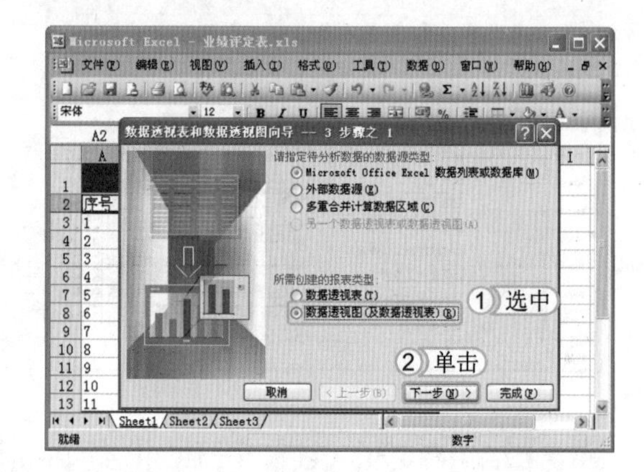

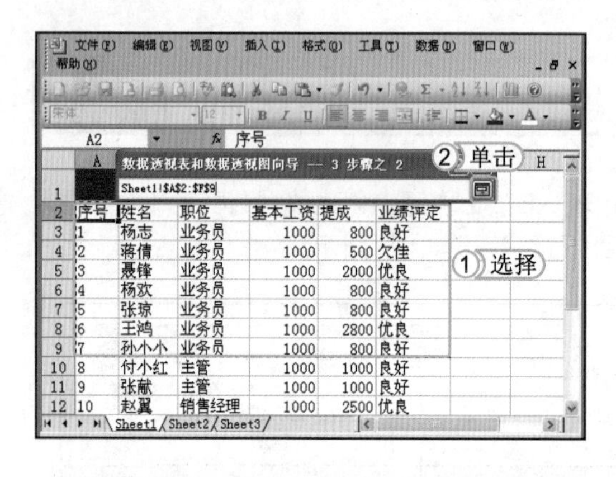

STEP 03： 选择数据区域

1. 打开“数据透视表和数据透视图向导 -3 步骤之 2”对话框，单击“选定区域”文本框右侧的 按钮。系统将自动折叠“数据透视表和数据透视图向导 -3 步骤之 2”对话框，然后选择所要引用数据的区域。
2. 单击 按钮。

STEP 04： 设置数据透视表的位置

1. 返回对话框单击 下一步(N) > 按钮，打开“数据透视表和数据透视图向导 -3 步骤之 3”对话框，在“数据透视表显示位置”栏中选中 ◎现有工作表(E) 单选按钮。
2. 在其下的文本框中选择具体的单元格位置，这里选择 A14 单元格。
3. 单击 完成(F) 按钮。

STEP 05：添加数据至透视图框架

系统将为工作表中所选区域创建数据透视图框架，同时工作表界面中会出现“数据透视表字段列表”任务窗格和“数据透视表”工具栏。选择“数据透视表字段列表”任务窗格中的“姓名”选项，然后按住鼠标左键不放，并拖动至“在此处放置分类字段”单元格中，然后释放鼠标，将所选数据添加到透视图框架中。

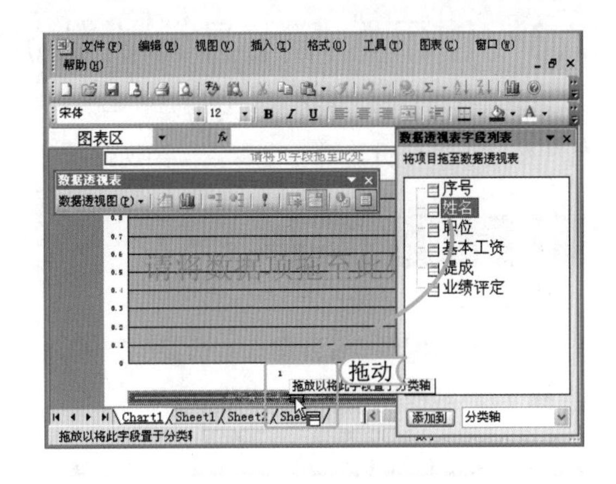

STEP 06：继续在透视图中添加数据

使用相同的方法，依次将“数据透视表字段列表”任务窗格中的“提成”和“业绩评定”选项，分别拖至“请将数据项拖至此处”和“在此处放置数据系列字段”两个单元格中，系统将自动显示数据。

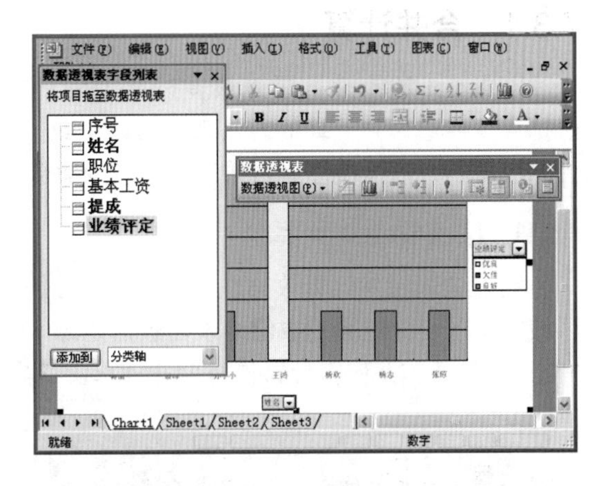

STEP 07：设置图表格式

1. 单击“数据透视表字段列表”任务窗格右上角的☒按钮，将其关闭，并在图表上双击鼠标。
2. 打开“图表区格式”对话框，选择“图案”选项卡。
3. 在“边框”栏中选中◉自动(A)单选按钮。
4. 在“区域”栏中选择“淡蓝”颜色选项。

STEP 08：设置图表中的字体格式

1. 选择“字体”选项卡。
2. 在“字号”列表框中选择“14”选项。
3. 在“颜色”下拉列表框中选择“深红色”选项。
4. 单击 确定 按钮完成本例的制作。

7.3 使用数据工具分析数据

在日常工作中，经常需要对数据进行计算并分析，使用 Excel 中的合并计算、数据模拟分析和数据求解分析等功能可以轻松实现这项任务。

学习 1 小时

- 掌握合并计算的方法。
- 灵活掌握单 / 双变量模拟运算的方法。
- 掌握数据规划求解分析的方法。

7.3.1 合并计算

在 Excel 2003 中，可以最多指定 255 个源区域（数据区域）来进行合并计算，合并计算是指可以通过合并计算的方法来汇总一个或多个源区域中的数据。在 Excel 中提供了两种合并计算数据的方法：按位置合并计算和按分类合并计算，下面分别进行讲解。

1. 按位置合并计算

通过位置合并计算数据是指在所有源区域中的数据被相同地排列，也就是说要从每一个源区域中进行合并计算的数值必须在被选定源区域的相同的相对位置上。下面将在“商品季度销售表 .xls”工作簿中按位置进行合并计算，其具体操作如下：

光盘文件

素材 \ 第 7 章 \ 商品季度销售表 .xls
效果 \ 第 7 章 \ 商品季度销售表 .xls
实例演示 \ 第 7 章 \ 按位置合并计算

STEP 01：打开“合并计算”对话框

1. 打开“商品季度销售表 .xls”工作簿，选择 A11 单元格。
2. 选择【数据】/【合并计算】命令，打开“合并计算”对话框。

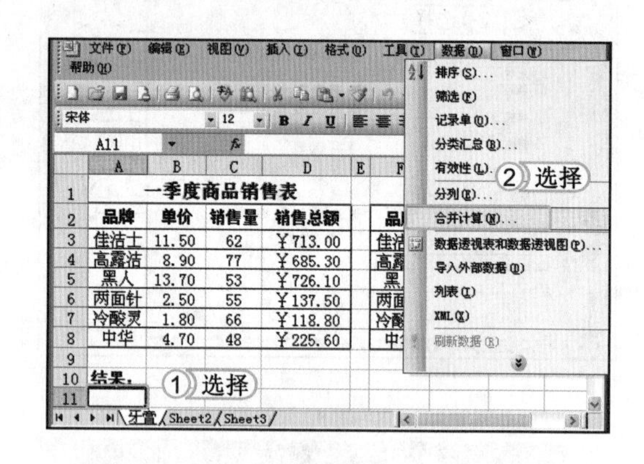

提个醒：要想合并计算数据，首先必须为汇总信息定义一个目的区，用来显示摘录的信息。此目标区域可位于与源数据相同的工作表中，或在另一个工作表中或工作簿内。

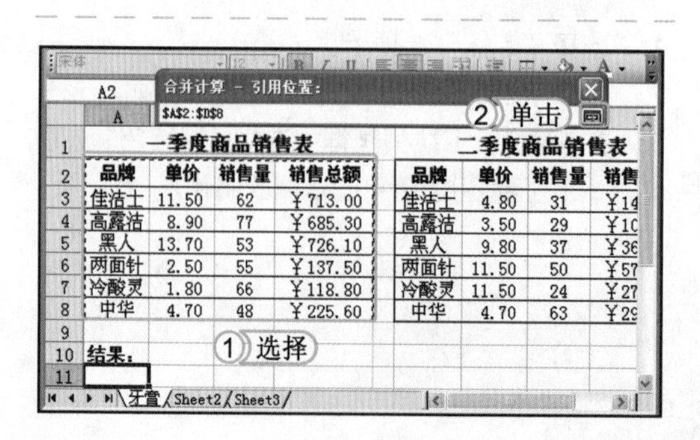

STEP 02：选择数据区域

1. 单击“引用位置”文本框后的按钮。此时对话框将缩小，选择一季度商品销售表中的 A2:D8 单元格区域。
2. 单击“合并计算 - 引用位置：”对话框中的按钮。

STEP 03：使用合并计算

返回“合并计算”对话框，单击 添加(A) 按钮。此时，所引用的单元格区域地址将显示在“所有引用位置”列表框中。

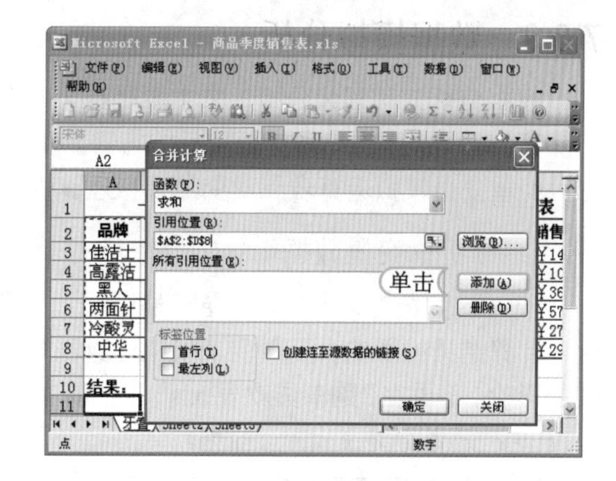

STEP 04：设置引用位置

1. 再使用与第 2 步相同的方法将二季度商品销售表中的 F2:I8 单元格区域添加到“所引用位置”列表框中。
2. 依次选中 ☑首行(T) 和 ☑最左列(L) 复选框。
3. 单击 确定 按钮。

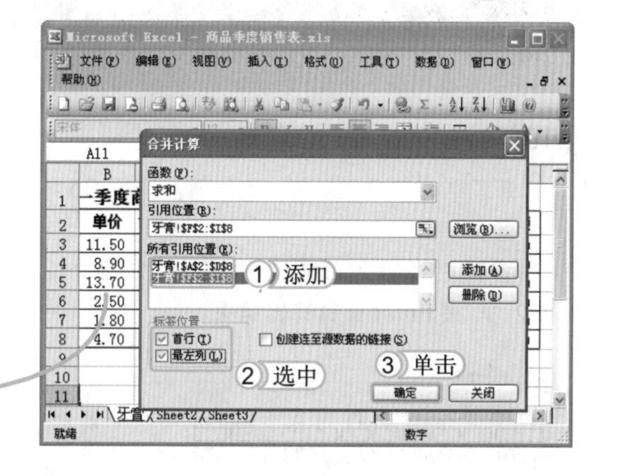

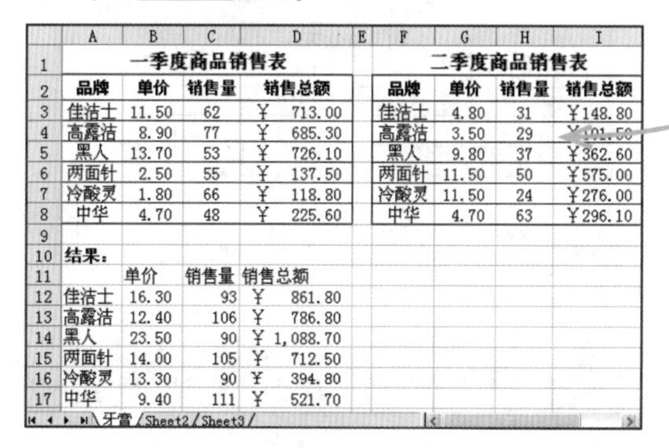

	一季度商品销售表				二季度商品销售表		
品牌	单价	销售量	销售总额	品牌	单价	销售量	销售总额
佳洁士	11.50	62	¥713.00	佳洁士	4.80	31	¥148.80
高露洁	8.90	77	¥685.30	高露洁	3.50	29	¥101.50
黑人	13.70	53	¥726.10	黑人	9.80	37	¥362.60
两面针	2.50	55	¥137.50	两面针	11.50	50	¥575.00
冷酸灵	1.80	66	¥118.80	冷酸灵	11.50	24	¥276.00
中华	4.70	48	¥225.60	中华	4.70	63	¥296.10

结果：

	单价	销售量	销售总额
佳洁士	16.30	93	¥861.80
高露洁	12.40	106	¥786.80
黑人	23.50	90	¥1,088.70
两面针	14.00	105	¥712.50
冷酸灵	13.30	90	¥394.80
中华	9.40	111	¥521.70

提个醒 在使用按位置合并计算时，数据区域必须包含行或列标题，并且需在“合并计算”对话框的“标签位置”栏中选中相应的复选框。

2. 按分类合并计算

按分类合并计算数据是指当选择的表格（数据区域）结构相似而内容不同时，可以根据表格的分类来分别进行合并计算，其操作方法与按位置合并计算相似。打开一个内容不同而结构相似的工作表，再选择【数据】/【合并计算】命令。打开“合并计算”对话框，在其中添加数据源（引用位置），单击 确定 按钮。需注意的是，如果工作表中有相同类别时，Excel 将自动相加合并。

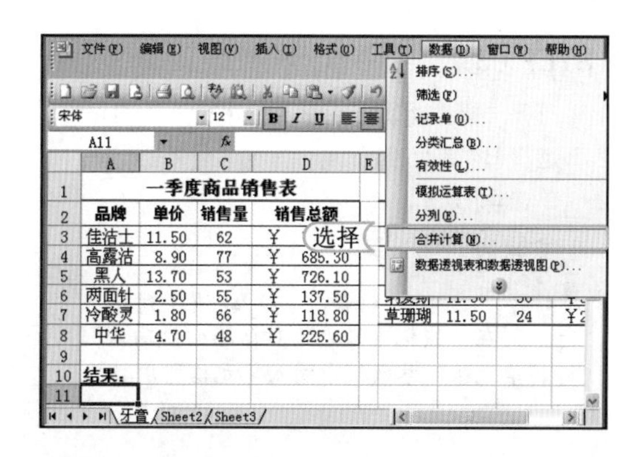

结果：

	单价	销售量	销售总额
佳洁士	11.50	62	¥713.00
田七	4.80	31	¥148.80
高露洁	12.40	106	¥786.80
黑人	13.70	53	¥726.10
两面针	2.50	55	¥137.50
冷酸灵	1.80	66	¥118.80
中华	4.70	48	¥225.60
黑妹	9.80	37	¥362.60
纳爱斯	11.50	50	¥575.00
草珊瑚	11.50	24	¥276.00

7.3.2 数据模拟分析

模拟分析又称假设分析，它主要是基于现有的计算模型，在影响最终结果的诸多因素中进行测算与分析，以得出最接近目标的方案。在 Excel 2003 中的模拟运算根据行、列变量的个数，可分为单变量模拟运算表和双变量模拟运算表，下面分别进行介绍。

1. 分析单变量数据

模拟运算表实际上是一个单元格区域，它可以用列表的形式显示计算模型中某些参数的变化对计算结果的影响。而单变量模拟运算表可以根据单个变量的变化，观察其对一个或多个公式的影响。下面在“购车贷款表.xls”工作簿中计算不同利率下的月还款金额，其具体操作如下：

光盘文件
素材\第 7 章\购车贷款表.xls
效果\第 7 章\购车贷款表.xls
实例演示\第 7 章\分析单变量数据

STEP 01：计算月还款额

1. 打开“购车贷款表.xls”工作簿，选择 B5 单元格。
2. 在编辑栏中输入公式“=PMT(B4/12,B3*12,B2)”，按 Enter 键计算出结果。

提个醒
函数 PMT 可基于固定利率及等额分期付款方式，返回贷款的每期付款额，其语法结构为：PMT(rate,nper,pv,fv,type）。

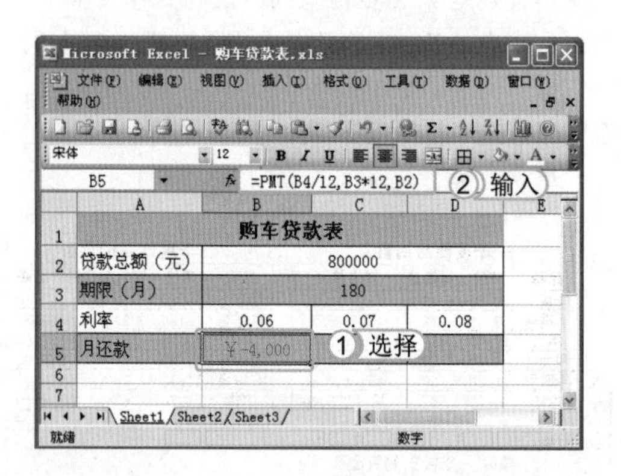

STEP 02：打开“模拟运算表”对话框

1. 选择 B4:D5 单元格区域，选择【数据】/【模拟运算表】命令，打开“模拟运算表”对话框。
2. 单击按钮。

提个醒
分析单变量数据时，如果要将被替换的数值序列排成一列，则在“模拟运算表”对话框的“输入引用列的单元格”参数框中输入单元格引用数据。

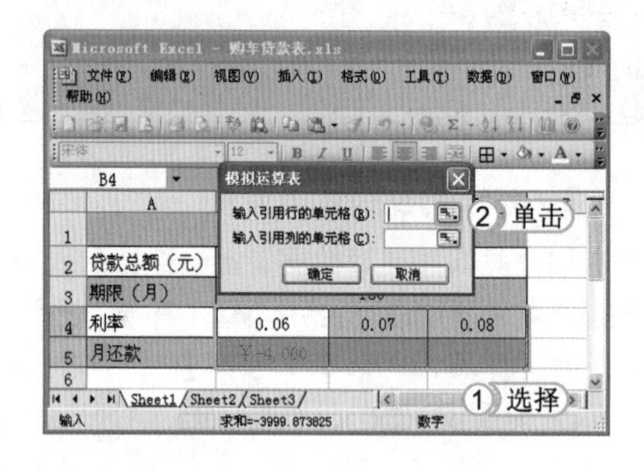

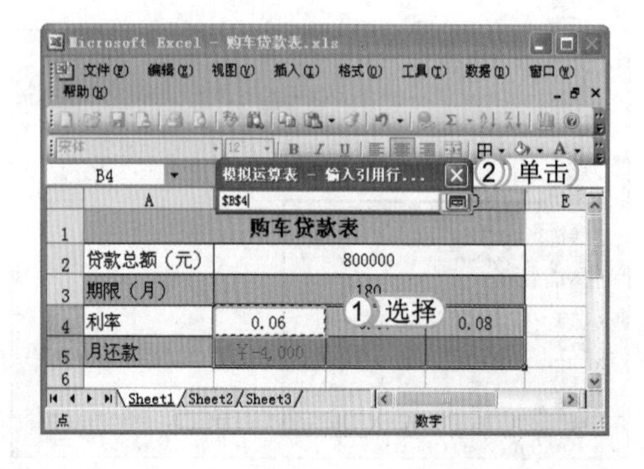

STEP 03：引用单元格数据

1. 打开“模拟运算表 - 输入引用行...”对话框，选择 B4 单元格。
2. 单击按钮。

提个醒
如果要将被替换的数值序列排成一行，则在“模拟运算表”对话框的“输入引用行的单元格”参数框中输入单元格引用数据。

STEP 04： 查看计算结果

返回“模拟运算表”对话框，单击 确定 按钮。返回工作表，即可查看到 C5 和 D5 单元格中已计算出在不同的贷款利率下每月的还款额。

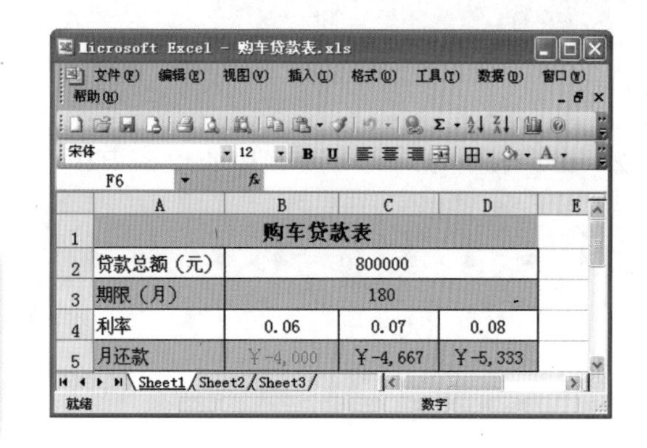

2. 分析双变量数据

双变量模拟运算表中的两组输入数值都使用同一公式，该公式必须引用两个不同的输入单元格，如下图所示。选择 B5:D8 单元格区域，打开“模拟运算表”对话框，在“输入引用行的单元格”和“输入引用列的单元格”数值框中输入“$B$4”和“$B$3”，单击 确定 按钮即可计算出不同利率、不同期限条件下每月的还款额。

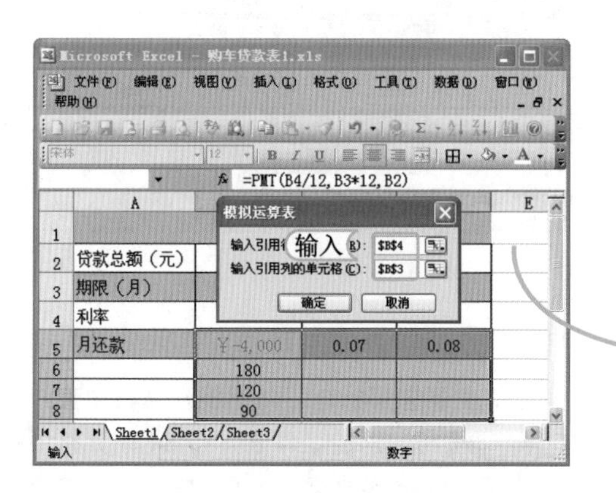

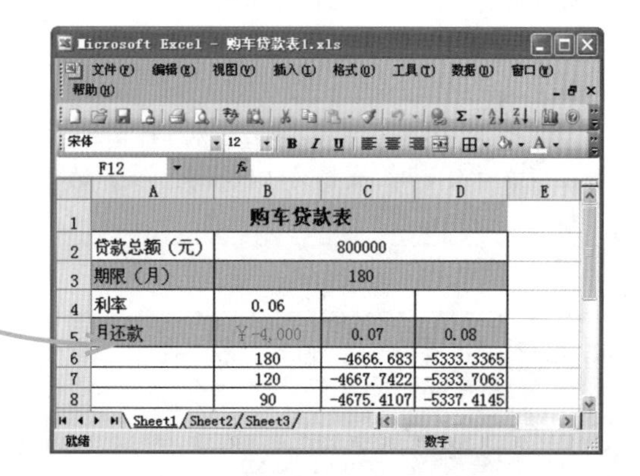

7.3.3 数据求解分析

Excel 2003 除了在制作各类表格方面大展身手外，还具备强大的计算功能，用户可对各种线性方程进行数据求解，如一元一次方程和一元二次方程，即单变量求解分析和规划求解分析。

1. 单变量求解

在 Excel 中若知道单个公式的预期结果，而不知道用于确定此公式结果的输入值，相当于数学中的一元一次方程求解，此时可使用单变量求解功能，它是一组命令的组成部分。当进行单变量求解时，Excel 会不断改变特定单元格中的值，直到依赖于此单元格的公式返回所需结果为止。下面使用单变量求解功能在“购车贷款表 2.xls”工作簿中求解贷款利率，其中月贷款的公式为“PMT（利率/12, 期限，总额）”，其具体操作如下：

光盘文件

素材\第 7 章\购车贷款表 2.xls

效果\第 7 章\购车贷款表 2.xls

实例演示\第 7 章\单变量求解

STEP 01: 计算月还款额

1. 打开“购车贷款表 2.xls”工作簿，选择 C6 单元格。
2. 在编辑栏中输入公式“=PMT(B4/12,B3,B2)”，按 Enter 键计算出结果。

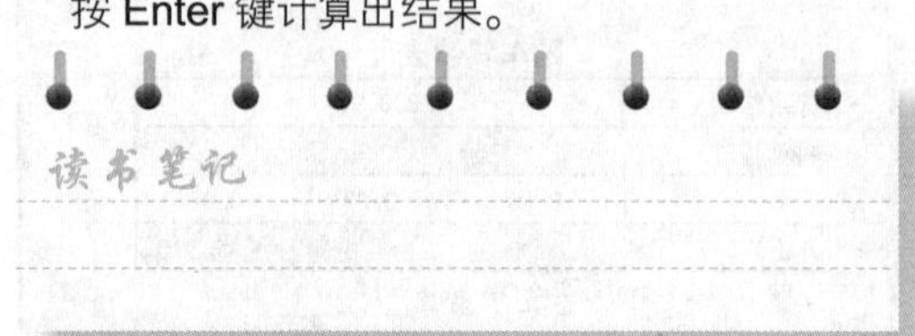

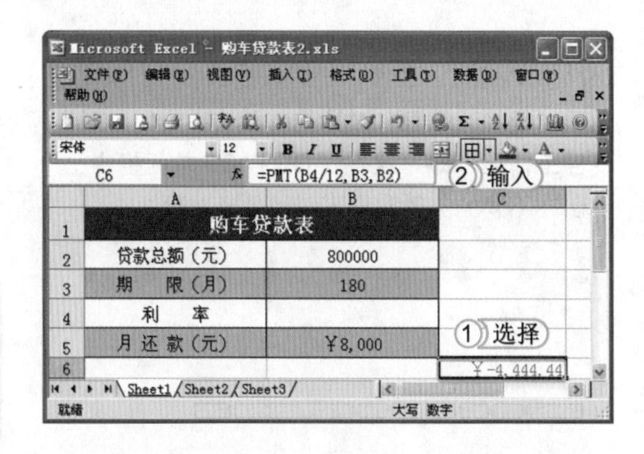

STEP 02: 设置求解参数

1. 选择【工具】/【单变量求解】命令，打开“单变量求解”对话框。在“目标单元格”数值框中输入“C6”。
2. 在“目标值”数值框中输入“-8000”，在“可变单元格”数值框中输入“B4”。
3. 单击 确定 按钮。

提个醒　在“单变量求解”对话框的“目标值”数值框中输入负数，是因为该数据表示支出的费用。

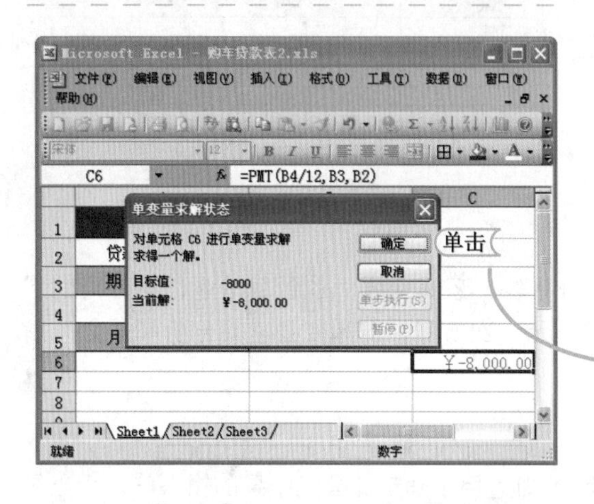

STEP 03: 查看求解结果

打开“单变量求解状态”对话框，在其中直接单击 确定 按钮。返回工作表，在 B4 单元格中可看到计算出的贷款利率，且 C6 单元格的结果也发生了相应变化。

	A	B	C
1	购车贷款表		
2	贷款总额（元）	800000	
3	期　限（月）	180	
4	利　率	0.08759335	
5	月还款（元）	¥8,000	
6			¥-8,000.00

2. 规划求解

规划求解是 Excel 2003 中的一个插件，它主要可根据已知的条件，方便快捷地帮助用户得到各种规划问题的最佳结果。如在生产管理和经营决策的过程中，经常会遇到一些规划问题，其共同求解的目的就是算出达到利润最大、成本最少等数据。下面在“销售利润表 .xls”工作簿中求解在产品成本和销售数量一定条件下达到的最大利润，其具体操作如下：

光盘文件
素材 \ 第 7 章 \ 销售利润表 .xls
效果 \ 第 7 章 \ 销售利润表 .xls
实例演示 \ 第 7 章 \ 规划求解

STEP 01：打开“加载宏”对话框

1. 打开“销售利润表.xls”工作簿，选择【工具】/【加载宏】命令，打开“加载宏”对话框，在“可用加载宏”列表框中选中☑规划求解复选框。
2. 单击 确定 按钮。

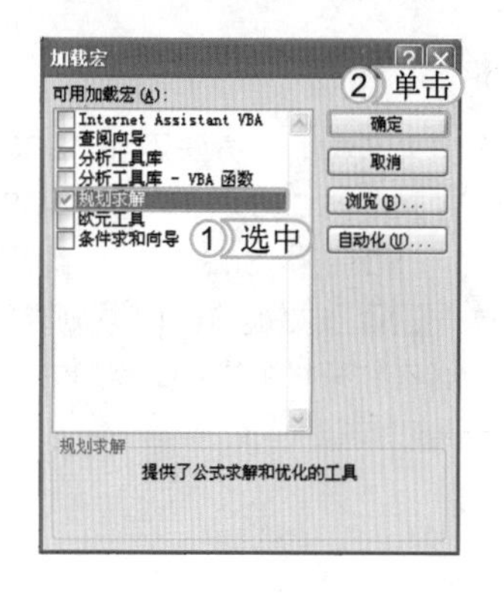

STEP 02：安装规划求解

打开 Microsoft Excel 对话框，提示是否需要安装该功能，这里单击 是(Y) 按钮。此时，将打开“正在安装”提示对话框，系统自动安装该功能，稍等片刻即安装成功。

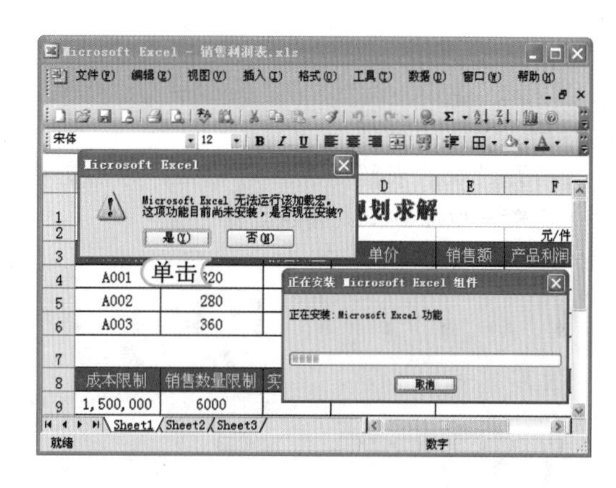

提个醒 安装了规划求解功能后，需先建立好规划模型（表格数据），即可使用 Excel 的规划求解工具求解结果。

STEP 03：设置规划求解参数

1. 选择 F9 单元格。
2. 选择【工具】/【规划求解】命令，打开“规划求解参数”对话框，选中◉最大值(M)单选按钮。
3. 在其后的文本框中输入“0”。
4. 在“可变单元格”文本框中输入“$C$4:$C$6”。
5. 单击 添加(A) 按钮。

STEP 04：添加约束条件

1. 打开“添加约束”对话框，在“单元格引用位置”文本框中输入“$C$9”。
2. 在其后的下拉列表中选择“<=”选项。
3. 在“约束值”文本框中输入“$A$9”。
4. 单击 添加(A) 按钮。

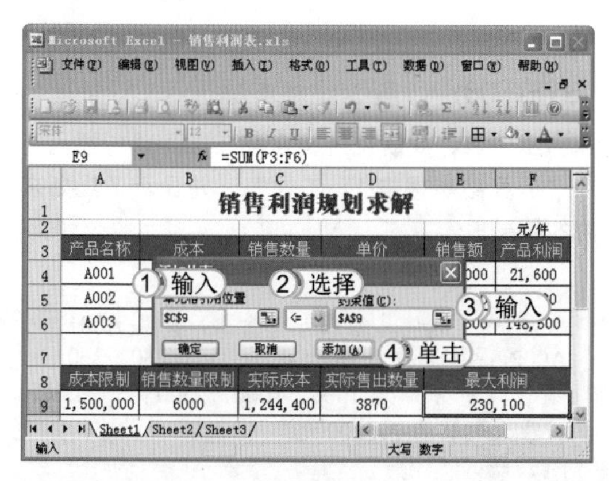

STEP 05：继续添加约束条件

继续使用与第 4 步相同的方法添加“$C$4:$C$6,=,整数”、“$C$4:$C$6,>=,0”、“$C$4:$C$6,>=,1000”、“$D$9,<=,$B$9”4 个约束条件，完成后，单击[确定]按钮。返回“规划求解参数”对话框，此时，在约束栏中显示了添加的约束条件。然后单击[选项(O)]按钮。

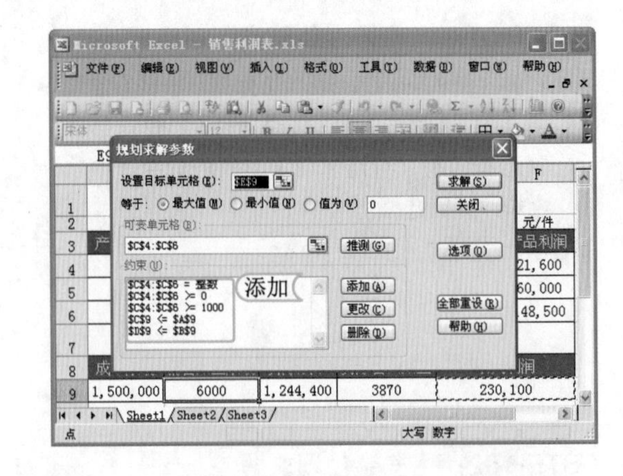

STEP 06：打开“规划求解选项”对话框

1. 打开“规划求解选项”对话框，分别选中☑采用线性模型(M)和☑假定非负(G)复选框。
2. 单击[确定]按钮。

读书笔记

STEP 07：查看规划求解结果

1. 返回“规划求解参数”对话框，单击[求解(S)]按钮。打开“规划求解结果”对话框，提示已找到一个符合条件的结果，且在工作表中已显示出计算的结果。在“报告”列表框中选择“运算结果报告”选项。
2. 单击[确定]按钮。

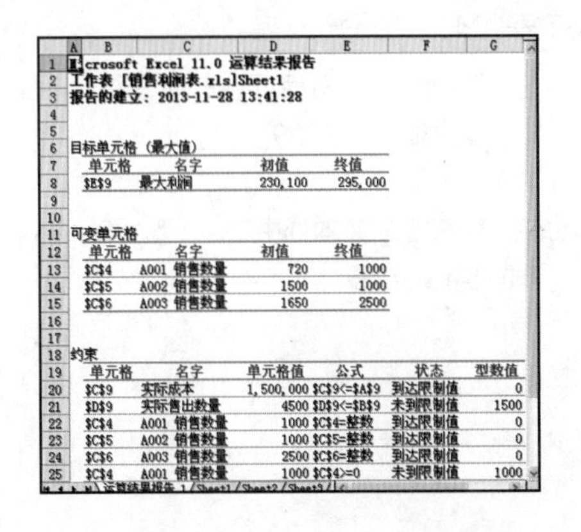

Microsoft Excel 11.0 运算结果报告
工作表 [销售利润表.xls]Sheet1
报告的建立：2013-11-28 13:41:28

目标单元格（最大值）

单元格	名字	初值	终值
$E$9	最大利润	230,100	295,000

可变单元格

单元格	名字	初值	终值
$C$4	A001 销售数量	720	1000
$C$5	A002 销售数量	1500	1000
$C$6	A003 销售数量	1650	2500

约束

单元格	名字	单元格值	公式	状态	型数值
$C$9	实际成本	1,500,000	$C$9<=$A$9	到达限制值	0
$D$9	实际售出数量	4500	$D$9<=$B$9	未到限制值	1500
$C$4	A001 销售数量	1000	$C$4=整数	到达限制值	0
$C$5	A002 销售数量	1000	$C$5=整数	到达限制值	0
$C$6	A003 销售数量	2500	$C$6=整数	到达限制值	0
$C$4	A001 销售数量	1000	$C$4>=0	未到限制值	1000

STEP 08：查看规划求解报告

返回工作表，此时系统将自动在工作簿中插入一个“运算结果报告 1”工作表，并显示了规划求解的结果报告。

提个醒 从计算结果可以看出，产品 A001、A002、A003 的成本分别为 320、280、360；销售数量分别为 1000、1000、2500 时，可获得最大利润为 295000 元。

上机 1 小时 分析产品销售利润表

- 巩固合并计算数据的方法。
- 进一步掌握单变量求解的方法。

本例将在“产品销售利润表.xls”工作簿中使用合并计算得出各员工的提成金额，并在已知条件下使用单变量求解出产品最大利润为“8000”时其销售利润值，完成后的最终效果如下图所示。

光盘文件
素材 \ 第 7 章 \ 产品销售利润表.xls
效果 \ 第 7 章 \ 产品销售利润表.xls
实例演示 \ 第 7 章 \ 分析产品销售利润表

销售提成表

姓名	产品数量	单价	销售数量	销售额	提成利润	提成金额	上期存入提成
刘一明	120	100	28	2,800	7.80	807.80	800
王倩	150	100	32	3,200	9.75	1,209.75	1200
宁波	150	100	5	500	9.75	139.75	130
谢宏远	180	100	3	300	11.70	91.70	80
孙晓晓	90	100	18	1,800	5.85	755.85	750
刘志生	100	100	49	4,900	6.50	2,106.50	2100
张兰月	120	100	19	1,900	9.00	609.00	600
杨欣	100	100	24	2,400	6.50	566.50	560
吴明飞	150	100	36	3,600	9.75	1,589.75	1580

销售利润

产品名称	单价	销售数量	销售金额	成本/件	总成本	最大利润
A1001	￥100	114.28571	￥11,429	￥30	￥3,429	￥8,000
A1002	￥100	19	￥1,900	￥35	￥665	￥1,235
A1003	￥100	24	￥2,400	￥35	￥840	￥1,560
A1004	￥100	36	￥3,600	￥30	￥1,080	￥2,520

STEP 01：打开“合并计算”对话框

打开“产品销售利润表.xls”工作簿，选择“销售提成表”工作表，选择 G3:G11 单元格区域。选择【数据】/【合并计算】命令，打开“合并计算”对话框。

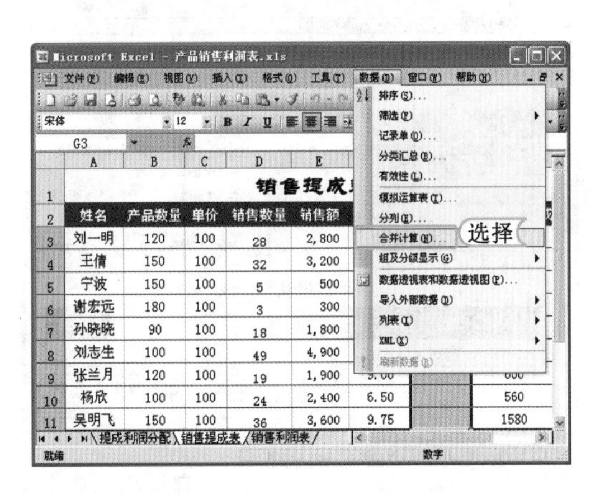

> **提个醒**
> 合并计算的数据源可以是同一工作表中的不同表格，也可以是同一工作簿中的不同工作表，还可以是不同工作簿中的表格。

1 选择
2 单击

STEP 02：设置合并计算参数

1. 在“函数”下拉列表框中选择“求和”选项。
2. 单击“引用位置”文本框右侧的按钮。

读书笔记

STEP 03：选择数据区域

1. 此时，“合并计算”对话框将折叠显示，在工作表中选择 H3:H11 单元格区域。
2. 单击▣按钮。

> **提个醒**
> 在工作表中可拖动鼠标选择单元格区域，也可直接在“合并计算-引用位置：”对话框的文本框中输入要引用的单元格名称。

STEP 04：选择引用位置

1. 返回“合并计算”对话框，单击 添加(A) 按钮，将选择的单元格区域添加到“所有引用位置”列表框中。
2. 使用相同的方法添加单元格区域“F3:F11”。
3. 单击 确定 按钮，即可查看到计算出的“提成金额”。

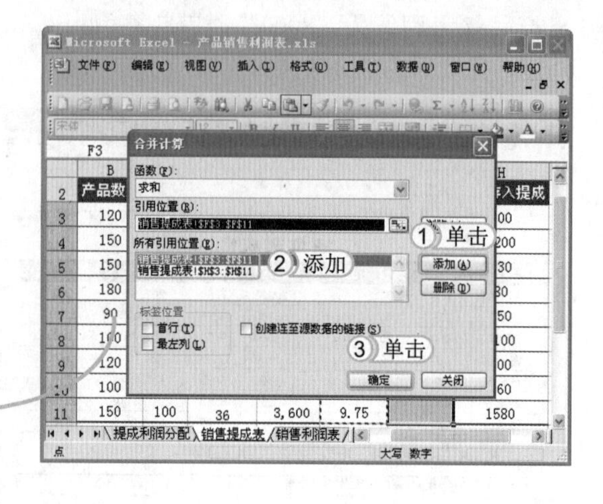

姓名	产品数量	单价	销售数量	销售额	提成利润	提成金额	上期存入提成
刘一明	120	100	28	2,800	7.80	807.80	800
王倩	150	100	32	3,200	9.75	1,209.75	1200
宁波	150	100	5	500	9.75	139.75	130
谢宏远	180	100	3	300	11.70	91.70	80
孙晓晓	90	100	18	1,800	5.85	755.85	750
刘志生	100	100	49	4,900	6.50	2,106.50	2100
张兰月	120	100	19	1,900	9.00	609.00	600
杨欣	100	100	24	2,400	6.50	566.50	560
吴明飞	150	100	36	3,600	9.75	1,589.75	1580

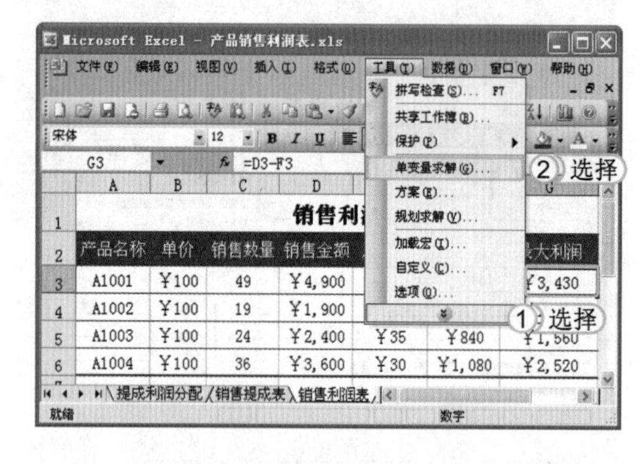

STEP 05：打开“单变量求解”对话框

1. 选择“销售利润表”工作表，选择 G3 单元格。
2. 选择【工具】/【单变量求解】命令，打开“单变量求解”对话框。

> **提个醒**
> 如左图所示，用户可分别对产品 A1001、A1002、A1003、A1004 进行单变量求解。

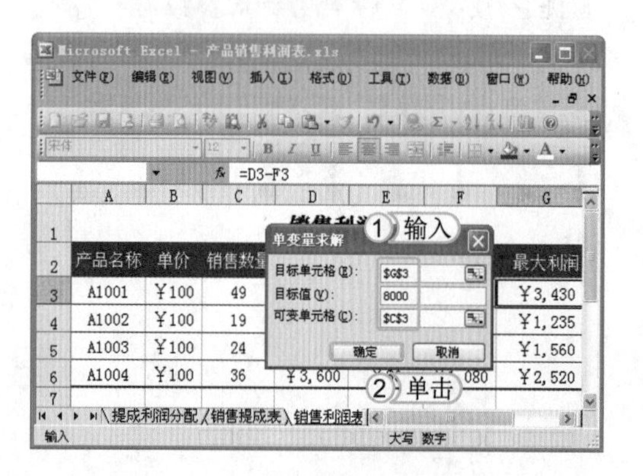

STEP 06：设置求解参数

1. 在“目标单元格”数值框中输入“$G$3”。在“目标值”数值框中输入“8000”，在“可变单元格”数值框中输入“$C$3”。
2. 单击 确定 按钮。

> **提个醒**
> 这里的目标值“8000”是一个假设值，即求解当产品 A1001 的利润达到 8000 时，产品销售的数量是多少。它是根据产品预期的利润值而填制的。

STEP 07： 查看求解结果

打开“单变量求解状态”对话框，其中已显示出对 G3 单元格进行单变量求解的结果，单击 确定 按钮。返回工作表，即可看到单变量求解“A1001”产品的结果。

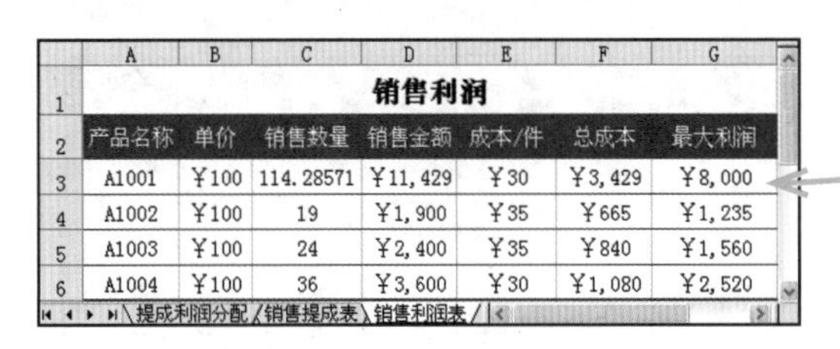

销售利润						
产品名称	单价	销售数量	销售金额	成本/件	总成本	最大利润
A1001	¥100	114.28571	¥11,429	¥30	¥3,429	¥8,000
A1002	¥100	19	¥1,900	¥35	¥665	¥1,235
A1003	¥100	24	¥2,400	¥35	¥840	¥1,560
A1004	¥100	36	¥3,600	¥30	¥1,080	¥2,520

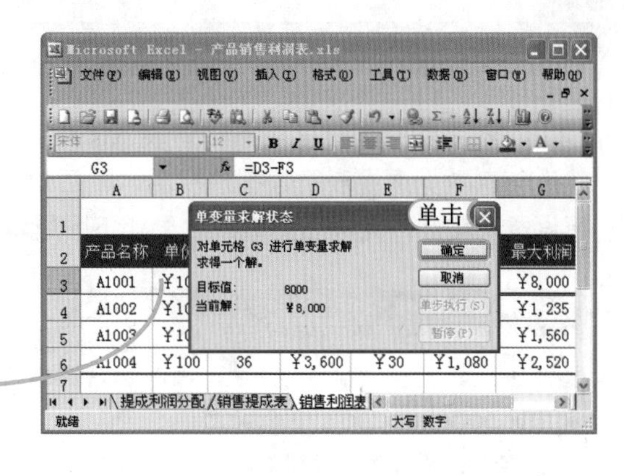

7.4 练习 1 小时

本章主要介绍了 Excel 图表、动态图表及数据透视表、数据透视图和数据分析工具的操作方法，包括创建与编辑图表、创建动态图表、创建与编辑数据透视图和数据透视表、合并计算、单 / 双变量模拟分析表以及规划求解等。下面将通过编辑学生成绩表和分析日化用品销量表两个练习进一步巩固这些知识的操作方法，使用户熟练掌握并进行运用。

1. 编辑学生成绩表

本例将打开“学生成绩表 .xls”工作簿，运用本章所学的插入图表、编辑图表等知识，在表格中插入图表，然后对图表区格式进行设置，最终效果如下图所示。

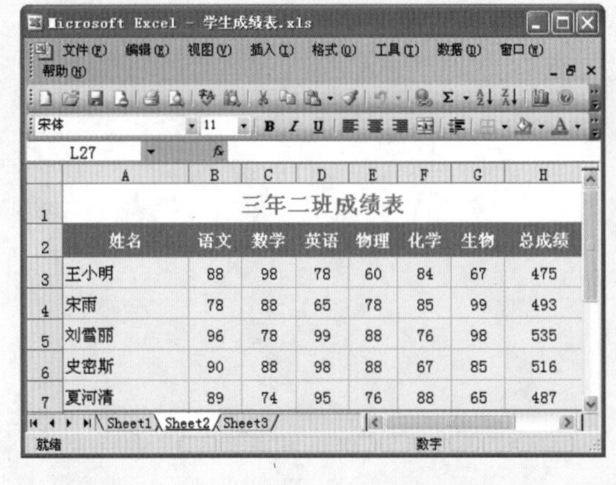

三年二班成绩表							
姓名	语文	数学	英语	物理	化学	生物	总成绩
王小明	88	98	78	60	84	67	475
宋雨	78	88	65	78	85	99	493
刘雪丽	96	78	99	88	76	98	535
史密斯	90	88	98	88	67	85	516
夏河清	89	74	95	76	88	65	487

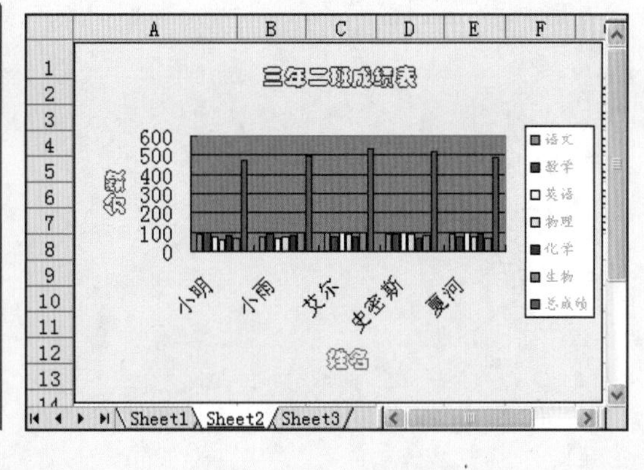

光盘文件

素材 \ 第 7 章 \ 学生成绩表 .xls

效果 \ 第 7 章 \ 学生成绩表 .xls

实例演示 \ 第 7 章 \ 编辑学生成绩表

读书笔记

2. 分析日化用品销量表

本例将打开“日化用品销量表.xls”工作簿，在工作表中首先对数据进行降序排序，然后创建数据透视表及数据透视图，最后对数据透视图的位置、大小以及格式、填充等进行设置与美化，完成后的最终效果如下图所示。

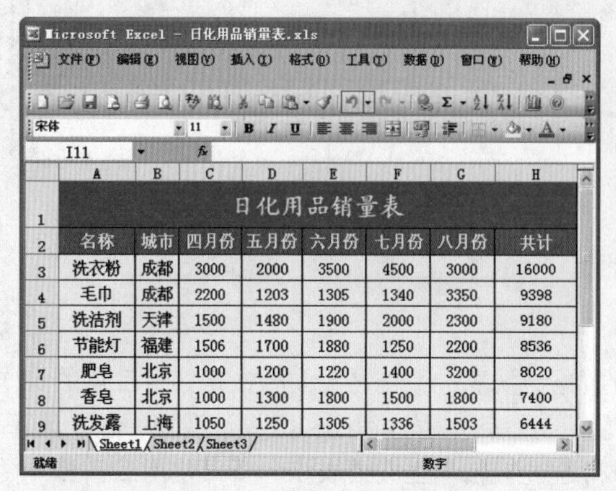

日化用品销量表							
名称	城市	四月份	五月份	六月份	七月份	八月份	共计
洗衣粉	成都	3000	2000	3500	4500	3000	16000
毛巾	成都	2200	1203	1305	1340	3350	9398
洗洁剂	天津	1500	1480	1900	2000	2300	9180
节能灯	福建	1506	1700	1880	1250	2200	8536
肥皂	北京	1000	1200	1220	1400	3200	8020
香皂	北京	1000	1300	1800	1500	1800	7400
洗发露	上海	1050	1250	1305	1336	1503	6444

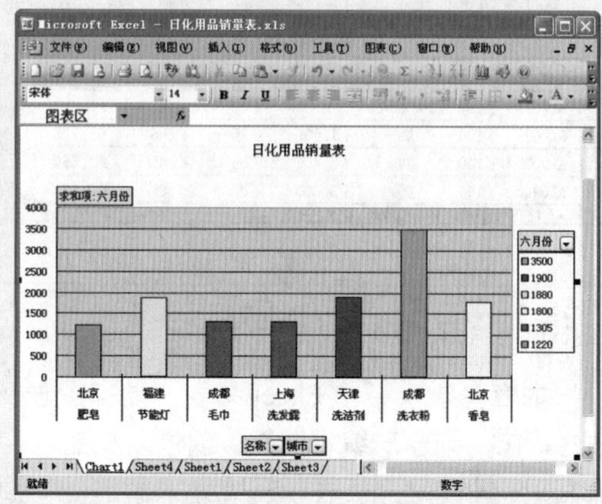

光盘文件
素材\第 7 章\日化用品销量表.xls
效果\第 7 章\日化用品销量表.xls
实例演示\第 7 章\分析日化用品销量表

读书笔记

第8章 函数应用——智能化计算

学习 2 小时

- 函数的使用
- 常见函数的应用

函数是Excel优越于其他办公软件的重要部分，使用Excel制作的表格大部分都需要使用函数进行计算，通过函数可快速完成复杂数据的计算。本章将介绍使用函数的方法及常见函数的应用，使用户了解Excel函数的重要性。

8.1 函数的使用

在 Excel 中计算数据时，可使用其提供的函数功能进行智能化的计算。函数实际上就是一些预先定义好的公式，可通过运用指定的参数按特定的顺序和结构执行计算操作，来更快捷地完成复杂计算，有效提高工作效率。下面将进行详细讲解。

学习 1 小时

- 快速认识函数。
- 熟练掌握插入函数的操作方法。
- 灵活运用嵌套函数。

8.1.1 认识函数

函数是 Excel 中一种预定义的公式，它们按照特定的数值（参数）、特定的顺序或结构进行计算。函数的结构包括等号、函数名以及在括号里用逗号隔开的计算参数等 3 个部分，一般形式为＝函数名 (参数 1, 参数 2,…)，如“=SUM(G3:G8,2000)”。函数的各组成部分的含义介绍如下。

- 等号：如果函数以公式的形式出现，则必须在函数名称前面输入等号。
- 参数：参数可以是常量、TRUE 或 FALSE 的逻辑值、数组或单元格引用，也可以是公式或其他函数等，但定义的参数必须能产生有效的值。
- 函数名：即函数的名称，每个函数都有唯一的函数名。

提个醒 不同的函数，其参数的数量也不同，按参数的数量和使用方式区分，函数有不带参数、只有一个参数、参数数量固定、参数数量不固定和具有可选参数之分。

8.1.2 插入函数

在工作表中使用函数计算数据时，若对所使用的函数和参数类型很熟悉，可直接使用键盘的方式输入函数，但 Excel 提供的函数类型很多，要记住所有的函数名和参数并不容易，此时可通过“插入函数”对话框进行设置来实现。

下面在“学生成绩表 .xls”工作簿中通过插入 SUM 函数来计算学生成绩总和，其具体操作如下：

光盘文件
素材 \ 第 8 章 \ 学生成绩表 . xls
效果 \ 第 8 章 \ 学生成绩表 . xls
实例演示 \ 第 8 章 \ 插入函数

STEP 01：打开“插入函数”对话框

打开“学生成绩表 .xls”工作簿，选择 H3 单元格，选择【插入】/【函数】命令，打开“插入函数”对话框。

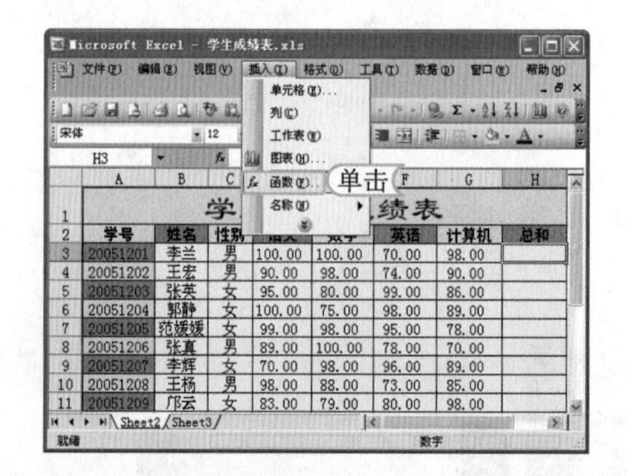

提个醒 选择单元格后，单击编辑栏中的“插入函数”按钮，可快速打开“插入函数”对话框，选择所需的函数进行插入计算。

STEP 02： 选择函数

1. 在“或选择类别”下拉列表框中选择“常用函数”选项。
2. 在“选择函数”列表框中选择 SUM 选项。
3. 单击 确定 按钮。

> **提个醒** 若在“选择函数”下拉列表框中未找到所需函数，则可在“搜索函数”文本框中输入一条简短的说明来描述该函数，然后单击 转到(G) 按钮即可查找。

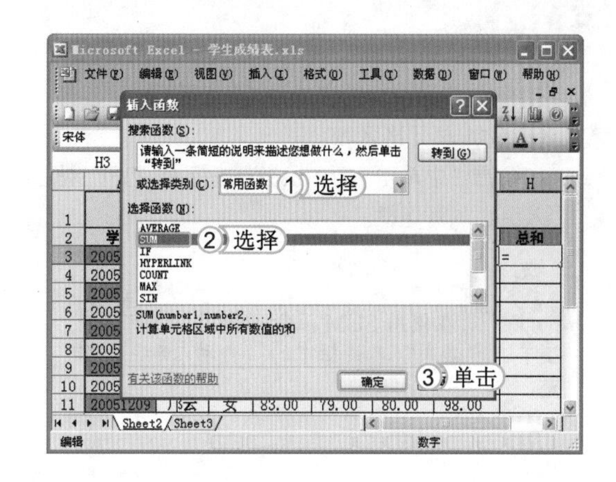

STEP 03： 选择单元格区域

1. 打开“函数参数”对话框，在 SUM 栏中单击 Number1 文本框后的按钮。“函数参数”对话框缩小，将鼠标光标移动到工作表中，当其变为✚形状时，选择 D3:G3 单元格区域。
2. 单击按钮。

> **提个醒** 如果熟悉单元格区域的引用位置，可以在“函数参数”的 SUM 栏中的 Number1 文本框中直接输入引用单元格的地址或数据，然后进行计算。

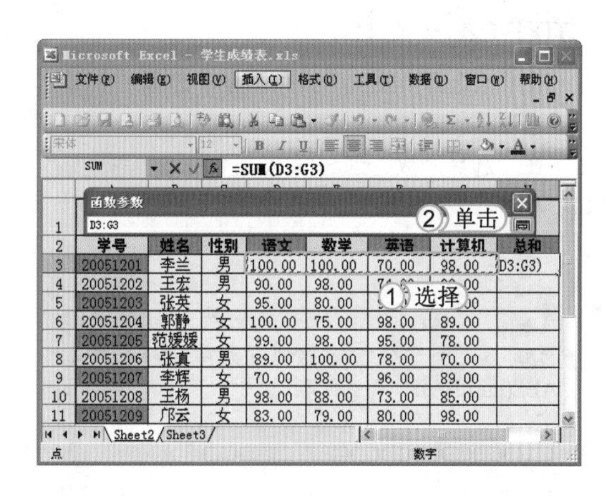

STEP 04： 查看计算结果

“函数参数”对话框将展开，在 Number1 文本框中已引用 D3:G3 单元格区域，单击 确定 按钮，返回工作表，Excel 将自动进行计算并将结果显示在 H3 单元格中。然后依次在 H4:H11 单元格中使用同样的方法插入函数并计算出结果。

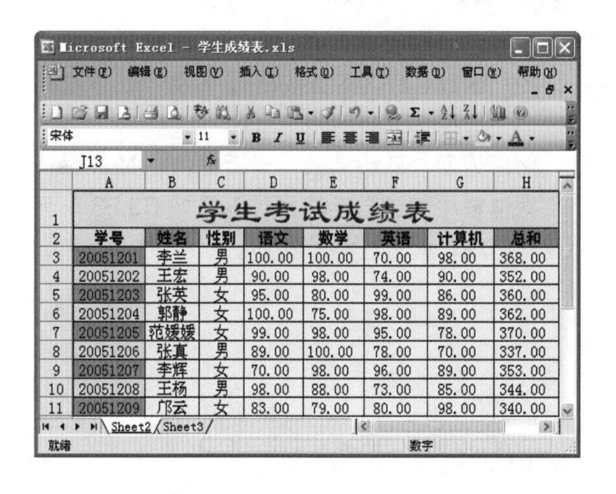

学生考试成绩表

学号	姓名	性别	语文	数学	英语	计算机	总和
20051201	李兰	男	100.00	100.00	70.00	98.00	368.00
20051202	王宏	男	90.00	98.00	74.00	90.00	352.00
20051203	张英	女	95.00	80.00	99.00	86.00	360.00
20051204	郭静	女	100.00	75.00	98.00	89.00	362.00
20051205	范媛媛	女	99.00	98.00	95.00	78.00	370.00
20051206	张真	男	89.00	100.00	78.00	70.00	337.00
20051207	李辉	女	70.00	98.00	96.00	89.00	353.00
20051208	王杨	男	98.00	88.00	73.00	85.00	344.00
20051209	邝云	女	83.00	79.00	80.00	98.00	340.00

8.1.3 嵌套函数

嵌套函数是指将某一个公式或函数作为另一个函数的参数使用的函数，在使用嵌套函数时应注意内部函数的返回值类型需符合外部函数的类型。下面在“学生成绩表 1.xls”工作簿中对 H4 单元格使用嵌套函数计算该单元格需要的数据，其具体操作如下：

光盘文件
素材\第 8 章\学生成绩表 1.xls
效果\第 8 章\学生成绩表 1.xls
实例演示\第 8 章\嵌套函数

STEP 01：打开“插入函数”对话框

1. 打开“学生成绩表 1.xls”工作簿，选择 G3:G11 单元格区域。
2. 在编辑栏中单击“插入函数”按钮，打开“插入函数”对话框。

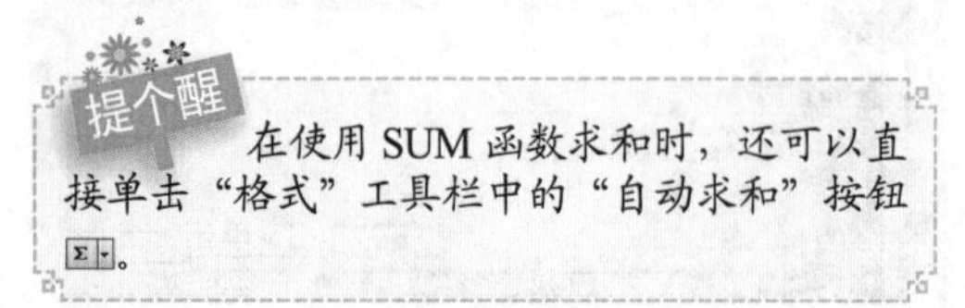

在使用 SUM 函数求和时，还可以直接单击“格式”工具栏中的“自动求和”按钮 Σ·。

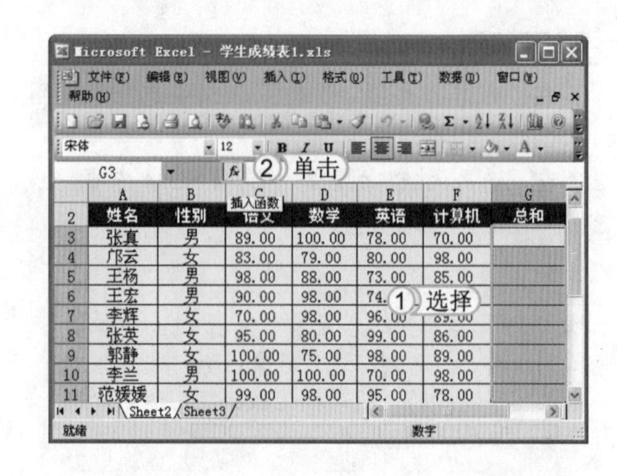

STEP 02：选择函数

1. 在“或选择类别”下拉列表框中选择“全部”选项。
2. 在“选择函数”列表框中选择 ABS 选项。
3. 单击 确定 按钮。

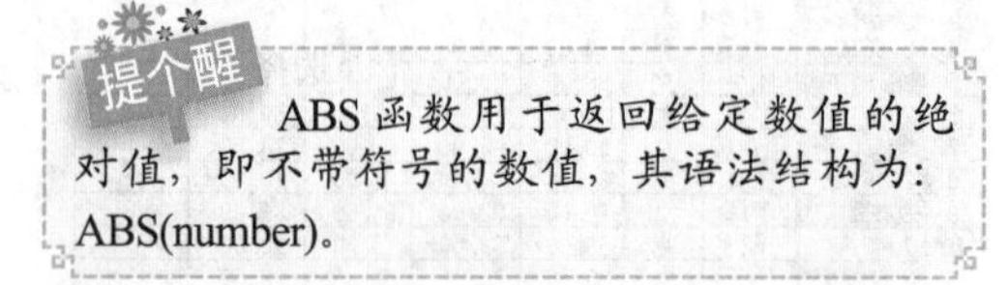

ABS 函数用于返回给定数值的绝对值，即不带符号的数值，其语法结构为：ABS(number)。

STEP 03：设置嵌套函数

1. 打开“函数参数”对话框，单击编辑框左侧的“函数名称”下拉按钮，在弹出的下拉列表中选择 SUM 函数。
2. 然后返回“函数参数”对话框，在 Number1 数值框中将会自动选择计算区域 C3:F3 单元格区域，单击 确定 按钮。

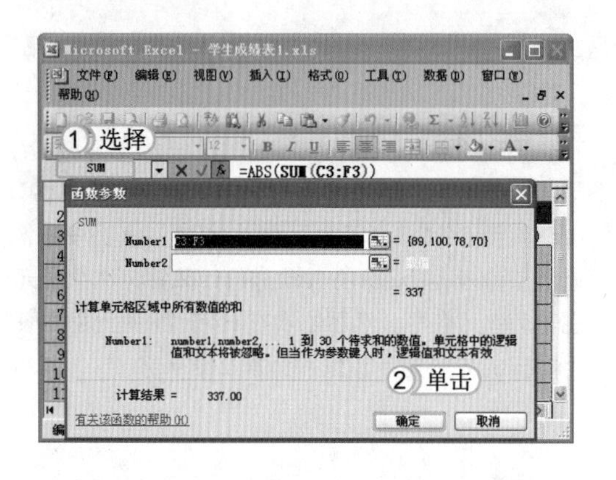

STEP 04：查看结果

1. 返回工作表，可查看到计算出的结果，此时该单元格函数表示为“=ABS(SUM(C3:F3))”。
2. 将鼠标光标置于 G3 单元格右下角，当其变为✚形状时，向下拖动至 G11 单元格处，释放鼠标，复制公式并计算出其他学生的成绩总和。

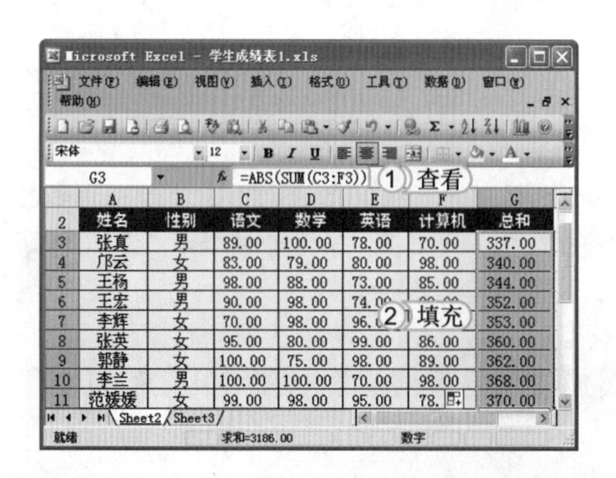

上机1小时 计算3月份工资表

- 巩固插入函数的方法。
- 熟练掌握嵌套的使用方法。

下面在“3月份工资表.xls”工作簿中使用函数对3月份的工资进行计算，主要涉及到插入函数和使用嵌套函数来计算员工个人所得税，最后计算出员工实发工资，其最终效果如下图所示。

光盘文件
素材\第8章\3月份工资表.xls
效果\第8章\3月份工资表.xls
实例演示\第8章\计算3月份工资表

2013年3月份工资表

姓名	应领工资				应扣工资			工资	个人所得税	税后工资
	基本工资	提成	奖金	小计	迟到	事假	小计			
王军	￥2,500	￥3,500	￥600	￥6,600	￥50		￥50	￥6,550	￥200	￥6,350
张明江	￥1,500	￥2,800	￥400	￥4,700		￥50	￥50	￥4,650	￥35	￥4,616
郑余凤	￥1,500	￥4,500	￥800	￥6,800			￥0	￥6,800	￥225	￥6,575
杨晓	￥1,500	￥6,200	￥1,300	￥9,000	￥100	￥100	￥200	￥8,800	￥240	￥8,560
谢庆庆	￥1,500	￥3,500	￥500	￥5,500	￥50		￥50	￥5,450	￥90	￥5,360
谢松	￥1,500	￥1,800	￥400	￥3,700			￥0	￥3,700	￥6	￥3,694
李峰	￥1,500	￥1,500	￥300	￥3,300	￥150		￥150	￥3,150	￥0	￥3,150
陈笑天	￥1,000	￥1,200	￥200	￥2,400			￥0	￥2,400	￥0	￥2,400
萧利娜	￥1,000	￥1,000	￥100	￥2,100		￥50	￥50	￥2,050	￥0	￥2,050

STEP 01：输入函数计算小计

1. 打开“3月份工资表.xls”工作簿，选择E4:E12单元格区域。
2. 在编辑栏中输入公式“=SUM(B4:D4)”，再按Ctrl+Enter组合键计算出小计结果。

提个醒

SUM函数用来计算某一单元格区域中的所有数值之和，其语法结构为：SUM(number1,number2,...)。如右图所示的B4单元格值，即是使用SUM函数对B4、C4和D4单元格进行合计得出的结果。

=SUM(B4:D4)
2 输入
1 选择

STEP 02：计算应扣工资

使用相同的方法计算出H4:H12单元格区域的小计结果。

=SUM(F4:G4)
计算

读书笔记

STEP 03: 使用公式计算工资

1. 选择 I4:I12 单元格区域。
2. 在编辑栏中输入公式“=E4-H4”，再按 Ctrl+Enter 组合键计算出工资。

提个醒 公式是 Excel 工作表中进行数值计算的等式。公式输入以“=”开始，简单的公式有加、减、乘、除等计算。复杂的公式中可包含函数同时进行计算。

Microsoft Excel - 3月份工资表.xls

I4 =E4-H4 ②输入

	B	C	D	E	F	G	H	I
1	2013年3月份工资表							
2	应领工资				应扣工资			工资
3	基本工资	提成	奖金	小计	迟到	事假	小计	
4	¥2,500	¥3,500	¥600	¥6,600	¥50		¥50	¥6,550
5	¥1,500	¥2,800	¥400	¥4,700		¥50	¥50	¥4,650
6	¥1,500	¥4,500	¥800	¥6,800			¥0	¥6,800
7	¥1,500	¥6,200	¥1,300	¥9,000	¥100	¥100	¥200	¥8,800
8	¥1,500	¥3,500	¥500	¥5,500	¥50		¥50	¥5,450
9	¥1,500	¥1,800	¥400	¥3,700			¥0	¥3,700
10	¥1,500	¥1,500	¥300	¥3,300	¥150		¥150	¥3,150
11	¥1,000	¥1,200	¥200	¥2,400			¥0	¥2,400
12	¥1,000	¥1,000	¥100	¥2,100		¥50	¥50	¥2,050

①选择

就绪 求和=¥43,550 大写 数字

STEP 04: 使用嵌套函数计算个人所得税

1. 选择 J4:J12 单元格区域。
2. 在编辑栏中输入嵌套函数“=IF(I4-3500<0,0,IF(I4-3500<1500,0.03*(I4-3500)-0,IF(I4-3500<4500,0.1*(I4-3500)-105,IF(I4-3500<9000,0.15*(I4-3500)-555,IF(I4-3500<35000,0.2*(IF-3500)-1005)))))”，再按 Ctrl+Enter 组合键计算出结果。

J4 =IF(I4-3500<0,0,IF(I4-3500<1500,0.03*(I4-3500)-0,IF(I4-3500<4500,0.1*(I4-3500)-105,IF(I4-3500<9000,0.15*(I4-3500)-555,IF(I4-3500<35000,0.2*(IF-3500)-1005))))) ②输入

	C	D	E	F	G	H	I	J
2	应领工资							
3	提成	奖金	小计			小计		
4	¥3,500	¥600	¥6,600			¥50	¥6,550	¥200
5	¥2,800	¥400	¥4,700		¥50	¥50	¥4,650	¥35
6	¥4,500	¥800	¥6,800					¥225
7	¥6,200	¥1,300	¥9,000	¥100	¥100	¥200	¥8,800	¥240
8	¥3,500	¥500	¥5,500	¥50		¥50	¥5,450	¥90
9	¥1,800	¥400	¥3,700			¥0	¥3,700	¥6
10	¥1,500	¥300	¥3,300	¥150		¥150	¥3,150	¥0
11	¥1,200	¥200	¥2,400			¥0	¥2,400	¥0
12	¥1,000	¥100	¥2,100		¥50	¥50	¥2,050	¥0

①选择

就绪 求和=¥796 大写 数字

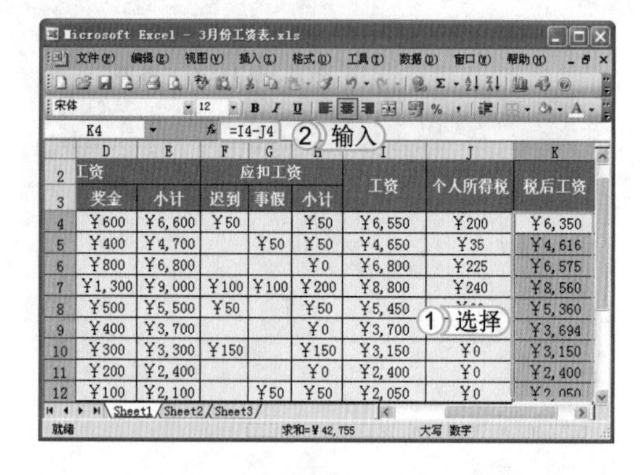

Microsoft Excel - 3月份工资表.xls

K4 =I4-J4 ②输入

	D	E	F	G	H	I	J	K
2	工资		应扣工资			工资	个人所得税	税后工资
3	奖金	小计	迟到	事假	小计			
4	¥600	¥6,600	¥50		¥50	¥6,550	¥200	¥6,350
5	¥400	¥4,700		¥50	¥50	¥4,650	¥35	¥4,616
6	¥800	¥6,800			¥0	¥6,800	¥225	¥6,575
7	¥1,300	¥9,000	¥100	¥100	¥200	¥8,800	¥240	¥8,560
8	¥500	¥5,500	¥50		¥50	¥5,450	[illegible]	¥5,360
9	¥400	¥3,700			¥0	¥3,700		¥3,694
10	¥300	¥3,300	¥150		¥150	¥3,150	¥0	¥3,150
11	¥200	¥2,400			¥0	¥2,400	¥0	¥2,400
12	¥100	¥2,100		¥50	¥50	¥2,050	¥0	¥2,050

①选择

就绪 求和=¥42,755 大写 数字

STEP 05: 计算税后工资

1. 选择 K4:K12 单元格区域。
2. 在编辑栏中输入公式“=I4-J4”。再按 Ctrl+Enter 组合键计算出税后工资。

提个醒 工资的计算非常简单，通常为实发工资 = 应领工资 - 应扣工资；应领工资 = 基本工资 + 提成 + 效益奖金；应扣工资 = 迟到处罚 + 事假扣除 + 旷工处罚；税后工资 = 实发工资 - 个人所得税。个人所得税需要根据税法的相关规定进行计算。

经验一箩筐——IF 函数

IF 函数用于执行真假值判断，根据逻辑计算的真假值，返回不同结果。需注意的是，IF 函数除了遵守一般函数的通用规则以外，还有其特有的注意事项：

- 括号“( )”必须成对，上下对应。
- 函数有 N 个条件，则有 N+1 个结果，即若结果只有 3 种情况时，那么条件只要两个就够了。
- IF 函数最多允许出现 8 个返回值，最多套用 7 个 IF。
- 多个 IF 嵌套时，尽量使用同一种逻辑运算符。

8.2 常见函数的应用

函数是 Excel 预先定义好的公式，通过数值按特定的结构和顺序进行计算。函数功能非常强大，熟练地应用函数，能提高工作效率。函数的种类也有很多，常用的函数有文本函数、数学和三角函数、时间和日期函数、查找和引用函数、逻辑函数和财务函数等，下面分别进行介绍。

学习 1 小时

- 掌握文本函数的操作方法。
- 掌握数学和三角函数的使用方法。
- 灵活运用时间和日期函数的使用方法。
- 掌握查找和引用函数的使用方法。
- 掌握逻辑函数的使用方法。
- 掌握财务函数和统计函数的使用方法。

8.2.1 文本函数

文本函数的主要功能就是截取、查找或搜索文本中的某个特殊字符，从而实现字符查找、文本转换以及编辑字符串等功能。查找字符类函数作为最基本的文本处理函数，下面将对其进行简单介绍。

1. FIND 和 FINDB 函数

函数 FIND 和 FINDB 用于在第 2 个文本串中求出第 1 个文本串，并返回在第 1 个文本串的起始位置的值，该值从第 2 个文本串的第 1 个字符算起。其语法结构为：

FIND(find_text,within_text,start_num)

FINDB(find_text,within_text,start_num)

各参数的含义如下。

- find_text：指要查找的文本。
- within_text：指包含要查找文本的文本。
- start_num：指定要从其开始搜索的字符。

FIND 和 FINDB 函数都是用于查找字符串在单元格中的位置，不过 FIND 函数使用的是单字节字符集（SBCS）语言，该函数始终将每个字符按 1 计算。使用该函数查找某个字符的位置，如下图所示为在 B3 单元格中查找“珍珠”字符的位置，返回结果为“3”。

而如果使用 FINDB 函数，返回的结果则为“5”。因为 FINDB 函数使用的是双字节字符集（DBCS）语言，启用该语言后，会将每个双字节字符按 2 计算。

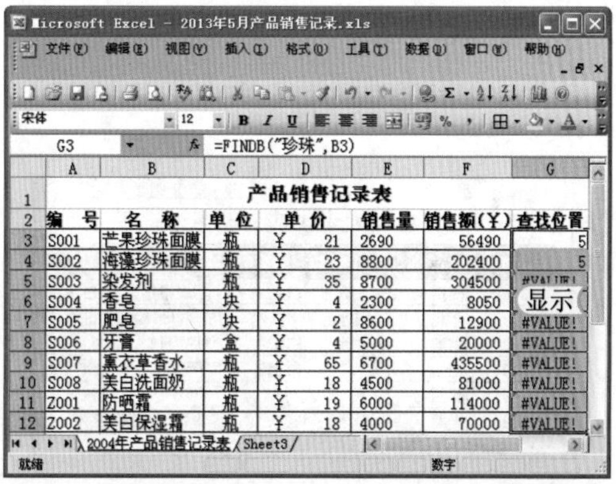

Microsoft Excel - 2013年5月产品销售记录.xls

G3　=FIND("珍珠",B3)

	A	B	C	D		E	F	G
1	产品销售记录表							
2	编　号	名　称	单 位	单 价		销售量	销售额(¥)	查找位置
3	S001	芒果珍珠面膜	瓶	¥	21	2690	56490	3
4	S002	海藻珍珠面膜	瓶	¥	23	8800	202400	显示
5	S003	染发剂	瓶	¥	35	8700	304500	
6	S004	香皂	块	¥	4	2300	8050	#VALUE!
7	S005	肥皂	块	¥	2	8600	12900	#VALUE!
8	S006	牙膏	盒	¥	4	5000	20000	#VALUE!
9	S007	熏衣草香水	瓶	¥	65	6700	435500	#VALUE!
10	S008	美白洗面奶	瓶	¥	18	4500	81000	#VALUE!
11	Z001	防晒霜	瓶	¥	19	6000	114000	#VALUE!
12	Z002	美白保湿霜	瓶	¥	18	4000	70000	#VALUE!

2004年产品销售记录表 / Sheet3

Microsoft Excel - 2013年5月产品销售记录.xls

G3　=FINDB("珍珠",B3)

	A	B	C	D		E	F	G
1	产品销售记录表							
2	编　号	名　称	单 位	单 价		销售量	销售额(¥)	查找位置
3	S001	芒果珍珠面膜	瓶	¥	21	2690	56490	5
4	S002	海藻珍珠面膜	瓶	¥	23	8800	202400	5
5	S003	染发剂	瓶	¥	35	8700	304500	#VALUE!
6	S004	香皂	块	¥	4	2300	8050	显示
7	S005	肥皂	块	¥	2	8600	12900	#VALUE!
8	S006	牙膏	盒	¥	4	5000	20000	#VALUE!
9	S007	熏衣草香水	瓶	¥	65	6700	435500	#VALUE!
10	S008	美白洗面奶	瓶	¥	18	4500	81000	#VALUE!
11	Z001	防晒霜	瓶	¥	19	6000	114000	#VALUE!
12	Z002	美白保湿霜	瓶	¥	18	4000	70000	#VALUE!

2004年产品销售记录表 / Sheet3

2. LOWER、UPPER 和 PROPER 函数

LOWER、UPPER 和 PROPER 函数虽然都能实现大小写的转换，但转换的方式有所不同，其语法结构为：

LOWER(text)

UPPER(text)

PROPER(text)

其中 text 是要转换的大小写字母文本，可以为引用或文本字符串。

在使用这 3 个函数转换大小写时，LOWER 函数是将一个文本字符串中的所有大写字母转换为小写字母；UPPER 函数是将文本转换成大写形式，该函数不改变文本中的非字母字符；而 PROPER 函数是将文本字符串的首字母及任何非字母字符之后的首字母转换成大写，将其余的字母转换成小写。

C3 =LOWER(B3)

	A	B	C
1	仓库存货表		
2	序号	商品名称	转换为小写
3	1	T-shirt	t-shirt
4	2	Jaens	jaens
5	3	Coat	coat
6	4	SHOES	shoes
7	5	shirt	shirt
8	6	casual PANTS	casual pants

C3 =UPPER(B3)

	A	B	C
1	仓库存货表		
2	序号	商品名称	转换为大写
3	1	T-shirt	T-SHIRT
4	2	Jaens	JAENS
5	3	Coat	COAT
6	4	SHOES	SHOES
7	5	shirt	SHIRT
8	6	casual PANTS	CASUAL PANTS

C3 =PROPER(B3)

	A	B	C
1	仓库存货表		
2	序号	商品名称	转换为大写
3	1	T-shirt	T-Shirt
4	2	Jaens	Jaens
5	3	Coat	Coat
6	4	SHOES	Shoes
7	5	shirt	Shirt
8	6	casual PANTS	Casual Pants

3. CONCATENATE 函数

CONCATENATE 函数用于将两个或多个文本字符串合并为一个文本字符串。其语法结构为：CONCATENATE(text1，text2，...)。

其中“text1，text2，...”为 2~255 个将要合并的文本字符串。这些文本项可以为文本字符串、数字或对单个单元格的引用。

下面使用 CONCATENATE 函数将多个文本字符串合并为一个文本字符串，其具体操作如下：

光盘文件

素材 \ 第 8 章 \ 采购表 .xls

效果 \ 第 8 章 \ 采购表 .xls

实例演示 \ 第 8 章 \CONCATENATE 函数

STEP 01： 输入函数

打开“采购表 .xls”工作簿，选择 E3 单元格，在编辑栏中输入函数“=CONCATENATE(B3, C3, "-" ,D3)”，按 Enter 键。

E3 =CONCATENATE(B3,C3,"-",D3) 计算

	A	B	C	D	E
1	各地大米供应资料单				
2	商品编号	产地	大米名称	精米度	商品名
3	S001	四川	崇州大米	白米	四川崇州大米-白米
4	S002	东北	珍珠米	无洗米	
5	S003	湖南	长粒米	白米	
6	S004	四川	糯米	白米	
7	S005	陕西	贡米	白米	
8	S006	湖南	黑糯米	玄米	

Sheet1 / Sheet2 / Sheet3

	A	B	C	D	E
1	各地大米供应资料单				
2	商品编号	产地	大米名称	精米度	商品名
3	S001	四川	崇州大米	白米	四川崇州大米-白米
4	S002	东北	珍珠米	无洗米	东北珍珠米-无洗米
5	S003	湖南	长粒米	白米	白米
6	S004	四川	糯米	白米	白米
7	S005	陕西	贡米	白米	白米
8	S006	湖南	黑糯米	玄米	湖南黑糯米-玄米

复制单元格(C)
仅填充格式(F)
不带格式填充(O)
选中

Sheet1 / Sheet2 / Sheet3

STEP 02： 查看最终效果

将鼠标光标移到 E3 单元格右下角，按住鼠标左键不放拖动到 E8 单元格处释放鼠标，单击右下角的按钮，在弹出的列表中选中 不带格式填充(O) 单选按钮，将函数填充到 E4:E8 单元格区域。

4. SUBSTITUTE 函数

SUBSTITUTE 函数用于在文本字符串中用 new_text 替代 old_text。如果需要在某一文本字符串中替换指定的文本，可以使用 SUBSTITUTE 函数。其语法结构为：

SUBSTITUTE(text，old_text，new_text，instance_num)，各参数的含义如下。

- text：指需要替换其中字符的文本，或对含有文本的单元格的引用。
- old_text：指需要替换的旧文本。
- new_text：指用于替换 old_text 的文本，如果不指定，则用空文本表示。
- instance_num：为一数值，用来指定以 new_text 替换第几次出现的 old_text。如果指定了 instance_num，则只有满足要求的 old_text 被替换；否则将用 new_text 替换 text 中出现的所有 old_text。

如使用 SUBSTITUTE 函数继续将“大米供应资料单.xls”工作簿中“商品名”列中的“黑糯米”的文本替换为“黑米”文本。选择 F8 单元格，在编辑栏中输入函数“=SUBSTITUTE(E2,"黑糯米","黑米")”，按 Enter 键即可查看到 F8 单元格已替换成功。

F8 =SUBSTITUTE(E8,"黑糯米","黑米")

	A	B	C	D	E	F
1	各地大米供应资料单					
2	商品编号	产地	大米名称	精米度	商品名	商品新名称
3	S001	四川	素州大米	白米	四川素州大米-白米	四川素州大米-白米
4	S002	东北	珍珠米	无洗米	东北珍珠米-无洗米	东北珍珠米-无洗米
5	S003	湖南	长粒米	白米	湖南长粒米-白米	湖南长粒米-白米
6	S004	四川	糯米	白米	四川糯米-白米	四川糯米-白米
7	S005	陕西	贡米	白米	陕西贡米-白米	陕西贡米-白米
8	S006	湖南	黑糯米	玄米	湖南黑糯米-玄米	湖南黑米-玄米

5. LEN 和 LENB 函数

LEN 函数用于返回文本字符串中的字符数，LENB 函数用于返回文本字符串中用于代表字符的字节数。函数 LEN 面向使用单字节字符集（SBCS）语言，而函数 LENB 面向使用双字节字符集（DBCS）语言。其语法结构为：

LEN(text)

LENB(text)

其中“text”是要查找其长度的文本。

如下图所示，使用 LEN 函数进行判断客户资料的证件是否有效，这里假设证件号码不等于 18 位将视为无效。其方法是：选择 C3:C8 单元格区域，在编辑栏中输入函数“=IF(LEN(B3)=18,TRUE)”，按 Ctrl+Enter 组合键即计算出结果。

	A	B	C
1	客户资料表		
2	姓名	身份证号	有效证件
3	刘红凡	513021458762135521	TRUE
4	谢一易	5136224885467824	FALSE
5	许琴	5134886648635487664	FALSE
6	李艳梅	51348357549641	FALSE
7	龙洲	513648552210154232	TRUE
8	秦桥远	513468752478721213	TRUE

经验一箩筐——LEN 函数的具体应用

函数“=IF(LEN(B3)=18,TRUE)”表示：如果 B3 单元格的文本字符串等于 18 个字节数，那么将为有效证件，若不等于，则无效。此外，若在编辑栏中直接输入“=LEN(B3)”函数，将会直接显示该单元格的字符长度，且单元格中有空格，也将作为字符进行计数。

6. LEFT 和 RIGHT 函数

根据所指定的字符数，LEFT 函数返回文本字符串中第 1 个字符或前几个字符。RIGHT 函数返回文本字符串中最后一个字符或后几个字符。其语法结构为：

LEFT(text，num_chars)

RIGHT(text，num_chars)

各参数的含义如下。

- text：指包含要提取的字符的文本字符串。
- num_chars：指定要由 LEFT 或 RIGHT 函数提取的字符的数量，必须大于或等于零，如果“num_chars”大于文本长度，则返回全部文本。

如下图所示分别为返回 A2 单元格的前 3 个字符，和返回 A2 单元格中的后两个字符。

B2 =LEFT(A2, 3)

	A	B
1	商品订单信息	返回结果
2	夏普士-KFR-35GW/P-刘富星	夏普士
3	奥克斯-KFR-32GW/H2-G5-钱萌	奥克斯
4	格兰仕-KFR-25GW/dLL20-110-张海	格兰仕
5	新科力-KFR-35GW/A-赵天麟	新科力
6	三菱机-MSH-09CV-邓建	三菱机
7	夏普士-AY-123YL-杨海波	夏普士

B2 =RIGHT(A2, 2)

	A	B
1	商品订单信息	返回结果
2	夏普士-KFR-35GW/P-刘富	刘富
3	奥克斯-KFR-32GW/H2-G5-钱萌	钱萌
4	格兰仕-KFR-25GW/dLL20-110-张海	张海
5	新科力-KFR-35GW/A-赵麟	赵麟
6	三菱机-MSH-09CV-邓建	邓建
7	夏普士-AY-123YL-杨波	杨波

经验一箩筐——LEFTB 和 RIGHTB 函数

用于返回字符串左右指定字符的函数还有 LEFTB 和 RIGHTB，它们的参数由 num_chars 变成了 num_bytes，表示按字节指定要由 LEFTB 或 RIGHTB 函数提取的字符的数量。

7. MID 和 MIDB 函数

MID 返回文本字符串中从指定位置开始的指定数目字符。而 MIDB 则根据指定的字节数，返回文本字符串中从指定位置开始的指定数目的字符。两个函数的使用方法完全相同，其语法结构为：

MID(text,start_num,num_chars)

MIDB(text,start_num,num_bytes)

各参数的含义如下。

- text：是要提取字符的文本字符串。
- start_num：是文本中要提取的第 1 个字符的位置。文本中第 1 个字符为“1”，以此类推。
- num_chars：指定希望 MID 函数从文本中返回字符的个数。
- num_bytes：指定希望 MIDB 函数从文本中按字节返回字符的个数。

如下图所示为使用 MID 函数根据客户的身份证号码提取的中间字符，即出生日期。

SUM =MID(B3, 7, 8) 输入

	A	B	C
1	客户资料表		
2	姓名	身份证号	出生日期
3	刘红凡	513021198705234621	=MID(B3, 7, 8)
4	谢一易	513021196212037225	
5	许琴	513021199108136433	
6	李艳梅	513021198502216887	
7	龙洲	513021198706274629	
8	秦桥远	513021197705094626	

C3 =MID(B3, 7, 8)

	A	B	C
1	客户资料表		
2	姓名	身份证号	出生日期
3	刘红凡	513021198705234621	19870523
4	谢一易	513021196212037225	19621203
5	许琴	513021199108136433	19910813
6	李艳梅	513021198502216887	19850221
7	龙洲	513021198706274629	19870627
8	秦桥远	513021197705094626	19770509

8.2.2 数学和三角函数

数学函数可以进行单元格数字之间的计算，不仅能够完成简单的数学计算，如求和、数字取整和四舍五入等，同时也可以进行较为复杂的数学计算，如求某个单元格区域中满足多个给定条件的数值总和等。

1. SUM 函数

SUM 函数用来计算某一单元格区域中所有数字之和，是 Excel 中使用最多的函数之一。其语法结构为：SUM(number1,number2,...)。

- number1：需要相加的第 1 个数值参数，此参数必须存在。
- number2,...：需要相加的 2~255 个数值参数，此参数可以忽略。

在该函数中，每个参数都可以是区域、单元格引用、数组、常量、公式或另一个函数的结果。如需要对学生的各科总成绩进行统计，就可使用 SUM 函数，如右图所示为计算出的结果。

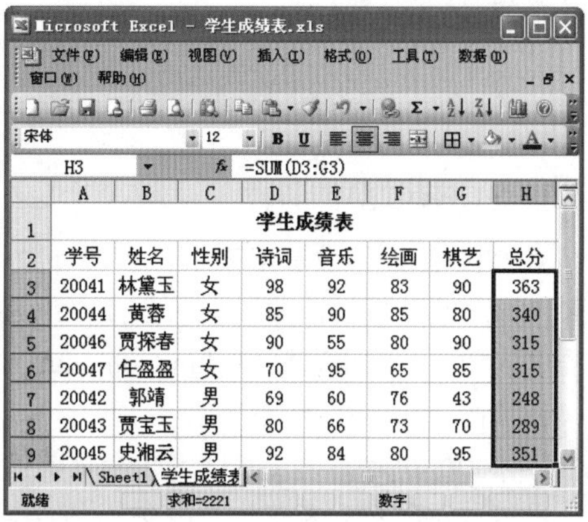

H3 =SUM(D3:G3)

学号	姓名	性别	诗词	音乐	绘画	棋艺	总分
20041	林黛玉	女	98	92	83	90	363
20044	黄蓉	女	85	90	85	80	340
20046	贾探春	女	90	55	80	90	315
20047	任盈盈	女	70	95	65	85	315
20042	郭靖	男	69	60	76	43	248
20043	贾宝玉	男	80	66	73	70	289
20045	史湘云	男	92	84	80	95	351

2. SUMIF 函数

SUMIF 函数可根据指定条件对若干单元格进行求和。它与 SUM 函数相比，除了具有 SUM 函数的求和功能之外，还可按条件求和。其语法结构为：SUMIF(range，criteria，sum_range)。

在该函数中，各参数的含义如下。

- range：用于条件计算的单元格区域，每个区域中的单元格都必须是数字或名称、数组或包含数字的引用。空值和文本值将被忽略。
- criteria：为确定对哪些单元格相加的条件，其形式可以为数字、表达式或文本。通配符为"?"和"*"。"?"匹配任意单个字符，"*"匹配任意一串字符。如果要查找实际的问号或星号，则在该字符前键入波形符号"~"即可。
- sum_range：为要相加的实际单元格（如果区域内的相关单元格符合条件）。如果省略 sum_range 参数，则当区域中的单元格符合条件时，它们既按条件计算，也执行相加。

如要对一个全国连锁商贸公司的第一季度的产品销售额进行汇总，可使用 SUMIF 函数。其具体操作如下：

光盘文件
素材 \ 第 8 章 \ 产品销售明细 .xls
效果 \ 第 8 章 \ 产品销售明细 .xls
实例演示 \ 第 8 章 \SUMIF 函数

STEP 01：输入函数

1. 打开"产品销售明细 .xls"工作簿，选择 B13 单元格。
2. 在编辑栏中输入公式"=SUMIF(A3:A11,"A 产品 ",B3:D11)"，按 Enter 键。

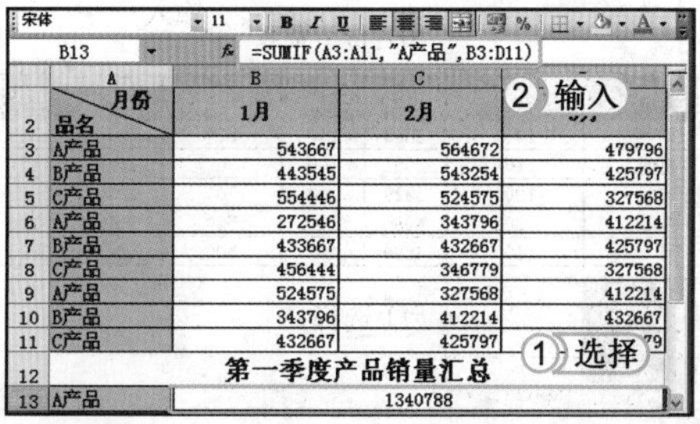

B13 =SUMIF(A3:A11,"A产品",B3:D11)

品名＼月份	1月	2月	
A产品	543667	564672	479796
B产品	443545	543254	425797
C产品	554446	524575	327568
A产品	272546	343796	412214
B产品	433667	432667	425797
C产品	456444	346779	327568
A产品	524575	327568	412214
B产品	343796	412214	432667
C产品	432667	425797	[illegible]
第一季度产品销量汇总			
A产品	1340788		

② 输入
① 选择

STEP 02： 计算B和C产品销量

在B14单元格中输入公式“=SUMIF(A3:A11,"B产品",B3:D11)”，在B15单元格中输入公式“=SUMIF(A3:A11,"C产品",B3:D11)”，按Enter键计算出B和C的产品销量。

B15　=SUMIF(A3:A11,"C产品",B3:D11)

	A	B	C	D
4	B产品	443545	543254	425797
5	C产品	554446	524575	327568
6	A产品	272546	343796	412214
7	B产品	433667	432667	425797
8	C产品	456444	346779	327568
9	A产品	524575	327568	412214
10	B产品	343796	412214	432667
11	C产品	432667	425797	346779
12	第一季度产品销量汇总			
13	A产品	1340788		
14	B产品	1221008		
15	C产品	1443557		

计算

3. SUBTOTAL函数

SUBTOTAL函数是用来求分类合计数据，SUBTOTAL函数可以使用十一种不同的合计方法来计算。也就是说，如果想求合计，用SUBTOTAL函数就可以实现大部分其他函数的功能，其语法结构为：SUBTOTAL(function_num,ref1,ref2,...)。

在该函数中，各参数的含义如下。

- function_num：为1～11（包含隐藏值）或101～111（忽略隐藏值）之间的数字，指定使用何种函数在列表中进行分类汇总计算。
- ref1：此参数必须存在。表示将要对其进行分类汇总计算的第1个命名区域或引用。
- ref2,…：为要对其进行分类汇总计算的第2个～第254个命名区域或引用。

下面将以公司月末结算的时候使用SUBTOTAL函数计算出本月员工的平均工资、最高工资、最低工资以及工资发放总额为例进行讲解，其具体操作如下：

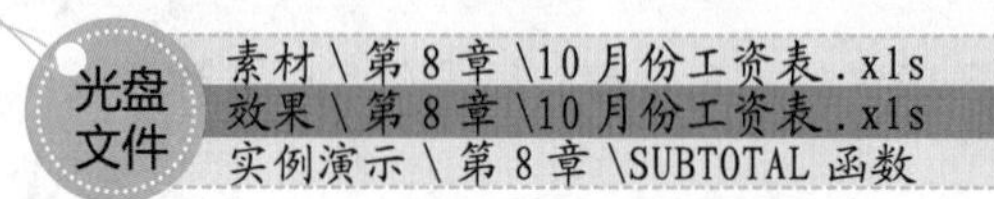

STEP 01： 计算10月份员工平均工资

1. 打开“10月份工资表.xls”工作簿，选择B10单元格。
2. 在编辑栏中输入公式“=SUBTOTAL(1,G4:G8)”，按Enter键计算出10月份员工平均工资。

B10　=SUBTOTAL(1,G4:G8)　②输入

10月份工资表　单位：元

姓名	基本工资	绩效奖	全勤奖	业绩突出奖	生活津贴	总计
张硕元	1000	2565	100	500	200	4365
李世安	1100	3057	100	0	200	4457
王重阳	1200	3925	100	0	200	5425
周学琴	1300	4086	100	500	200	6186
林奇一	1500	4520	100	500	200	6820
平均工资：	5450.6					
最高工资：						
最低工资：						
总发工资：						

①选择

B11　=SUBTOTAL(4,G4:G8)　②输入

10月份工资表　单位：元

姓名	基本工资	绩效奖	全勤奖	业绩突出奖	生活津贴	总计
张硕元	1000	2565	100	500	200	4365
李世安	1100	3057	100	0	200	4457
王重阳	1200	3925	100	0	200	5425
周学琴	1300	4086	100	500	200	6186
林奇一	1500	4520	100	500	200	6820
平均工资：	5450.6					
最高工资：	6820					
最低工资：						
总发工资：						

①选择

STEP 02： 计算10月份员工最高工资

1. 选择B11单元格。
2. 在编辑栏中输入公式“=SUBTOTAL(4,G4:G8)”，按Enter键计算出10月份员工最高工资。

STEP 03：计算 10 月份员工最低工资

1. 选择 B12 单元格。
2. 在编辑栏中输入公式“=SUBTOTAL(5,G4:G8)”，按 Enter 键计算出 10 月份员工最低工资。

B12　=SUBTOTAL(5,G4:G8)

10月份工资表						
						单位：元
姓名	基本工资	绩效奖	全勤奖	业绩突出奖	生活津贴	总计
张硕元	1000	2565	100	500	200	4365
李世安	1100	3057	100	0	200	4457
王重阳	1200	3925	100	0	200	5425
周学琴	1300	4086	100	500	200	6186
林奇一	1500	4520	100	500	200	6820
平均工资：	5450.6					
最高工资：	6820					
最低工资：	4365					
总发工资：						

①选择　②输入

B13　=SUBTOTAL(9,G4:G8)

10月份工资表						
						单位：元
姓名	基本工资	绩效奖	全勤奖	业绩突出奖	生活津贴	总计
张硕元	1000	2565	100	500	200	4365
李世安	1100	3057	100	0	200	4457
王重阳	1200	3925	100	0	200	5425
周学琴	1300	4086	100	500	200	6186
林奇一	1500	4520	100	500	200	6820
平均工资：	5450.6					
最高工资：	6820					
最低工资：	4365					
总发工资：	27253					

①选择　②输入

STEP 04：计算 10 月份员工总发工资

1. 选择 B13 单元格。
2. 在编辑栏中输入公式“=SUBTOTAL(9,G4:G8)”，按 Enter 键计算出 10 月份员工总发工资。

4. ABS 函数

ABS 函数用来返回数字的绝对值，其中绝对值没有符号。其语法结构为：ABS(number)。其中参数 number 表示为需要计算其绝对值的实数。

如某钢化玻璃制造厂用机器切割玻璃，在测量切割的玻璃尺寸时机器切割的实际长度可能比要求的长，也可能会短，这个差距可以利用绝对值表示，如右图所示为使用 ABS 函数计算的结果。

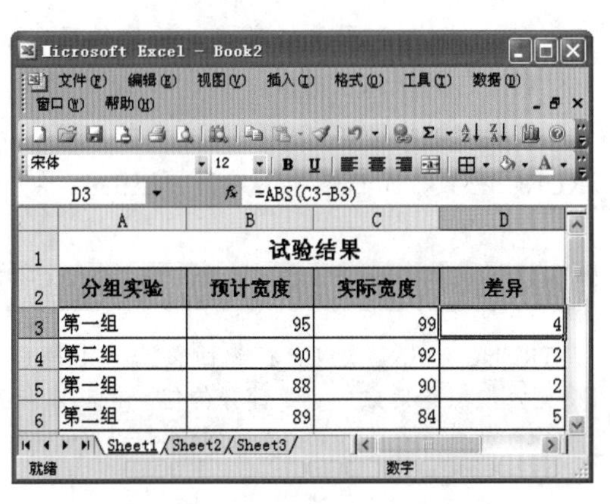

D3　=ABS(C3-B3)

试验结果			
分组实验	预计宽度	实际宽度	差异
第一组	95	99	4
第二组	90	92	2
第一组	88	90	2
第二组	89	84	5

5. MOD 函数

MOD 函数用来返回两个数相除后的余数。其语法结构为：MOD(number,divisor)

各参数的含义如下。

- number：表示被除数。
- divisor：表示除数。

如某贸易公司采购员到外地采购商品，可用 MOD 函数计算每种货物在预算范围内的余额，如右图所示为计算出的结果。

F3　=MOD(E3,C3*D3)

产品销售记录表					
编号	名称	单价(￥)	销售量	预算	余额(￥)
S001	洗发液	21	90	15000	1770.00
S002	沐浴露	23	80	13000	120.00
S003	染发剂	35	70	12000	2200.00
S004	香皂	3.5	300	20000	50.00
S005	肥皂	1.5	800	15500	1100.00
S006	牙膏	4	500	25000	1000.00
S007	香水	65	67	12000	3290.00
S008	洗面奶	18	400	11000	3800.00
Z001	防晒霜	19	1500	8000	8000.00
Z002	保湿霜	17.5	400	10000	3000.00

经验一箩筐——使用 MOD 函数的注意事项

由于除数不能为“0”，因此 divisor 必须为非“0”数值，如果 divisor 为“0”，将返回错误值“#DIV/0！”。无论被除数能不能被整除，其返回值的符号与除数的符号相同。

6. INT 函数

INT 函数用来将数字向下舍入到最接近且小于原数值的整数。其语法结构为：INT(number)。

其中参数 number 表示需要取整的数值。INT 函数相当于对带有小数的数值截尾取整，但是如果要取整的数值是负数，将向绝对值增大的方向取整。如右图所示为使用 INT 函数对随机数值进行向下取整的结果。

D6 =INT(C6)

销售代表	个人销售总额	奖金	向下取整
马云	￥32,456.00	￥3,570.16	￥3,570.00
韩菲菲	￥49,820.00	￥5,480.20	￥5,480.00
郑岷	￥59,322.00	￥6,525.42	￥6,525.00
陆青	￥37,024.00	￥4,072.64	￥4,072.00
赵紫丹	￥46,297.00	￥5,092.67	￥5,092.00
王瑜宁	￥33,917.00	￥3,730.87	￥3,730.00
刘胜	￥43,813.00	￥4,819.43	￥4,819.00
高厉源	￥51,083.00	￥5,619.13	￥5,619.00
周梅梅	￥40,196.00	￥4,421.56	￥4,421.00
李华	￥32,768.00	￥3,604.48	￥3,604.00

7. TRUNC 函数

TRUNC 函数可将数字的小数部分截去，返回整数。其语法结构为：

TRUNC(number,num_digits)

在该函数中，各参数的含义如下。

- number：表示需要截尾取整的数字；
- num_digits：用来指定取整精度的数字位数，它的默认值为 0。

如要对数据取整和保留两位小数，可使用 TRUNC 函数，如右图所示为计算出的结果。

D3 =TRUNC(C3, 2)

截取尾数

奖金比例	销售总额	奖金总额	保留两位小数
11.00%	426,696.0000	46,936.5600	46936.56

销售代表	个人销售总额	奖金	向下取整
马云	￥32,456.00	￥3,570.16	￥3,570.00
韩菲菲	￥49,820.00	￥5,480.20	￥5,480.00
郑岷	￥59,322.00	￥6,525.42	￥6,525.00
陆青	￥37,024.00	￥4,072.64	￥4,072.00
赵紫丹	￥46,297.00	￥5,092.67	￥5,092.00

经验一箩筐——INT、TRUNC 函数的区别

TRUNC 和 INT 类似，都返回整数，其中 TRUNC 直接去除数字指定位数的小数部分，而 INT 则是依照给定数的小数部分的值，将其四舍五入到最接近的整数。所以 INT 和 TRUNC 在处理负数时有所不同，如：TRUNC(-4.3) 返回 -4，而 INT(-4.3) 返回 -5，因为 -5 是较小的数。

8. ROUND、ROUNDDOWN 和 ROUNDUP 函数

ROUND、ROUNDDOWN 和 ROUNDUP 函数都将某个数字按指定位数进行舍入后得到返回值。函数 ROUNDUP 和函数 ROUND 功能相似，不同之处在于函数 ROUNDUP 总是向上舍入数字，而 ROUND 总是向下舍入数字。另外 ROUNDDOWN 函数是靠近零值，向下舍入数字。其语法结构分别为：ROUND(number,num_digits)；ROUNDDOWN(number,num_digits)；ROUNDUP(number,num_digits)。

在 3 个函数中有两个相同的参数，各参数的含义如下。

- number：表示需要向下或向上舍入的任意实数。
- num_digits：表示四舍五入后的数字的位数。

如要对同一数值按照指定位数向下或向上进行舍入计算，可使用 ROUND、ROUNDDOWN 和 ROUNDUP 函数，如右图所示为计算出的结果。

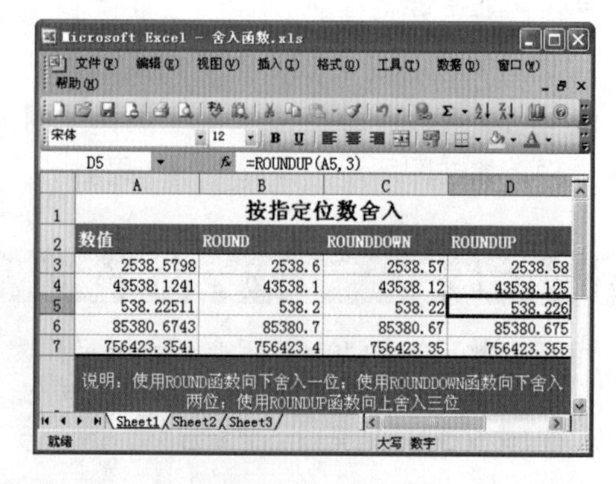
D5 =ROUNDUP(A5, 3)

按指定位数舍入

数值	ROUND	ROUNDDOWN	ROUNDUP
2538.5798	2538.6	2538.57	2538.58
43538.1241	43538.1	43538.12	43538.125
538.22511	538.2	538.22	538.226
85380.6743	85380.7	85380.67	85380.675
756423.3541	756423.4	756423.35	756423.355

说明：使用ROUND函数向下舍入一位；使用ROUNDDOWN函数向下舍入两位；使用ROUNDUP函数向上舍入三位

9. SIN 函数

SIN 函数用来返回给定角度的正弦值，其语法结构为：SIN(number)。

其中参数 number 为要求正弦的角度，需要使用 RADIANS 函数将其转换为弧度，以弧度值表示。

如果要计算一些不规则的半圆的正弦值，可使用 SIN 函数，如右图所示为计算出的结果。

C2 =SIN(B2)

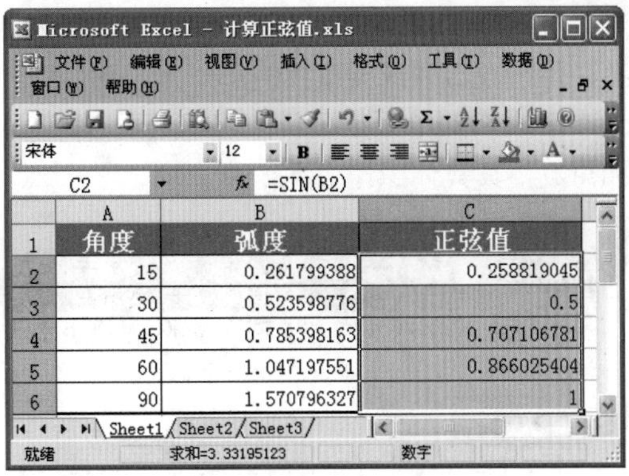

角度	弧度	正弦值
15	0.261799388	0.258819045
30	0.523598776	0.5
45	0.785398163	0.707106781
60	1.047197551	0.866025404
90	1.570796327	1

10. COS 函数

COS 函数用来返回给定角度的余弦值，其语法结构为：COS(number)。

其中参数 number 表示需求余弦的角度，单位为弧度。

如已知三角形的角度值，需要计算其余弦值，可使用 COS 函数，如右图所示为计算出的结果。

D5 =COS(B5)

角度	弧度	正弦值	余弦值
15	0.261799388	0.258819045	0.965925826
30	0.523598776	0.5	0.866025404
45	0.785398163	0.707106781	0.707106781
60	1.047197551	0.866025404	0.5
90	1.570796327	1	6.12574E-17

8.2.3 时间和日期函数

时间和日期函数用于分析或操作公式中与时间和日期有关的值。在 Excel 中，系统将日期数据视为一组序列值，也就是数值。下面将详细介绍常用时间和日期函数的特点及在 Excel 中的计算方法。

1. DATE 函数

在 Excel 中，时间和日期是以数值方式存储的，由于日期具有连续性，因此也可以说日期是一个“系列编号”，使用 DATE 函数方便地将指定的年、月、日合并为日期编号，其语法结构为：DATE（year,month,day）。

其中各参数的含义分别如下。

- year：表示年份，可以是 1~4 位的数字。
- month：表示月份。
- day：表示天。

如右图所示为 DATE 函数使用的基本含义。

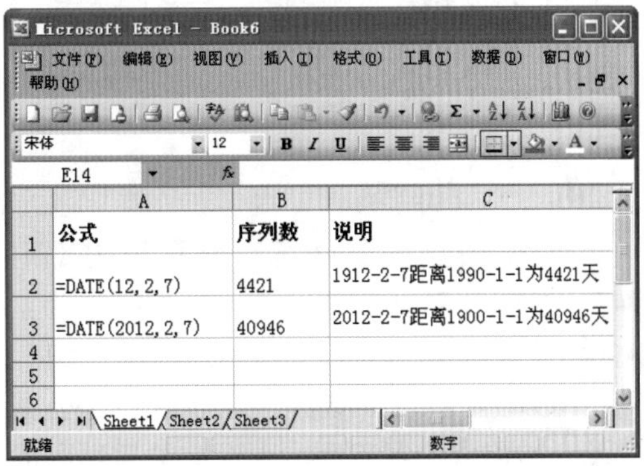

公式	序列数	说明
=DATE(12,2,7)	4421	1912-2-7距离1990-1-1为4421天
=DATE(2012,2,7)	40946	2012-2-7距离1900-1-1为40946天

2. YEAR、MONTH 和 DAY 函数

YEAR 函数代表返回日期的年份值，返回值为 1900-9999 之间的整数，MONTH 函数代表返回日期的月份数，返回值为 1~12 之间，而 DAY 函数是用来返回一个月中的第几天的数值，介于整数 1~31 之间，其语法结构为：YEAR(serial_number)；MONTH(serial_number)；DAY(serial_number)。

在这 3 个函数中，都有一个共同的参数为 serial_number，其分别表示需要计算的年份数日期、月份数日期或要查找的那一天日期。

下面将对“固定资产使用年限表.xls”工作簿中使用函数计算出公司固定资产的使用年限和月数，其具体操作如下：

光盘文件
素材\第 8 章\固定资产使用年限表.xls
效果\第 8 章\固定资产使用年限表.xls
实例演示\第 8 章\YEAR、MONTH 和 DAY 函数

STEP 01：计算至今使用年数

1. 打开“固定资产使用年限表.xls”工作簿，选择 E3:E10 单元格区域。
2. 在编辑栏中输入函数“=YEAR(TODAY()-D3)-1900”，按 Enter 键，系统自动计算出固定资产投入使用至今的年数。

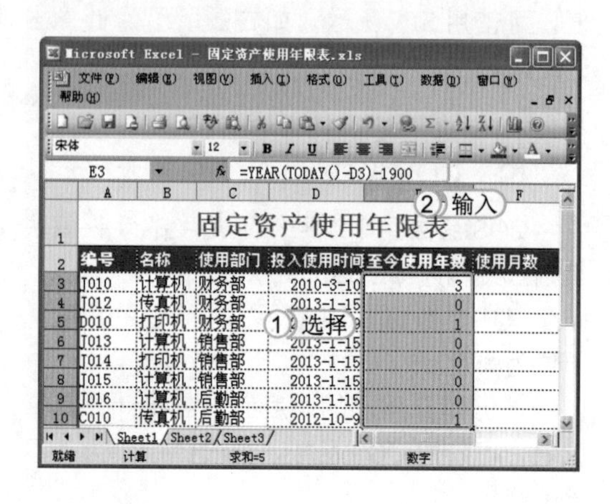

提个醒

在 DATE 函数中，当年份缺省时，系统默认为 1990 年；当月份缺省时为 0，即表示上年的第 12 月；当日期缺省时为 0，则表示上月的月末天数。

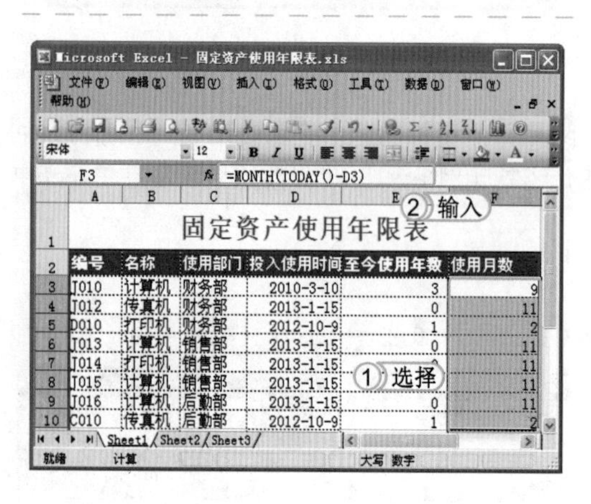

STEP 02：计算使用至今的月份数

1. 选择 F3:F10 单元格区域。
2. 在编辑栏中输入公式“=MONTH(TODAY()-D3)”，按 Enter 键，系统自动计算出该固定资产投入使用至今的月份数。

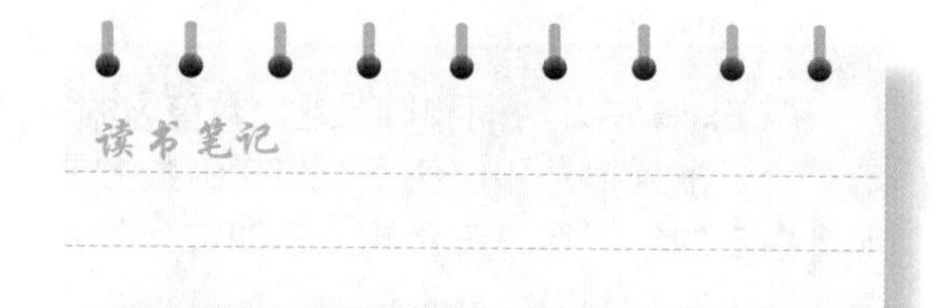

3. NOW 函数

NOW 函数可以返回电脑系统内部时钟的当前日期和时间，其语法结构为：NOW()。

NOW 函数没有参数，且如果包含公式的单元格格式设置不同，则返回的日期和时间格式也不相同，如右图所示为单元格格式为“数字”和默认情况下的返回结果。

在使用 NOW 函数时，函数不会随时更新，只有在重新计算工作表或执行含有此函数的宏时才改变。

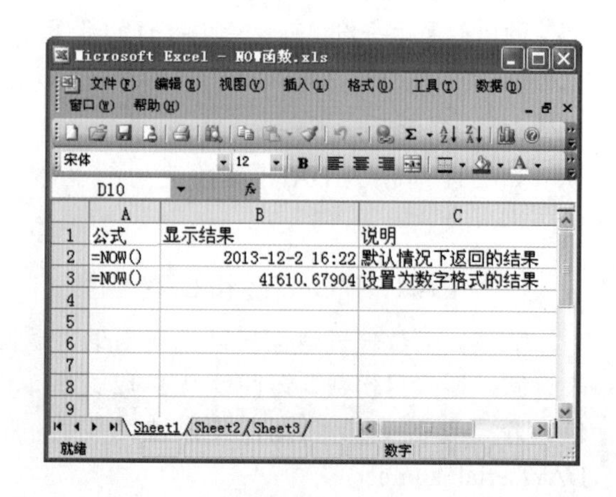

4. TODAY 函数

TODAY 函数可以返回日期格式的当前日期，其语法结构为：TODAY()。

TODAY 函数与 NOW 函数一样都没有参数，如果包含公式的单元格的格式设置不同，则返回的日期格式也不同。

如下图所示为计算贷款天数和应还款总额，且无论何时打开该工作簿都可查看到从贷款至今的应还款金额。

经验一箩筐——让系统手动更新时间

在默认情况下，打开或修改工作簿后，Excel 都会自动更新 TODAY 函数返回的日期，如果要使其停留在最后一次保存时返回的日期上，可以在“选项”对话框中选择“重新计算”选项卡，在“计算选项”栏中选中 ⊙手动重算(M) 单选按钮来实现。

5. DATEVALUE 函数

DATEVALUE 函数用于返回某一指定日期的系列编号，常用于计算两个日期之间的日期差，其语法结构为：DATEVALUE (date_text)。

该函数中的 date_text 参数表示要转换为编号方式显示的日期文本字符串。在使用 Windows 操作系统中的默认日期系统时，date_text 参数必须表示 1900 年 1 月 1 日到 9999 年 12 月 31 日之间的一个日期；而在使用 Macintosh 操作系统中的默认日期系统时，date_text 参数必须表示 1904 年 1 月 1 日到 9999 年 12 月 31 日之间的一个日期。如果超出上述范围，则会返回错误值“#VALUE！”。

6. DAYS360 函数

DAYS360 函数是按照一年 360 天的算法，其计算规则为每月以 30 天计，一年共计 12 个月。DAYS360 函数返回的是两日期之间的相差天数，常用于一些会计计算中，语法结构为：DAYS360(start_date,end_date,method)。

该函数中包含了 3 个参数，其含义分别如下。

- start_date：代表计算期间天数的起始日期。
- end_date：代表计算期间天数的终止日期。
- method：为一个逻辑值，指定了在计算中是采用欧洲方法还是美国方法。

经验一箩筐——method 参数的取值

method 参数指定了采用的计算方法，当其值为 TRUE 时，将采用欧洲算法。如果起始日期与终止日期为一个月的 31 号，都将认为其等于本月的 30 号；当其值为 FALSE 或者省略时，将会采用美国算法，表示起始日期是一个月的 31 号。如果终止日期是一个月的最后一天，且起始日期早于 30 号，则终止日期等于下一个月的 1 号，否则，终止日期等于本月的 30 号。

7. TIME 和 TIMEVALUE 函数

TIME 函数可以将指定的小时、分钟和秒合并为时间，而 TIMEVALUE 函数可以将以字符串表示的时间字符串转换为该时间的序列数字，其语法结构分别为：TIME(hour,minute,second)；TIMEVALUE(time_text)。

两个函数中包含的参数含义分别如下。

- hour：表示小时，为 0~32767 之间的数值。
- minute：表示分，为 0~32767 之间的数值。
- second：表示秒，为 0~32767 之间的数值。
- time_text：以 Excel 时间格式表示的时间，只要是 Excel 能够识别的时间格式都可以进行转换。

如下图所示为使用该函数计算选手长跑比赛的开始时间至到达时间的用时。

经验一箩筐——返回时间序列号函数的参数使用

函数 TIME 返回的小数值为 0 ~ 0.99999999 之间的数值，代表从 0:00:00 ~ 23:59:59 之间的时间。TIME 函数的 minute 参数为负值时，系统会从 hour 上减去 minute，再重新计算 hour 和 minute；当 second 参数为负值时，系统会从 minute 上减去 second，再重新计算 minute 和 second。而 TIMEVALUE 函数中的 time_text 参数也可以是一个日期加时间的字符串，TIMEVALUE 函数会忽略日期部分，只将其中的时间转换为序列数字。

8.2.4 查找与引用函数

查找函数主要用于在数据清单或工作表中查找特定数值。在 Excel 中，查找又分为了水平查找、垂直查找以及查找元素位置等查找方式，而这些不同的查找方式都需要不同的函数去执行。而在计算比较复杂的数据时，若直接引用数值，可能会需要不断进行相应的转换；使用引用函数则只需更改参数值。下面将对几个常用的查找与引用函数的使用方法进行介绍。

1. LOOKUP 函数

LOOKUP 函数用于查找数据，它有两种语法形式：向量形式和数组形式。不同形式的语法结构也不相同，在使用方法上也有所差异。

（1）LOOKUP 函数的向量形式

LOOKUP 函数的向量形式是在单行区域或单列区域（向量）中查找数值，然后返回第二个单行区域或单列区域中相同位置的数值，当要查找的值列表较大或值可能会随时间发生改变时，可以使用该向量形式，其语法结构为：LOOKUP(lookup_value,lookup_vector,result_vector)。

LOOKUP 函数的向量形式包含 3 个参数，其含义分别如下。

- lookup_value：表示在第 1 个向量中查找的数值，可引用数字、文本或逻辑值等。
- lookup_vector：表示第 1 个包含单行或单列的区域，可以是文本、数字或逻辑值。
- result_vector：表示第 2 个包含单行或单列的区域，它指定的区域大小与 lookup _vector 必须相同。

如下图所示为使用 LOOKUP 函数查找数量为 20 的商品。

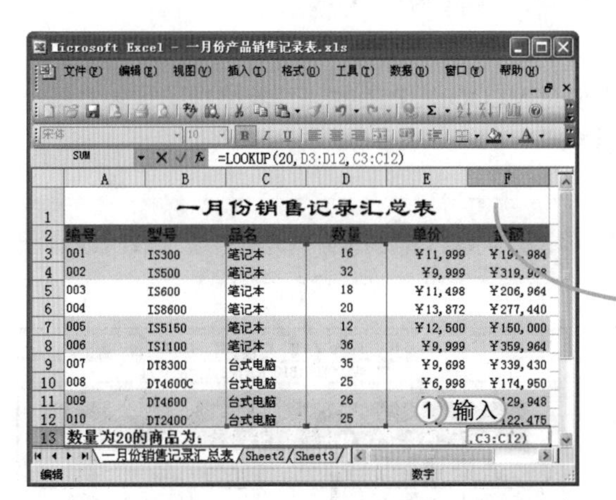

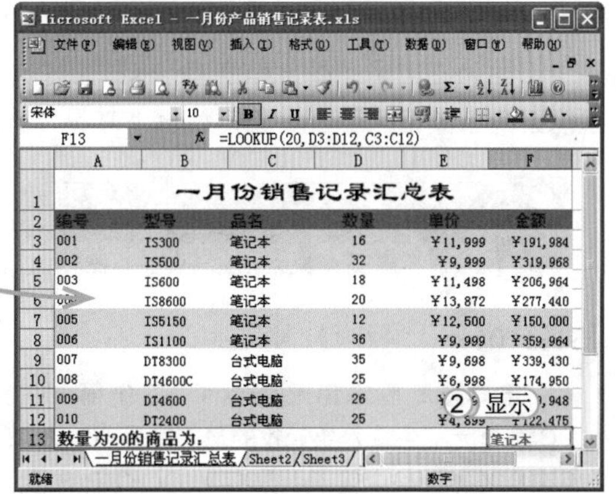

经验一箩筐——lookup_vector 与 lookup_value 参数的使用技巧

lookup_vector 中的值必须以升序顺序放置，否则 LOOKUP 可能无法提供正确的值。如果 LOOKUP 找不到 lookup_value，则它与 lookup_vector 中小于或等于 lookup_value 的最大值匹配。

（2）LOOKUP 函数的数组形式

LOOKUP 的数组形式用于在数组的第 1 行或第 1 列中查找指定的值，并返回数组最后一行或最后一列内同一位置的值，其语法结构为：LOOKUP(lookup_value,array)。

LOOKUP 函数的数组形式包含两个参数，其含义分别如下。

- lookup_value：表示在数组中搜索的值，它可以是数字、文本、逻辑值、名称或值的引用。
- array：表示与“lookup_value”进行比较的数组。

在 LOOKUP 函数的数组形式中，如果找不到对应的值，那么会返回数组中小于或等于 lookup_value 参数的最大值，而如果 lookup_value 小于第 1 行或第 1 列中的最小值，函数将会返回“#N/A”。

如函数“=LOOKUP("CC",{"AB","B","BC","CC","AC";8,2,9,3,6})”，表示在数组的第 1 行中查找“CC”，在最后一行返回的对应值就是“3”，所以该函数返回的最终值为“3”。

经验一箩筐——如何选择向量形式与数组形式

一般来说，当要匹配的值位于数组的第一行或第一列中时，会使用 LOOKUP 的数组形式。当要指定列或行的位置时，则通常使用 LOOKUP 的向量形式。LOOKUP 的数组形式还可以与其他工作簿程序兼容，其中的 lookup_vector 参数可以不区分大小写。

2. VLOOKUP 函数

VLOOKUP 函数可以在数据库或数值数组的首列查找指定的数值，并由此返回数据库或数组当前行中指定列处的数值，其语法结构为：VLOOKUP(lookup_value,table_array,col_index_num,range_lookup)。

VLOOKUP 函数中包含了 4 个参数，其含义分别如下。

- lookup_value：表示需要在数组第 1 列中查找的数值。
- table_array：表示需要在其中查找数据的数据表。
- col_index_num：表示“table_array”中待返回的匹配值的列序号。
- range_lookup：指定在查找时使用精确匹配还是近似匹配。

下面将在“员工基本信息表.xls”工作簿中使用 VLOOKUP 函数，使表格能实现输入编号就能查询出员工的工资及工资信息，其具体操作如下：

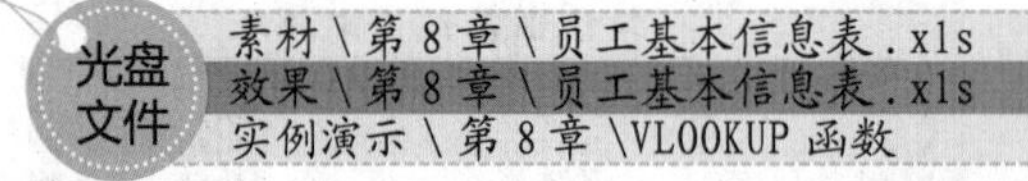

STEP 01: 查找员工姓名

1. 打开“员工基本信息表.xls”工作簿，在 C12 单元格中输入要查找的员工序号“003”。
2. 在 D14 单元格中输入函数“=VLOOKUP(B13,A3:B11,2,FALSE)”，按 Enter 键即可返回相应的姓名。

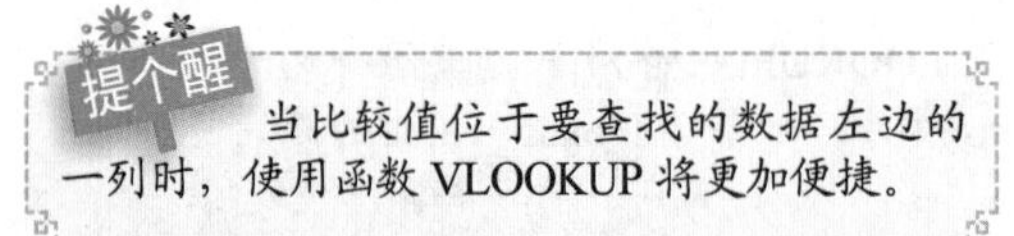

D14 =VLOOKUP(B13,A3:B11,2,FALSE)

序号	姓名	性别	年龄	职别	实际工资
001	唐禾	男	25	经理	6000
002	陈明	男	28	助理	3500
003	徐高	男	23	秘书	4500
004	黄枫	女	24	业务员	4000
005	许琳	女	29	库管员	3500
006	杨高明	男	32	业务员	4500
007	何晓柳	女	27	技术员	5000
008	罗天明	男	25	技术员	3500
009	胡泽高	男	23	前台	2200
序号：	003	查询结果：	姓名	职位	实际工资
			徐高		

STEP 02: 查找职位和实际工资

分别在 E14 单元格中输入函数“=VLOOKUP(B13,A3:E11,5,FALSE)”，在 F14 单元格中输入函数 =VLOOKUP(B13,A3:F11,6,FALSE)”，再按 Enter 键完成后返回相应的值。

F14 =VLOOKUP(B13,A3:F11,6,FALSE)

序号	姓名	性别	年龄	职别	实际工资
001	唐禾	男	25	经理	6000
002	陈明	男	28	助理	3500
003	徐高	男	23	秘书	4500
004	黄枫	女	24	业务员	4000
005	许琳	女	29	库管员	3500
006	杨高明	男	32	业务员	4500
007	何晓柳	女	27	技术员	5000
008	罗天明	男	25	技术员	3500
009	胡泽高	男	23	前台	2200
序号：	003	查询结果：	姓名	职位	实际工资
			徐高	秘书	4500

STEP 03：查询其他员工

选择B13单元格。输入其他员工序号，如“007”，此时系统会自动显示出相应的查询结果。

员工基本信息表					
序号	姓名	性别	年龄	职别	实际工资
001	唐禾	男	25	经理	6000
002	陈明	男	28	助理	3500
003	徐高	男	23	秘书	4500
004	黄枫	女	24	业务员	4000
005	许琳	女	29	库管员	3500
006	杨高明	男	32	业务员	4500
007	何晓柳	女	27	技术员	5000
008	罗天明	男	25	技术员	3500
009	胡泽	男	23	前台	2200
序号：	007	查询结果：	姓名	职位	实际工资
			何晓柳	技术员	5000

输入

提个醒 VLOOKUP函数与LOOKUP函数的数组形式非常相似。它们之间的区别在于：VLOOKUP函数在第一列中搜索，而LOOKUP函数根据数组维度进行搜索。

3. CHOOSE函数

CHOOSE函数是根据给定的索引值，从参数串中选出相应的值或操作。语法结构为：CHOOSE(index_num,value1,value2,…)。

CHOOSE函数包含两个参数，其含义分别如下。

- index_num：表示指定的参数值，它必须是1~254之间的数字，或者是值为1到254的公式或单元格引用。
- value：表示待选数据，其数量是可选的，为1～254个数值参数，可以为数字、单元格引用、定义名称、公式、函数或文本。

CHOOSE函数可基于索引号返回多达254个基于index num待选数值中的任一数值，如果index_num为“1”，函数CHOOSE将返回“value1”；如果为“2”，将返回“value2”，以此类推，如果index_num参数为一个数组，则将计算出每一个值。

4. INDEX函数

INDEX函数分为数组型和引用型两种形式。不同形式的函数，其语法结构不相同，在使用方法上也有所差异，下面分别进行介绍。

（1）数组形式

INDEX函数的数组形式用于返回列表或数组中的指定值，语法结构为：INDEX(array,row_num,column_num)。

INDEX函数的数组形式包含3个参数，其含义分别如下。

- array：表示单元格区域或数组常量。
- ow_num：表示数组中的行序号。
- colum_num：表示数组中的列序号。

如果在第1行中有一数组为{1,2,3,4,5}，需要求第1列第2行的值，那么可以输入函数为“=INDEX({1,2,3,4,5},1,2)”，返回的值则为“2”，如右图所示。

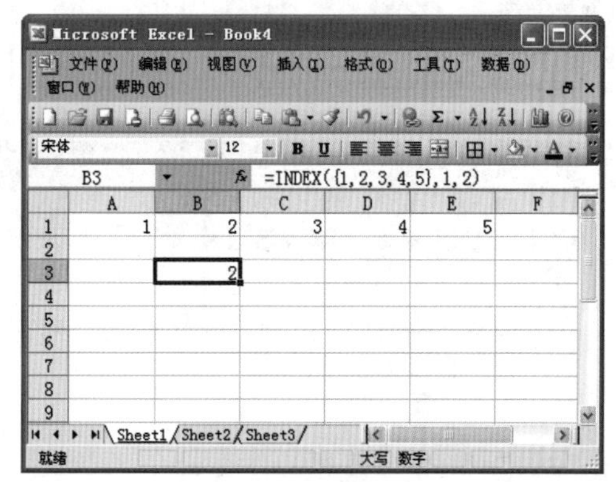

（2）引用形式

INDEX函数的引用形式也用于返回列表和数组中的指定值，但通常返回的是引用，其语

法结构为：INDEX(reference,row_num,colum_num,area_num)

INDEX 函数的引用形式中包含了 4 个参数，其含义分别如下。

- reference：表示对一个或多个单元格区域的引用。
- row_num：表示引用中的行序号。
- colum_rum：表示引用中的列序号。
- area_num：当 reference 有多个引用区域时，用于指定从其中某个引用区域返回指定值。该参数如果省略，则默认为第 1 个引用区域。

在该函数中，如果 reference 参数需要将几个引用指定为一个参数时，必须用括号括起来，第 1 个区域序号为 1，第 2 个为 2，以此类推。如函数“=INDEX((A1:C6,A5:C11),1,2,2)”中，参数 reference 由两个区域组成，就等于“(A1:C6, A5:C11)”，而参数 area_num 的值为 2，指第 2 个区域（A5:C11），然后求该区域第 1 行第 2 列的值，最终返回的将是 B5 单元格的值。

5. COLUMN、ROW 函数

COLUMN 函数、ROW 函数分别用于返回引用的列标、行号，其语法结构分别为：COLUMN(reference); ROW(reference)。

在这两个函数中都有一个共同的参数 reference，该参数表示需要得到其列标、行号的单元格，在使用该函数时，reference 参数可以引用单元格或单元格区域，但是不能引用多个区域，当引用的是单元格区域时，将返回引用区域第 1 个单元格的列标。

如果将 B9 单元格名称定义为“季度最低销售额”，其范围是工作表“Sheet1”，然后在 C12 单元格中输入函数“=ROW(季度最低销售额)”，返回的结果将是名称“季度最低销售额”所在的行号，即 B9 单元格的行号“9”；如果输入的函数为“=COLUMN(季度最低销售额)”，返回的结果将是名称“季度最低销售额”所在的列号，即单元格的列号“2”。

C12 =ROW(季度最低销售额)

	A	B	C	D	E
1	东胜数码城2013年销售表				
2					单位：万元
3	产品	第一季度	第二季度	第三季度	第四季度
4	台式电脑	23.7	14.5	45.5	20.9
5	笔记本电脑	38.2	27.7	52	22.3
6	数码摄像机	47.5	34	58.8	28.6
7	数码相机	18	11.4	25.3	20
8	MD播放器	14	7.9	11	9.2
9	CD播放器	3	2.5	4.5	3.2
10	MP4播放器	17.2	12.4	21.1	19.9
11	MP3播放器	28.4	25	40.8	37.3
12	第一季度最低销售额：		9		

C12 =COLUMN(季度最低销售额)

	A	B	C	D	E
1	东胜数码城2013年销售表				
2					单位：万元
3	产品	第一季度	第二季度	第三季度	第四季度
4	台式电脑	23.7	14.5	45.5	20.9
5	笔记本电脑	38.2	27.7	52	22.3
6	数码摄像机	47.5	34	58.8	28.6
7	数码相机	18	11.4	25.3	20
8	MD播放器	14	7.9	11	9.2
9	CD播放器	3	2.5	4.5	3.2
10	MP4播放器	17.2	12.4	21.1	19.9
11	MP3播放器	28.4	25	40.8	37.3
12	第一季度最低销售额：		2		

经验一箩筐——其他相似函数

COLUMNS 函数、ROWS 函数的使用方法与 COLUMN 函数与 ROW 函数相同。它们分别用于返回引用或数组的列数、行数。其语法结构分别为：COLUMNS(array) 和 ROWS(array)。在这两个函数中都有一个共同的参数 array，该参数表示需要得到其列数或行数的数组、数组公式或对单元格区域的引用。

6. OFFSET 函数

OFFSET 函数能够以指定的引用为参照系，通过给定的偏移量得到新的引用，其语法结构为：OFFSET(reference,rows,cols,height,width)。

OFFSET 函数中包含 5 个参数，其含义分别如下。

- reference：表示作为偏移量参照系的引用区域。
- rows：表示相对偏移量参照系左上角的单元格上（下）偏移的行数。
- cols：表示相对偏移量参照系左上角的单元格左（右）偏移的列数。
- height：表示返回的引用区域的行数。
- width：表示返回的引用区域的列数。

OFFSET 常与其他函数结合使用，如函数“=SUM(OFFSET(C5:F8,-3,5,3,4))”，在该函数中就是以 C5:F8 单元格区域作为参考的引用区域。在该公式中，OFFSET 函数将引用区域向上移动 3 行，再向右移动 5 列，即返回的单元格区域中的起始单元格为 I2，而返回的单元格区域为 3 行 5 列，得出返回的单元格区域就是 I2:L4，所以该公式返回的将是 I2:L4 单元格区域的数据之和。

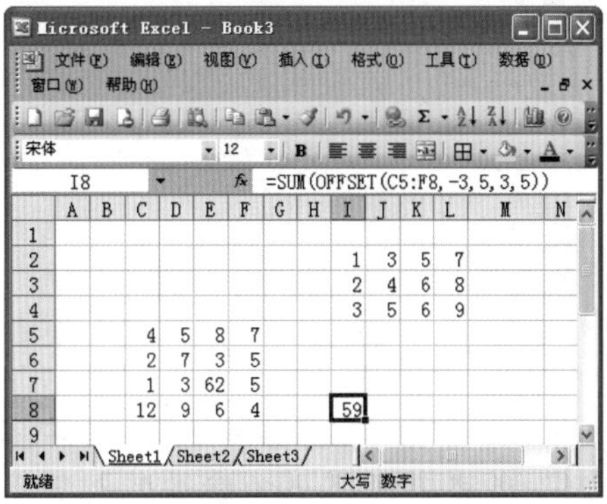

8.2.5 逻辑函数

在使用 Excel 处理财务工作中，需要使用的财务函数很多，最常用的就是逻辑函数。逻辑函数是能够根据不同条件，进行不同处理的函数，并且可以在公式和函数中嵌套逻辑函数，来完成很多较复杂的工作，方便进行财务运算。

1. AND 函数

AND 函数通常用于扩大执行逻辑检验的其他函数的作用范围。通过 AND 函数，可以检验多个不同的条件，而不仅仅是一个条件，其语法结构为：AND(logical1,logical2,...)。

其中“logical1，logical2，...”是 1～255 个待检测的条件，它们可以为 TRUE 或 FALSE。

下面将使用 AND 函数判断图书销售量是否达标。当一季度和二季度的图书销量都大于或等于 8000 时，那么表示图书销量达标，用逻辑值 TRUE 表示，反之则用逻辑值 FALSE 表示。其具体操作如下：

光盘文件
素材 \ 第 8 章 \ 图书销售业绩表 .xls
效果 \ 第 8 章 \ 图书销售业绩表 .xls
实例演示 \ 第 8 章 \AND 函数

STEP 01： 计算图书销量是否达标

1. 打开“图书销售业绩表 .xls”工作簿，选择 E3:E11 单元格区域。
2. 在编辑栏中输入公式“=AND(C3>=8000, D3>=8000)”，按 Ctrl+Enter 组合键。

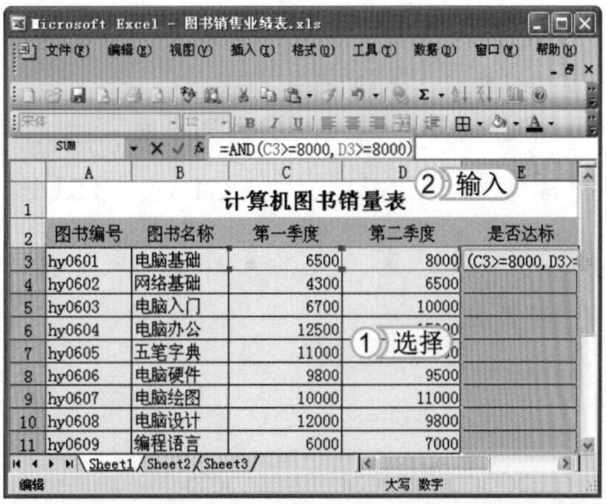

读书笔记

STEP 02: 查看计算结果

在 D3:D7 单元格区域中即可查看到图书销量测验达标的检测。

Microsoft Excel - 图书销售业绩表.xls

图书编号	图书名称	第一季度	第二季度	是否达标
hy0601	电脑基础	6500	8000	FALSE
hy0602	网络基础	4300	6500	FALSE
hy0603	电脑入门	6700	10000	FALSE
hy0604	电脑办公	12500	15000	TRUE
hy0605	五笔字典	11000	12000	TRUE
hy0606	电脑硬件	9800	9500	TRUE
hy0607	电脑绘图	10000	11000	TRUE
hy0608	电脑设计	12000	9800	TRUE
hy0609	编程语言	6000	7000	FALSE

2. OR 函数

在 OR 函数的参数中，当其中有任何一个参数的逻辑值为 TRUE，即返回 TRUE；当其中任何一个参数的逻辑值均为 FALSE，即返回 FALSE，其语法结构为：OR(logical1,logical2,···)。

其中“logical1，logical2，...”是 1～255 个需要进行测试的条件，其中“Logical1”是必需的，后面的逻辑值是可选的，测试结果可以为 TRUE 或 FALSE。

如下图所示为使用 OR 函数判断第一季度和第二季度中图书的销售量是否在某一季度达标。当第一季度或第二季度有某一季度的销量大于或等于 8000，那么表示达标，用逻辑值 TRUE 表示，反之则用逻辑值 FALSE 表示。

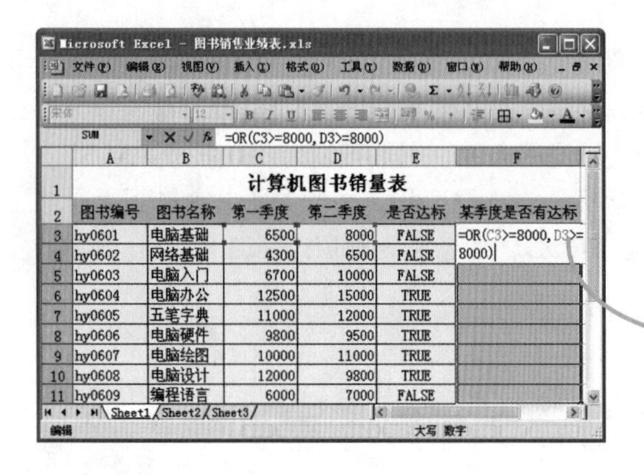

=OR(C3>=8000,D3>=8000)

图书编号	图书名称	第一季度	第二季度	是否达标	某季度是否有达标
hy0601	电脑基础	6500	8000	FALSE	=OR(C3>=8000,D3>=8000)
hy0602	网络基础	4300	6500	FALSE	
hy0603	电脑入门	6700	10000	FALSE	
hy0604	电脑办公	12500	15000	TRUE	
hy0605	五笔字典	11000	12000	TRUE	
hy0606	电脑硬件	9800	9500	TRUE	
hy0607	电脑绘图	10000	11000	TRUE	
hy0608	电脑设计	12000	9800	TRUE	
hy0609	编程语言	6000	7000	FALSE	

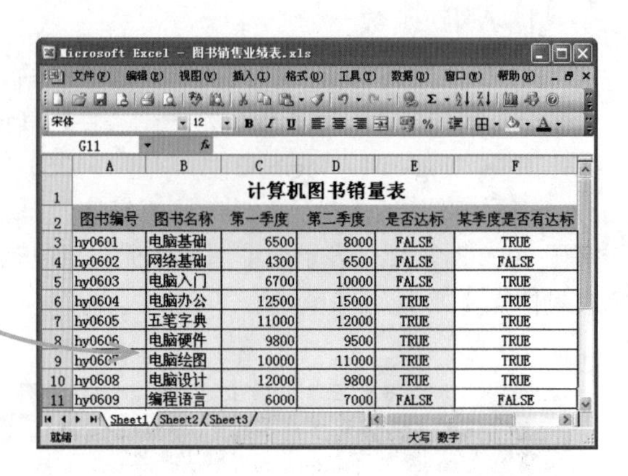

图书编号	图书名称	第一季度	第二季度	是否达标	某季度是否有达标
hy0601	电脑基础	6500	8000	FALSE	TRUE
hy0602	网络基础	4300	6500	FALSE	FALSE
hy0603	电脑入门	6700	10000	FALSE	TRUE
hy0604	电脑办公	12500	15000	TRUE	TRUE
hy0605	五笔字典	11000	12000	TRUE	TRUE
hy0606	电脑硬件	9800	9500	TRUE	TRUE
hy0607	电脑绘图	10000	11000	TRUE	TRUE
hy0608	电脑设计	12000	9800	TRUE	TRUE
hy0609	编程语言	6000	7000	FALSE	FALSE

3. NOT 函数

NOT 函数用于对参数值求反。当要确保一个值不等于某一特定值时，可以使用 NOT 函数，其语法结构为：NOT(logical)。

其中 logical 为一个必需的参数，可以计算出 TRUE 或 FALSE 的逻辑值或逻辑表达式。如果逻辑值为 FALSE，函数 NOT 返回 TRUE；如果逻辑值为 TRUE，函数 NOT 返回 FALSE。

如下图所示为使用NOT函数根据英语测验中听力和笔试科目是否都及格判断学生是否需要补考。如果两科都没有及格科目，那么表示要补考，用逻辑值TRUE表示，反之则用逻辑值FALSE表示。

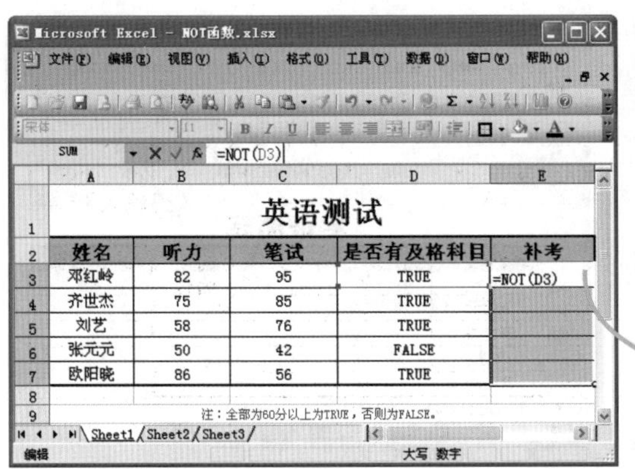

姓名	听力	笔试	是否有及格科目	补考
邓红岭	82	95	TRUE	FALSE
齐世杰	75	85	TRUE	FALSE
刘艺	58	76	TRUE	FALSE
张元元	50	42	FALSE	TRUE
欧阳晓	86	56	TRUE	FALSE

注：全部为60分以上为TRUE，否则为FALSE。

问题小贴士

问：使用AND和OR函数计算数据时，若需要返回多个结果却出现计算错误，但是使用NOT函数时又是正确的，这是为什么呢？

答：在使用逻辑函数时，AND函数和OR函数的运算结果只能是单值，而不能返回数组的结果，因此，当逻辑或运算需要返回多个结果时，必须使用数组间的乘法、加法运算。与AND函数和OR函数不同的是，NOT函数可以返回数组结果。

4. IF函数

IF函数主要用于执行真假值判断，可根据逻辑计算的真假值，返回不同结果。使用函数IF对数值和公式进行条件检测，根据对指定的条件计算结果为TRUE或FALSE，返回不同的结果，其语法结构为：IF(logical_test,value_if_true,value_if_false)。

其中各参数含义如下。

- logical_test：表示计算结果为TRUE或FALSE的任意值或表达式。如A10=100，表示如果单元格A10中的值等于100，表达式的计算结果为TRUE；否则为FALSE。
- value_if_true：是logical_test为TRUE时返回的值。如果此参数是文本字符串“预算内”，而且logical_test参数的计算结果为TRUE，则IF函数显示文本“预算内”；如果logical_test为TRUE而value_if_true为空，则此参数返回“0”；若要显示单词TRUE，需为此参数使用逻辑值TRUE。value_if_true也可以是其他公式。
- value_if_false：是logical_test为FALSE时返回的值。如此参数是文本字符串“超出预算”而logical_test参数的计算结果为FALSE，则IF函数显示文本“超出预算”；如logical_test为FALSE而value_if_false被省略，则会返回逻辑值FALSE；如果logical_test为FALSE且value_if_false为空，则会返回值“0”，value_if_false也可以是其他公式。

下面将使用IF函数判断英语测试成绩，当听力成绩的40%加上笔试成绩的60%的分数大于等于60时，表示英语成绩达标，反之则不达标，其具体操作如下：

光盘文件
素材\第8章\成绩测试表.xls
效果\第8章\成绩测试表.xls
实例演示\第8章\IF函数

STEP 01：计算图书销量是否达标

1. 打开“成绩测试表.xls”工作簿，选择D3单元格。
2. 在编辑栏中输入公式“=IF((B3*40%+C3*60%)>=60,"达标","不达标")”，按Enter键计算出结果。

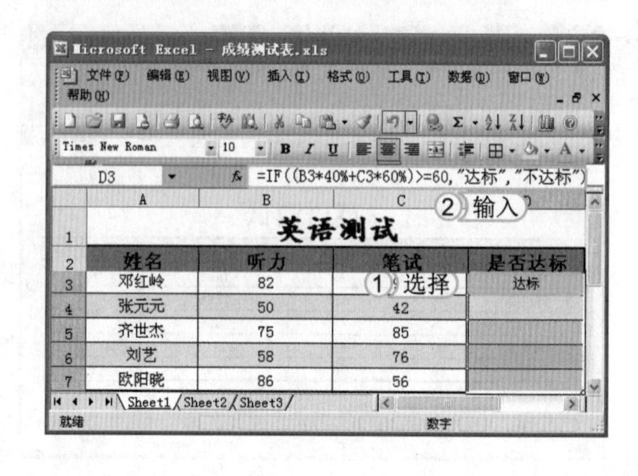

STEP 02：填充函数

将鼠标光标移动到D3单元格右下角，当鼠标光标变成✚形状时，按住鼠标左键不放拖动至D7单元格。单击按钮，在弹出的列表中选中“不带格式填充(O)”单选按钮，将函数填充至D3:D7单元格区域。

5. TRUE和FALSE函数

TRUE和FALSE函数主要用于返回逻辑值TRUE和FALSE，其语法结构分别为：TRUE()；FALSE()。

TRUE和FALSE函数没有参数，可以直接在单元格或公式中输入文本TRUE或FALSE，Excel会自动将它解释成逻辑值TRUE或FALSE。TRUE和FALSE函数主要用于检查与其他电子表格程序的兼容性。

如下图所示为使用TRUE、FALSE函数和之前讲解的AND、IF函数嵌套，判断员工是否为全勤，如果是用TRUE表示，反之则用FALSE表示。

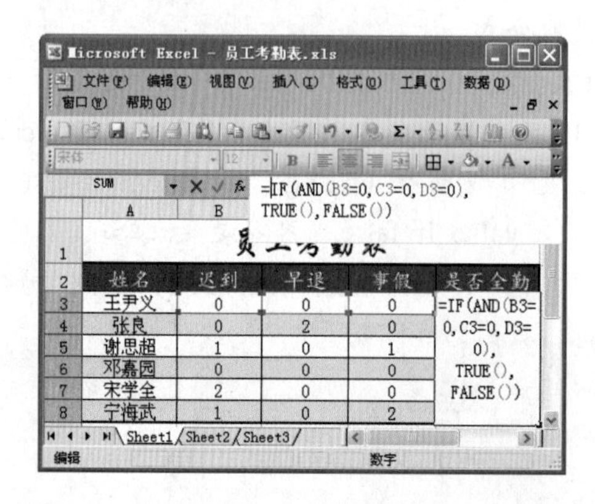

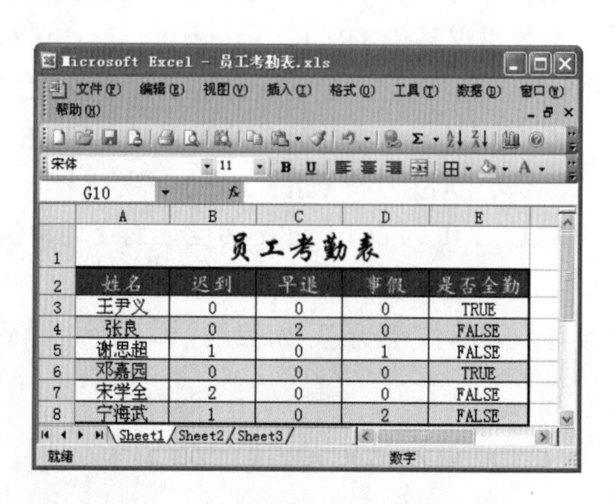

8.2.6 财务函数

在财务管理中，利息与本金是非常重要的变量，为了方便处理财务问题，在 Excel 中，提供了计算利息与本金的函数。

1. PMT 函数

PMT 函数可以基于固定利率及等额分期付款方式，返回贷款的每期付款额，其语法结构为：PMT(rate,nper,pv,fv,type)。

其中各参数含义介绍如下。

- rate：表示贷款利率。
- nper：表示该项贷款的付款时间数。
- pv：表示本金，或一系列未来付款的当前值的累积和。
- fv：表示在最后一次付款后希望得到的现金余额。
- type：用以指定各期的付款时间是在期末还是期初。

下面将以贷款￥750,000，分 10 年偿还，年利率为 7.05%，用 PMT 函数分别计算按月偿还和按年偿还两种方式为例，计算每月或每年应偿还的金额，其具体操作如下：

光盘文件
素材 \ 第 8 章 \ 房贷还款表 .xls
效果 \ 第 8 章 \ 房贷还款表 .xls
实例演示 \ 第 8 章 \PMT 函数

STEP 01：计算每月还款金额

1. 打开“房贷还款表 .xls”工作簿，选择 B5 单元格。
2. 在编辑栏中输入公式“=PMT(A3/12, B3*12,C3)”，按 Enter 键得出每月还款的金额。

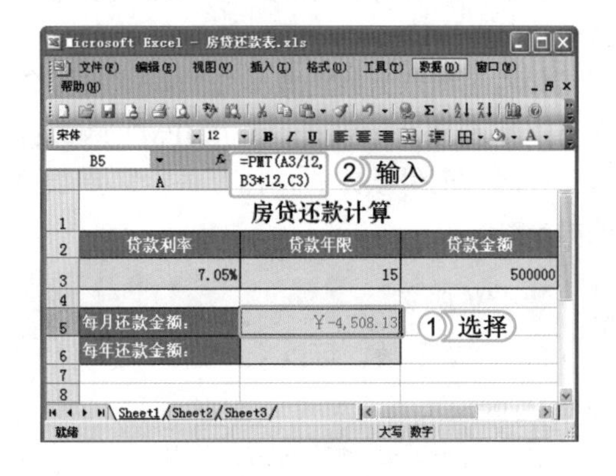

STEP 02：计算每年还款金额

1. 选择 B6 单元格。
2. 在编辑栏中输入公式“=PMT(A3，B3，C3)”，按 Enter 键得出每年还款的金额。

经验一箩筐——PMT 函数使用注意事项

PMT 函数返回的支付款项包括本金和利息，但不包括税款、保留支付或某些与贷款有关的费用。

2. PPMT 函数

PPMT 函数主要用于计算在某一时期内，投资本金的偿还额。该函数采用的是利率固定的分期付款方式，使用该函数时不要指错期次，其语法结构为：PPMT(rate,nper,pv,fv,type)。

该函数中的各参数含义及使用方法与 PMT 函数中的参数含义及使用方法相同。

如右图所示为以贷款￥500,000，分 5 年偿还，年利率为 6.90%，使用 PPMT 函数并采用分期付款的方式计算每年需要偿还的本金数额。

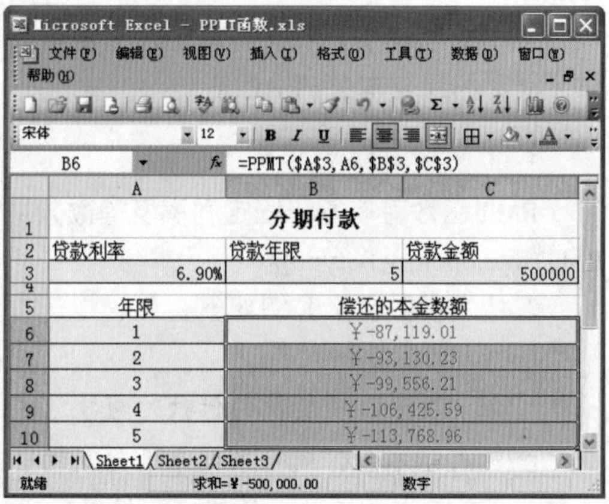

Microsoft Excel - PPMT函数.xls

B6 =PPMT($A$3, A6, $B$3, $C$3)

	A	B	C
1		分期付款	
2	贷款利率	贷款年限	贷款金额
3	6.90%	5	500000
5	年限	偿还的本金数额	
6	1	￥-87,119.01	
7	2	￥-93,130.23	
8	3	￥-99,556.21	
9	4	￥-106,425.59	
10	5	￥-113,768.96	

就绪 求和=￥-500,000.00 数字

3. IPMT 函数

IPMT 函数可以基于固定利率及等额分期付款方式，返回给定期数内投资的利息偿还额，其语法结构为：IPMT(rate,per,nper,pv,fv,type)。

该函数中的 per 参数表示计算其利息数额的期数，其余的参数含义与 PMT 函数中的各参数含义相同。

如右图所示为以贷款￥500,000，分 5 年偿还，年利率为 6.90%，使用 IPMT 函数并采用等额分期付款方式，计算每年需要偿还的利息数额。

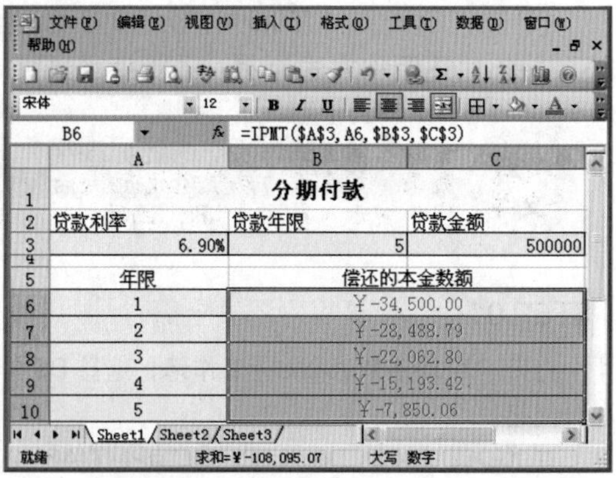

B6 =IPMT($A$3, A6, $B$3, $C$3)

	A	B	C
1		分期付款	
2	贷款利率	贷款年限	贷款金额
3	6.90%	5	500000
5	年限	偿还的本金数额	
6	1	￥-34,500.00	
7	2	￥-28,488.79	
8	3	￥-22,062.80	
9	4	￥-15,193.42	
10	5	￥-7,850.06	

就绪 求和=￥-108,095.07 大写 数字

4. PV 函数

使用 PV 函数，可以求得定期内支付的贷款或储蓄的现值，其语法结构为：PV(rate,nper,pmt,fv,type)。

该函数中的各参数的含义如下。

- rate：为各期利率，如果按年利率 6.90% 支付，则月利率为 6.90%/12。
- nper：指定付款期总数，用数值或所在的单元格指定。
- pmt：表示各期付款额，其数值在整个投资期内保持不变。
- fv：表示未来值，或在最后一次付款后希望得到的现金余额。如果省略 fv，则假设其值为零。
- type：数字“0”或“1”，用于指定各期的付款时间是在期初还是在期末。

如要计算某公司计划用 800000 元投资一个项目，预计可实现的年报酬率为 7%，5 年后该公司可获得的该投资项目的现值是多少，就可使用 PV 函数来进行计算。如下图所示为该投资项目的计算结果。

读书笔记

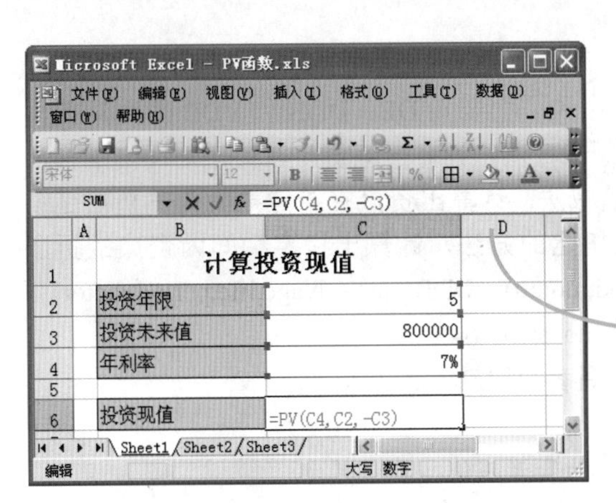

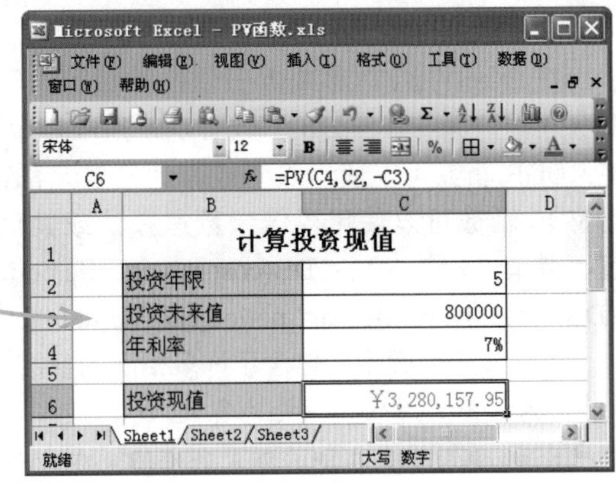

经验一箩筐——什么是现值

现值是财务中表示在考虑风险特性后的投资价值，而在财务管理中现值用以表示未来现金序列当前值的累加。

5. FV 函数

FV 函数可以基于固定利率及等额分期付款方式，计算某项投资项目的未来值。其语法结构为：FV(rate,nper,pmt,pv,type)。

该函数中的参数与 PV 函数的参数含义相同，不过该函数中的 pv 参数在该函数中表示为本金，从该项投资开始时计算已经入账的款项。

如某项目的金额为￥1,200,000，投资年限为 5 年，首笔投资资金为￥350,000，以后的每年能获利￥500,000。如果利率为 7.80%，即可用 FV 函数来分析出该项投资计划是否能达到预期的目的。如右图所示为使用 FV 函数分析出最终结果。

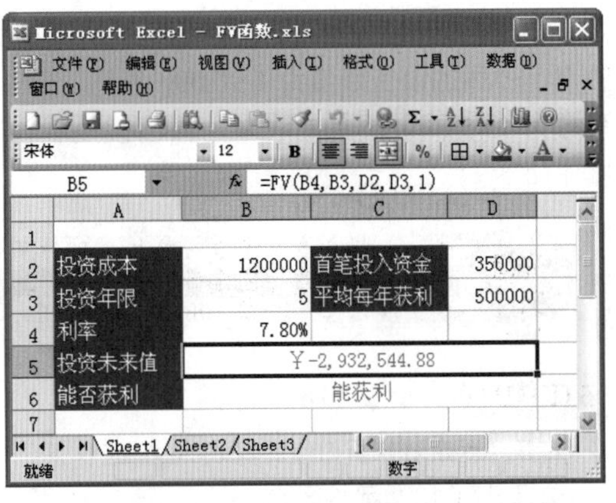

6. NPER 函数

NPER 函数能够计算出投资的期数，但前提条件是该项投资的利率是固定不变的，且采用等额分期付款的方式，其语法结构为：NPER(rate,pmt,pv,fv,type)。

在该函数中，各参数的含义与 FV 函数中的参数含义相同。

如果需要存足钱再进行投资，已知投资金额为￥50,000，每年的存款金额为￥115,000，存款利率为 3.50%，即可用 NPER 函数计算出需要多久时间才能存足投资资金。如右图所示为计算的结果。

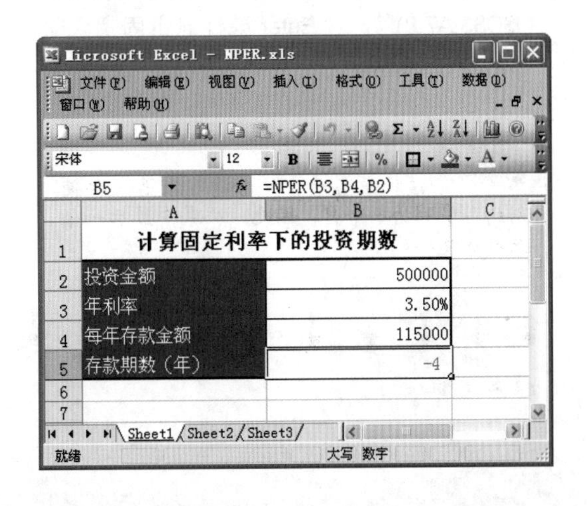

7. DB、DDB和VDB函数

在Excel中余额递减折旧值的计算分为许多种，主要用DB、DDB和VDB函数对各种情况进行计算。其中DB函数可以使用固定余额递减法，计算一笔资产在给定期间内的折旧值；DDB函数可以使用双倍或其他倍数余额递减法，计算出资产在给定期间内的折旧值；而VDB函数可以使用双倍余额递减法或其他指定的方法，计算出指定期间内资产的折旧值。其语法结构为：DB(cost,salvage,life,period,month)；DDB(cost,salvage,life,period,factor)；VDB(cost,salvage,life,start_period,end_period,factor,no_switch)。

在这3个函数中，包含了许多相同的参数，各参数的具体含义如下。

- cost：资产原值，不能为负数。
- salvage：资产在折旧期末的价值，有时也称为资产残值。
- life：折旧期限，有时也称作资产的使用寿命。
- period：需要计算折旧值的期间。period必须使用与life相同的单位。
- month：第一年的月份数，如省略，则假设为12。
- factor：余额递减速率，默认值为2，即双倍余额递减法。
- start_period：需要计算折旧值的起始期间。
- end_period：需要计算折旧值的结束期间。
- no_switch：该参数为逻辑值，指定当折旧值大于余额递减计算值时，是否采用直线折旧法进行计算。

下面将以公司在今年5月份购买了一批价值￥890,000的新设备，预计使用年限为6年，使用年限后的设备残值为￥90,000为例，分别采用固定余额递减法、双倍余额递减法以及折旧系数为1.85的余额递减法来计算出该批新设备的折旧值，从而制定出新的运营模式。其具体操作如下：

光盘文件
素材\第8章\固定资产折旧值计算表.xls
效果\第8章\固定资产折旧值计算表.xls
实例演示\第8章\DB、DDB和VDB函数

STEP 01：计算固定余额递减

1. 打开“固定资产折旧值计算表.xls”工作簿，选择B7:B12单元格区域。
2. 在编辑栏中输入公式“=DB($A$3,$B$3,$C$3,A7,8)”，按Enter键计算出固定余额递减法的结果。

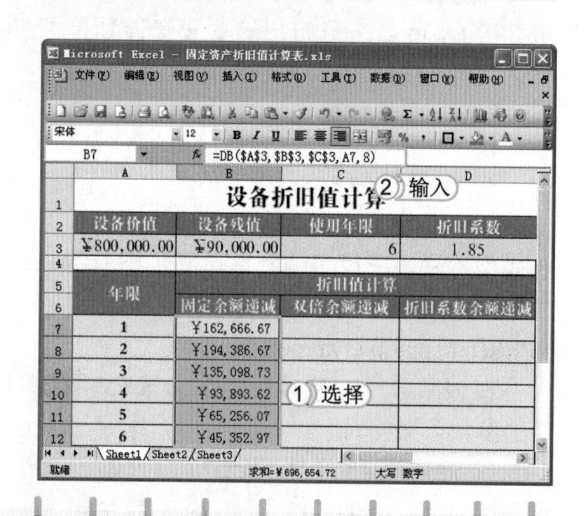

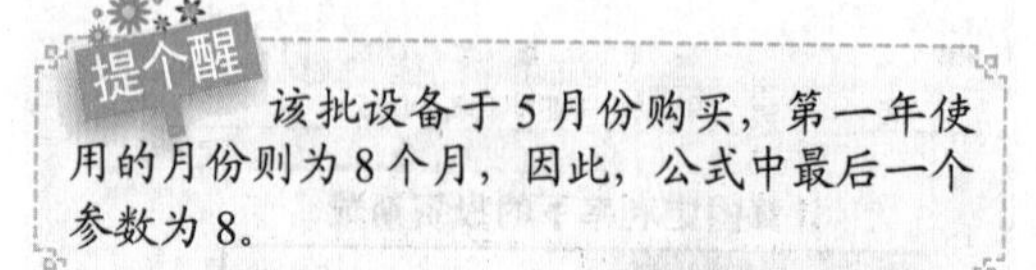
提个醒

该批设备于5月份购买，第一年使用的月份则为8个月，因此，公式中最后一个参数为8。

读书笔记

STEP 02： 计算双倍余额递减

1. 选择 C7:C12 单元格区域。
2. 在编辑栏中输入公式“=DDB($A$3,$B$3,$C$3,A7,2)”，按 Enter 键计算出双倍余额递减法的结果。

提个醒 由于采用的双倍余额递减法计算，因此，公式中的最后一个参数值默认为 2。

C7 =DDB($A$3,$B$3,$C$3,A7,2)

设备折旧值计算

设备价值	设备残值	使用年限	折旧系数
¥800,000.00	¥90,000.00	6	1.85

年限	折旧值计算		
	固定余额递减	双倍余额递减	折旧系数余额递减
1	¥162,666.67	¥266,666.67	
2	¥194,386.67	¥177,777.78	
3	¥135,098.73	¥118,518.52	
4		¥79,012.35	
5	¥65,256.07	¥52,674.90	
6	¥45,352.97	¥15,349.79	

①选择 ②输入

D7 =VDB($A$3,$B$3,$C$3,0,A7,$D$3,1)

设备折旧值计算

设备价值	设备残值	使用年限	折旧系数
¥800,000.00	¥90,000.00	6	1.85

年限	折旧值计算		
	固定余额递减	双倍余额递减	折旧系数余额递减
1	¥162,666.67	¥266,666.67	¥246,666.67
2	¥194,386.67	¥177,777.78	¥417,277.78
3	¥135,098.73	¥118,518.52	¥535,283.80
4	¥93,893.62		¥616,904.63
5	¥65,256.07	¥52,674.90	¥673,359.03
6	¥45,352.97	¥15,349.79	¥710,000.00

①选择 ②输入

STEP 03： 计算折旧系数

1. 选择 D7:D12 单元格区域。
2. 在编辑栏中输入公式“=VDB($A$3,$B$3,$C$3,0,A7,$D$3,1)”，按 Enter 键计算出以折旧系数为 1.85 的余额递减法的结果。

提个醒 使用双倍余额递减法进行计算时，是以加速的比率来进行折旧计算，在第一阶段中折旧为最高，在后面的阶段中会越来越少。

8. SLN 函数

SLN 函数是用线性折旧法来计算折旧费，其语法结构为：SLN(cost,salvage,life)。该函数中的各参数具体含义如下。

- cost：为资产原值。
- salvage：为资产在折旧期末的价值，也称为资产残值。
- life：为折旧期限，也称作资产使用寿命。

假设某纺织厂购置了一批数控机床，其资产原值为￥300,000 元，使用年限为 5 年，资产残值为￥50,000 元，如果要计算该批数控机床每年的折旧值，就可以使用 SLN 函数进行计算。如右图所示为计算出的结果。

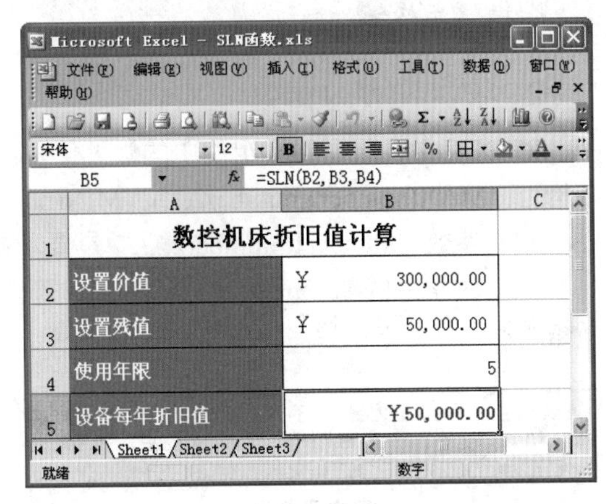
Microsoft Excel - SLN函数.xls

B5 =SLN(B2,B3,B4)

数控机床折旧值计算

设置价值	￥ 300,000.00
设置残值	￥ 50,000.00
使用年限	5
设备每年折旧值	￥50,000.00

8.2.7 统计函数

统计函数是从各种角度去统计数据，并捕捉统计数据的所有特征。统计函数常用于分析统计数据的倾向、判定数据的平均值或偏差值的基础计量以及统计数据的假设是否成立并检测它的假设是否正确。

1. AVERAGE 和 AVERAGEA 函数

AVERAGE 和 AVERAGEA 函数用于返回参数的算术平均值，其语法结构为：AVERAGE(number1,number2,...)；AVERAGEA(value1,value2,...)。

各参数的具体含义如下。

- number1,number2,...：是要计算其平均值的 1～255 个数值。
- value1,value2,...：需要计算平均值的 1～255 个单元格、单元格区域或值。

如某工厂对 2013 年第二车间的产品平均生产量进行统计，但由于去年 5 至 7 月底生产设备大维修，车间停产，可用 AVERAGE 函数计算车间非停产期间的生产量；用 AVERAGEA 函数计算 2013 年每月的平均生产量。如下图所示为计算的结果。

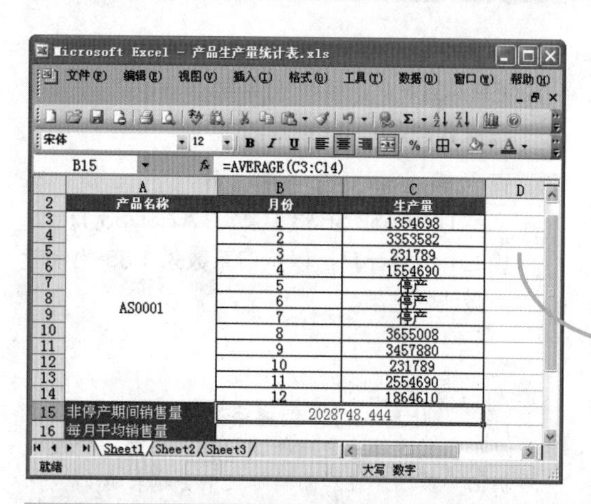

Microsoft Excel - 产品生产量统计表.xls

B15 =AVERAGE(C3:C14)

	A	B	C
2	产品名称	月份	生产量
3	AS0001	1	1354698
4		2	3353582
5		3	231789
6		4	1554690
7		5	停产
8		6	停产
9		7	停产
10		8	3655008
11		9	3457880
12		10	231789
13		11	2554690
14		12	1864610
15	非停产期间销售量	2028748.444	
16	每月平均销售量		

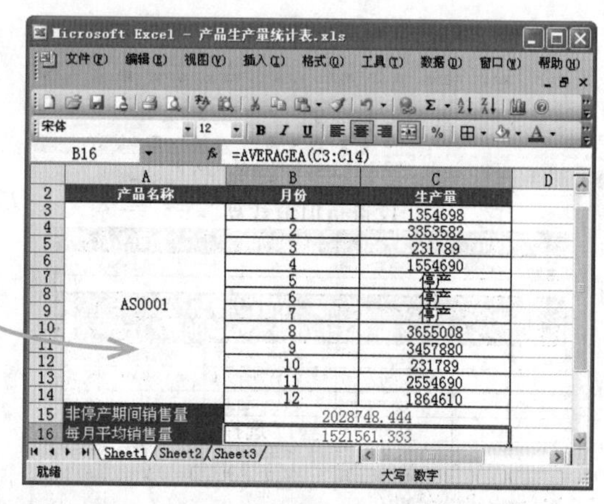

Microsoft Excel - 产品生产量统计表.xls

B16 =AVERAGEA(C3:C14)

	A	B	C
2	产品名称	月份	生产量
3	AS0001	1	1354698
4		2	3353582
5		3	231789
6		4	1554690
7		5	停产
8		6	停产
9		7	停产
10		8	3655008
11		9	3457880
12		10	231789
13		11	2554690
14		12	1864610
15	非停产期间销售量	2028748.444	
16	每月平均销售量	1521561.333	

经验一箩筐——AVERAGE 和 AVERAGEA 函数的区别

通过上图可以看出，AVERAGE 函数和 AVERAGEA 函数计算出来的平均值是不一样的。这两个函数区别是对于不是数值型的单元格参数，AVERAGE 函数将其忽略，不参与计算；而 AVERAGEA 函数是将其处理为数值 0 然后参与计算。另外空单元格也不会被计算在内，但具有零值的单元格会被计算在内。

2. MAX 和 MIN 函数

MAX 函数用于返回一组值中的最大值，而 MIN 函数用于返回一组值中的最小值，其语法结构为：MAX(number1,number2,...)；MIN(number1,number2,...)。

其中参数"number1, number2, ..."是要从中找出最大值、最小值的 1～255 个数字参数。

如要对学生的期末成绩进行汇总，计算出最高分和最低分，可用 MAX 和 MIN 函数。如下图所示为计算的结果。

B11 =MAX(G3:G9)

学生成绩表

姓名	语文	数学	英语	物理	化学	总成绩	平均成绩
郝枫	85.00	79.00	86.00	84.00	93.00	427.00	85.40
蒋春晓	91.00	85.00	65.00	86.00	90.00	417.00	83.40
江虹	75.00	90.00	86.00	95.00	77.00	423.00	84.60
贺俊赭	88.00	76.00	73.00	78.00	85.00	400.00	80.00
罗小颖	95.00	90.00	81.00	91.00	84.00	441.00	88.20
张亚军	86.00	88.00	79.00	80.00	92.00	425.00	85.00
池燕	72.00	90.00	89.00	90.00	86.00	427.00	85.40
最高分：	441.00			最低分：			

F11 =MIN(G3:G9)

学生成绩表

姓名	语文	数学	英语	物理	化学	总成绩	平均成绩
郝枫	85.00	79.00	86.00	84.00	93.00	427.00	85.40
蒋春晓	91.00	85.00	65.00	86.00	90.00	417.00	83.40
江虹	75.00	90.00	86.00	95.00	77.00	423.00	84.60
贺俊赭	88.00	76.00	73.00	78.00	85.00	400.00	80.00
罗小颖	95.00	90.00	81.00	91.00	84.00	441.00	88.20
张亚军	86.00	88.00	79.00	80.00	92.00	425.00	85.00
池燕	72.00	90.00	89.00	90.00	86.00	427.00	85.40
最高分：	441.00			最低分：	400.00		

3. COUNTIF 函数

COUNTIF 函数用于计算区域中满足给定条件的单元格的个数，其语法结构为：COUNTIF(range,criteria)。

在该函数中，各参数的含义如下。

- range：是一个或多个要计数的单元格，其中包括数字或名称、数组或包含数字的引用，其中空值和文本值将被忽略。
- criteria：为函数设置计算条件，其形式可以为数字、表达式、单元格引用或文本。

如要统计工资在 1000 元以下、1000-3000 元之间和 3000 元以上的员工数量，可使用 COUNTIF 函数，其具体操作如下：

光盘文件
素材 \ 第 8 章 \ 贸易公司员工工资表 .xls
效果 \ 第 8 章 \ 贸易公司员工工资表 .xls
实例演示 \ 第 8 章 \COUNTIF 函数

STEP 01：计算工资小于 2000 的人数

1. 打开“贸易公司员工工资表 .xls”工作簿，选择 A14 单元格。
2. 在编辑栏中输入公式“=COUNTIF(F3:F11, "<2000")”，按 Enter 键计算出工资小于 2000 的员工人数。

提个醒
在输入函数时，函数参数中的符号需要在英文状态下输入，否则不能进行正确的计算。

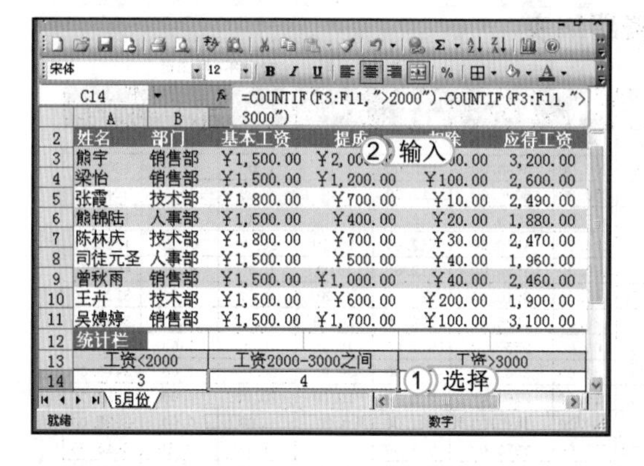

STEP 02：计算工资大于 2000 且小于 3000 的人数

1. 选择 C14 单元格。
2. 在编辑栏中输入公式“=COUNTIF(F3:F11, ">2000")-COUNTIF(F3:F11,">3000")”，按 Enter 键计算出工资大于 2000 且小于 3000 的员工人数。

经验一箩筐——COUNTIF 函数

COUNTIF 函数能对指定区域中符合条件的单元格进行计数。在本例中，就是利用该函数统计应得工资的单元格的个数，从而来统计相关的人数。如计算工资小于 2000 时，输入“=COUNTIF(F3:F9,"<2000")”，其中“F3:F9”代表统计的区域，“<2000”代表满足统计的条件，即统计工资 <2000 单元格的个数。

STEP 03：计算工资大于 3000 的员工人数

1. 选择 E14 单元格。
2. 在编辑栏中输入公式“=COUNTIF(F3:F11, ">3000")”，按 Enter 键计算出工资大于 3000 的员工人数。

E14　=COUNTIF(F3:F11,">3000")

	A	B	C	D	E	F
3	熊宇	销售部	￥1,500.00	￥2,000.00	[illegible]	3,200.00
4	梁怡	销售部	￥1,500.00	￥1,200.00	￥100.00	2,600.00
5	张霞	技术部	￥1,800.00	￥700.00	￥10.00	2,490.00
6	熊锦陆	人事部	￥1,500.00	￥400.00	￥20.00	1,880.00
7	陈林庆	技术部	￥1,800.00	￥700.00	￥30.00	2,470.00
8	司徒元圣	人事部	￥1,500.00	￥500.00	￥40.00	1,960.00
9	曾秋雨	销售部	￥1,500.00	￥1,000.00	￥40.00	2,460.00
10	王卉	技术部	￥1,500.00	￥600.00	￥200.00	1,900.00
11	吴娉婷	销售部	￥1,500.00	￥1,700.00	￥100.00	3,100.00
12	统计栏					
13	工资<2000		工资2000-3000之间		工资>3000	
14	3		4		2	

①选择　②输入

上机 1 小时 制作员工工资表

- 巩固 TRUNC、DAYS 360、NOW 函数的使用方法。
- 掌握嵌套函数的使用方法。
- 熟练掌握 VLOOKUP、IF、AND、SUM 的使用方法。

本例将制作“员工工资表 .xls”工作簿，将结合函数计算员工各部分的工资，如基本工资、奖金、补助、考勤、代扣社保和公积金、应发工资、代扣个人所得税以及实发工资等，其最终效果如下图所示。

员工工资明细表

单位名称：成都市崇大有限责任公司　　工资结算日期：2013年4月15日

员工编号	姓名	所属部门	职务	基本工资	年功工资	奖金	全勤奖	补贴	应发工资	代扣社保和公积金	迟到扣款	请假扣款	代扣个税	实发工资
0001	陈一然	财务部	财务主管	2500.00	300.00	300.00	0.00	125.00	3225.00	512.00	10.00	20.00	0.00	2683.00
0002	李明雪	财务部	部门经理	4000.00	700.00	300.00	200.00	200.00	5400.00	512.00	0.00	0.00	85.00	4803.00
0003	王硕	测试部	部门主管	5000.00	600.00	150.00	0.00	250.00	6000.00	512.00	0.00	0.00	145.00	5343.00
0004	王艳	广告部	美工	3500.00	550.00	400.00	0.00	525.00	4975.00	512.00	20.00	40.00	44.25	4358.75
0005	刘一冰	广告部	设计师	3500.00	550.00	400.00	0.00	525.00	4975.00	512.00	10.00	20.00	44.25	4388.75
0006	王良	广告部	摄像师	3200.00	300.00	400.00	200.00	480.00	4580.00	512.00	0.00	0.00	32.40	4035.60
0007	付姗	行政部	后勤	2800.00	300.00	200.00	200.00	140.00	3640.00	512.00	0.00	0.00	4.20	3123.80
0008	庞云天	行政部	行政主管	3500.00	250.00	200.00	0.00	175.00	4125.00	512.00	20.00	40.00	18.75	3534.25
0009	彭君	行政部	前台接待	2000.00	250.00	200.00	0.00	100.00	2550.00	512.00	0.00	0.00	0.00	2038.00
0010	李璐	技术部	美工	2600.00	200.00	150.00	0.00	130.00	3080.00	512.00	30.00	60.00	0.00	2478.00
0011	黄云	技术部	技术员	2300.00	200.00	150.00	0.00	115.00	2765.00	512.00	10.00	20.00	0.00	2223.00
0012	刘明雨	设计部	设计师	2800.00	150.00	150.00	200.00	140.00	3440.00	512.00	0.00	0.00	0.00	2928.00
0013	陈祥骆	销售部	业务员	2600.00	150.00	500.00	200.00	520.00	3970.00	512.00	0.00	0.00	14.10	3443.90
0014	姚蝶	销售部	销售经理	3200.00	150.00	500.00	0.00	640.00	4490.00	512.00	20.00	40.00	29.70	3888.30
0015	赵晓瑞	研发部	研究人员	1800.00	100.00	150.00	200.00	90.00	2340.00	512.00	0.00	0.00	0.00	1828.00
0016	张凌	研发部	技术员	2000.00	50.00	150.00	0.00	100.00	2300.00	512.00	40.00	80.00	0.00	1668.00

员工基本工资表 / 员工当月工资表 / 员工工资明细表

光盘文件

素材 \ 第 8 章 \ 员工工资表 .xls、社保和公积金扣款表 .xls

效果 \ 第 8 章 \ 员工工资表 .xls

实例演示 \ 第 8 章 \ 制作员工工资表

STEP 01：计算员工工龄

1. 打开“员工工资表.xls”工作簿，选择“员工基本工资表”工作表，选择 G3:G18 单元格区域。
2. 在编辑栏中输入公式“=TRUNC((DAYS360(F3,NOW()))/360,0)”，根据当前日期计算员工的工龄，再按 Ctrl+Enter 组合键计算出结果。
3. 根据公司的实际情况输入员工基本工资数据。

G3 =TRUNC((DAYS360(F3,NOW()))/360,0)

员工信息表

员工编号	姓名	性别	所属部门	职务	进入公司时间	工龄	
0001	陈一然	女	财务部	财务主管	2007-8-1	6	￥2,500.00
0002	李明雪	女	财务部	部门经理	1999-12-1	14	￥4,000.00
0003	王硕	男	测试部	部门主管	2001-3-1	12	￥5,000.00
0004	王艳	女	广告部	美工	2002-4-1	11	￥3,500.00
0005	刘一冰	男	广告部	设计师		11	￥3,500.00
0006	王良	男	广告部	摄像师		6	￥3,200.00
0007	付姗	女	行政部	后勤	2007-10-1	6	￥2,800.00
0008	庞云天	女	行政部	行政主管	2008-8-1	5	￥3,500.00
0009	彭君	男	行政部	前台接待	2008-12-1	5	￥2,000.00
0010	李璐	女	技术部	美工	2009-8-1	4	￥2,600.00
0011	黄云	男	技术部	技术员	2009-8-1	4	￥2,300.00
0012	刘明雨	女	设计部	设计师	2010-1-2	3	￥2,800.00

①选择 ②输入 ③输入

STEP 02：自动获取员工姓名

1. 选择“员工当月工资表”工作表，选择 B3:B18 单元格区域。
2. 在编辑栏中输入公式“=VLOOKUP(A3,员工基本工资表!A:C,2,0)”，按 Ctrl+Enter 组合键自动获取员工的姓名。

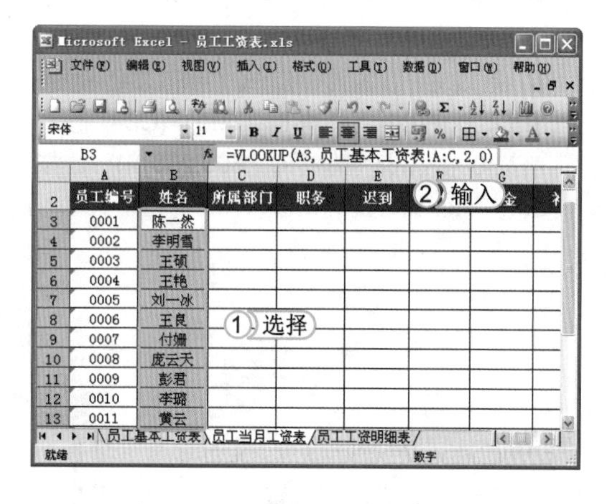

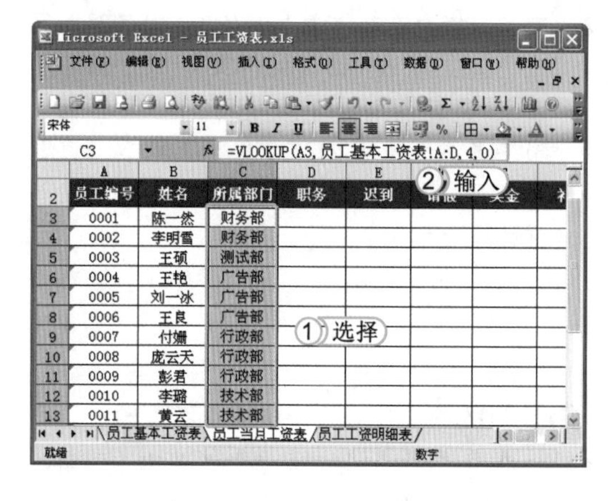

STEP 03：填充员工所属部门

1. 选择 C3:C18 单元格区域。
2. 在编辑栏中输入公式“=VLOOKUP(A3,员工基本工资表!A:D,4,0)”，按 Ctrl+Enter 组合键获取员工所属部门信息。

提个醒 选择需要输入公式的单元格区域，在其中输入公式，按 Ctrl+Enter 组合键可快速应用相同的公式计算数据。

经验一箩筐——计算员工工龄

公式“=TRUNC((DAYS360(G3,NOW()))/360,0)”表示以 360 天为 1 年的标准来计算员工的工龄，公式主要是指员工进入公司的日期与当前的日期之间的天数，再通过除以 360 得出工龄值。

STEP 04：填制数据

1. 使用相同的方法获得员工的职务，再通过控制柄复制并填充所有员工的职务。
2. 然后根据本月员工的出勤情况填写“迟到和请假”列中单元格的数据。

F18　0

	A	B	C	D	E	F	G	H
2	员工编号	姓名	所属部门	职务	迟到	请假	奖金	补贴
3	0001	陈一然	财务部	财务主管	1	0		
4	0002	李明雪	财务部	部门经理	0	0		
5	0003	王硕	测试部	部门主管	0	1		
6	0004	王艳	广告部	美工	2	0		
7	0005	刘[illegible]	[illegible]	设计师	1	0		
8	0006	[illegible]	[illegible]	摄像师	0	0		
9	0007	付姗	行政部	后勤	0	0		
10	0008	庞云天	行政部	行政主管	2	0		
11	0009	彭君	行政部	前台接待	0	2		
12	0010	李璐	技术部	美工	3	0		
13	0011	黄云	技术部	技术员	1	1		
14	0012	刘明雨	设计部	设计师	0	0		

① 计算　② 输入

员工基本工资表　员工当月工资表　员工工资明细表

就绪　数字

STEP 05：计算奖金金额

1. 选择 G3:G18 单元格区域。
2. 在编辑栏中输入公式“=IF(C3="财务部",400,IF(C3="广告部",500,IF(C3="行政部",300,IF(C3="销售部",600,250))))”，按 Ctrl+Enter 组合键确认输入并计算结果。

SUM　=IF(C3="财务部",400,IF(C3="广告部",500,IF(C3="行政部",300,IF(C3="销售部",600,250))))

	A	B	C	D	E	F	G	H
2	员工编号	姓名	所属部门	职务	迟到	请假	奖金	补贴
3	0001	陈一然	财务[illegible]	[illegible]	1	0	),250))))	
4	0002	李明雪	财务部	部门经理	0	0	¥400.00	
5	0003	王硕	测试部	部门主管	0	1	¥250.00	
6	0004	王艳	广告部	美工	2	0	¥500.00	
7	0005	刘一冰	广告部	设计师	1	0	¥500.00	
8	0006	王良	广告部	摄像师	0	0	¥500.00	
9	0007	付姗	行政部	后勤	[illegible]	[illegible]	¥300.00	
10	0008	庞云天	行政部	行政主管	2	0	¥300.00	
11	0009	彭君	行政部	前台接待	0	2	¥300.00	
12	0010	李璐	技术部	美工	3	0	¥250.00	
13	0011	黄云	技术部	技术员	1	1	¥250.00	
14	0012	刘明雨	设计部	设计师	0	0	¥250.00	

① 选择　② 输入

员工基本工资表　员工当月工资表　员工工资明细表

编辑　求和=¥5,900.00　数字

H3　=IF(C3="财务部",员工基本工资表!H3*5%,IF(C3="广告部",员工基本工资表!H3*15%,IF(C3="销售部",员工基本工资表!H3*20%,员工基本工资表!H3*5%)))

	B	C	D	E	F	G	H
2	姓名	所属部门					
3	陈一然	财务部	财务主[illegible]	[illegible]	0	¥400.00	125
4	李明雪	财务部	部门经理	0	0	¥400.00	200
5	王硕	测试部	部门主管	0	1	¥250.00	250
6	王艳	广告部	美工	2	0	¥500.00	525
7	刘一冰	广告部	设计师	1	0	¥500.00	525
8	王良	广告部	摄像师	0	0	¥500.00	480
9	付姗	行政部	后勤	0	[illegible]	[illegible]	140
10	庞云天	行政部	行政主管	2	[illegible]	[illegible]	175
11	彭君	行政部	前台接待	0	2	¥300.00	100
12	李璐	技术部	美工	3	0	¥250.00	130
13	黄云	技术部	技术员	1	1	¥250.00	115
14	刘明雨	设计部	设计师	0	0	¥250.00	140
15	陈祥骆	销售部	业务员	0	0	¥600.00	520

① 选择　② 输入

员工基本工资表　员工当月工资表　员工工资明细表

STEP 06：计算补贴

1. 选择 H3:H18 单元格区域。
2. 在编辑栏中输入公式“=IF(C3="财务部",员工基本工资表!H3*5%,IF(C3="广告部",员工基本工资表!H3*15%,IF(C3="销售部",员工基本工资表!H3*20%,员工基本工资表!H3*5%)))”，按 Ctrl+Enter 组合键确认输入并计算结果。

E4　=VLOOKUP(A4,员工基本工资表!A1:H18,8,0)

	A	B	C	D	E	F	G	H
3	员工编号	[illegible]	[illegible]	职务	基本工资	年功工资	奖金	全勤奖
4	0001	陈一然	财务部	财务主管	2500.00			
5	0002	李明雪	财务部	部门经理	4000.00			
6	0003	王硕	测试部	部门主管	5000.00			
7	0004	王艳	广告部	美工	3500.00			
8	0005	刘一冰	广告部	设计师	3500.00			
9	0006	王良	广告部	摄像师	3200.00			
10	0007	付姗	行政部	后勤	2800.00			
11	0008	庞云天	行政部	行政主管	3500.00			
12	0009	彭君	行政部	前台接待	2000.00			
13	0010	李璐	技术部	美工	2600.00			
14	0011	黄云	技术部	技术员	2300.00			

① 选择　② 输入

员工基本工资表　员工当月工资表　员工工资明细表

就绪　求和=47300.00　数字

STEP 07：引用数据获取基本工资

1. 切换到“员工工资明细表”工作表，使用第 2-4 步相同的方法在“员工基本工资表”中引用获取员工姓名、所属部门和职务等数据。再选择 H3:H18 单元格区域。
2. 在编辑栏中输入“=VLOOKUP(A4,员工基本工资表!A1:H18,8,0)”。再按 Ctrl+Enter 组合键引用数据。

STEP 08：计算员工工资

1. 选择 F4:F19 单元格区域。
2. 在编辑栏中输入公式“= 员工基本工资表 !G3*50”，再按 Ctrl+Enter 组合键得出结果。

提个醒 公式“= 员工基本工资表 !H3*50”表示：使用“员工基本信息表 .xls”工作簿中 H3 单元格中的数据 × 50，其中 H3 单元格是该员工的入职企业的年限，50 是每满一年后，公司制定的年限奖金。

员工编号	姓名	所属部门	职务	基本工资	年功工资	奖金	全勤奖
0001	陈一然	财务部	财务主管	2500.00	300.00		
0002	李明雪	财务部	部门经理	4000.00	700.00		
0003	王硕	测试部	部门主管	5000.00	600.00		
0004	王艳	广告部	美工	3500.00	550.00		
0005	刘一冰	广告部	设计师	3500.00	550.00		
0006	王良	广告部	摄像师	3200.00	300.00		
0007	付娜	行政部	后勤	2800.00	300.00		
0008	庞云天	行政部	行政主管	3500.00	250.00		
0009	彭君	行政部	前台接待	2000.00	250.00		
0010	李璐	技术部	美工	2600.00	200.00		

STEP 09：引用“奖金、补贴”数据

1. 选择 G4:G19 单元格区域。在编辑栏中输入公式“=VLOOKUP(A4, 员工当月工资表 !A1:G18,7,0)”，再按 Ctrl+Enter 组合键得出结果。
2. 再使用相同的方法将“员工基本工资表”工作表中“补贴”数据引用至 I 列的单元格中。

G4 =VLOOKUP(A4,员工当月工资表!A1:G18,7,0)

职务	基本工资	年功工资	奖金	全勤奖	补贴	应发工资	代扣社和公积
财务主管	2500.00	300.00	400.00		125.00		
部门经理	4000.00	700.00	400.00		200.00		
部门主管	5000.00	600.00	250.00		250.00		
美工	3500.00	550.00	500.00		525.00		
设计师	3500.00	550.00	500.00		525.00		
摄像师	3200.00	300.00	500.00		480.00		
后勤	2800.00	300.00	300.00		140.00		
行政主管	3500.00	250.00	300.00		175.00		
前台接待	2000.00	250.00	300.00		100.00		
美工	2600.00	200.00	250.00		130.00		

STEP 10：计算全勤奖

1. 选择 H4:H19 单元格区域。
2. 在编辑栏中输入公式“=IF(AND(员工当月工资表 !E3=0, 员工当月工资表 !F3=0),200,0)”，按 Ctrl+Enter 组合键计算出员工的全勤奖金。

H4 =IF(AND(员工当月工资表!E3=0,员工当月工资表!F3=0),200,0)

职务	基本工资	年功工资	奖金	全勤奖	补贴	代扣社和公积
财务主管	2500.00	300.00	400.00	0.00	125.00	
部门经理	4000.00	700.00	400.00	200.00	200.00	
部门主管	5000.00	600.00	250.00	0.00	250.00	
美工	3500.00	550.00	500.00	0.00	525.00	
设计师	3500.00	550.00	500.00	0.00	525.00	
摄像师	3200.00	300.00	500.00	200.00		
后勤	2800.00	300.00	300.00	200.00	140.00	
行政主管	3500.00	250.00	300.00	0.00	175.00	
前台接待	2000.00	250.00	300.00	0.00	100.00	
美工	2600.00	200.00	250.00	0.00	130.00	

提个醒 上述公式表示：如果“员工当月工资表 .xls”工作簿中的 E3 和 F3 单元格都等于 0 时，那么当月全勤奖则为 200，否则为 0。

STEP 11：计算应发工资

1. 选择 J4:J19 单元格区域。
2. 在编辑栏中输入公式“=E4+F4+G4+H4+I4”，按 Ctrl+Enter 组合键计算出员工的应发工资。

J4 =E4+F4+G4+H4+I4

所属部门	职务	基本工资		奖金	全勤奖	补贴	应发工资
财务部	财务主管	2500.00	300.00	300.00	0.00	125.00	3225.00
财务部	部门经理	4000.00	700.00	300.00	200.00	200.00	5400.00
测试部	部门主管	5000.00	600.00	150.00	0.00	250.00	6000.00
广告部	美工	3500.00	550.00	400.00	0.00	525.00	4975.00
广告部	设计师	3500.00	550.00	400.00	0.00	525.00	4975.00
广告部	摄像师	3200.00	300.00	400.	[illegible]	[illegible]	4580.00
行政部	后勤	2800.00	300.00	200.00	200.00	140.00	3640.00
行政部	行政主管	3500.00	250.00	200.00	0.00	175.00	4125.00
行政部	前台接待	2000.00	250.00	200.00	0.00	100.00	2550.00
技术部	美工	2600.00	200.00	150.00	0.00	130.00	3080.00
技术部	技术员	2300.00	200.00	150.00	0.00	115.00	2765.00
设计部	设计师	2800.00	150.00	150.00	200.00	140.00	3440.00

提个醒 根据企业性质的不同，工资明细表中的项目也有一定的差异，如企业从事有关销售活动的业务，那么，在工资明细表中则还需体现出员工业绩提成等项目。

STEP 12：计算代扣社保和公积金

1. 打开“社保和公积金扣款表.xls”工作簿，然后切换到“员工工资表”中，选择 K4:K19 单元格区域。
2. 在编辑栏中输入公式“=SUM([社保和公积金扣款表.xls]Sheet1!C3:F3)”，按 Ctrl+Enter 组合键计算出员工社保和住房公积金应扣总额。

3	基本工资	年功工资	奖金	全勤奖	补贴	应发工资	代扣社保和公积金
4	2500.00	300.00	300.00	0.00	125.00	3225.00	512.00
5	4000.00	700.00	300.00	200.00	200.00	5400.00	512.00
6	5000.00	600.00	150.00	0.00	250.00	6000.00	512.00
7	3500.00	550.00	400.00	0.00	525.00	4975.00	512.00
8	3500.00	550.00	400.00	0.00	525.00	[illegible]	512.00
9	3200.00	300.00	400.00	200.00	480.00	[illegible]	512.00
10	2800.00	300.00	200.00	200.00	140.00	3640.00	512.00
11	3500.00	250.00	200.00	0.00	175.00	4125.00	512.00
12	2000.00	250.00	200.00	0.00	100.00	2550.00	512.00
13	2600.00	200.00	150.00	0.00	130.00	3080.00	512.00
14	2300.00	200.00	150.00	0.00	115.00	2765.00	512.00

STEP 13：计算迟到扣款

1. 选择 L4:L19 单元格区域。
2. 在编辑栏中输入公式“=员工当月工资表!E3*10”，按 Ctrl+Enter 组合键计算出员工的迟到扣款。

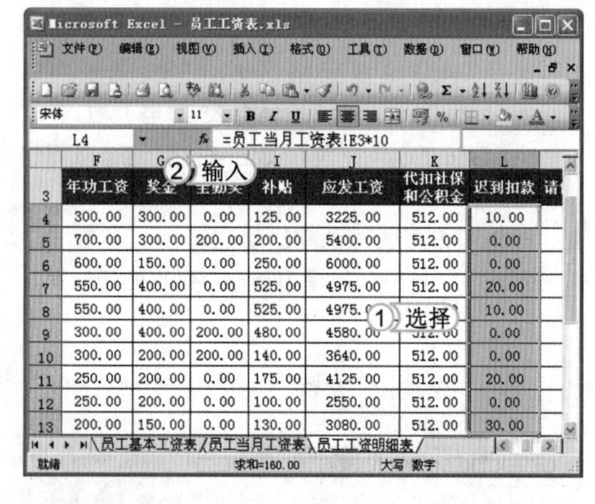

3	年功工资	奖金	全勤奖	补贴	应发工资	代扣社保和公积金	迟到扣款
4	300.00	300.00	0.00	125.00	3225.00	512.00	10.00
5	700.00	300.00	200.00	200.00	5400.00	512.00	0.00
6	600.00	150.00	0.00	250.00	6000.00	512.00	0.00
7	550.00	400.00	0.00	525.00	4975.00	512.00	20.00
8	550.00	400.00	0.00	525.00	4975.00	[illegible]	10.00
9	300.00	400.00	200.00	480.00	4580.00	512.00	0.00
10	300.00	200.00	200.00	140.00	3640.00	512.00	0.00
11	250.00	200.00	0.00	175.00	4125.00	512.00	20.00
12	250.00	200.00	0.00	100.00	2550.00	512.00	0.00
13	200.00	150.00	0.00	130.00	3080.00	512.00	30.00

Microsoft Excel - 员工工资表.xls

M4 =员工当月工资表!E3*20

3	奖金	全勤奖	补贴	应发工资	代扣社保和公积金	迟到扣款	请假扣款
4	300.00	0.00	125.00	3225.00	512.00	10.00	20.00
5	300.00	200.00	200.00	5400.00	512.00	0.00	0.00
6	150.00	0.00	250.00	6000.00	512.00	0.00	0.00
7	400.00	0.00	525.00	4975.00	512.00	20.00	40.00
8	400.00	0.00	525.00	4975.00	[illegible]	[illegible]	20.00
9	400.00	200.00	480.00	4580.00	[illegible]	[illegible]	0.00
10	200.00	200.00	140.00	3640.00	512.00	0.00	0.00
11	200.00	0.00	175.00	4125.00	512.00	20.00	40.00
12	200.00	0.00	100.00	2550.00	512.00	0.00	0.00
13	150.00	0.00	130.00	3080.00	512.00	30.00	60.00

2 输入　1 选择　员工基本工资表 / 员工当月工资表 / 员工工资明细表　就绪　求和=320.00　数字

STEP 14：计算事假扣款

1. 选择 M4:M19 单元格区域。
2. 在编辑栏中输入公式“=员工当月工资表!E3*20”，按 Ctrl+Enter 组合键计算出员工的事假扣款。

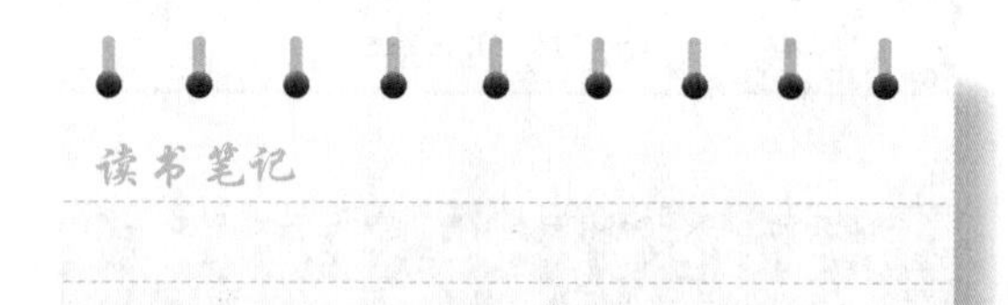

经验一箩筐——社保和住房公积金的缴费标准

社保和住房公积金主要包括养老保险、医疗保险、生育保险、失业保险、工伤保险以及住房公积金，由企业和员工共同承担，各自分摊一定比例的费用。每月的缴费标准是员工月缴费工资与现行缴费比例的乘积。本例在计算代扣社保和公积金时，是直接引用已计算了社保和住房公积金表而得出的结果。

STEP 15：计算代扣个税

1. 选择 N4:N19 单元格区域。
2. 在编辑栏中输入公式"=IF(J4-3500<0,0,IF(J4-3500<1500,0.03*(J4-3500),IF(J4-3500<4500,0.1*(J4-3500)-105)))"，按 Ctrl+Enter 组合键计算出员工的代扣个税。

Microsoft Excel - 员工工资表.xls

文件(F) 编辑(E) 视图(V) 插入(I) 格式(O) 工具(T) 数据(D) 窗口(W) 帮助(H)

宋体 11

N4　=IF(J4-3500<0,0,IF(J4-3500<1500,0.03*(J4-3500),IF(J4-3500<4500,0.1*(J4-3500)-105)))

	H	I	J	K	L	M	N
3	全勤奖	补贴	应发工资		迟到扣款	请假扣款	代扣个税
4	0.00	125.00	3225.00	512.00	10.00	20.00	0.00
5	200.00	200.00	5400.00	512.00	0.00	0.00	85.00
6	0.00	250.00	6000.00	512.00	0.00	0.00	145.00
7	0.00	525.00	4975.00	512.00	20.00	40.00	44.25
8	0.00	525.00	4975.00	512.00	10.00		44.25
9	200.00	480.00	4580.00	512.00			32.40
10	200.00	140.00	3640.00	512.00	0.00	0.00	4.20
11	0.00	175.00	4125.00	512.00	20.00	40.00	18.75
12	0.00	100.00	2550.00	512.00	0.00	0.00	0.00
13	0.00	130.00	3080.00	512.00	30.00	60.00	0.00

②输入　①选择

员工基本工资表 / 员工当月工资表 / 员工工资明细表　就绪　求和=417.65　数字

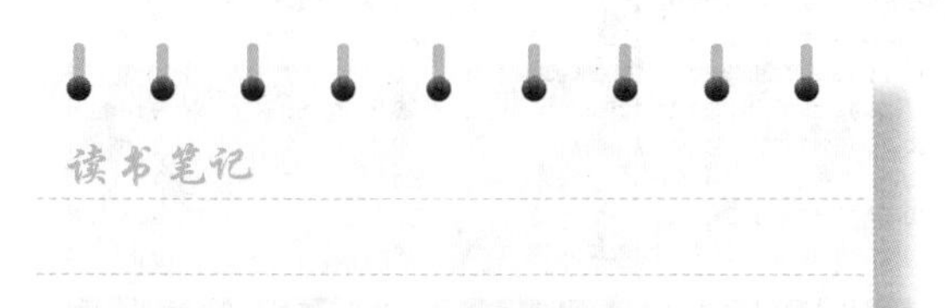

STEP 16：计算实发工资

1. 选择 O4:O19 单元格区域。
2. 在编辑栏中输入公式"=J4-K4-L4-M4-N4"，按 Ctrl+Enter 组合键计算出员工的实发工资。

Microsoft Excel - 员工工资表.xls

文件(F) 编辑(E) 视图(V) 插入(I) 格式(O) 工具(T) 数据(D) 窗口(W) 帮助(H)

宋体 11

O4　=J4-K4-L4-M4-N4

	I	J	K	L	M	N	O
3	补贴	应发工资	代扣社保和公积金	迟到扣款	请假扣款	代扣个税	实发工资
4	125.00	3225.00	512.00	10.00	20.00	0.00	2683.00
5	200.00	5400.00	512.00	0.00	0.00	85.00	4803.00
6	250.00	6000.00	512.00	0.00	0.00	145.00	5343.00
7	525.00	4975.00	512.00	20.00	40.00	44.25	4358.75
8	525.00	4975.00	512.00	10.00			4388.75
9	480.00	4580.00	512.00	0.00			4035.60
10	140.00	3640.00	512.00	0.00	0.00	4.20	3123.80
11	175.00	4125.00	512.00	20.00	40.00	18.75	3534.25
12	100.00	2550.00	512.00	0.00	0.00	0.00	2038.00
13	130.00	3080.00	512.00	30.00	60.00	0.00	2478.00
14	115.00	2765.00	512.00	10.00	20.00	0.00	2223.00
15	140.00	3440.00	512.00	0.00	0.00	0.00	2928.00

②输入　①选择

员工基本工资表 / 员工当月工资表 / 员工工资明细表　就绪　求和=52765.35　数字

员工工资明细表

单位名称：成都市俊大有限责任公司　　工资结算日期：2013年4月15日

员工编号	姓名	所属部门	职务	基本工资	年功工资	奖金	全勤奖	补贴	应发工资	代扣社保和公积金	迟到扣款	请假扣款	代扣个税	实发工资
0001	陈一然	财务部	财务主管	2500.00	300.00	300.00	0.00	125.00	3225.00	512.00	10.00	20.00	0.00	2683.00
0002	李明霞	财务部	部门经理	4000.00	700.00	300.00	200.00	200.00	5400.00	512.00	0.00	0.00	85.00	4803.00
0003	王硕	测试部	部门主管	5000.00	600.00	150.00	0.00	250.00	6000.00	512.00	0.00	0.00	145.00	5343.00
0004	王艳	广告部	美工	3500.00	550.00	400.00	0.00	525.00	4975.00	512.00	20.00	40.00	44.25	4358.75
0005	刘一冰	广告部	设计师	3500.00	550.00	400.00	0.00	525.00	4975.00	512.00	10.00	20.00	44.25	4388.75
0006	王良	广告部	摄像师	3200.00	300.00	400.00	200.00	480.00	4580.00	512.00	0.00	0.00	32.40	4035.60
0007	付娴	行政部	后勤	2800.00	300.00	200.00	200.00	140.00	3640.00	512.00	0.00	0.00	4.20	3123.80
0008	庞云天	行政部	行政主管	3500.00	250.00	200.00	0.00	175.00	4125.00	512.00	20.00	40.00	18.75	3534.25
0009	彭君	行政部	前台接待	2000.00	250.00	200.00	0.00	100.00	2550.00	512.00	0.00	0.00	0.00	2038.00
0010	李珊	技术部	美工	2600.00	200.00	150.00	0.00	130.00	3080.00	512.00	30.00	60.00	0.00	2478.00
0011	黄云	技术部	技术员	2300.00	200.00	150.00	0.00	115.00	2765.00	512.00	10.00	20.00	0.00	2223.00
0012	刘明丽	设计部	设计师	2800.00	150.00	150.00	200.00	140.00	3440.00	512.00	0.00	0.00	0.00	2928.00
0013	陈祥骆	销售部	业务员	2600.00	150.00	500.00	200.00	520.00	3970.00	512.00	0.00	0.00	14.10	3443.90
0014	姚蝶	销售部	销售经理	3200.00	150.00	500.00	0.00	640.00	4490.00	512.00	20.00	40.00	29.70	3888.30
0015	赵晓娟	研发部	研究人员	1800.00	100.00	150.00	200.00	90.00	2340.00	512.00	0.00	0.00	0.00	1828.00
0016	张凌	研发部	技术员	2000.00	50.00	150.00	0.00	100.00	2300.00	512.00	40.00	80.00	0.00	1668.00

员工基本工资表 / 员工当月工资表 / 员工工资明细表

经验一箩筐——个人所得税的计算方法

个人所得税的计算并不是按照一个固定的金额进行扣除，而是根据不同的缴税所得额、不同的税率和速算扣除数进行超额累进税率。在不同的城市，个人收入所得税的规定金额也不相同。每月应缴纳的个人所得税额的计算公式为：每月应纳所得税额 = 全月应纳所得税额 × 税率 - 速算扣除数。

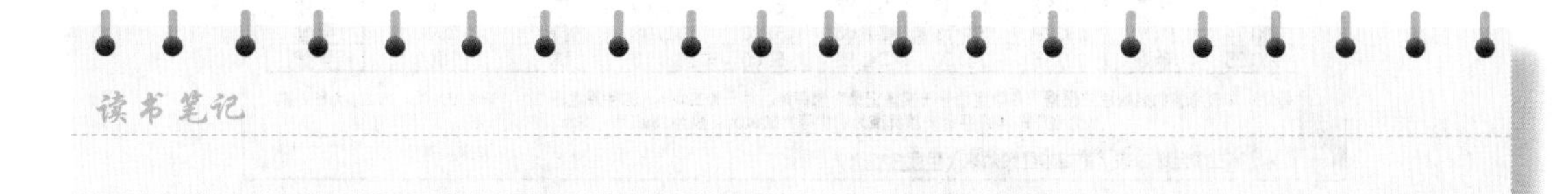

8.3 练习 1 小时

本章主要介绍了 Excel 常用函数的使用方法，包括嵌套函数、数学和三角函数、文本函数、日期和时间函数、财务函数和查找和引用函数等。下面将通过停车计时收费表和员工绩效管理表两个练习进一步巩固这些知识的操作方法，使用户熟练掌握并进行运用。

1. 制作停车计时收费表

本例将打开“停车计时收费表.xls”工作簿，首先运用时间函数计算出停车时间，以直观地查看停车的累计时间。然后根据停车的费用单价来计算出停车总费用，最终效果如右图所示。

地下停车场计时收费表

						时间：	2013-10-10
车牌号	停车时间	离开时间	累计时间				应收费用
			分钟	小时	天数	累积小时数	
川A16XX0	2013-10-10 8:50	2013-10-10 11:20	30	2	0	3	￥15
渝B66XX1	2013-10-11 8:52	2013-10-11 10:15	23	1	0	1.5	￥8
京A22XX4	2013-10-12 9:02	2013-10-12 11:35	33	2	0	3	￥15
陕K52XX8	2013-10-13 11:10	2013-10-13 11:40	30	0	0	1	￥5
川A88XX5	2013-10-14 11:25	2013-10-14 12:55	30	1	0	2	￥10
粤A66XX8	2013-10-15 11:45	2013-10-15 13:40	55	1	0	2	￥10
渝A18XX3	2013-10-16 12:50	2013-10-16 15:53	3	3	0	3	￥15
沪B57XX7	2013-10-17 14:15	2013-10-17 18:45	30	4	0	5	￥25
川A36XX8	2013-10-18 15:20	2013-10-18 19:17	57	3	0	4	￥20
						总计：	￥123

备注：假设停车场5元每小时收取停车费。具体收费标准为：停车15分钟以内不收费，超过15分钟而小于30分钟，按0.5元小时收费；超过30分钟，按1小时收费。

Sheet1 Sheet2 Sheet3

光盘文件
素材\第8章\停车计时收费表.xls
效果\第8章\停车计时收费表.xls
实例演示\第8章\制作停车计时收费表

2. 制作员工绩效管理表

本例将制作员工绩效管理表，主要使用函数对员工工作量的数据进行分析，综合评定员工绩效考核的等级和发放资金的金额，完成后的最终效果如下图所示。

年度考核表

		嘉奖	晋级	记大功	记功	无	记过	记大过	降级
	基数：	9	8	7	6	5	-3	-4	-5
个人编号	姓名	假勤考评	工作能力	工作表现	奖惩记录	绩效总分	优良评定	年终奖金（元）	核定人
DX110	高鹏	29.63	32.70	33.53	5.00	100.85	良	2500	李建
DX111	何勇	29.50	33.58	34.15	5.00	102.23	优	3500	李建
DX112	刘一守	29.20	33.65	35.75	5.00	103.60	优	3500	李建
DX113	韩风	29.48	33.88	33.60	5.00	101.95	良	2500	李建
DX114	曾琳	29.30	35.68	34.00	5.00	103.98	优	3500	李建
DX115	李雪	29.65	35.20	34.85	6.00	105.70	优	3500	李建
DX116	朱珠	29.68	32.30	33.48	5.00	100.45	良	2500	李建
DX117	王剑锋	29.53	33.75	33.03	5.00	101.30	良	2500	李建
DX118	张保国	29.63	34.45	33.98	5.00	103.05	优	3500	李建
DX119	谢宇	29.00	32.88	32.58	5.00	99.45	差	2000	李建
DX120	徐江	29.33	34.30	34.73	5.00	103.35	优	3500	李建
DX123	孔杰	28.88	34.90	33.83	5.00	102.60	优	3500	李建
DX124	陈亮	29.20	33.75	34.03	5.00	101.98	良	2500	李建
DX125	李齐	29.55	34.30	34.28	5.00	103.13	优	3500	李建

备注：年度考核的绩效总分根据“各季度总分+奖惩记录”来评定，总分为120分。优良评定标准为“>=102为优，>=100为良，其余为差”；年终奖金发放标准为“优等为3500元，良为2500元，差为2000元”。

第三季度绩效表 第四季度绩效表 年度考核表

光盘文件
素材\第8章\员工绩效管理表.xls
效果\第8章\员工绩效管理表.xls
实例演示\第8章\制作员工绩效管理表

读书笔记

办公

72 HOURS

第9章 灵光一闪——幻灯片设计

学习 2 小时

- 添加多元素丰富幻灯片
- 快速统一演示文稿风格

使用 PowerPoint 组件可将文本图片等以演示文稿的形式展现，常用于企业培训或产品展示等方面。本章主要对幻灯片的基本操作、演示文稿内容的添加、母版的编辑等操作方法进行讲解，使用户了解PowerPoint演示文稿的基本设计方法。

上机 3 小时

9.1 添加多元素丰富幻灯片

演示文稿和幻灯片是一个相互包含的关系，一个完整的演示文稿是由多张不同内容的幻灯片构成的。因此，要对幻灯片进行相应操作才能完成演示文稿的制作。对幻灯片的操作包括新建与编辑、输入与编辑文本、添加艺术字和添加图片等元素，下面分别进行讲解。

学习 1 小时

- 熟练掌握新建与编辑幻灯片的方法。
- 灵活掌握输入与编辑文本的方法。
- 掌握在幻灯片中添加多元素内容的方法。

9.1.1 新建与编辑幻灯片

演示文稿通常都是由多张幻灯片组成，默认情况下，新建的演示文稿中自带一张幻灯片，因此，在制作演示文稿的过程中，需要新建多张幻灯片。而在新建幻灯片后，才能对幻灯片进行编辑，如移动、复制和删除等。下面依次进行介绍。

1. 新建幻灯片

启动 PowerPoint 2003 后，可看到在新建的演示文稿中自带一张幻灯片，如果演示文稿中幻灯片不能满足用户的需要，可以通过插入幻灯片的方法创建新的幻灯片。

其方法非常简单，只需选择【插入】/【新幻灯片】命令，打开“幻灯片设计”任务窗格后，可选择需要的幻灯片版式。

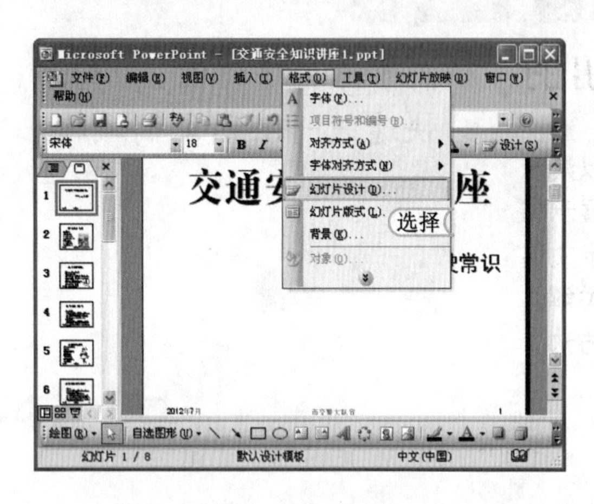

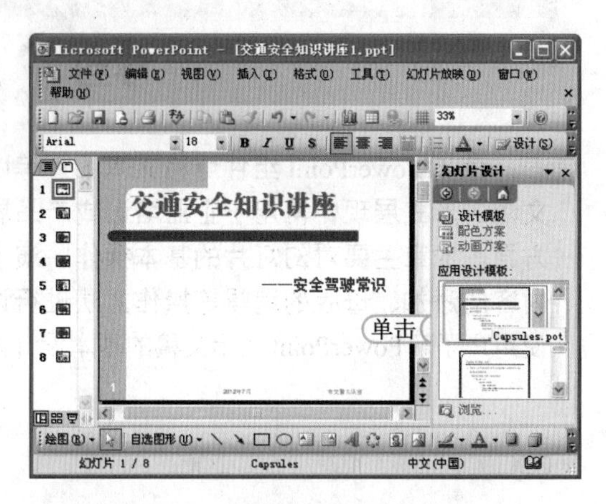

经验一箩筐——利用快捷键新建幻灯片

除了上述插入幻灯片的方法外，还可以利用快捷键来插入幻灯片。其方法非常简单，只需在“幻灯片”窗格中按 Ctrl+M 组合键或 Enter 键即可。

2. 编辑幻灯片

在 PowerPoint 2003 中编辑幻灯片时，如需对某张或多张幻灯片进行编辑操作，需先选择对应的幻灯片，然后再进行各种编辑。下面分别进行介绍。

（1）选择幻灯片

选择幻灯片可以通过“大纲”窗格和“幻灯片”窗格进行，两种方法分别介绍如下。

- 在“大纲”窗格中选择幻灯片：首先选择“大纲”选项卡，打开“大纲”窗格，将鼠标光标移动到需要选择的幻灯片图标上，单击选择该张幻灯片。同时，在右侧将显示选择的幻灯片内容供用户查看。
- 在“幻灯片”窗格中选择幻灯片：在“幻灯片”窗格进行选择与在“大纲”窗格中选择的方法相似，唯一的不同就是在“幻灯片”窗格中可以看见幻灯片的缩略图。

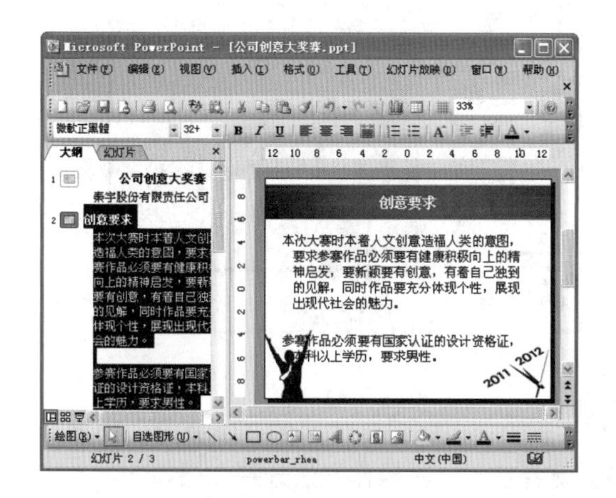

经验一箩筐——其他的排序方式

在幻灯片窗格中，按住 Ctrl 键不放，再单击需选择的幻灯片，可选择多张不相邻的幻灯片；按住 Shift 键不放，单击需选择幻灯片的第一张和最后一张，可选择多张连续的幻灯片。

（2）移动幻灯片

在制作演示文稿的过程中，若发现某张幻灯片的位置放置不合理，可通过移动幻灯片的方法，将其移动至需要的位置。

其方法非常简单，只需在“大纲”或“幻灯片”窗格中，选择要移动的幻灯片，按住鼠标并拖动至目标位置处释放鼠标即可。如下图所示为将第 5 张幻灯片移动位置后变为第 6 张幻灯片。

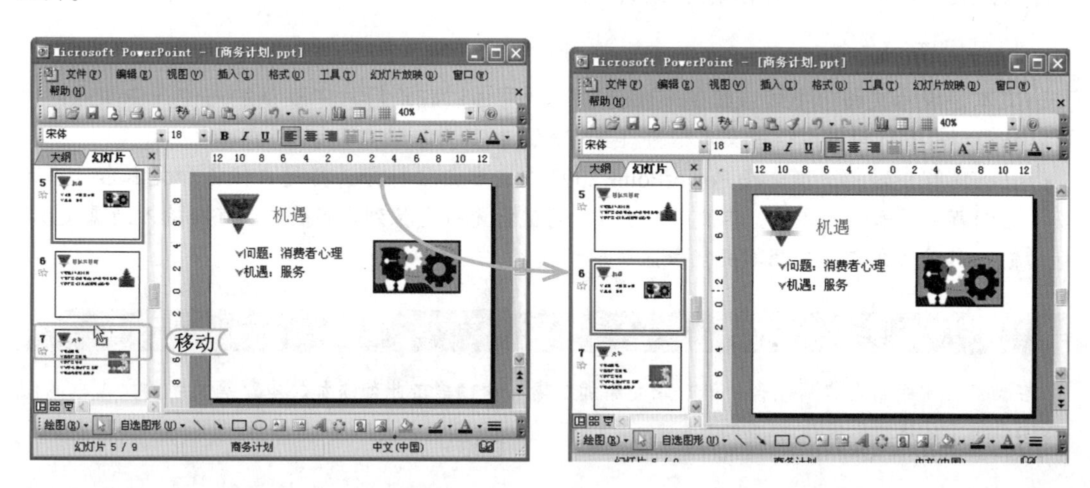

（3）复制幻灯片

复制幻灯片的操作与移动幻灯片的操作类似，不同的是，在复制幻灯片时，需要按住 Ctrl 键的同时进行复制操作。除了这种方法，在 PowerPoint 中还可选择需要复制的幻灯片，单击鼠标右键，在弹出的快捷菜单中选择“复制”命令，然后将鼠标光标定位到目标位置并单击鼠标右键，在弹出的快捷菜单中选择“粘贴”命令。

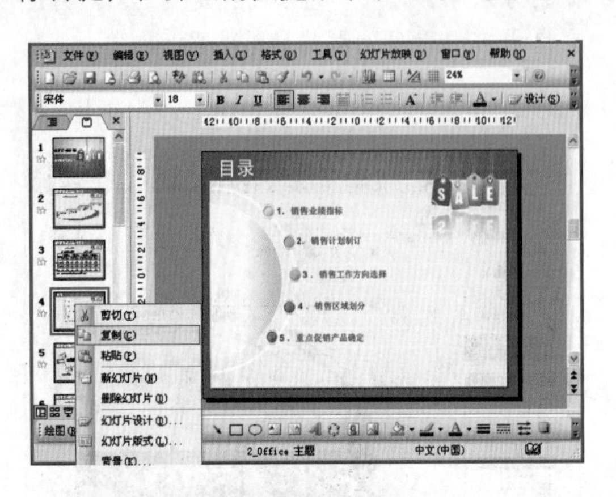

（4）删除幻灯片

日常工作中，常常需要将演示文稿中的幻灯片删除，以保证工作区的井然有序。而删除幻灯片的方法有很多种，需要用户根据实际需要来选择使用，其操作方法分别介绍如下。

- 利用快捷键：在“大纲”窗格或“幻灯片”窗格中选择幻灯片后，按 Delete 键或 Backspace 键直接删除。
- 利用快捷菜单：在“大纲”窗格或“幻灯片”窗格中选择幻灯片后，在选择的幻灯片上单击鼠标右键，在弹出的快捷菜单中选择“删除幻灯片”命令。
- 利用菜单栏：在“大纲”窗格或“幻灯片”窗格中选择幻灯片后，选择【编辑】/【删除幻灯片】命令。

9.1.2 输入与设置文本

文本是幻灯片的灵魂，也是构成幻灯片的骨架，输入合适的文本内容能够对幻灯片进行诠释和说明，使幻灯片内容更加具有可读性。而在输入文本后，还需要对其进行设置，以便使文本内容更加美观，使幻灯片风格更为统一。

1. 输入文本

文本是演示文稿中不可或缺的一部分，它既可通过在幻灯片中默认的占位符中输入，也可以在幻灯片的任意位置绘制文本框并在其中输入，其方法分别介绍如下。

- 在占位符中输入文本：在 PowerPoint 2003 中文本占位符分为标题占位符和文本占位符，它们都可用来输入文本。其使用方法是，将鼠标光标定位到占位符中，直接输入所需文本，输入完成后在占位符外单击空白区域确认输入。

经验一箩筐——认识占位符

在幻灯片中经常会看到包含“单击此处添加标题”和“单击此处添加文本”等文字的文本框，这在演示文稿中被称为占位符。

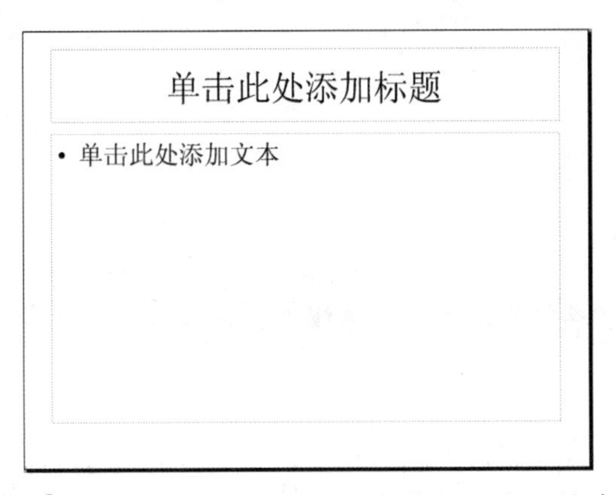

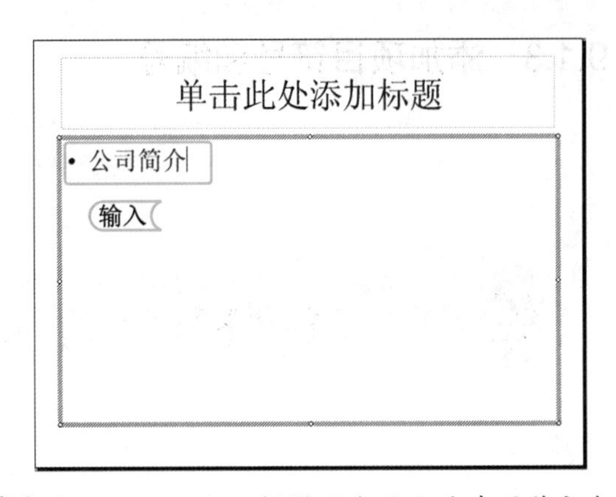

在文本框中输入文本：文本框和占位符非常相似，PowerPoint提供了水平和垂直两种文本框形式供选择。其使用方法是：选择需插入文本框的幻灯片，然后选择【插入】/【文本框】/【水平】命令，然后将鼠标移动到幻灯片需插入文本框的位置处，此时鼠标光标呈↓形状，按住鼠标左键不放并拖动至合适大小后释放鼠标，便可插入文本框。再单击插入的文本框，直接输入文本即可。

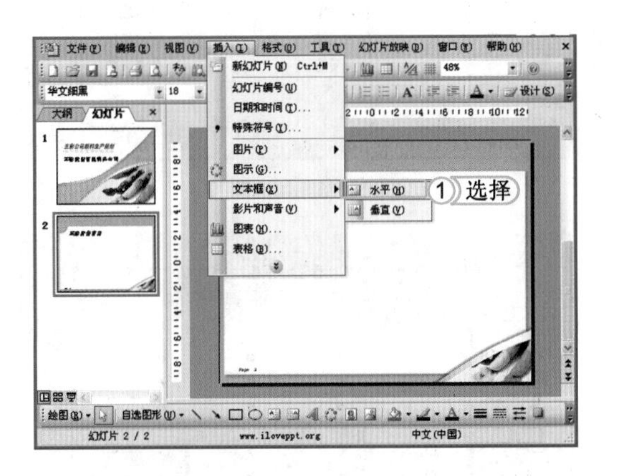

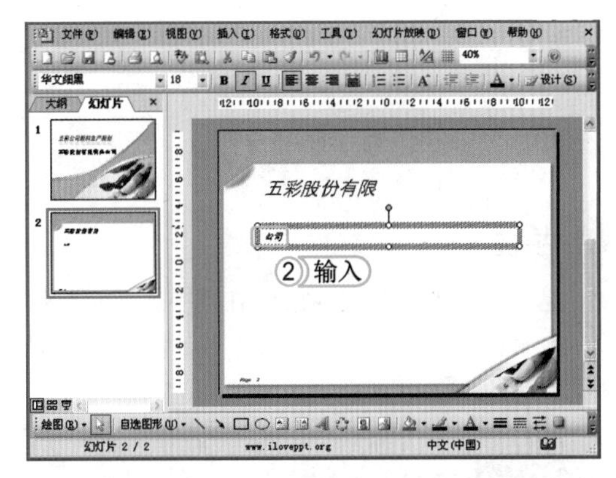

2. 设置文本

与Word中设置文本格式一样，在PowerPoint中也可以运用同样的方法进行文本格式的设置。选择需要设置的文本，在“格式”工具栏或选择【格式】/【字体】命令，在打开的“字体”对话框中对文本的字体类型、字号、字形和字体颜色等进行设置即可。

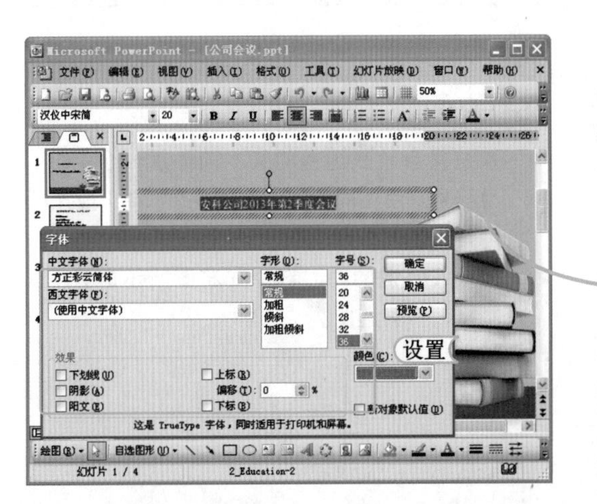

9.1.3 添加项目符号和编号

在幻灯片中添加项目符号和编号，就是在一段文本前加上一系列符号来注明顺序和重点文本，通过添加项目符号和编号可以有效地使幻灯片内容更清晰。下面在“月度质量分析.ppt”演示文稿中添加项目符号和编号，其具体操作如下：

光盘文件
素材\第9章\月度质量分析.ppt
效果\第9章\月度质量分析.ppt
实例演示\第9章\添加项目符号和编号

STEP 01: 打开“项目符号和编号”对话框

1. 打开“月度质量分析.ppt”演示文稿，选择第3张幻灯片，将光标定位到“本月范围销售”文本框中，并选中所有文本。
2. 选择【格式】/【项目符号和编号】命令，打开“项目符号和编号”对话框。

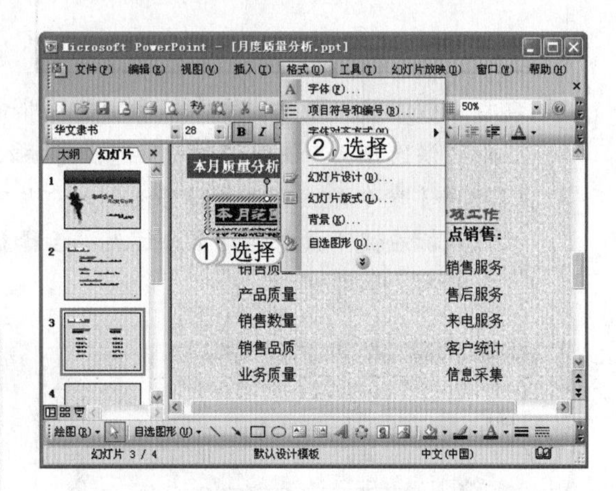

STEP 02: 设置项目符号

1. 选择“项目符号”选项卡，在其中选择“箭头”项目符号。
2. 单击 确定 按钮。

提个醒 在“项目符号和编号”对话框中的“颜色”下拉列表框中选择相应的颜色选项，可为添加的项目符号设置颜色。单击 图片(P)... 按钮，可在打开的对话框中选择系统提供的剪贴画作为项目符号。

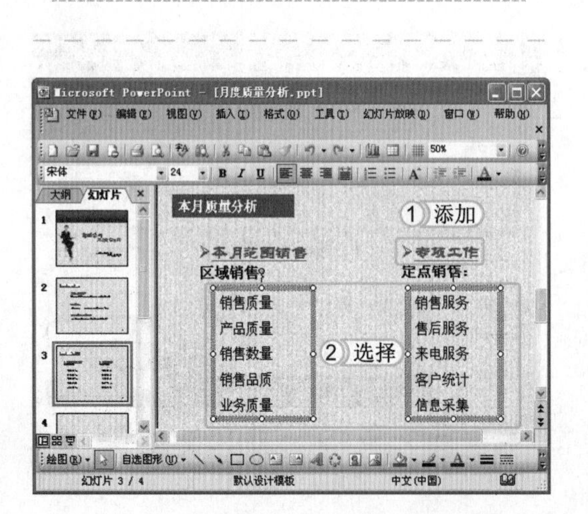

STEP 03: 选择文本框

1. 系统将自动在选择的文本前添加一个箭头项目符号。用相同的方法在右侧的“专项工作”前也添加一个相同的符号。
2. 按住 Ctrl 键的同时选择如左图所示的分类文本框，将其选中。

STEP 04： 添加编号

1. 选择【格式】/【项目符号和编号】命令。打开“项目符号和编号”对话框，选择“编号”选项卡。
2. 在其中选择数字编号。
3. 单击[确定]按钮。

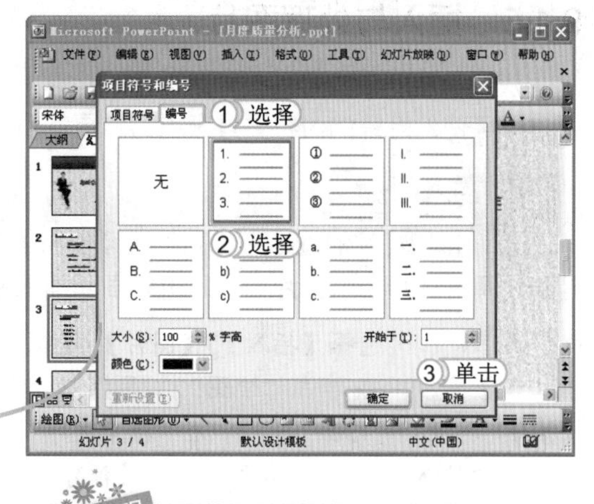

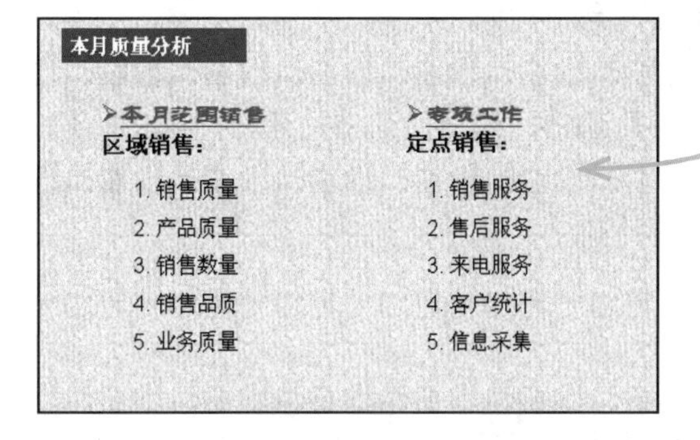

提个醒　对于同一级别的文本内容应使用相同的项目符号，而不同级别的项目符号应有所差异，这样才能更直观地进行区分。

9.1.4 添加艺术字

艺术字是一种图形对象，它结合了文本和图片的双重特点，将指定的艺术字插入到幻灯片中后，它会以图片的形式进行显示，对幻灯片起到美化作用，特别适用于幻灯片的标题文本和需要有吸引力的文本。

其方法是：选择【插入】/【图片】/【艺术字】命令，或直接单击“绘图”工具栏中的按钮，在打开的“艺术字库”对话框中选择一种字体样式，在“编辑‘艺术字’文字”对话框中输入艺术字内容并设置艺术字字体格式。

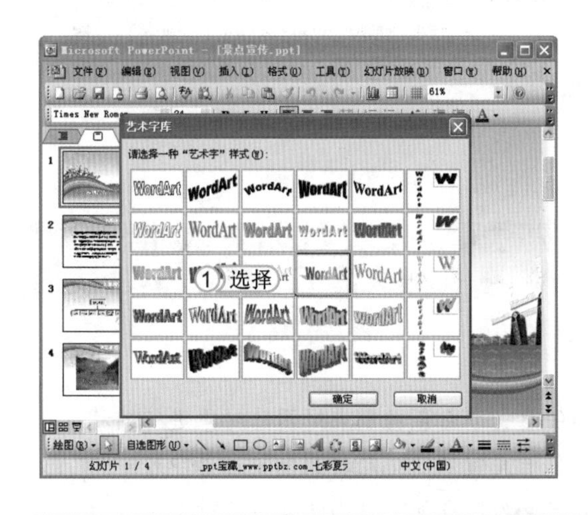

经验一箩筐——编辑艺术字

在 PowerPoint 2003 中编辑艺术字的方法与在 Word 2003 中编辑艺术字的方法相似。只需在“艺术字”工具栏中单击对应的按钮即可对艺术字格式、艺术字样式、艺术字形状和艺术字间距等进行设置，如右图所示为设置艺术字形状。

9.1.5 插入与处理图片

演示文稿中的幻灯片不能仅依靠文本来传递信息，否则观众会觉得枯燥乏味，而为其插入图片即可使幻灯片的内容更具吸引力，更能引起观众的视觉共鸣。

1. 插入图片

在编辑幻灯片的过程中，有时还可使用插入图片功能使制作出来的幻灯片图文并茂。用户可通过两种途径插入图片：插入剪贴画和插入来自文件的图片。

- 插入剪贴画：选择【插入】/【图片】/【来自文件】命令，或单击“绘图”工具栏中的按钮，打开“剪贴画”窗格，在“搜索文字”文本框中输入需插入剪贴画的名称关键字，单击搜索按钮，在下方的列表框中选择要插入的剪贴画。

- 插入来自文件的图片：选择【插入】/【图片】/【来自文件】命令，在打开的“插入图片”对话框中选择要插入的图片，单击插入(S)按钮插入。

2. 处理图片

当图片插入到幻灯片后，若是对所添加图片的大小、颜色和亮度等不满意，可通过调整图片控制点和图片工具栏中的相应按钮对其进行编辑。选择插入的图片，即可显示对应的“图片”工具栏，如右图所示。

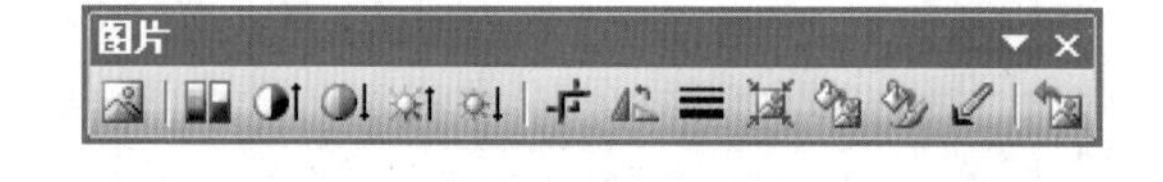

处理图片的常用方法分别如下。

- 调整大小：选择图片对象后，拖动其四周的任意一个白色控制点对图片对象进行缩放。
- 调整位置：将光标移动到图片对象上，按住鼠标左键不放拖动其到指定位置即可。
- 旋转对象：选择图片对象，拖动其上出现的绿色控制点便可自由旋转所选对象。
- 增加对比度：单击“增加对比度”按钮，可以增加所选图片对象的对比度。
- 降低对比度：单击“降低对比度”按钮，可以降低所选图片对象的对比度。
- 增加亮度按钮：单击“增加亮度”按钮，可以增加所选图片对象的亮度。
- 降低亮度：单击“降低亮度”按钮，可以降低所选图片对象的亮度。
- 裁剪：单击“裁剪”按钮，所选图片对象四周边框有短线出现，拖动鼠标将这些短线进行裁剪，完成后单击幻灯片中除所选图片对象以外的其他区域确认裁剪操作。

- 90° 旋转：单击“逆时针 90° 旋转”按钮，完成对图片对象的旋转。
- 添加边框：单击“线性”按钮，在弹出的下拉列表中选择不同线型为所选图片添加边框。
- 精确设置图片对象：单击“设置图片格式”按钮，打开“设置图片格式”对话框，在其中可以精确地设置图片的大小、位置以及颜色等。
- 将对象恢复为插入时的默认状态：单击“重设图片”按钮，取消所有对图片对象的设置，将其恢复为插入时的默认状态。

9.1.6 插入与编辑表格

如果 PowerPoint 需要展示大量文本数据，并且很难通过文字、图片等来清晰地展示时，可使用表格来表达和分析幻灯片中的内容。

要在幻灯片中插入表格，可通过项目占位符进行插入。但在插入表格前，需要明确插入表格的行列数，以便能够在幻灯片中快速地插入表格。下面在“楼盘销售调查报告 .ppt”演示文稿中插入表格，其具体操作如下：

253

72 Hours

光盘文件
素材 \ 第 9 章 \ 楼盘销售调查报告 . ppt
效果 \ 第 9 章 \ 楼盘销售调查报告 . ppt
实例演示 \ 第 9 章 \ 插入与编辑表格

STEP 01：打开“插入表格”对话框

1. 打开“楼盘销售调查报告 .ppt”演示文稿，选择第 3 张幻灯片。
2. 选择【插入】/【表格】命令，打开“插入表格”对话框。在“行数”和“列数”数值框中分别输入“4”和“5”。
3. 单击 确定 按钮。

62 Hours

52 Hours

42 Hours

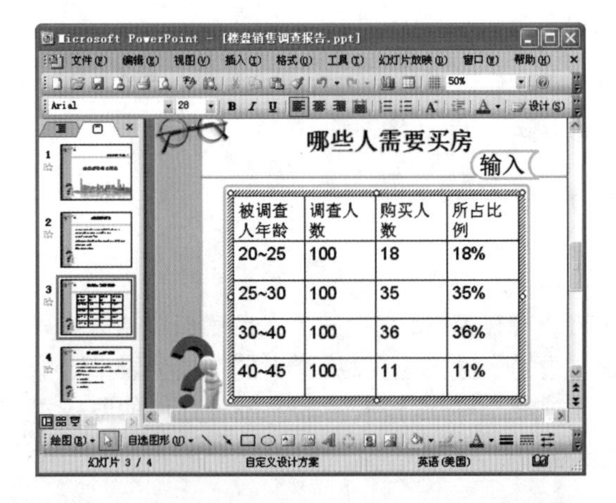

STEP 02：打开“插入表格”对话框

系统将自动在幻灯片中插入一个4列5行的表格。然后将光标定位到表格中，输入所需数据。

32 Hours

22 Hours

12 Hours

STEP 03：设置表格文本

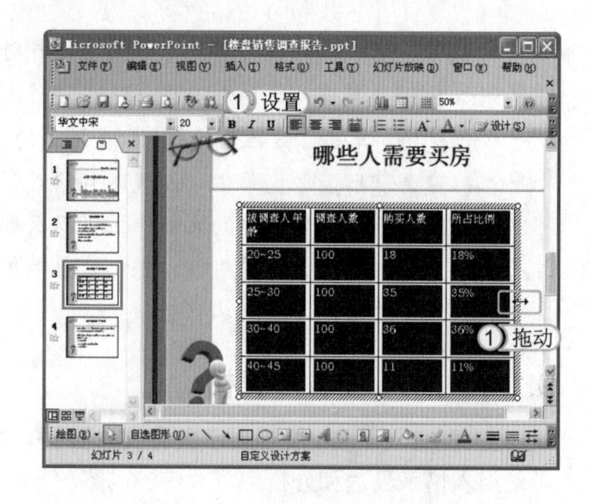

1. 拖动鼠标选择表格中的文本，在工具栏中设置字体为“华文中宋”，字号为“20”号。
2. 将鼠标光标置于表格右侧，当其变为↔形状时，向右拖动调整表格宽度。

> **提个醒** 设置表格时，选择【格式】/【设置表格格式】命令，在打开的对话框中可对表格边框、填充颜色和文本对齐方式等进行设置。

STEP 04：设置表格格式

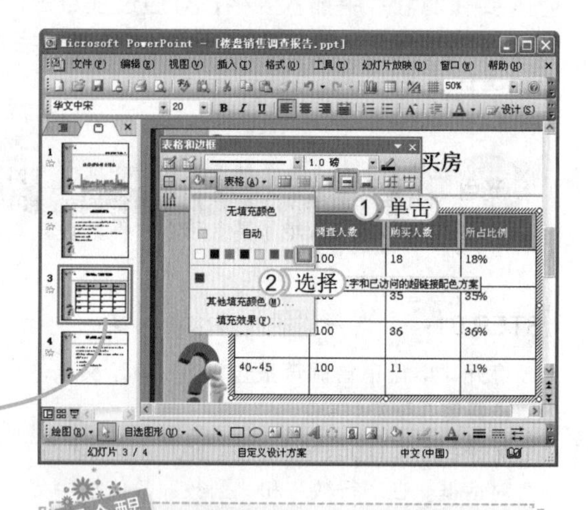

1. 拖动鼠标选择表格首行，在“表格和边框”工具栏中单击“垂直居中”按钮。
2. 然后单击“填充颜色”按钮右侧的下拉按钮，在弹出的下拉列表中选择“绿色”选项。

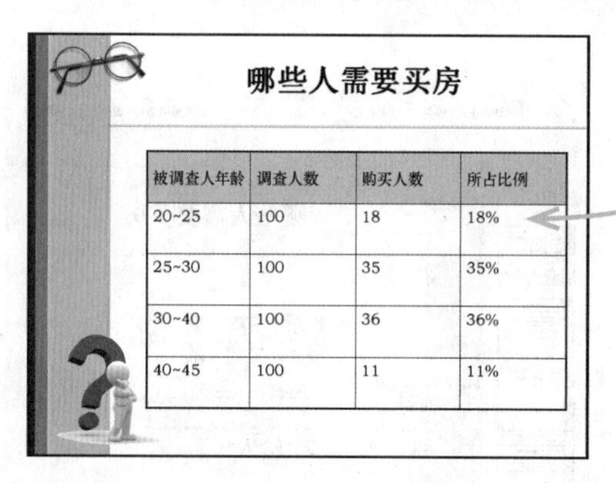

被调查人年龄	调查人数	购买人数	所占比例
20~25	100	18	18%
25~30	100	35	35%
30~40	100	36	36%
40~45	100	11	11%

> **提个醒** 选择多个单元格，单击鼠标右键，在弹出的快捷菜单中选择“合并单元格”命令可合并单元格。

经验一箩筐——插入与删除列和行

表格是由列和行组成的，如果表格中的列数、行数不符合需求，可以对其数目进行调整，调整的方法分别介绍如下。

- **插入列或行**：选择某列所有或部分单元格，单击鼠标右键，在弹出的快捷菜单中选择“插入列”命令，将在所选单元格的左侧插入列。或选择“插入行”命令，将在所选单元格的上方插入行。
- **删除列或行**：选择该列或该行，单击鼠标右键，在弹出的快捷菜单中选择“删除列”或“删除行”命令。

9.1.7 插入自选图形

在幻灯片中同样可以插入自选图形，其操作方法与在Word文档中插入自选图形类似。其方法是：单击“绘图”工具栏中的自选图形(U)按钮右边的下拉按钮，在弹出的下拉列表中选择需要的图形选项，此时鼠标光标变为＋形状，在幻灯片中需要绘制图形的位置处按住鼠标左键不放，向右拖动，释放鼠标后即可插入选择的自选图形。

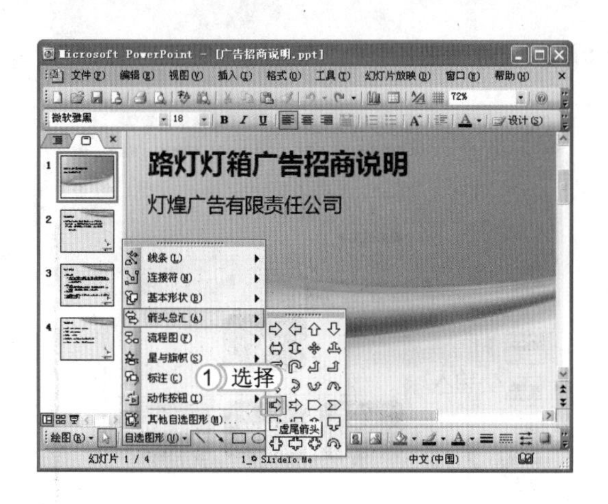

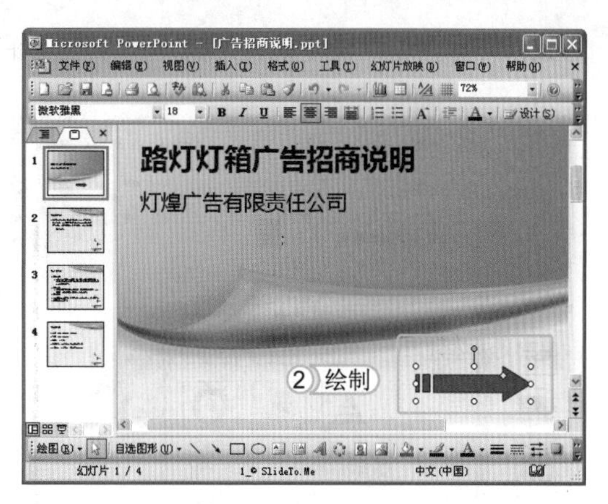

9.1.8 插入图表

图表也是使演示文稿内容更加生动、直观的一种方式，通过图表可以图形的形式来显示数据之间的关系。

插入图表的方法是：选择【插入】/【图表】命令，或单击常用工具栏中的“插入图表”按钮，打开一个默认的图表及对应的数据表。根据实际情况，在数据表中输入数据，图表中的内容将根据数据表中的内容即时变化，输入完成后，单击图表外的任意区域，将自动关闭数据表，并显示出插入的图表效果。

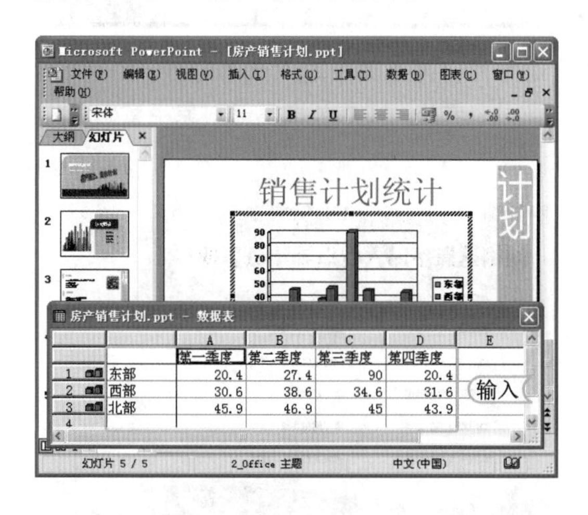

62 Hours

52 Hours

42 Hours

32 Hours

经验一箩筐——编辑图表

在插入图表后，如果用户对默认图表的排列方式不满意，或数据面临更新，可对该图表进行编辑，其编辑方法与在 Excel 中编辑图表的方法类似，用户可参考 Excel 中的操作方法，因此这里不再赘述。

9.1.9 插入图示

在 PowerPoint 中插入图示，具有把数据系统化并表示数据信息的作用，通常可使内容更易于理解。

其方法是：选择【插入】/【图示】命令，打开“图示库”对话框，在“选择图示类型”列表框中选择需要的图示选项，单击确定按钮。此时，系统将在幻灯片中插入所选择的图示，

22 Hours

12 Hours

将鼠标光标定位到图示的方形文本框中输入相应的文本即可。

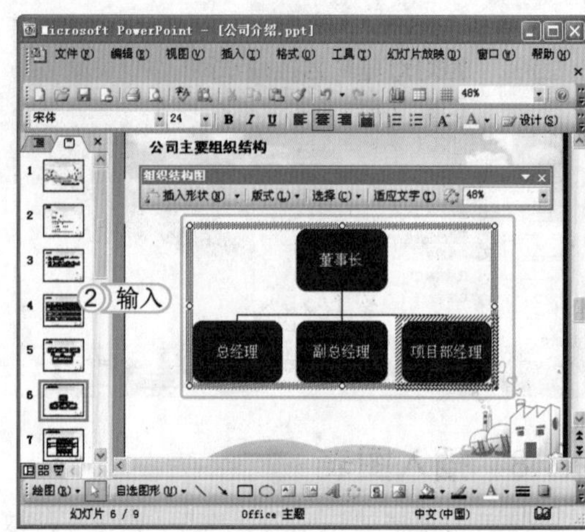

上机 1 小时 制作"网络信息宣传"演示文稿

- 巩固新建和编辑幻灯片的方法。
- 熟练掌握添加项目符号和编号的方法。
- 掌握添加艺术字的方法。
- 掌握插入各种对象的使用方法。

本例将用 PowerPoint 制作演示文稿，先新建幻灯片，再在其中输入文本内容、为文本添加项目符号，并为其添加艺术字，最后再通过插入图片、表格、图表和图示等对象丰富幻灯片。其最终效果如下图所示。

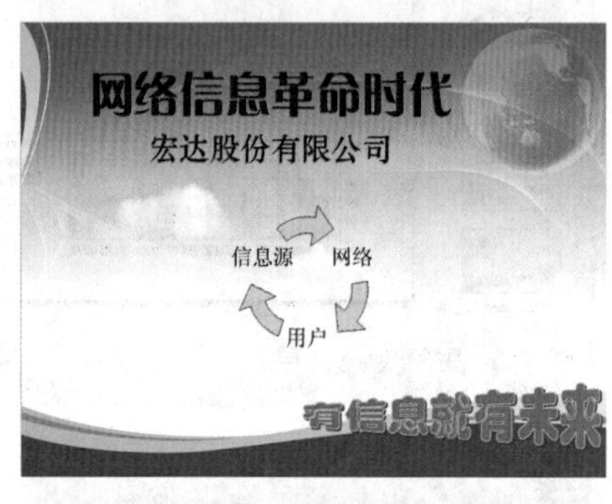

网络信息革命大要点和注意事项

- 网络信息的优越性
- 网络信息的特点
- 网络信息的方向
- 网络信息的范围
- 网络信息的难点
- 网络信息新的起点

注意网络信息不健康感染
网络信息的传播
网络信息的安全途径
信息职权的把握
遵守网络法律法规
网络信息的扩展思维

网络信息的传播

分类\单位\信息量	1月—2月	3月—6月	7月—12月
手机	10000	50000	80000
电脑	80000	10000	500000
电视	50000	60000	10000
视频	10000	80000	20000
语言	80000	100000	200000

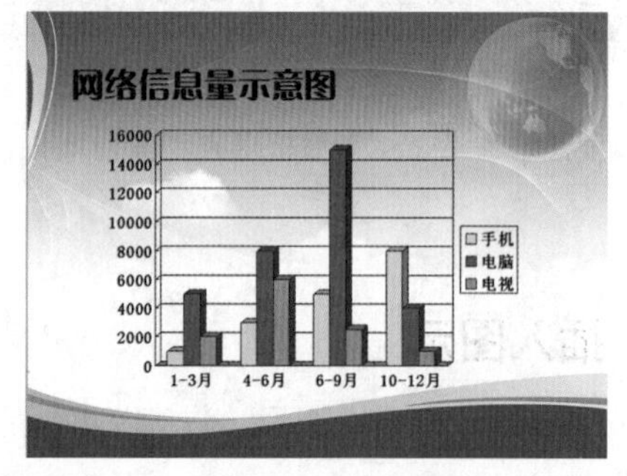

光盘文件
素材\第 9 章\蓝色背景 1.jpg
效果\第 9 章\网络信息宣传.ppt
实例演示\第 9 章\制作"网络信息宣传"演示文稿

STEP 01：打开“插入图片”对话框

1. 启动 PowerPoint 2003，打开一个新的演示文稿，将其重命名为“网络信息宣传 .ppt”。
2. 选择【插入】/【图片】/【来自文件】命令，打开“插入图片”对话框。

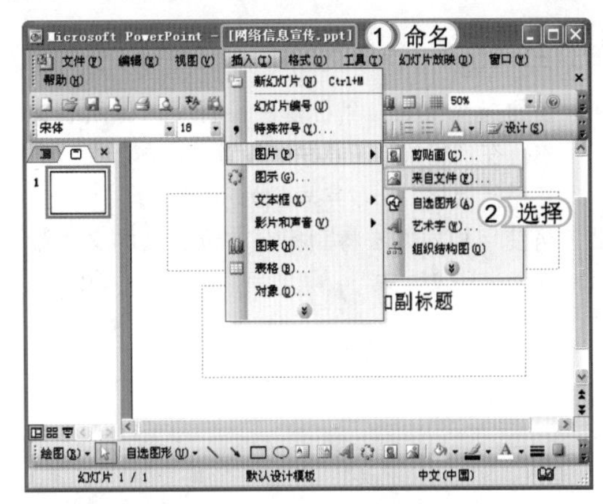

STEP 02：插入图片

1. 在“查找范围”下拉列表框中选择存储位置。
2. 在其下的列表框中选择插入的图片，这里选择“蓝色背景 1.jpg”选项。
3. 单击 插入(S) 按钮。

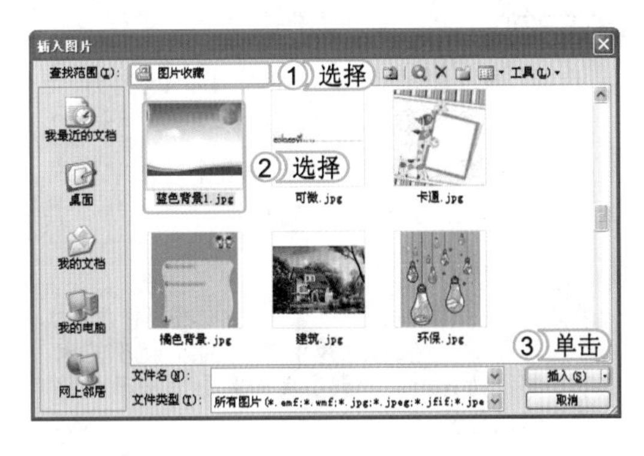

STEP 03：将图片置于底层

将鼠标光标移动至幻灯片编辑区，单击鼠标右键，在弹出的快捷菜单中选择【叠放次序】/【置于底层】命令。

提个醒

PowerPoint 中的图片功能也非常丰富，综合应用图片工具的各项功能可以制作出精美的幻灯片图片效果。

STEP 04：在占位符中输入文本

将鼠标光标定位到标题占位符中，并输入“网络信息革命时代”文本，然后用相同方法，将鼠标光标定位到副标题占位符中，输入相应文本，并将占位符拖动到编辑区左上角位置。

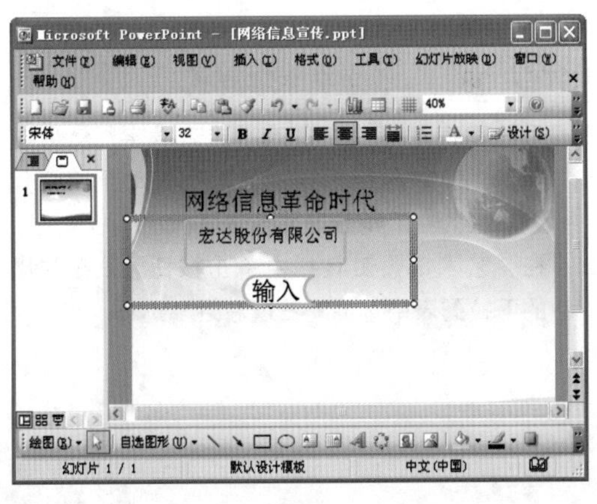

STEP 05: 设置文本格式

1. 将鼠标光标定位到标题占位符中选择所有文本。在“格式”工具栏中设置“字体”为“方正粗倩简体”；“字号”为“60”。
2. 再使用相同方法将副标题占位符中的文本设置为“华文中宋”；“字号”设置为“40”。

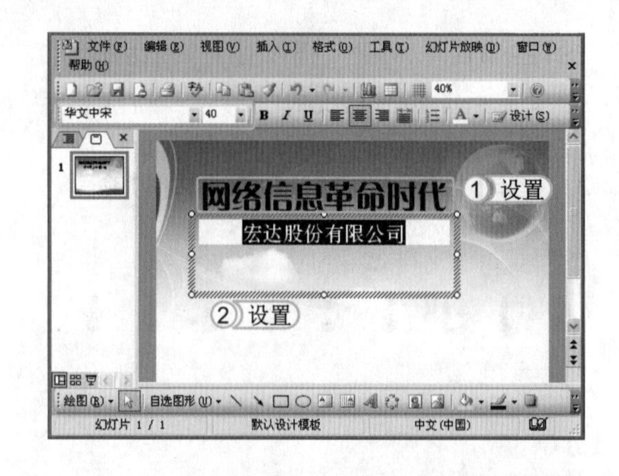

STEP 06: 选择艺术字

1. 选择【插入】/【图片】/【艺术字】命令。打开“艺术字库”对话框，在“请选择一种‘艺术字’样式”列表框中选择第2行第5个艺术字样式。
2. 单击[确定]按钮。

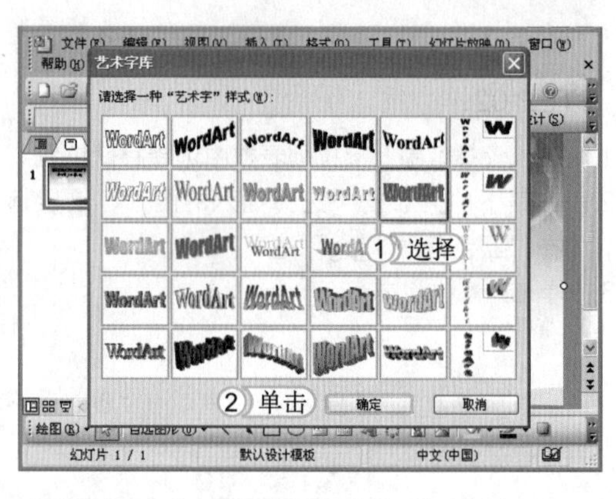

提个醒 在一张幻灯片中不宜插入太多艺术字，要视情况而定，太多反而会影响演示文稿的整体风格。

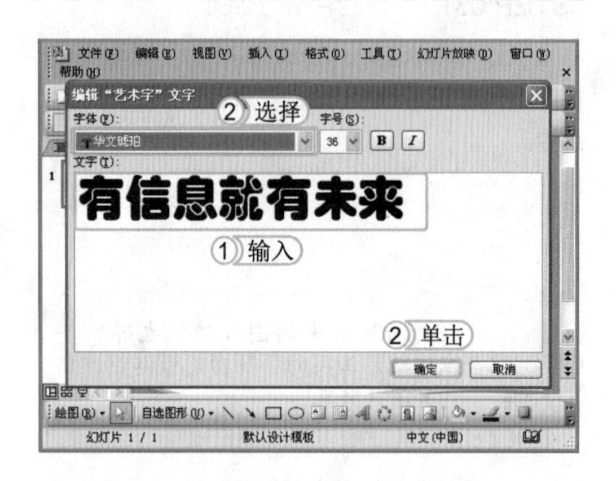

STEP 07: 插入艺术字

1. 打开“编辑‘艺术字’文字”对话框，在“文字”文本框中输入“有信息就有未来”文本。
2. 在“字体”下拉列表框中选择“华文琥珀”选项。
3. 单击[确定]按钮。

STEP 08: 设置艺术字样式

1. 系统将在幻灯片中插入所选艺术字，然后选择艺术字，利用鼠标将艺术字拖动至幻灯片编辑区的右下角位置并改变其大小。
2. 在“艺术字”工具栏中单击按钮，在弹出的下拉列表中选择“左远右近”选项。

STEP 09： 插入图示

1. 选择【插入】/【图示】命令，打开“图示库”对话框，在其中选择“循环图”选项。
2. 单击[确定]按钮。

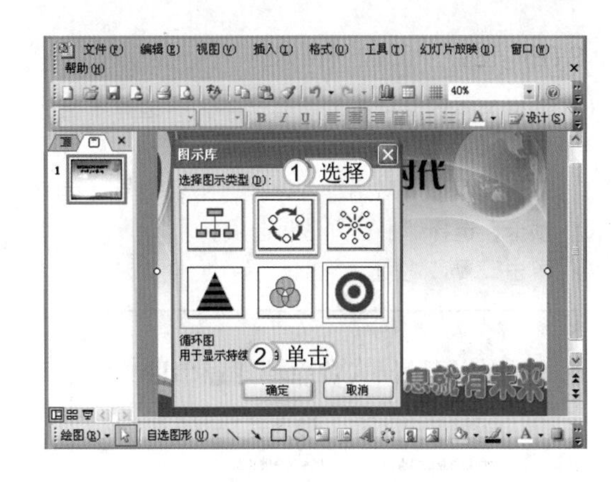

提个醒 要在幻灯片中插入图示，还有另外一种方法，就是单击“绘图”工具栏中的“插入组织结构图和其他图示”按钮，在打开的“图示库”对话框中选择所需图示。

STEP 10： 编辑图示

1. 将鼠标光标移动至图示的右上角，当鼠标光标变为↗形状时，按住鼠标左键并拖动至所需大小再释放鼠标。将鼠标光标定位到图示箭头之间的文本框中，分别输入“信息源”、“网络”和“用户”文本。
2. 并在“格式”工具栏中将其字号设置为“28”。
3. 将图示移动到编辑区中间位置。

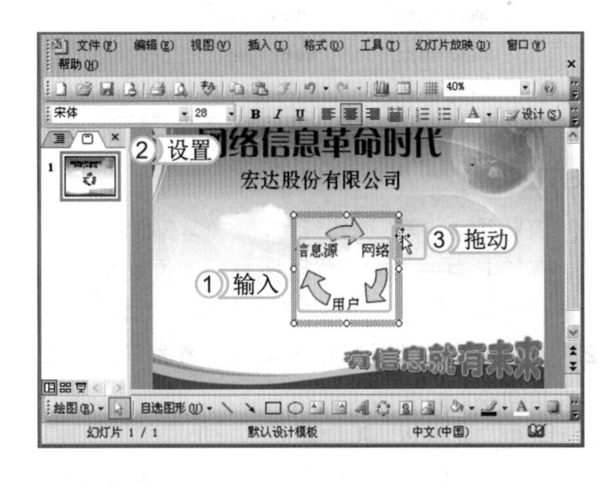

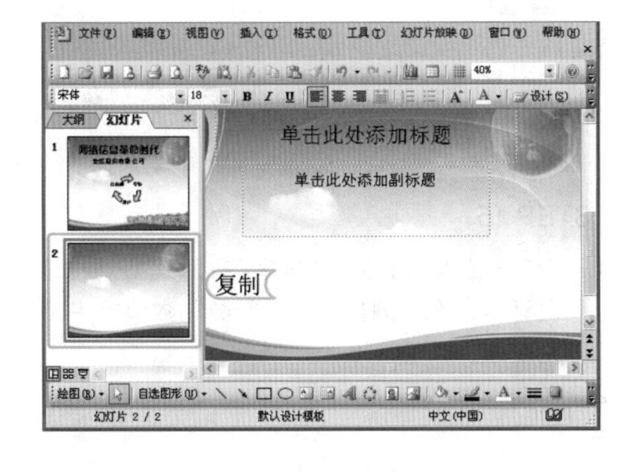

STEP 11： 复制幻灯片

在“幻灯片”窗格中选择第1张幻灯片，先按Ctrl+C组合键，再按Ctrl+V组合键，复制新的幻灯片为第2张幻灯片，再删除其中的内容，然后调整标题和文本占位符的位置。

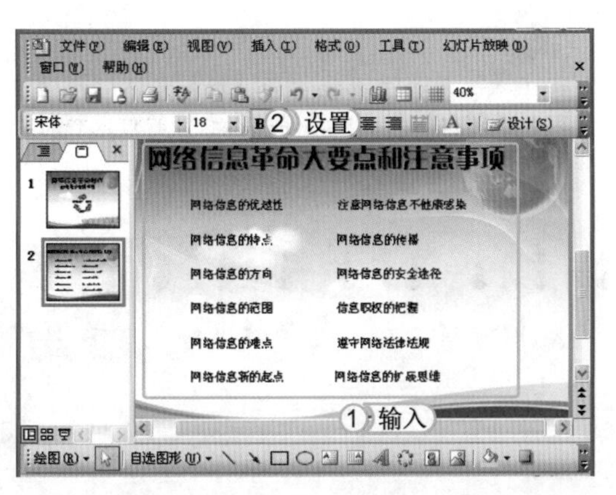

STEP 12： 输入并设置文本

1. 将鼠标光标定位到标题和文本占位符中，输入如左图所示的文本内容。
2. 将标题文本设置为“方正粗倩简体，44号”。将正文文本设置为“宋体，18号”。

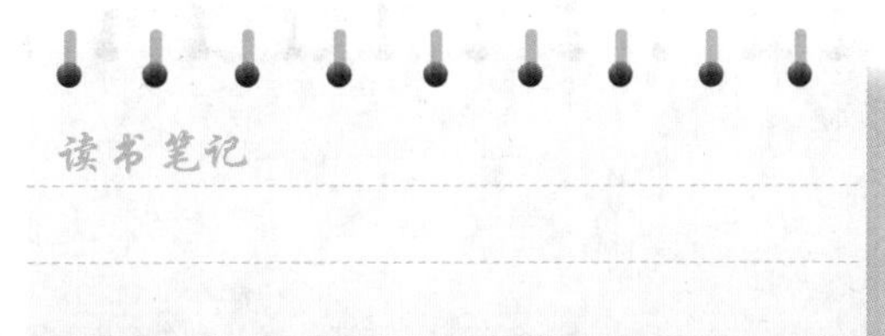

STEP 13： 添加项目符号

1. 选择文本占位符中的所有文本，再选择【格式】/【项目符号和编号】命令。打开“项目符号和编号”对话框，选择“项目符号”选项卡，选择“中空方形”选项。
2. 单击 确定 按钮。

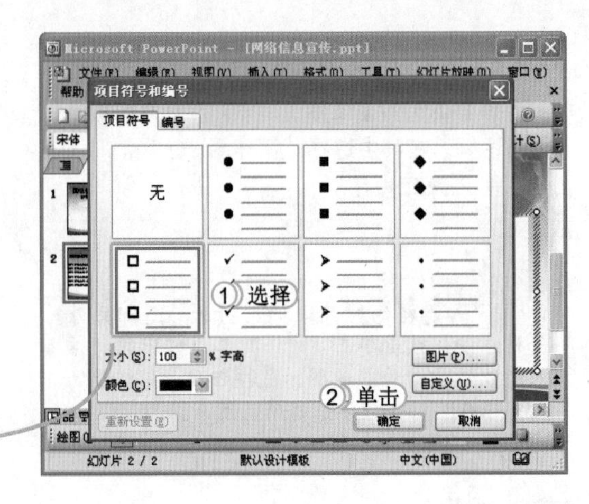

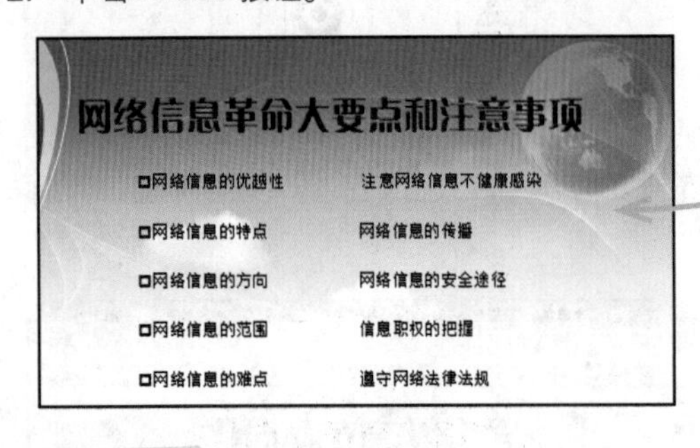

STEP 14： 复制幻灯片

1. 复制并粘贴第2张幻灯片，添加第3张幻灯片，删除其中的内容。将鼠标光标定位到标题占位符中，输入“网络信息的传播”文本。
2. 在“格式”工具栏中将文本设置为“方正粗倩简体”。
3. 单击“左对齐”按钮。

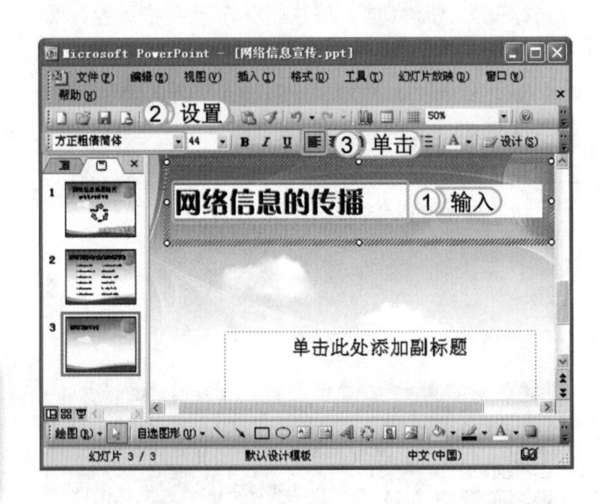

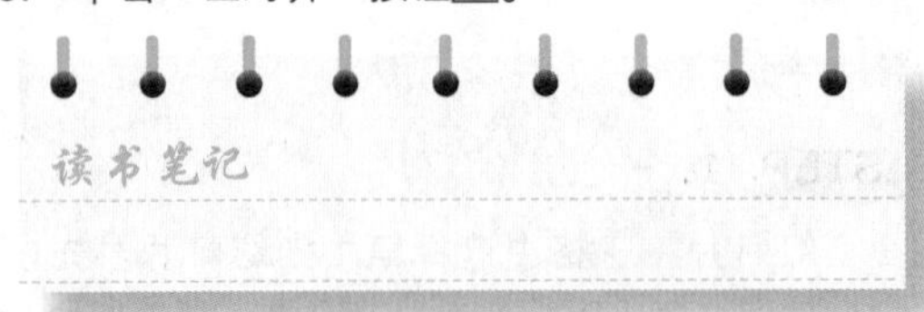

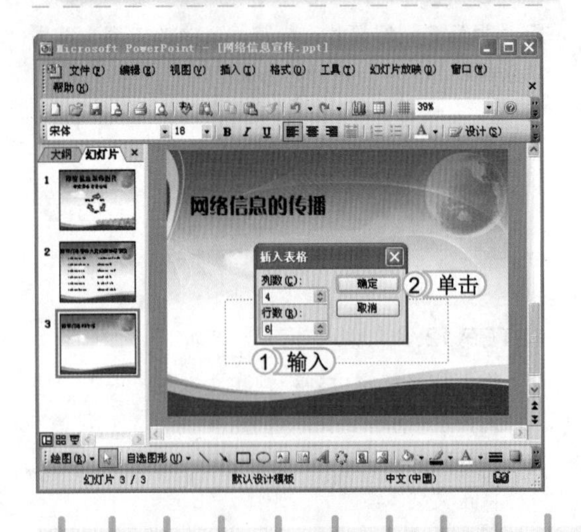

STEP 15： 插入表格

1. 选择【插入】/【表格】命令，打开“插入表格”对话框，在“列数”和“行数”数值框中分别输入“4”和“6”。
2. 单击 确定 按钮。

提个醒 单击工具栏中的“插入表格”按钮，在弹出的列表中选择插入表格的行数和列数，再单击鼠标将快速插入表格。

读书笔记

STEP 16： 在表格中输入文本

1. 此时，在第 3 张幻灯片中将插入一张 4 列 6 行的表格，然后将鼠标光标定位到表格中的第 1 个单元格中，输入“分类\单位\信息量”文本，使用相同的方法依次在其他单元格中输入其他的文本。
2. 使用鼠标拖动选择表格中的文本，在“格式”工具栏中单击“字体颜色”按钮右侧的下拉按钮，在弹出的下拉列表中选择“蓝色”选项。

STEP 17： 插入图表

继续复制、粘贴一张幻灯片为第 4 张幻灯片，删除其中的表格内容，将原标题占位符中的文本更改为“网络信息量示意图”。选择【插入】/【图表】命令，打开“数据表”窗口。

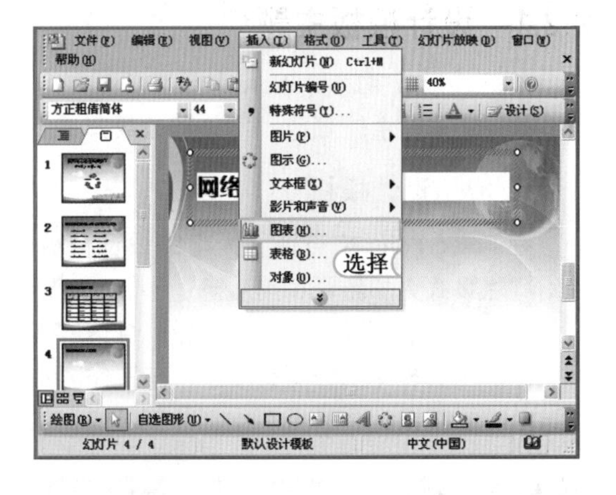

STEP 18： 为图表输入数据

1. 在“数据表”窗口中显示了默认的表格信息，然后手动将其中的数据修改为如左图所示的数据。
2. 修改后单击“关闭”按钮。

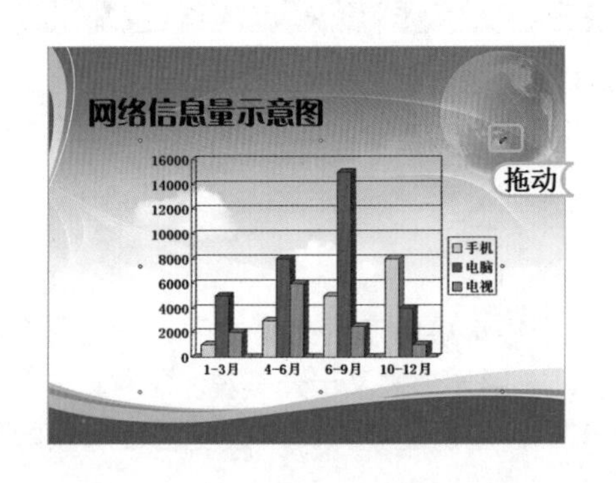

STEP 19： 调整图表大小

返回编辑区，即可在幻灯片中看到插入图表后的效果。然后将鼠标光标置于图表右上角的控制点上，当其变为形状时，向外侧拖动鼠标至合适位置后释放鼠标。

9.2 快速统一演示文稿风格

在完成演示文稿的制作后，为了使演示文稿更丰富多彩、更具吸引力，可对幻灯片应用设计模板、配色方案及创建与应用幻灯片母版等。下面分别进行讲解。

学习 1 小时

- 熟练掌握设计模板主题的方法。
- 灵活掌握创建与应用母版的方法。
- 掌握编辑母版的方法。

9.2.1 设计模板主题

幻灯片模板主题和 Word 软件中提供的样式比较类似，不仅可从外观上对幻灯片的背景进行设置，还可对主题颜色、字体和效果等进行设置。

1. 应用设计模板

在 PowerPoint 中自带了大量的设计模板，这些模板不仅可以提高制作效率，而且还可以使幻灯片版式更加新颖和美观。

幻灯片设计模板应用的方法是：打开演示文稿，选择【格式】/【幻灯片设计】命令，或单击格式工具栏中的设计(S)按钮，在工作区右侧打开的“幻灯片设计”任务窗格中单击需要的设计模板缩略图，此时所有幻灯片都将应用该设计模板。

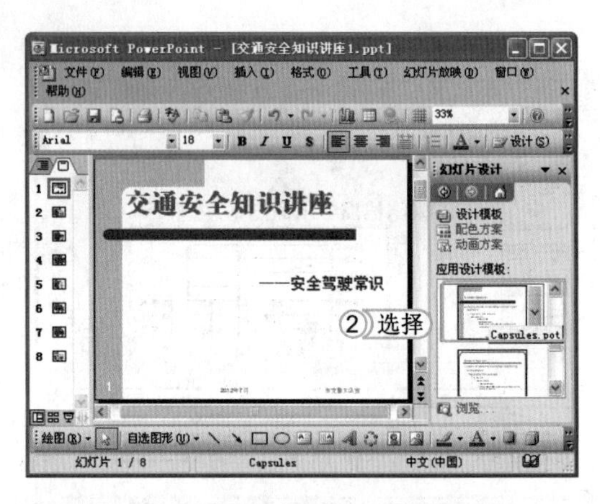

经验一箩筐——为单张幻灯片应用设计模板

若只需为某一张幻灯片应用设计模板，可首先在“幻灯片”窗格中选择该幻灯片，然后在“幻灯片版式”窗格中要应用的设计模板缩略图上，单击右侧的下拉按钮，在弹出的下拉列表中选择“应用于选定幻灯片”选项。

2. 应用配色方案

幻灯片中各种对象的颜色显示即为配色方案，对于经常接触演示文稿的用户来说，应用自带的配色方案可以合理搭配幻灯片中各部分的颜色，既彰显个性又十分美观。

下面将在“水果与健康专题报道.ppt”演示文稿中，应用配色方案来改变各种对象的颜色显示，其具体操作如下：

光盘文件
素材\第9章\水果与健康专题报道.ppt
效果\第9章\水果与健康专题报道.ppt
实例演示\第9章\应用配色方案

STEP 01：打开“幻灯片设计”任务窗格

1. 打开“水果与健康专题报道.ppt”演示文稿，单击“格式”工具栏中的设计(S)按钮。
2. 在打开的“幻灯片设计”任务窗格中单击“配色方案”超级链接。

STEP 02：应用配色方案

在“应用配色方案”列表框中单击第2个配色方案缩略图，此时演示文稿即应用了该配色方案。

3. 编辑配色方案

在为幻灯片应用配色方案后，如果还需要对其中的某个颜色进行更改，可在“编辑配色方案”对话框中重新选择需要的色块。

下面将在“水果与健康专题报道1.ppt”演示文稿中，应用配色方案来改变各种对象的颜色显示，其具体操作如下：

光盘文件
素材\第9章\水果与健康专题报道1.ppt
效果\第9章\水果与健康专题报道1.ppt
实例演示\第9章\编辑配色方案

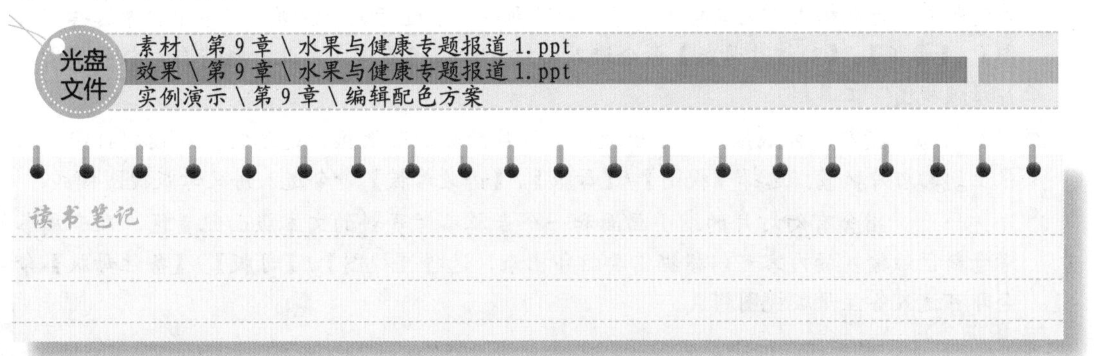

STEP 01： 设置配色方案

1. 打开“水果与健康专题报道 1.ppt”演示文稿，在“幻灯片设计”任务窗格下方单击“编辑配色方案”超级链接。
2. 打开“编辑配色方案”对话框，选择“自定义”选项卡。
3. 在“配色方案颜色”栏中选择“背景”选项。
4. 单击更改颜色(O)...按钮。

STEP 02： 完成配色方案的应用

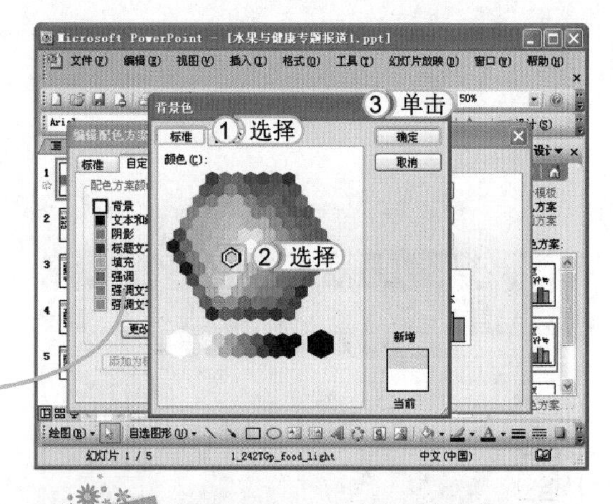

1. 打开“背景色”对话框，选择“标准”选项卡。
2. 在“颜色”栏中选择“天蓝色”选项。
3. 单击确定按钮。返回“编辑配色方案”对话框，单击确定按钮。返回演示文稿中即可看到最终效果。

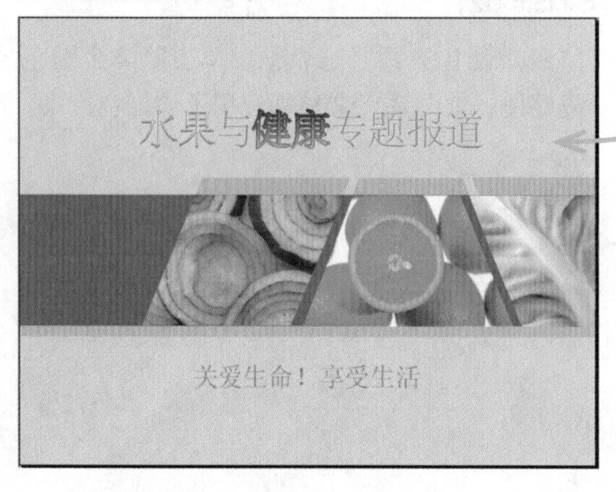

提个醒 在对现有的配色方案进行编辑后，PowerPoint 会将编辑后的方案作为新的配色方案添加到“幻灯片设计”任务窗格的“应用配色方案”列表框中。

9.2.2 母版类型

通过使用 PowerPoint 母版功能，能够在制作演示文稿时快速生成需要的、格式统一的幻灯片样式。PowerPoint 母版包括幻灯片母版、讲义母版和备注母版 3 种类型，不同的母版对应的视图也不相同，具体介绍如下。

- 幻灯片母版：指含有标题及文本的版面配置区，通过对幻灯片母版的设计，可以对幻灯片的版面、标题格式、文本格式、背景和动画等对象进行统一设置。在菜单栏中选择【视图】/【母版】/【幻灯片母版】命令进入幻灯片母版视图模式，此时也将自动打开“幻灯片母版视图”工具栏。
- 讲义母版：指在一页纸张中显示出数张幻灯片的版面配置区，通过它可以控制打印在纸张上的幻灯片数量。选择【视图】/【母版】/【讲义母版】命令进入讲义母版视图模式。
- 备注母版：指含有幻灯片的缩小画面和一个专属参考资料的文本版面配置区，在专属参考资料区域输入的内容可以根据需要打印出来，选择【视图】/【母版】/【备注母版】命令即可进入备注母版视图模式。

9.2.3 制作母版

幻灯片母版就像是一个存储了幻灯片所有信息的模板，这些信息包括幻灯片的背景、标题文本格式、字体格式、设置页眉和页脚等。使用幻灯片母版将对演示文稿中的每一张幻灯片应用其模板样式，从而省去了重复的设置，并在格式上达到完全统一的效果。

1. 设置母版背景

在 PowerPoint 中幻灯片默认的背景色是白色，使用这种颜色往往使制作出来的演示文稿看上去枯燥、乏味。此时，便可为幻灯片母版设置背景，以美化幻灯片的效果。

下面将在“产品相册 .ppt”演示文稿中添加图片背景，其具体操作如下：

光盘文件
素材 \ 第 9 章 \ 产品相册 . ppt、叶子 . jpg
效果 \ 第 9 章 \ 产品相册 . ppt
实例演示 \ 第 9 章 \ 设置母版背景

STEP 01：打开“填充效果”对话框

打开“产品相册 .ppt”演示文稿，选择【格式】/【背景】命令，打开“背景”对话框，单击 右侧的下拉按钮，在弹出的下拉列表中选择“填充效果”选项。

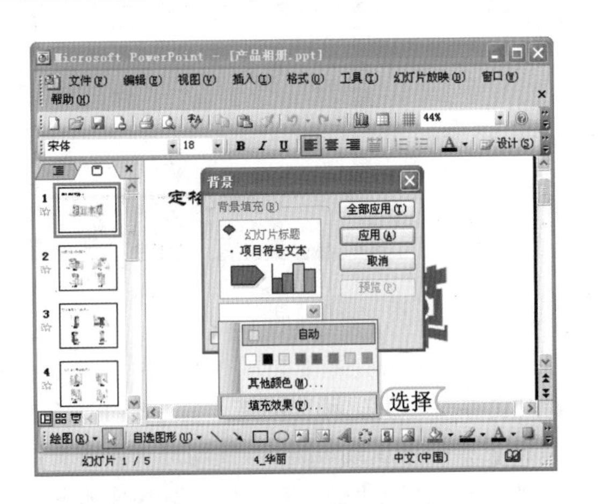

提个醒 在“背景”对话框中单击 右侧的下拉按钮，在弹出的下拉列表中可直接选择对应的颜色选项，可为演示文稿中的所有幻灯片应用纯色背景。

STEP 02：插入图片

1. 打开“填充效果”对话框，选择“图片”选项卡，单击 选择图片(L)... 按钮。打开“插入图片”对话框，在其中选择需要插入的图片，这里选择“叶子 .jpg”选项。
2. 单击 插入(S) 按钮。

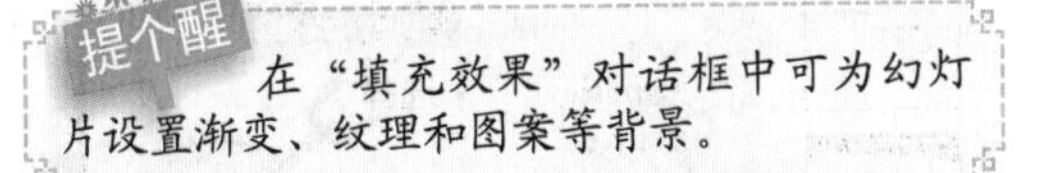

提个醒 在“填充效果”对话框中可为幻灯片设置渐变、纹理和图案等背景。

STEP 03：查看效果

返回“填充效果”对话框，单击 确定 按钮。返回“背景”对话框，单击 全部应用(T) 按钮，即可看到演示文稿中的所有幻灯片都应用了相同的背景。

2. 设置母版页面格式

通过设置幻灯片母版页面格式可以为幻灯片中的文本内容设置默认的字体格式。且在设置字体后，该母版的所有幻灯片都将应用该字体格式。

其方法是：打开演示文稿，选择【视图】/【母版】/【幻灯片母版】命令，进入幻灯片母版编辑状态，在其中可看到“单击此处编辑母版文本样式”、“第二级”等字样，将鼠标光标定位于其中，然后在“格式”工具栏或“字体”对话框中按照设置普通文本格式的方法对其进行设置。

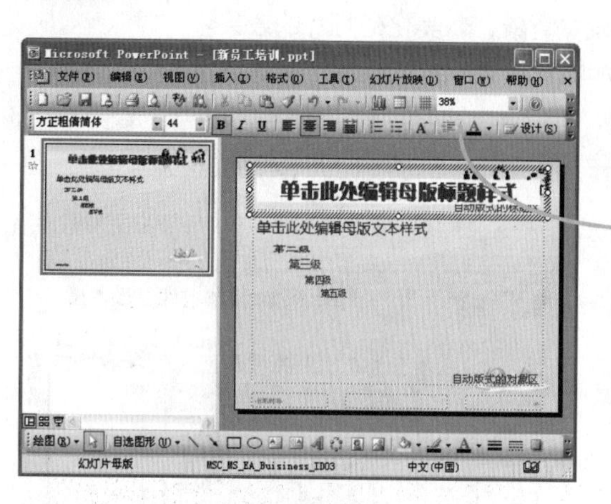

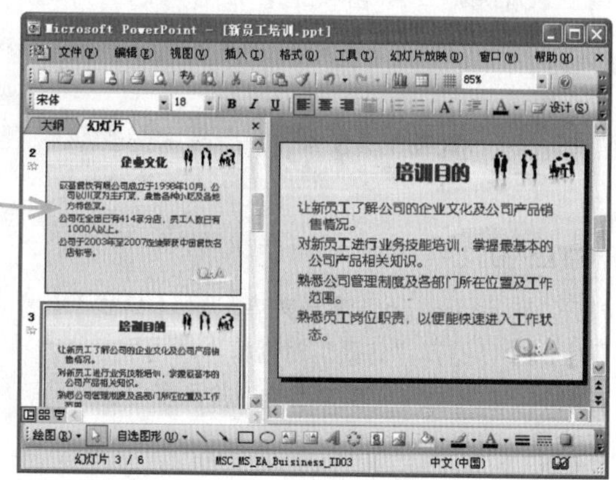

3. 设置页眉和页脚

页眉和页脚是指要显示在幻灯片、讲义、大纲或备注页面的顶部或底部的文本或数据，如幻灯片编号、页码和日期等。在编辑 PowerPoint 演示文稿时，也可以为每张幻灯片添加类似 Word 文档的页眉或页脚，以使幻灯片内容更易于阅读，更加规范。下面将在“年度销售总结.ppt”演示文稿中的页脚处插入页码，其操作方法如下：

光盘文件
素材\第 9 章\年度销售总结.ppt
效果\第 9 章\年度销售总结.ppt
实例演示\第 9 章\设置页眉和页脚

STEP 01：打开“页眉和页脚”对话框

打开“年度销售总结.ppt”演示文稿，选择【视图】/【母版】/【幻灯片母版】命令，进入讲义母版编辑状态。选择【视图】/【页眉和页脚】命令，打开“页眉和页脚”对话框。

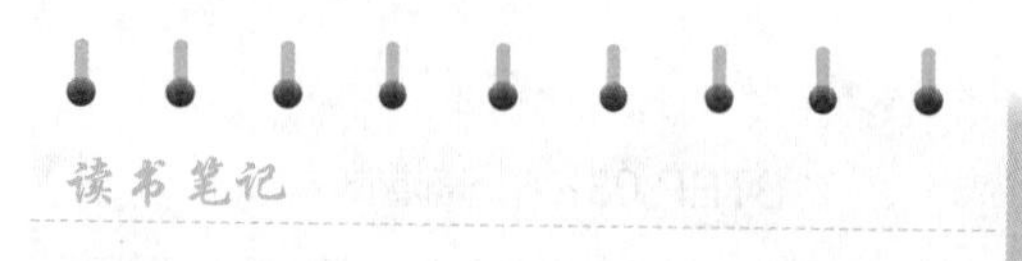

经验一箩筐——在母版视图中设置页眉

在幻灯片母版视图中，默认情况下只能为母版幻灯片设置页脚，如果需要为幻灯片母版设置页眉，可以通过在相应的位置插入一个文本框并输入页眉内容。

STEP 02：设置页脚信息

1. 选择“幻灯片”选项卡，选中☑日期和时间(D)和☑页脚(F)复选框。
2. 在“页脚”文本框中输入“乐购超市”文本，选中☑标题幻灯片中不显示(S)复选框。
3. 单击[全部应用(Y)]按钮。

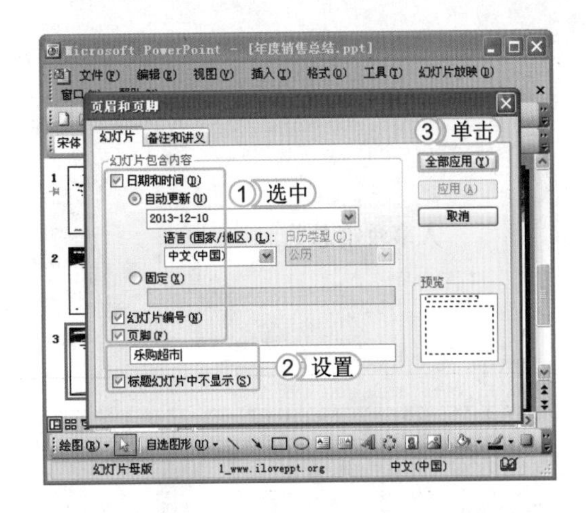

> **提个醒**
> 在设置“页眉和页脚”时，如果不需要在标题幻灯片中显示页眉和页脚，可在“页眉和页脚”对话框中取消选中“标题幻灯片中不显示”前的复选框。

STEP 03：查看最终效果

返回讲义母版视图，选择【视图】/【普通】命令，返回到普通视图，即可查看到设置页眉和页脚的效果。

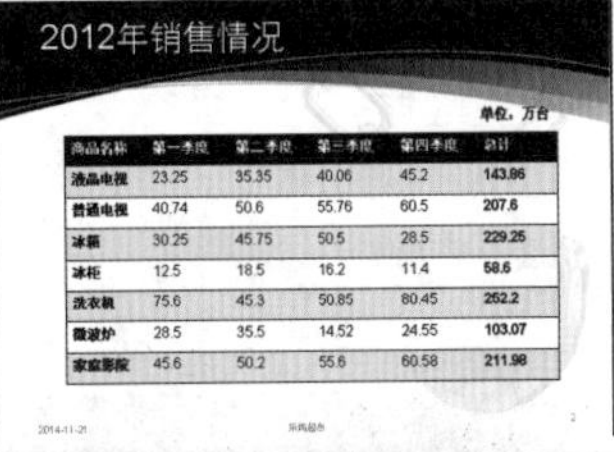

商品名称	第一季度	第二季度	第三季度	第四季度	总计
液晶电视	23.25	35.35	40.06	45.2	143.86
普通电视	40.74	50.6	55.76	60.5	207.6
冰箱	30.25	45.75	50.5	28.5	229.25
冰柜	12.5	18.5	16.2	11.4	58.6
洗衣机	75.6	45.3	50.85	80.45	252.2
微波炉	28.5	35.5	14.52	24.55	103.07
家庭影院	45.6	50.2	55.6	60.58	211.98

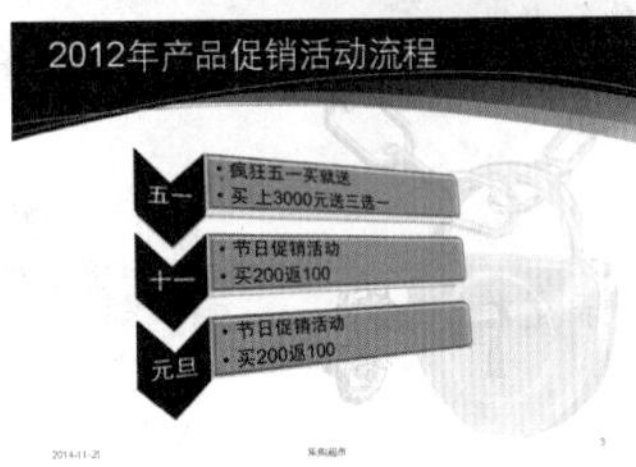

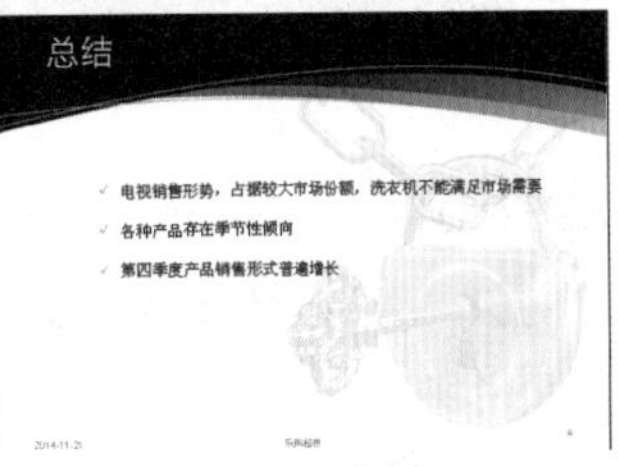

> **提个醒**
> 进入母版视图，单击鼠标将鼠标光标定位于“<#>”文本前，输入“第”并加一个空格；然后将插入点定位到括号的右边，输入空格，然后输入“页，共10页”，可更改页码样式。

问题小贴士

问：为什么在插入页眉和页脚后，它未能显示出来呢？

答：通常情况下，可通过以下3种情况来解决。一是选择幻灯片，再打开“页眉和页脚”对话框，检查并确保是否选择了想要的选项；二是检查母版，确保没有删除特定的页眉或页脚占位符。如果已删除，则在“幻灯片母版视图”工具栏中单击“母版版式”按钮，使其在母版视图中重新应用；三是选择【格式】/【背景】命令，在打开的对话框中检查并确定背景图形是否已关闭。如果选中☑忽略母版的背景图形(G)复选框，则有时页眉和页脚也不会显示。

上机1小时 制作“人事政策总览”演示文稿

- 进一步掌握应用设计模板的方法。
- 巩固应用配色方案的方法。
- 熟练掌握制作母版的方法。

本例将制作“人事政策总览.ppt”演示文稿，首先是运用设计模板，然后是设计幻灯片母版和标题母版，从而使演示文稿具有统一性、主次分明及重点突出。完成后的最终效果如下图所示。

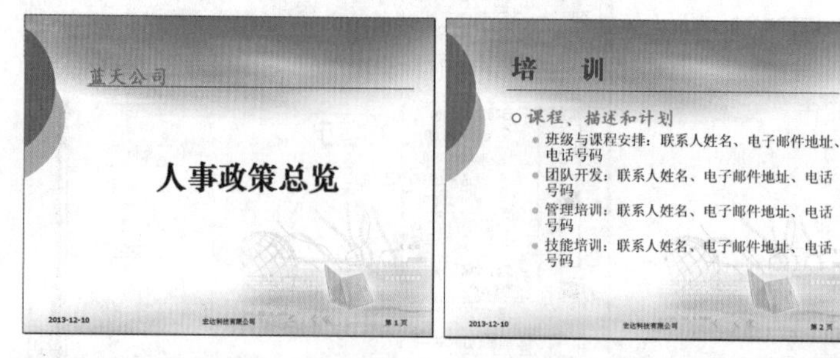

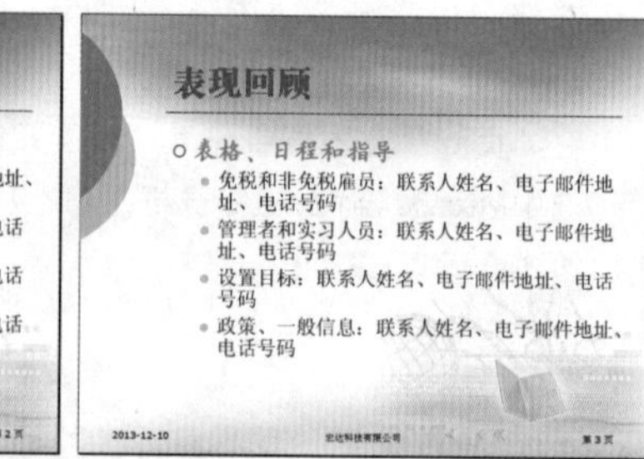

性能改进
- 政策和步骤：联系人姓名、电子邮件地址、电话号码
- 表格：联系人姓名、电子邮件地址、电话号码
- 安排新工作：联系人姓名、电子邮件地址、电话号码
- 补偿：联系人姓名、电子邮件地址、电话号码

招 聘
- 从学校招聘：联系人姓名、电子邮件地址、电话号码
- 雇员招聘：联系人姓名、电子邮件地址、电话号码
- 实习人员招聘：联系人姓名、电子邮件地址、电话号码
- 新增专业人员：联系人姓名、电子邮件地址、电话号码
- 工作描述、表格：联系人姓名、电子邮件地址、电话号码

调 动
- 雇员调动过程：联系人姓名、电子邮件地址、电话号码
- 调动请求表格：联系人姓名、电子邮件地址、电话号码
- 雇员调整：联系人姓名、电子邮件地址、电话号码
- 职位调整表格：联系人姓名、电子邮件地址、电话号码

光盘文件

素材 \ 第 9 章 \ 人事政策总览 .ppt、背景 8.jpg
效果 \ 第 9 章 \ 人事政策总览 .ppt
实例演示 \ 第 9 章 \ 制作“人事政策总览”演示文稿

STEP 01：应用设计模板

1. 打开“人事政策总览 .ppt”演示文稿，选择第 2 张幻灯片。
2. 单击设计(S)按钮。
3. 在“幻灯片设计”任务窗格中单击“设计模板”超级链接。
4. 在“应用设计模板”列表框中单击 Eclipse.pot 缩略图。

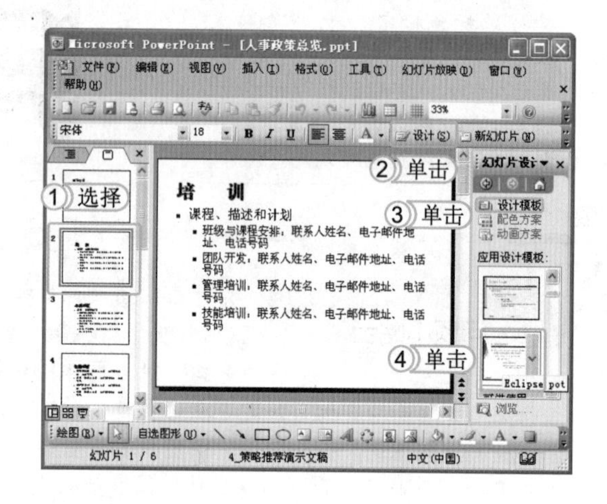

STEP 02：应用配色方案

1. 在“幻灯片设计”任务窗格中单击“配色方案”超级链接。
2. 在“应用配色方案”列表框中单击第 2 个缩略图。

提个醒

在“应用设计模板”下方单击“浏览”超级链接，可在打开的对话框中选择已有的 PowerPoint 模板并应用至当前演示文稿中。

STEP 03：打开“字体”对话框

1. 选择【视图】/【母版】/【幻灯片母版】命令，进入幻灯片母版视图模式，打开“幻灯片母版视图”工具栏，选择第 1 张母版缩略图。
2. 选择“单击此处编辑母版文本样式”占位符文本。选择【格式】/【字体】命令，打开“字体”对话框。

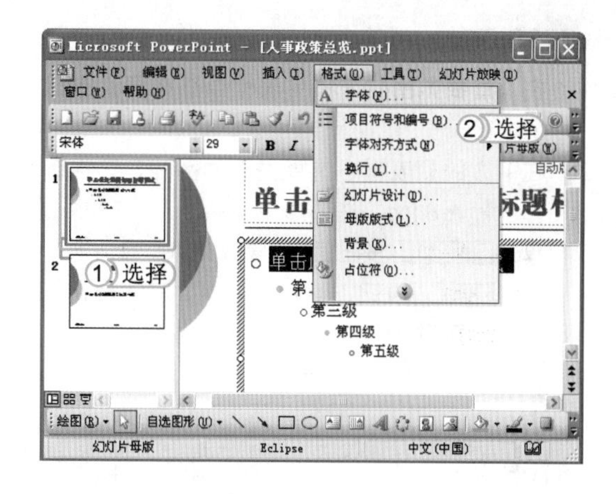

STEP 04：设置字体格式

1. 在其中设置“字体”为“汉仪中楷简”，“字号”为“32”，“颜色”为“靛青”。
2. 单击 确定 按钮返回幻灯片母版。

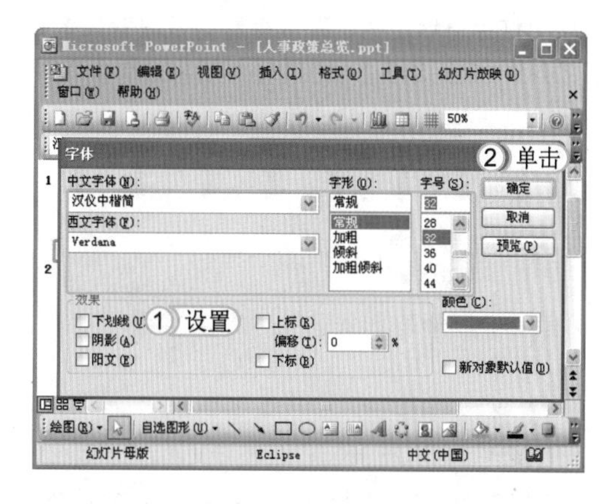

提个醒 在“字体”对话框中的“颜色”下拉列表中只列出了几种颜色供用户选择，若想选择更多的颜色，可在其中选择“其他颜色”选项，在打开的对话框中选择需要的颜色。

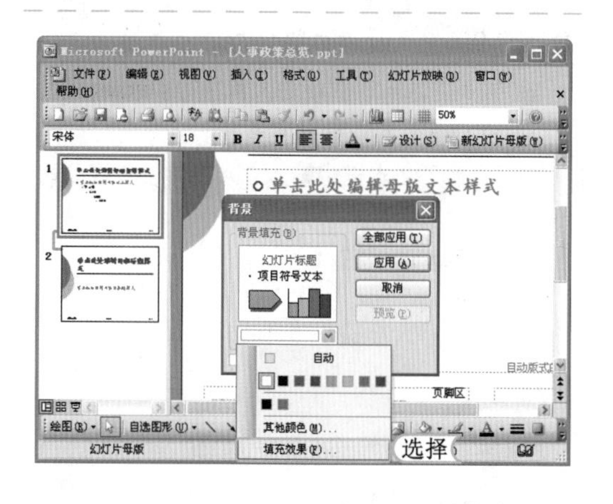

STEP 05：打开“背景”对话框

取消文本的选择状态，标题字体样式已经发生改变，在母版幻灯片的空白区域单击鼠标右键，在弹出的快捷菜单中选择“背景”命令，打开“背景”对话框，在下方的下拉列表框中选择“填充效果”命令。

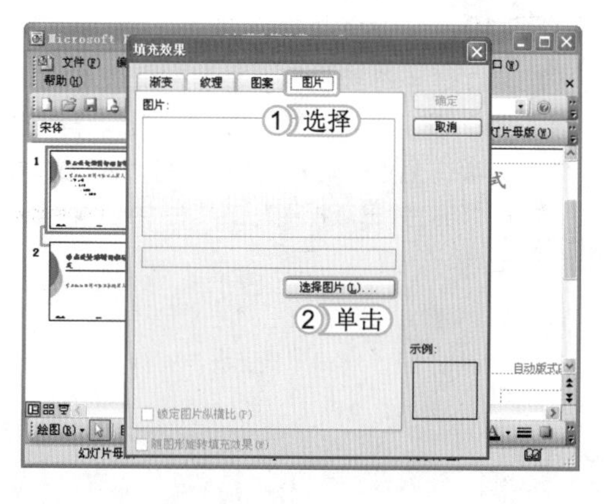

STEP 06：打开“选择图片”对话框

1. 打开“填充效果”对话框，选择“图片”选项卡。
2. 单击 选择图片(L)... 按钮，打开“选择图片”对话框。

STEP 07：插入图片

1. 在“查找范围”下拉列表框中选择图片存储的位置。
2. 在下方的列表框中选择需要的图片，这里选择“背景 8.jpg”选项。
3. 单击[插入(S)]按钮返回“填充效果”对话框，单击[确定]按钮，返回“背景”对话框，单击[全部应用(T)]按钮。

STEP 08：打开“页眉和页脚”对话框

返回幻灯片母版视图，即可查看到设置背景图片后的效果。然后选择【视图】/【页眉和页脚】命令，打开“页眉和页脚”对话框。

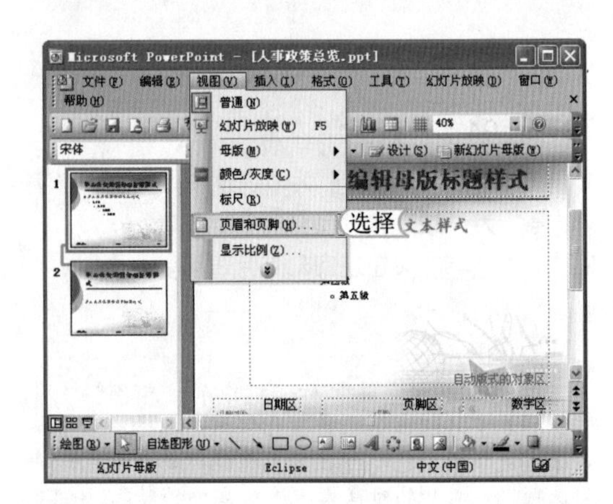

STEP 09：设置页脚信息

1. 选择“幻灯片”选项卡，再选中☑日期和时间(D)、☑幻灯片编号(N)和☑页脚(F)复选框。
2. 在“页脚”文本框中输入“远宏科技有限公司”文本。
3. 单击[全部应用(Y)]按钮。

STEP 10：设置页脚样式

1. 返回幻灯片母版视图。将鼠标光标定位于“<#>”前，输入“第”和一个空格。再定位于“<#>”后面，输入“空格”和“页”文本。
2. 单击“幻灯片母版视图”工具栏中的[关闭母版视图(C)]按钮。

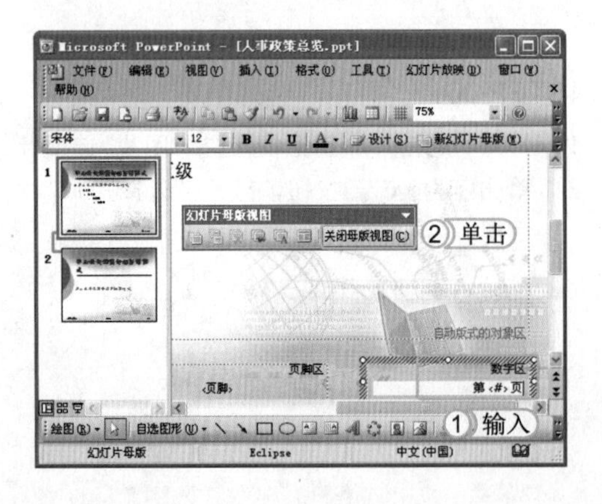

STEP 11： 查看最终效果

返回普通视图模式，即可查看到设置完成后的效果。

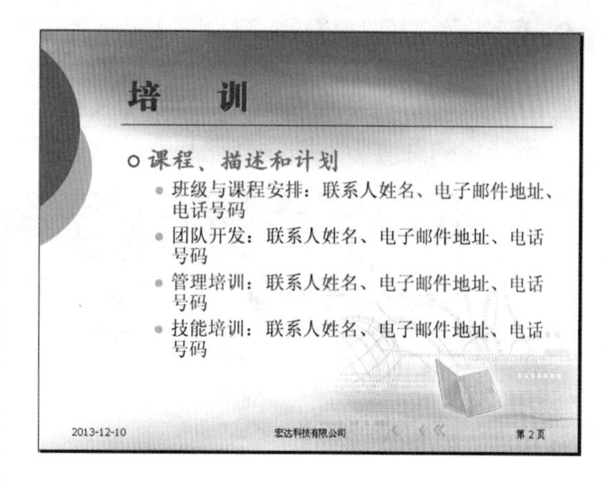

9.3 练习 1 小时

本章主要介绍了在 PowerPoint 中添加各种元素及幻灯片母版的设计方法，包括插入图片、插入表格、添加项目符号和编号、设计模板和幻灯片母版等。下面将通过制作年度销售总结和广告招商说明演示文稿两个练习进一步巩固这些知识的操作方法，使用户熟练掌握并进行运用。

1. 制作“年度销售总结”演示文稿

本例将打开“年度销售总结 1.ppt”演示文稿，通过文本、图片、表格的插入与编辑对内容进行阐述。需要注意的是，多个插入对象相互之间的搭配关系，要力求表现形式多样、脉络条理清晰，内容翔实生动，最终效果如下图所示。

2013年销售情况　单位：万台

商品名称	第一季度	第二季度	第三季度	第四季度	总计
液晶电视	23.25	35.35	40.06	45.2	143.86
普通电视	40.74	50.6	55.76	60.5	207.6
冰箱	30.25	45.75	50.5	28.5	229.25
冰柜	12.5	18.5	16.2	11.4	58.6
洗衣机	75.6	45.3	50.85	80.45	252.2
微波炉	28.5	35.5	14.52	24.55	103.07
家庭影院	45.6	50.2	55.6	60.58	211.98

2

2013年产品促销活动流程

五一：疯狂五一买就送（买3000元送三选一）
十一：节日促销活动（买200返100）
元旦：节日促销活动（买200返100）

3

总结

✓电视销售形势，占据较大市场份额，洗衣机不能满足市场需要
✓各种产品存在季节性倾向
✓第四季度产品销售形式普遍增长

4

光盘文件
素材 \ 第 9 章 \ 年度销售总结 1.ppt、图片 1.png、图片 2.png
效果 \ 第 9 章 \ 年度销售总结 1.ppt
实例演示 \ 第 9 章 \ 制作“年度销售总结”演示文稿

2. 制作“广告招商说明”演示文稿

打开“广告招商说明.ppt”演示文稿，对演示文稿幻灯片的母版进行设计和编辑，统一设计它的页眉、页脚、日期和字体格式等重要信息，完成后的最终效果如下图所示。

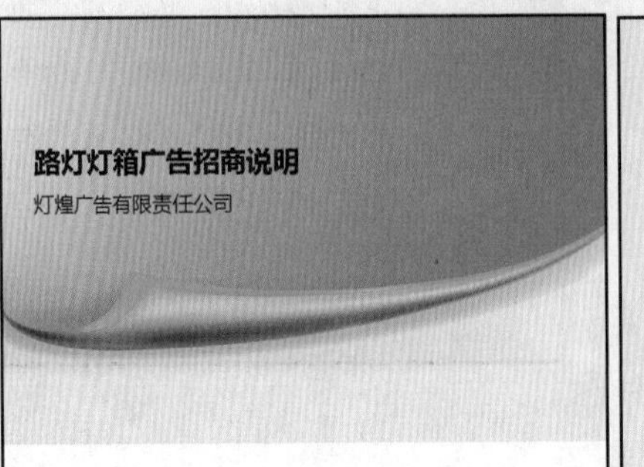

光盘文件

素材\第 9 章\广告招商说明.ppt、图片 1.jpg、图片 2.jpg

效果\第 9 章\广告招商说明.ppt

实例演示\第 9 章\制作“广告招商说明”演示文稿

读书笔记

办公

72 HOURS

第10章 有声有色——动画与交互效果

学习 3 小时

在浏览演示文稿时，不仅可以看到精美的图片和文字，有时还会出现声音、动画以及其他元素，这些元素的运用可使 PowerPoint 演示文稿更加生动有趣。本章将介绍如何在幻灯片中应用声音、影片和动画等元素，并学习设置对象属性和交互的方法。

- 添加多媒体对象
- 让幻灯片内容动起来
- 为对象添加交互动作

10.1 添加多媒体对象

在制作演示文稿的过程中，通过插入声音、视频等多媒体的功能，可使演示文稿变得有声有色，并帮助观众从画面、声音等多方面接收制作者想要表达的思想和观点等信息。下面分别进行讲解。

学习 1 小时

- 掌握插入和设置声音文件的方法。
- 灵活掌握录制声音的方法。
- 掌握插入与编辑视频文件的方法。
- 掌握控制声音和视频播放的方法。

10.1.1 插入声音

插入声音可增强演示文稿的感染力，在 PowerPoint 中不仅可以插入多种扩展名的声音文件，还可以插入来自不同途径的声音文件，如剪辑管理器中自带的声音、电脑中保存的声音文件和录制的声音等，其中最常用的就是通过剪辑管理器中的声音插入。下面在“诗词赏析课件 .ppt”演示文稿中为第 1 张幻灯片插入声音，其具体操作如下：

光盘文件
素材 \ 第 10 章 \ 诗词赏析课件 .ppt
效果 \ 第 10 章 \ 诗词赏析课件 .ppt
实例演示 \ 第 10 章 \ 插入声音

STEP 01：打开“剪贴画”任务窗格

打开“诗词赏析课件 .ppt”演示文稿，选择第 1 张幻灯片，再选择【插入】/【影片和声音】/【剪辑管理器中的声音】命令，打开“剪贴画”任务窗格。

STEP 02：选择声音

在“结果类型”栏下的列表框中默认有几种声音，这里单击“Claps Cheers，鼓掌欢迎”选项。

提个醒

若“剪贴画”任务窗格中有多种类型的声音文件，可在“搜索文字”文本框中输入相应的关键字，快速查找到需要的声音文件。

STEP 03: 选择声音

系统会打开一个提示框，提示希望在幻灯片放映时如何开始播放声音，在其中单击 自动(A) 按钮。此时，在幻灯片中将有一个喇叭图标显示，表示声音已插入。

提个醒 在打开的提示对话框中单击 自动(A) 按钮，表示在播放幻灯片时将自动播放插入的声音；单击 在单击时(C) 按钮，则表示需单击一次鼠标才播放声音。

经验一箩筐——插入文件中的声音

在演示文稿中插入文件中的声音与插入图片的方法相似。其方法是：选择需插入声音的幻灯片，选择【插入】/【影片和声音】/【文件中的声音】命令，在打开的"插入声音"对话框中选择需插入的声音文件，单击 确定 按钮。

10.1.2 编辑声音效果

在幻灯片中插入声音文件后，将会出现图标，表示该处插入了一个声音文件，若需要对插入的声音进行设置，可在其上单击鼠标右键，在弹出的快捷菜单中选择"编辑声音对象"命令。打开如右图所示的"声音选项"对话框，在其中可对声音播放模式、音量等进行设置。该对话框中各选项的含义介绍如下。

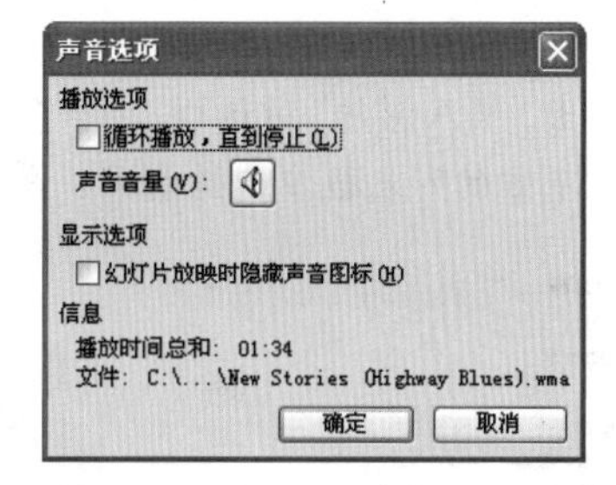

- ☑循环播放，直到停止(L) 复选框：选中该复选框，是指在播放幻灯片时，插入的声音将循环播放，直至幻灯片播放结束才停止。
- "声音音量"按钮：单击该按钮，在弹出的列表中拖动控制柄可调整声音音量的大小；如果不需要插入声音，则可选中 ☑静音(M) 复选框。
- ☑幻灯片放映时隐藏声音图标(H) 复选框：为了幻灯片画面的美观和统一性，有时需要隐藏幻灯片中的声音图标，这时选中 ☑幻灯片放映时隐藏声音图标(H) 复选框可隐藏图标。

10.1.3 录制声音

在制作演示文稿时，有时需要插入与文档内容相结合的声音，如解说演示文稿的内容或具有故事、情节的讲解词等。这时就可以录制相应的声音，将其插入到演示文稿中。

其方法是：选择需插入录制声音的幻灯片，选择【插入】/【影片和声音】/【录制声音】命令，打开"录音"对话框，在"名称"文本框中输入录制的声音名称，单击 ● 按钮开始录音，录制完成后，单击 ■ 按钮，再单击 确定 按钮。

10.1.4 插入影片

虽然影片和声音同属于多媒体文件，但影片的加入可使演示文稿的内容更加丰富多彩，更能增加演示文稿的生动性和感染力。在演示文稿中插入的影片有两种：一种是剪辑管理器中自带的影片；另一种是电脑中保存的影片文件。插入影片的方法与插入剪贴画类似，常见的插入方法有如下几种。

- 通过"剪贴画"任务窗格插入：选择【插入】/【影片和声音】/【剪辑管理器中的影片】命令，打开"剪贴画"任务窗格，在"结果类型"栏的"选中的媒体文件类型"下拉列表框中选中☑影片复选框，单击搜索按钮手动搜索，搜索完成后在下方的列表框中选择所需的影片，单击鼠标完成插入。也可以在"搜索文字"文本框中输入需搜索的影片名称，单击搜索按钮手动搜索，当搜索结果显示完成后，单击完成插入。
- 通过"插入影片"对话框插入：选择【插入】/【影片和声音】/【文件中的影片】命令，弹出"插入影片"对话框，在"查找范围"下拉列表框中选择需插入影片所在的文件夹位置，在下方的列表框中选择影片，单击确定按钮。

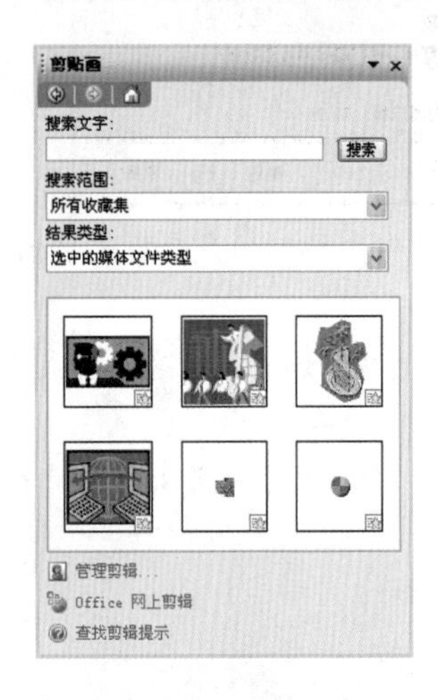

经验一箩筐——查看视频效果

将视频插入到幻灯片后，按 F5 键放映幻灯片，即可看到插入的视频效果。

10.1.5 编辑影片

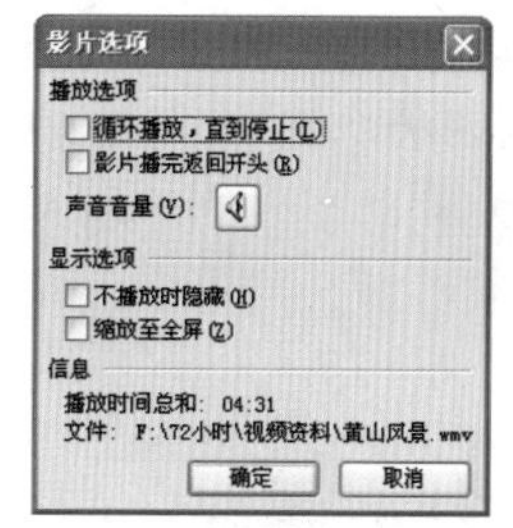

在幻灯片中插入影片文件后，也可打开“影片选项”对话框对播放方式进行编辑。其方法是：在插入的影片上单击鼠标右键，在弹出的快捷菜单中选择“编辑影片对象”命令。打开“影片选项”对话框，在其中可对声音播放模式、音量等进行设置。该对话框与“声音选项”对话框相似，其中不同选项的含义介绍如下。

- ☑影片播完返回开头(B) 复选框：选中该复选框，在影片播放完毕后播放窗口将显示影片的第一帧画面；取消选中该复选框，在影片播放完毕后播放窗口将显示影片的最后一帧画面。
- ☑不播放时隐藏(H) 复选框：如果在放映幻灯片时不需要放映插入的影片，即可选中该复选框。
- ☑缩放至全屏(Z) 复选框：选中该复选框，在放映幻灯片时影片将自动切换至全屏进行播放，在播放结束后将还原为影片图标状态。

10.1.6 插入 Flash 动画

在 PowerPoint 中还可以插入 Flash 动画，以使幻灯片在放映时更加美观和生动，并富有动感。但需注意的是，在插入 Flash 动画时，选择的动画必须与幻灯片内容相融。下面在“公司爱心活动.ppt”演示文稿中为第 1 张幻灯片插入 Flash 动画，其具体操作如下：

光盘文件
素材 \ 第 10 章 \ 公司爱心活动 .ppt、超级蜗牛 . swf
效果 \ 第 10 章 \ 公司爱心活动 . ppt
实例演示 \ 第 10 章 \ 插入 Flash 动画

STEP 01：打开“控件工具箱”工具栏

打开“公司爱心活动 .ppt”演示文稿，在工具栏上单击鼠标右键，在弹出的快捷菜单中选择“控件工具箱”命令，打开“控件工具箱”工具栏。

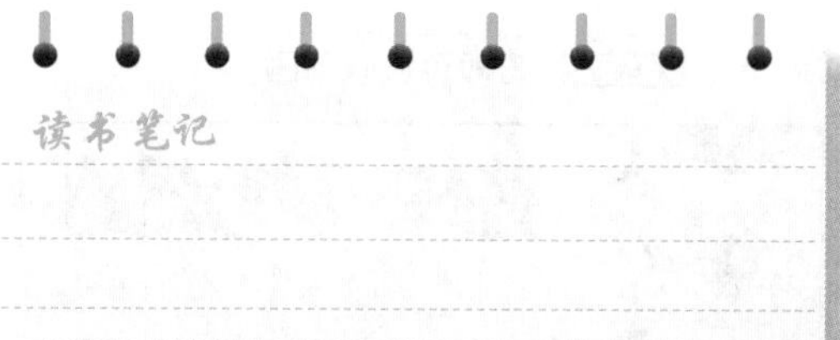

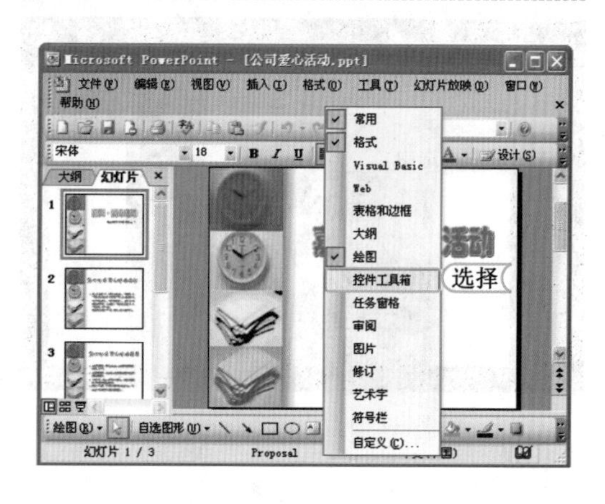

STEP 02：插入控件

单击最右侧的“其他控件”按钮，在弹出的下拉列表中选择 Shockwave Flash Object 选项。

提个醒 在选择控件选项时，直接按控件选项的首字母，如这里按 S 键，可快速定位到 S 开头的对象名。

STEP 03: 绘制 Flash 动画窗口

幻灯片中将自动插入 Flash 动画的区域，当鼠标光标变为+形状时，拖动鼠标绘制Flash动画窗口。

提个醒

在绘制的控件区域上单击鼠标右键，在弹出的快捷菜单中选择“属性”命令，也可打开“属性”对话框。

STEP 04: 插入动画

1. 释放鼠标后双击所绘制的区域，打开 Microsoft VB 代码编写窗口，单击工具栏中的“属性窗口”按钮，打开“属性”对话框。
2. 在对话框的 Movie 栏中输入 Flash 动画的保存路径以及 Flash 动画名称。
3. 单击 Microsoft VB 代码编写窗口右上角的按钮。

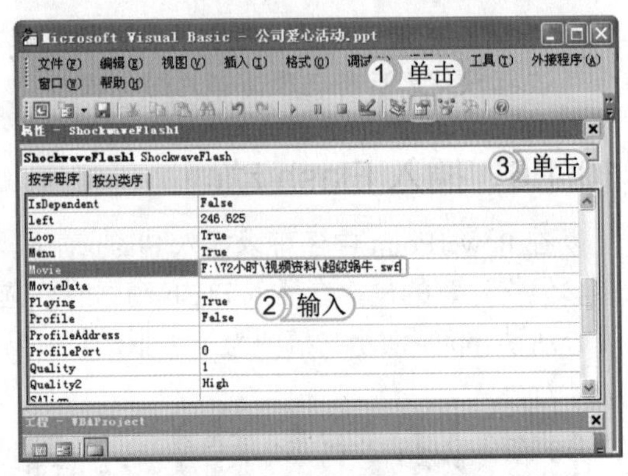

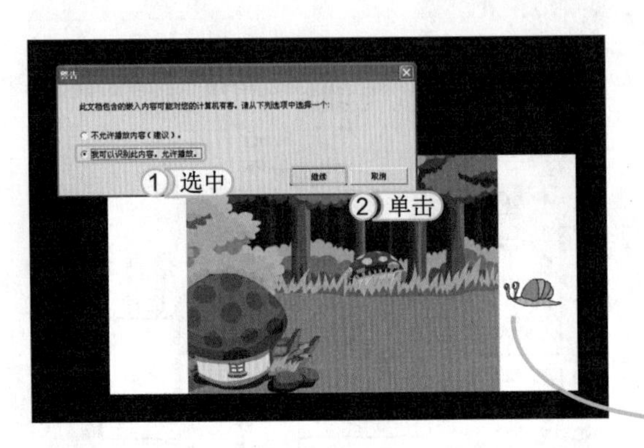

STEP 05: 播放动画

1. 此时，系统将自动应用 Flash 动画，按 F5 键进入幻灯片放映状态。并在打开的“警告”提示对话框中选中 我可以识别此内容。允许播放。 单选按钮。
2. 单击 继续 按钮即可放映动画。

提个醒

为使 Flash 动画在其他电脑中正常播放，最好将 Flash 动画和 PPT 文件放在一个文件夹中。如它们共在一个文件夹中，在输入 Flash 动画路径时，直接输入其名称即可。

上机 1 小时 在“景点宣传”演示文稿中添加声音和视频

- 巩固在演示文稿中插入声音的方法。
- 熟练掌握在演示文稿中添加视频的方法。

本例首先将在“景点宣传.ppt”演示文稿中添加声音，然后在最后一张幻灯片中插入景点的宣传视频，使其更生动。完成后的最终效果如下图所示。

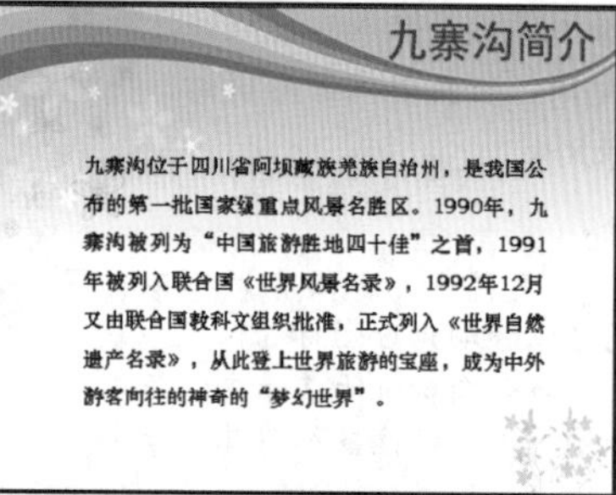

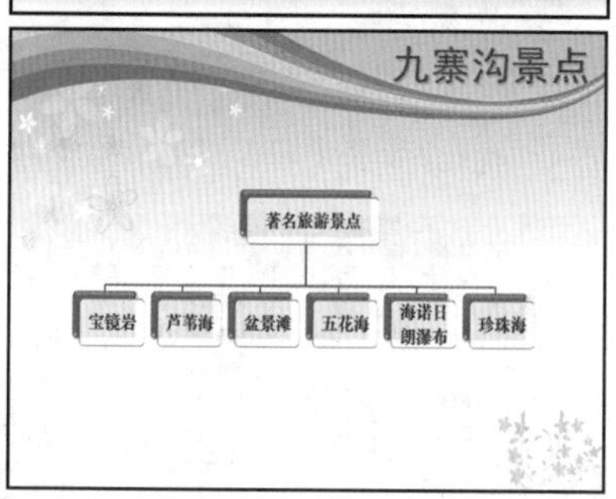

光盘文件
素材\第10章\景点宣传.ppt、九寨沟.wmv
效果\第10章\景点宣传.ppt
实例演示\第10章\在“景点宣传”演示文稿中添加声音和视频

STEP 01：打开“剪贴画”任务窗格

打开“景点宣传.ppt”演示文稿，选择第1张幻灯片，然后选择【插入】/【影片和声音】/【剪辑管理器中的声音】命令，打开“剪贴画”任务窗格。

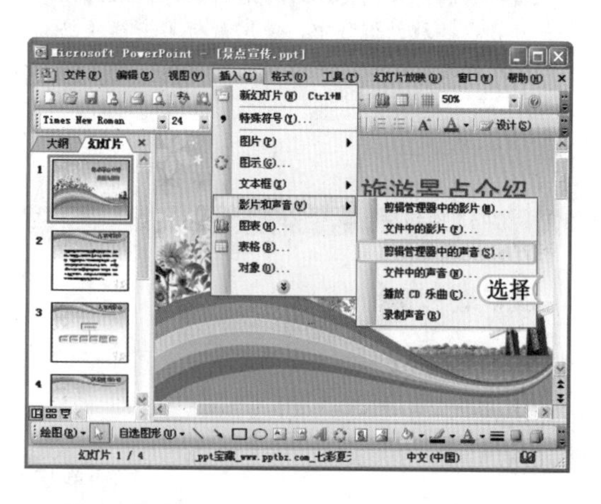

提个醒
用户可将自己保存在电脑中的声音、影片等媒体文件添加至剪辑管理器中，以方便进行插入使用。

STEP 02：插入声音

1. 在“结果类型”栏下的列表框中默认有几种声音，这里选择“Claps C...”选项。
2. 系统会弹出一个提示框，询问希望在幻灯片放映时如何开始播放声音，在其中单击 在单击时(C) 按钮。

提个醒
在PowerPoint 2003中，支持aif、midi和mp3等多种格式的声音文件格式。

STEP 03：查看并调整声音图标

返回演示文稿中，此时，在幻灯片中将有一个喇叭图标显示，表示声音已插入。将鼠标光标置于声音图标的右上角，当其变为↗形状时，拖动鼠标调整声音图标大小。

提个醒 在演示文稿中，不仅可调整声音图标的大小，还可以移动声音图标的位置。默认情况下，插入的声音图标位于演示文稿正中，可将鼠标置于图标上，按住鼠标将其拖动至需要位置。

STEP 04：打开"选择影片"对话框

选择第 4 张幻灯片，选择【插入】/【影片和声音】/【文件中的影片】命令，打开"选择影片"对话框。

提个醒 插入影片后，可在幻灯片编辑区中双击插入的影片图标，即可进行影片效果的预览。且在播放的过程中，使用鼠标单击播放画面可暂停播放，再次单击则继续播放。

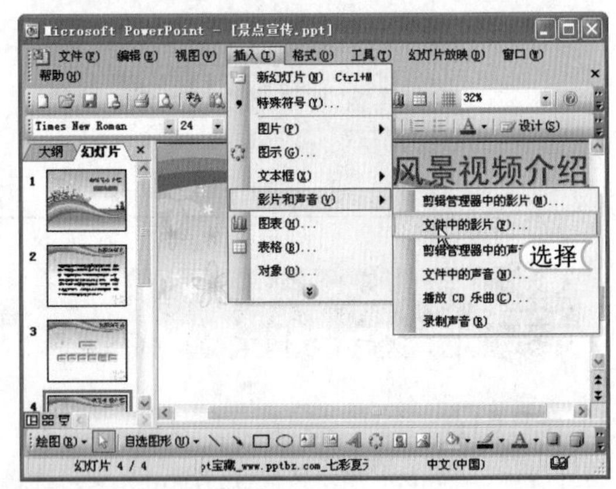

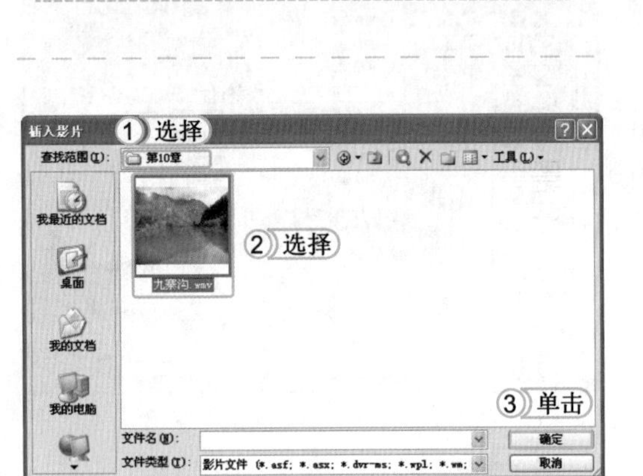

STEP 05：选择影片

1. 在"查找范围"下拉列表框中选择影片存储的位置。
2. 在下方的列表框中选择需要插入的影片，这里选择"九寨沟 .wmv"选项。
3. 单击 确定 按钮。

提个醒 在 PowerPoint 2003 中，插入的影片支持 wmv、avi、asf、mpeg 等多种格式的视频文件格式。

经验一箩筐——移动 PPT 演示文稿后声音和视频的播放

在 PPT 幻灯片中添加声音和视频后，若需要移动 PPT 演示文稿，为让其中的声音和视频能正常播放，应将声音和视频文件放在一个文件夹中，移动时，将文件夹一起移动。

STEP 06： 插入影片

此时，将在第 4 张幻灯片中插入影片 ，并打开提示对话框，单击 自动(A) 按钮。

STEP 07： 调整影片位置

将鼠标放置在影片任意位置，当鼠标光标变为✥形状时，按住鼠标左键并向下拖动影片，将其调整到合适位置后释放鼠标。

提个醒 插入后的影片在幻灯片编辑区中显示为该影片的首画面，可以将鼠标放置于影片的各个控制点上，当其变为⤢形状时，同样可调整影片的大小。

10.2 让幻灯片内容动起来

在完成演示文稿的制作和设计后，可为幻灯片设置切换效果，并对幻灯片中的各个对象依次设置动画，使幻灯片在放映的过程中具有动态效果。下面分别进行讲解。

学习 1 小时

- 掌握添加幻灯片切换效果的方法。
- 灵活掌握添加对象动画效果的方法。
- 掌握自定义对象运动轨迹的方法。
- 掌握编辑动画效果的方法。
- 掌握设置动画播放顺序的方法。

10.2.1 添加幻灯片切换动画

幻灯片切换动画是指在放映幻灯片时，播放完当前幻灯片后，显示下一张幻灯片之前的衔接动画。

其方法是：先选择要设置切换动画的幻灯片，选择【幻灯片放映】/【幻灯片切换】命令，打开“幻灯片切换”任务窗格。在任务窗格的“应用于所选幻灯片”列表框中选择相应的切换动画，即可在幻灯片编辑区中查看到幻灯片切换动画的效果。

10.2.2 设置切换动画属性

用户在为幻灯片添加切换动画后，还可为其设置切换速度和切换时的声音，以增加演示文稿听觉上的效果。下面在“产品宣传画册 .ppt”演示文稿中为幻灯片的切换动画设置切换方向和声音，其具体操作如下：

光盘文件
素材 \ 第 10 章 \ 产品宣传画册 .ppt
效果 \ 第 10 章 \ 产品宣传画册 .ppt
实例演示 \ 第 10 章 \ 设置切换动画属性

STEP 01： 设置切换动画效果

打开“产品宣传画册 .ppt”演示文稿，选择第 1 张幻灯片，选择【幻灯片放映】/【幻灯片切换】命令，打开“幻灯片切换”任务窗格。在任务窗格的“应用于所选幻灯片”列表框中选择“水平梳理”选项。

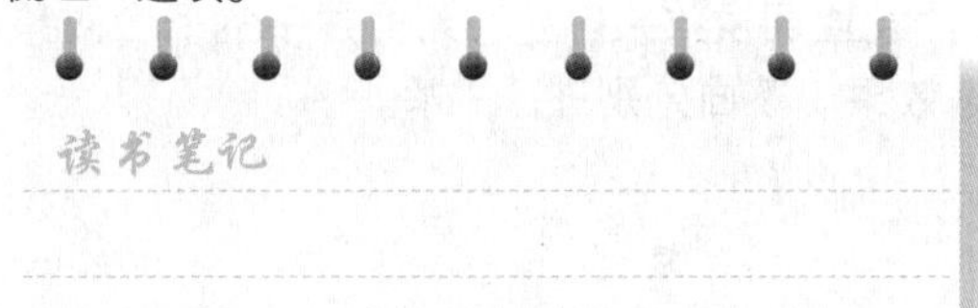

STEP 02： 设置动画速度和声音

1. 在“修改切换效果”栏的“速度”下拉列表框中选择“中速”选项。
2. 在“声音”下拉列表框中选择“风铃”选项。

提个醒

在第一次设置“声音”属性时，会打开声音安装提示对话框，用户只需根据提示进行安装，即可设置声音。

STEP 03: 设置动画的换片方式

1. 在“换片方式”栏中选中☑单击鼠标时和☑每隔复选框。
2. 在复选框后面的数值框中输入“00：03”，表示每隔 3 秒进行一次幻灯片切换。
3. 单击[应用于所有幻灯片]按钮，将设置应用于所有幻灯片。

提个醒
若单击[幻灯片放映]按钮，将切换至幻灯片全屏模式进行放映。而选中☑自动预览复选框，系统将对设置的切换动画自动进行预览。

STEP 04: 播放动画

单击[▶ 播放]按钮，系统将自动播放设置的动画效果。

10.2.3 添加对象动画效果

一张幻灯片中一般有多个对象，其中包括文本、图片、表格和图表等，它们的表现形式不只是以静态的形式展示在观众面前，也可根据情况对每个对象设置动画效果，这样幻灯片就会变得更加生动。下面在“产品宣传画册 1.ppt”演示文稿中对第 1 张幻灯片中的标题对象添加自定义动画，其具体操作如下：

光盘文件
素材 \ 第 10 章 \ 产品宣传画册 1.ppt
效果 \ 第 10 章 \ 产品宣传画册 1.ppt
实例演示 \ 第 10 章 \ 添加对象动画效果

STEP 01: 打开“自定义动画”任务窗格

打开“产品宣传画册 1.ppt”演示文稿，选择第 1 张幻灯片，选择【幻灯片放映】/【自定义动画】命令，打开“自定义动画”任务窗格。

STEP 02： 添加飞入动画

选择第1张幻灯片的标题文本，单击“自定义动画”任务窗格中的添加效果按钮，在弹出的下拉列表中选择“进入”/“飞入”选项。

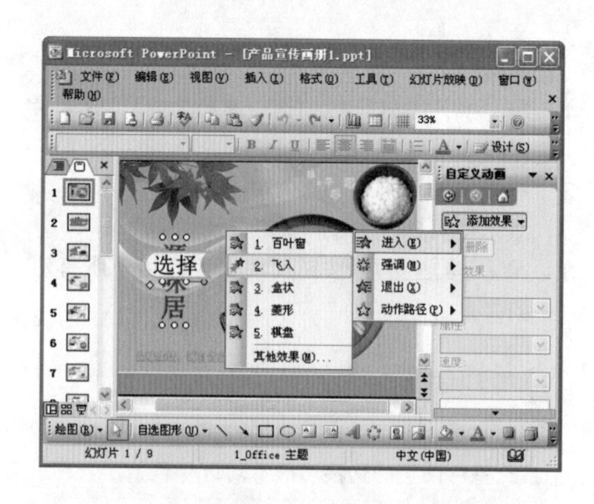

提个醒 单击添加效果按钮，在弹出的下拉列表中选择“进入”/“其他效果”选项，在打开的“添加进入效果”对话框中可选择更多的动画效果选项。

STEP 03： 设置动画效果

1. 系统会自动在任务窗格的列表框中添加一个设置的动画，并在幻灯片编辑区中显示添加的动画。在“自定义动画”任务窗格的“方向”下拉列表框中选择“自顶部”选项。
2. 在“速度”下拉列表框中选择“快速”选项。

提个醒 添加对象动画效果后，若对添加的效果不满意，可在“自定义动画”任务窗格中单击删除按钮将其删除，然后再重新添加需要的动画效果。

STEP 04： 播放动画

单击播放按钮，系统将自动播放设置的动画效果。

10.2.4 自定义对象动画的运动轨迹

除了添加动画效果，用户还可以为幻灯片中的对象添加动作路径，使对象在放映时能按照设置好的路径在屏幕中进行移动播放，以更好地表达展示的内容。

下面在“艾佳家居展示.ppt”演示文稿中手动制作动画的动作路径（运动轨迹），使对象按绘制的动作路径进行播放，其具体操作如下：

光盘文件
素材\第 10 章\艾佳家居展示.ppt
效果\第 10 章\艾佳家居展示.ppt
实例演示\第 10 章\自定义对象动画的运动轨迹

STEP 01： 打开"自定义动画"任务窗格

1. 打开"艾佳家居展示.ppt"演示文稿，选择第 1 张幻灯片中的标题文本框，选择【幻灯片放映】/【自定义动画】命令，打开"自定义动画"任务窗格，单击 添加效果 按钮。
2. 在弹出的下拉列表中选择"动作路径"/"绘制自定义路径"/"自由曲线"选项。

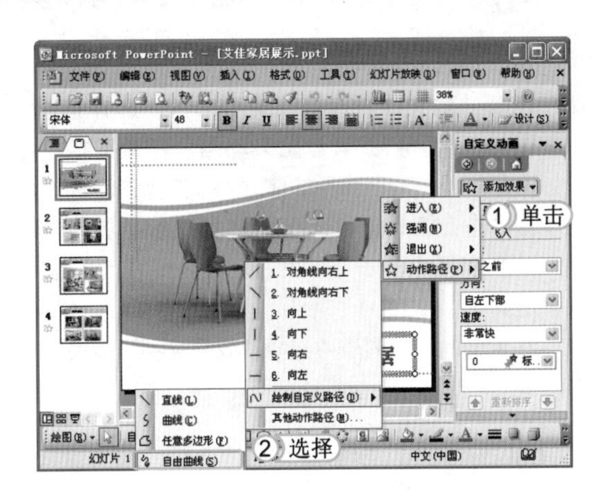

STEP 02： 绘制路径

将鼠标光标移到幻灯片编辑区，当其变为 形状时，按住鼠标左键不放并拖动绘制路径，绘制完成后释放鼠标。系统将自动显示对象按照该路径进行移动的效果，并以线条的方式显示该路径。

提个醒 路径线条一端的绿色三角形表示路径的起点；而红色三角形则表示路径的终点。

经验一箩筐——选择系统自带的动作路径

在"自定义动画"任务窗格中单击 添加效果 按钮，在弹出的下拉列表中选择"动作路径"/"其他动作路径"选项，打开"添加动作路径"对话框，在其中列出了系统提供的"基本、直线和曲线、特殊"3 大类型的动作路径。选择需要设置的动作路径，再单击 确定 按钮可添加动作路径。

10.2.5 设置动画播放效果

在演示文稿中，为对象添加动画后，默认添加的动画效果在播放完上一个动画后再进行播放，同时该动画的播放速度也是固定的，如果用户对这些默认的动画效果不满意，还可通过其相应的对话框来进行设置，使其动画效果更生动。下面在"散文课件.ppt"演示文稿中对第 1 张幻灯片中标题文本的动画效果进行设置，其具体操作如下：

光盘文件
素材\第 10 章\散文课件 .ppt
效果\第 10 章\散文课件 .ppt
实例演示\第 10 章\设置动画播放效果

STEP 01：选择添加的动画

1. 打开“散文课件 .ppt”演示文稿，选择第 1 张幻灯片，打开“自定义动画”任务窗格，在幻灯片编辑区中单击[1]图标，选择该动画。
2. 在“自定义动画”任务窗格的显示添加动画的列表框中单击“弹跳”动画右侧的下拉按钮。
3. 在弹出的下拉列表中选择“效果选项”选项。

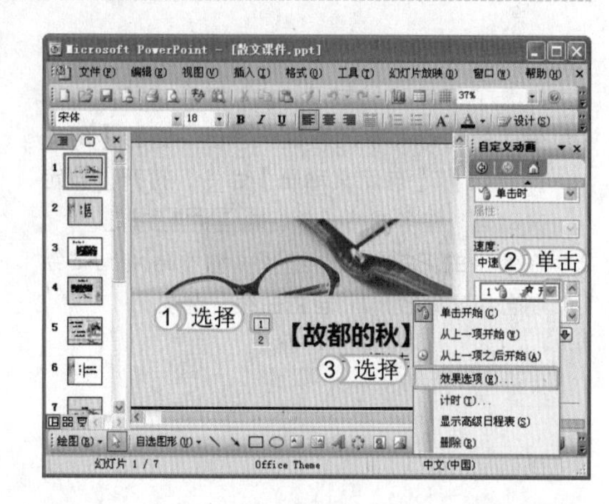

STEP 02：设置“弹跳”动画属性

1. 打开“弹跳”对话框，在“增强”栏中的“动画播放后”下拉列表框中选择“不变暗”选项。在“动画文本”下拉列表框中选择“按字母”选项。
2. 在下方的数值框中输入“20”。

提个醒
在设置动画效果时，也可为添加的动画效果添加声音。如在右图所示的“声音”下拉列表框中选择需添加的声音选项。

STEP 03：设置动画计时

1. 选择“计时”选项卡。
2. 在“延迟”数值框中输入“0.5”，在“速度”下拉列表框中选择“慢速（3 秒）”选项，在“重复”下拉列表框中选择“直到幻灯片末尾”选项。
3. 单击 确定 按钮。

经验一箩筐——在同一位置添加多个动画

在为演示文稿添加动画效果时，可在同一个位置添加多个动画。只需重复在需添加动画的对象上添加不同的动画效果。如打开本例的“散文课件 .ppt”演示文稿后，可看到在标题文本位置处分别添加了“弹跳”和“飞出”两个动画，这是为了给该位置的对象添加更多的炫目效果。

STEP 04： 播放动画效果

运用相同的方法为“飞出”动画设置相同的属性。单击“自定义动画”任务窗格下方的幻灯片放映按钮，放映幻灯片即可看到所设置的动画效果。

提个醒 在“开始”下拉列表中包括“单击时”、“之前”和“之后”3个选项，其中“单击时”是指单击鼠标后再播放下一个对象；“之前”是指前一个对象播放时同时开始播放下一个对象；“之后”是指前一个对象播放完后，立即播放下一个对象。

10.2.6 重新排序动画效果

在为幻灯片或幻灯片中的对象添加动画后，其左侧都会出现数字0、1、2、3...，这些数字是按照设置动画的先后顺序依次出现的。如果觉得所添加的动画效果混乱，这时可以通过更改动画的播放顺序来进行调整，使动画播放更连贯顺畅。

其方法是：打开演示文稿，选择【幻灯片放映】/【自定义动画】命令，打开“自定义动画”任务窗格，此时在幻灯片中将以4、5、6标注现有动画的播放顺序。在“速度”栏下方的列表框中显示了该张幻灯片中所含的动画，选择所需更改顺序的动画选项，并按住鼠标左键不放向上或向下拖动，将选择的动画选项拖动至其他动画前或后。此时，幻灯片中所标注的动画播放顺序将变为5、4、6，表示已成功更改动画播放顺序。

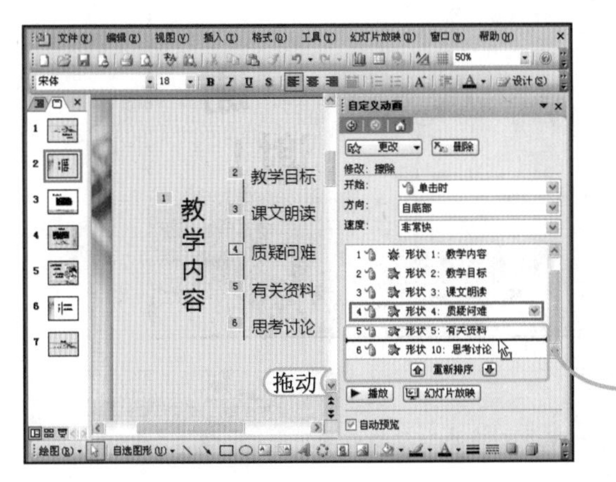

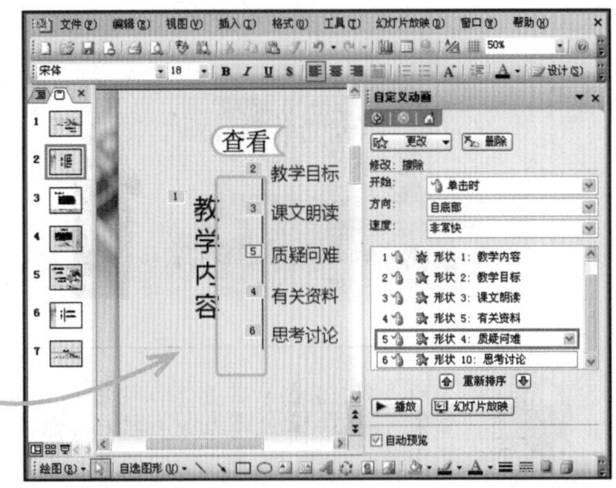

经验一箩筐——重新排序动画效果

在“自定义动画”任务窗格中选择要调整的动画效果选项，然后单击列表下方的⬆按钮，该动画效果选项即向上移动一个位置；单击⬇按钮，该动画效果选项则向下移动一个位置。

上机1小时 为“商业谈判技巧”演示文稿添加动画效果

- 巩固为幻灯片添加切换动画和设置切换动画属性的方法。
- 熟练掌握为幻灯片中的对象添加动画效果的方法。
- 熟练掌握自定义对象动画运动轨迹的方法。

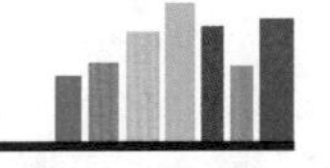

本例将为“商业谈判技巧.ppt”演示文稿中幻灯片和对象设置动画效果、添加动作路径和设置动画播放效果，使静止状态的幻灯片变为运动状态，然后再预览幻灯片的动画效果。其最终的动画放映效果如下图所示。

光盘文件
素材\第10章\商业谈判技巧.ppt
效果\第10章\商业谈判技巧.ppt
实例演示\第10章\为“商业谈判技巧”演示文稿添加动画效果

STEP 01： 打开“幻灯片切换”任务窗格

打开“商业谈判技巧.ppt”演示文稿，选择【幻灯片放映】/【幻灯片切换】命令，打开“幻灯片切换”任务窗格。

读书笔记

STEP 02: 选择添加的动画

1. 在“应用于所选幻灯片”列表框中选择“顺时针回旋，1根轮辐”选项。
2. 在“修改切换效果”栏中的“速度”下拉列表框中选择“慢速”选项。在“声音”下拉列表框中选择“推动”选项。

提个醒 如果选中☑循环播放，到下一声音开始时复选框，在播放演示文稿时，声音将持续循环播放，直至播放完。

STEP 03: 设置动画切换属性

1. 在“换片方式”栏中选中☑单击鼠标时和☑每隔复选框。在复选框后面的数值框中输入“00:10”，表示每隔10秒切换一次幻灯片。
2. 单击应用于所有幻灯片按钮，将设置应用于所有幻灯片。

STEP 04: 添加动画效果

1. 选择第1张幻灯片中的“商”文本，选择【幻灯片放映】/【自定义动画】命令，打开“自定义动画”任务窗格，单击添加效果按钮。
2. 在弹出的下拉列表中选择“动作路径”/“绘制自定义路径”/“自由曲线”选项。

提个醒 也可为对象添加系统自带的动作路径效果，如对角线向右上、向上、向下、向左和向右等。

STEP 05: 绘制动作路径

将鼠标光标移到幻灯片编辑区，当其变为 形状时，按住鼠标左键不放并拖动绘制一条曲线路径，绘制完成后释放鼠标。系统将自动显示对象按照该路径进行移动的效果，并以线条的方式显示该路径。

STEP 06: 自定义多条曲线动画路径

1. 使用相同的方法为第 1 张幻灯片中的其他标题文本添加相似的曲线路径。
2. 单击"自定义动画"任务窗格下方的▶ 播放按钮，预览添加的效果。

STEP 07: 为主讲人添加动画效果

1. 将鼠标光标定位至第 1 张幻灯片的"主讲人：王林"文本框中。
2. 单击"自定义动画"任务窗格中的 添加效果 按钮。
3. 在弹出的下拉列表中选择"进入"/"其他效果"选项。

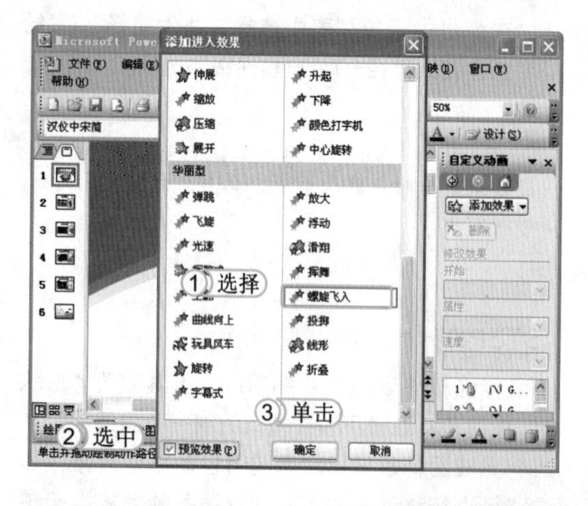

STEP 08: 添加进入效果

1. 打开"添加进入效果"对话框，在"华丽型"栏中选择"螺旋飞入"选项。
2. 选中☑预览效果(P)复选框。
3. 单击 确定 按钮。

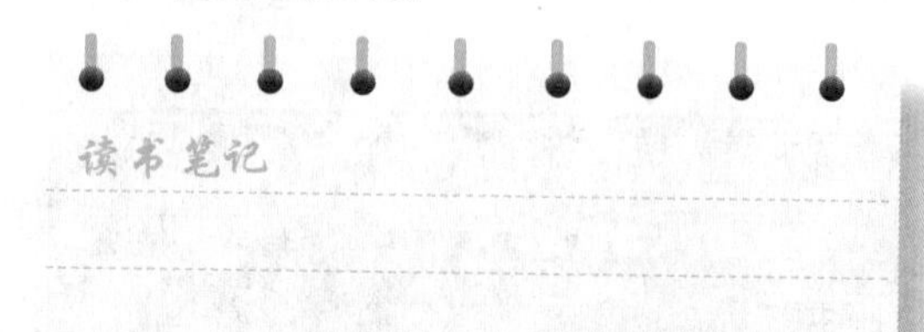

经验一箩筐——更改"自定义动画"效果

幻灯片中的某个对象设置完"自定义动画"效果后，若对设置的效果不满意，可对其进行更改。可在"自定义动画"任务窗格的列表框中选择要更改的动画，再单击 更改 按钮，在弹出的下拉列表中选择相应的选项即可。

STEP 09：设置动画效果的方向和速度

1. 使用相同的方法为第 2 张至第 5 张中的图片添加“进入”/“飞入”动画效果，并分别设置其方向为“自顶部”、“自左侧”、“自底部”和“自右侧”。
2. 在“速度”下拉列表框中选择“快速”选项。

STEP 10：打开“渐变”对话框

1. 将鼠标光标定位于第 6 张幻灯片中的文本框中，使用与前面相同的方法为其添加一个“渐变”动画效果。
2. 在“速度”下方的列表框中单击动画选项右侧的下拉按钮，在弹出的列表框中选择“效果选项”选项。

STEP 11：设置渐变效果

1. 打开“渐变”对话框，选择“效果”选项卡。
2. 在“动画播放后”下拉列表框中选择“不变暗”选项。
3. 在“动画文本”下拉列表框中选择“按字/词”选项。
4. 在下方的数值框中输入“15”，表示字/词之间将延迟 15 秒。

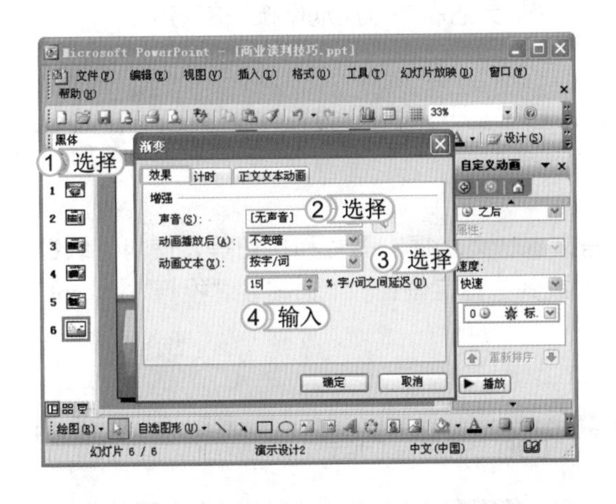

STEP 12：设置动画计时

1. 选择“计时”选项卡。
2. 在“延迟”数值框中输入“0.5”，在“速度”下拉列表框中选择“慢速（3 秒）”选项，在“重复”下拉列表框中选择“直到幻灯片末尾”选项。
3. 单击 确定 按钮。

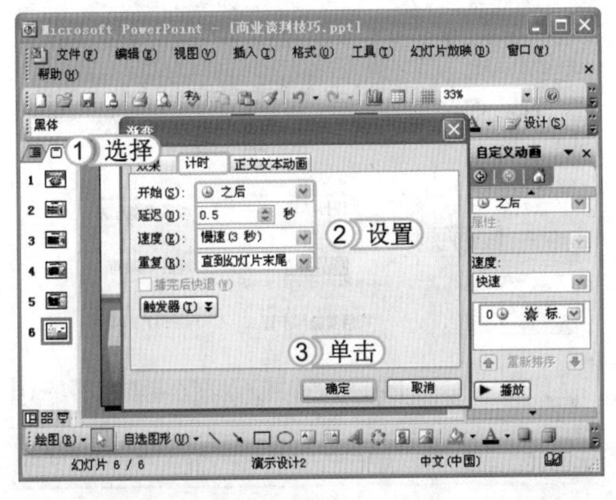

STEP 13：查看动画效果

返回“自定义动画”任务窗格，单击列表下方的 幻灯片放映 按钮，查看设置的动画效果。

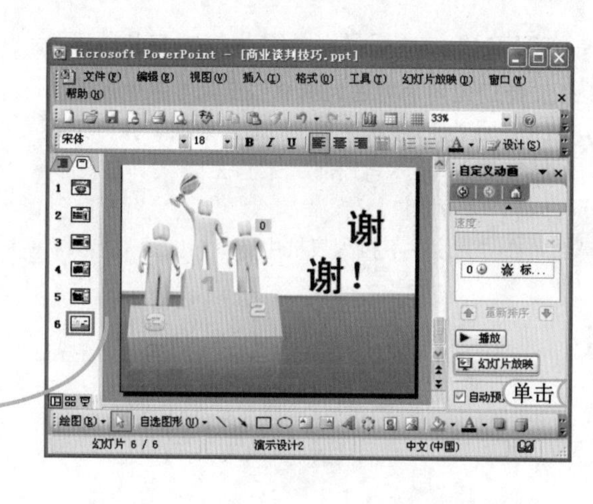

10.3 为对象添加交互动作

PowerPoint 提供了功能强大的交互功能，使用它可以在幻灯片与幻灯片之间、幻灯片与其他外界文件或程序之间以及幻灯片与网络之间自由地转换。下面将对如何在 PowerPoint 中设置交互功能进行讲解。

学习 1 小时

- 掌握使用超级链接的方法。
- 掌握使用触发器的方法。
- 灵活掌握添加动作按钮的方法。

10.3.1 使用超级链接

在 PowerPoint 中设置超级链接的对象可以是文本、文本框、图片和按钮等，使用超级链接功能后，可从当前位置快速跳转到指定的幻灯片或其他指定位置。下面将在“投标方案 .ppt”演示文稿中为文本设置超级链接，其具体操作如下：

光盘文件
素材 \ 第 10 章 \ 投标方案 .ppt
效果 \ 第 10 章 \ 投标方案 .ppt
实例演示 \ 第 10 章 \ 使用超级链接

STEP 01：打开“插入超链接”对话框

1. 打开“投标方案 .ppt”演示文稿，选择第 2 张幻灯片中的“优势分析”文本。
2. 然后单击“常用”工具栏中的“插入超链接”按钮，打开“插入超链接”对话框。

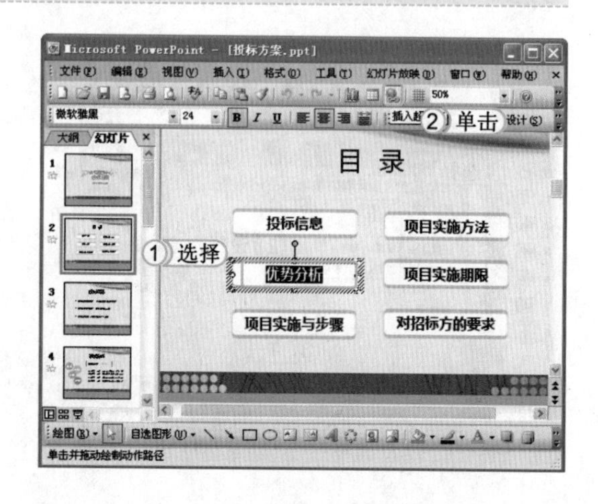

提个醒

在需要插入超级链接的对象上单击鼠标右键，在弹出的快捷菜单中选择“超级链接”命令，也可打开“插入超链接”对话框。

STEP 02： 选择链接位置

1. 在“链接到”列表框中选择“本文档中的位置”选项。
2. 在“请选择文档中的位置”列表框中选择“4. 幻灯片 4”选项。
3. 单击 确定 按钮。

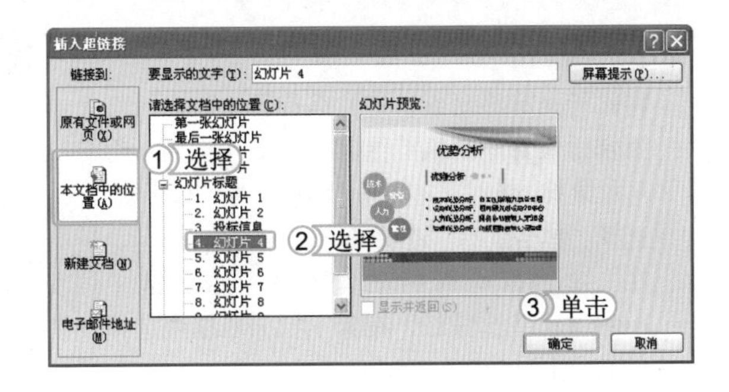

STEP 03： 打开超级链接

返回幻灯片中，可看到设置超级链接后的文本已变为蓝色加下划线。在播放演示文稿时，单击该超级链接，即可跳转至链接到的幻灯片位置。

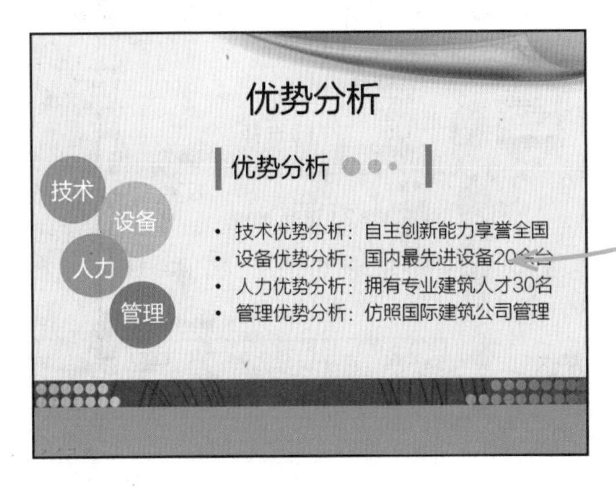

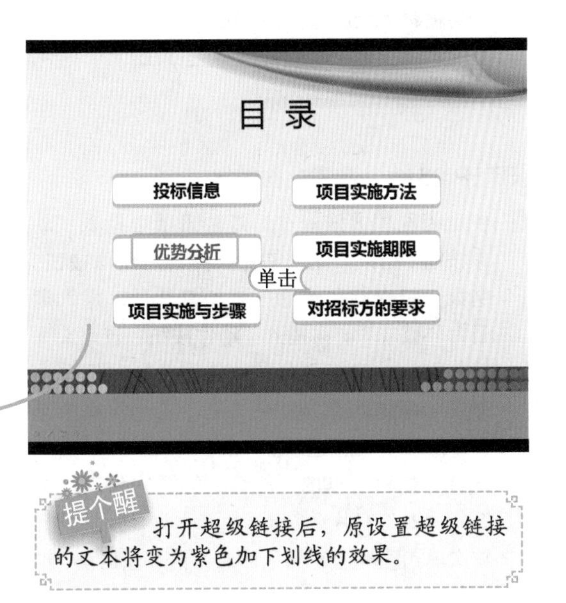

提个醒 打开超级链接后，原设置超级链接的文本将变为紫色加下划线的效果。

10.3.2 添加动作按钮

动作按钮是 PowerPoint 中预先设置好的一组带有特定动作的图形按钮，默认分别是指向前一张、后一张、第一张和最后一张幻灯片和播放声音及播放电影等链接，应用这些已设置好的动作按钮，也可以在放映幻灯片时跳转至任意幻灯片。下面在“投标方案 1.ppt”演示文稿中为幻灯片添加动作按钮，使用户可快速定位幻灯片，其具体操作如下：

STEP 01： 进入母版视图

1. 打开“投标方案 1.ppt”演示文稿，选择【视图】/【母版】/【幻灯片母版】命令，进入幻灯片母版视图。单击“绘图”工具栏中的 自选图形(U) 按钮。
2. 在弹出的下拉列表中选择“动作按钮”/“动作按钮：前进或下一项”选项。

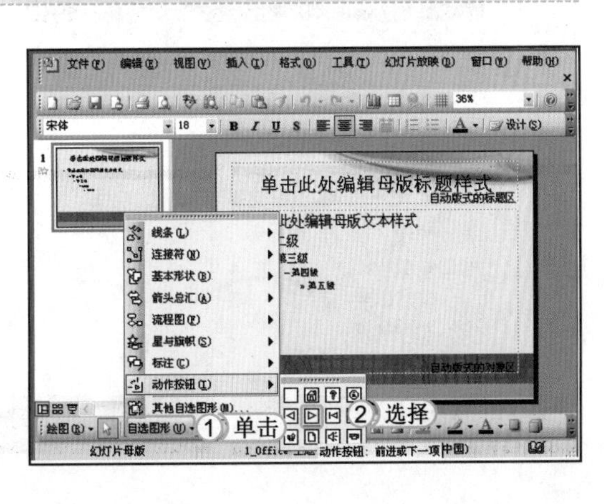

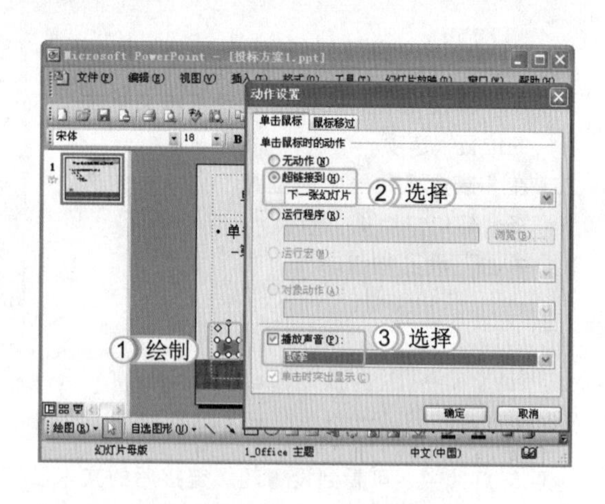

STEP 02： 动作设置

1. 将鼠标光标移动到幻灯片编辑区中，在幻灯片合适位置拖动鼠标绘制一个动作按钮，再释放鼠标。此时，将打开“动作设置”对话框，选择“单击鼠标”选项卡。
2. 在“单击鼠标时的动作”栏中默认选中 ◎超链接到(H): 单选按钮，在其下拉列表框中选择“下一张幻灯片”选项。
3. 选中 ☑播放声音(P): 复选框，在其下拉列表框中选择“鼓掌”选项。单击 确定 按钮。

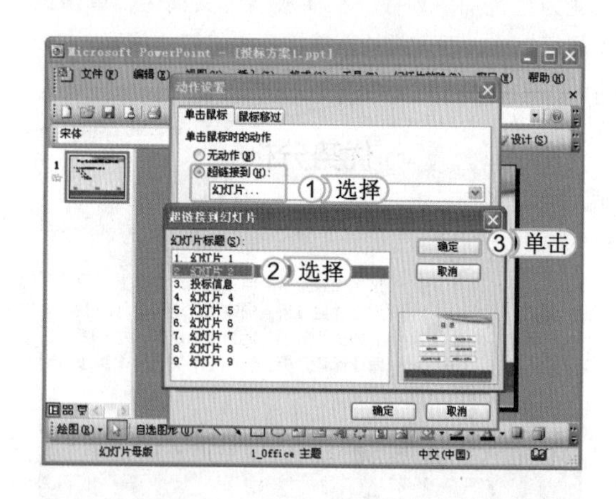

STEP 03： 设置动作链接

1. 使用相同的方法，在幻灯片母版中插入“动作按钮：结束”动作按钮，并将“动作按钮：结束”链接到“最后一张幻灯片”，插入声音为“鼓掌”。再插入“动作按钮：自定义”动作按钮，在打开的“动作设置”对话框中选中 ◎超链接到(H): 单选按钮，在下拉列表框中选择“幻灯片 ...”选项。
2. 在打开的对话框的“幻灯片标题”列表框中选择“2. 幻灯片 2”选项。
3. 依次单击 确定 按钮返回幻灯片编辑区。

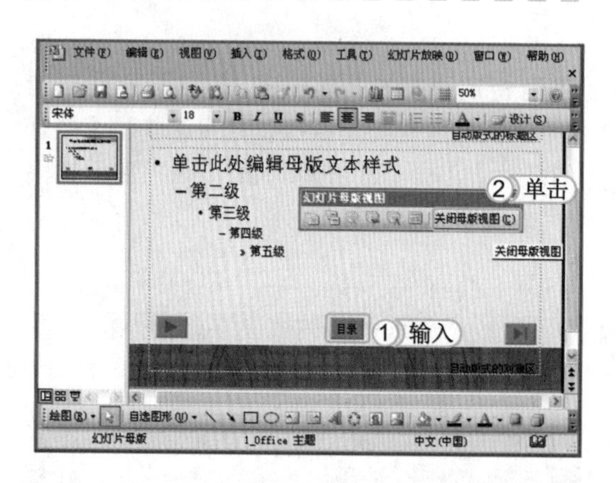

STEP 04： 为动作按钮添加文本

1. 在“动作按钮：自定义”动作按钮上单击鼠标右键，在弹出的快捷菜单中选择“添加文本”选项。此时，文本插入点将定位至“动作按钮：自定义”动作按钮中，输入“目录”文本，输入完成后，单击幻灯片任意位置，退出输入状态。
2. 单击“幻灯片母版视图”工具栏中的 关闭母版视图(C) 按钮，退出幻灯片母版视图。

STEP 05： 预览效果

返回普通视图。按 F5 键放映幻灯片，每张幻灯片都可使用动作按钮。且单击对应的动作按钮，可跳转至链接的幻灯片。

10.3.3 使用触发器

触发器是PowerPoint中的一项较为强大的功能，它可以是一个图片、文字、段落或文本框等，相当于一个按钮，在PPT中设置好触发器功能后，单击触发器会触发一个操作，该操作可以是多媒体音乐、影片或动画等。换言之就是通过单击按钮来控制PowerPoint页面中已设定动画的执行。

下面在“拓展培训.ppt”演示文稿中通过设置触发器功能后，通过单击按钮，实现对声音的播放、暂停和停止操作，其具体操作如下：

光盘文件
素材\第10章\拓展培训.ppt、长笛.mp3
效果\第10章\拓展培训.ppt
实例演示\第10章\使用触发器

STEP 01：打开“播放 声音”对话框

1. 打开“拓展培训”演示文稿，选择第1张幻灯片。选择【幻灯片放映】/【自定义动画】命令，打开“自定义动画”任务窗格，在中间的列表框中单击“长笛.mp3”右侧的下拉按钮。
2. 在弹出的下拉列表中选择“计时”选项。

提个醒
在使用触发器设置前，需先将各元素插入到幻灯片中，如本例中的声音和播放、暂停及停止按钮，就已预先插入到幻灯片了。

STEP 02：设置触发器选项

1. 打开“播放 声音”对话框，选择“计时”选项卡，在“开始”下拉列表框中选择“单击时”选项。
2. 单击触发器(T)按钮。
3. 选中单击下列对象时启动效果(C):单选按钮。
4. 在右侧的列表框中选择“播放”选项。
5. 单击确定按钮。

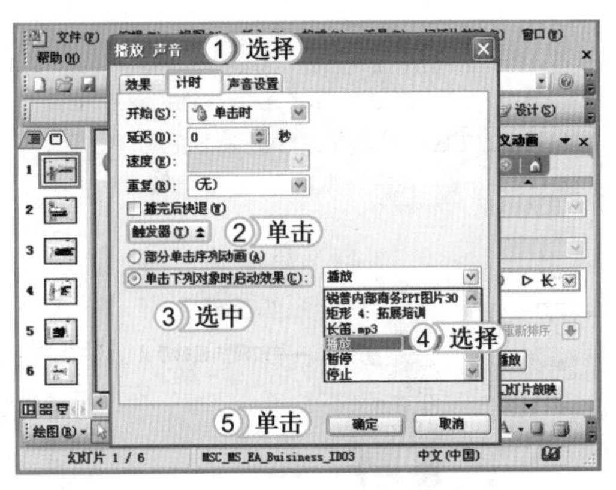

STEP 03：添加声音操作的动画效果

1. 单击第1张幻灯片中的声音图标。
2. 在“自定义动画”任务窗格中单击添加效果按钮。
3. 在弹出的下拉列表中选择“声音操作”/“暂停”选项。

STEP 04：打开“暂停 声音”对话框

1. 在“自定义动画”任务窗格的列表框中单击“暂停：长笛.mp3”右侧的下拉按钮。
2. 在弹出的下拉列表中选择“计时”选项。

STEP 05：设置触发器选项

1. 在打开的对话框中选择“计时”选项卡，单击触发器(T)按钮。
2. 选中单击下列对象时启动效果(C)单选按钮。
3. 在右侧的下拉列表框中选择“暂停”选项。
4. 单击确定按钮。

提个醒

在设置触发器之前最好为页面中的各个链接元素命名，这样便于在设置时快速找到相应对象。

STEP 06：设置触发器选项

使用相同的方法在“自定义动画”任务窗格中添加“停止”动画，并设置触发器，触发对象为“停止”。设置完成后，再放映幻灯片，单击对应播放、暂停和停止按钮，即可测试出效果。

经验一箩筐——触发器设置

在播放幻灯片时，单击相应的暂停按钮可停止音乐播放，再次单击该按钮，则继续播放。另外，若要对影片进行触发器设置，其方法与对声音的设置方法相同。

上机 1 小时 编辑“公司介绍”演示文稿

- 巩固添加动作按钮的方法。
- 熟练掌握超级链接的方法。
- 掌握使用触发器的方法。

本例将用 PowerPoint 编辑“公司介绍 .ppt”演示文稿，首先在各幻灯片中添加动作按钮，然后对目录进行超级链接，使其与其他幻灯片关联。最后再使用触发器制作在图片上弹出说明窗口，其最终效果如下图所示。

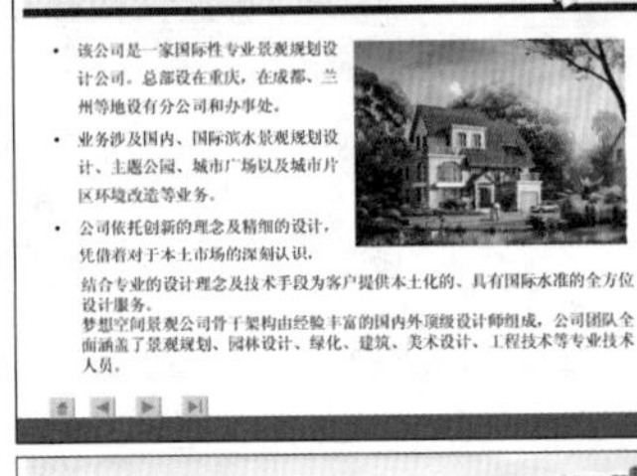

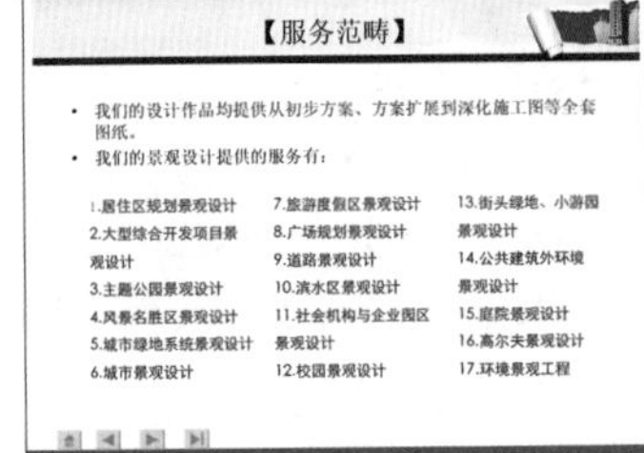

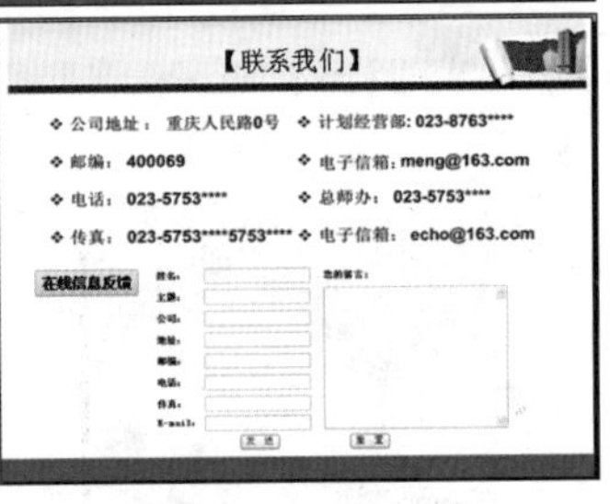

光盘文件
素材 \ 第 10 章 \ 公司介绍 .ppt、弹出窗口 .emf
效果 \ 第 10 章 \ 公司介绍 .ppt
实例演示 \ 第 10 章 \ 编辑“公司介绍”演示文稿

STEP 01：选择自选图形

1. 打开“公司介绍 .ppt”演示文稿，选择第 1 张幻灯片。
2. 单击“绘图”工具栏中的自选图形(U)按钮。
3. 在弹出的下拉列表中选择“动作按钮”/“动作按钮：开始”选项。

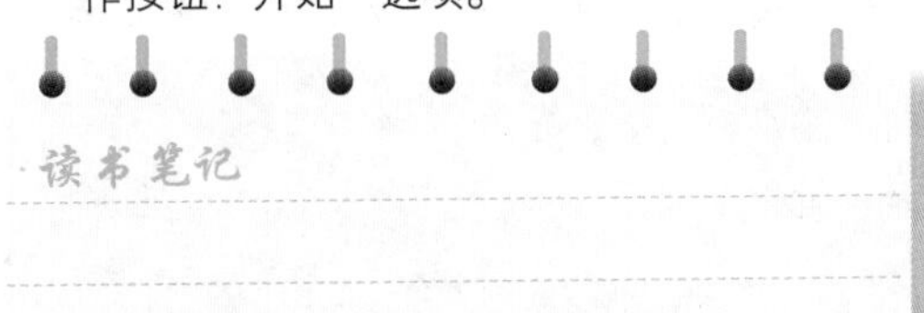

STEP 02： 绘制并设置动作按钮

1. 将鼠标光标移动至幻灯片编辑区中。此时，鼠标光标将变为＋形状，在幻灯片合适位置拖动鼠标绘制一个动作按钮，再释放鼠标。
2. 在打开的“动作设置”对话框中选择“单击鼠标”选项卡。
3. 在“单击鼠标时的动作”栏中选中◎超链接到(H):单选按钮。
4. 在“超链接到”下拉列表框中选择“上一张幻灯片”选项。
5. 单击 确定 按钮完成动作的设置。

STEP 03： 复制动作按钮

使用相同的方法绘制“第一张”、“前进或下一项”和“结束”3个动作按钮。并分别将其链接到“第一张幻灯片”、“下一张幻灯片”和“最后一张幻灯片”中。再选择添加的动作按钮，按 Ctrl+C 组合键进行复制。

STEP 04： 粘贴动作按钮

依次选择第2～5张幻灯片，按 Ctrl+V 组合键进行粘贴，为第2～5张幻灯片添加同样的动作按钮。再按 F5 键放映演示文稿，即可通过动作按钮控制幻灯片的播放。

提个醒 也可使用第1～3步相同的方法依次为第2～5张幻灯片添加相同的动作按钮。

STEP 05： 打开“插入超链接”对话框

1. 选择第2张幻灯片，选择“公司简介”文本。
2. 单击“插入超链接”按钮，打开“插入超链接”对话框。

STEP 06: 插入超级链接

1. 在“链接到”列表框中选择“本文档中的位置”选项。
2. 在“请选择文档中的位置”列表框的“幻灯片标题”栏中选择“3. 公司简介”选项。
3. 单击 确定 按钮。

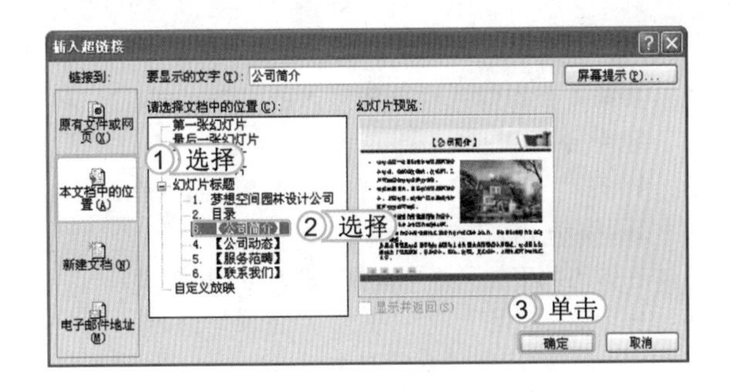

STEP 07: 查看超级链接

使用相同的方法为“公司动态”、“服务范畴”和“联系我们”3个文本插入对应的超级链接。返回幻灯片中，可看到设置超级链接后的文本已添加下划线，表示已成功创建链接。

提个醒 为文本、图片等插入超级链接后，若是在普通视图状态下，单击超级链接的对象，将没有任何反应。只有在放映幻灯片状态时，单击超级链接的对象，可跳转至相应位置。

STEP 08: 插入图片

1. 选择第4张幻灯片。选择【插入】/【图片】/【来自文件】命令，打开“插入图片”对话框，在“查找范围”下拉列表框中选择“桌面”选项。
2. 在下方的列表框中选择“弹出窗口 .emf”图像。
3. 单击 插入(S) 按钮。

STEP 09: 绘制矩形

1. 将插入的图片拖动至右下角位置。单击“绘图”工具栏中的“矩形”按钮□。
2. 在幻灯片中的图片上绘制一个矩形，将图片覆盖。
3. 单击“绘图”工具栏中的“线条颜色”按钮右侧的下拉按钮，在弹出的下拉列表中选择“无线条颜色”选项。

STEP 10：打开“添加进入效果”对话框

1. 在第4张幻灯片中选择插入的“弹出窗口”图片。
2. 打开“自定义动画”任务窗格，单击 添加效果 按钮。
3. 在弹出的下拉列表中选择“进入”/“其他效果”选项。

STEP 11：添加升起动画

1. 打开“添加进入效果”对话框，在“温和型”栏中选择“升起”选项。
2. 单击 确定 按钮。

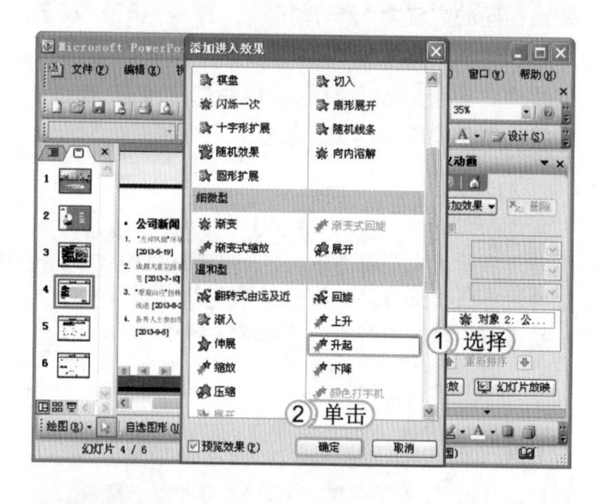

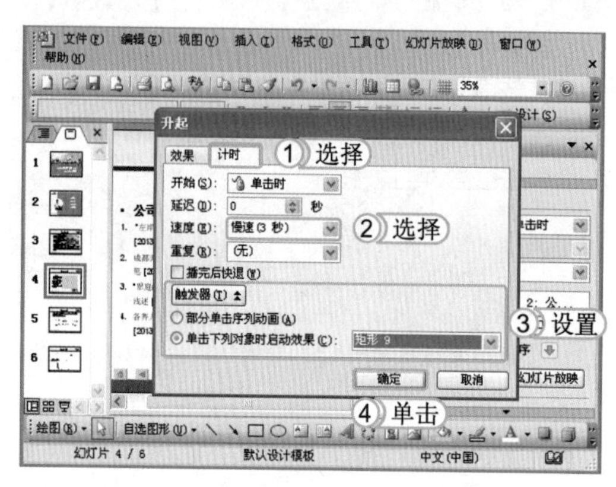

STEP 12：设置触发器

1. 单击“自定义动画”任务窗格列表下方的“弹出窗口”右侧的下拉按钮，在弹出的下拉列表中选择“效果选项”选项，打开“升起”对话框，选择“计时”选项卡。
2. 在“速度”下拉列表框中选择“慢速（3秒）”选项。
3. 单击 触发器(T) 按钮。选中 单击下列对象时启动效果(C): 单选按钮，在右侧的下拉列表框中选择“矩形9”选项。
4. 单击 确定 按钮。

STEP 13：为图形设置触发器

在“幻灯片”窗口中选择插入的“弹出窗口”图片。使用与第11、12步相同的方法为其添加动画效果为“渐变”，速度为“非常快”。并为其设置触发器，触发对象为“弹出窗口”图形。

STEP 14： 打开“设置自选图形格式”对话框

选择幻灯片中的矩形框，单击鼠标右键，在弹出的快捷菜单中选择“设置自选图形格式”命令。

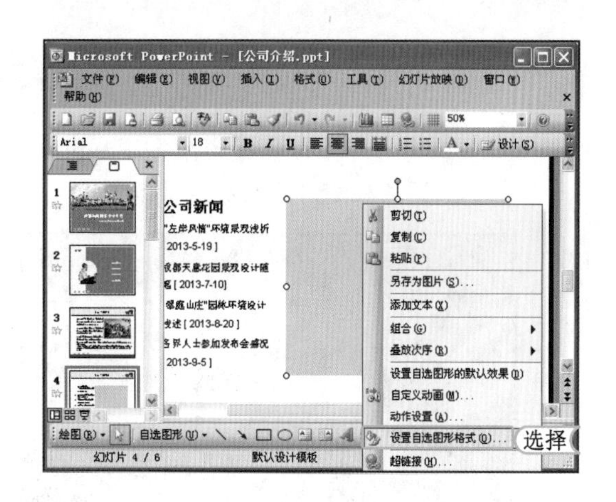

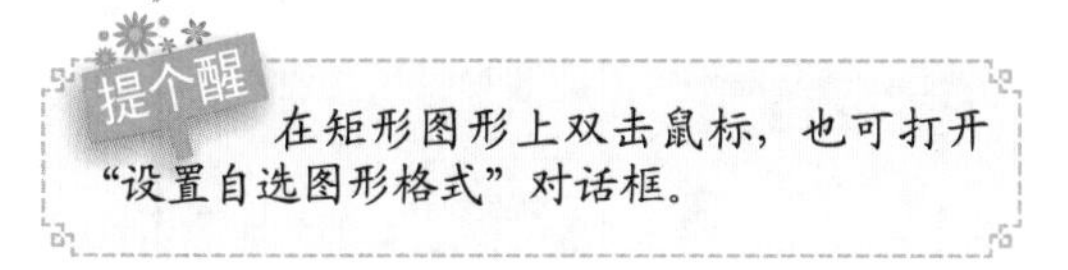

提个醒 在矩形图形上双击鼠标，也可打开“设置自选图形格式”对话框。

STEP 15： 设置图形透明度

1. 打开“设置自选图形格式”对话框，在“透明度”右侧的数值框中输入“100%”。
2. 单击 确定 按钮。

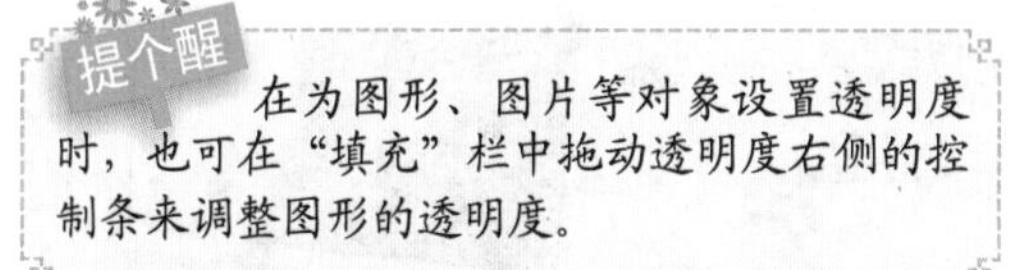

提个醒 在为图形、图片等对象设置透明度时，也可在“填充”栏中拖动透明度右侧的控制条来调整图形的透明度。

STEP 16： 查看最终效果

返回演示文稿编辑区中，可发现幻灯片中的矩形框已变为透明效果。再按 F5 键放映演示文稿，播放至该页幻灯片时，在图片上单击鼠标，即可弹出窗口。

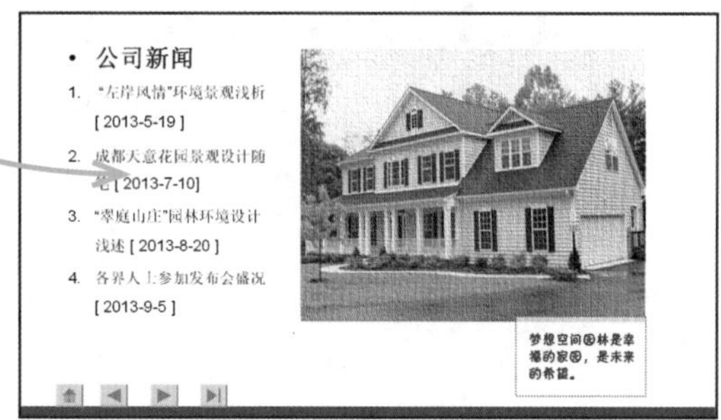

10.4 练习 1 小时

本章主要介绍了在 PowerPoint 演示文稿中添加声音、影片及为幻灯片对象设置动画效果的方法，包括插入声音文件、插入影片文件、插入 Flash 动画、添加切换动画效果和动作按钮等。下面将通过制作“楼盘投资策划书”演示文稿进一步巩固这些知识的操作方法，使用户熟练掌握并进行运用。

制作“楼盘投资策划书”演示文稿

本例将打开“楼盘投资策划书.ppt”演示文稿，首先为演示文稿插入声音，然后对各张幻灯片和幻灯片对象添加动画效果，使内容翔实生动，最终效果如下图所示。

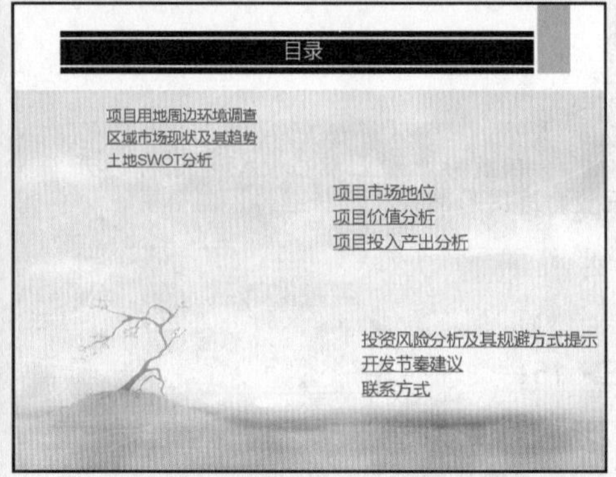

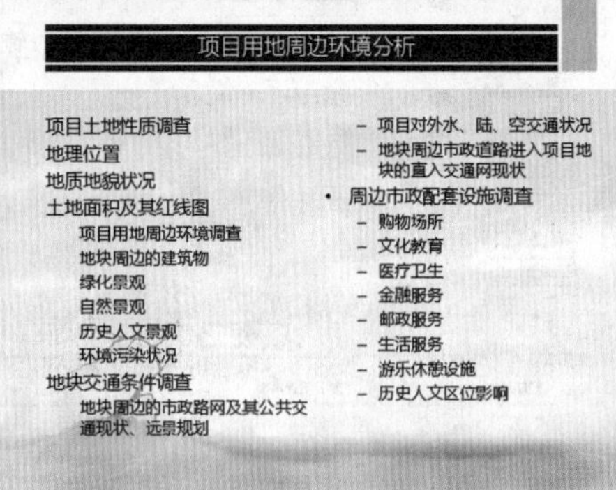

光盘文件

素材\第10章\楼盘投资策划书.ppt

效果\第10章\楼盘投资策划书.ppt

实例演示\第10章\制作“楼盘投资策划书”演示文稿

读书笔记

第11章 演示文稿的放映和输出

学习 2 小时

- 设置并放映幻灯片
- 演示文稿的输出与打印

用户制作演示文稿的目的是为了向观众展示，因此，完成演示文稿的制作后，需要以合适的方式放映。放映前，需在PowerPoint中设置放映选项。放映完成后，如要将演示文稿存档，还可输出演示文稿。本章将主要对演示文稿的放映和输出的相关知识进行介绍。

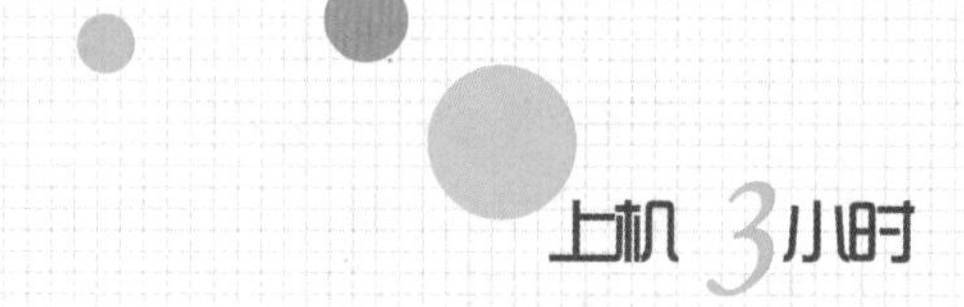

11.1 设置并放映幻灯片

在编辑完 PowerPoint 幻灯片后，可通过对幻灯片进行放映来观看制作的幻灯片效果。下面将详细介绍在 PowerPoint 中放映幻灯片的方式和放映中的控制等知识。

学习 1 小时

- 掌握设置放映方式的方法。
- 快速掌握排练计时的方法。
- 灵活掌握录制旁白的方法。
- 掌握控制幻灯片放映的方法。

11.1.1 设置放映方式

在 PowerPoint 2003 中有 3 种放映方式，分别是演讲者放映、观众自行浏览以及在展台浏览。这 3 种放映方式可以满足不同场合放映演示文稿的需求，以达到放映的最佳效果。

设置放映方式的方法是：选择【幻灯片放映】/【设置放映方式】命令，在打开的“设置放映方式”对话框中进行设置。该对话框中，用户可在“放映类型”栏中设置演示文稿的幻灯片方式，在其他的功能栏中设置演示文稿放映时的相关信息，单击 确定 按钮。

这 3 种放映方式的特点分别如下。

- 演讲者放映（全屏幕）(P)：该放映方式是系统默认的全屏放映方式，常用于演讲者在放映幻灯片时手动切换幻灯片和动画效果，以适应演讲者的进度，是一种正式而又灵活的放映方式。
- 观众自行浏览（窗口）(B)：该放映方式可使幻灯片在标准窗口中进行放映，常用于观众自行浏览演示文稿。使用该放映方式提供的菜单可进行浏览、翻页或打印，但不能通过单击鼠标的方式进行放映，只能自动放映或利用滚动条进行放映。
- 在展台浏览（全屏幕）(K)：该放映方式可使幻灯片在放映时自动进入全屏放映模式。在放映过程中，除了保留鼠标用于选择项目外，其他的功能全部不可用，且如果 5 分钟之后用户没有发出指令将重新开始放映。

设置完放映方式后，即可对演示文稿进行放映。其方法非常简单，只需在需要放映的演示文稿中选择【幻灯片放映】/【观众放映】命令或按 F5 键即可进入放映视图并对当前演示文稿进行放映。且在放映某一张或某一对象后，根据对动画的设置，可单击鼠标进行下一张幻灯片或对象的放映。当放映到有动作按钮的幻灯片时，可单击相应的动作按钮，将幻灯片切换至设置动作链接时指定的幻灯片中并进行放映。

11.1.2 设置排练计时

通过设置排练计时，可以知道放映整个演示文稿和放映每张幻灯片所需的时间，放映演示文稿时可以按排练的时间和顺序进行放映，从而实现演示文稿的自动放映。下面为“公司简介.ppt”演示文稿设置排练时间，其具体操作如下：

光盘文件
素材 \ 第 11 章 \ 公司简介 .ppt
效果 \ 第 11 章 \ 公司简介 .ppt
实例演示 \ 第 11 章 \ 设置排练时间

STEP 01：进入放映排练状态

打开“公司简介 .ppt”演示文稿，选择【幻灯片放映】/【排练时间】命令，进入放映排练状态，同时打开“录制”工具栏并自动为该幻灯片计时。

提个醒

进入放映排练状态后，单击“录制”工具栏中的➡按钮，可切换到下一个对象或下一张幻灯片；单击⏸按钮，则暂停录制时间。

STEP 02：保存排练计时时间

此时，通过单击鼠标或按 Enter 键控制幻灯片中下一个动画或下一张幻灯片出现的时间。并在切换到下一张幻灯片时，“录制”工具栏中的时间又将从头开始为该张幻灯片的放映进行计时。放映结束后，屏幕上将打开提示对话框，提示排练计时时间，并询问是否保留幻灯片的排练时间，这里单击 是(Y) 按钮进行保存。

STEP 03：查看排练计时时间

进入幻灯片浏览视图中，在每张幻灯片的左下角显示了幻灯片播放时需要的时间。

11.1.3 隐藏幻灯片

有时在特定的场合放映演示文稿时，只需要放映原演示文稿的一部分，但重新制作又太麻烦了。此时在放映时，可以将不需要放映的幻灯片隐藏。

隐藏幻灯片的方法是：选择需要隐藏的幻灯片，再选择【幻灯片放映】/【隐藏幻灯片】命令，可将所选择幻灯片在放映时隐藏。在“幻灯片”任务窗格中隐藏的幻灯片缩略图右侧的数字将显示为斜线禁止状态，表示本张幻灯片已被隐藏。

经验一箩筐——显示隐藏的幻灯片

若要将隐藏的幻灯片在放映时显示出来，可再次选择【幻灯片放映】/【隐藏幻灯片】命令，将其显示出来，然后再进行放映，即可放映取消隐藏的幻灯片。

11.1.4 录制旁白

在无人放映演示文稿时，可以通过录制旁白的方法录制演讲者的演说词。它与 10.1.3 节的录制声音相似。需注意的是，在录制旁白之前，需确保电脑中已安装声卡和麦克风。

录制旁白的方法是：选择需录制旁白的幻灯片，选择【幻灯片】/【录制旁白】命令，打开“录制旁白”对话框，单击 确定 按钮。打开“录制旁白”提示对话框，在其中根据需要选择要录制旁白的幻灯片，如下图所示，单击 当前幻灯片(C) 按钮，进入幻灯片放映状态，并开始录制旁白，录制完成后按 Esc 键，在打开的提示对话框中单击 保存(S) 按钮保存录制的旁白，并进入幻灯片浏览状态。此时，即可发现选择的幻灯片右下角将出现声音图标。

11.1.5 放映指定的幻灯片

由于一个演示文稿文档中，可能有很多个幻灯片，在放映演示文稿时，有时不需要全部播放出来。这时用户可以根据需要只放映演示文稿中的部分幻灯片。放映的这些幻灯片可以是连续的，也可以是不连续的。放映指定的幻灯片常用于较大型的演示文稿中。下面在“商业计划书.ppt”演示文稿中放映指定的幻灯片，其具体操作如下：

光盘文件
素材\第11章\商业计划书.ppt
效果\第11章\商业计划书.ppt
实例演示\第11章\放映指定的幻灯片

STEP 01： 打开“自定义放映”对话框

打开“商业计划书.ppt”演示文稿，选择【幻灯片放映】/【自定义放映】命令，打开“自定义放映”对话框，单击 新建(N)... 按钮。

> 提个醒 新建自定义放映后，“自定义放映”对话框中各按钮呈可用状态。单击 编辑(E)... 按钮，可在打开的对话框中添加、删除或重新排列自定义放映的幻灯片。单击 复制(Y) 按钮，可复制一个现有的自定义放映，将其作为新的自定义放映的起点。

STEP 02： 添加放映的幻灯片

1. 打开“定义自定义放映”对话框，在“在演示文稿中的幻灯片”列表中选择“1、2、6、7、8、9”选项。
2. 单击 添加(A)>> 按钮，即可将选择的幻灯片添加到“在自定义放映中的幻灯片”列表框中。
3. 单击 确定 按钮。

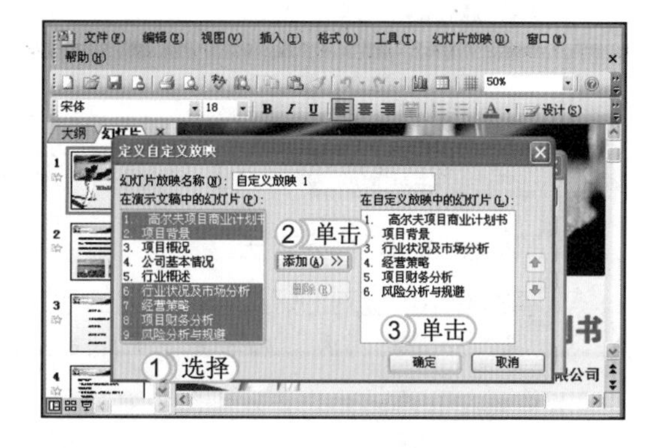

STEP 03： 放映幻灯片

返回“自定义放映”对话框，可看到“自定义放映”列表框中已显示了新创建的自定义放映名称，单击 放映(S) 按钮即可放映指定的幻灯片。

> 提个醒 在自定义幻灯片放映时，可以为自定义放映幻灯片命名。只需在“幻灯片放映名称”文本框中输入要自定义的名称即可。

11.1.6 使用墨迹对幻灯片进行标记

在放映演示文稿的过程中，有时需要强调某些重要信息，这时可在幻灯片中做标记，以提示讲解者或观众注意。

其方法是：打开需进行标记的演示文稿，按 F5 键放映演示文稿，系统从第 1 张幻灯片开始放映，放映后单击播放至相应的幻灯片中，然后在该幻灯片上单击鼠标右键，在弹出的快捷菜单中选择【指针选项】/【墨迹颜色】/【红色】命令。此时，幻灯片中的鼠标光标变为一个红色的小点，在要进行标记的文本处单击并拖动鼠标即可。

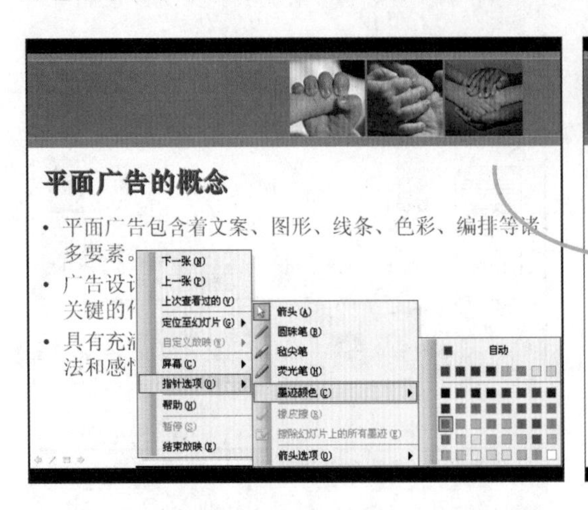

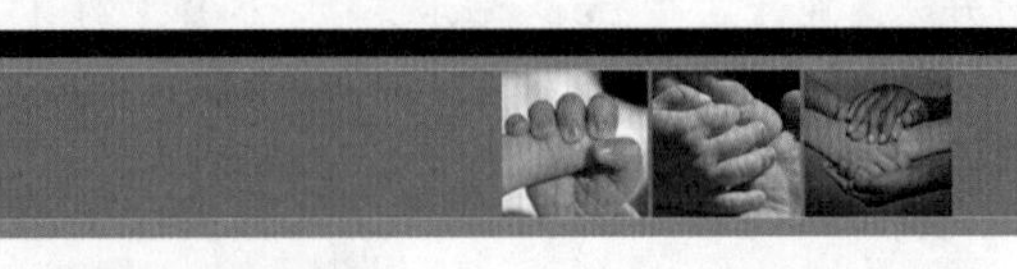

上机 1 小时 对“小学英语课件”演示文稿进行放映设置

- 巩固隐藏幻灯片的方法。
- 熟练掌握排练计时的操作方法。
- 掌握使用墨迹对幻灯片进行标记的方法。

本例将运用隐藏幻灯片、排练计时和对幻灯片进行标记等知识，对“小学英语课件 .ppt”演示文稿进行放映设置，其最终效果如下图所示。

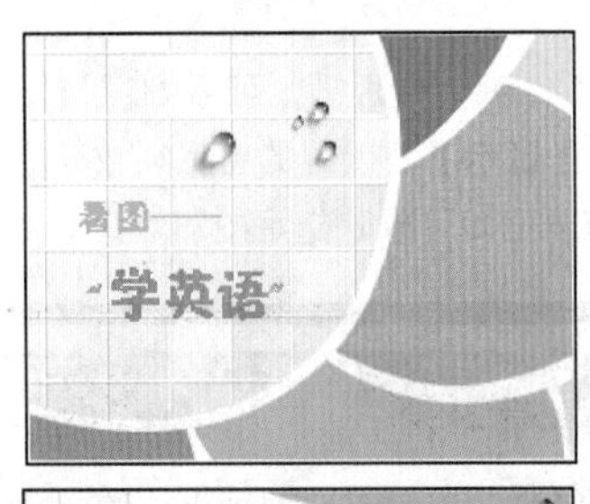

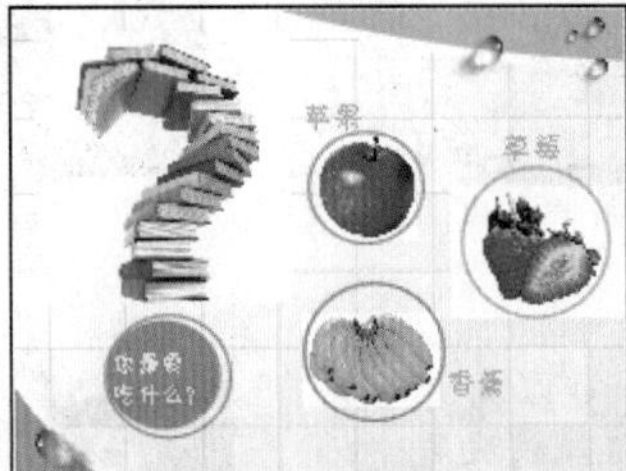

光盘文件
素材 \ 第 11 章 \ 小学英语课件 .ppt
效果 \ 第 11 章 \ 小学英语课件 .ppt
实例演示 \ 第 11 章 \ 对“小学英语课件”演示文稿进行放映设置

STEP 01：隐藏幻灯片

1. 打开“小学英语课件 .ppt”演示文稿，选择第 5 张幻灯片。
2. 选择【幻灯片放映】/【隐藏幻灯片】命令。

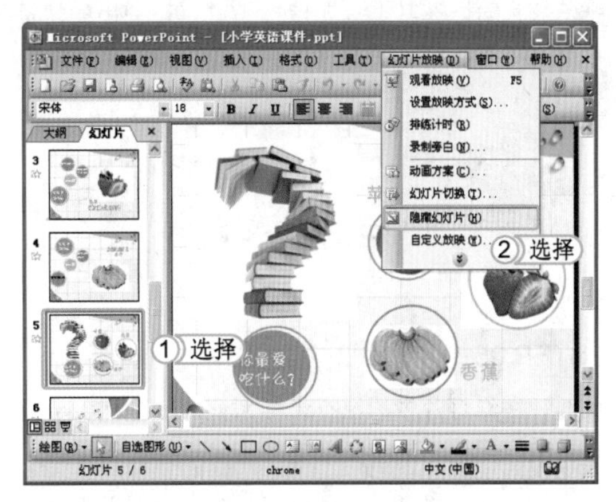

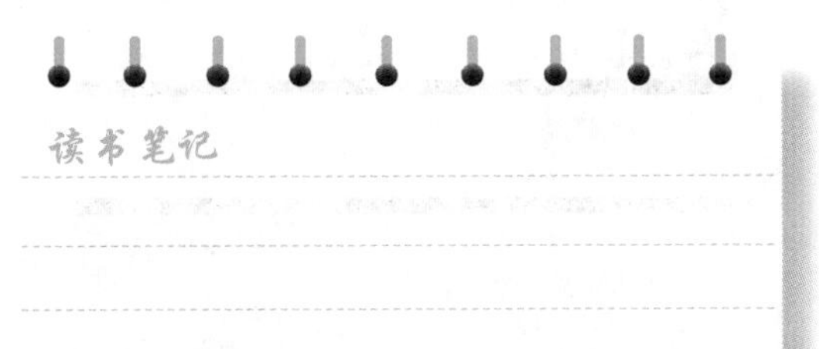

STEP 02：查看隐藏幻灯片

在左侧的“幻灯片”选项卡中将会看到第 5 张幻灯片左上角的编号将会被标记上斜杠，表示此幻灯片在放映时会被隐藏。再选择【幻灯片放映】/【设置放映方式】命令。

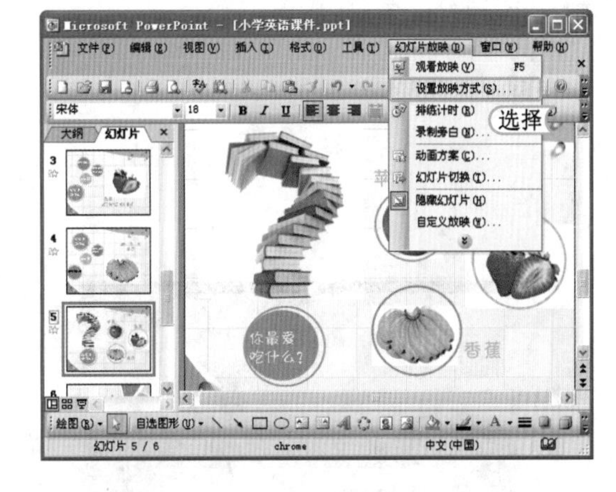

提个醒

在“设置放映方式”对话框中的“放映幻灯片”栏中，选中 ⊙从(F): 单选按钮，在其后的数值框中可设置具体要放映的幻灯片数目。

STEP 03：设置放映方式

1. 打开“设置放映方式”对话框，在“放映类型”栏中选中 ⊙演讲者放映(全屏幕)(P) 单选按钮。
2. 在“绘图笔颜色”下拉列表框中选择“深绿色”选项。
3. 单击 确定 按钮。

提个醒

进行幻灯片的放映设置时，在打开的“设置放映方式”对话框中单击 提示(I) 按钮，可以打开一个提示幻灯片放映信息的任务窗格，在其中可找到帮助用户解决问题的办法。

读书笔记

STEP 04: 选择指针样式

返回演示文稿普通视图中，选择【幻灯片放映】/【观看放映】命令，进入幻灯片放映状态，当放映至第 2 张幻灯片时，在其上单击鼠标右键，在弹出的快捷菜单中选择【指针选项】/【毡尖笔】命令。

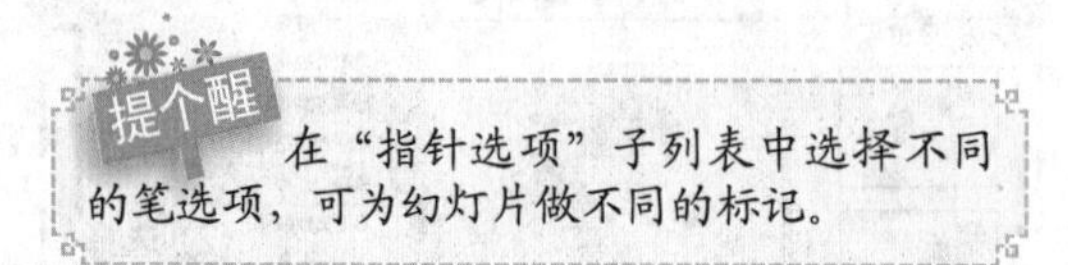

STEP 05: 对幻灯片中的文本进行标记

此时，在幻灯片中的鼠标光标将变为一个绿色小点，在要进行标记的文本处单击并拖动鼠标，这里将“它是青色的”文本圈起。继续放映幻灯片，可看到第 5 张幻灯片未播放，表示已隐藏。

STEP 06: 保留标记

播放完成后，按 Esc 键将弹出提示对话框，询问是否对标记进行保留，这里单击【保留(K)】按钮。

STEP 07: 设置排练计时

选择【幻灯片放映】/【排练计时】命令，切换到放映状态，同时打开“录制”工具栏并自动为该幻灯片计时。

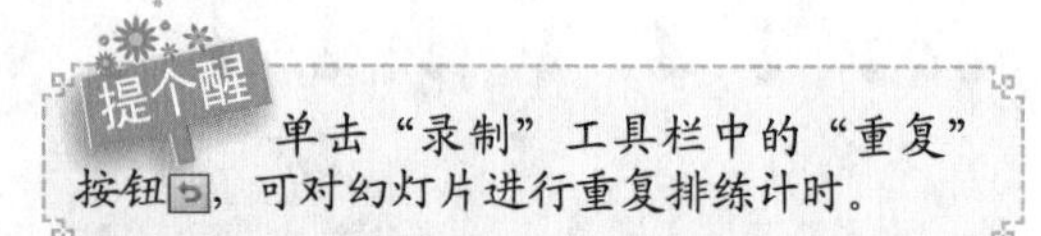

STEP 08： 保存排练计时时间

单击鼠标或按 Enter 键控制幻灯片中下一个动画或下一张幻灯片出现的时间。并在切换到下一张幻灯片时，“录制”工具栏中的时间又将从头开始为该张幻灯片的放映进行计时。放映结束后，屏幕上将打开提示对话框，提示排练计时时间，并询问是否保留幻灯片的排练时间，这里单击 是(Y) 按钮进行保存。

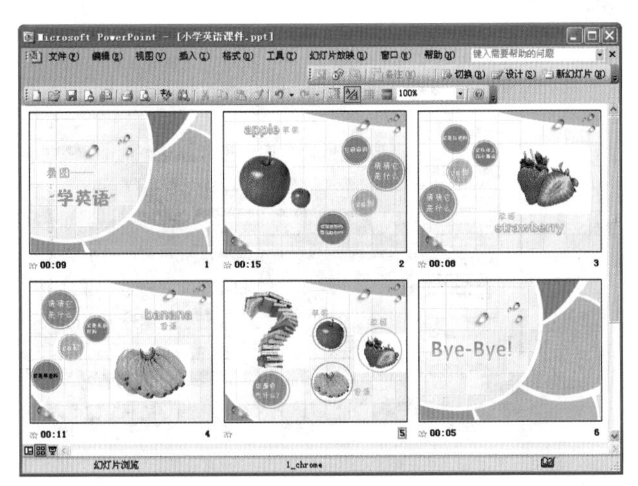

STEP 09： 查看排练计时时间

系统自动进入“幻灯片浏览”视图中，并在每张幻灯片的左下角显示幻灯片播放时需要的时间。

读书笔记

11.2 演示文稿的输出与打印

将演示文稿制作好后，为了方便查看，可以将演示文稿转换为其他格式的文档、视频和讲义等，也可以对演示文稿进行打包和打印操作。下面将详细讲解演示文稿的转换、打包和打印方法。

学习 1 小时

- 掌握将演示文稿转换为其他格式的方法。
- 掌握打包演示文稿的方法。
- 掌握打印演示文稿的方法。

11.2.1 打包演示文稿

在 PowerPoint 2003 中，可将制作的演示文稿打包成 CD，以便在没有安装 PowerPoint 软件的电脑中进行播放。打包成 CD 常用于公司在进行业务交往时，进行信息交换的一种有效方式。下面将“平面广告设计培训 .ppt”演示文稿进行打包，其具体操作如下：

光盘文件
素材 \ 第 11 章 \ 平面广告设计培训 .ppt
效果 \ 第 11 章 \ 平面广告设计培训 \
实例演示 \ 第 11 章 \ 打包演示文稿

STEP 01：打开“打包成 CD”对话框

打开“平面广告设计培训 .ppt”演示文稿，选择【文件】/【打包成 CD】命令，准备对该演示文稿进行打包操作。

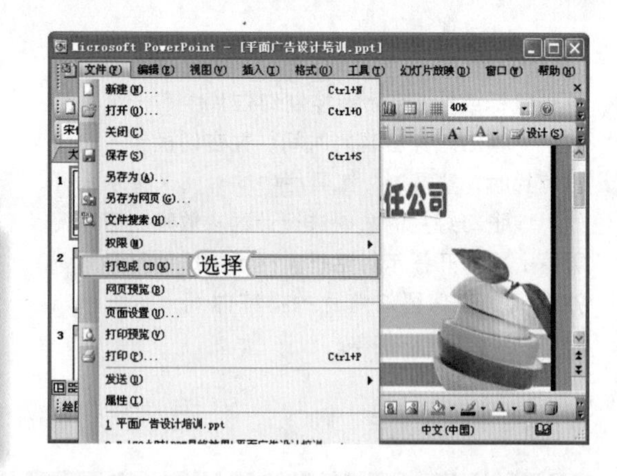

STEP 02：重命名文件夹

1. 在打开的“打包成 CD”对话框中单击 复制到文件夹(F)... 按钮。
2. 打开“复制到文件夹”对话框，在“文件夹名称”文本框中输入打包后文件夹的名称，这里输入“平面广告设计培训”文本。
3. 单击 浏览(B)... 按钮。

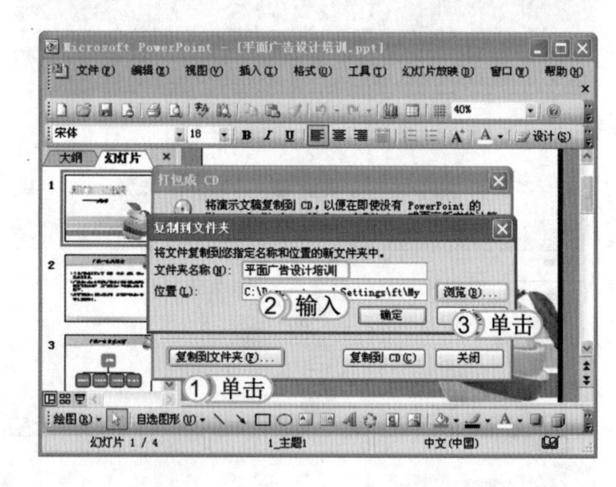

STEP 03：选择位置

打开“选择位置”对话框，选择演示文稿打包后的存储位置，并单击 选择(E) 按钮。

提个醒 将演示文稿打包成 CD 时需注意的是，如果所打包的演示文稿在其他电脑或系统中不能显示，一般都是因为打包文件被损坏。此时，需要重新进行演示文稿的打包。

STEP 04：打包演示文稿

返回“复制到文件夹”对话框，并单击 确定 按钮，打开“正在将文件复制到文件夹”对话框。在该对话框中可查看到系统正在对演示文稿进行打包。

STEP 05：查看打包成 CD 的文件夹

完成后，单击“打包成 CD”对话框中的 关闭 按钮即可。然后打开保存打包成 CD 文件的文件夹，查看演示文稿打包后的效果。

经验一箩筐——打包后演示文稿的播放

当完成演示文稿的打包操作后，用户就可以自如地运用打包好的演示文稿了。打包后的演示文稿可以在许多系统下播放，最常用的就是 Windows XP 和 Windows 7 系统。

11.2.2 放映打包后的演示文稿

如果要在其他电脑中打开并放映打包后的演示文稿，只需在打包成 CD 后的文件夹中双击“pptview.exe”文件图标，在打开的 Microsoft 对话框中单击 接受(A) 按钮。在打开对话框的“查找范围”下拉列表框中默认选择要放映的演示文稿的路径，并在下面的列表框中选择要放映的演示文稿，然后单击 打开(O) 按钮，即可放映选择的演示文稿。

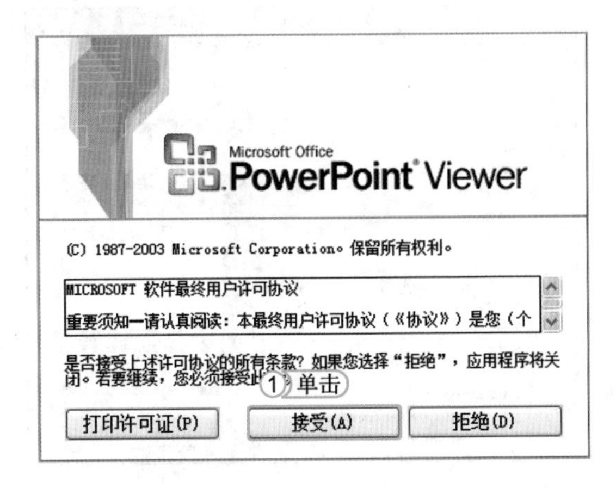

经验一箩筐——打开打包的幻灯片

需注意的是，在放映打包的幻灯片时，打开 Microsoft 对话框后，只需进行一次上述操作，之后可直接打开打包文件。

11.2.3 编辑打包后的演示文稿

在放映演示文稿的过程中，如果发现演示文稿中有不满意或需要完善的地方，可以重新编辑演示文稿。其方法是：打开打包的文件夹。双击其中的演示文稿源文件，打开演示文稿即可进行编辑（注意：电脑上要有 PowerPoint 软件）。

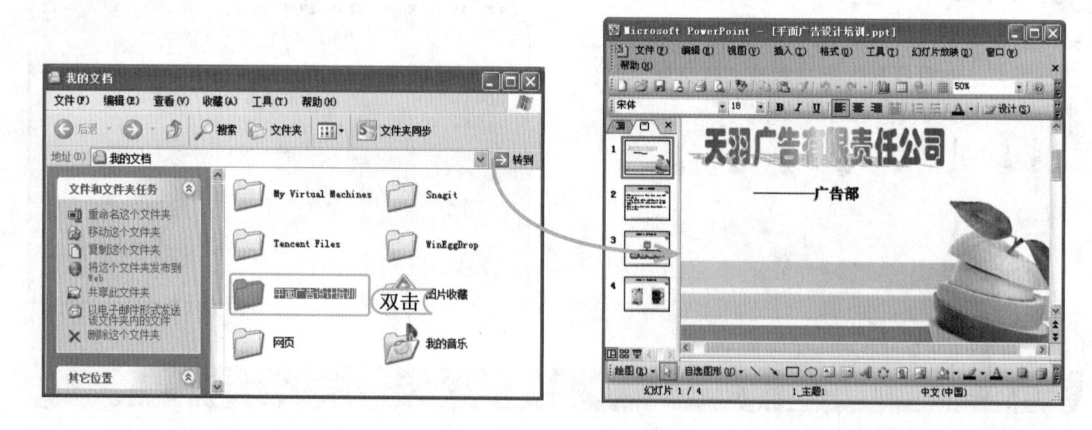

11.2.4 打印演示文稿

对于进行打包后的演示文稿，用户还可以将演示文稿打印出来。打印幻灯片也与 Word 和 Excel 的打印相同，都需要先进行页面设置。下面将对"公司倡导计划.ppt"演示文稿进行页面设置，再对其进行打印。其具体操作如下：

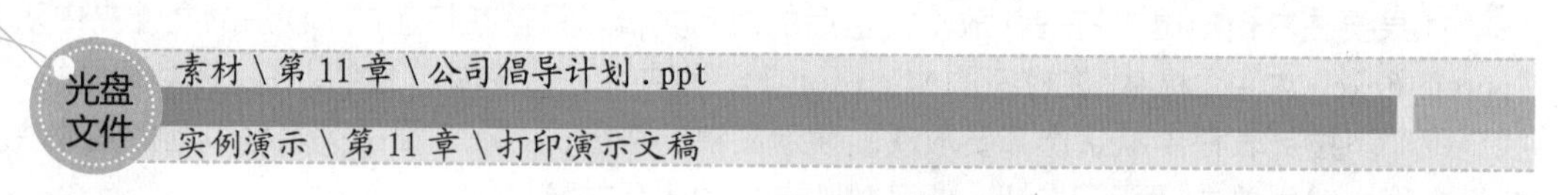

STEP 01： 打开"页面设置"对话框

打开"公司倡导计划.ppt"演示文稿，选择【文件】/【页面设置】命令，打开"页面设置"对话框。

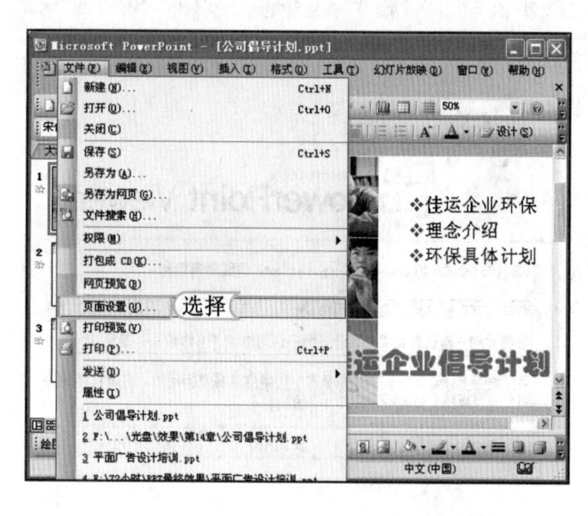

STEP 02： 页面设置

1. 在"幻灯片大小"下拉列表框中选择"自定义"选项。
2. 在"宽度"数值框中输入"30"。在"高度"数值框中输入"20"。在"幻灯片编号起始值"数值框中输入"1"。
3. 在"方向"栏中的"幻灯片"选项中选中 横向 单选按钮，在"备注、讲义和大纲"选项中选中 纵向 单选按钮。
4. 单击 确定 按钮。

STEP 03： 打印演示文稿

1. 返回演示文稿普通视图中，再选择【文件】/【打印】命令，打开“打印”对话框。在其中设置打印机类型、打印范围以及打印对象内容等。
2. 单击确定按钮。

提个醒 在进行幻灯片的打印设置时，在打开的“打印”对话框中单击预览按钮，即可预先查看所设置后打印的效果。

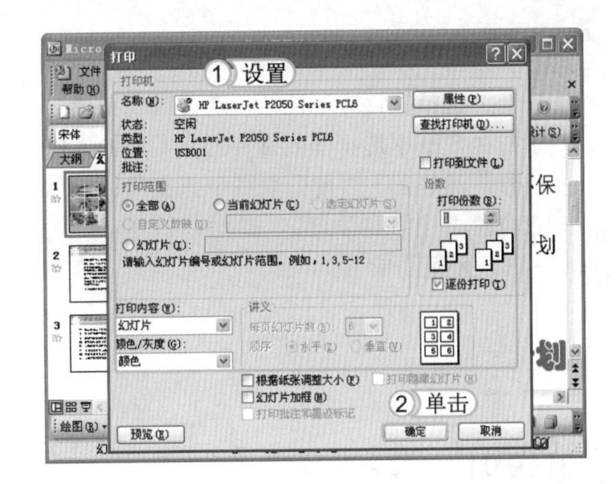

上机1小时 打包及打印演示文稿

- 巩固将演示文稿打包的方法。
- 熟练掌握打印演示文稿的方法。

本例将把“市场定位分析.ppt”演示文稿中的幻灯片打包成文件夹，然后对演示文稿进行页面设置并打印。

光盘文件
素材\第11章\市场定位分析.ppt
效果\第11章\市场定位分析\
实例演示\第11章\打包及打印演示文稿

STEP 01： 打开“页面设置”对话框

打开“市场定位分析.ppt”演示文稿，选择【文件】/【打包成CD】命令，打开“打包成CD”对话框，单击复制到文件夹(F)...按钮。

提个醒 在“将CD命名为”文本框中可输入打包成CD后文本夹的名称。在“复制到文件夹”对话框的“文件夹名称”文本框中就可不用再次进行命名。

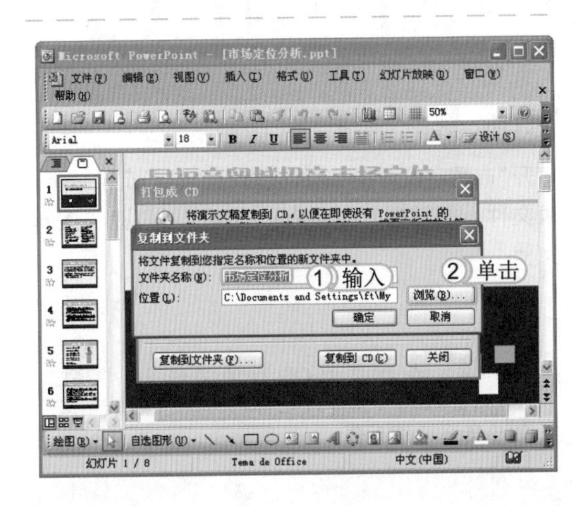

STEP 02： 打开“选择位置”对话框

1. 打开“复制到文件夹”对话框，在“文件夹名称”文本框中输入“市场定位分析”。
2. 单击浏览(B)...按钮。

提个醒 在打包演示文稿时，也可将其打包成CD，即将演示文稿中的所有幻灯片复制到CD光盘中。其方法非常简单，只需在“打包成CD”对话框中单击复制到CD(C)按钮。需注意的是，将演示文稿打包成CD时需要求当前电脑配置有刻录机。

STEP 03： 选择文件的保存位置

1. 打开“选择位置”对话框，在“查找范围”下拉列表框中选择需要储存打包CD的大概位置，然后在下方的列表框中选择具体的储存位置。
2. 单击 选择(S) 按钮。

STEP 04： 复制文件

返回“复制到文件夹”对话框，单击 确定 按钮，此时，打开“正在将文件复制到文件夹”对话框。在其中可查看到系统正在对演示文稿进行打包。

读书笔记

STEP 05： 打开打包成CD的文件夹

完成后在“打包成CD”对话框中单击 关闭 按钮，关闭该对话框。然后打开打包CD的储存位置，查看所打包的演示文稿。然后在“市场定位分析”文件夹上双击鼠标。

STEP 06： 打开打包后的演示文稿

打开“市场定位分析”文件夹。双击“市场定位分析”源文件，即可在PowerPoint 2003中打开该演示文稿。

提个醒

在打包为CD后的文件夹中双击“pptview.exe”文件，也可打开相应的演示文稿并放映演示文稿。

STEP 07：设置打印类型和范围

1. 选择【文件】/【打印】命令，打开“打印”对话框。在其中设置打印机类型、打印范围以及打印对象内容等。
2. 单击[属性(P)]按钮。

提个醒 在“打印”对话框中选中◎幻灯片(I):单选按钮，在其后的文本框中输入要打印的幻灯片的对应页码(注意，页码之间用逗号隔开)，可打印指定范围的幻灯片。

STEP 08：设置打印属性

1. 打开“属性”对话框，在“纸张类型”下拉列表框中选择“普通纸”选项。
2. 在“纸张尺寸”下拉列表框中选择“A4”选项。在“方向”下拉列表框中选择“横向”选项。在“每张打印页数”下拉列表框中选择“每张打印2页”选项。
3. 单击[确定]按钮。返回“打印”对话框，单击[确定]按钮即可打印该演示文稿。

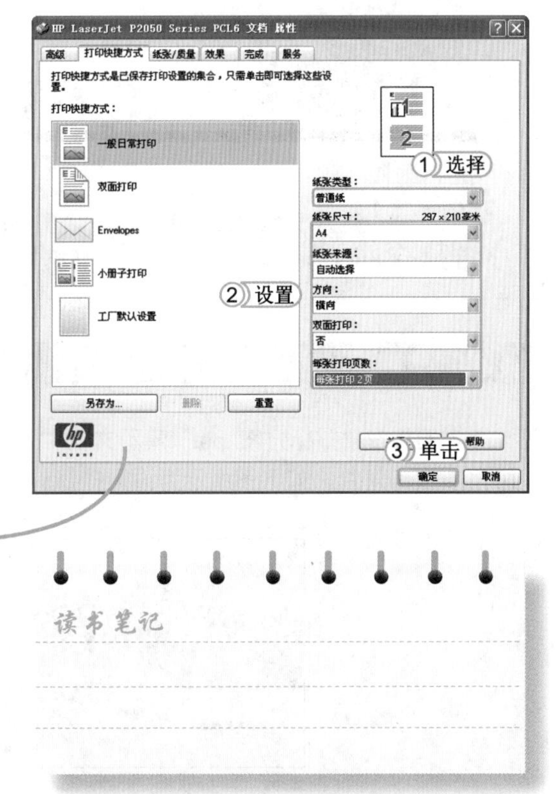

读书笔记

经验一箩筐——打印的注意事项

按Ctrl+P组合键同样可以打开“打印”对话框。另外，打印机安装的驱动程序不同，则“打印”对话框样式也不尽相同，但设置的内容大致相同。

11.3 练习1小时

本章主要介绍了演示文稿的放映设置方面的知识，在放映演示文稿时为用户提供更多的选择，能让所放映的演示文稿达到最佳效果。下面将通过设置“公司介绍”和“招标方案”演示文稿进一步巩固这些知识的操作方法，使用户熟练掌握并进行运用。

1. 设置动画并放映“公司介绍”演示文稿

本例将在“公司介绍.ppt”演示文稿中为各张幻灯片设置“新闻快报”切换动画，并分别为幻灯片中的标题和正文文本设置“渐变”和“升起”动画效果，然后按F5键对演示文稿进行放映，放映效果如下图所示。

光盘文件
素材\第11章\公司介绍.ppt
效果\第11章\公司介绍.ppt
实例演示\第11章\设置动画并放映“公司介绍”演示文稿

2. 设置“招标方案”演示文稿

本例将在“招标方案.ppt”演示文稿中运用设置幻灯片排练计时，然后隐藏第3、7、9、10、11张幻灯片，如下图所示为设置排练计时和隐藏幻灯片后的效果。

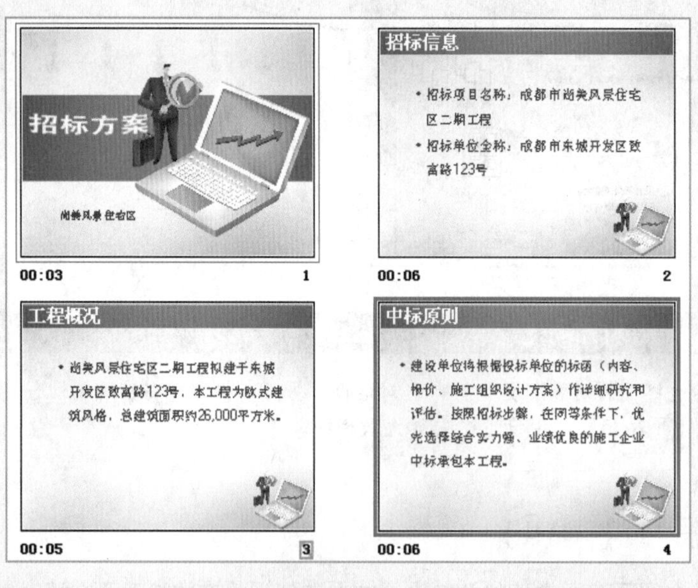

光盘文件
素材\第11章\招标方案.ppt
效果\第11章\招标方案.ppt
实例演示\第11章\设置“招标方案”演示文稿

第12章 综合实例演练

上机 9 小时

- 制作影楼宣传单
- 制作销量分析表
- 制作“新品上市策划”演示文稿

本章主要进行实战案例的分析和制作，运用学过的知识，分别使用 Word、Excel、PowerPoint 制作一些工作中常用到的文档，具体为影楼宣传单、销量分析表和新品上市策划演示文稿。通过制作这些具有代表性的文档，使用户对 Word、Excel、PowerPoint 融会贯通，以便在日常工作和学习中更加游刃有余。

12.1 上机 2 小时：制作影楼宣传单

宣传单是宣传企业或企业形象常用的推广方式，它能更加形象和完整地体现宣传的主要内容，也能更好地把产品和服务展示给大众。本例制作的宣传单主要是对新开张的公司进行宣传。

12.1.1 实例目标

本例将制作一份影楼宣传单，通过本例的制作，全面巩固 Word 2003 的使用方法，主要包括页面设置、文本格式的设置、艺术字的使用、形状的使用以及图片的插入与编辑等知识，其最终效果如下图所示。

12.1.2 制作思路

本文档的制作思路大致可以分为 3 个部分，第一部分是对 Word 2003 进行页面设置；第二部分是输入文本和设置文本格式；第三部分是插入图片，并编辑图片以美化文档；其主要流程如右图所示。

页面设置
输入和设置文本格式
插入与编辑图片

12.1.3 制作过程

下面详细讲解“影楼宣传单 .doc”文档的制作过程。

光盘文件
素材 \ 第 12 章 \ 图片
效果 \ 第 12 章 \ 影楼宣传单 .doc
实例演示 \ 第 12 章 \ 制作影楼宣传单

1. 页面设置

下面首先启动 Word 2003，自动新建文档。然后对新建文档的页面大小、方向、填充颜色等进行设置，其具体操作如下：

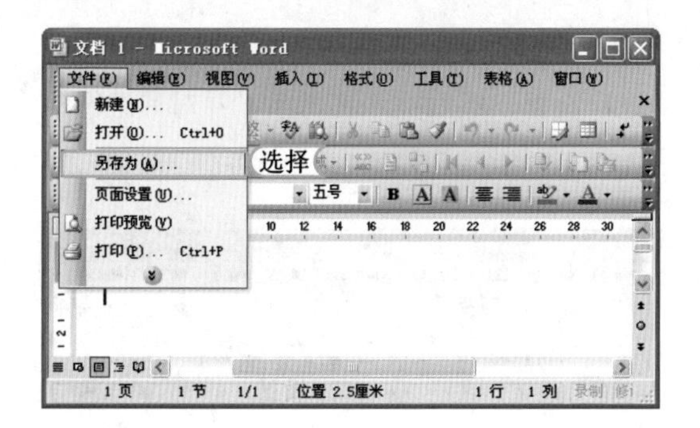

STEP 01： 启动 Word 2003

在桌面上双击 Word 2003 快捷方式图标，启动 Word 2003，新建一个空白文档。选择【文件】/【保存】命令，打开“另存为”对话框。

STEP 02： 保存文档

1. 在“保存位置”下拉列表框中选择保存文件的位置。
2. 在“文件名”下拉列表框中输入保存文件的名称“影楼宣传单 .doc”。
3. 单击 保存(S) 按钮。

STEP 03： 设置纸张方向

1. 选择【文件】/【页面设置】命令，打开“页面设置”对话框，选择“页边距”选项卡。
2. 在“方向”栏中选择“横向”选项。
3. 单击 确定 按钮。

提个醒 设置的页面边框默认是应用于整篇文档的，如果不想应用于整篇文档，可在“应用于”下拉列表框中进行相应的设置。

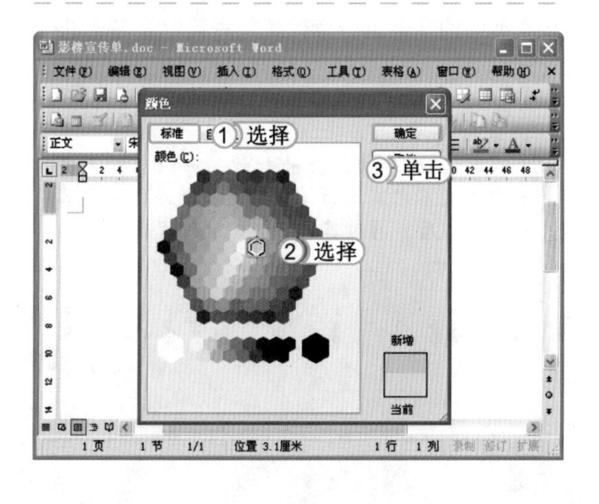

STEP 04： 设置页面颜色

1. 选择【格式】/【背景】/【其他颜色】命令，打开“颜色”对话框，选择“标准”选项卡。
2. 在“颜色”栏中选择“浅红”选项。
3. 单击 确定 按钮。

2. 输入和设置文本格式

下面将在文档中输入相应的文本，并对其格式进行设置，然后插入艺术字，并对其进行相应的设置，其具体操作如下：

STEP 01：输入文本并设置字体

1. 选择【插入】/【文本框】/【横排】命令，然后拖动鼠标在文档编辑区绘制一个文本框，并在其中输入文本“写真套餐 优惠连升 5 级”。
2. 选择输入的文本，在“常用”工具栏中设置文本为“汉仪黑咪体简”，字号为“初号”，颜色为“紫罗兰”。选择“5”文本，将其字体设置为“方正大标宋简体”，字号为“100”，颜色为“梅红”。

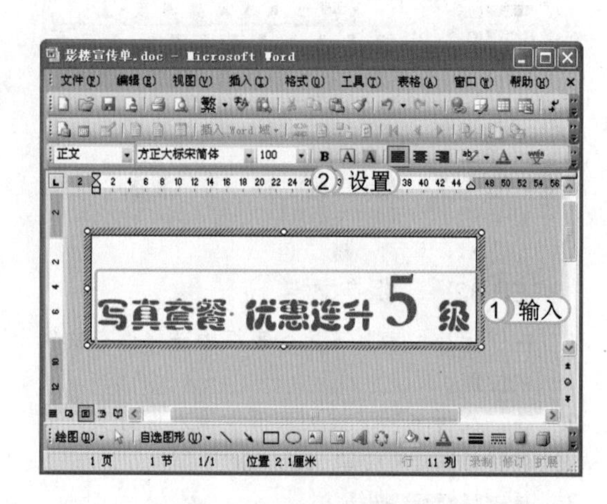

STEP 02：设置文本框格式

1. 双击文本框，打开“设置文本框格式”对话框，选择“颜色与线条”选项卡。
2. 在“填充”栏的“颜色”下拉列表框中选择“无填充颜色”选项。
3. 在“线条”栏的“颜色”下拉列表框中选择“无线条颜色”选项。
4. 单击 确定 按钮。

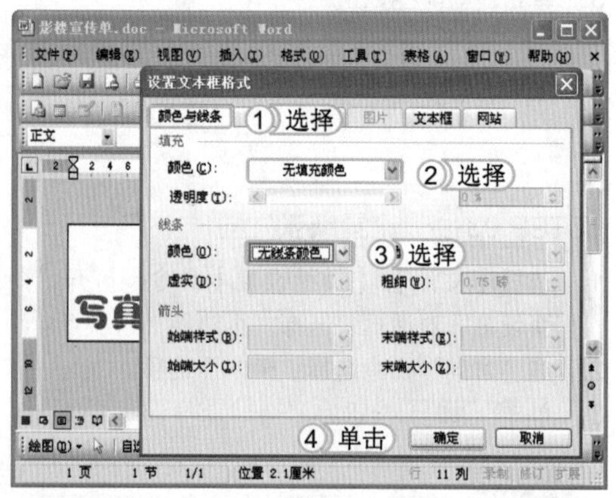

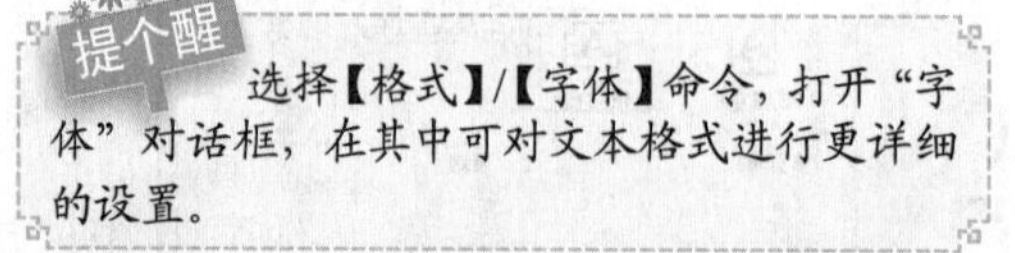

选择【格式】/【字体】命令，打开“字体”对话框，在其中可对文本格式进行更详细的设置。

STEP 03：修改和设置文本

选择页面中的文本框，按 Ctrl+C 组合键进行复制，再按两次 Ctrl+V 组合键粘贴两个文本框，然后对文本框中的文本进行修改，并对其字体格式进行设置。

提个醒

对于这部分的制作，可以边输入文本边对文本内容进行设置。这里是在文本内容输入完成后，再对其进行统一的设置。

读书笔记

STEP 04： 设置项目符号

1. 选择“即日起至 12 月 25 日止”下的文本。
2. 选择【格式】/【项目符号和编号】命令，打开“项目符号和编号”对话框。

提个醒
如果文档中有多个段落需设置项目符号和编号，可先为其中一段文本进行设置。然后利用“格式刷”工具将其格式应用到其他段落中。

STEP 05： 选择项目符号样式

1. 选择“项目符号”选项卡。
2. 在下方的列表框中选择第5种项目符号样式。
3. 单击 确定 按钮。

STEP 06： 选择艺术字样式

1. 选择【插入】/【图片】/【艺术字】命令，打开“艺术字库”对话框，在“请选择一种‘艺术字’样式”列表框中选择第3行第4个艺术字样式。
2. 单击 确定 按钮。

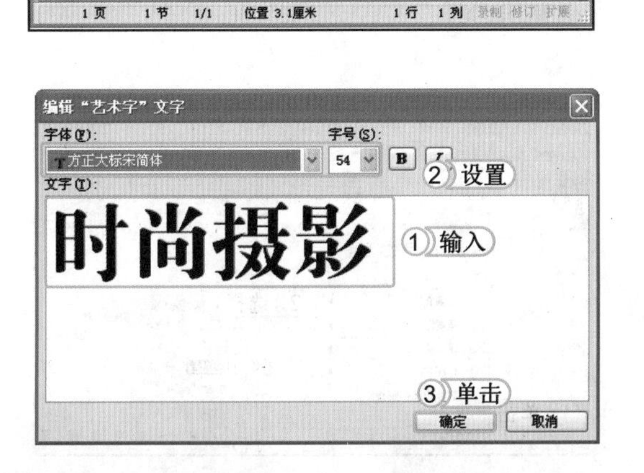

STEP 07： 设置艺术字格式

1. 打开“编辑‘艺术字’文字”对话框，在“文字”文本框中输入“时尚摄影”文本。
2. 在“字体”下拉列表框中选择“方正大标宋简体”选项。在“字号”下拉列表框中选择“54”选项。
3. 单击 确定 按钮。

STEP 08： 设置艺术字环绕方式

1. 此时，艺术字将插入到文档编辑区中，并打开“艺术字”工具栏。选择插入的“艺术字”。
2. 单击“艺术字”工具栏中的“文字环绕”按钮。
3. 在弹出的下拉列表中选择“浮于文字上方”选项。

STEP 09： 移动艺术字位置

将鼠标光标置于艺术字上，当其变为形状时，按住鼠标左键不放拖动其至文档编辑区的右下角位置，再释放鼠标。

> **提个醒** 选择图片后，将鼠标光标移动到艺术字正上方的控制点上，按住鼠标左键不放进行拖动还可调整艺术字的旋转角度。

STEP 10： 查看效果

此时即可查看到在文档编辑区中输入文本并插入艺术字的效果。

3. 插入与编辑图片

下面将对文档进行美化，在文档中绘制自选图形并插入图片，然后对其进行设置和调整，使文档更加完整和生动，其具体操作如下：

STEP 01： 选择自选图形

1. 单击“绘图”工具栏中的自选图形(U)按钮。
2. 在弹出的下拉列表中选择“流程图”/“流程图:可选过程”选项。

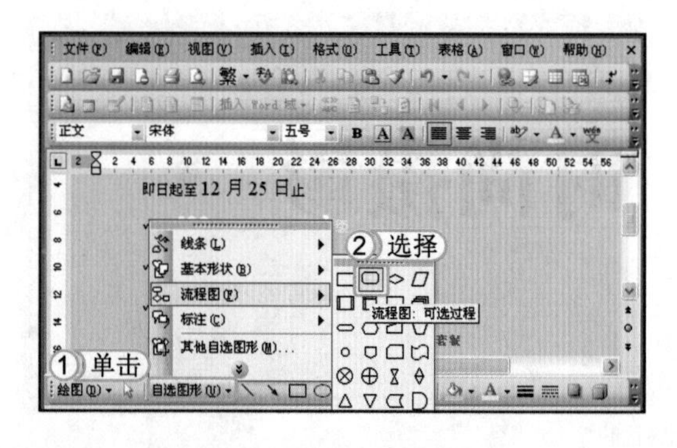

STEP 02: 设置形状叠放次序

1. 按 Esc 键，当鼠标光标变为+字形状时，在项目文本处拖动鼠标绘制一个圆角矩形形状。
2. 单击鼠标右键，在弹出的快捷菜单中选择【叠放次序】/【置于底层】命令。

STEP 03: 设置自选图形格式

1. 单击鼠标右键，在弹出的快捷菜单中选择“设置自选图形格式”命令，打开“设置自选图形格式”对话框，选择“颜色与线条”选项卡。
2. 在“颜色”栏的“填充”下拉列表框中选择“填充效果”选项。

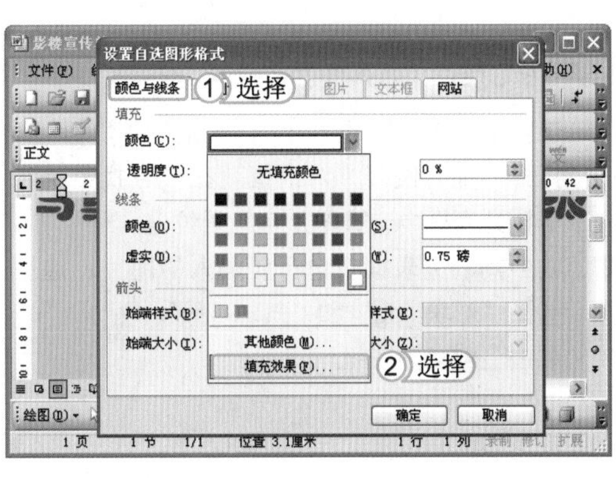

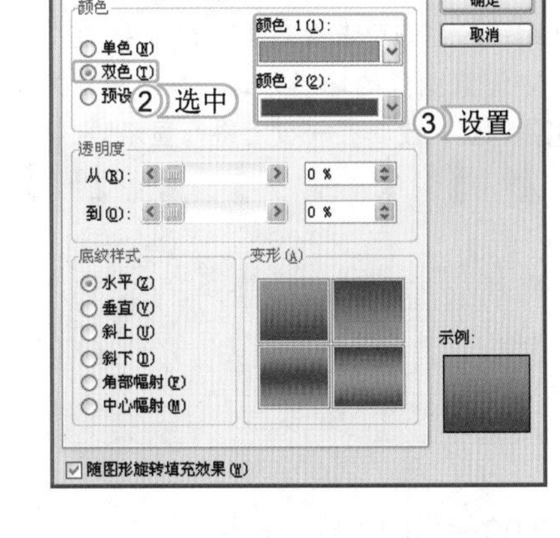

STEP 04: 设置自选图形填充效果

1. 打开“填充效果”对话框，选择“渐变”选项卡。
2. 在“颜色”栏中选中 双色(T) 单选按钮。
3. 设置“颜色 1”为“淡紫”，设置“颜色 2”为“紫罗兰”。
4. 单击 确定 按钮，

提个醒 在 Word 中不仅可为自选图形设置渐变填充效果，还可为其添加纹理、图案和图片等效果。

STEP 05: 去除边框颜色

1. 返回“设置自选图形格式”对话框，在“线条”栏的“颜色”下拉列表框中选择“无线条颜色”选项。
2. 单击 确定 按钮。

提个醒 在“颜色”下拉列表框中的颜色选项下方显示了最近使用的自定义的颜色。

STEP 06： 调整自选图形

选择文档中的自选图形，按 Ctrl+C 组合键进行复制，再按 Ctrl+V 组合键粘贴自选图形，然后使用移动艺术字的方法对自选图形进行移动，并对其大小和颜色进行设置。

> **提个醒** 选择需要复制的自选图形，按住 Ctrl 键的同时，按住鼠标不放进行拖动，也可复制自选图形。

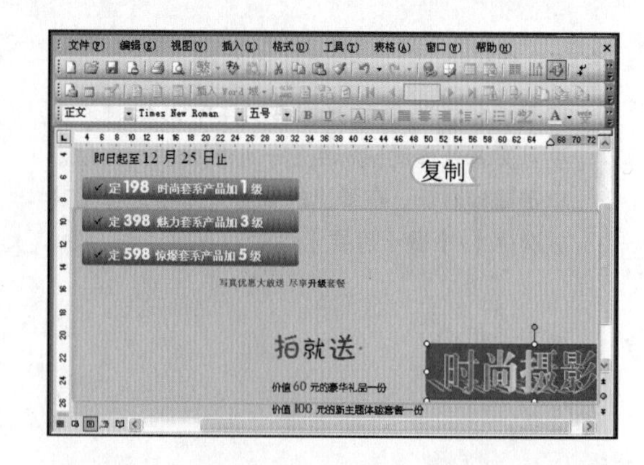

STEP 07： 插入图片

1. 选择【插入】/【图片】/【来自文件】命令，打开“插入图片”对话框。在“查找范围”下拉列表框中选择图片存储的位置。
2. 在中间的列表框中选择要插入的图片，这里选择“彩块 .jpg”和“气球 .jpg”。
3. 单击 插入(S) 按钮。

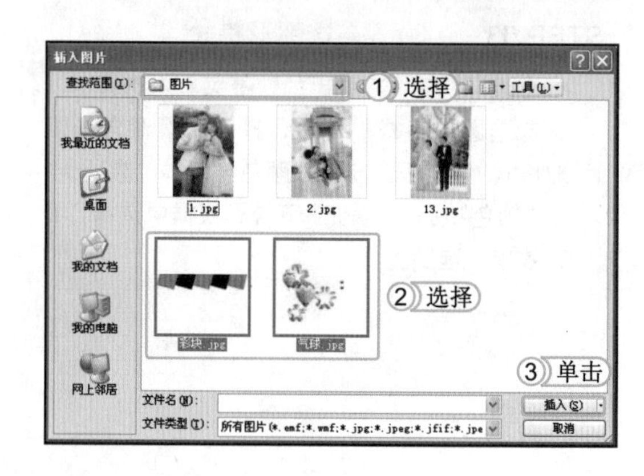

STEP 08： 调整图片

在文档编辑区中即可查看到插入的图片，在“绘图”工具栏中设置图片的环绕方式，并将图片大小和位置稍作调整，使其在一页上进行显示。

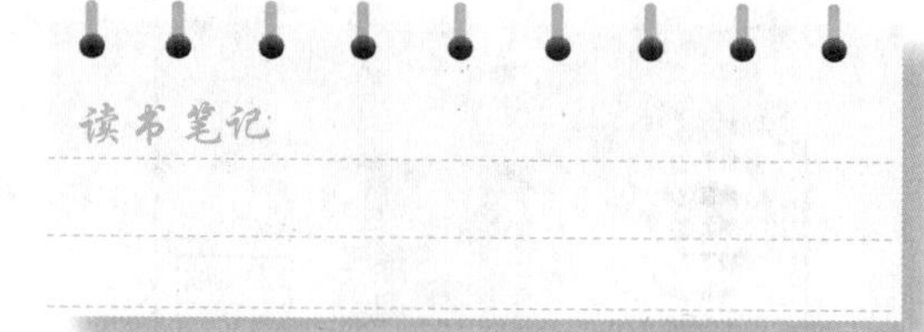

STEP 09： 删除图片背景

1. 选择插入的图片。在“绘图”工具栏中单击“设置透明色”按钮。
2. 当鼠标光标变为形状时，在图片的背景色（白色）上单击鼠标，删除背景色。

> **提个醒** 如果图片前景有颜色与图片背景颜色相同，那么将图片背景设置为透明色后，图片前景与背景相同的颜色，也将变成透明色。

STEP 10：旋转图片

使用前面相同的方法复制一个彩块图片，再选择复制的彩块，在绘图工具栏中单击两次“向左旋转 90°”按钮，并将其拖动至文档编辑区的下方。

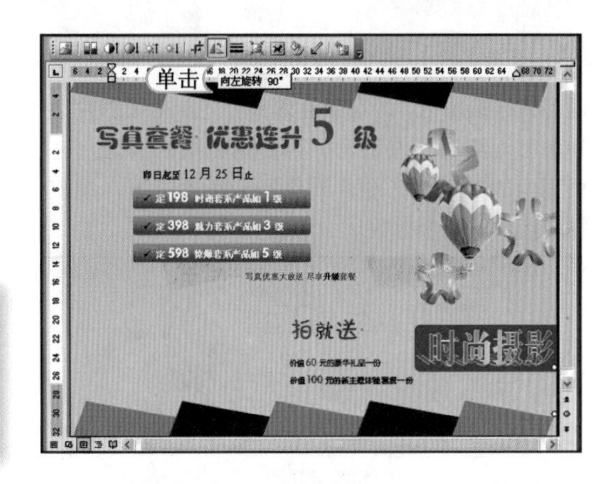

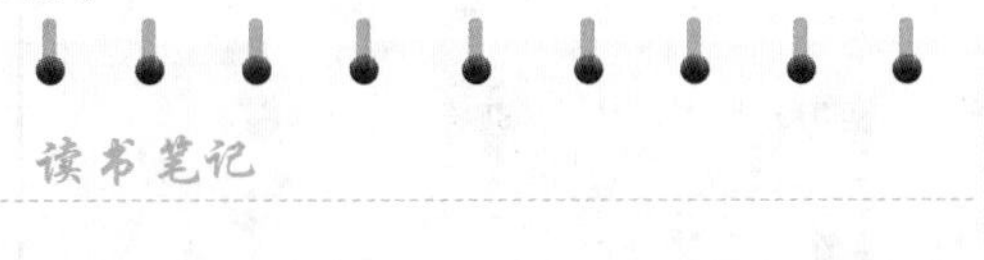
读书笔记

STEP 11：选择多张图片

使用与第 7、8 步相同的方法，插入“图片”文件夹中剩余的其他图片，并设置图片的环绕方式。再按住 Ctrl 键的同时依次单击图片将其选择。

提个醒　将鼠标光标定位到文档中的某一位置，在“插入图片”对话框中选择的图片就被插入到该位置。

STEP 12：为图片设置边框

1. 双击图片，打开“设置图片格式”对话框，选择“颜色与线条”选项卡。
2. 在“线条”栏的“颜色”下拉列表框中选择“白色”选项。
3. 在“线型”下拉列表框中选择“2.25 磅”选项。

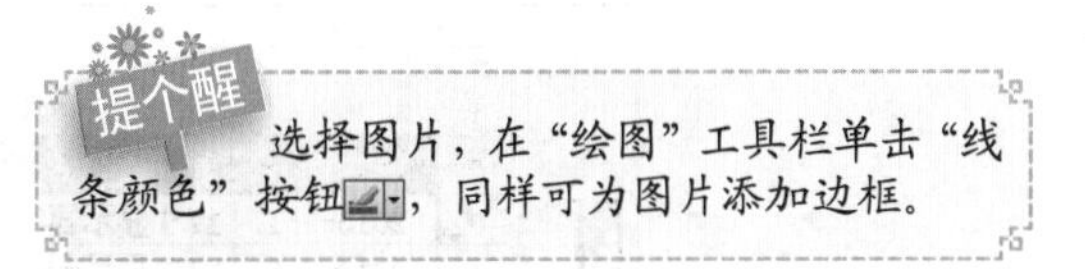

提个醒　选择图片，在“绘图”工具栏单击“线条颜色”按钮，同样可为图片添加边框。

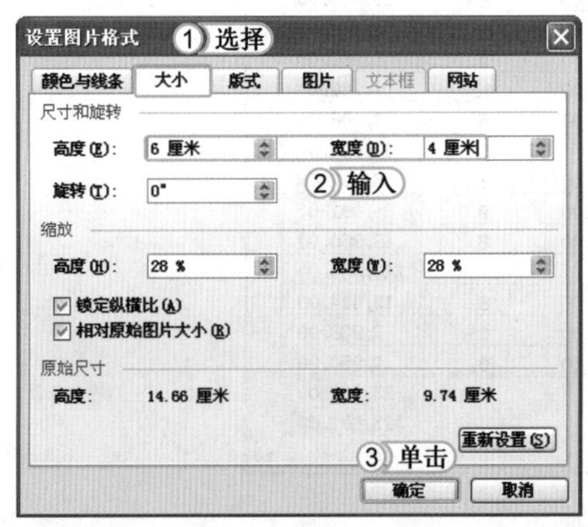

STEP 13：精确调整图片大小

1. 选择“大小”选项卡。
2. 在“尺寸和旋转”栏的“高度”和“宽度”数值框中分别输入“6 厘米”和“4 厘米”。
3. 单击 确定 按钮。

提个醒　如果一个对象的大小不需要非常精确，这时可选择手动调整，快速且方便。

STEP 14： 调整图片位置

返回文档编辑区，即可查看效果，选择1张图片，将其移动到页面左下角。再使用相同的方法，将页面中的其他2张图片调整到合适的位置，调整完成后即可查看效果。

12.2 上机2小时：制作销量分析表

销量分析表是用来统计和分析公司或部门销售数据的。制作时，应选择合适的背景颜色，设置恰当的文字格式，添加需要的符号编号以及运用合适的数值格式，所插入的图表要凸显数据的对比效果，让读者很容易就能从中得到想要的数据。

12.2.1 实例目标

通过本例的制作，全面巩固 Excel 2003 的使用方法，主要包括输入表格数据，并计算数值数据的总价，设置表格中文本和数值的格式和颜色，接着为表格添加样式和边框，然后对表格数据进行计算、排序和分类汇总操作，最后根据表格数据制作图表，以便更直观地查看销售数据，其最终效果如下图所示。

	A	B	C	D	E
1	销量统计表				
2	日期	产品名称	单价(元)	销量(台)	销售额
3	2013-5-1	17寸显示器	1,584.00	8	12,672.00
4	2013-5-5	17寸显示器	1,666.00	2	3,332.00
5		17寸显示器 汇总			16,004.00
6	2013-5-6	21寸显示器	2,288.00	6	13,728.00
7		21寸显示器 汇总			13,728.00
8	2013-5-3	冰箱	1,152.00	5	5,760.00
9	2013-5-7	冰箱	1,436.00	12	17,232.00
10	2013-5-9	冰箱	1,168.00	6	7,008.00
11		冰箱 汇总			30,000.00
12	2013-5-4	电视机	8,879.00	3	26,637.00
13	2013-5-10	电视机	7,229.00	9	65,061.00
14	2013-5-11	电视机	6,120.00	8	48,960.00
15		电视机 汇总			140,658.00
16	2013-5-2	洗衣机	2,069.00	6	12,414.00
17	2013-5-8	洗衣机	1,469.00	2	2,938.00
18	2013-5-12	洗衣机	2,650.00	3	7,950.00
19		洗衣机 汇总			23,302.00
20		总计			223,692.00

5月份销量统计表 / Sheet2 / Sheet3

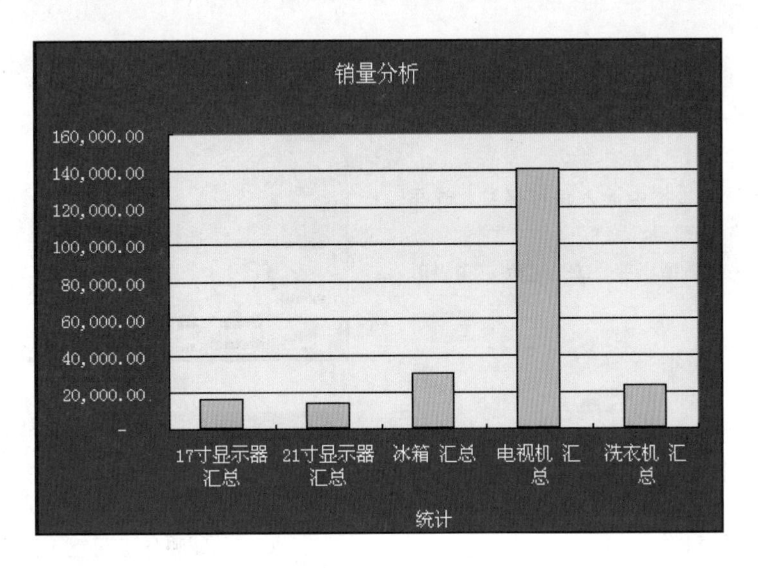

12.2.2 制作思路

本表格的制作思路大致可分为 5 个部分，第一部分是创建表格框架；第二部分是对表格进行美化操作；第三部分是对表格数据进行排序和分类汇总；第四部分是创建与编辑图表；第五部分是打印表格，其主要流程如下图所示。

12.2.3 制作过程

下面详细讲解“销量分析表”的制作过程。

光盘文件

效果\第 12 章\销量分析表.xls

实例演示\第 12 章\制作销量分析表

1. 创建表格框架

下面将启动 Excel 2003，先保存新建的工作簿，然后在其工作表中输入相应的数据，并对其字体格式、单元格格式、对齐方式、数字格式和数据有效性等进行设置。其具体操作如下：

STEP 01： 重命名工作表

1. 在桌面上双击 Excel 2003 快捷方式图标，启动 Excel 2003，新建一个空白工作簿。在“Sheet1”工作表标签上双击鼠标，使其呈可编辑状态，输入“5 月份销量统计表”。
2. 选择【文件】/【保存】命令，打开“另存为”对话框。

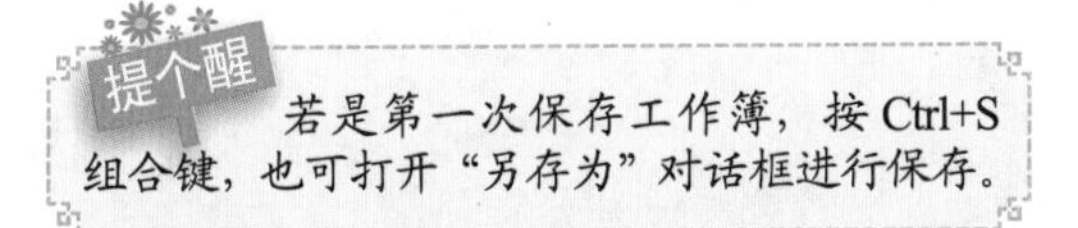

提个醒

若是第一次保存工作簿，按 Ctrl+S 组合键，也可打开“另存为”对话框进行保存。

STEP 02: 设置保存参数

1. 打开“另存为”对话框，在地址栏中设置保存位置。
2. 在“文件名”文本框中输入保存名称，这里输入“销量分析表.xls”。
3. 保持默认的保存类型不变，单击 保存(S) 按钮。

STEP 03: 输入数据

1. 返回工作表，将鼠标光标定位到工作表中的第 1 个单元格中，输入“销量统计表”文本，按 Enter 键确认输入。
2. 输入完成后，鼠标光标将自动跳转到下一个单元格中，用相同方法继续输入其他数据。

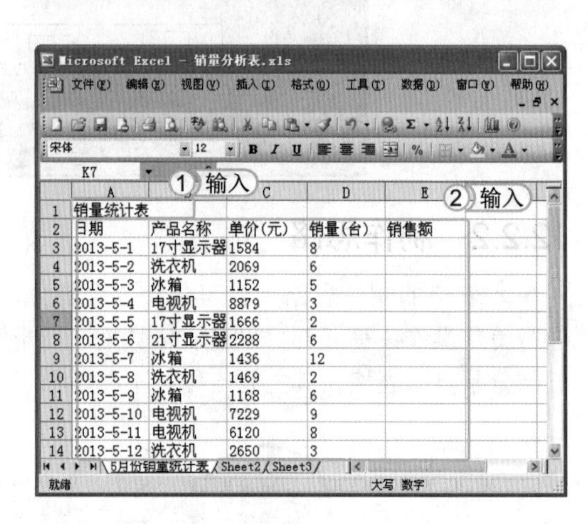

提个醒

在输入日期时，可选择【格式】/【单元格】命令，打开“单元格格式”对话框，在“分类”列表框中选择“日期”选项，在右侧的“类型”栏中可选择日期的样式。

STEP 04: 计算数据

1. 选择 E3 单元格。
2. 在编辑栏中输入计算公式“=C3*D3”，按 Enter 键确认输入，此时在表格中将计算出所选单元格的乘积。

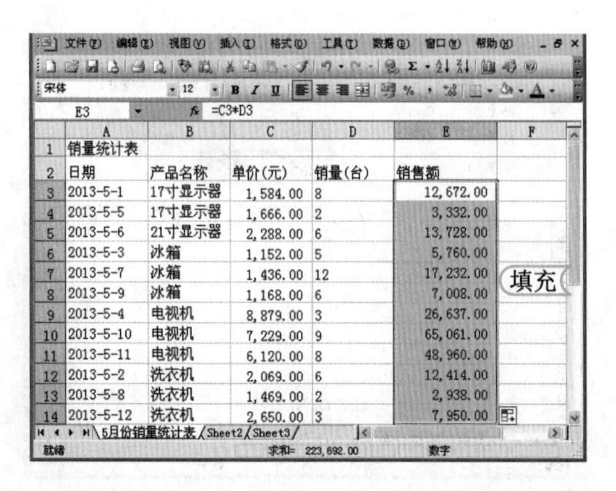

STEP 05: 填充相同的公式计算结果

选择 E3 单元格，将鼠标光标移动到该单元格右下角，当其变为✚形状时，按住鼠标左键不放，将其拖动到 E14 单元格后释放鼠标，为其他单元格都应用相同的公式并计算出结果。

STEP 06：合并单元格

1. 选择 A1:E1 单元格区域。
2. 单击“格式”工具栏中的“合并及居中”按钮，将所选择单元格区域合并，并将标题文本居中显示。

> **提个醒** 选择【格式】/【单元格】命令，打开“单元格格式”对话框，在其中可设置字体格式、单元格对齐方式、合并单元格和填充单元格底纹颜色等。

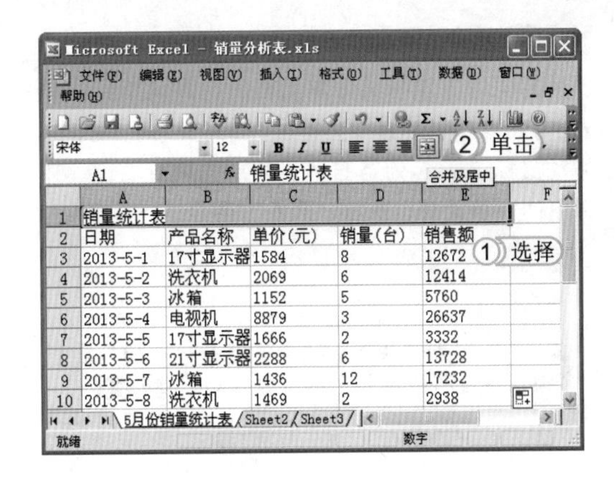

STEP 07：设置字体格式

1. 选中标题文本。单击“字体”下拉列表框右侧的下拉按钮，在弹出的列表中选择“华文行楷”。
2. 单击“字号”下拉列表框右侧的下拉按钮，在弹出的列表中选择“22”。

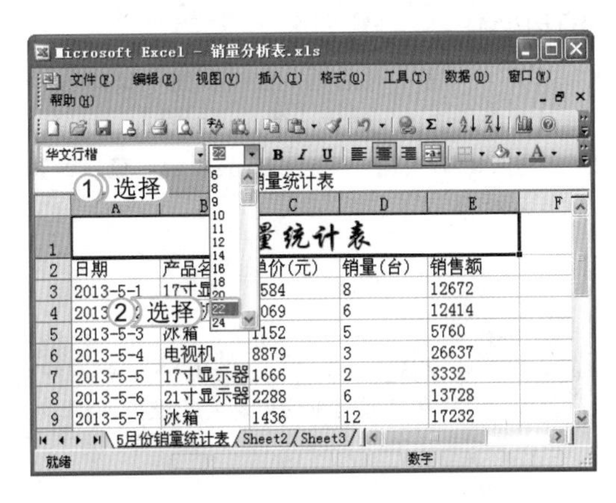

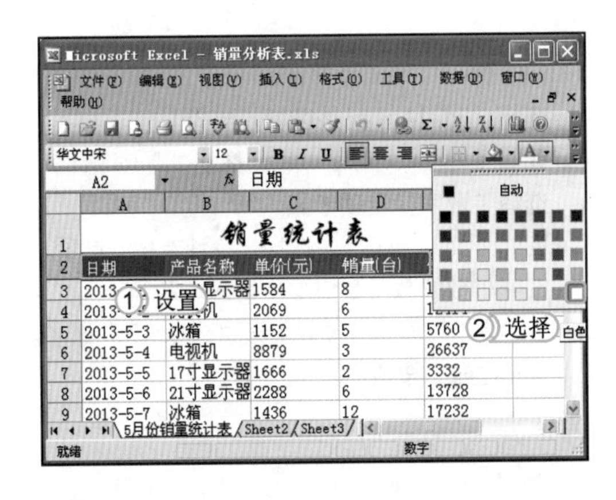

STEP 08：设置底纹和字体颜色

1. 选择 A2:E2 单元格区域，单击“格式”工具栏中“填充颜色”按钮右侧的下拉按钮，在弹出的下拉列表中选择“深青”色块选项。
2. 将文本的“字体”设置为“华文中宋”，“字体颜色”设置为“白色”。

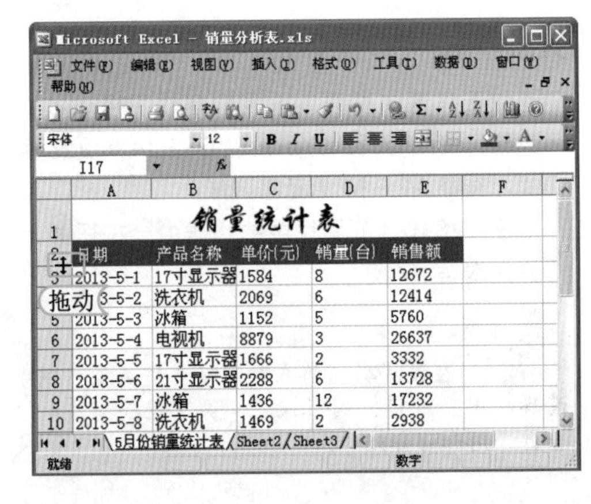

STEP 09：调整行高

将鼠标光标移动到第 1 行和第 2 行的分割线上，当鼠标光标变成✢形状时，按住鼠标左键不放，向下拖动到合适位置后释放鼠标。

> **提个醒** 手动调整行高时，光标右上角将显示当前的行高参数值，用户可根据参数值来确定具体的行高。

STEP 10：打开“列宽”对话框

使用相同的方法将其他单元格的行高调整到合适大小。将鼠标光标置于列标上，当其变为⬇形状时，拖动鼠标选择A列至E列，再单击鼠标右键。在弹出的快捷菜单中选择“列宽”命令。

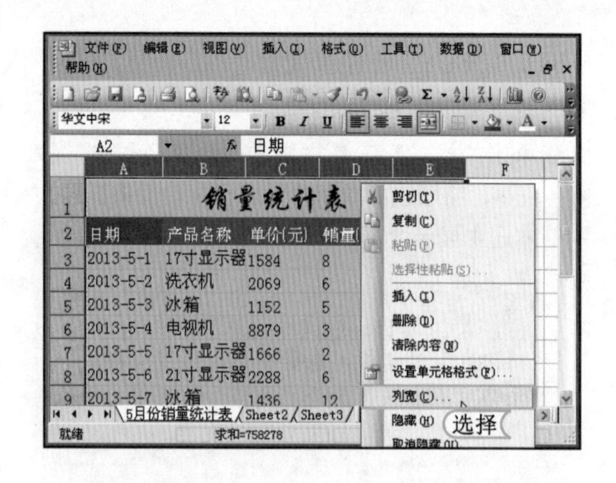

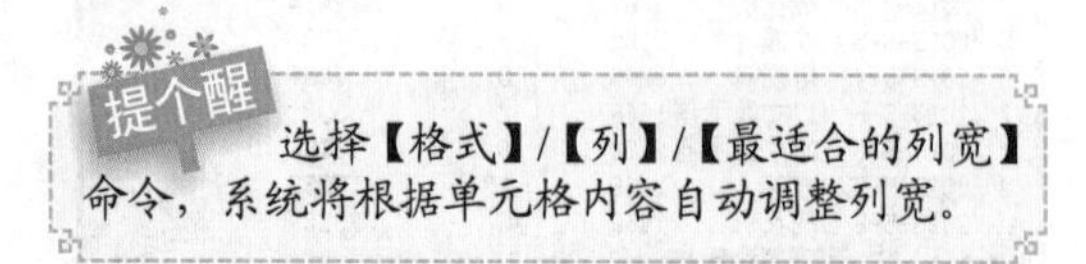

提个醒

选择【格式】/【列】/【最适合的列宽】命令，系统将根据单元格内容自动调整列宽。

STEP 11：设置列宽

1. 打开“列宽”对话框，在“列宽”文本框中输入要设置的列宽大小值，这里输入“11”。
2. 单击确定按钮，返回工作表中即可查看设置后的效果。

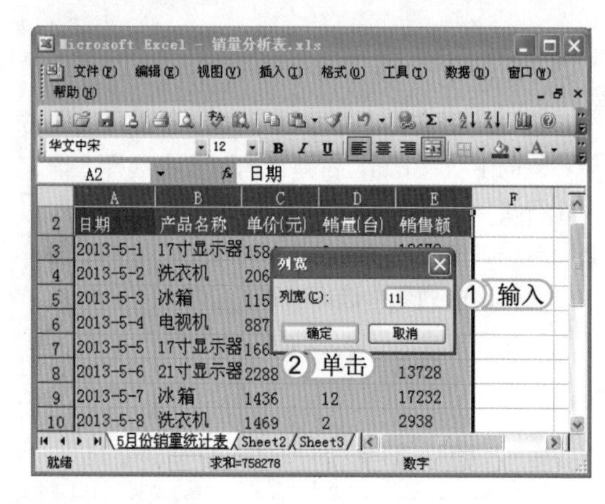

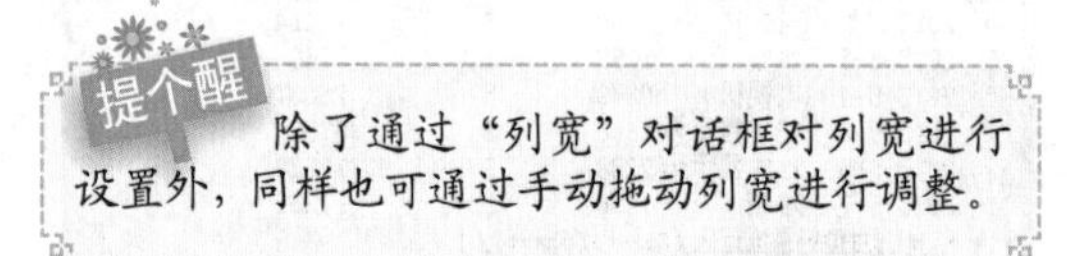

提个醒

除了通过“列宽”对话框对列宽进行设置外，同样也可通过手动拖动列宽进行调整。

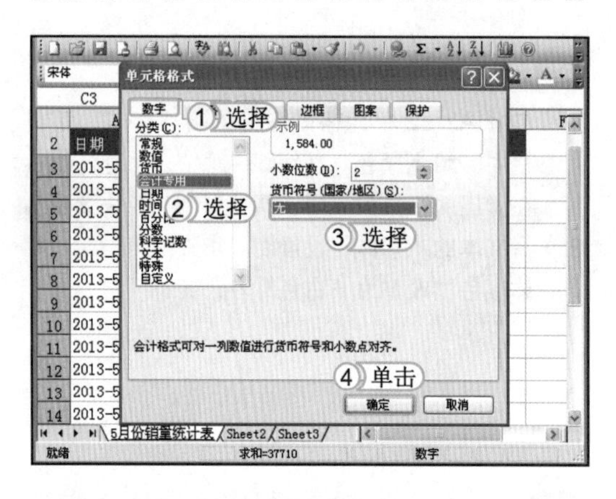

STEP 12：设置数值格式

1. 选择C3:C14单元格区域。选择【格式】/【单元格】命令，打开“单元格格式”对话框，选择“数字”选项卡。
2. 在“分类”列表框中选择“会计专用”选项。在“小数位数”数值框中输入“2”。
3. 在“货币符号”下拉列表框中选择“无”选项。
4. 单击确定按钮。

STEP 13：设置文本居中

1. 返回工作表中即可查看到设置数字格式后的效果，使用相同的方法设置E3:E14单元格格式。选择A2:E14单元格区域。
2. 单击“格式”工具栏中的“居中”按钮▤，将文本居中显示。

提个醒

在设置数值格式时，有多种类型可供选择，用户可根据情况设置。其中包括货币、会计专用和百分比等。

2. 美化表格

下面将对销售额列中的数据设置条件格式，并为表格添加相应的边框和底纹。其具体操作如下：

STEP 01： 设置条件格式

1. 选择 E3:E14 单元格区域，选择【格式】/【条件格式】命令，打开“条件格式”对话框。在“条件”下拉列表中选择“单元格数值”选项。在其后的下拉列表框中选择“大于”选项。
2. 在右侧的文本框中输入“15000”。
3. 单击格式(F)...按钮。

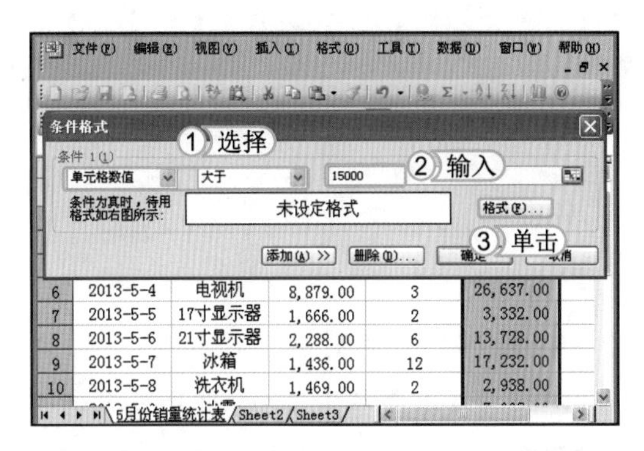

STEP 02： 设置条件格式的颜色

1. 打开“单元格格式”对话框，选择“图案”选项卡。
2. 在“颜色”栏中选择“灰色”色块选项。
3. 单击确定按钮返回编辑区中。

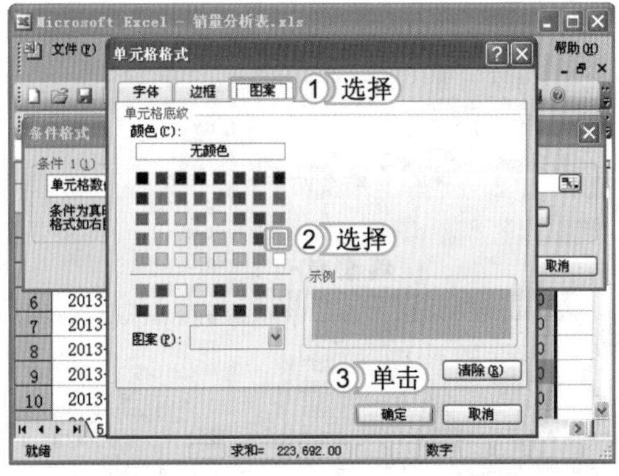

提个醒 在“单元格格式”对话框中选择“边框”选项卡，可为符合条件的单元格或区域添加边框效果。

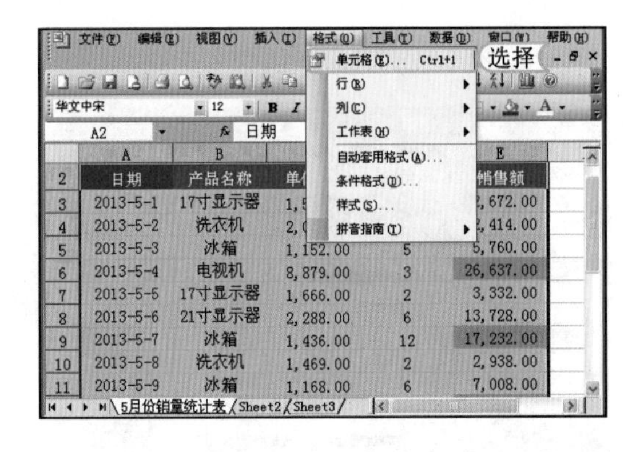

STEP 03： 打开“单元格格式”对话框

选择 A2:E14 单元格区域。选择【格式】/【单元格】命令，打开“单元格格式”对话框。

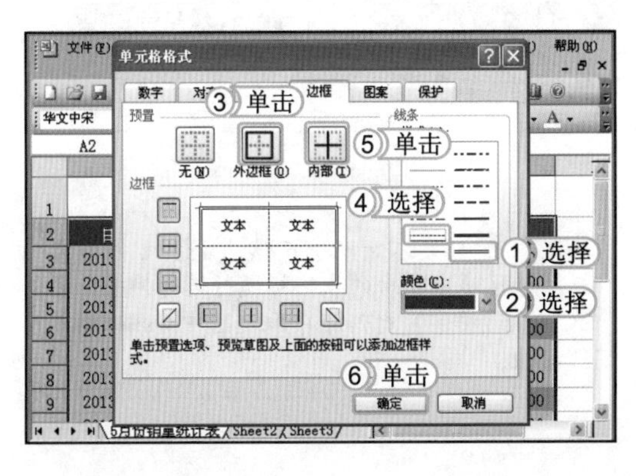

STEP 04： 设置边框

1. 选择“边框”选项卡，在“线条”列表框中选择“双实线”选项。
2. 在“颜色”下拉列表框中选择“浅蓝”选项。
3. 在“预置”栏中单击“外边框”按钮田。
4. 在“线条”下拉列表框中选择“虚线”选项。
5. 在“预置”栏中单击“内部”按钮田。
6. 完成后单击确定按钮。

STEP 05: 查看效果

返回工作表，即可查看到设置数字格式后的效果。

日期	产品名称	单价(元)	销量(台)	销售额
2013-5-1	17寸显示器	1,584.00	8	12,672.00
2013-5-2	洗衣机	2,069.00	6	12,414.00
2013-5-3	冰箱	1,152.00	5	5,760.00
2013-5-4	电视机	8,879.00	3	26,637.00
2013-5-5	17寸显示器	1,666.00	2	3,332.00
2013-5-6	21寸显示器	2,288.00	6	13,728.00
2013-5-7	冰箱	1,436.00	12	17,232.00
2013-5-8	洗衣机	1,469.00	2	2,938.00
2013-5-9	冰箱	1,168.00	6	7,008.00
2013-5-10	电视机	7,229.00	9	65,061.00
2013-5-11	电视机	6,120.00	8	48,960.00
2013-5-12	洗衣机	2,650.00	3	7,950.00

3. 排序和汇总数据

下面将先对表格中的数据按一定条件进行排序，然后对同类产品的销售额进行汇总，其具体操作如下：

STEP 01: 选择排序区域

选择 A3:E14 单元格区域，选择【数据】/【排序】命令，打开“排序”对话框。

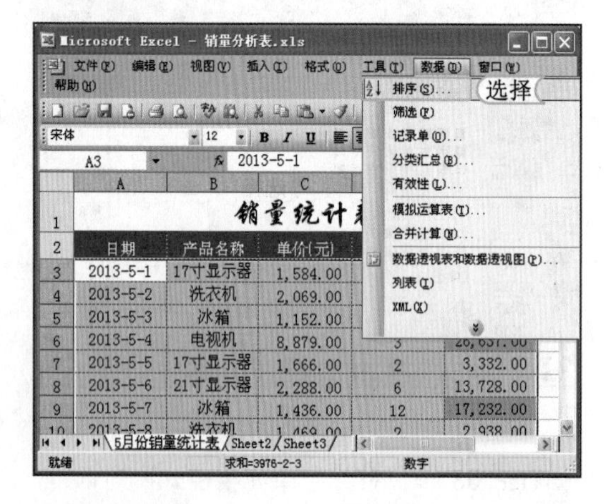

STEP 02: 设置排序条件

1. 在“主要关键字”下拉列表框中选择“产品名称”选项。
2. 在其后选中 升序(A) 单选按钮。
3. 单击 确定 按钮，返回工作表可看到排序后的效果。

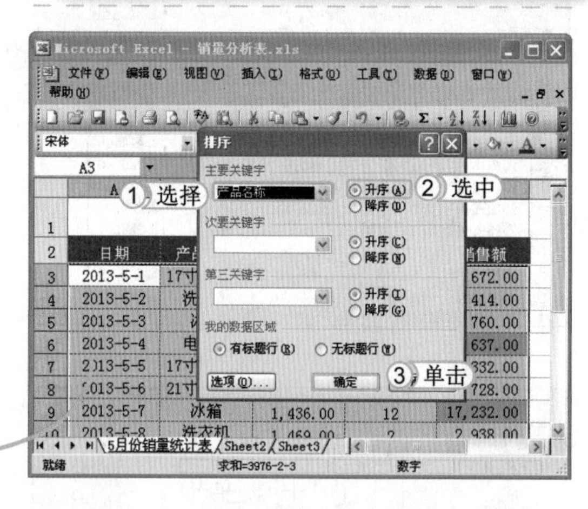

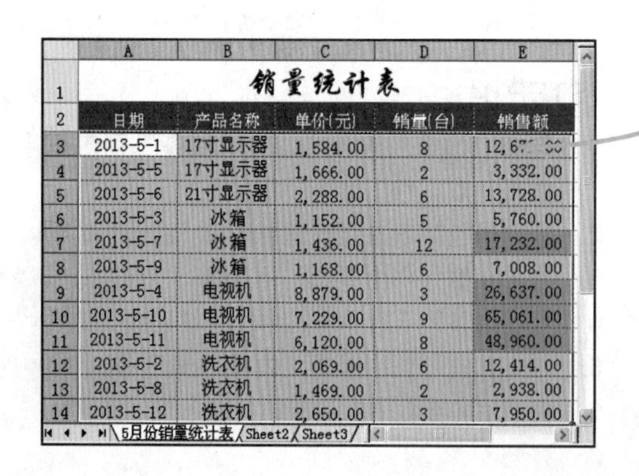

日期	产品名称	单价(元)	销量(台)	销售额
2013-5-1	17寸显示器	1,584.00	8	12,672.00
2013-5-5	17寸显示器	1,666.00	2	3,332.00
2013-5-6	21寸显示器	2,288.00	6	13,728.00
2013-5-3	冰箱	1,152.00	5	5,760.00
2013-5-7	冰箱	1,436.00	12	17,232.00
2013-5-9	冰箱	1,168.00	6	7,008.00
2013-5-4	电视机	8,879.00	3	26,637.00
2013-5-10	电视机	7,229.00	9	65,061.00
2013-5-11	电视机	6,120.00	8	48,960.00
2013-5-2	洗衣机	2,069.00	6	12,414.00
2013-5-8	洗衣机	1,469.00	2	2,938.00
2013-5-12	洗衣机	2,650.00	3	7,950.00

提个醒

如果不对所选区域中的第1行内容或所选区域中包含的表格标题行进行排序，那么可在“排序”对话框中取消选中 有标题行(R) 单选按钮。

STEP 03： 设置分类汇总

1. 保持单元格区域的选择状态，选择【数据】/【分类汇总】命令，打开“分类汇总”对话框。在“分类字段”下拉列表框中选择“产品名称”选项。
2. 在“汇总方式”下拉列表框中选择“求和”选项。
3. 在“选定汇总项”列表框中选中☑销售额复选框。
4. 其他保持默认设置，单击 确定 按钮。

分类汇总
分类字段(A): 产品名称 ① 选择
汇总方式(U): 求和 ② 选择
选定汇总项(D): 单价(元) 销量(台) ☑销售额 ③ 选中
☑替换当前分类汇总(C)
每组数据分页(P)
☑汇总结果显示在数据下方(S)
全部删除(R) 确定 ④ 单击

	A	B	C	D	E
1	销量统计表				
2	日期	产品名称	单价(元)	销量(台)	销售额
3	2013-5-1	17寸显示器	1,584.00	8	12,672.00
4	2013-5-5	17寸显示器	1,666.00	2	3,332.00
5		17寸显示器 汇总			16,004.00
6	2013-5-6	21寸显示器	2,288.00	6	13,728.00
7		21寸显示器 汇总			13,728.00
8	2013-5-3	冰箱	1,152.00	5	5,760.00
9	2013-5-7	冰箱	1,436.00	12	17,232.00
10	2013-5-9	冰箱	1,168.00	6	7,008.00
11		冰箱 汇总			30,000.00
12	2013-5-4	电视机	8,879.00	3	26,637.00
13	2013-5-10	电视机	7,229.00	9	65,061.00
14	2013-5-11	电视机	6,120.00	8	48,960.00
15		电视机 汇总			140,658.00
16	2013-5-2	洗衣机	2,069.00	6	12,414.00
17	2013-5-8	洗衣机	1,469.00	2	2,938.00
18	2013-5-12	洗衣机	2,650.00	3	7,950.00
19		洗衣机 汇总			23,302.00
20		总计			223,692.00

STEP 04： 查看分类汇总效果

返回工作表中，即可查看到分类汇总数据后的效果。

读书笔记

经验一箩筐——快速隐藏分类汇总

在编辑分类汇总的过程中，有时需将不需要的分类进行隐藏，这时可以单击分类汇总表格区左上角的1和2按钮来实现。单击1按钮可以将全部数据隐藏；单击2按钮则显示每项汇总数据。

4. 创建与编辑图表

下面将根据表格中的数据创建一个柱形图，然后对图表进行编辑操作，以使表格的数据信息更形象化，其具体操作如下：

STEP 01： 插入图表

1. 选择工作表中的任意空白单元格，选择【插入】/【图表】命令，打开“图表向导-4步骤之1-图表类型”对话框，在“图表类型”列表框中选择“柱形图”选项。
2. 在“子图表类型”列表框中选择“堆积柱形图”选项。
3. 单击 下一步(N) > 按钮。

STEP 02：选择图表数据区域

1. 在打开的“图表向导-4步骤之2-图表源数据”对话框中单击“数据区域”文本框后的按钮。系统将自动折叠对话框。按住Ctrl键不放，并使用鼠标选择图表数据区域，选择的图标数据区域将显示在文本框中。
2. 单击按钮，返回“图表向导-4步骤之2-图表源数据”对话框，单击下一步(N)>按钮。

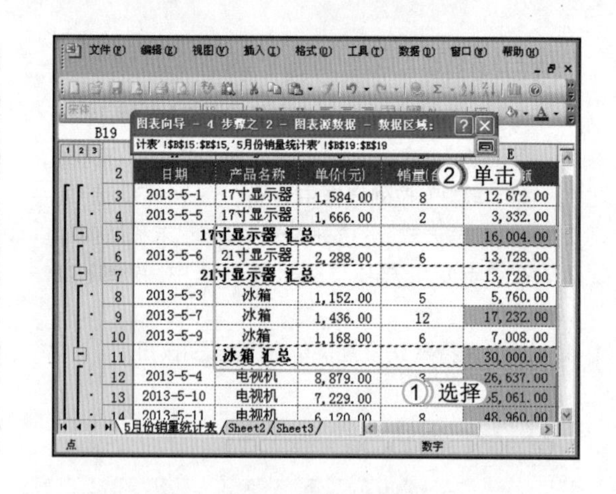

STEP 03：设置图表标签和标题

1. 打开“图表向导-4步骤之3-图表选项”对话框，在“图表标题”文本框中输入“销量分析”。
2. 在“分类(X)轴”文本框中输入“统计”。
3. 单击下一步(N)>按钮。

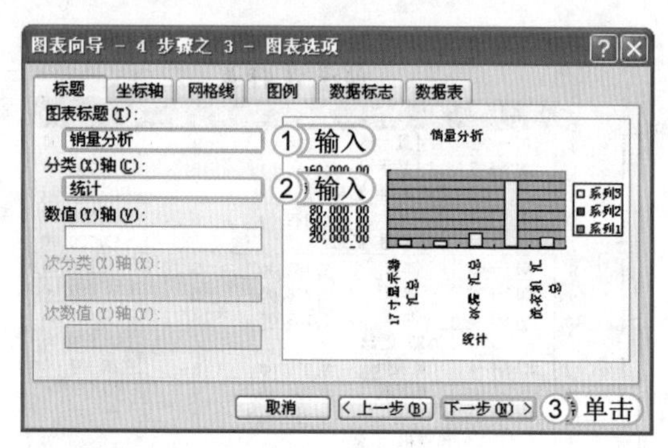

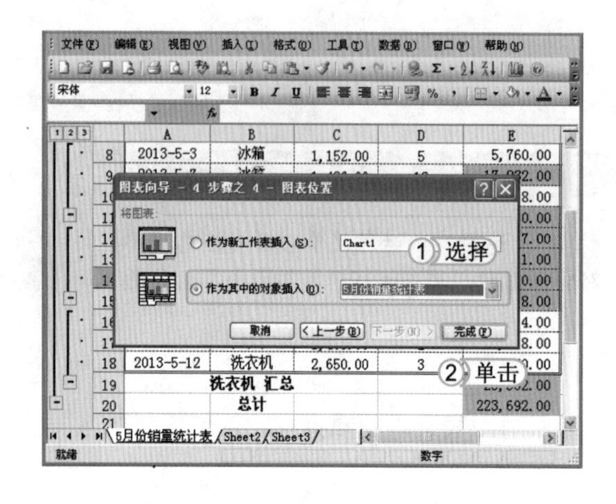

STEP 04：选择图表插入位置

1. 打开“图表向导-4步骤之4-图表位置”对话框，选中作为其中的对象插入(O):单选按钮，在其右侧的下拉列表框中选择图表插入位置为“5月份销量统计表”。
2. 单击完成(F)按钮。

> **提个醒** 如果创建的是空白图表，那么在设置图表数据源时，应先设置图表数据区域。否则，容易出现错误。

STEP 05：查看插入的图表效果

返回工作表，即可看到系统在“5月份销量统计表”工作表中插入了所设置的图表。

STEP 06： 删除图例

1. 选择图例项。
2. 单击鼠标右键，在弹出的快捷菜单中选择“清除”命令，删除图例。

提个醒 选择要删除的图例项，按 Delete 键也可快速将其删除。

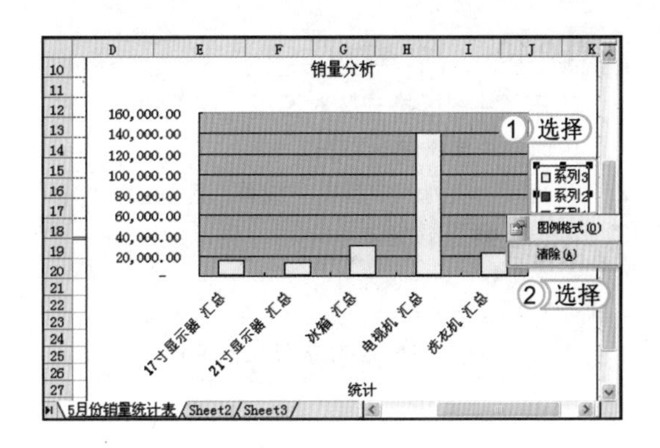

STEP 07： 设置图表区填充效果

1. 选择图表区，单击“格式”工具栏中的“填充颜色”按钮右侧的下拉按钮。
2. 在弹出的下拉列表中选择“深青”色块选项。

提个醒 如果要取消图表区的颜色，只需单击“填充颜色”按钮右侧的下拉按钮。在弹出的下拉列表中选择“无填充颜色”选项即可。

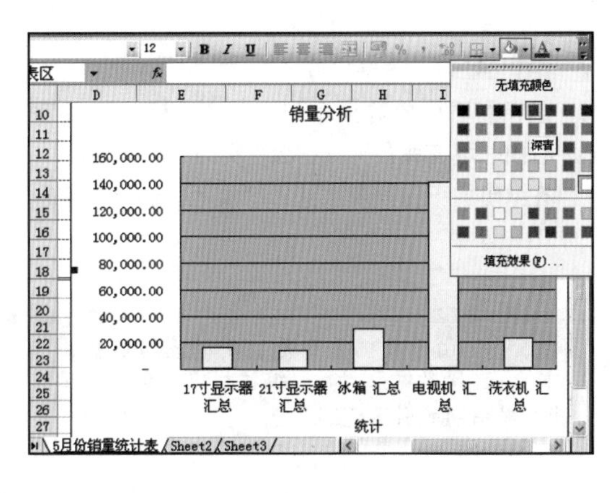

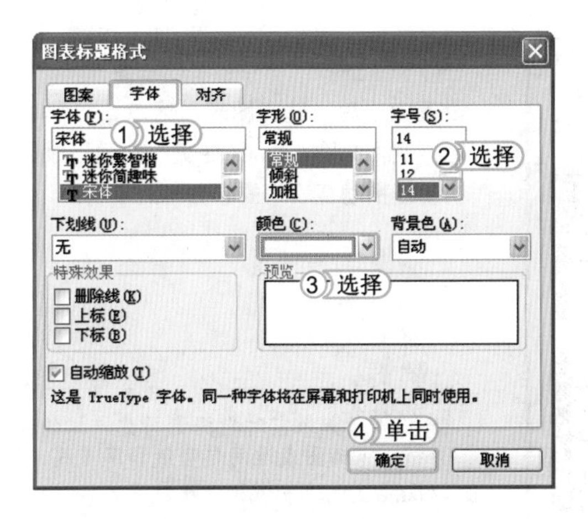

STEP 08： 设置图表标题

1. 双击图表标题，打开“图表标题格式”对话框，选择“字体”选项卡。
2. 在“字号”列表框中选择“14”号。
3. 在“颜色”下拉列表框中选择“白色”选项。
4. 单击 确定 按钮。

提个醒 如果增大了图表标题字号，有时会超出标题范围，此时可拖动图表，调整其大小，让内容在一行显示完全。

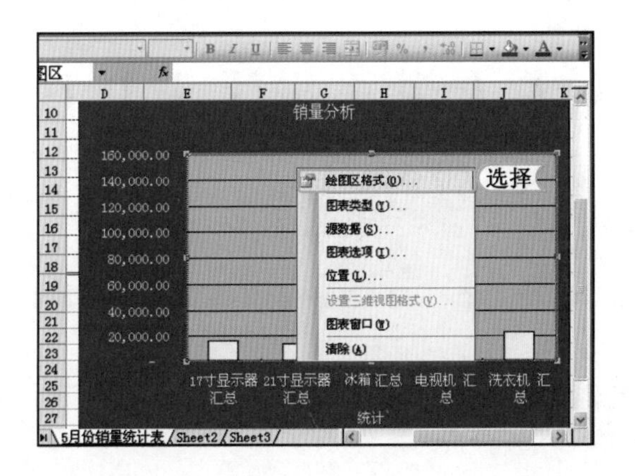

STEP 09： 设置图表字体效果

使用相同的方法，将图表中的数值轴、分类轴和分类轴标题的“颜色”设置为“白色”。再选择绘图区，在其上单击鼠标右键，在弹出的快捷菜单中选择“绘图区格式”命令。

STEP 10： 设置绘图区填充色

1. 打开“绘图区格式”对话框，在“边框”栏中选中 自定义 单选按钮。
2. 在区域色块列表中选择“浅黄”选项。
3. 单击 确定 按钮。

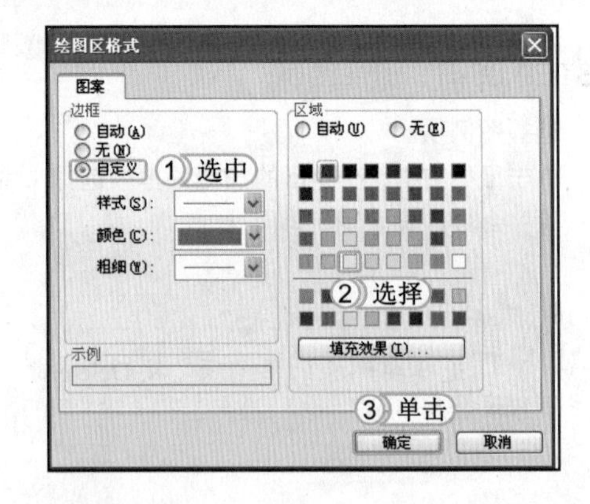

提个醒 美化图表中各对象与设置美化形状的方法基本类似。

STEP 11： 设置数据系列填充色

1. 选择图表中的数据系列，单击“格式”工具栏的“填充颜色”按钮右侧的下拉按钮。
2. 在弹出的下拉列表中选择“淡蓝”选项。

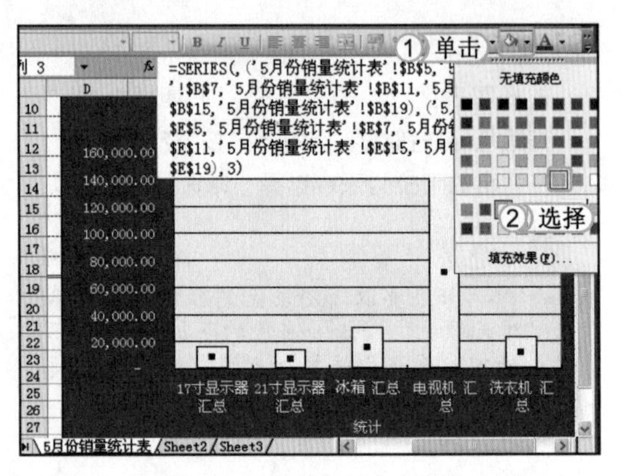

提个醒 由于数据系列是引用的表格数据，因此，选择数据系列时，编辑栏中将自动显示出数据系列的引用范围。

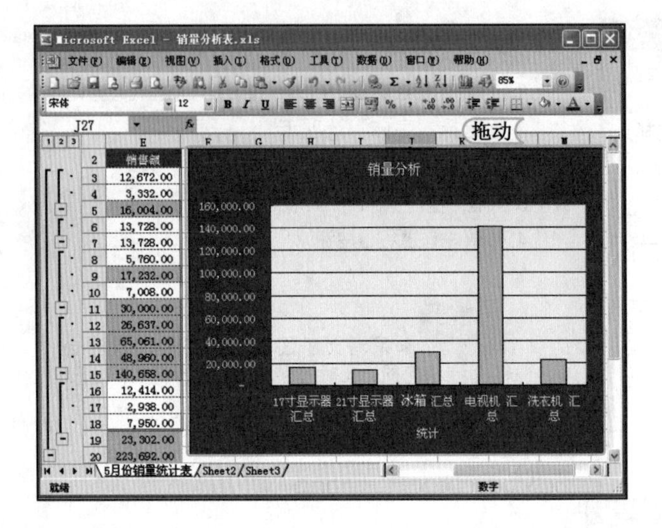

STEP 12： 调整图表位置

设置完成后，选择图表区区域，当鼠标光标变为✥形状时，按住鼠标左键不放，将图表拖动至表格的右方与之平行。

提个醒 如果需对数据进行更详细的分析，可为图表运用趋势线和误差线，以便能直观地分析和查看数据。

读书笔记

5. 打印表格

下面将对制作的工作表页面进行设置，然后将其打印，其具体操作如下：

STEP 01：设置页面

1. 选择【文件】/【页面设置】命令，打开“页面设置”对话框，选择“页面”选项卡。
2. 在“方向”栏中选中◎横向(L)单选按钮。
3. 在“缩放”栏的“缩放比例”数值框中输入“90”。

STEP 02：设置页边距

1. 选择“页边距”选项卡，在“上”、“下”、“左”和“右”数值框中均输入“1.5”。
2. 选中☑水平(Z)和☑垂直(V)复选框，使其居中显示。
3. 单击 确定 按钮。

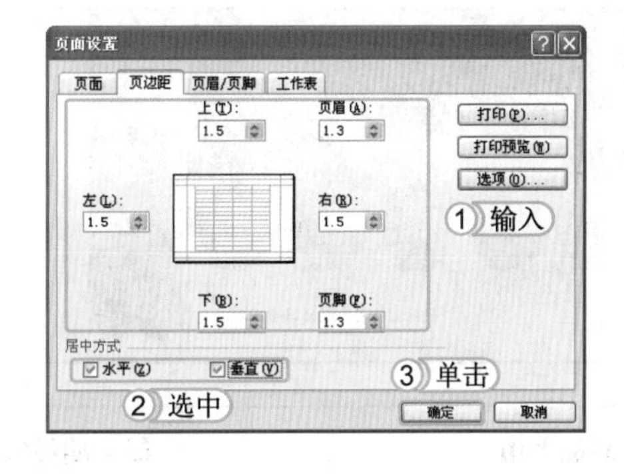

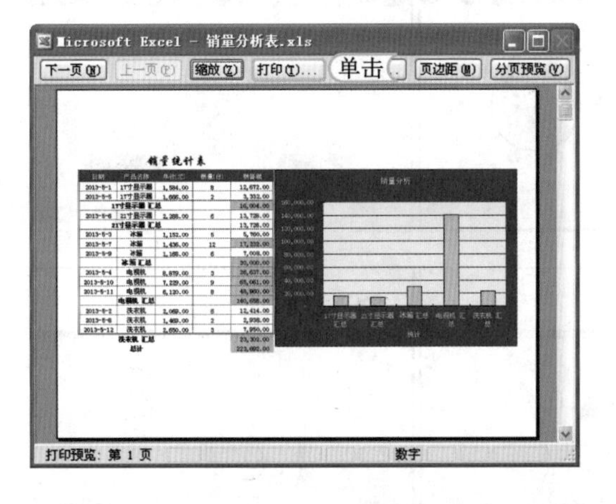

STEP 03：打印预览

选择【文件】/【打印预览】命令，进入打印模式，预览打印效果，并单击 打印(T)... 按钮。

提个醒 进入打印模式后，如果对表格的设置效果不满意，可单击 设置(S)... 按钮重新设置。单击 页边距(M) 按钮，取消显示页边距。

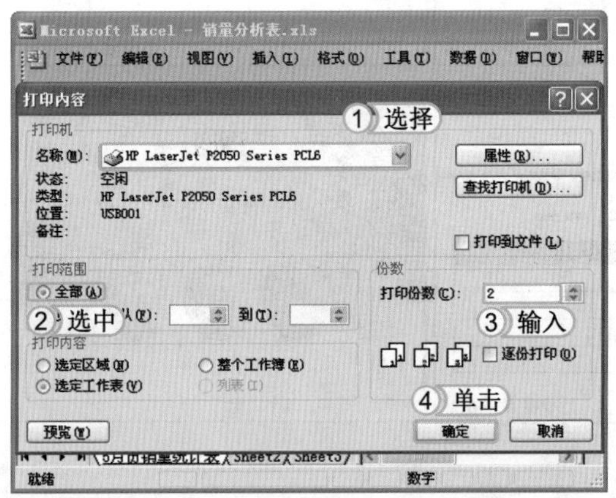

STEP 04：打印表格

1. 打开“打印内容”对话框，在“名称”下拉列表框中选择可进行打印的打印机。
2. 在“打印范围”栏中选中◎全部(A)单选按钮。
3. 在“打印份数”数值框中输入“2”。
4. 其他选项保持默认设置，单击 确定 按钮打印表格。

12.3 上机 2 小时：制作“新品上市策划”演示文稿

产品策划简单来说，就是通过策划方案如何更好地将产品推广或销售，并在推广和销售过程中，塑造新的品牌形象。公司和企业制作策划书一般是使用 Word 和 PowerPoint 软件来制作，而相对于 Word，使用 PowerPoint 制作的公司简介更加生动、形象，更具表现力。

12.3.1 实例目标

本例将制作新品上市策划演示文稿，全面巩固 PowerPoint 2003 的使用方法，该演示文稿主要对产品情况进行介绍，运用了多种常用的幻灯片制作方法。通过对公司产品的销售量以及赠饮方案的编排，达到使浏览者更好地理解销售量和销售模式等情况，其演示文稿中部分幻灯片的效果如下图所示。

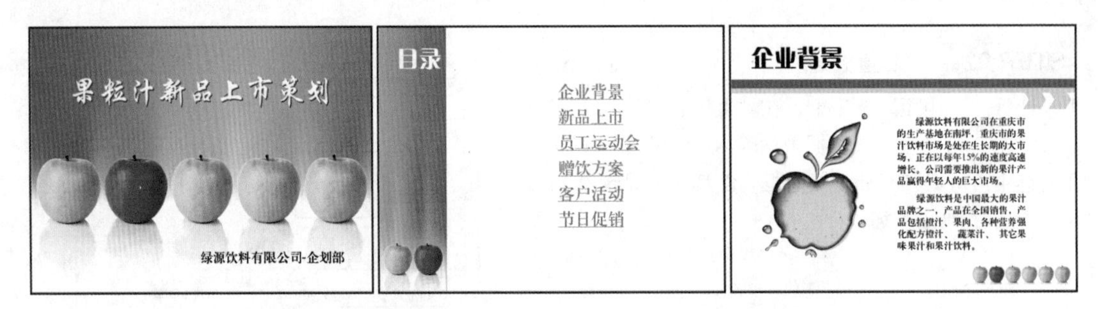

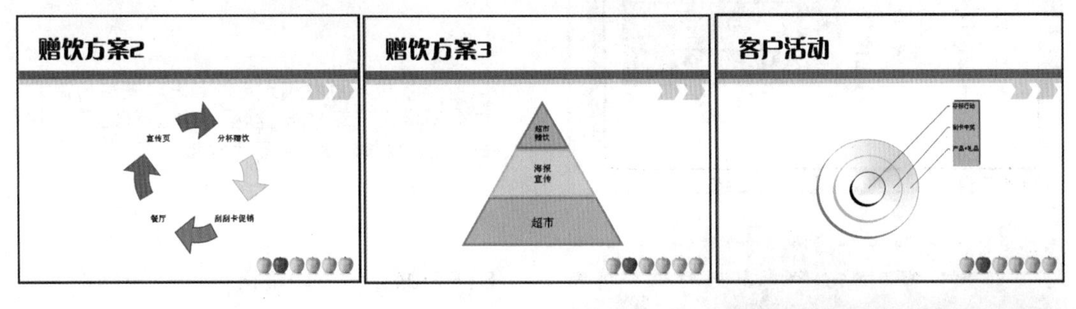

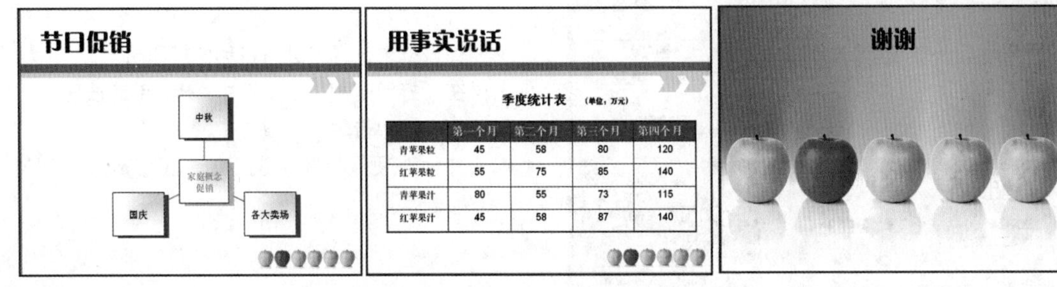

12.3.2 制作思路

本演示文稿的制作思路大致可以分为 3 个部分，第一部分是进入幻灯片母版进行设置并为幻灯片添加背景；第二部分是文本、图片、图示和表格的使用；第三部分动画和切换效果的添加，其主要流程如下图所示。

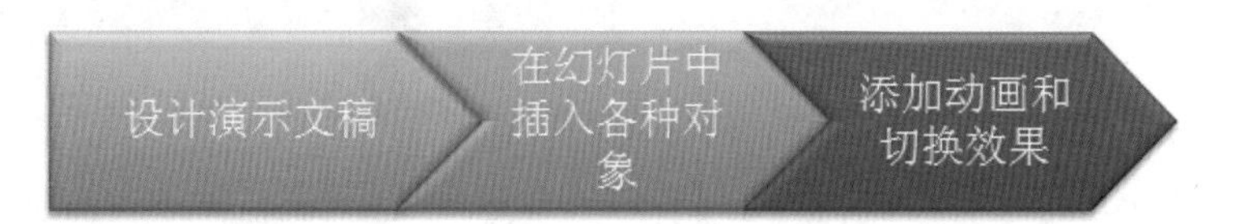

12.3.3 制作过程

下面详细讲解“新品上市策划”演示文稿的制作过程。

光盘文件
素材 \ 第 12 章 \PPT 素材图片
效果 \ 第 12 章 \ 新品上市策划 .ppt
实例演示 \ 第 12 章 \ 制作新品上市策划演示文稿

1. 设计演示文稿

下面将启动 PowerPoint 2003，先保存新建的演示文稿，然后进入到幻灯片母版，对演示文稿背景和占位符格式进行设置。其具体操作如下：

STEP 01： 设置标题占位符格式

1. 启动 PowerPoint 2003，创建一个名为“新品上市策划 .ppt”的演示文稿。选择【视图】/【母版】/【幻灯片母版】命令，进入幻灯片母版，单击“单击此处编辑母版标题样式”占位符，使其变为选择状态。
2. 选择【格式】/【字体】命令，在打开的“字体”对话框中设置字体为“方正粗倩简体”，字号为“48”。
3. 单击[确定]按钮。

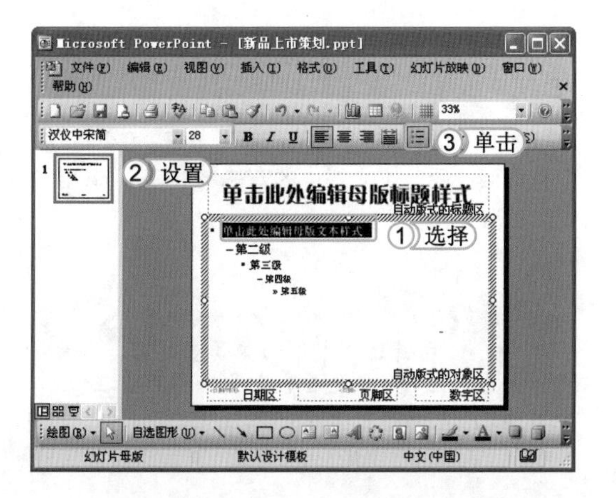

STEP 02： 设置项目符号

1. 单击“单击此处编辑母版文本样式”占位符，使其变为选择状态。
2. 在“格式”工具栏中设置字体为“汉仪中宋简”，字号为“28”。
3. 单击工具栏中的“项目符号”按钮，取消项目符号格式。

提个醒 由于本例制作的是果汁饮品的策划演示文稿。在制作时，所设计的内容一定要符号主题要求，简洁明了，直截了当。

STEP 03： 设置背景格式

1. 删除其后的所有占位符。选择【格式】/【背景】命令，打开“背景”对话框。
2. 单击“背景填充”栏下方的下拉列表框右侧的下拉按钮▼，在弹出的下拉列表中选择“填充效果”选项。

提个醒 为幻灯片设置背景颜色时，需要注意所设置的背景颜色一定要符合幻灯片本身的主题，这样才能有好的效果。

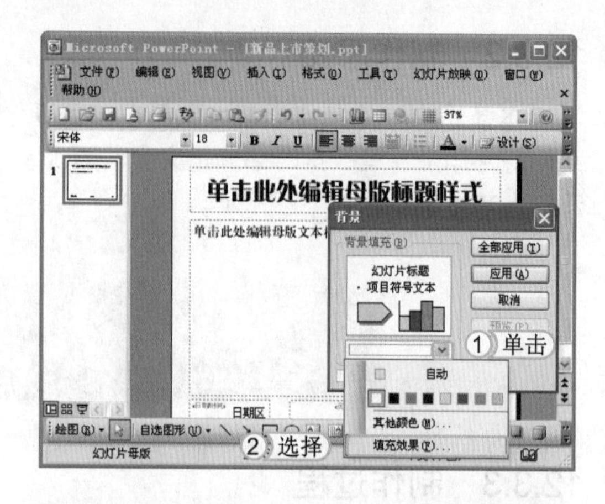

STEP 04： 打开“选择图片”对话框

1. 打开“填充效果”对话框，选择“图片”选项卡。
2. 单击[选择图片(L)...]按钮，打开“选择图片”对话框。

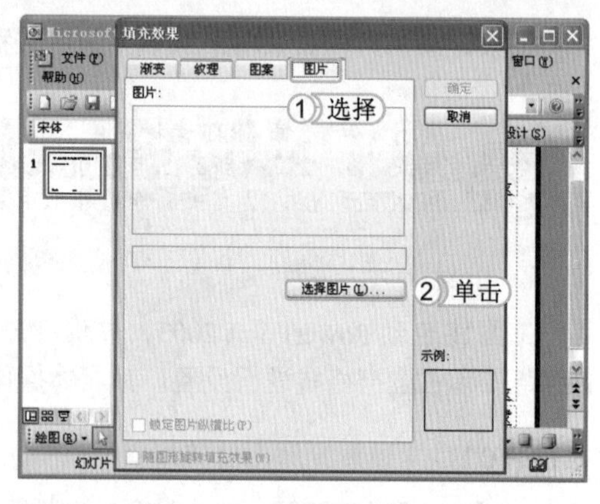

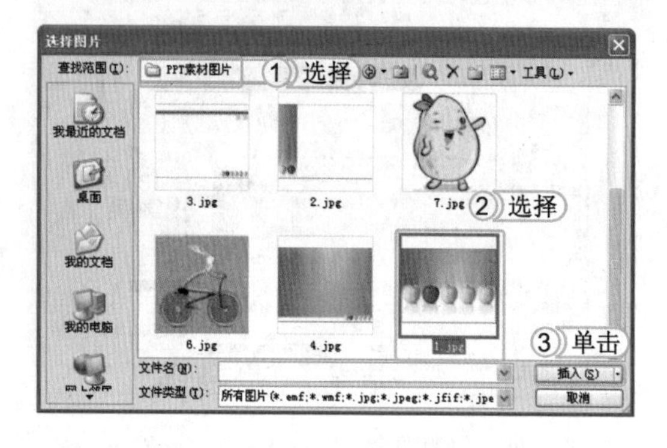

STEP 05： 选择图片

1. 在“查找范围”下拉列表框中选择背景图片所在的位置。
2. 在下方的列表框中选择要插入的背景图片，这里选择“1.jpg”选项。
3. 单击[插入(S)]按钮返回“填充效果”对话框，单击[确定]按钮返回“背景”对话框，再单击[全部应用(T)]按钮。

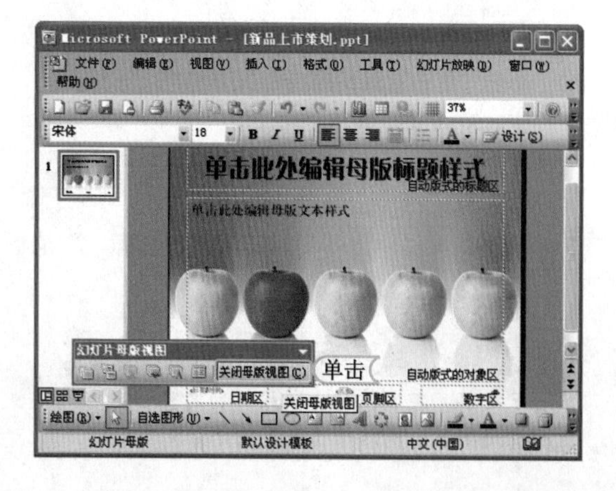

STEP 06： 退出幻灯片母版视图

此时，可看到背景图片已插入幻灯片中。再单击“幻灯片母版视图”工具栏中的[关闭母版视图(C)]按钮，退出幻灯片母版视图。

提个醒 在幻灯片中添加背景图片后，所添加的图片大小可以通过手动调整，也可以在“图片格式”对话框中进行调整。

STEP 07：新建幻灯片

选择幻灯片窗格中的首页标题幻灯片，再连续按 11 次 Enter 键，插入 11 张新的文本幻灯片。使用与第 2 ~ 4 步相同的方法分别为第 2 张插入“2.jpg”图片；为第 3 ~ 11 张幻灯片插入“3.jpg”背景图片。

> **提个醒**
> 在母版视图中设置文本格式与在普通视图中设置的方法相同。

2. 在幻灯片中插入各种对象

下面将在幻灯片中添加文本，然后插入艺术字、图片和图示等对象以丰富幻灯片内容，其具体操作如下：

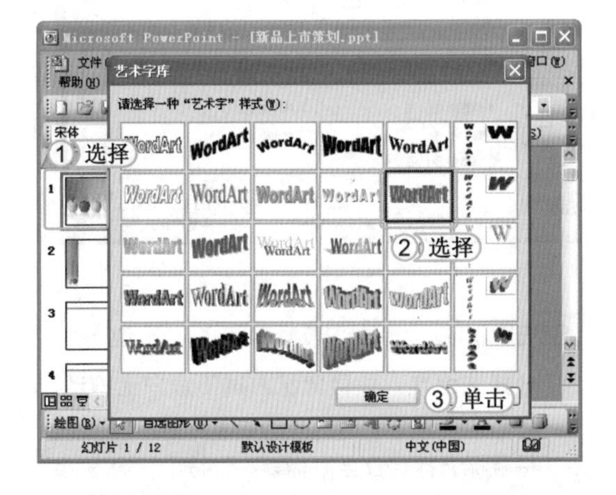

STEP 01：选择艺术字样式

1. 选择第 1 张幻灯片。
2. 选择标题占位符并将其删除。选择【插入】/【图片】/【艺术字】命令，打开“艺术字库”对话框。在下方的列表框中选择第 2 行第 5 个艺术字样式。
3. 单击 确定 按钮。

STEP 02：插入艺术字

1. 打开“编辑‘艺术字’文字”对话框，在“文字”文本框中输入“果粒汁新品上市策划”。
2. 在“字体”下拉列表框中选择“华文行楷”选项。在“字号”下拉列表框中选择“60”选项。
3. 单击 确定 按钮。

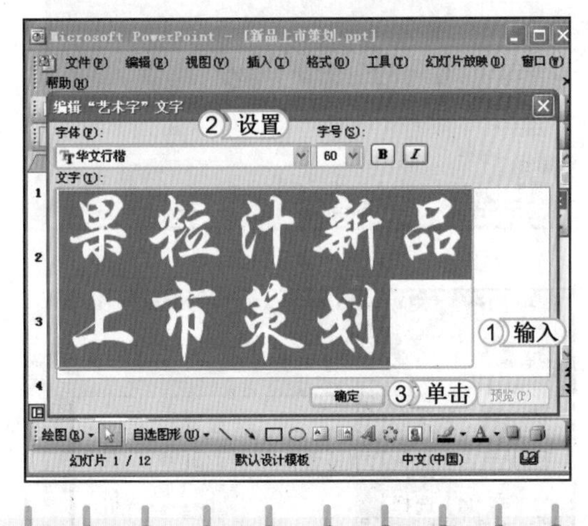

> **提个醒**
> 在幻灯片中插入所需的艺术字，是为了让幻灯片的文本显示出色彩，并以生动形象的艺术字样式来展现文本内容。

读书笔记

STEP 03： 准备设置艺术字格式

将选择的艺术字插入至幻灯片中，单击“艺术字”工具栏中的“设置艺术字格式”按钮，打开“设置艺术字格式”对话框。

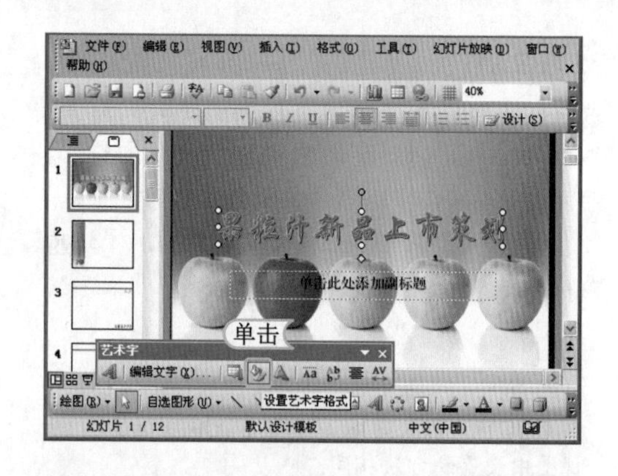

STEP 04： 设置艺术字颜色与线条

1. 选择“颜色和线条”选项卡。
2. 在“填充”栏的“颜色”下拉列表框中选择“白色”选项。
3. 在“线条”栏的“颜色”下拉列表框中选择“金色”选项。
4. 单击 确定 按钮。

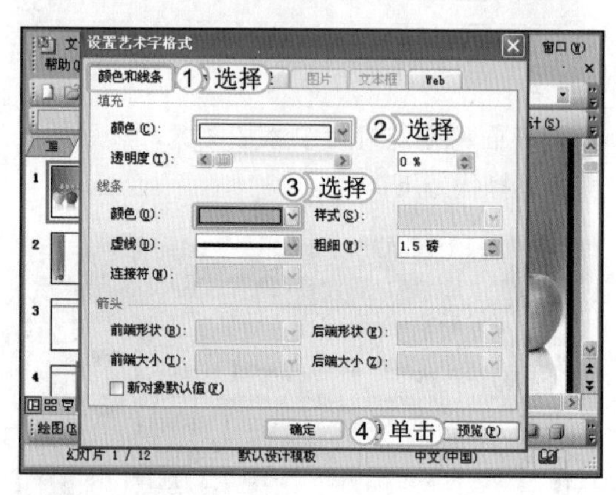

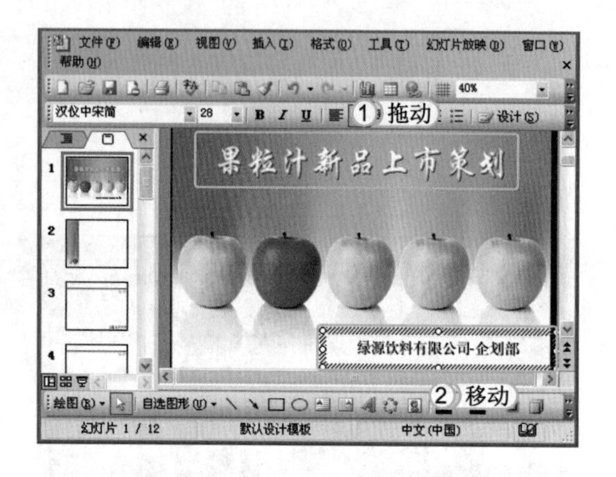

STEP 05： 调整艺术字和占位符位置

1. 选择艺术字，按住鼠标左键不放向上拖动，将艺术字调整到幻灯片的中上位置。
2. 将鼠标光标定位至副标题占位符中，输入“绿源饮料有限公司 - 企划部”，再将其移动到幻灯片右下角。

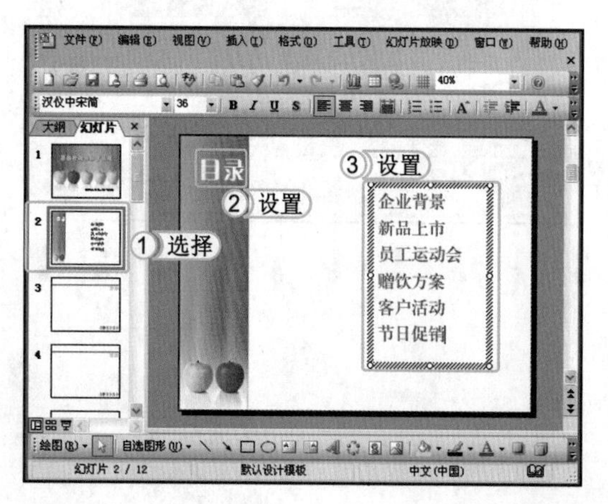

STEP 06： 输入并设置文本格式

1. 选择第 2 张幻灯片，在其中输入相应的文本，并调整其位置。
2. 选择标题文本，在“格式”工具栏中单击“左对齐”按钮，在“绘图”工具栏中单击按钮右侧的下拉按钮，在弹出的下拉列表中选择“白色”选项。
3. 选择副标题占位符中的文本，在“格式”工具栏中设置字号为“36”，字体颜色为“深红色”。

STEP 07： 打开“插入图片”对话框

使用相同的方法在其他幻灯片中添加文本，并设置文本格式和颜色。再选择【插入】/【图片】/【来自文件】命令，打开“插入图片”对话框。

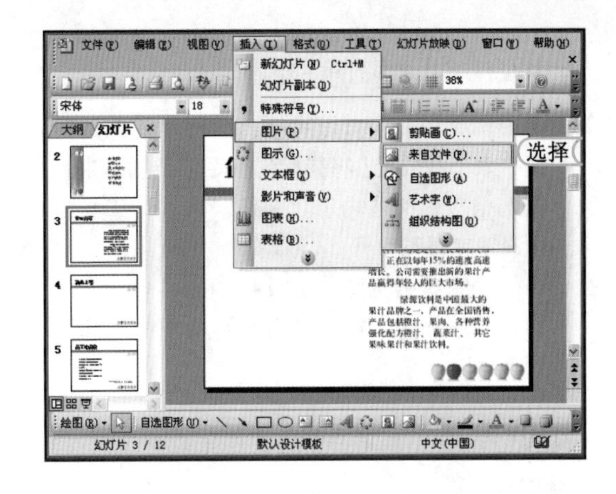

提个醒 单击“绘图”工具栏中的“插入图片”按钮，可打开“插入图片”对话框选择需要的图片插入至幻灯片中。

STEP 08： 插入图片

1. 在“查找范围”下拉列表框中选择背景图片所在的位置。
2. 在下方的列表框中选择要插入的背景图片，这里选择“9.jpg”。
3. 单击 插入(S) 按钮。

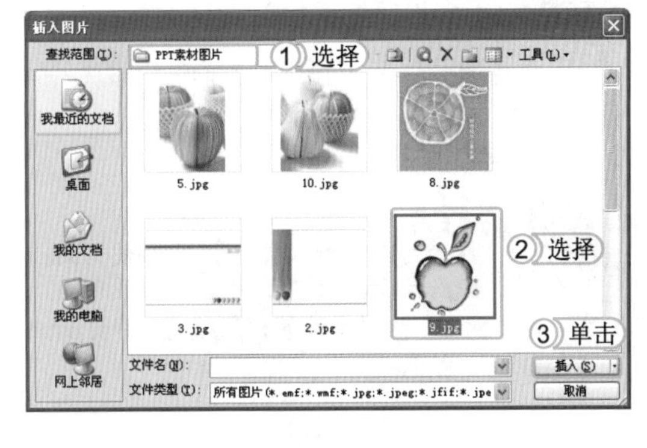

STEP 09： 调整图片大小和位置

选择图片，将鼠标置于图片右上角的控制点上，当其变为↗形状时，拖动鼠标调整图片大小，并将其移动到相应位置。

STEP 10： 插入图示

1. 使用相同的方法为第5张幻灯片插入“7.jpg”图片。再单击“绘图”工具栏中的“插入组织结构图或其他图示”按钮，打开“图示库”对话框。
2. 在“选择图示类型”列表框中选择第1种图示样式。
3. 单击 确定 按钮。

STEP 11：调整图示并输入文本

1. 使用调整图片的方法将插入的图示调整到合适的大小和位置。将鼠标光标定位于图示中，输入相应的文本内容。并在“格式”工具栏中设置字体和字号。
2. 单击“组织结构图”工具栏中的“自动套用格式”按钮，打开“组织结构图样式库”对话框。

STEP 12：设置组织结构图样式

1. 在“选择图示样式”栏下方的列表框中选择“斜面渐变”选项。
2. 单击 确定 按钮。

> 提个醒
> 在幻灯片中插入图示，可以使幻灯片在文本数据显示方面有了更全面的展现方式，这样就可以通过系统的框架模式，来进行文本内容的说明。

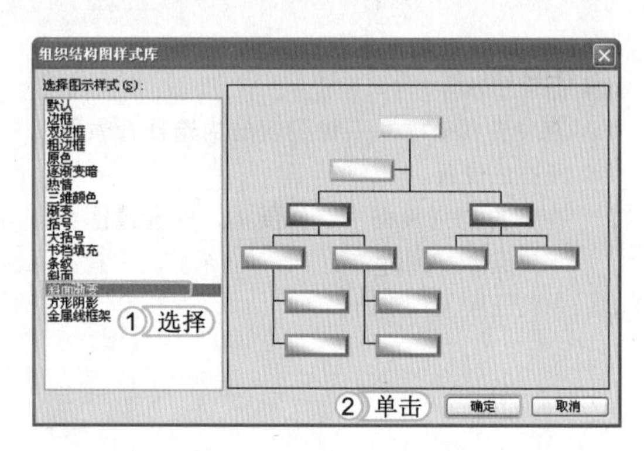

STEP 13：插入图示

使用Ctrl+C组合键和Ctrl+V组合键在图示右侧添加一个相同的图示，并更改其中的文本内容。再选择第6张幻灯片，插入一个“维恩图”图示，并将图示样式修改为“方形阴影”。

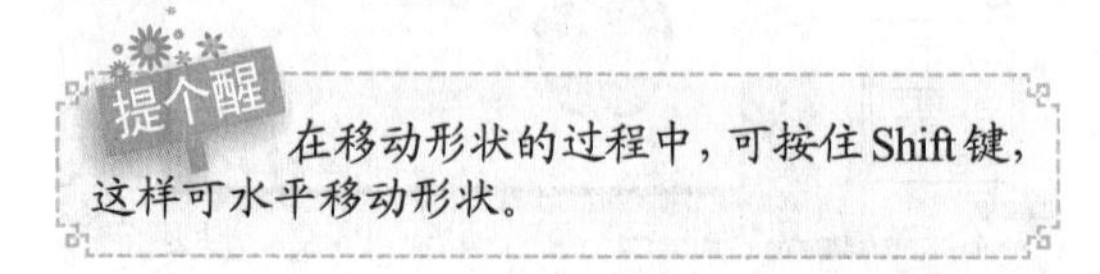

STEP 14：为图示添加形状

选择第7张幻灯片，使用相同的方法插入一个“循环图”图示。单击“图示”工具栏中的 插入形状 按钮，为循环图添加一个形状。然后在图示中输入并设置文本，将图示样式修改为“原色”。

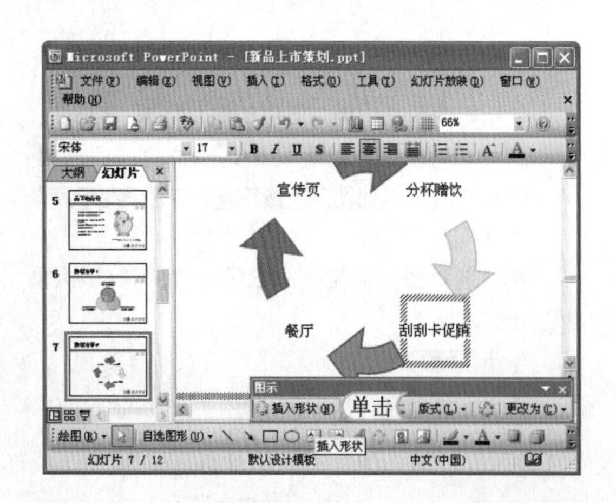

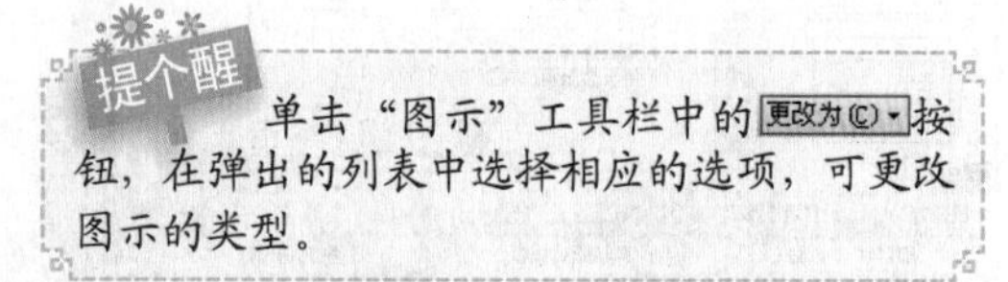

STEP 15： 插入表格

1. 分别为第 8、9、10 张幻灯片插入“棱锥图、目标图、射线图”图示，并设置图示文本内容和图示样式。再选择第 11 张幻灯片。
2. 选择【插入】/【表格】命令，打开“插入表格”对话框，在“列数”和“行数”数值框中均输入“5”。
3. 单击 确定 按钮。

STEP 16： 调整表格大小及位置

在幻灯片中插入表格，选择表格，将鼠标光标移动到表格下方中间的控制点上，按住鼠标左键不放向下拖动，将表格的高度调整到合适位置，并在其中的单元格中输入相应的文本。

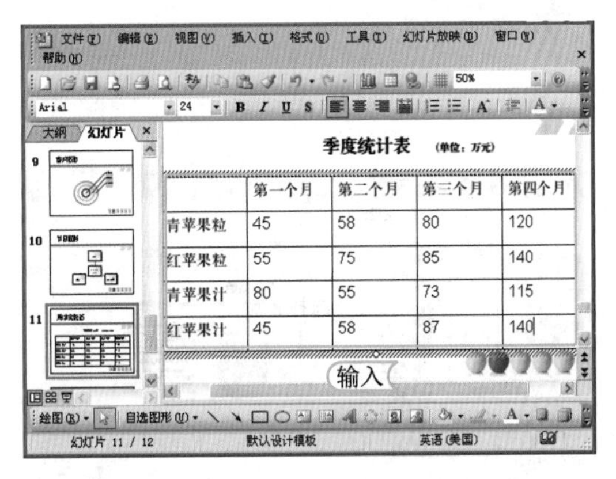

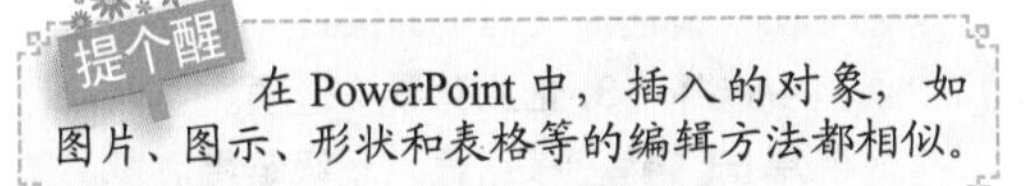

提个醒 在 PowerPoint 中，插入的对象，如图片、图示、形状和表格等的编辑方法都相似。

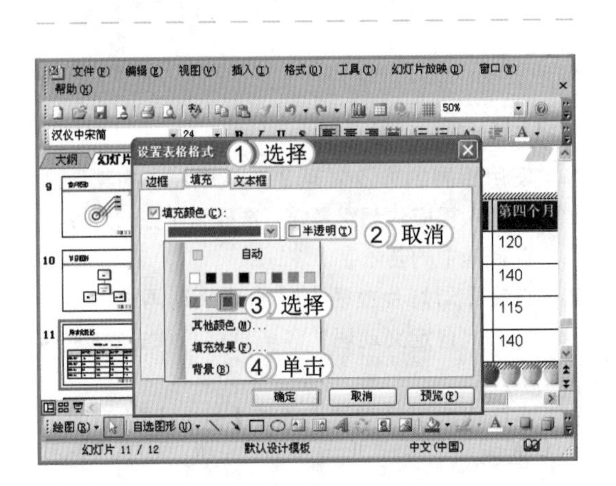

STEP 17： 设置表格底纹颜色

1. 选择表格第 1 行单元格，选择【格式】/【设置表格格式】命令，打开“设置表格格式”对话框，选择“填充”选项卡。
2. 取消选中 □半透明(T) 复选框。
3. 在“填充颜色”下拉列表框中选择“绿色”选项。
4. 单击 确定 按钮。

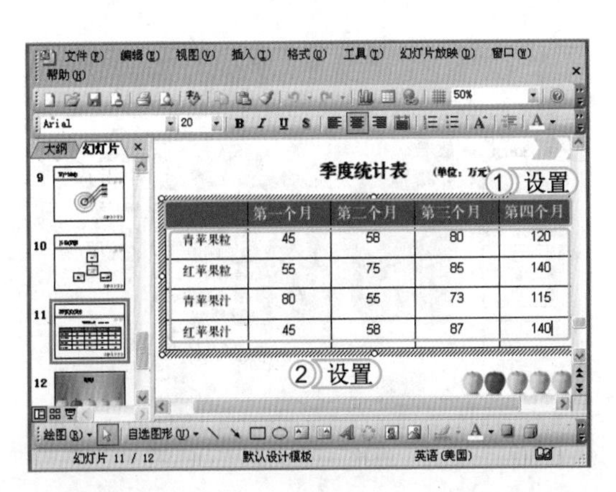

STEP 18： 设置表格中的文本

1. 返回幻灯片中，在“格式”工具栏中将表格第 1 行文本设置为“24 号，白色”。
2. 将表格中其他文本设置为“20 号”，并将其居中显示。

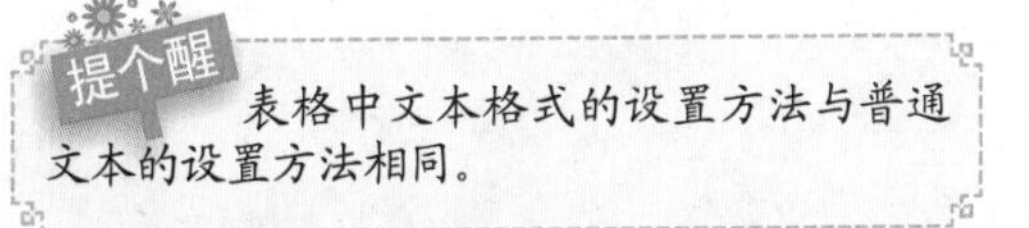

提个醒 表格中文本格式的设置方法与普通文本的设置方法相同。

3. 添加动画和切换动画

下面将为幻灯片中的对象添加相应的超级链接和动画效果，并为演示文稿中所有的幻灯片添加相同的切换动画，其具体操作如下：

STEP 01： 插入超级链接

选择第 2 张幻灯片中的“企业背景”文本，在“常用”工具栏中单击“插入超链接”按钮，打开“插入超链接”对话框。

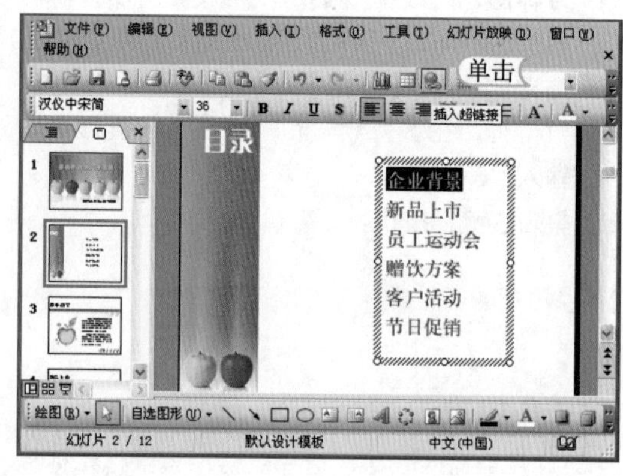

STEP 02： 选择链接位置

1. 在“链接到”列表框中选择“本文档中的位置”选项。
2. 在“请选择文档中的位置”下拉列表框中选择“3. 企业背景”选项。
3. 单击 确定 按钮插入超级链接。

STEP 03： 添加进入动画

1. 使用相同的方法为第 2 张幻灯片中的其他文本插入相应的超级链接。选择第 1 张幻灯片，选择其中的艺术字。
2. 选择【幻灯片放映】/【自定义动画】命令，打开“自定义动画”任务窗格，单击 添加效果 按钮。
3. 在弹出的下拉列表中选择【进入】/【弹跳】选项。

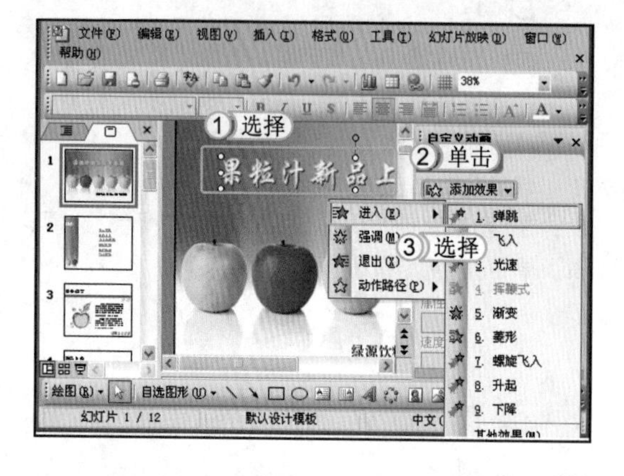

STEP 04： 添加强调动画

1. 保持艺术字的选择状态，在“自定义动画”任务窗格中单击 添加效果 按钮。
2. 在弹出的下拉列表中选择【强调】/【陀螺旋】选项。

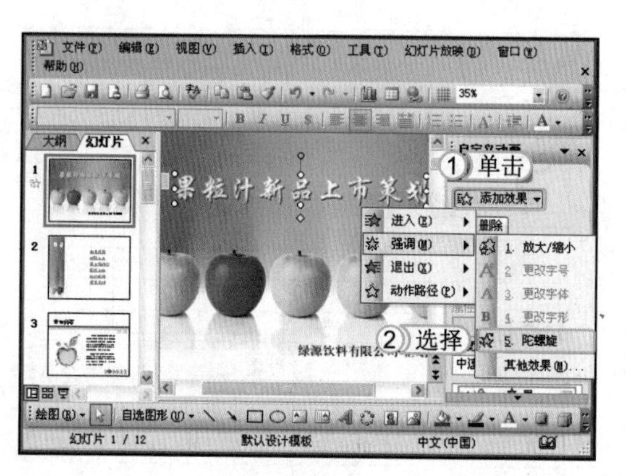

STEP 05: 设置动画的时间与速度

1. 在“自定义动画”任务窗格的“开始”下拉列表框中选择“之后”选项。
2. 在“速度”下拉列表框中选择“快速”选项。

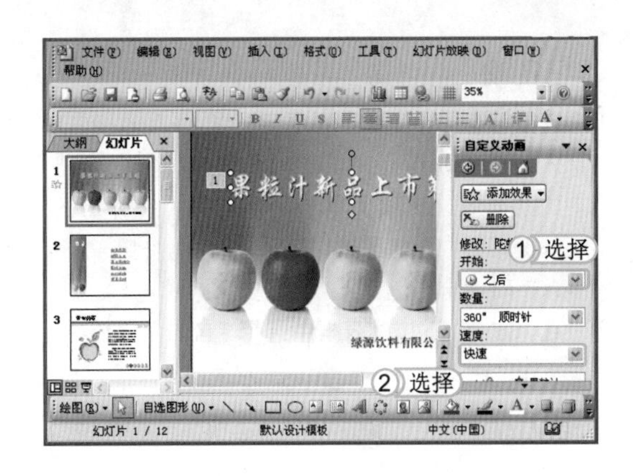

提个醒 在幻灯片中设置自定义动画时要注意，尽量不要在同一个位置重复添加动画，这样会使幻灯片放映时非常混乱。

STEP 06: 设置动画开始时间

1. 选择公司名称占位符，单击“自定义动画”任务窗格中的添加效果按钮。在弹出的下拉列表中选择【进入】/【其他效果】选项。打开“添加进入效果”对话框。在“细微型”栏中选择“渐变式回旋”选项。
2. 其他保持默认设置，单击确定按钮。

STEP 07: 设置动画效果

1. 使用相同的方法为第 2 张幻灯片的副标题占位符添加“螺旋飞入”动画效果。选择第 3 张幻灯片中的图片。
2. 单击“自定义动画”任务窗格中的添加效果按钮。
3. 在弹出的下拉列表中选择【动作路径】/【绘制自定义路径】/【自由曲线】命令。

STEP 08: 绘制自由路径

当鼠标光标变为✎形状，拖动鼠标在幻灯片图片上增加一条路径。选择该路径，将其移动到幻灯片编辑区域外，然后将鼠标光标移动到路径红色的端点上，按住鼠标左键不放，将其拖动到合适位置，以调整动画路径的长短。

STEP 09：为图示设置动画效果

1. 选择第4张幻灯片中的图示图形，为其添加“飞入”进入动画，在“自定义动画”任务窗格的动画效果选项上单击鼠标右键，在弹出的快捷菜单中选择“效果选项”命令。打开“飞入”对话框，选择“效果”选项卡。
2. 在“方向”下拉列表框中选择“自左侧”选项。

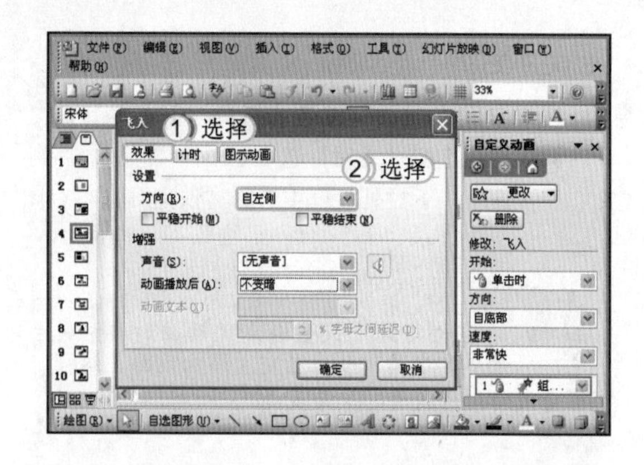

STEP 10：设置动画计时

1. 选择“计时”选项卡。
2. 在“开始”下拉列表框中选择“之后”选项。
3. 在“速度”下拉列表框中选择“中速（2秒）”选项。

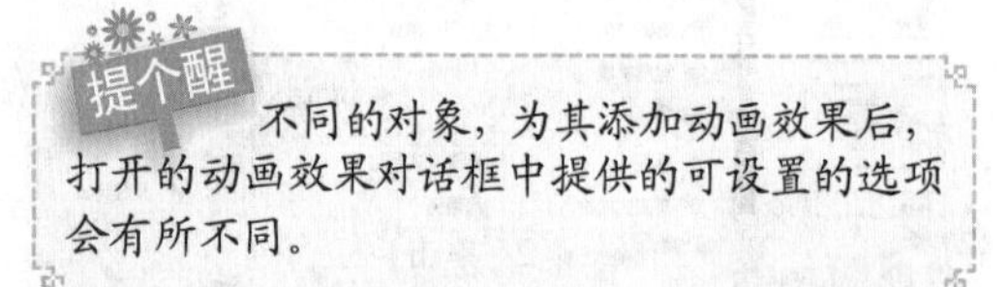

不同的对象，为其添加动画效果后，打开的动画效果对话框中提供的可设置的选项会有所不同。

STEP 11：设置动画效果

1. 选择“图示动画”选项卡。
2. 在“组合图示”下拉列表框中选择“每个级别，依次每个图形”选项。
3. 单击 确定 按钮。

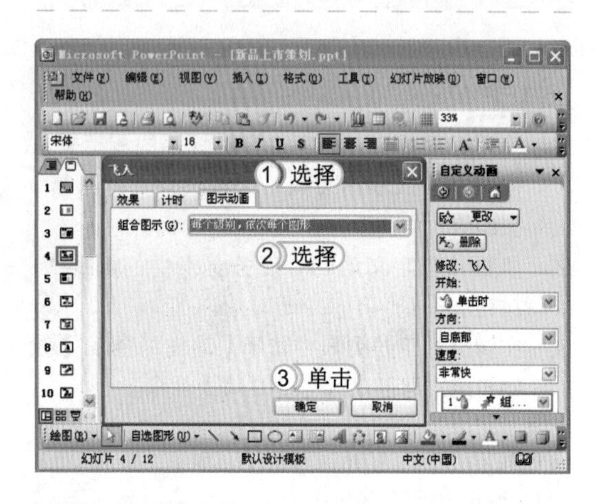

STEP 12：准备设置切换动画

使用相同的方法为演示文稿的其他幻灯片中的图示设置相应的动画效果，并将开始时间都设置为“之后”。选择第1张幻灯片，选择【幻灯片】/【幻灯片切换】命令，打开“幻灯片切换”任务窗格。

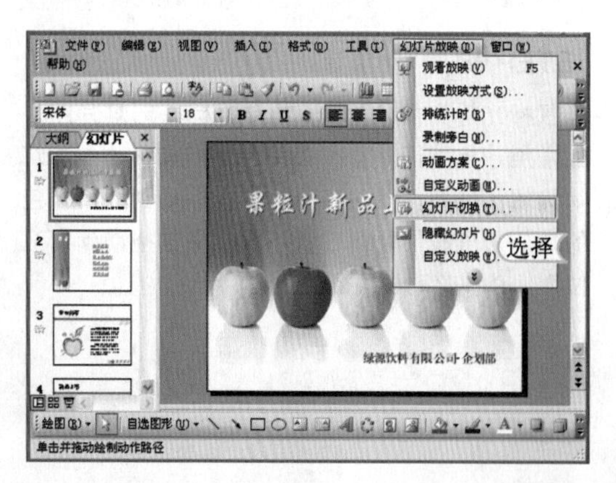

STEP 13：设置幻灯片切换效果

1. 在“幻灯片切换”任务窗格的“应用于所选幻灯片”下拉列表框中选择“横向棋盘式”选项。
2. 在“速度”下拉列表框中选择“慢速”选项。在“声音”下拉列表框中选择“风铃”选项。
3. 单击应用于所有幻灯片按钮。

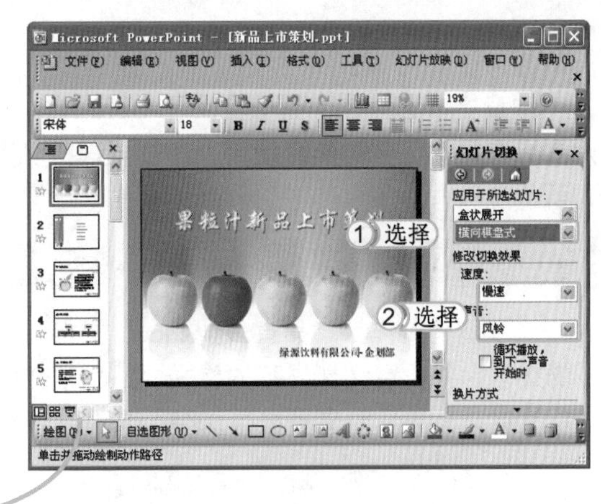

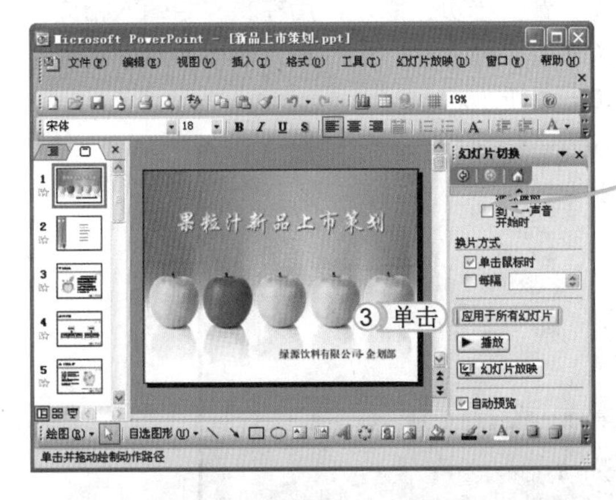

STEP 14：放映幻灯片

按F5键进入幻灯片放映状态，单击鼠标左键开始放映，放映完第1张幻灯片后，多次单击鼠标左键切换到下一张进行放映，放映完成后单击鼠标左键退出演示文稿的放映状态。

12.4 练习 3 小时

本章主要通过 3 个例子巩固了 Word 2003、Excel 2003 和 PowerPoint 2003 的操作方法，用户要想在日常工作中熟练使用，还需再进行巩固练习。下面将再通过 3 个练习进一步巩固这些知识的使用方法。

1. 练习 1 小时：制作产品宣传册

本例将制作“产品宣传册 .doc”文档，首先设置文档页边距，然后在文档中输入相应的文本，并设置文档内容的格式，然后插入图片作为页面背景，最后插入表格并对表格进行设置，完成后对文档进行保存，其最终效果如下图所示。

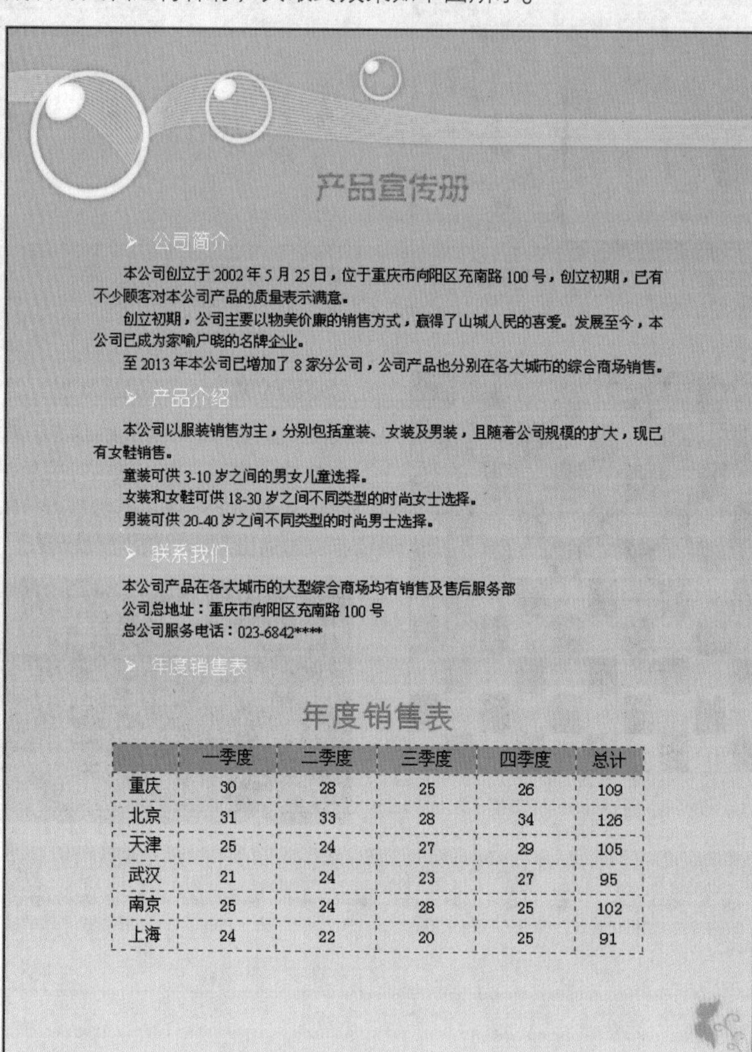

产品宣传册

➢ 公司简介

本公司创立于 2002 年 5 月 25 日，位于重庆市向阳区充南路 100 号，创立初期，已有不少顾客对本公司产品的质量表示满意。

创立初期，公司主要以物美价廉的销售方式，赢得了山城人民的喜爱。发展至今，本公司已成为家喻户晓的名牌企业。

至 2013 年本公司已增加了 8 家分公司，公司产品也分别在各大城市的综合商场销售。

➢ 产品介绍

本公司以服装销售为主，分别包括童装、女装及男装，且随着公司规模的扩大，现已有女鞋销售。

童装可供 3-10 岁之间的男女儿童选择。

女装和女鞋可供 18-30 岁之间不同类型的时尚女士选择。

男装可供 20-40 岁之间不同类型的时尚男士选择。

➢ 联系我们

本公司产品在各大城市的大型综合商场均有销售及售后服务部

公司总地址：重庆市向阳区充南路 100 号

总公司服务电话：023-6842****

➢ 年度销售表

年度销售表

	一季度	二季度	三季度	四季度	总计
重庆	30	28	25	26	109
北京	31	33	28	34	126
天津	25	24	27	29	105
武汉	21	24	23	27	95
南京	25	24	28	25	102
上海	24	22	20	25	91

光盘文件

素材 \ 第 12 章 \ 背景 4. jpg

效果 \ 第 12 章 \ 产品宣传册 . doc

实例演示 \ 第 12 章 \ 制作产品宣传册

2. 练习 1 小时：制作年销售记录表

本例将制作“年销售记录表.xls”工作表，首先启动 Excel 2003，在工作表中输入相应的表格数据，并对字体格式、对齐方式以及数字格式等进行设置，再添加相应的边框和底纹。然后使用函数对表格中的数据进行计算，最后根据表格数据创建图表，并对图表中的字体、颜色和底纹等进行设置，最终效果如下图所示。

完美电器2013年各分店销售记录表

序号	销售店	产品名称	规格型号	数量	单位	单价	销售额
1	府河店	炒锅	爱仕达ASD蜂巢不粘炒锅A8536	330	只	118	38940.00
2	府河店	微波炉	美的JT-80L	63	台	420	26460.00
3	府河店	台灯	若雅调光台灯	160	台	75	12000.00
4	府河店	电饭锅	松下SR-C15EH	222	只	168	37296.00
	府河店 汇总						114696.00
5	西门店	风扇	熊猫牌16寸落地扇	430	台	50	21500.00
6	西门店	电冰箱	美凌786FD2（双体）	23	台	1280	29440.00
7	西门店	抽油烟机	华帝CXW-120-4	53	台	666	35298.00
8	西门店	煤气罐	加德士煤气罐A型	340	只	38	12920.00
	西门店 汇总						99158.00
9	太升店	电视机	康佳T2573S	10	台	1350	13500.00
10	太升店	空调	格力KF-26GW/K（2638）B	17	台	2300	39100.00
11	太升店	电热水器	阿里斯顿TURBO GB40（30升）	32	台	580	18560.00
12	太升店	电冰箱	华凌BCD-175HC	24	台	2888	69312.00
	太升店 汇总						140472.00
13	五丁店	洗衣机	金羚 XQB50-418G	36	台	466	16776.00
14	五丁店	台式燃气灶	华帝旋之火96XB	29	台	720	20880.00
15	五丁店	电热水壶	天际 ZDH-110A	58	只	88	5104.00
	五丁店 汇总						42760.00
	总计						397086.00

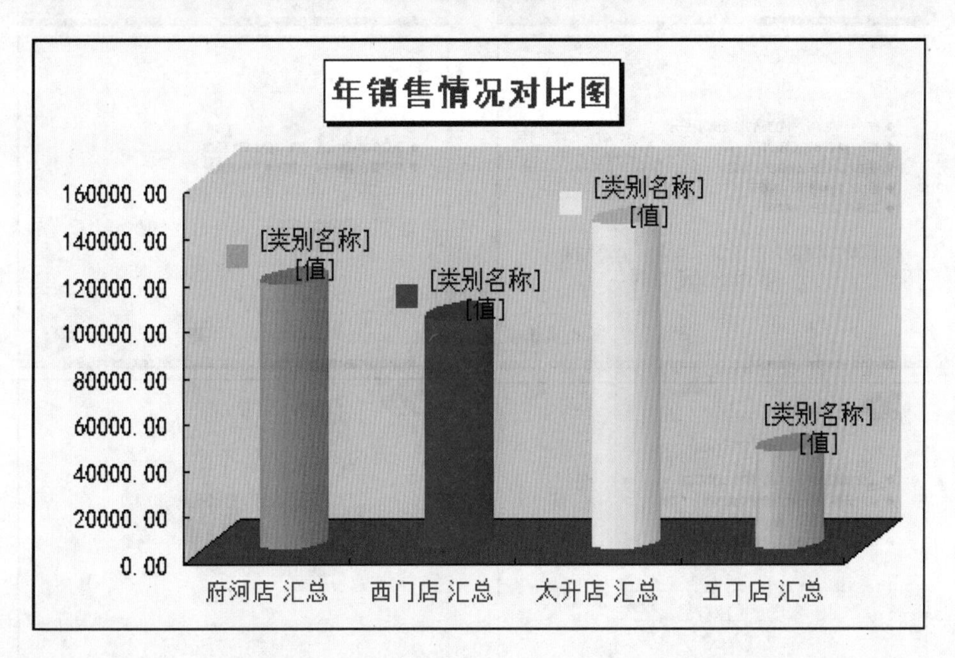

光盘文件

效果\第12章\年销售记录表.xls

实例演示\第12章\制作年销售记录表

3. 练习 1 小时：制作“整合规划提案”演示文稿

本例将制作“整合规划提案”演示文稿，首先打开“整合规划提案 .ppt”演示文稿，输入并设置相应文本，再插入与编辑图片、形状和图示等对象，制作出静态的演示文稿，最后为幻灯片中的对象添加动画效果及为幻灯片添加切换效果，其最终效果如图所示。

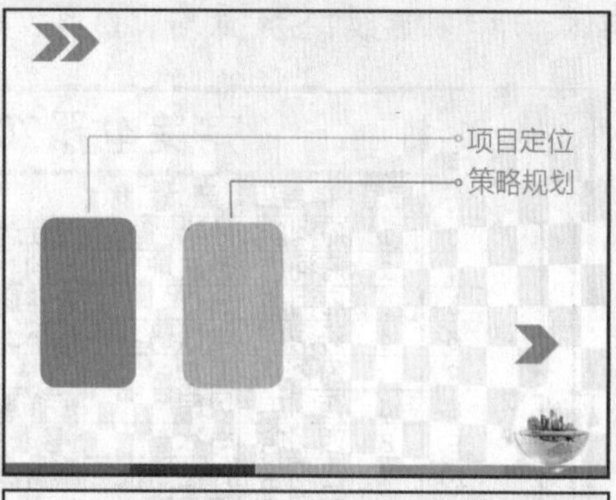

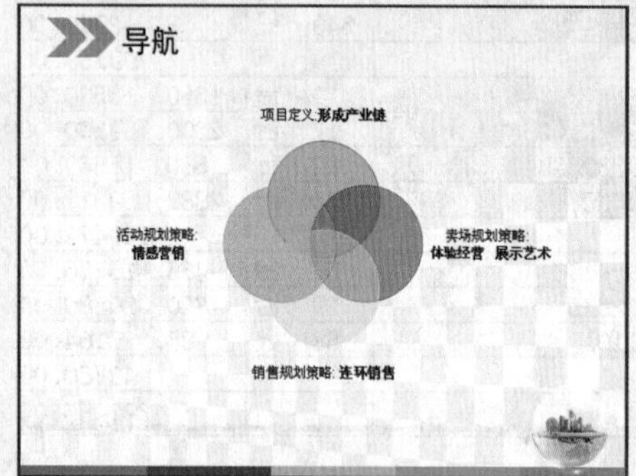

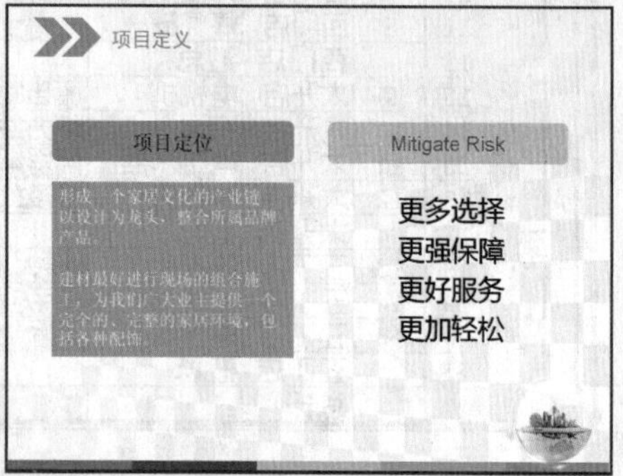

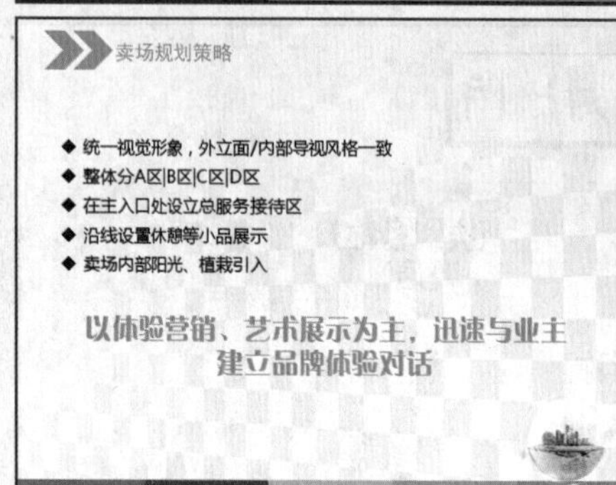

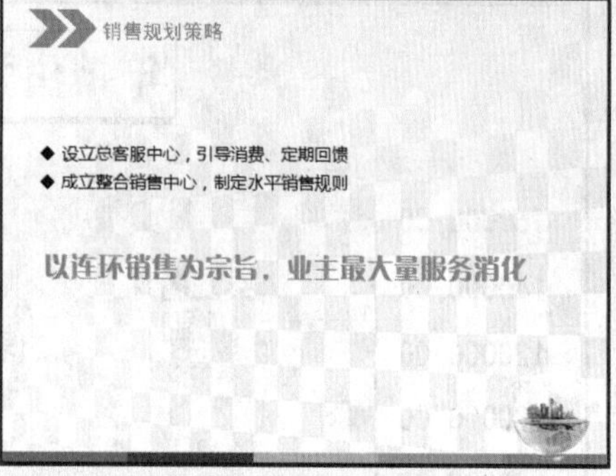

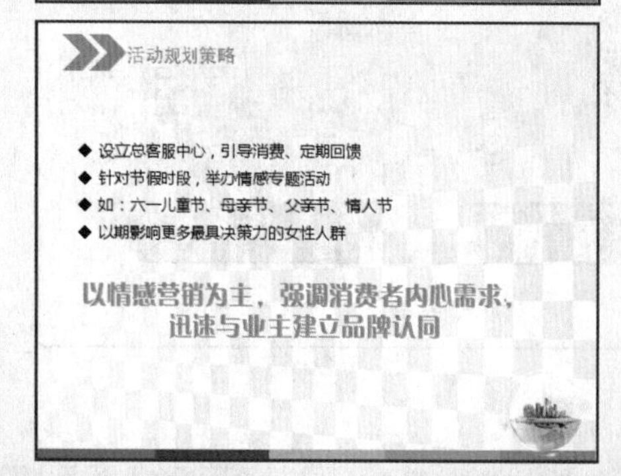

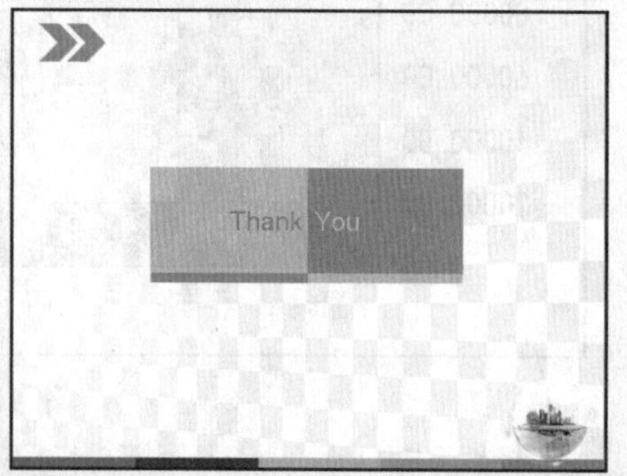

光盘文件

素材 \ 第 12 章 \ 整合规划提案 . ppt
效果 \ 第 12 章 \ 整合规划提案 . ppt
实例演示 \ 第 12 章 \ 制作“整合规划提案”演示文稿

附录A 秘技连连看

一、Word 2003 操作技巧

1. 叠字轻松输入

在输入文字时经常遇到重叠字，比如“爸爸”、“妈妈”和“欢欢喜喜”等，在Word中输入时除了利用输入法自带的功能快速输入外，还有办法轻松进行输入，其方法为：如在输入“爸”字后，按Alt+Enter组合键，便可再输入一个“爸”字。

2. 选择性粘贴

在文档中复制的部分格式文字等，可在粘贴时改变其性质，这也就是常说的选择性粘贴，其方法是：先复制该文字，再将鼠标插入点置于需粘贴处，在窗口中选择【编辑】/【选择性粘贴】命令，在打开的对话框的列表框中选择“无格式文本”选项，然后单击 确定 按钮确认即可。

3. Word 中巧选文本内容

在进行Word文件的编辑操作时，经常需选定部分文档内容或全部内容进行编辑，以提高工作效率。下面介绍几种用得较多的方法。

- 选定一个段落：将鼠标光标移动到该段落的左侧，当鼠标光标变为↗形状时，双击或者在该段落中的任意位置单击3次鼠标。
- 选定多个段落：将鼠标光标移动到一个段落的左侧，当鼠标光标变为指向右边的箭头↗形状时，双击并向上或向下拖动鼠标。
- 选定多段文本：单击要选定内容的起始处，然后将鼠标光标移动到要选定内容的结尾处，再按住Shift键的同时单击鼠标。
- 选定整篇文档：将鼠标光标移动到文档中任意文本的左侧，当鼠标光标变为↗形状时，单击3次鼠标。

4. 轻松选取文本列

把鼠标光标移到要选取的列首或列尾，然后按住键盘上的Alt键，再配合鼠标或键盘进行选取。

5. 快速删除单词或句子

根据鼠标光标所在位置的不同，可利用此方法快速完成删除。当要删除光标前的英文单词或汉字句子时，可按Ctrl+Backspace组合键进行；而要删除光标后的英文单词或汉字句子时，可按Ctrl+Delete组合键进行。

6. 相同格式段落快速选定

先选择其中任意一个段落，单击【格式】/【显示格式】命令，在打开的任务窗格中单击“所选文字”栏下的“示例文字”下拉列表框右边的下拉按钮，选择“选择所有格式类似的文本”选项即可实现全部选定。

7. 精确进行文本移动

先选择要精确移动的文本内容，在键盘上按F2键，此时屏幕左下角状态栏中会显示“移至何处”的提示。然后只需把鼠标光标移至目标位置，按Enter键便可精确完成移动。

8. 让鼠标助你快速复制文本

利用鼠标复制文本常用的三种方法：

- 选中要复制的内容后，按住Ctrl键不放，并把鼠标光标移到该选择区域上按下鼠标左键进行拖动即可。
- 选中要复制的内容后，把鼠标光标移到选择区域上并单击鼠标右键，从弹出的快捷菜单中选择“复制”命令，再将鼠标光标移到要粘贴的位置并单击鼠标右键，在弹出的快捷菜单中选择“粘贴”命令即可。
- 选定需复制的文字，然后按住鼠标右键拖动该文字块至目标位置，释放鼠标右键，在弹出的快捷菜单中选择“复制到此位置”命令即完成复制操作。

9. 文本插入与改写

文本插入是指在一行的中间插入文字。改写是指用输入的文字覆盖插入点之后的文字。插入状态和改写状态的切换方式是：在键盘上按Insert键，在状态栏中显示提示，如果处于改写状态，状态栏中的“改写”为黑色显示，插入状态为灰色显示。

10. 快速调整 Word 行间距

在Word中，只需先选择需要更改行间距的文字，再同时按下Ctrl+1组合键便可将行间距设置为单倍行距，而按下Ctrl+2组合键则将行间距设置为双倍行距，按下Ctrl+5组合键可将行间距设置为1.5倍行距。

11. 快速设置左缩进和首行缩进

按Tab键和Backspace键可快速设置左缩进和首行缩进。或直接通过拖动标尺上的滑块来调整文本的缩进量。拖动时，可先按住Alt键，再拖动标尺滑块，就可以精确地调整相应的缩进量。

12. 快速删除多个相同文本

对于文档中重复出现多次的文本，如果用手工的方法来删除它，既费时又费力。可以选择【编辑】/【替换】命令，在“查找内容”文本框中输入要删除的文本，将“替换为”文本框设置为空。此时，若单击替换(R)按钮将逐个删除重复的文本；如果单击全部替换(A)按钮则一次性删除所有的重复文本。

13. 调整文字和下划线的距离

选择要添加下划线的文字，在菜单栏选择【格式】/【字体】命令，在打开的“字体”对话框中选择“字符间距”选项卡，在“位置”下拉列表框中根据需要选择“提升”或“降低”选项，并在“磅值”数值框中设置需要提升的距离数值，从下面的预览框中可以看到设置的效果。设置完成后，单击确定按钮，关闭“字体”对话框，返回到编辑窗口，再选择刚才设置字符间距的文字内容，按 Ctrl ＋ U 组合键添加下划线。

14. 制作文字旋转

选中要进行旋转设置的文字内容，在其上单击鼠标右键，在弹出的快捷菜单中选择“文字方向”命令，打开“文字方向 - 主文档”对话框，在其中的“方向”栏中选择要旋转的方向，在“应用于”下拉列表框中选择“所选文字”选项，单击确定按钮。

15. 隐藏文档回车符与空格符

选择【文件】/【选项】命令，打开“Word 选项”对话框，选择左侧的“显示”选项卡，在右侧界面的“始终在屏幕上显示这些格式标记”栏中取消选中相应符号对应的复选框即可。

16. 在文档中快速设置上标与下标

先选择需要设置上标或下标的文字，然后按 Ctrl+Shift+ + 组合键，可将文字设为上标，再次按该键又恢复到原始状态；按 Ctrl+ + 组合键可将文字设为下标，再次按该键也可恢复到原始状态。

17. 快速删除自动编号

在编辑 Word 文档时，如果输入“一、使用方法”等具有编号性质的文本时，按下 Enter 键，系统会自动将其变为编号的形式，并在下一行添加“二、”字样，如果不想使用编号（如要先输入正文文本），这个自动添加的编号就会带来很大的不便。这时，只要按 Ctrl+Z 组合键，即会撤销 Word 2003 自动生成的编号，然后就可以输入正文文本。

18. 取消中、英文和数字之间的间隔

选择【格式】/【段落】命令，打开“段落”对话框，选择“中文版式”选项卡，在“字符间距”栏下取消选中□自动调整中文与西文的间距(E)和□自动调整中文与数字的间距(S)复选框，单击确定按钮。

19. 利用 Alt 键精确调整表格行高和列宽

在需要调整行高或列宽的行列分隔线上按住鼠标左键不放，同时按住 Alt 键，向上、下、左或右拖动鼠标即可精确调整行高或列宽。

20. 避免表格跨页断行

选择整个表格，单击鼠标右键，在弹出的快捷菜单中选择“表格属性”命令。打开“表格属性”对话框，选择“行”选项卡，取消选中□允许跨页断行(K)复选框，单击确定按钮。此时如果上一页最后一行放不下其中的文本，该行中的所有文本都将跳转到下一页显示。

21. 为跨页的表格自动添加表头

选择表格的主题行，选择【表格】/【标题行重复】命令，当预览或打印文件时，会发现每一页的表格都有标题了。但是，使用这个技巧的前提是表格必须是自动分页的。

22. 快速打印多页表格标题

选中文档中的表格，选择【表格】/【标题行重复】命令，然后进行打印即可实现多页表格标题的打印。

23. 在表格顶端添加空白行

若想在表格顶端添加一个非表格的空白行，可以使用 Ctrl+Shift+Enter 组合键通过拆分表格来完成。但当表格位于文档的最顶端时，有一个更为简捷的方法，就是先把插入点移到表格的第一行的第一个单元格的最前面，然后按 Enter 键，就可以添加一个空白行。

24. 利用表格分栏、排版文字

当编辑一个如报刊那样的文字排版效果（文字横、竖错落有致）的文档时，我们一般是把文字独立设置成段落格式、横竖排版，但要实现报纸的那种排版效果的确不是很好操作。此时，我们可以利用表格分栏来实现这种灵活多样的文字排版效果。其方法为：首先把各栏（块）内容分别放入根据需要绘制的一个特大表格单元格中（如和报纸版面一样大的表格），然后再合理设置各个栏（块）内的文字排版样式，最后再设置各个栏的边框（如无边框）等，即可得到如报纸上的排版效果。

25. 表格文本缩进

在 Word 中编辑文件时，对于文本可以实现缩进，而对于表格中的文本，也可实现缩进。其方法为：在表格中按 Ctrl+Tab 组合键，鼠标光标就会像普通文本那样在表格中缩进。

26. 如何实现表格的垂直分割

通常使用【表格】/【拆分表格】命令可以实现表格的水平分割，其实在 Word 中还可以实现表格的垂直分割。其方法为：首先选中分割处的那一列，然后用鼠标右键单击该列，在弹出的快捷菜单中选择“边框和底纹”命令，在打开的对话框中选择“边框”选项卡，在预览区中取消该列的顶边框、中边框和底边框，最后单击 确定 按钮即完成了表格的垂直分割。

27. 快速插入网页中的图片

将 Word 窗口与网页浏览器窗口并排在屏幕上，然后拖动网页中的图片到 Word 窗口中，便可快速将图片插入到 Word 文档中。

28. 提取文档中的图片

打开需要提取图片的文档，选择【文件】/【另存为】命令，打开“另存为”对话框，在其中选择保存位置，在“保存类型”下拉列表框中选择“网页（*.htm；*.html）”选项。打开保存文档的文件夹，在其中有一个与文档名字相同的文件夹，将其打开可找到已提取出的图片。

29. 图片修改快速还原

有时会在文档中放置一些图片，并作适当的修改。但若修改得不满意，想还原后重新修改，可按住 Ctrl 键，用鼠标双击该图片，即可快速还原。

30. 编辑图片的环绕顶点

选择“绘图”工具栏中“文字环绕”子列表中的“编辑环绕顶点”选项，图片周围会出现许多顶点，拖动它们可以调整文字环绕位置，按住 Ctrl 键的同时再单击顶点间连线（顶点）可以增加（或删除）顶点。

31. 精确控制图片位置

当在 Word 文档中插入图片，并在为图片设置环绕方式后，此时图片将会自动与一个可见的网格对齐，以确保所有内容整齐地排列。如果需要精确地控制图片的放置位置，可以在拖动对象时按住 Alt 键，以暂时忽略网格。此时，即可看到该图片将平滑地移动，而不是按照网格间距移动。

32. 快速创建多个相同图片

在 Word 中，插入图片后，按住 Ctrl 键，再将鼠标光标移动到图片对象上并进行拖动，可在新位置处复制相同的图片。

33. 快速绘出具有角度的直线

在绘制垂直或 15°、30°、45°、75° 角的直线时，只需在固定一个端点后，按住 Shift 键，上下拖动鼠标，将会出现上述几种直线选择，位置调整合适后松开 Shift 键。

34. 快速绘制正圆或圆弧

在“绘图”工具栏中单击“椭圆”按钮，按住 Shift 键，拖动鼠标可绘制出以鼠标光标起点为圆心的圆。在“自选图形”列表中选择“基本形状”选项，在其子列表中选择“圆弧”选项，按住 Shift 键拖动，可画出圆弧。由此可看出：用 Word 自带的画图工具绘图时，按住 Shift 键后再绘制，可绘制出正多边形、圆或直线。

35. 巧改文本框的形状

Word 用户都可能发现，在插入文本框时，其形状通常都是矩形，在 Word 中还可对文本框的形状进行改变。其方法为：首先选中要改变形状的文本框，单击“绘图”工具栏上的绘图(D)按钮，在弹出的下拉列表中选择“改变自选图形”选项，选定一种需要设置的图形形状即可。用此法也可改变插入的“自选图形”的形状。

36. 删除页眉线

在页眉插入信息的时候经常会在下面出现一条横线，如果不想在页眉留下任何信息并去除此横线，方法为：将插入点定位于页眉中，选择【格式】/【边框和底纹】命令，在打开的对话框中选择“边框”选项卡，在“设置”列表中选择“无”选项，并在“应用于”列表中选择“段落”选项，单击确定按钮。

37. 设置文档末尾分栏对等

在对Word文档进行分栏的过程中，往往会遇到最后一页的栏是不等长的。此时，只要将插入点定位到文档末尾，然后选择【插入】/【分隔符】命令，在打开的“分隔符”对话框中选择◎连续(T)单选按钮，单击确定按钮。

38. 快速旋转页眉页脚

在一些特殊情况下，需将页眉页脚设置成与正文同方向。此时，可选择页眉或页脚，在“字体”对话框中把字体设为“@字体”，如“@宋体”就可以将页眉页脚文字逆时针旋转90度。同时，此方法可应用于Word文档中的任意文本。

39. 启动与退出格式刷

双击“格式刷”按钮，可以将选定格式复制到多个位置，再次单击格式刷或按下Esc键可关闭格式刷。

40. 人工分页

在Word中，有时需要将某些内容放在单独的一页，常用的方法是在这些内容的结尾处多次按Enter键，直到该页的结尾为止。此方法虽然可行，但若减少行，下页内容将上移。最简单的方法是：在需要放在特殊页内容的结尾处，按住Ctrl+Enter组合键（加入分页符），即可达到目的。此外，按住Shift+Enter组合键，还可强行换行。

41. 为部分文档创建不同的页眉或页脚

创建页眉或页脚时，Word自动在整篇文档中使用同样的页眉或页脚。要为部分文档创建不同于其他部分的页眉或页脚，需要对文档进行分节，然后断开当前节和前一节中页眉或页脚间的连接。其方法为：若尚未对文档进行分节，需在要使用不同的页眉或页脚的新节起始处通过选择【插入】/【分隔符】命令，插入一个连续类型的分节符，然后选择【视图】/【页眉和页脚】命令，打开“页眉和页脚”工具栏，单击“设置页码格式”按钮，在打开的对话框中设置新的起始页码，再为该节创建新的页眉或页脚内容，Word会自动对后续各节中的页眉或页脚进行同样的修改。

42. Word中同一页面显示不同页码

我们时常在页眉中用第×页共×页的形式，将该类文件集中起来装订成一本书，并在页脚中显示页码，表明该页在整本书中的位置，这就出现了同一页面显示不同页码的情况，而利用域可以方便地解决这一问题。假如某文档在整本书中的起始页码为101。其方法为：在页眉中输入“第页共页”，将鼠标光标移动“第”后面，选择【插入】/【域(F)】命令，从域名中选择Page，或者在“第”后面输入Page，然后用鼠标选择Page并按Ctrl+F9组合键。用同样的方法在“共”后面插入域Numpages，这就完成了“第×页共×页”的设置。再按前面的方法在页脚中插入域Page，然后在Page前面输入“=100+”，最后用鼠标将刚输入的“=100+”和插入的域一起选中并按Ctrl+F9组合键，再通过打印预览就可以查看效果。

43. 让标题不再排在页末

将插入点移到标题所在段落，单击鼠标右键，在弹出的快捷菜单中选择“段落”命令，并在打开的对话框中选择“换行和分页”选项卡，在其中选中☑与下段同页(X)复选框，最后单击 确定 按钮。另外：如果选中☑孤行控制(W)复选框，系统则会自动向下页移一行文字来避免一页底部出现某段的第一行文字或是某页顶部出现某段的最后一行文字。

44. 在任意位置插入页码

在任意位置插入页码可通过以下两种方法实现。

- 利用 Word 提供的“文本框”功能实现：首先在需要插入页码的区域插入一个文本框并调整好文本框的大小，然后在文本框中输入相应的页码编号后，用鼠标右键单击文本框的边框线，在弹出的快捷菜单中选择“设置文本框格式”命令，把“线条”颜色设置为“无”，单击 确定 按钮即可取消边框线。用此方法插入的页码，只要单击页码，仍可调出虚线文本框，按住鼠标左键不放随意拖动文本框，页码位置也可随之移动。
- 直接利用鼠标的拖动功能：先选择【插入】/【页码】命令，插入页码。然后在页码框上双击鼠标左键（此时便可对页码进行编辑），然后把鼠标光标移到页码框上，按住鼠标左键进行拖动，便可对页码的位置进行任意调整。

45. 为分栏创建页码

Word 文档分栏后，尽管一页有两栏乃至多栏文字，但程序仍然将文件视为一页，使用【插入】/【页码】命令不能为每栏文字制作一个页码。如果需要给两个分栏文字的页脚（或页眉）各插入一个页码，产生诸如 8 开纸上的两个 16 开页面的效果，其方法为：选择【视图】/【页眉和页脚】命令，切换至第一页的页脚（或页眉）。在与左栏对应的合适位置处输入“第 {={page}*3-1} 页”，在与右栏对应的合适位置输入“第 {={page}*2} 页”。输入时先输“第页”，再将鼠标光标置于两者中间，连续按两下 Ctrl+F9 组合键，输入大括号“{}”。然后在大括号“{}”内外输入其他字符，完成后分别选中“{={page}*3-1}”和“{={page}*2}”，单击鼠标右键后在弹出的快捷菜单中选择“更新域”命令，即可显示每页左右两栏的正确页码。如果文档分为三栏或更多栏，使用相同的方法即可。

二、Excel 2003 操作技巧

1. 快速切换工作簿

在多个 Excel 中快速切换工作簿，只需按 Ctrl+Tab 组合键或 Ctrl+Shift+Tab 组合键，即可在打开的工作簿间进行切换。

2. 快速浏览长工作簿

当表格数据很庞大时，按 Ctrl+Home 组合键可以回到当前工作表的左上角（即 A1 单元格），按 Ctrl+End 组合键可以跳到工作表含有数据部分的右下角。另外，如果选取了一些内容，那么可以通过重复按 Ctrl+ 句号（。）组合键在所选内容的 4 个角单元格上按顺时针方向移动。

3. 同时显示多个工作簿窗口

在 Excel 中默认的窗口只能显示一个工作簿，那么要想同时显示多个已打开的工作簿，可对其进行简单的设置来实现多窗口的排列显示。其方法为：选择【窗口】/【重新排列】命令，在打开的“重排窗口”对话框中，选中需要相应排列方式的单选按钮。

4. 设置工作表中网格线的颜色

Excel中的网格线，默认为黑色。用户可根据自己喜好，将其设置为其他的颜色。其方法为：选择【工具】/【选项】命令，打开“选项”对话框，选择“视图”选项卡，单击“网格线颜色”下拉列表框后的下拉按钮，在弹出的下拉列表中选择相应的颜色，再单击确定按钮。

5. 手动调节工作表的显示比例

工作表的显示比例控制工作表的显示大小，比例越大显示越大，比例越小显示也就越小。手动调节工作表的显示比例的方法为：按住Ctrl键的同时，滚动鼠标滑轮即可调节工作表的显示比例。

6. 不按Ctrl键选择不连续单元格

只需按Shift+F8组合键，激活“添加选定”模式，此时工作簿下方的状态栏中会显示出“添加”字样，再分别单击不连续的单元格或单元格区域即可选定。

7. 快速修改单元格的次序

修改单元格次序的方法为：先选定单元格或单元格区域，再按住Shift键并移动鼠标光标至单元格边缘，直至出现拖放指针箭头，然后进行拖放操作。上下拖拉时鼠标在单元格间边界处会变成一个水平“工”状标志，左右拖拉时会变成垂直“工”状标志，释放鼠标和按键完成操作后，单元格间的次序即发生变化。

8. 单元格的换行

有时需在一个单元格中输入一行或几行文字，通常情况下，输入一行文本后按Enter键光标即会移到下一单元格，而不是换行，这时，若想在单元格中换行，可在选定单元格输入第一行内容后，在换行处按Alt+Enter组合键，可换行输入第二行内容。

9. 每次选定同一单元格

为了测试某个公式，需要在某个单元格内反复输入多个测试值。但每次输入一个值后按Enter键查看结果，活动单元格就会默认移到下一个单元格上，必须用鼠标或上移箭头重新选定原单元格，这样很不方便。此时，可以按Ctrl+Enter组合键，则问题会立刻迎刃而解，既能查看结果，当前单元格也仍为活动单元格。

10. 彻底隐藏单元格中的所有内容

彻底隐藏单元格中的所有内容也是保护工作表数据的方法之一，其方法是：选择【格式】/【单元格】命令，打开“单元格格式”对话框，选择“数字”选项卡，在“分类”列表框中选择“自定义”选项，在对话框右侧的“类型”文本框中将已有的代码删除，再输入“;;;”（3个分号），单击确定按钮可隐藏单元格中的所有内容。

11. 重复上一步操作

Excel中有一个快捷键的作用极其突出，那就是F4键，也可称为重复键。每按一次F4键就可以重复前一次操作。比如在工作表内插入或删除一行，然后移动插入点并按下 F4 键就可插入或删除另一行，即不需要使用菜单。

12. Excel 中的拼音输入

先选择已输入汉字的单元格，选择【格式】/【拼音指南】/【显示或隐藏】命令，选中的单元格会自动变高，再选择【格式】/【拼音指南】/【编辑】命令，即可在汉字上方输入拼音。再次选择【格式】/【拼音指南】/【设置】命令，可以修改汉字与拼音的对齐关系。

13. 在单元格中轻松输入 0

一般情况下，在 Excel 表格中输入诸如“05”、“4.00”之类数字后，只要鼠标光标一移出该单元格，该单元格中数字就会自动变成“5”、“4”，Excel 默认设置使得使用非常不便。此时，可以通过下面的方法来避免出现这种情况：先选择要输入诸如“05”、“4.00”之类数字的单元格，单击鼠标右键，在弹出的快捷菜单中选择“设置单元格格式”命令。打开“设置单元格格式”对话框，在“分类”列表框中选择“文本”选项，单击 确定 按钮。这样，在这些单元格中就可以输入诸如“05”、“4.00”之类的数字。

14. 同时在多个单元格中输入相同内容

选择需要输入数据的单元格（单元格可以是相邻的，也可以是不相邻的），输入数据，再按 Ctrl+Enter 组合键即可。

15. 快速复制单元格内容

先选择单元格或单元格区域，按 Ctrl+' 组合键，即可将单元格或单元格区域以上区域的内容快速复制下来。

16. 快速格式化单元格

如果想要快速打开 Excel 中的“单元格格式”对话框，以便设置如字体、对齐方式或边框等，可先选择需要格式化的单元格，再按 Ctrl+1 组合键立即打开“单元格格式”对话框进行设置。

17. 快速进入单元格的编辑状态

先选择单元格，再按 F2 键，即可进入单元格的编辑状态，输入数据后，按 Enter 键确认所做改动，或按 Esc 键取消改动。

18. 在同一单元格中连续输入多个测试值

一般情况下，当在单元格中输入内容后按 Enter 键，光标就会自动跳转到下一单元格，如果需要在某个单元格内连续输入多个测试值以查看引用此单元格的其他单元格的动态效果时，就可以选择【工具】/【选项】/【编辑】命令，在打开的对话框中取消选中□按 Enter 键后移动(M) 复选框，再单击 确定 按钮保存设置，从而实现在同一单元格内输入多个测试值。

19. 快速输入欧元符号

按住 Alt 键，然后利用右面的数字键盘（俗称小键盘）输入 0128 这 4 个数字，然后释放 Alt 键，就可以输入欧元符号。

20. 快速输入相同文本

有时后面需要输入的文本前面已经输入过了，可以采取快速复制（不是通常的按 Ctrl+C 或 Ctrl+X 与 Ctrl+V 组合键的方法来完成）的方法：

- 如果需要在一些连续的单元格中输入同一文本（如“有限公司”），需先在第一个单元格中输入该文本，然后用“填充柄”将其复制到后续的单元格中。
- 如果需要输入的文本在同一列中前面已经输入过，当输入该文本前面几个字符时，系统会提示用户，此时只需按 Enter 键就可以把后续文本输入。
- 如果需要输入的文本和上一个单元格的文本相同，直接按 Ctrl+D（或 R）组合键即可输入（其中按 Ctrl+D 组合键是向下填充，按 Ctrl+R 组合键是向右填充）。
- 如果多个单元格需要输入同样的文本，只需按住 Ctrl 键的同时，用鼠标单击需要输入同样文本的所有单元格，然后输入该文本，再按 Ctrl+Enter 组合键即可。

21. 用替换方法快速插入特殊符号

有时需在一张工作表中多次输入同一个文本，特别是要多次输入一些特殊符号（如 ※），如果依次手动输入即对录入速度有较大的影响。这时就可以用一次性替换的方法解决。先在需要输入这些符号的单元格中输入一个代替的字母（如 X，注意：不能是表格中需要的字母），等表格制作完成后，选择【编辑】/【替换】命令，打开“替换”对话框，在“查找内容”文本框中输入代替的字母“X”，在“替换为”文本框中输入“※”，单击全部替换(A)按钮即可全部替换。

22. 巧妙输入位数较多的数字

如果在 Excel 中输入位数比较多的数值（如身份证号码），则系统会将其转为科学计数的格式，与输入原意不相符，其解决方法是将该单元格中的数值设置成“文本”格式。即在数值的前面输入“'”即可（注意：必须是在英文状态下输入）。

23. 不同类型的单元格设置不同的输入法

在一个工作表中，通常既有数字，又有字母和汉字。在编辑不同类型的单元格时，需要不断地切换中英文输入法，这不但降低了编辑效率，而且让人觉得麻烦。通过下面两种方法即可实现输入法的自动切换：

- 选择需要输入汉字的单元格区域，选择【数据】/【有效性】命令，在打开的“数据有效性”对话框中，选择“输入法模式”选项卡，在“模式”下拉列表框中选择“打开”选项，单击确定按钮。
- 选择需要输入字母或数字的单元格区域，选择【数据】/【有效性】命令，选择“输入法模式”选项卡，在“模式”下拉列表框中选择“关闭（英文模式）”，单击确定按钮。此后，当插入点处于不同的单元格时，Excel 会根据上述设置，自动在中英文输入法间进行切换，从而提高了输入效率。

24. 快速选择行或列

快速选择行或列的方法有如下几种：

- 选择整行或整列，只需将鼠标光标移动到行或列标的交界处，当鼠标光标变成➡或⬇形状时，单击鼠标左键。

- 选择连续的行/列，只需将鼠标光标移动到行/列的交界处，当鼠标光标变成➡或⬇形状时，按住Shift键的同时，先选择一行/列，再选择一行/列，则这两者之间的行/列将被全部选择。
- 选择不连续的行/列，只需将鼠标光标移动到行/列的交界处，鼠标光标变成➡或⬇形状时，按住Ctrl键的同时，再选择需要选择的行/列。

25. 根据内容自动调整行高或列宽

若行高或列宽不能很好地适应内容，可将鼠标光标移动到行或列的交界处，当鼠标光标变成✛或✛形状时，再双击鼠标。

26. 固定显示某列

选择要固定的列，然后选择【窗口】/【冻结窗格】命令，即可将其固定并始终显示（撤销此功能的方法：选择【窗口】/【取消冻结窗格】命令）。

27. 设置表头的背景图片

选择【格式】/【工作表】/【背景】命令，打开“工作表背景”对话框，选择需要作为背景的图片，单击[确定]按钮。然后再选择表头以外的所有单元格区域，并填充为白色。

28. 隐藏和禁止编辑公式

若编辑栏中不再显示公式，并不是公式不存在，而是将其隐藏起来了。其方法为：选择需隐藏公式的单元格区域，按Ctrl+1组合键，在打开的“单元格格式”对话框中选择“保护”选项卡，选中☑隐藏(I)复选框，单击[确定]按钮保存设置。再选择【工具】/【保护】/【保护工作表】命令，选中☑保护工作表及锁定的单元格内容(C)复选框，单击[确定]按钮，即可将编辑栏或单元格中的公式隐藏起来且不能再编辑。

29. 扩展SUM函数参数的数量

Excel中SUM函数的参数不得超过30个，若参数超过30个，则系统会提示参数过多。解决这一问题的方法是：使用双组括号。比如A2到A100单元格中的99个参数相加的公式：SUM((A2，A4，A6，……，A96，A98，A100))。

30. 显示出工作表中的所有公式

只需一次简单的键盘敲击便可显示出工作表中的所有公式。其方法为：若需在显示单元格值或单元格公式之间来回切换，只需按Ctrl+` 组合键（“、”与“~”符号位于同一键上。在绝大多数键盘上，该键位于“1”键的左侧）。

31. 快速切换相对与绝对引用

选择包含公式的单元格，在编辑栏中选择要切换的引用（相对引用或绝对引用），再按F4键可快速切换。

32. 在图表中增加文本框

除图表标题外，在图表中的任何位置都可以根据实际需要增加文本框。其方法为：选择图表（除标题或数据系列的任何部分），再在编辑栏中输入文本内容，按Enter键系统自动在图表中生成包含输入内容的文本框。

33. 快速创建默认图表

创建图表一般使用“图表向导”对话框分 4 个步骤来完成，在每个步骤中可以根据需要调整各个选项的设置，但这样操作非常繁琐。此时用户可在工作表中选择用来制作图表的数据区域，然后按 F11 键快速创建图表，图表存放在新工作表中，同时它是一个二维柱形图。

34. 让序号不参与排序

当对数据表进行排序操作后，通常位于第一列的序号也将被打乱，其实可以让“序号”列不参与排序。其具体方法是：在“序号”列右侧插入一个空白列（B 列），将“序号”列与数据表隔开。当对右侧的数据区域进行排序时，“序号”列就不参与排序。

35. 空白数据巧妙筛选

在数据区域外的任一单元格中输入被筛选的字段名称后，在紧靠其下方的单元格中输入筛选条件“<> 或 *”。如果要筛选值为非空白数据，只需将筛选条件改为“*”即可。如果指定的筛选字段是数值型字段，则输入筛选条件“<>”。

三、PowerPoint 2003 操作技巧

1. 在 PowerPoint 中巧妙插入新幻灯片

如果想在当前幻灯片的后面插入一张新幻灯片，可以直接按 Shift+Enter 组合键或 Ctrl+M 组合键快速新建幻灯片，需要新建几张就按几次键。

2. 创建 PowerPoint 模板

对于经常使用的演示文稿类型，可将演示文稿保存为模板，以便下次使用时能直接套用，其方法是：制作好演示文稿后，选择【文件】/【另存为】命令，在打开的对话框中的“保存类型”下拉列表框中选择“演示文稿设计模板（*.pot）”选项，输入模板的名称后，单击 保存(S) 按钮。完成后模板文件会被自动保存到模板文件的默认位置（C:\Documents and Settings\Administrator\Application Data\Microsoft\Templates）。

3. 快速执行重复的操作

如果要在 PowerPoint 中执行与上一次相同的操作，如重复修改字体、字号等，可按 F4 键轻松实现。

4. 清理屏幕中的笔迹

在播放幻灯片的过程中，单击鼠标右键，在弹出的快捷菜单中选择【屏幕】/【擦除笔迹】命令，可快速清除屏幕中的笔迹。

5. 清除 PowerPoint 中的个人信息

制作好的演示文稿中包含了制作者的个人信息，如果要将演示文稿提供给他人，可以查看

其个人信息并对其进行清除，避免将信息透露给他人。其方法是：选择【工具】/【选项】命令，在打开的对话框中选择“安全性”选项卡，选中☑保存时从文件属性中删除个人信息(R)复选框，单击 保存(S) 按钮。但需注意的是：如果演示文稿中使用了文件属性中的个人信息，删除信息后，某些功能可能无法正常运行。

6. 快速设置大纲中文本的缩进量

将鼠标光标定位在需要设置缩进量的文本中，按 Tab 键增加缩进量；按 Shift+Tab 组合键减少缩进量。

7. 快速折叠和展开大纲中的文本

为了便于在“大纲”选项卡中查看和编辑文本框，可对其进行折叠和展开，使其以折叠目录的方式来阅读，其方法为：按 Alt+Shift+ 加号（+）组合键展开文本；按 Alt+Shift+ 减号（—）组合键折叠文本，或双击幻灯片图标进行折叠与展开的切换。

8. 减少 Power Point 图片所占用的空间

在 PowerPoint 中插入或粘贴图片后，演示文稿可能会变得非常庞大，此时可以通过 PowerPoint 的“压缩图片”功能来减少图片所占用的空间。其方法是：在图片上单击鼠标右键，在弹出的快捷菜单中选择“显示‘图片’工具栏”命令，在“图片”工具栏中单击“压缩图片”按钮，在打开的对话框中选择要使用演示文稿的方式，如 Web/ 屏幕或打印，若要进一步减小文件大小，则可选中☑删除图片的剪裁区域(E)复选框。

9. 将幻灯片中的对象保存为图片

如果要将一个或多个对象保存为图片，可选择对象，单击鼠标右键，在弹出的快捷菜单中选择“另存为图片”命令，在打开的对话框中选择保存的位置和类型后，单击 保存(S) 按钮。

10. 灵活改变剪贴画的颜色

在演示文稿中插入剪贴画后，可对其颜色进行设置。其方法是：选择剪贴画，单击“绘图”工具栏中的 绘图(R)▾ 按钮，在弹出的下拉列表中选择“取消组合”选项。在打开的对话框中单击 确定 按钮，此时剪贴画被分解为多个对象的组合。然后在“绘图”工具栏中对需要修改的剪贴画中每一部分的对象颜色进行设置，完成后再将其组合即可。

11. 设置自选图形中文本的方向

自选图形中的文本默认为水平显示，若要使其垂直输入可选择自选图形，单击鼠标右键，在弹出的快捷菜单中选择“设置自选图形格式”命令。在打开的对话框中选择“文本框”选项卡，在其中选中☑将自选图形中的文字旋转 90°(Z)复选框。

12. 隐藏幻灯片中的声音图标

在幻灯片中插入声音时，PowerPoint 会自动在幻灯片中插入一个包含该对象的小图标，如果不想显示图标，可通过以下方法来进行设置。

- **拖动图标到演示文稿外：** 在插入时设置为自动播放文件，再将图标拖动到幻灯片以外的地方，以后播放幻灯片时则不会显示图标。

- 在对话框中进行隐藏：在图标上单击鼠标右键，在弹出的快捷菜单中选择“编辑声音对象”命令，打开“声音选项”对话框，在其中选中☑幻灯片放映时隐藏声音图标(H)复选框即可在放映时隐藏图标。

13. 保护幻灯片母版

在演示文稿中使用母版后，如果要对演示文稿应用其他的模板，则之前所设置的母版将被删除，因此可对母版进行保护，防止母版被删除。其方法是：选择【视图】/【母版】/【幻灯片母版】命令，在左侧的缩略图中选择需要保护的母版，在“幻灯片母版视图”工具栏中单击按钮。

14. 在母版视图中添加新的母版

选择【视图】/【母版】/【幻灯片母版】命令，打开幻灯片母版视图，在其中可以再次添加需要的母版，其方法如下。

- 添加默认的母版样式：在“幻灯片母版视图”工具栏中单击“插入新幻灯片母版”按钮即可。
- 过设计模板添加幻灯片母版：在“格式”工具栏中单击设计(S)按钮，打开“幻灯片设计”任务窗格，在其中选择需要的幻灯片母版的样式。

15. 删除无用的配色方案

在“幻灯片设计”任务窗格的“应用配色方案”列表框中选择需要删除的配色方案，单击任务窗格底部的“编辑配色方案”超级链接，在打开的对话框中选择“标准”选项卡，在其中选择配色方案，单击删除配色方案(L)按钮。

16. 复制配色方案

如果要将一张幻灯片的配色方案应用于另一张或多张幻灯片，重新进行配色会比较麻烦。此时，可通过格式刷来复制配色方案，其方法是：在幻灯片浏览视图中，选择一张应用了配色方案的幻灯片，然后单击“格式刷”按钮，对另一张幻灯片进行重新着色；如果要同时重新着色多张幻灯片，则双击“格式刷”按钮，然后依次单击要应用配色方案的一张或多张幻灯片。

17. 将插入的图片设置为幻灯片背景

在幻灯片中插入图片后，还可直接将其设置为背景。其方法为：选择需要设置为背景的图片，将鼠标光标放到图片边缘，当鼠标变为↔形状时，调整图片的大小。然后单击鼠标右键，在弹出的快捷菜单中选择【叠放次序】/【置于底层】命令。

18. 快速统一演示文稿的页眉页脚

在演示文稿中选择需要插入页眉页脚的幻灯片，选择【视图】/【页眉和页脚】命令。打开“页眉和页脚”对话框，在“幻灯片”选项卡中选中☑幻灯片编号(N)和☑页脚(F)复选框，在其下方的文本框中输入页脚的内容，单击确定按钮快速将其应用到所有的幻灯片中。

19. 快速切换窗口播放模式

在实际使用演示文稿的过程中，经常需要将其与其他程序窗口配合使用，以增强演示的效果，此时可通过如下两种方法在不同的程序之间进行切换：

- 默认情况下可选择【幻灯片放映】/【观看放映】命令启动全屏放映模式，此时可按 Alt + Tab 组合键和 Alt+Esc 组合键与其他窗口进行切换。
- 在演示文稿中按住 Alt 键不放，然后依次按 D 键、V 键激活播放操作，这时启动的幻灯片放映模式是一个带标题栏和菜单栏的形式，这样就可以将此时的幻灯片播放模式像普通窗口一样进行操作。

20. 让演示文稿循环播放

选择【幻灯片放映】/【幻灯片切换】命令，打开“幻灯片切换”任务窗格，选择某张幻灯片，在“换片方式”栏中选中 每隔 复选框，再根据实际情况设置每张幻灯片的换片时间，单击 播放 按钮进行预览。选择【幻灯片放映】/【设置放映方式】命令，打开“设置放映方式”对话框，在“放映类型”栏中选中 演讲者放映（全屏幕）(P) 单选按钮，选中 循环放映，按 ESC 键终止(L) 复选框，单击 确定 按钮。

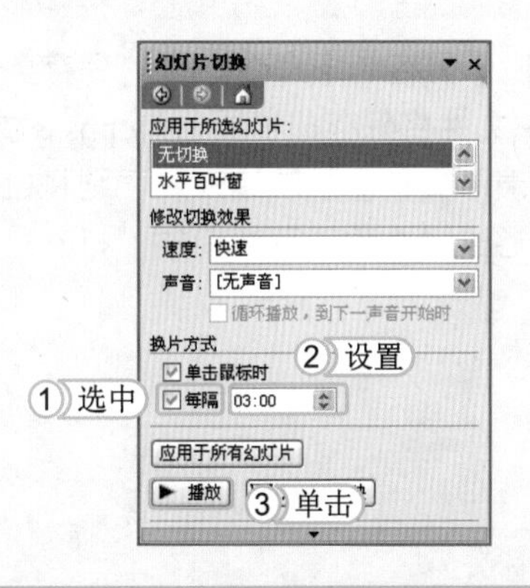

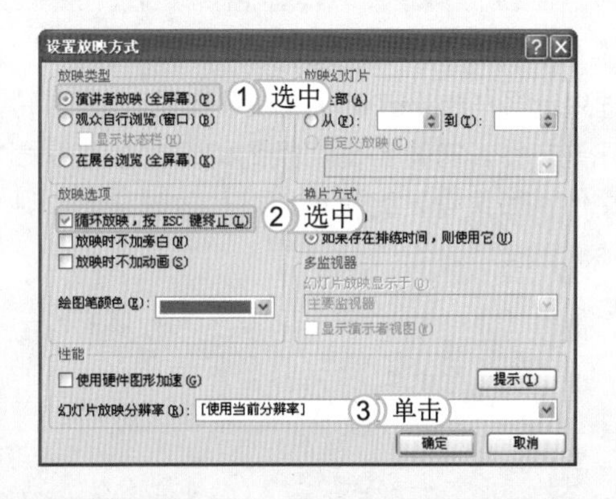

21. 隐藏指针

在播放幻灯片的过程中，单击鼠标右键，在弹出的快捷菜单中选择【指针选项】/【箭头选项】/【永远隐藏】命令。

22. 快速显示放映帮助

如果需要在放映 PowerPoint 幻灯片时快速访问帮助，只需按 F1 键或 Shift+? 组合键，幻灯片放映帮助将自动显示出来。

23. 使两个对象同时动作

PowerPoint 的动画效果较多，但对图片进行动画效果设置时，只能使图片一幅一幅地动作。如果需要使两个对象同时一左一右或一上一下地向中间执行相同的动作，可以安排好两幅图片的最终位置，按住 Shift 键，选择两个对象，然后单击鼠标右键，在弹出的快捷菜单中选择【组合】/【组合】命令，使两幅图片变成一个对象。然后在“动画效果”中设置相应的效果即可。

24. 暂停幻灯片演示

在播放幻灯片的过程中，如果中场休息，或者插入其他话题，可以把幻灯片切换成黑屏或者白屏而不退出播映，以便随时继续播映。其方法是：按下 W 键变成白屏，按下 B 键变成

黑屏。要继续播映只需按 Space 键。

25. 保护自己的 PowerPoint 不被他人修改

使用 PowerPoint 2003 制作好演示文稿后，可以对其进行保护，防止他人未经许可对文稿进行修改和破坏。只要选择【工具】/【选项】命令，在打开的对话框中选择“安全性”选项卡，根据需要在“打开权限密码”和“修改权限密码”文本框中设置密码，再在打开的对话框中确认密码即可。

26. 保存幻灯片为网页

打开需保存的演示文稿，选择【文件】/【另存为网页】命令，打开“另存为”对话框，在“保存位置”下拉列表框中选择保存的位置，在“保存类型”下拉列表框中选择保存的类型为“网页（*.htm；*.html）”，输入名称后单击 确定 按钮。

27. 将演示文稿保存为幻灯片放映文件

打开要保存为幻灯片放映的演示文稿，选择【文件】/【另存为】命令，在“保存类型”下拉列表框中选择“PowerPoint 放映”选项，该幻灯片放映文件将保存成扩展名为 .pps 的文件。完成后打开该文件，它将自动切换到幻灯片放映视图放映演示文稿。放映结束后，则将自动关闭并返回文件；如果需要编辑该幻灯片放映文件，则可以通过“文件”菜单中的“打开”命令打开该文件。

附录B 72小时后该如何提升

在创作这一本书时，虽然我们已尽可能设身处地为您着想，希望能解决您遇到的所有与办公软件相关的问题，但我们仍不能保证面面俱到。如果您想学到更多的知识，或学习过程中遇到了困惑，还可以采取下面的渠道解决。

1. 加强实际操作

俗话说："实践出真知。"在书本中学到的理论知识未必能完全融会贯通，此时就需要按照书中所讲的方法，进行上机实践，在实践中巩固基础知识，加强自己对知识的理解，以将其运用到实际的工作生活中。

2. 总结经验和教训

在学习过程中，难免会因为对知识不熟悉而造成各种错误，此时可将易犯的错误记录下来，并多加练习，增加对知识的熟练程度，减少以后操作的失误，提高日常工作的效率。

3. 加深对知识的了解，学会灵活运用

在本书中主要对 Office 2003 中三大组件的各种应用进行讲解。在 Word 中可以通过图文混排的方式，制作出各种宣传海报。在 Excel 中可以通过公式与函数进行数据的分析与计算；通过分类汇总对数据进行汇总；通过图表、数据透视表 / 图等对数据进行统计分析。在 PowerPoint 中可以通过学习幻灯片编辑与动画的功能，制作出满足实际办公需求的动态演示文稿。总而言之，在学习这些知识的过程中，不仅要重点学习，还要对这些知识进行深入的探索与研究，将制作效果的方式以最简单的方式进行处理，实现真正的办公自动化。如以下列举的问题就需要用户深入研究并进行掌握：

- 如何灵活、快速地编辑长文档。
- 哪些函数进行嵌套可以达到事半功倍的效果。
- 哪种类型的数据适合哪种图表。
- 如何结合动画效果让演示文稿更加生动，吸引观众。

4. 吸取他人经验

学习知识并非一味地死学，若在学习过程中遇到了不懂或不易处理的内容，可多看看专业的文档制作人士制作的各种模板，借鉴他人的经验进行学习，这不仅可以提高自己制作文档的速度，更能增加文档的专业性，提高自己的专业素养。

5. 加强交流与沟通

俗话说："三人行，必有我师焉。"若在学习过程中遇到了不懂的问题，不妨多问问身边的朋友、前辈，听取他们的不同意见，扩宽自己的思路。同时，还可以在网络中进行交流或互

动，如加入 Office 办公的技术 QQ 群、在百度知道和搜搜中提问等。

6. 上技术论坛进行学习

本书已将 Word 2003/Excel 2003/PowerPoint 2003 的功能进行了全面介绍，但由于篇幅有限，仍不可能面面俱到，此时读者可以采取其他方法获得帮助。如在专业的 Office 办公学习网站中进行学习，包括 Word 联盟、Excel Home、锐普 PPT 和 Excel 精英培训网等。这些网站各具特色，能够满足不同用户的需求。

Word 联盟

网址：http://www.wordlm.com。

特色：Word 联盟是中国最专业的办公软件学习平台，提供了最新的 Microsoft Word 技术教程、Word 视频教程、Word 应用软件下载等，并从低到高地讲述了 Word 所有功能和众多最新资讯，供用户学习和使用。

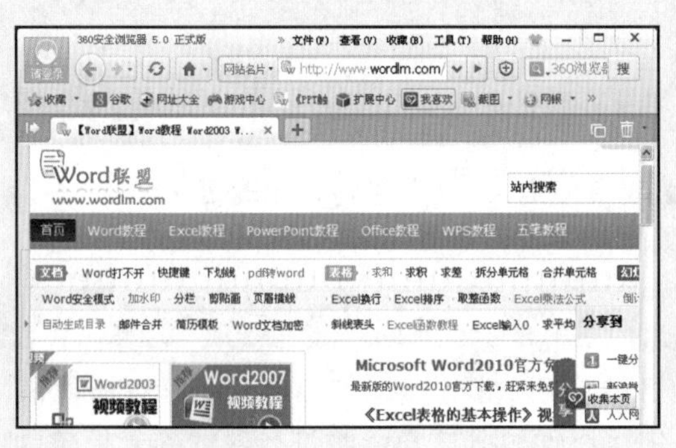

Excel Home

网址：http://club.excelhome.net。

特色：Excel Home 是国内具有较大影响力的，以研究与推广 Excel 为主的网站。它提供了 Excel 的大量学习教程、应用软件和模板。用户可在该网站中下载需要使用的表格，并咨询不懂的问题。

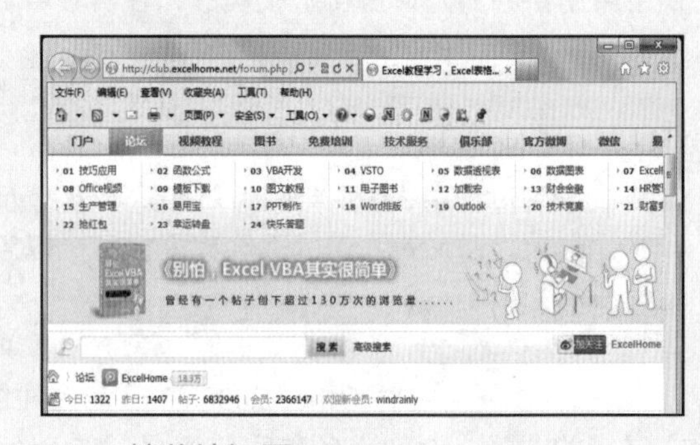

锐普 PPT

网址：http://www.rapidesign.cn。

特色：锐普 PPT 是一个大型的 PowerPoint 互动互学论坛，如 PPT 设计、PPT 培训、PPT 商城等，它还提供了大量 PPT 的学习教程和模板，与用户共同分享软件的使用技巧等。

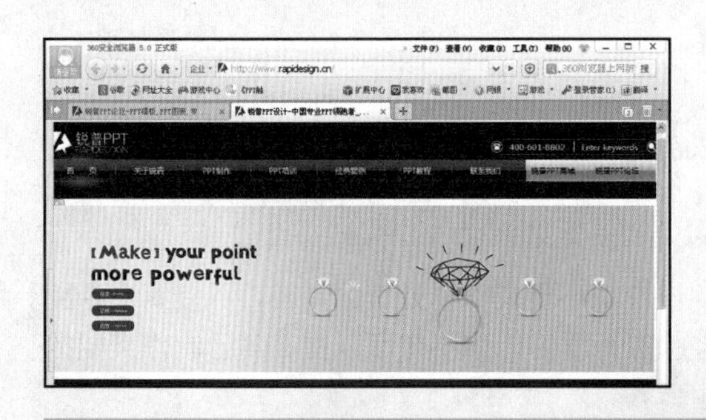

Excel 精英培训网

网址：http://www.excelpx.com。

特色：Excel 精英培训网主要是以 Excel 学习板块来进行划分的，如 Excel 学习教程、Excel 论坛、Excel 群组和 Excel 博客等，在其中可以查看 Excel 中常见的问题解决办法以及与其他用户分享的软件使用技巧等。

7. 还可以找我们

本书由九州书源组织编写，如果在学习过程中遇到了什么困难或疑惑，可以联系九州书源的作者，我们会尽快为您解答，关于九州书源的联系方式已经在前言中进行了介绍，这里不再赘述。